DISSERTATIONES BOTANICÆ

BAND 191

Industrietypische Flora und Vegetation im Ruhrgebiet

von

JÖRG DETTMAR

Mit 18 Abbildungen und zahlreichen Tabellen
in Text und Anhang

J. CRAMER

in der Gebrüder Borntraeger Verlagsbuchhandlung
BERLIN · STUTTGART 1992

Anschrift des Verfassers:

Jörg Dettmar
Große Burgstraße 27/29
D-2400 Lübeck

D 83

© 1992 by Gebrüder Borntraeger, D-1000 Berlin · D-7000 Stuttgart

All rights reserved, including translation into foreign languages. This journal, or parts thereof, may not be reproduced in any form without permission from the publishers.
Printed in Germany by strauss offsetdruck gmbh, 6945 Hirschberg 2
ISBN 3-443-64103-2

Die Ergebnisse der Dissertation wurden erarbeitet im Rahmen eines Forschungsvorhabens der Universität Hannover mit dem Titel " Die Bedeutung von Industrieflächen für den Naturschutz untersucht anhand der spontanen Vegetation von Industrieflächen im Ruhrgebiet". Das Vorhaben wurde gefördert durch den BMFT (Projektnummer 03399193A, 1987-1991).

DANKSAGUNG

Für die Förderung und wissenschaftliche Begleitung der Arbeit danke ich herzlich Herrn Prof. Dr. H. Sukopp (Berlin) und Herrn Prof. Dr. H. Kiemstedt (Hannover).

Den Gesellschaften Hoechst AG Werk Ruhrchemie (Oberhausen), Hoesch Stahl AG (Dortmund), Krupp Stahl AG (Bochum), Landesentwicklungsgesellschaft NRW (Düsseldorf), Thyssen Stahl AG (Duisburg), Ruhr Oel GmbH/Veba Oel (Gelsenkirchen), Ruhrkohle AG BAG Niederrhein (Duisburg) danke ich für die Erlaubnis auf ihren Flächen die Untersuchungen durchführen zu können und die mir gegebene Unterstützung.

Ebenso danke ich dem Kommunalverband Ruhrgebiet (Essen), der Landesanstalt für Ökologie, Landschaftsentwicklung und Forstplanung NRW (Recklinghausen) und allen beteiligten Stadtverwaltungen im Ruhrgebiet für ihre Unterstützung.

Ohne die freundliche Hilfe der zahlreichen Mitarbeiter der Industrie und der Behörden im Ruhrgebiet bzw. in Nordrhein-Westfalen und vielen anderen deren einzelne Aufzählung den hier möglichen Rahmen bei weitem überschreiten würde, wäre diese Arbeit nicht möglich gewesen.

Folgenden Personen danke ich herzlich für die Überprüfung kritischer Sippen bzw. Gattungen:

Herr Dr. W. Dietrich, Botanischer Garten der Universität Düsseldorf
  (Oenothera)
Herr. G. Gottschlich, Tübingen (Hieracium)
Herrn Dr. Kutzelnigg, Duisburg (Cerastium, Tragopogon dubius)
Herr Prof. Dr. E. Patzke, Aachen (Festuca ovina agg.)
Herr Prof. Dr. H. Scholz, Botanischer Garten und Botanisches Museum
  Berlin (Poa pratensis subsp. irrigata, Poa x figertii)
Herr Prof. Dr. Dr. Heinrich E. Weber, Universität Osnabrück, Standort
  Vechta, Fachbereich Biologie (Rubus fruticosus agg.)

Abschließend möchte ich ganz besonders meiner Frau Kerstin für ihre Unterstützung danken.

Inhaltsverzeichnis

1. **Einleitung** 5
   1.1. Städtische Lebensräume und Nutzungstypen 5
   1.2. Industrielle Lebensräume und Standorte 5
   1.3. Industrieflächen als Gegenstand biologisch-ökologischer Untersuchungen 8
      1.3.1. Einzeluntersuchungen 8
      1.3.2. Schadstoffuntersuchungen 10
      1.3.3. Stadtbiotopkartierungen 10
      1.3.4. Ergebnisse der Industrieflächen-Untersuchungen 11
   1.4. Aufgabenstellung und Zielsetzung 15

2. **Das Untersuchungsgebiet** 16
   2.1. Zur Auswahl des Ruhrgebietes 16
   2.2. Lage und naturräumliche Gliederung 16
   2.3. Klima - Stadtklima 17
   2.3. Geologie - Stadtböden 19
   2.4. Die industrielle Entwicklung des Ruhrgebietes 20

3. **Die Untersuchungsflächen** 22
   3.1. Zur Auswahl der Untersuchungsflächen 22
      3.1.1. Eingrenzung des näheren Untersuchungsraumes 22
      3.1.2. Eingrenzung der Industriearten 23
      3.1.3. Zusammenstellung der vorhandenen Untersuchungen 24
      3.1.4. Auswahl der Untersuchungsflächen 26
   3.2. Kurzcharakteristik der Untersuchungsflächen 29
   3.3. Kurzcharakteristik der Standortbedingungen auf den ausgewählten Probeflächen 32
      3.3.1. "Industrieflächenklima" 32
         3.3.1.1. Emissionen - Immissionen 33
      3.3.2. "Industrieböden" 34
         3.3.2.1. Künstliche oder technogene Substrate 35
         3.3.2.2. Natürliche Substrate 37
         3.3.2.3. Altlasten - Altablagerungen - Altstandorte 39

4. **Floristische Untersuchungen** 41
   4.1. Methoden 41
   4.2. Gesamtzahl und Frequenzverteilung der Farn- und Blütenpflanzensippen 42
   4.3. Einteilung der Sippen nach Lebensformen und Einwanderungszeit 55
   4.4. Seltene und gefährdete Sippen 65
   4.5. Floristische Ähnlichkeit der Untersuchungsflächen 71
   4.6. Industriezweigspezifische und industrietypische Flora 75

5. **Vegetationskundliche Untersuchungen** 83
   5.1. Methoden 83
   5.2. Gesamtzahl und Frequenzverteilung der Vegetationseinheiten 93
   5.3. Klassenzugehörigkeit und Verteilung der Vegetationseinheiten auf flächeninterne Lebensräume 100
   5.4. Seltene, gefährdete oder aus anderen Gründen "besondere" Vegetationseinheiten 106
   5.5. Vegetationskundliche Ähnlichkeit der Untersuchungsflächen 112
   5.6. Industriezweigspezifische und industrietypische Vegetation 115

5.7. Beschreibung ausgewählter Vegetationseinheiten ... 124
    5.7. 1. Mauerpflanzenbestände aus den Klassen Asplenietea und Thlaspietea ... 126
    5.7. 2. Annuelle Ruderal- und Hackfrucht-Unkrautgesellschaften
        - Klasse Chenopodietea ... 126
    5.7. 3. Zwei- bis mehrjährige Ruderalgesellschaften
        - Klasse Artemisietea ... 145
    5.7. 4. Halbruderale Pionier-Trockenrasen
        - Klasse Agropyretea ... 154
    5.7. 5. Trittpflanzen-Gesellschaften
        - Klasse Plantaginetea ... 159
    5.7. 6. Grünlandgesellschaften
        - Klasse Molinio-Arrhenatheretea ... 161
    5.7. 7. Sandrasen- und Felsgrusgesellschaften
        - Klasse Sedo-Scleranthetea ... 163
    5.7. 8. Schlaggesellschaften und Vorwald-Gehölze
        - Klasse Epilobietea ... 169
    5.7. 9. Europäische Sommerwälder und Sommergebüsche
        - Klasse Querco-Fagetea ... 175
    5.7.10. Gesellschaften und Bestände, die nicht in das pflanzensoziologische System eingeordnet werden können ... 177

6. Bedeutung der Ergebnisse für den Stadtnaturschutz ... 186

7. Zusammenfassung ... 199

8. Literaturhinweise ... 202

Anhang: ... 225

Teil I. Untersuchungsflächen ... 225

    - Matrix Produktionsanlagen/Produkte/Emissionen für die Untersuchungsflächen ... 226
    - Übersichtspläne der Untersuchungsflächen ... 234

Teil II. Flora ... 249

    Tabelle Nr. 17 Gesamtliste der Farn- und Blütenpflanzen -sippen mit Angabe der Häufigkeit ... 250
    Tabelle Nr. 28 Liste der seltenen, gefährdeten oder aus anderen Gründen besonders bemerkenswerten Farn- und Blütenpflanzensippen ... 265

Teil III. Vegetation ... 269

    Tabelle Nr. 46 Gesamtliste der Vegetationseinheiten mit Angabe der Häufigkeit ... 270
    Tabelle Nr. 59 Vergleich der Vegetationseinheiten mit anderen Untersuchungen von Industrieflächen ... 276
    Tabelle Nr. 60 Verteilung der Vegetationseinheiten auf die Lebensraumtypen/Einschätzung der Verbreitung der besonders bemerkenswerten Einheiten ... 287

    Vegetationstabellen Nr. 1 - 45 ... 298

1. Einleitung

Städtische Lebensräume sind noch nicht lange Untersuchungsobjekte der naturkundlichen Forschung. Lange Zeit galten Stadt und Natur eher als Gegensätze. Das wissenschaftliche Interesse an der Stadt als Lebensraum für Pflanzen und Tiere erwachte erst spät (ausführliche Darstellung u.a. bei SUKOPP 1987b). Von zunächst naturgeschichtlich orientierten Artenzusammenstellungen führte die Entwicklung über Einzeluntersuchungen von kriegsbedingten Brachen ("Trümmerflora") schließlich zwischen 1950 und 1960 zu ersten systematischen Analysen der städtischen Lebensräume. Hierbei wurde die Überraschung der Forscher offenkundig, eine große Vielfalt an Lebensgemeinschaften zu finden.

Der nächste Schritt war der Versuch, Städte als Ökosysteme zu beschreiben. Die zahlreichen Aspekte eines solchen Ansatzes vereinigt die sogenannte Stadtökologie. In ihr wird die Stadt mit den Methoden der Ökologie aus historischer, struktureller und funktioneller Perspektive untersucht (ausführliche Darstellung bei SUKOPP 1987b).

Die Ergebnisse der inzwischen umfangreichen stadtökologischen Forschungen (siehe Zusammenstellung bei SUKOPP 1987b) zeigen deutlich auf, daß Städte, besonders Großstädte, ein spezifisches "Stadtklima", charakteristische "Stadtböden" und eine eigene "Stadtfauna, -flora und vegetation" aufweisen (siehe u.a. SUKOPP 1983, SUKOPP 1987b, SUKOPP 1990, SUKOPP & KOWARIK 1988, REIDL 1989:5 ff.).

1.1. Städtische Lebensräume und Nutzungstypen

Die Flächennutzung ist der entscheidende Faktor, der im besiedelten Bereich nahezu alle übrigen Ökofaktoren beeinflußt. Für die Erfassung und Bewertung städtischer Lebensräume hat sich deshalb der Weg über die Nutzungstypen als Bezugsflächen in den letzten Jahren weitgehend durchgesetzt. Es existieren hier inzwischen eine Anzahl verschiedener Systematiken der realen und geplanten Bodennutzung (siehe BERLEKAMP et al. 1990).

Für stadtökologische Erhebungen existieren Systematiken landschaftsökologisch differenzierter Nutzungstpyen. Am weitesten entwickelt ist die Systematik für die flächendeckende Stadtbiotopkartierung (siehe BERLEKAMP et al. 1990 und AG METHODIK 1986). Hier unterscheidet man mit weitergehenden Unterteilungen Bauflächen, Verkehrsflächen, Grünflächen, Gewässer, landwirtschaftlich genutzte Flächen, Wälder und Forsten, Abgrabungs- und Aufschüttungsflächen u.a.. Bei der Stadtbiotopkartierung ist dieses System die Basis für die Kartierung der Biotoptypenkomplexe (siehe AG METHODIK 1986).

Zu den Bauflächen zählen neben den unterschiedlichen Formen der Wohnbebauung auch die als typisch urbaner Nutzungstyp einzustufenden Industrie- und Gewerbeflächen.

1.2. Industrielle Lebensräume und Standorte

Im Vergleich mit anderen Bauflächen in der Stadt weisen Industrieflächen in der Regel die stärkste Überformung der ursprünglichen Standorte auf. Bevor die verschiedenen Auswirkungen dieser Flächennutzung auf die Standorte näher untersucht werden, erscheint eine genaue Definition der industriellen Flächennutzung sinnvoll.

Tabelle Nr. 1 Auswirkungen der industriellen Flächennutzung auf einige Naturpotentiale

Naturpotentiale	Anlage der Produktionsstätten Halden, Deponien etc.	Betrieb der Anlagen, Deponien etc.	Brachen
Boden/Grundwasser	-Einplanierung -Verdichtung -Aufschüttung -Grundierung -Versiegelung -Einbringung technogener Substrate, Entstehung völlig neuer Bodentypen -Verunreinigung mit Schadstoffen -Grundwasserabsenkung -Freilegung von Grundwasser -Schaffung von Gewässern	-Abdichtung -Versiegelung -Aufhaldung -Aufschüttung -Schadstoffimmissionen -Verdichtung durch Tätigkeit	-tw. Entsiegelung durch Abriß -Ablagerung und Einbringung von Schadstoffen -Wegfall der Behinderung bodenbildender Prozesse durch die industrielle Tätigkeit
Klima/Luft	-Erwärmung durch Versiegelung -Reduzierung der Verdunstung durch Versiegelung und Wegfall der Vegetationsdecke	-Freisetzung von Sekundärenergie in den Produktionsprozessen -Emissionen bedingen Niederschlagserhöhungen, Reduzierung der Sonneneinstrahlung u.a. -Bei hohem Grünflächenanteil oder Anteil an spontaner Vegetation Reduzierung der klimatischen Extreme	-Bei zunehmendem Bewuchs Reduzierung der klimatischen Extreme
Arten und Biotope	-Vernichtung der vorhandenen Lebensräume zumeist der Agrarlandschaft -Schaffung neuer Standorte die entweder völlig neu sind oder in weit entfernten Regionen ihre Entsprechung haben	-Besiedlung durch speziell angepaßte Organismen, Ausbreitung konkurenzarmer Pioniervegetation mit vielen fremdländischen Arten -Besiedlung durch Kulturfelsenbewohnern tw. auch Einschleppung von Arten mit Produktionsgrundstoffen -Bei stärkeren Emissionen von Schadstoffen, Förderung von angepaßten Organismen, bei extremer Schadstoffbelastung starke Verarmung der Lebensräume bis zum völligen Verschwinden der Organismen -Eventuell Herausbildung und Neubildung angepaßter Organismen Förderung und Schutz störungsempfindlicher Organismen durch die Abzäunung und Eingrenzung -Anlage von Pflanzungen z.B. Emissionsschutzpflanzungen, Eingrünungen und Ziergrün	-Eventuelle Vernichtung der Vegetationsflächen bei Abriß und Einplanierung -Zunehmender Bewuchs -Flächendeckende Besiedlung -Mit zunehmendem Alter Reifung der Lebensräume mit positiven Wirkungen auf Boden, Wasser, Luft -Im geringen Umfang auch Bindung von Schadstoffen -Abnahme des Anteiles an Pionierarten
Eignung für die Naherholung der Stadtbewohner	-Vernichtung von Freiflächen -Schaffung wenig ansprechender Industriekulissen	-Emissions- und Geruchsbelästigung -Sichtbehinderung, Störung des Landschafts- bzw. Stadtbildes -Absperrung der Betriebsflächen	-Nach Öffnung der Fläche als Freiraum nutzbar für Kinderspiel u.a. soweit keine gesundheitsgefährdeten Altlasten vorhanden sind -Mögliche Gefahr des Kontaktes mit Altlasten -Enstehung von naturbestimmten Bereichen als Naturerlebnisräume

Tabelle Nr. 2 Formen industrieller Flächennutzung mit Hinweisen auf strukturell ähnliche natürliche Landschaftselemente (in Anlehnung an FELDMANN 1987)

Industrielle Nutzung	Natürliche Landschaftselemente
Industrieflächen (abgegrenzte Produktionsflächen) - verschiedene Sparten (man kann verschiedene Lebensräume auf den Flächen unterscheiden, die tw. den unten genannten entsprechen)	- alluviale Schotterflächen z.B. in Wildflußlandschaften, Felsen, je nach Struktur auch Teile der unten genannten Elemente
Industriebedingte Verkehrsflächen (außerhalb der abgegrenzten Bereiche)	
- Kanalbereiche/Hafenanlagen	- stehende/fließende Gewässer
- Gleisanlagen	- Anrisse, Terassenkanten etc.
Halden	
- Bergehalden Steinkohlenbergbau Braunkohletagebau Erzbergbau Erzbergbau	- sandig kiesige Alluvionen, Binnendünen, frische Anrisse, Terrassenkanten - ausstreichende Erzbänke
- Schlackehalden Eisen- und Stahlindustrie	- Blockschutthalden, Felsen
Industrielle Deponien	
- trockene Deponien	
- nasse Deponien, Schlammbecken Klärteiche etc.	- alluviale Sand- und Schlammbänke
Aufschüttungen/Lager	
- Kohlelager	- sandig kiesige Alluvionen
- Erzlager	- ausstreichende Erzbänke
- Kies- und Sandlager	- alluviale Sand-/Kiesbänke
- Kalksteinlager	- Anrisse, Terrassenkante,
- Sandsteinlager u.a.	Felsen, Blockschutthalden
Abgrabungen	
- Ton-, Sand-, Kiesgruben	- stehende oligotrophe bis
- Steinbrüche	eutrophe Gewässer, alluviale
- Braunkohlentagebau	Schotterflächen, Steilwände,
- Erztagebau	Prallhänge und Altwässer,
- Torfabbau	u.a.
Bergwerksstollen	
- Kohlestollen (nicht die Tiefbauschächte)	- Karsthöhlen
- Erzstollen	

Unter Industrie versteht man die "gewerbliche Gewinnung von Rohstoffen, sowie die Be- und Verarbeitung von Rohstoffen und Halbfabrikaten. Die spezifischen Maßnahmen der Industrie sind Arbeitsteilung und Spezialisierung, Mechanisierung und Rationalisierung der Produktion" (MEYERS GR. UNIVERSAL-LEXIKON 1981).

Zu den Industrieflächen im "engeren Sinne" zählen nur die eigentlichen Produktionsflächen. Industriell geprägt sind aber auch die angeschlossenen Nebenflächen wie z.B. Verkehrswege (Industriegleise) sowie Abraum- und Abfallhalden.

Die Anlage industrieller Produktionsstätten bedingt zunächst den Verlust der ehemals vorhandenen Natur- oder Kulturlandschaft durch die Bebauung und Versiegelung der Flächen. Außerdem verändert die industrielle Flächennutzung die Standorte durch Bodenabgrabungen oder massive Aufschüttungen, das Einbringen fremder tw. technogener Substrate und massiver Bodenverdichtung sowie erhebliche Grundwasserabsenkungen (siehe Kapitel 3.3.2.).

Auch die klimatische Situation unterscheidet sich vom Umland. Die hohen Versiegelungsraten und die Freisetzung von Abwärme bewirken eine starke Aufheizung der Flächen. Darüberhinaus ist das "Industrieflächenklima" durch die produktionsbedingten Schadstoffbelastungen geprägt (siehe u.a. BLUME & SUKOPP 1976, SUKOPP 1983, sowie Kapitel 3.3.1.).

In der Tabelle Nr. 1 sind Auswirkungen der industriellen Flächennutzung auf einige Naturpotentiale zusammengestellt.

Industrieflächen haben eine Vielzahl verschiedener interner Lebensräume (z.B. Produktionstätten, Lagerflächen, Werksgleise, Halden etc., siehe Kapitel 5.1.). Derartige neu entstandene industrielle Lebensräume weisen teilweise eine gewisse strukturelle Verwandtschaft mit natürlichen Landschaftselementen auf (siehe Tabelle Nr. 2).

Neben der Vielfalt spezifischer Lebensräume, ist auch die große Dynamik bei dieser Flächennutzung charakteristisch. Der Grad der Nutzungsintensität ist auf den einzelnen Flächenteilen sehr unterschiedlich. Flächenfunktionen werden laufend verschoben oder geändert. Periodenweise liegen z.B. immer wieder Teilbereiche still. Besonders in älteren Industriegebieten oder auf den großen Flächen der Schwerindustrie findet man fast immer größere Brachen. Dies gilt auch für ansonsten intensiv genutzte Werksflächen.

1.3. Industrieflächen als Gegenstand biologisch ökologischer Untersuchungen.

Über Fauna, Flora und Vegetation von Industrieflächen oder Industriegebieten liegen bislang erst wenige Arbeiten vor. Man kann drei verschiedene Untersuchungsansätze unterscheiden:

- Untersuchungen einzelner Werksflächen im Rahmen der Adventivfloristik, der Dokumentation des Nutzungstypes und dessen Naturschutzeignung (Einzeluntersuchungen Kapitel 1.3.1.)

- Arbeiten, die sich im Rahmen von Schadstoffanalysen mit der Indikatorfunktion der Vegetation und Flora von Werksbereichen bzw. der angrenzenden Flächen beschäftigen (Schadstoffuntersuchungen Kapitel 1.3.2.)

- Untersuchungen im Rahmen von Stadtbiotopkartierungen, als Probeflächen für den Nutzungstyp oder für vertiefende Beispielsflächenuntersuchungen (Stadtbiotopkartierungen Kapitel 1.3.3.)

1.3.1. Einzeluntersuchungen

Güterumschlagplätze waren die ersten städtischen Bereiche, die von Floristen und Botanikern zu Beginn des 20. Jahrhunderts näher untersucht wurden. Das Ziel der Botaniker war die sogenannte "Adventivflora". Gesucht wurden seltene, exotische, mit den Gütern eingeschleppte Pflanzenarten (siehe u.a. SCHEUERMANN 1930, MEYER 1930/31/32, HUPKE 1933). Es handelt sich bei den

Häfen und Bahnhöfen zwar nicht um Industrieflächen im "engeren Sinn" (siehe Kapitel 1.2.), dennoch sind die Flächenstrukturen ähnlich, und oft sind diese Bereiche eng verzahnt mit angrenzenden Produktionsflächen.

Für Bahnhöfe lag als erstem Flächennutzungstyp im besiedelten Bereich eine überregionale systematische Zusammenstellung der Pflanzenwelt vor (siehe KREH 1960). Heute zählen Bahnflächen zu den am besten untersuchten städtischen Lebensräumen überhaupt (siehe u.a. WAY et al. 1977, BRANDES 1979/1983, ASMUS 1980/1980b/1981b, SARGENT & MOUNTFORD 1979/1980/1981, KOWARIK 1982, KOSTER 1984/1985/1986, FABRICIUS 1989, FEDER 1990).

Auch Häfen waren beliebte Ziele der Adventivfloristen (siehe z.B. für Hamburg SCHMIDT 1890, JUNGE 1916, MEYER 1955). Neuere Arbeiten über Hafenanlagen liegen unter anderen von STIEGLITZ (1980), JEHLIK (1981/1989) und BRANDES (1989) vor.

Floristische und vegetationskundliche Bearbeitungen von Industrieflächen im "engeren Sinne" sind dagegen seltener. Die ersten Arbeiten behandeln Woll- und Ölfabriken (u.a. BONTE 1929, AELLEN & SCHEUERMANN 1937). Auch hier wurden mit der Wolle oder den Ölfrüchten Exoten eingeschleppt.

Erst in neuerer Zeit, mit zunehmenden Interesse an den Lebensräumen im besiedelten Bereich, erfolgt auch eine floristische und vegetationskundliche Inventarisierung von Industrieflächen. Vor allem Industriebrachen werden untersucht. Neben Naturschutzfragen z.B. der Dokumentation von Vorkommen seltener Pflanzenarten, geht es dabei häufig auch um die Rekultivierung der Brachen.

Hier sind vor allem Arbeiten aus England zu nennen. Die Krise der Schwerindustrie ließ hier früher als auf dem europäischen Festland zahlreiche Industrieflächen brachfallen. Die vorliegenden Untersuchungen sind allerdings nur selten auf die unmittelbaren Produktionsflächen bezogen, sondern umfassen zahlreiche industriell geprägte Strukturen u.a. auch Verkehrswege und Halden. Vorrangiger Inhalt ist die Dokumentation seltener Pflanzen- und Tierarten, die hier neue Lebensräume gefunden haben (u.a. MOLYNEUX 1953, HALL 1957, DAVIS 1976, KELCEY 1975/1984, JOHNSON 1978, JOHNSON et al 1978, GREENWOOD & GEMMELL 1978, GEMMEL 1982, GILBERT 1983, GEMMELL & CONNELL 1984).

Eine der ersten umfassenden vegetationskundlichen und floristischen Analysen von genutzten Industrieflächen (Chemiewerke in der CSFR) stammt von PYSEK (1976/1979). In Deutschland veröffentlicht KIENAST (1978) eine Arbeit über die Vegetation des ehemaligen Henschel-Gelände (LKW-Produktion) in Kassel. Weitere Untersuchungen brachgefallener und genutzter industrieller Flächen folgen, aus Hamburg (MANG 1984, PREISINGER 1984), Berlin (MUNARI 1983, LELIVELDT 1983, REBELE & WERNER 1984, REBELE 1986/1988), Lübeck (DETTMAR 1985/1986) und dem Ruhrgebiet (GALHOFF & KAPLAN 1983, SCHULTE 1985, HAMANN 1988, REIDL 1989).

Aus den osteuropäischen Ländern sind weitere Arbeiten aus der CSFR (u.a. JEHLIK 1982/1988, KONTRISOVA 1984, PYSEK & PYSEK 1988) und aus der UDSSR (u.a. DRUZININA 1981) bekannt.

Über die Flora und Vegetation industriell bedingter Halden gibt es weit mehr Veröffentlichungen. Den Schwerpunkt bilden dabei die Bergehalden des Bergbaus und die Schlackehalde der Eisen- und Stahlindustrie.

z.B.:
- BRD (alte   :   KOLL 1962, STOHR 1964, ZEITZ 1965, DARMER 1974,
  Bundesländer)   zahlreiche weitere Angaben bei KÄMPFER 1976,
                     RUNGE 1979, PATSCH et al. 1982, JOCHIMSEN
                     1982/1986/1987, SCHULTE 1984, BECKMANN 1986, ASMUS
                     1987, BARTLING & STRAUSS 1987, WAGNER 1989

  (ehemalige DDR) BEER 1955/1956, KLOTZ 1981, KOSMALE 1983

- CSFR: HEJNY 1971, BANASOVA 1978, PYSEK & SANDOVA 1979,
                    KOPECKY et al. 1986, PYSEK 1985

- POLEN: PALUCH & STRZYSZCZ 1970

- ÖSTERREICH: PUNZ 1987

- GB/ENGLAND: MOLYNEUX 1953, HALL 1957, HODGSON & BUCKLEY 1975,
                    LEE & GREENWOOD 1976, BRADSHAW et al 1978, BRADSHAW &
                    CHADWICK 1980, MARS & BRADSHAW 1980, ROBERTS et al 1981,
                    ASH 1983 (s.a. die bereits zitierten Arbeiten)

- FRANKREICH: LAMPIN 1969, PETIT 1982

Die floristische und vegetationskundliche Analyse von Halden steht oft in Zusammenhang mit Untersuchungen zur Wirkung bestimmter Schadstoffe.

1.3.2. Schadstoffuntersuchungen

Zur Bioindikation von Schadstoffbelastungen benutzt man vorwiegend einzelne Indikatorarten. Seltener wird die gesamte Vegetation eines bestimmten Gebietes als Zeiger für Umweltveränderungen verwendet (siehe z.B. KALETA 1980). Im Rahmen dieser Ansätze untersucht man allerdings nicht nur die unmittelbaren Werksbereiche, sondern auch angrenzende Flächen, die im besonderen Maß durch die industriebedingten Emissionen belastet sind.

Auf Industrieflächen bezogen, gibt es verschiedene Ansätze. KALETEA (1984) dokumentiert die Degradation von Pflanzengesellschaften durch die Emissionen eines neuerrichteten Industriewerkes. Häufiger wird nur die auffällige Verarmung oder Zusammensetzung der Vegetation im Einfußbereich industrieller Emissionen oder Abfallstoffe beschrieben (u.a. HEINRICH 1984 (ehemalige DDR), NICKFELD 1967 (BRD), BANASOVA 1980 (CSFR), SILOVA & LUKJANEC 1985 (UDSSR).

1.3.3. Stadtbiotopkartierungen

In den ersten noch selektiven Stadtbiotopkartierungen (siehe SUKOPP & WEILER 1986) werden Industrieflächen, besonders wenn es sich um genutzte Flächen handelt, als "Negativbiotope" meist ausgespart. Auch Industriebrachen sind nur dann näher erfaßt, wenn herausragende Vorkommen von wildlebenden Arten bereits vorher bekannt waren. In der Regel liegen dann Strukturkartierungen sowie Listen zur Flora und Fauna vor (z.B. für Dortmund BLANA 1984/1985).

Bei der flächendeckende Kartierung gibt es verschiedene Verfahrensansätze (siehe FÜLBERTH 1988), die auch unterschiedlich intensive Erfassungen der einzelnen Stadtbereiche bedingen. Nach der standardisierten Methode, wie von der AG METHODIK (1986) vorgeschlagen, wird der Stadtbereich nach Nutzungstypen unterteilt und möglichst repräsentative Beispielsflächen intensiver untersucht. In diesem Rahmen werden dann auch die industriell gewerblichen Bereiche bearbeitet. Allerdings sind in der ersten Phase der Kartierung meist keine umfassenden floristischen und vegetationskundlichen Erfassungen möglich. Diese sollen in der sogenannten Vertiefungsphase folgen, in der besonders interessante Einzelflächen näher untersucht werden. Inwieweit hier in den verschiedenen Städten Untersuchungen vorhanden sind, ist schwer abzuschätzen, da diese Einzelflächenbearbeitungen meist nicht veröffentlicht werden. Ergebnisse für einzelne Industrieflächen liegen u.a. aus Berlin (z.B. MUNARI 1983, REBELE & WERNER 1984) und Hannover (mdl. Mitteilung BIERHALS 1989) vor.

1.3.4. Ergebnisse der Industrieflächen-Untersuchungen

Auf der Basis der zahlreichen floristischen Arbeiten über brachgefallene Industriegebiete in England in den 70er Jahren (siehe oben) geben ASH (1983) und GEMMEL & CONNELL (1984) eine Übersicht der verschiedenen Lebensräume industriellen Ursprungs in England.

Tabelle Nr. 3   Wertvolle Lebensräume industriellen Ursprungs in England (aus Gemmel & Connell 1984)

Industrial origin	Types of habitat
Solvay and Leblanc wastes, blast furnance slag, lime wastes, calcareous mine spoils, P.F.A. and coal washery wastes	Calcareous, species rich grasslands and scrub with a rich flora of chalk, limestone and dune slack plants
Clay, marl, sand and gravel pits and associated spoil heaps	Species rich damp grassland, march, bog, reedbeds, scrub and aquatic habitats. Inner slopes and spoil heaps support acidic grasslands, heath and scrub
Limestone quarries, chalk pits and their spoil heaps	Calcareous species rich grasslands and scrub of limestone and chalk downland species. Woodland in old quarries. Cliff flora of ferns and rock plants. Damp grassland, scrub, marsh, reedbeds and aquatic habitats on quarry floors
Gritstone and other acidic, hard rock quarries	Heath, acidic grassland, scrub and woodland. Ferns and rock plants on cliffs. Marsh, bog, reedbeds, scrub, woodland and aquatic habitats on quarry floors
Railway land including trackway, railway sidings cuttings and embankments	Lime flora on calcareous ballast of trackways and in cuttings through chalk and limestone. Damp grassland, marsh and scrub in cuttings. Species rich grassland, acidic flora, scrub and woodland on embankments
Mill ponds, reservoirs, filter beds, canals, mill races, subsidence flashes, sewage works	Damp grassland, marsh, willow scrub, reedbeds and aquatic habitats with rich emergent and submerged vegetation. Many are important for waterfowl and aquatic fauna and waterlogged land

Als ein Beispiel werden hier die besonders interessanten Halden mit kalkreichen industriellen Abfällen im Nordwesten Englands herausgegriffen. Auf Rückständen z.B. der Sodaproduktion (Leblanc-Prozeß) und auf Flugaschehalden, die teilweise schon zu Beginn dieses Jahrhunderts abgelagert wurden, haben sich eine Vielzahl sehr seltener, in der Region nicht heimischer Pfanzenarten angesiedelt.

Tabelle Nr. 4 Seltene Pflanzenarten auf kalkhaltigen industriellen Rückstandshalden in South and West Lancs (aus GREENWOOD & GEMMEL 1978)

Apium inundatum	Epipactis palustris
Blackstonia perfoliata	Glyceria maxima
Carex pseudocyperus	Gymnadenia conopsea
Carex riparia	Ophrys apifera
Dactylorhiza incarnata subsp. coccinea and incarnata	Orchis morio
	Orobanche minor
Dactylorhiza praetermissa	Osmunda regalis
Dactylorhiza purpurella	Pyrola rotundifolia subsp. maritima
Echium vulgare	Ranunculus trichophyllus

Das ursprüngliche Vorkommen eines Teiles dieser Arten ist auf Küstendünen oder die wenigen natürlich kalkhaltigen Böden begrenzt. Diese Standorte sind durch intensive menschliche Nutzung überwiegend vernichtet worden. Die industriellen Ablagerungen bieten den Arten für ihr Überleben wichtige Ersatzlebensräume.

KELCEY (1975) macht darauf aufmerksam, daß die industrielle Entwicklung insgesamt die Lebensraumpalette in England entscheidend erweitert hat, und er geht noch weiter, indem er vermutet, daß durch die industriellen Aktivitäten wahrscheinlich mehr Arten dauerhaft überleben konnten, als im Laufe ihrer Entwicklung verdrängt wurden. Daß derartige Äußerungen nur zu gerne falsch verstanden werden und zu unkontrollierbaren Auswüchsen industriellen Wachstums beitragen können, betont KELCEY (1975) allerdings gleich im Anschluß.

Industrieflächen im "engeren Sinne" wurden in England noch nicht systematisch untersucht. JOHNSON (1978) führt nur wenige Beispiele von Fundorten seltener Arten auf ehemaligen Produktionsstätten an, z.B. von einer Munitionsfabrik in Cheshire und einer Verzinkerei im Südwesten Englands. RICHARDS & SWANN (1976) erwähnen Vorkommen seltener Orchideen auf dem Gelände einer ehemaligen Bleihütte in Northumberland. JOHNSON (1978) betont deshalb, daß besonders die ehemaligen Produktionsstätten noch einer intensiveren Bearbeitung bedürfen. Gleiches gilt für genutzte Industrieflächen, die bislang in England überhaupt noch nicht näher untersucht wurden.

Eine der ersten systematischen floristischen und vegetationskundlichen Arbeiten über genutzte Industrieflächen liefert PYSEK (1976/1979) aus der CSFR. Auf drei Werken der Chemischen Industrie (Sokolov, Plzen) mit einer Gesamtfläche von 52 Hektar bestätigt er 233 Gefäßpflanzenarten in 29 Gesellschaften bzw. Beständen. PYSEK beschreibt eine stark reduzierte Vegetation aus widerstandsfähigen Arten, bedingt durch die erheblichen Schadstofemissionen und -ablagerungen auf den Werksflächen. Insofern bilden diese Ergebnisse ein gewisses Gegengewicht zu den englischen Untersuchungen. Besondere floristische Funde werden von PYSEK nicht erwähnt.

Frühe floristische und faunistische Arbeiten über deutsche Industrieflächen im engeren Sinne liegen aus dem Ruhrgebiet vor. Diese mehr oder weniger unsystematischen Einzelerhebungen industrieller Lebensräume bestätigen bereits eine erstaunliche Artenvielfalt und das Vorkommen verschiedener seltener Pflanzen- und Tierarten (u.a. bei BONTE 1929, AELLEN & SCHEUERMANN 1937, STEUSLOFF 1938, BRINKMANN 1943, SÜDING 1953, Zusammenstellung der älteren faunistischen Arbeiten aus dem Ruhrgebiet siehe HAMANN 1988).

Eine der ersten umfangreicheren systematischen Arbeiten über Industrieflächen in Deutschland stammt aus Berlin. Hier untersuchten REBELE & WERNER (1984) sowie REBELE (1986/1988) Teile verschiedener Industrie- und Gewerbegebiete im Westteil der Stadt. Bei 51 Einzelflächen völlig unterschiedlicher, sowohl genutzter wie brachgefallener Industrie- und Gewerbezweige, mit insgesamt 305 Hektar geben sie 596 Gefäßpflanzenarten an (siehe Tabelle Nr. 5). Hiervon stehen 99 Arten auf der entsprechenden Roten Liste von West-Berlin. REBELE (1986) differenziert die Vegetation in ca. 50 Einheiten, wobei allerdings nur die ruderalen Bestände näher erfaßt wurden. Aus Naturschutzsicht haben die Industrieflächen, neben den Bahnbrachen, in Berlin den größten Anteil an schutzwürdigen Biotopen (REBELE & WERNER 1984). Vor allem für im übrigen Stadtgebiet seltene oder gefährdete Arten werden hier Ersatzlebensräume geboten (REBELE 1988).

PREISINGER (1984) und MANG (1984) analysieren Flora und Vegetation von Hafen- und Industrieflächen in Hamburg. Nur bei PREISINGER finden sich Angaben zur Anzahl (25 Einzelflächen) und Gesamtgröße (101 Hektar) der Untersuchungsflächen. Es handelt sich um genutzte und brachgefallene Flächen, auf denen PREISINGER (1984) insgesamt 317 Gefäßpflanzenarten incl. 20 Arten der Roten Liste (Hamburg/Niedersachsen) angibt. PREISINGER weist den untersuchten Flächen im Vergleich zu anderen städtischen Bereichen einen hohen ökologischen Wert zu.

Aus Lübeck liegen floristische und vegetationskundliche Erhebungen von genutzten und brachgefallenen Flächen der Eisen- und Stahl- sowie der Schiffsbauindustrie vor (DETTMAR 1985/1986). Auf drei Einzelflächen mit einer Gesamtgröße von ca. 130 Hektar werden 393 Arten (Farn- und Blütenpflanzen) festgestellt, darunter 37 Arten der Roten Liste (Schleswig-Holstein). Die 44 beschriebenen Vegetationseinheiten enthalten einige für Schleswig-Holstein bemerkenswerte Gesellschaften. Die große Zahl von seltenen und gefährdeten Pflanzenarten macht dieses zusammenhängende Industriegebiet an der Untertrave zu einem wertvollen Lebensraum mit überregionaler Bedeutung. Gleichzeitig weist eine der untersuchten Flächen, ein ehemaliges Hochofenwerk, erhebliche Altlasten auf.

Aus dem Ruhrgebiet liegen neben dem Forschungsbericht über die "Bedeutung von Industrieflächen für den Naturschutz" (siehe DETTMAR et al. 1991), dessen Grundlagendaten hier verwendet werden, bislang erst zwei umfangreichere Untersuchungen zur Ausstattung industriell geprägter Flächen vor (HAMANN 1988, REIDL 1989). Darüberhinaus gibt es eine größere Anzahl von überwiegend unveröffentlichten Einzelerhebungen, die bei DETTMAR et al. (1991) zusammengestellt sind.

HAMANN (1988) führt auf sechs Industriebrachen (insgesamt 194 Hektar) in Gelsenkirchen faunistische, floristische und vegetationskundliche Erhebungen durch. Auf den Brachen, die zu verschiedenen Industriezweigen (vor allem dem Bergbau) gehören, stellt er 51 Brutvogelarten, 7 Amphibien- und 18 Libellenarten fest, darunter zahlreiche Rote Liste Arten. Die Flora enthält 407 Gefäßpflanzenarten, wovon 16 auf der Roten Liste (Nordrhein-Westfalen) stehen. Zusammenfassend bemerkt HAMANN (1988:230), daß diese Flächen einen hohen Wert für Pionierarten aus Flora und Avifauna haben, aufgrund der

Funktion als Ersatzlebensraum für in der freien Landschaft verschwundene oder gefährdete Extremstandorte oder im Siedlungsraum nicht mehr vorkommende Kulturbiotope.

Tabelle Nr. 5 Anzahl der Gefäßpflanzenarten von Industrieflächen in Berlin (Westteil) im Vergleich zum Stadtgebiet von Berlin (Westteil) und der Flora von ROTHMALER mit Angaben zum Status der Arten (nach REBELE 1988)

	Berlin (West) Industriefl. gesamt.	Berlin (West) Industriefl. nur Arten mit Stet.) 20 %	Berlin (West) gesamt * SUKOPP et al. 1982	BRD (incl. ehemalige DDR) ROTHMALER 1966 nach SUKOPP 1972
Fläche (ha)	305	305	48.000	
Aufnahmezahl	51	51		
Artenzahl	596 100 %	236 100 %	1396 100 %	2338 100 %
Indigene Arten	283 47,5 %	125 53,0 %	839 60 %	84 %
Archäophyten	101 16,9 %	53 22,5 %	167 12 %	170 7 %
Neophyten	136 22,8 %	56 23,7 %	237 17 %	215 9 %
Ephemerophyten	73 12,2 %	2 0,8 %	153 11 %	- -
ohne Zuordnung	3 0,5 %	- -	- -	- -

* incl. 112 in Berlin (West) bereits erloschener oder verschollener Arten

REIDL (1989) bearbeitet im Rahmen seiner Analyse des Essener Stadtgebietes industriell geprägte Stadtzonen (sechs Gebiete mit insg. 635 Hektar), einzelne genutzte Industrieflächen (11 Flächen mit 69 Hektar) und Industriebrachen (21 Flächen mit 233 Hektar). Im Vergleich mit anderen städtischen Nutzungen stellt sich heraus, daß die Industrie- und Gewerbezone zahlen- und flächenmäßig den höchsten Anteil an der Gesamtheit der besonders wertvollen Biotope hat (REIDL 1989:588). Gegenüber den anderen Baugebieten in Essen erweisen sich die Industrie- und Gewerbeflächen als arten- und gesellschaftsreicher, wobei hier auch die höchsten Anteile an seltenen Arten und Vegetationseinheiten vorkommen (REIDL 1989:300 ff.). Besonders wertvoll sind nach REIDL (1989:393) industrielle und gewerbliche Brachflächen (incl. Verkehrsbrachen), die mit insgesamt 615 Arten 67,4 % der Gesamtflora des untersuchten Essener-Gebietes aufweisen. Dabei ist besonders interessant, daß bereits sehr kleinflächige Brachen einen wesentlichen Beitrag zum Artenerhalt im Stadtgebiet leisten (REIDL 1989:474).

Darüberhinaus zeigt REIDL auf, daß bestimmte Pflanzenarten und Vegetationseinheiten in Essen einen deutlichen Schwerpunkt in den industriell geprägten Stadtzonen haben.

Daß es auch von Seiten der Industrie Initiativen und finanzielle Unterstützungen für Naturschutzmaßnahmen auf Werksflächen gibt, zeigen Beispiele, die GILHAM & SMITH (1983) aus den USA, Australien, Großbritannien, Niederländische Antillen und Kenia anführen.

Industrieflächen können also einen hohen Arten- und Biotopschutzwert haben, andererseits weisen sie aber teilweise erhebliche Umweltbelastungen (Altlasten, Emissionen) auf. Die Bewertung dieser Punkte in Hinblick auf eine Eignung von Industrieflächen für den Arten- und Biotopschutz, bzw. Naturschutz in der Stadt ist ein ausgesprochen schwieriges Problem.

Einen ersten Ansatz zur Lösung stellen DETTMAR et al. (1991) vor. Ein umfassender Naturschutz muß den Schutz aller Naturpotentiale beachten und darf sich nicht ausschließlich auf den Arten- und Biotopwert beschränken.

1.4. Aufgabenstellung und Zielsetzung

Das große Potential von Industrieflächen für den Arten- und Biotopschutz, vor allem was Artenvielfalt und Vorkommen seltener bzw. gefährdeter Arten angeht, wurden wie oben ausgeführt inzwischen mehrfach belegt.

Der Inhalt dieser Arbeit ist ein spezifischer Aspekt dieses Potentials. Wie u.a. die Ergebnisse von WITTIG et al. (1985), KLOTZ (1984) und REIDL (1989) bereits ansatzweise auf der Ebene einzelner Städte zeigen, haben offensichtlich einige Farn- und Blütenpflanzen sowie Vegetationseinheiten Schwerpunkte ihres Vorkommens in industriell geprägten Stadtzonen.

Das Ausmaß der Standortveränderungen, der spezifischen Standortbedingungen, wie z.B das Vorkommen bestimmter Substrate, eine besondere klimatische Situtation und der Einfluß von Emissionen machen es wahrscheinlich, daß sich auf Industrieflächen bei gezielter Analyse mehr derartige Vorkommen finden lassen.

Diese Arbeit versucht, auf der Basis einer umfassenden floristischen und vegetationskundlichen Analyse von Industrieflächen im Ruhrgebiet, herauszufinden inwieweit es regional und im überregionalen Vergleich eine typische Industrieflora und -vegetation gibt.

Stellt sich heraus, daß es im stärkeren Umfang als bislang bekannt, regionale oder sogar überregionale Schwerpunktvorkommen, gegebenenfalls sogar ausschließliche Vorkommen auf Industrieflächen gibt, ist dies ein weiterer Beleg der Bedeutung dieser Flächennutzung für den Arten- und Bitopschutz in der Stadt. Gesetzlich formulierter Auftrag des Naturschutzes bwz. Arten- und Biotopschutzes ist es ja, alle vorkommen Arten in ihren Lebensgemeinschaften an ihren Standorten in ausreichender Größe zu erhalten (BNatschG).

Gleichzeitig ist diese Untersuchung als Beitrag zur Kenntnis des Lebensraumpotentials eines typisch urbanen Nutzungstypes gedacht. Hierraus lassen sich dann u.a. auch Ansätze für einen integrierten Naturschutz auf den Produktionsflächen erarbeiten.

2. Das Untersuchungsgebiet

2.1. Zur Auswahl des Ruhrgebietes

Das Ruhrgebiet ist aus verschiedenen Gründen als Untersuchungsgebiet besonders geeignet. Es ist der größte urban-industrielle Ballungsraum in Europa. Keine andere Region in Deutschland ist durch die Industrie in diesem Maße geprägt und überformt worden. Industrieflächen haben in den verschiedenen Städten des Reviers einen sehr großen Anteil an der bebauten Fläche, wobei Schwerindustrie und chemische Industrie deutlich dominieren. Viele der Produktionsflächen werden bereits länger als 100 Jahre industriell genutzt. Spezifische Anpassungen von Flora und Vegetation sind deshalb in dieser Region am wahrscheinlichsten.

Obwohl dieser Nutzungstyp für weite Teile der Region prägend ist, weiß man bislang nur wenig über seine Naturschutz- bzw. Arten- und Biotopschutzbedeutung. Bislang gibt es nur einzelne Untersuchungen über die floristische und vegetationskundliche Ausstattung der Industrieflächen.

2.2. Lage und naturräumliche Gliederung

Das Land zwischen Ruhr, Emscher und Lippe ist ursprünglich weder eine landschaftliche noch historisch-politisch, allenfalls eine wirtschaftsgeographische Einheit. Das Ruhrgebiet wird durch die Grenzen zwischen den ehemaligen preußischen Provinzen Rheinland und Westfalen und die Grenzen der Regierungsbezirke Arnsberg, Düsseldorf und Münster geteilt. Einziges räumliches und kommunales Bindeglied ist seit 1920 der heutige Kommunalverband Ruhrgebiet (KVR, früher Siedlungsverband Ruhrgebiet), und so hat sich zwangsläufig ergeben, daß der Ballungsraum Ruhrgebiet heute gleichgesetzt wird mit dem Gebiet des KVR (KVR 1987).

Es umfaßt 4.432 km², mit insgesamt 53 Gemeinden in vier Kreisen und elf kreisfreien Städten. In dem größten urban-industriellen Verdichtungsraum Europas leben ca. 5,2 Millionen Menschen (Stand 1987).

Das Ruhrgebiet berührt drei verschiedene Naturlandschaften. Im Süden erreicht es noch ein kleines Stück des Süderberglandes (Bergisch-Sauerländisches Gebirge), einer im wesentlichen durch Härtlingsrücken über karbonischen Sandsteinen geprägten Landschaft, an deren Nordrand sich die Ruhr tief eingeschnitten hat. Neben den steilen felsigen Prallhängen gibt es hier auch flache tw. lößbedeckte Gleithänge und Terrassenreste.

Nördlich des Ruhrtales schließt sich die Westfälische Tieflandsbucht mit dem Hellweggebiet an. Die weithin ebene, nach Norden leicht abfallende Landschaft zeichnet sich durch mächtige Lößdecken aus. Blickt man weiter in Richtung Norden erstreckt sich dort die Emscherniederung. Dieses 3 - 5 km breite Tal entstand durch eiszeitliche Schmelzwasser, die sich in den anstehenden Emschermergel eingruben. Die zurückgebliebenen Sandmassen sind heute zum Teil von alluvialen Hochflutlehmen überdeckt.

Die westliche Grenze des Ruhrgebietes reicht bis in die Mittlere Niederrheinebene des Niederrheinischen Tieflandes. Beiderseits der breiten alluvialen Talaue des Rheines stehen Terrassen an, wobei die Niederterrasse den größten Anteil hat.

Eine ausführliche naturräumliche Gliederung gibt KÜRTEN (1970). Ergänzende Hinweise finden sich u.a. bei DEGE & DEGE (1983).

2.3. Klima - Stadtklima

Das Ruhrgebiet gehört zum maritimen Klimabereich. Das Vorherrschen atlantischer Luftmassen bewirkt ein ausgeglichenes Klima mit gemäßigten jährlichen Schwankungen der Temperatur und der Niederschläge. Die Luftfeuchtigkeit ist relativ hoch, die Bewölkung überwiegend stark, SW bis NW Winde dominieren. Es herrschen gemäßigte Sommer mit einem Niederschlagsmaximum im Juli bis August vor. Die Winter sind mild mit wenigen Schnee- und Frosttagen.

Innerhalb des Ruhrgebietes gibt es kleinere klimatische Unterschiede, die vor allem durch Höhenunterschiede bedingt sind. Die niedrigsten Niederschlagswerte hat entsprechend das Niederrheinische Tiefland, die höchsten werden im Bereich der Ruhrhöhen gemessen. In der Westfälischen Tiefebene nehmen die Niederschläge wiederum ab (siehe u.a. STOCK & BECKRÖGE 1985). Die Jahresmittel der Lufttemperatur liegen zwischen 9 und 10 °C und sinken nur im Südosten, d.h. im Bergischen Land um 1 °C ab.

Tabelle Nr. 6   Klimadaten des Ruhrgebietes

	Ruhrgebiet	Duisburg	Essen	Bochum
Niederschläge langj. Jahresmittel in mm	813,4	750-800	933	795
Lufttemperatur langj. Jahresmittel in °C	10,7	9 - 10	9,6	10,4

(Quellen: SCHIRMER, H. et al. 1976, STOCK & BECKRÖGE 1985, HARENBERG 1987)

Großstädte und Ballungsgebiete zeichnen sich durch ein charakteristisches, deutlich vom Umland verschiedenes Stadtklima aus. Hierzu liegen bereits zahlreiche Untersuchungen vor (siehe Zusammenstellung bei SUKOPP 1987b).

Die wesentlichen Ursachen für die Ausbildung eines charakteristischen Klimas sind in den erheblichen Veränderungen des örtlichen Wärmehaushaltes zu suchen (HORBERT 1978). Durch die Umformungen der Bodenoberfläche bzw. des Substrates und die Anreicherung der Atmosphäre mit Spurenstoffen werden die für den Energiehaushalt verantwortlichen Randbedingungen grundlegend geändert, das betrifft den Strahlungshaushalt, den Wärmetransport im Boden und in der Atmosphäre und die Verdunstung an der Erdoberfläche. Hinzu kommt ein Umsatz von Sekundärenergie, der bei 25 - 50 % der eingestrahlten Sonnenenergie, unter Umständen auch noch erheblich höher liegt. Weitere ausführliche Darstellungen sind u.a. bei HORBERT (1978), SUKOPP (1983), SUKOPP & KOWARIK (1988) und KUTTLER (1987) zu finden.

Für eine Anzahl der Städte des Ruhrgebietes liegen spezielle Klimaanalysen incl. synthetischer Klimakarten vor (Bergkamen, Bottrop, Duisburg, Dortmund, Essen, Mülheim, Recklinghausen siehe Planungshefte des KVR 1982 - 1990). Außerdem gibt es zahlreiche Satelliten-Thermalbilder des Ruhrgebietes (Veröffentlichungen hierzu u.a. bei GOSSMANN et al. 1981, STOCK & PLUCKER 1978).

Die Emissionsmengen und Immissionsbelastungen verschiedenster Schadstoffe sind im Ruhrgebiet als größtem industriell-urbanen Ballungsraum Europas entsprechend hoch. Ein großer Teil aller in den "alten Bundesländern Deutschlands" produzierten Luftschadstoffe wird hier emittiert. Nach den drei Luftreinhalteplänen des Ruhrgebietes (West, Mitte und Ost MAGS/MURL 1980 - 1990) wurden z.B. 1984 insgesamt nahezu 2,85 Mio. t Emissionen als Gase und Aerosole produziert und die Atmosphäre abgegeben, woran die Industrie mit ø 68 % den größten Anteil hat. Es gibt dabei größere Unterschiede zwischen den drei differenzierten Regionen (West, Mitte und Ost), die größten Emissionsmengen weist der Westteil des Ruhrgebietes auf (siehe Tabelle Nr. 7)

Tabelle Nr. 7   Emissionsstruktur des Ruhrgebietes im Jahr 1984
(aus KUTTLER 1988)

	Ruhrgebiet West	Ruhrgebiet Mitte	Ruhrgebiet Ost
Fläche km²	711	765	712
Gesamtemission (t/a)	1.196.150	1.072.159	580.141
Anteil der Quellgruppen			
Industrie	80,9 %	59,9	58,4
Hausbrand	9,0 %	23,8	18,8
Verkehr	10,1 %	16,3	22,8

Tabelle Nr. 8   Jahresmittelwerte 1985 verschiedener Konzentrationen (in µg/m3) der wichtigsten Spurenstoffe in den drei Belastungsgebieten des Ruhrgebietes. Die Minima und Maxima geben jeweils die Werte einer niedrigst- bzw. höchstbelasteten Station in dem entsprechenden Belastungsraum an (aus KUTTLER 1988).

	SO2 ø mi ma	SST ø mi ma	NO2 ø mi ma	NO ø mi ma	O3 ø mi ma	CO ø min max
W	67 46 93	66 55 79	51 39 62	37 23 55	23 23 24	1200 1000 1300
M	74 62 94	67 59 76	51 45 56	40 30 58	24 23 24	1200 700 1400
O	70 55 95	64 58 74	54 46 62	43 31 55	17 - -	1300 1200 1400

(W - West, M - Mitte, O - Ost; SST - Schwebstoffkonzentration)

Aus der Kenntnis des Datenmaterials zur Emissionsmenge der einzelnen Verursachergruppen kann jedoch nicht ohne weiteres auf deren Anteil an den Immissionskonzentrationen geschlossen werden (siehe KUTTLER 1988).

Einen Einblick in die Immissionssituation gibt Tabelle Nr. 8. Bezogen auf das Jahr 1985 sind die Jahresmittelwerte der Spurenstoffkonzentrationen in den drei Belastungsgebieten dargestellt.

Viele der Luftschadstoffe werden letztlich im Boden angereichert und stellen hier in ihrem Zusammenwirken ein besonderes Problem dar. Bedenklich ist z.B. die Schwermetallanreicherung; für einige Schwermetalle sind an verschiedenen Stellen im Ruhrgebiet die tolerierbaren Grenzen bereits erheblich überschritten (siehe u.a. KÖNIG 1986). Besonders hoch ist die immissionsbedingte Schwermetallanreicherung der Böden in Duisburg, hervorgerufen durch die Konzentration zahlreicher Werke der Eisen- und Stahlindustrie.

Auch wenn in den letzten 20 Jahren die Immissionsbelastung im Ruhrgebiet für verschiedene Schadstoffe (z.B. SO2, Schwebstaub, Blei) deutlich zurückgegangen ist (siehe MAGS/MURL 1980-1990), bleibt das Belastungsniveau gegenüber dünner besiedelten Regionen deutlich erhöht.

2.4. Geologie - Stadtböden

Der geologische Untergrund des Ruhrgebietes ist durch zwei Stockwerke gekennzeichnet. Das "obere Stockwerk" wird aus Schichten der Oberen Kreide (Cenoman, Turon) und im Emschertal aus dem Emschermergel gebildet. Der Bergbau bezeichnet es als "Deckgebirge", weil es die darunterliegenden kohlehaltigen Schichten des Karbon überdeckt. Dieses "untere Stockwerk" tritt nur im Ruhrtal offen zu Tage (siehe Abbildung Nr. 1).

Die Mächtigkeit des Deckgebirges nimmt nach Norden hin erheblich zu, während es bei Dortmund erst wenige Meter stark ist, hat es im Lippetal bereits eine Mächtigkeit von mehreren hundert Metern.

Abbildung Nr. 1   Schematischer Schnitt durch den geologischen Aufbau des Ruhrgebietes (aus HEGE & HEGE 1983:19).

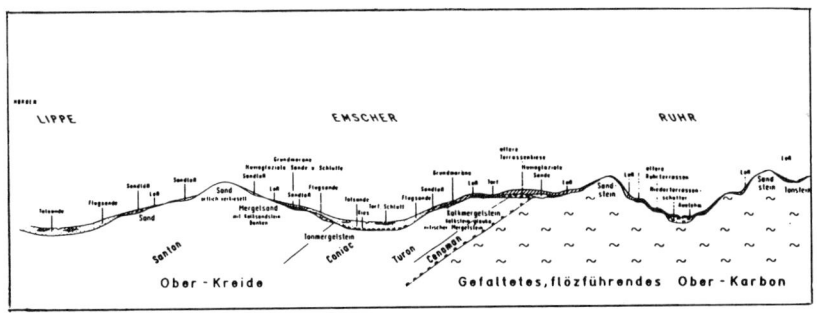

Eine ausführliche Darstellung der geologischen Verhältnisse geben u.a. HAHNE (1965) und HEGE & HEGE (1983).

An natürlichen Bodentypen kommen im Ruhrgebiet Parabraunerden mit zahlreichen Übergängen zu Gley-Parabraunerden bzw. Braunerden vor, in den Auebereichen auch Aueböden und Gleye (ausführlichere Darstellung u.a. bei MAAS & MÜCKENHAUSEN 1970).

Allerdings sind die Böden im überwiegenden Teil des zentralen Ruhrgebietes durch die Besiedlung nachhaltig verändert. Die anthropogenen Stadtböden weisen gegenüber den natürlichen Böden erhebliche Unterschiede auf. Wesentliche Merkmale sind Versiegelung, Verdichtung, Grundwasserabsenkung, Aufschüttung, Anteil technogener Substrate, Nähr- und Schadstoffanreicherung.

Das Volumen der Stoffeinfuhr in die Städte ist größer als das der Ausfuhren, deshalb erhöht sich im Laufe der Zeit das Bodenniveau (z.b. in der Londoner City um 8 - 15 m SCHULTE 1985:8). Es gibt zahllose Übergänge von feinerde- und humusarmen Aufschüttungsböden aus Sand und Trümmerschutt mit über 50 % Skelettanteil bis zu tief humosen Gartenböden mit geringen Schuttanteilen (SCHULTE 1985:8). Neben auf- und umgelagerten natürlichen Substraten kommen eine Vielzahl technogener Substrate, z.B. Aschen, Schlacken, Industrieschlämme und Hausmüll hinzu.

In den meisten Städten wird der Grundwasserspiegel durch Tiefbaumaßnahmen, Entnahmen, Versiegelungen und Aufschüttungen erheblich abgesenkt. Für die Städte im Ruhrgebiet trifft dies allerdings nur zum Teil zu, da durch den Bergbau hervorgerufene Bergsenkungen (bis zu 15 m) an vielen Stellen die Grundwasserverhältnisse völlig durcheinander gebracht haben. Stellenweise kann nur durch den ständigen Einsatz von Pumpen verhindert werden, daß Stadtbereiche überfluten.

Stadtböden sind erst seit einigen Jahren Untersuchungsgegenstand der Bodenkunde. Grundlegende Arbeiten wurden Mitte der 70. Jahre in Berlin (siehe u.a. BLUME & RUNGE 1978, BLUME 1982) durchgeführt. Zwar ist die Kenntnis urbaner Böden immer noch lückenhaft, doch hat man inzwischen Empfehlungen für eine einheitliche systematische Erfassung ausgearbeitet (siehe BLUME et al. 1989).

"Industrieböden" gehören, was die Anteile technogener Substrate, Aufschüttungshöhe, Schadstoffbelastung und Verdichtung angeht zu den extremsten urbanen Böden. Kennzeichnend ist meist eine Mischung von Bauschutt und produktionsbedingten Abfall- bzw. Abraumstoffen. Diese "Böden" sind vergleichsweise am wenigsten untersucht (siehe SCHULTE et al. 1990, BURGHARDT 1989).

Eine genauere Charakterisierung industrieller Böden folgt in Kapitel 3.3.2.

2.4. Die industrielle Entwicklung des Ruhrgebietes

Das Ruhrgebiet entwickelte sich im Laufe des 19. Jahrhunderts von einer agrarisch strukturierten Region zu einem industriellen Ballungszentrum. Grundlage dieser Entwicklung war das Vorkommen der Steinkohle. Ausführliche Darstellungen zur Industriealisierung des Ruhrgebietes geben u.a. DEGE & DEGE (1983) und HARENBERG (1987). Spezielle Darstellungen zur Entwicklung des Bergbaus finden sich u.a. bei HUSKE (1987), zur Stahlindustrie u.a. bei SLOTTA (1988).

Bereits im frühen Mittelalter wurden die im Ruhrtal ausstreichenden Kohleschichten zum Abbau genutzt. Der Stollenbau begann zwar bereits im 15. Jahrhundert, doch der Vorstoß in tiefere Schichten wurde erst durch den Einsatz der Dampfmaschine (nach 1800) möglich. Mit ihrer Hilfe gelang es die Stollen wasserfrei zu halten.

Durch diese technische Weiterentwicklung konnte der Ruhrbergbau nördlich in die Zone zwischen Hellweg und Emscher vorstoßen. Hier ließ sich die zur Verkokung besonders geeignete "Fettkohle" fördern (erstmals 1837 in Essen).

Entsprechend schnell wuchs die Zahl der Kokereien. Die damit verfügbaren großen Koksmengen waren eine wesentliche Voraussetzung für die industrielle Eisenverhüttung.

1758 wurde in Oberhausen die erste Eisenhütte des Ruhrgebietes errichtet. Industrielle Ausmaße erreichte allerdings erst die 1811 von Krupp in Essen gegründete Gußstahlfabrik. Die verbesserten technischen Möglichkeiten ließen die Roheisenerzeugung ab Mitte des 19. Jahrhunderts stetig anwachsen. Die Zahl der Hütten nahm kontinuierlich zu.

Das industrielle Wachstum bewirkte einen rapiden Anstieg der Bevölkerungszahlen. Lebten 1818 gerade 158.000 Menschen im Ruhrgebiet, waren es 1905 bereits 1,7 Millionen. Die damit zusammenhängende Bebauung und Industrieansiedlung verlief weitgehend ungeordnet. Die Umweltsituation verschlechterte sich drastisch, Luft- und Wasserverschmutzungen nahmen bedrohliche Ausmaße an, Seuchen drohten auszubrechen. Um die Seuchengefahren abzuwenden, begann man 1906 die Emscher zu kanalisieren und damit endgültig zum reinen Abwasserkanal umzuwandeln.

Der erste Weltkrieg und zahlreiche Bergarbeiterstreiks bremsten die industrielle Entwicklung für kurze Zeit. Doch mit Beginn der zwanziger Jahre erreichten die Kohleförderung und Stahlproduktion neue Rekordmarken. Über 150.000 Bergarbeiterfamilien mußten angesiedelt werden um den wachsenden Arbeitskräftebedarf zu decken. Durch die Gründung des Siedlungsverbandes Ruhrkohlenbezirk (SVR) 1920 versuchten die Kommunen im Revier die bauliche Entwicklung stärker zu kontrollieren und zu steuern. Hierdurch erhielt das bis dahin weder landschaftlich noch politisch einheitliche Ruhrgebiet erstmals eine administrative Einheit.

Mit nahezu 550.000 Beschäftigten erreichte der Ruhrbergbau 1922 den Zenit der Beschäftigungszahlen. Weltwirtschaftskrise und Inflation führten aber bereits einige Jahre später zum ersten großen Zechensterben an der Ruhr. Im Jahr 1932 waren bereits 120.000 Bergleute arbeitslos. Erst die Autonomiepläne der Nationalsozialisten und ihre Hochrüstungspolitik ließen die Produktionszahlen wieder steigen. Die Stahlindustrie profitierte hiervon im besonderen Maße.

In diese Zeit fallen auch die Gründungen verschiedener chemischer Werke, die angelehnt an den Bergbau, vor allem die Bezingewinnung aus Kohle zur Aufgabe hatten.

Die gewaltigen Zerstörungen des II. Weltkrieges und die Demontage ließen die Industrie im Ruhrgebiet nach 1945 von den Produktionszahlen her auf den Stand vor der Jahrhunderwende zurückfallen. Doch der Wiederaufbau brauchte Stahl und Kohle, so erholte sich die Schwerindustrie ab 1950 zusehends. Für den Bergbau dauerte dieser Aufschwung aber nur kurze Zeit. Die Einfuhr billiger Importkohle und das zunehmend an Attraktivität gewinnende Erdöl führten bereits 1955, in der ersten "Kohlenkrise" der Nachkriegszeit, zu erneutem Zechensterben. Die Stahlindustrie blieb davon allerdings unberührt und steigerte ihre Produktion ständig weiter.

1965 hatte das Ruhrgebiet mit 5,6 Millionen Einwohnern seinen bisherigen Höchststand, gleichzeitig erreichten die Umweltbelastungen ein Ausmaß, bei dem schwere gesundheitliche Beeinträchtigungen der Bevölkerung erkennbar wurden. Sofortmaßnahmen zur Luftreinhaltung wurden notwendig und umgehend durchgesetzt (siehe HARENBERG 1987).

Mit der ersten großen Stahlkrise Mitte der siebziger Jahre begannen auch bei diesem Industriezweig die Stillegungen und Entlassungen. Damit wurde deutlich, daß es ein Fehler war, im Revier fast ausschließlich auf die Schwerindustrie zu setzen. Der Schrumpfungs- und Rationalisierungsprozeß der Montanindustrie hält bis heute an.

Die industrielle Umweltbelastung wurde im Laufe der letzten 20 Jahre im Ruhrgebiet in vielen Bereichen erheblich reduziert; beispielsweise nahmen die Staubemissionen von 1964 bis 1984 um die Hälfte ab.

Ein anderes hoch brisantes Umweltproblem wurde erst in den letzten Jahren in seinem ganzen Ausmaß erkennbar. Viele, der durch die zahlreichen Zechen- und Werksstillegungen entstandenen Industriebrachen, weisen erhebliche Altlasten auf. An zahlreichen Stellen bestehen ernstzunehmende Gefährdungen für die menschliche Gesundheit bzw. für bestimmte Naturpotentiale

3. Die Untersuchungsflächen

3.1. Zur Auswahl der Untersuchungsflächen

3.1.1. Eingrenzung des näheren Untersuchungsraumes

Als erster Schritt zur Auswahl der Probeflächen wird der Untersuchungsraum "Ruhrgebiet" weiter eingeschränkt auf die neun kreisfreien Städte im zentralen Revier. Dies ist der Bereich mit der höchsten Verdichtung; auf 34 % der Gesamtfläche leben 60 % aller Ruhrgebietsbewohner. Im einzelnen handelt es sich um die Städte Duisburg, Oberhausen, Mühlheim, Bottrop, Essen, Gelsenkirchen, Herne, Bochum und Dortmund (siehe Abbildung Nr. 2).

Gleichzeitig ist die Konzentration der Industrieflächen hier am größten. Mit insgesamt rund 6.200 Hektar stellen die 9 kreisfreien Städte nahezu 60 % der derzeit genutzten Industrieflächen (> 0,3 ha Größe) im Ruhrgebiet (Stand 1985/1986, Erhebung des KVR (DOHMS & KOSSMANN 1989), siehe Tabelle Nr. 9).

Die genutzten Industrieflächen machen rund 5 % der Gesamtfläche, bzw. durchschnittlich 30 % der bebauten Bereiche in den 9 Städten aus. In Duisburg erreicht der Industrieflächenanteil mit nahezu 50 % der Bebauung den Spitzenwert.

Hinzu kommt noch ein erheblicher Teil brachgefallener Industrieflächen. Für das gesamte Ruhrgebiet geht man im Jahr 1983 von 5000 bis 6000 Hektar Industriebrachen aus. Dabei handelt es sich vor allem um ca. 200 größere, ehemalige Werksflächen (ca. 2500 - 3000 ha) sowie rund 230 alte Halden industrieller Herkunft (ca. 2500 ha) (REISS-SCHMIDT 1988).

Für die Brachen gibt es bislang keine detaillierten Erhebungen über Verteilung, Alter und ehemalige Nutzung. Aus der geschichtlichen Entwicklung des Ruhrgebietes läßt sich absehen, daß der überwiegende Teil in den neun kreisfreien Städten liegt. Genutzte und brachgefallene Industrieflächen zusammen, nehmen hier rund 10.000 Hektar ein (Schätzung).

Insofern bildet der Kern des Reviers die besten Voraussetzungen zur Auswahl geeigneter Probeflächen.

3.1.2. Eingrenzung der Industriearten

Die Vielfalt industrieller Flächen macht es notwendig die Untersuchung auf einige Industriezweige zu beschränken.

Ausgewählt werden die drei flächenintensivsten Industriearten im Revier (Eisen- und Metallindustrie, Chemische Industrie, Bergbau). Diese stellen nach einer Erhebung des KVR einen Anteil von 66 % an den derzeit (Stand 1985/86) genutzten Betriebsflächen (DOHMS & KOSSMANN 1989). Hiervon liegt der größte Teil in den neun kreisfreien Städten (siehe Tabelle Nr. 9).

Tabelle Nr. 9 Flächenanteile verschiedener Industriezweige im Ruhrgebiet, genutzte Betriebsflächen 1985/86 nach DOHMS & KOSSMANN (1989)

Industrieart	Fläche ha	Fläche %	davon in 9 kreisfreien Städten in ha	%	An- zahl	⌀ ha
Eisen- Metallerz.	3999,3	37,9	2998,6	75,0	107	28,0
Chemische Industrie	1567,1	14,8	788,0	50,3	82	9,6
Bergbau	1418,4	13,4	586,9	41,4	33	17,8
Maschinenbau	952,4	9,0	485,8	51,0		
Steine und Erden	667,4	6,3	288,9	43,3		
Stahl- und Fahrzeugbau	532,8	5,0	343,6	64,5		
Holz, Papier, Druck	356,4	3,4	182,8	51,3		
Nahrungs-/Genußmittel	289,7	2,7	183,1	63,2		
EBM Feinmechanik	273,8	2,6	113,1	41,3		
Elektrotechnik	233,7	2,2	130,6	55,9		
Kunststoff-/Gummi-/Asbest	169,0	1,6	63,3	37,5		
Leder, Textil, Bekleidung	102,2	0,9	43,5	42,6		
Summe	10562,2	100,0	6208,1	58,8		

Die Montanindustrie hat die Entwicklung der Region maßgeblich beeinflußt. Auf den teilweise über 100 Jahre alten Werksflächen sind spezifische Anpassungen der spontanen Vegetation am ehesten vorstellbar. Weiterhin sind die Werke der Eisen- und Stahlindustrie und des Bergbaus untereinander aufgrund ähnlicher Strukturen gut vergleichbar.

Durch Struktur- und Absatzkrisen sowie die Erschöpfung der Kohlevorkommen hat die Schwerindustrie zahlreiche Industriebrachen hinterlassen. Gerade diese Brachen stellen die Kommunen vor zahlreiche Probleme. Sie weisen zum Teil erhebliche Altlasten auf, und gleichzeitig sind es oft die einzigen naturbelassenen Freiflächen in unmittelbarer Siedlungsnähe.

Die chemische Industrie ist demgegenüber im Ruhrgebiet erst seit ca. 60 Jahren in größerer Ausdehnung vorhanden. Unter dem Oberbegriff sind hier eine Vielzahl unterschiedlichster Produktionszweige zusammengefaßt. Mineralöl-, Kunststoff- und Kunstdüngerindustrie haben im Revier die größten Flächenanteile. Anders als bei der wesentlich homogeneren Schwerindustrie unterscheiden sich die einzelnen Sparten zum Teil erheblich. Brachgefallene

Produktionsflächen der chemischen Industrie gibt es vor allem bei Raffinerien und Düngerfabriken.

Sowohl die Eisen- und Stahl-, die chemische Industrie wie der Bergbau haben auf den jeweiligen Produktionsflächen die Standorte grundlegend verändert. Darüberhinaus beeinflußten erhebliche Schadstoffemissionen und Ablagerungen produktionsbedingter Stoffe nicht nur die Werksbereiche sondern die gesamte Region nachhaltig. Auch heute noch zählen diese Industrien bei zahlreichen Stoffen zu den größten Emittenten.

3.1.3. Zusammenstellung der vorhandenen Untersuchungen

Aus der Zusammenstellung der bislang im Ruhrgebiet durchgeführten floristischen und vegetationskundlichen Untersuchungen auf industriell geprägten Flächen läßt sich ablesen in welchem Umfang neue Untersuchungen notwendig sind. Soweit möglich soll auf vorhandene Ergebnisse zurückgegriffen werden. Weiterhin kann man auf diese Weise erkennen, welche Flächentypen noch besonderer Beachtung bedürfen und ob bestimmte Teile des Ruhrgebietes bei entsprechenden Untersuchungen bislang unterrepräsentiert sind.

Die Zusammenstellung basiert auf Recherchen und Nachfragen bei verschiedenen Institutionen, Ämtern und Einzelpersonen aus dem Ruhrgebiet (u.a. LÖLF, KVR, Universitäten, Floristen). Tabelle Nr. 10 enthält eine quantitative Übersicht der vorgefundenen Untersuchungen aus dem Zeitraum 1950 - 1989. Die genaue Aufschlüsselung der einzelnen Arbeiten nach Ort, Inhalt, Zeitpunkt und Autor ist bei DETTMAR et al. (1991) enthalten.

Deutlich wird, daß es bislang erst wenig systematisch-floristische und vor allem fast keine vegetationskundlichen Analysen von Industrieflächen gibt. Hier lassen sich letztlich nur die Arbeiten von REIDL (1989) und HAMANN (1988) anführen. Relativ gut untersucht wurden dagegen die Bergehalden (u.a. JOCHIMSEN 1986/1987).

Am schlechtesten bearbeitet sind genutzte Werksflächen, da diese meist nur unter großem Aufwand (Genehmigungen) betreten werden können. Praktisch nichts liegt bislang über Flächen der chemischen Industrie vor.

Die relativ zahlreichen Einzeluntersuchungen gehen auf die Aktivitäten verschiedener Floristen (u.a. BÜSCHER Dortmund, LOOS Kamen, KOSLOWSKI Gelsenkirchen, HAMANN Gelsenkirchen) zurück. Allerdings sind diese Daten nur für ergänzende Auswertungen geeignet.

Bei der regionalen Verteilung der vorliegenden Erhebungen fällt ein deutliches Ost-West-Gefälle auf. Der allergrößte Teil stammt aus dem östlichen und mittleren Ruhrgebiet (Hamm bis Essen) während für den westlichen Bereich (Duisburg/Oberhausen) kaum etwas vorliegt.

Hieraus lassen sich folgende weitere Punkte für die Flächenauswahl ableiten:

- Vor allem genutzte Werksflächen bedürfen einer systematischen floristischen und vegetationskundlichen Erfassung.
- Der Schwerpunkt sollte auf Flächen der Eisen- und Stahl- sowie der chemischen Industrie liegen, da für Bergbauflächen bereits einige verwendbare Untersuchungen (REIDL 1989, HAMANN 1988) vorliegen.
- Der westliche Teil des Ruhrgebietes (Duisburg, Oberhausen) ist bislang wenig untersucht worden, insofern ist es sinnvoll hier einen Schwerpunkt bei der Flächenauswahl zu setzen

Tabelle Nr. 10   Zusammenstellung der zwischen 1950 - 1989 im Ruhrgebiet
durchgeführten floristischen und vegetationskundlichen Untersuchungen
industriell geprägter Flächen

Industriezweig/ Flächenart	Anzahl der systematischen Bearbeitungen	Anzahl der Mehrfach-Erhebungen	Anzahl der Einzelerhebungen	Gesamtzahl der vorliegenden Untersuchungen
Bergbau				
genutzte Werksflächen	0	0	0	0
Zechenbrachen	13	7	27	47
Bergehalden	32	4	19	55
Eisen/Stahl				
genutzte Werksflächen	1	1	0	2
Hüttenbrachen	1	0	4	5
Schlackehalden	0	0	4	4
Chemie				
genutzte Werksflächen	0	0	1	1
Brachen	0	0	0	0
Sonstige Industriezweige				
Flächen	4	0	0	4

Systematische Bearbeitungen - umfangreiche, flächendeckende
floristische und/oder vegetationskundliche Untersuchungen

Mehrfache Erhebungen - Florenlisten und/oder Vegetationsaufnahmen
die aufgrund einiger Geländebegehungen im Laufe mehrerer Jahre
von einer Fläche erstellt wurden

Einzelerhebungen - Notizen zur Flora und/oder Vegetation aufgrund
ein- bis zweimaliger Geländebegehungen (incl. Erhebungen der
Biotopkartierungen).

(Die zusammengestellten Daten erheben keinen Anspruch auf Vollständigkeit,
speziell nicht bzgl. der Einzelerhebungen.)

3.1.4. Auswahl der Untersuchungsflächen

Nach DOHMS & KOSSMANN (1989) gibt es 1985/86 im Gebiet der neun kreisfreien Städte des zentralen Ruhrgebietes 107 genutzte Betriebsflächen der metallerzeugenden Industrie, 82 der chemischen Industrie und 33 des Bergbaus. Zugrunde liegt hierbei eine untere Flächengröße von 0,3 ha.

Die Zahl der Probeflächen wurde, um die Untersuchung möglichst effektiv durchführen zu können, von vorneherein auf maximal 20 begrenzt. Hierdurch lassen sich Anfahrtzeiten und Organisation (Zutrittsgenehmigung) im Rahmen halten. Außerdem zwingt die Größe der meisten Werksflächen der drei Industriezweige im Revier zu dieser Begrenzung (siehe Durchschnittsgrößen der genutzten Werksflächen in Tabelle Nr. 9).

Auf einer Arbeitskarte (1:50.000) wurden zunächst alle genutzten und brachliegenden Flächen (> 15 ha) der drei ausgewählten Industriezweige in den 9 kreisfreien Städten dargestellt (Auswertung der DGK 1:5000 und des Stadtplanwerkes Ruhrgebiet). Insgesamt ergaben sich so rund 100 Einzelflächen.

Diese wurden mittels der beim KVR vorhandenen Luftbilder (tw. stereoskopisch) näher untersucht. Soweit auf diesen tw. bereits mehrere Jahre alten Bildern ein gewisser Anteil spontaner Vegetationsentwicklung (min 10 % der Gesamtfläche) zu erkennen war, kamen sie in die nähere Auswahl. Dies war bei dem größten Teil der Fall.

Neben den bereits in Kapitel 3.1.3. aufgestellten Auswahlkriterien waren weitere Punkte zu berücksichtigen:

- Bereits lange Zeit industriell genutzte Flächen wurden bevorzugt ausgewählt, weil hier spezifische Anpassungen der Vegetation am wahrscheinlichsten sind.

- Soweit es Hinweise örtlicher Fachleute (Floristen etc.) auf besonders geeignete Flächen gab, wurden diese aufgegriffen.

- Die Eigentümer bzw. die Verantwortlichen in den Werken mußten ihre Bereitschaft bekunden eine floristische und vegetationskundliche Analyse ihrer Werksflächen zuzulassen.

Nach einer ersten ausgiebigen Prüfung vor Ort verblieben 14 Flächen, die für die beabsichtigte Untersuchung besonders geeignet erscheinen. Eine weitere nur 3 Hektar große Industriebrache, wird als Beispiel einer kleinen Fläche ergänzend hinzugenommen. In der Tabelle Nr. 11 sind die insgesamt 1638 Hektar umfassenden Probeflächen zusammengestellt.

In der Abbildung Nr. 2 ist die räumliche Lage der Untersuchungs-flächen im Ruhrgebiet dargestellt.

Tabelle Nr. 11   Probeflächen

Symbol	Probefläche/Lage	Lage in der TK 25	Eigentümer	Größe in ha * Nutzung	Beginn der industriellen Nutzung	Stillegung Teilstillegung
	Eisen- und Stahlindustrie					
A. HoWe	Westfalenhütte Dortmund-Mitte	4410/4 4411/3	Hoesch Stahl AG Dortmund	300	1872	Teilber. ab 1965
B. KrHö	Stahlwerk Höntrop Bochum-Höntrop	4508/2 4509/1	Krupp Stahl AG Bochum	100	1922	Teilber. ab 1980
C. ThOB	Stahlwerk Oberhausen Oberhausen	4507/1	Thyssen Stahl AG Duisburg	80	1868	Teilber. ab 1965
D. ThMe	Hochofenwerk Meiderich Duisburg-Meiderich	4506/2	LEG Grundstücksfond (vorm. Thyssen)	40	1902	Stilleg. 1985
E. ThRu	Eisen- und Stahlwerk Ruhrort Duisburg Ruhrort	4506/1	Thyssen Stahl AG Duisburg	160	1854	
F. ThBe	Stahlwerk Beeckerwerth Duisburg-Beeckerwerth	4506/1	Thyssen Stahl AG Duisburg	200	1960	
	Chemische Industrie					
G. VeHo	Ruhr Oel Werk Horst Gelsenkirchen-Horst	4408/3	VEBA Oel AG/Petroleos Venezuela S.A.	140	1930	Teilber. ab 1986
H. VeSc	Ruhr Oel Werk Scholven Gelsenkirchen-Scholven	4408/1 4308/3	VEBA Oel AG/Petroleos Venezuela S.A.	250	1935	
I. Ruhr	Hoechst Werk Ruhrchemie Oberhausen-Holten	4406/4	Hoechst AG Frankfurt a.M.	130	1928	
	Bergbau					
J. ZePr	Zeche Prosper II/Kokerei Prosper Bottrop-Welheim	4407/4	Ruhrkohle AG Essen	100	1856	
K. ZeOs	Zeche Osterfeld/Kokerei Osterfeld Oberhausen-Osterf.	4407/3	Ruhrkohle AG Essen	25	1873	Stilleg. Kok. 1988
L. ZeZo	Zeche Zollverein I/II/XII Essen-Katernberg	4508/1	I/II Ruhrkohle AG Essen XII LEG Grundstücksfond	45	1847	Stilleg. XII 1987
M. ZeMo	Zeche/Kokerei Mont Cenis I/III Herne-Sodingen	4409/3 4409/4	LEG Grundstücksfond	30	1871	Stilleg. 1978
N. ZeTh	Zeche/Kokerei Fr. Thyssen IV/VIII Duisburg-Hamborn	4506/2	LEG Grundstücksfond	35	1899	Stilleg. 1959/1977
M. ZeLe	Zeche/Kokerei Chr. Levin Essen-Dellwig	4507/2	tw. Stadt Essen tw. Dea AG Düsseldorf	3	1857	Stilleg. 1960
			Gesamt	1638		

* bezieht sich auf den untersuchten Bereich
LEG = Landesentwicklungsgesellschaft NRW

Abbildung Nr. 2

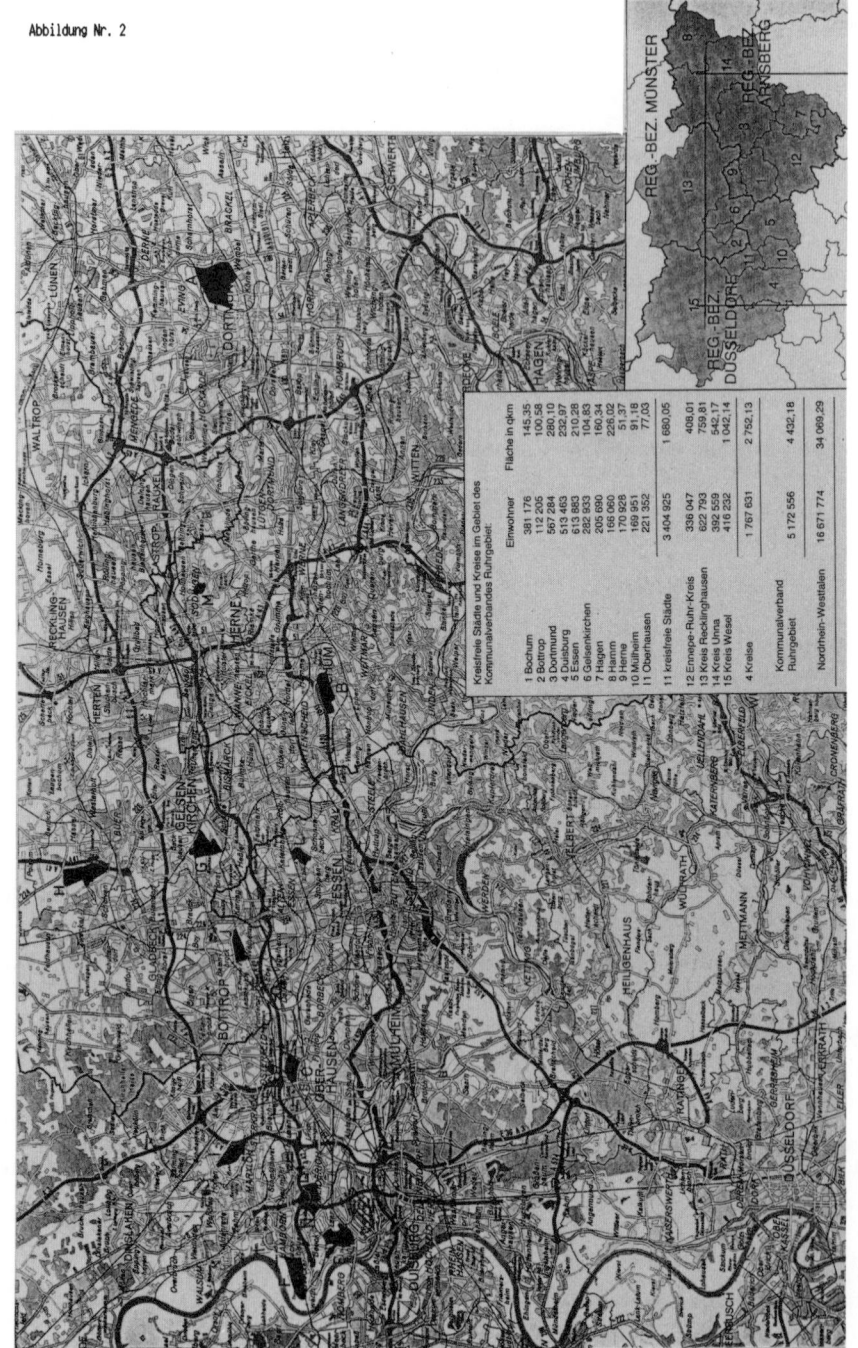

3.2. Kurzcharakteristik der Untersuchungsflächen

Eine detaillierte Beschreibung der Untersuchungsflächen ist hier nicht möglich (ausführliche Beschreibung der Flächen siehe DETTMAR et al. 1991). Eine Darstellung der wichtigsten Punkte im Form einer Matrix muß hier genügen (siehe Tabelle Nr. 12). Lage- und Übersichtpläne der einzelnen Flächen sind ebenso wie eine tabellarische Übersicht der Produktionsanlagen, der Produkte und Emissionen der einzelnen Probeflächen im Anhang Teil I. enthalten.

Für folgende Punkte der Kurzcharakterisierung in Tabelle Nr. 12 ist eine einführende Erläuterung notwendig:

- Versiegelungsgrad

Eine genaue Bestimmung des Versiegelungsgrades auf den bis zu ca. 300 ha großen Probeflächen ist schwierig und sehr aufwendig. Die Industrieflächen weisen zahlreiche Fundamentreste, Bodenplatten, Kanäle, Schächte etc. auf, die nur sehr schwer zu erkennen sind. Jahrzehntelange Staubimmissionen haben an vielen Stellen mehrere cm dicke Schichten auf Straßen, Platten und Gebäudedächern geschaffen, die durch die Vegetation besiedelt werden. Insofern ist das Vorhandensein spontaner Vegetation nur ein bedingt geeigneter Zeiger des Versiegelungsgrades.

Aus diesem Grund wird hier ein pragmatischer Ansatz gewählt, der nur zwischen eindeutig versiegelten und eindeutig unversiegelten Flächen unterscheidet.
Eindeutig versiegelt sind alle Bereiche auf denen Gebäude stehen, vegetationsfreie Straßen, Wege, Plätze oder sonstige Bereiche mit Asphalt-, Beton- oder Eisendecken.
Eindeutig nicht versiegelt sind Flächen, die bislang nicht bebaut waren und nie industriell genutzt wurden, sowie Flächen mit älteren Baumbeständen (> 50 Jahre), die eine gute Wüchsigkeit zeigen.
Für die restlichen Bereiche ist die Einstufung nicht möglich, eine zumindest teilweise Versiegelung kann nicht ausgeschlossen werden.
Die Prozentangaben sind Schätzungen auf der Basis der Werkspläne, bzw. der entsprechenden Farbluftbilder.

- Nutzungsgrad

Der eingeschätzte Nutzungsgrad richtet sich nach der zur Zeit der Geländeaufnahme (1988/89) intensiv genutzten Werksfläche. Das umfaßt die betriebenen Produktionsanlagen, Verkehrs- und Lagerflächen, sowie alle intensiv gärtnerisch gepflegten Freiflächen. Ebenfalls angegeben sind die eindeutig brachgefallenen Teilbereiche, auf denen keine Nutzung zu erkennen ist. Für die restlichen Flächen kann zumindest eine gelegentliche Nutzung angenommen werden.
Die Schätzwerte basieren auf der Geländeerfahrung in den Jahren 1988/89, umgesetzt auf die vorliegenden Werkspläne und Luftbilder.

Bei einer Probefläche (H. VeSc) wurden die unterschiedlichen Nutzungsgrade weiter differenziert (siehe Kapitel 4.2.).

Tabelle Nr. 12 Kurzcharakterisierung der Probeflächen

Fläche	Größe in ha	Beginn industr. Nutzung *	Art der Produktion E S R Kd Ks cS S Ko	Gebäude u. Anlagen bereits abgerissen	Aufschüttungshöhe ca. **	Versiegelungsgrad eindeutig versieg. ca.	eindeutig unvers. ca.	Nutzungsgrad intensiv genutzt ca.	brachliegend ca.	Gesamt-Grünfläche in Hektar ca.	Zier/Unkrautanteil insgesamt ca.	intensiv gepflegt ca.	Anteil spontaner Vegetation ca. ***
A. HoKe	300	1872	x x (x)(x)		1,5 - 8 m	40 %	< 1 %	70 %	10 %	162	4 %	1 %	50 %
B. KrHB	100	1922	x		1 - 2 m	40 %	< 1 %	80 %	10 %	44	4 %	4 %	40 %
C. ThOB	80	1868	x	teilw.	1,5 - 2 m	30 %	5 %	15 %	70 %	49	< 1 %	–	60 %
D. ThNe	40	1902	(x)	denkm.	0,5 m	50 %	20 %	< 1 %	> 99 %	18	6 %	–	40 %
E. ThRu	160	1854	x x (x)(x)		3 - 5 m	40 %	1 %	70 %	5 %	75	2 %	2 %	45 %
F. ThBe	200	1960	x		6 m	35 %	< 1 %	90 %	2 %	80	20 %	20 %	20 %
G. VeHo	140	1930	x (x)		0,3 - 1 m	30 %	15 %	75 %	15 %	77	35 %	20 %	20 %
H. VeSc	250	1935	x (x)		0,5 - 1 m	50 %	5 %	80 %	10 %	75	10 %	8 %	20 %
I. Ruhr	130	1928	x x x x		0,5 - 1 m	40 %	15 %	70 %	10 %	30	3 %	3 %	20 %
J. ZePr	100	1856	x x	teilw.	0,5 - 5 m	25 %	1 %	80 %	8 %	40	5 %	4 %	35 %
K. ZeOs	25	1873	x (x)	Denkmal	1 - 2 m	40 %	0	30 %	50 %	6	4 %	4 %	20 %
L. ZeZo	45	1847	(x)	vollst.	0,5 - 1 m	20 %	10 %	20 %	70 %	25	20 %	5 %	35 %
M. ZeMo	30	1871	(x)(x)	vollst.	0,5 - 4 m	2 %	1 %	0	100 %	24	< 1 %	–	80 %
N. ZeTh	35	1899	(x)(x)	vollst.	4 - 5 m	10 %	< 1 %	4 %	96 %	25	< 1 %	–	70 %
M. ZeLe	3	1857	(x)(x)	vollst.	0,5 - 1 m	5 %	< 1 %	2 %	98 %	2,7	0	–	90 %

Gesamt 1638

* = bezieht sich auf den untersuchten Bereich
** = bezieht sich auf die durchschnittliche flächenhafte Auftragshöhe – Dämme/Wälle etc. sind nicht berücksichtigt
*** = bezogen auf eine Bodendeckung > 10 %
denkw. = denkmalwürdige Industrieanlage

Die jeweiligen Produktionsformen und -anlagen der drei Industriezweige bedingen eine unterschiedliche Flächenstruktur. Im Vergleich der hier ausgewählten Werksflächen lassen sich charakteristische Merkmale der Industriearten feststellen. Einige sind im Folgenden stichpunktartig aufgeführt.

Eisen- und Stahlindustrie:
- Die Werksflächen sind überwiegend sehr groß (über 50 ha).
- Der Anteil extensiv genutzter und völlig brachgefallener Bereiche ist auf älteren Werken verhältnismäßig hoch.
- Im Verhältnis zur Gesamtfläche haben fast alle älteren Werke nur geringe Anteile an gärtnerisch betreuten Grünflächen.
- Im Vergleich mit den beiden anderen untersuchten Industriezweigen weisen diese Werksflächen eine deutlich größere Vielfalt an flächeninternen Lebensräumen auf (siehe Kapitel 5.1.).
- Gleisanlagen haben auf den Werken einen hohen Flächenanteil.
- Die Gesamtfläche an Lagern für Rohstoffe (u.a. Erze, Schrott, Kalkstein), Zwischenprodukte (u.a. Brammen) und Endprodukte (u.a. Coils) ist relativ hoch.
- Die Böden der Werksflächen bestehen überwiegend aus Schlacken, die bei der Produktion anfallen (siehe Kapitel 3.3.2.).
- Bei der Produktion werden teilweise größere Staubemissionen frei, die sich im Nahbereich der Entstehungsorte konzentriert ablagern.

Chemische Industrie (hier nur Mineralölverarbeitung, Kunststoff- und Grundstoffproduktion):
- Die Raffinerien haben einen erheblichen Anteilen an Tanklagern, die zugehörigen Wälle und Nebenflächen sind durchgehend mit Rasenflächen belegt.
- Der Anteil intensiv gepflegter Grünflächen ist insgesamt relativ hoch, bedingt durch die großen Rasenflächen bei den Tanklagern.
- Die Produktionsanlagen sind überwiegend stark verdichtet gebaut und mit einer großen Anzahl von Rohren verbunden.
- Im Verhältnis zu den Werken der Eisen- und Stahlindustrie ist die Anzahl der Gleise gering.
- Auf den älteren Werksflächen bestehen die Böden, aufgrund der engen geschichtlichen Bindung zum Bergbau (Kohlechemie), vor allem aus Bergematerial (siehe Kapitel 3.3.2.).
- Der Nahbereich der Produktionsanlagen wird vielfach durch Herbizide völlig vegetationsfrei gehalten.
- Im Nahbereich der Anlagen kann es zu immissionsbedingten Belastungen mit verschiedenen organischen Schadstoffen kommen

Bergbau (Schachtanlagen und Kokereien):
- Die Böden auf den Werken bestehen überwiegend aus Bergematerial (siehe Kapitel 3.3.2.).
- Der Anteil der Gleise liegt im Vergleich mit den beiden anderen Industriezweigen etwa in der Mitte.
- Die meisten Schachtanlagen und Kokereien weisen größere Anteile an Lagerplätzen für Kohle, Koks und Kohlemischung auf.
- Auf älteren Schachtanlagen finden sich meist kleinere Bergehalden.
- Der Grünflächenanteil ist bei den einzelnen Werken sehr unterschiedlich, er hängt wesentlich von der Initiative der jeweiligen Werksleitung ab.
- Im Nahbereich der Koksbatterien und Nebenanlagen der Kokereien können erhebliche Emissionen, vor allem organischer Schadstoffe, auftreten
- Auf älteren Kokereiflächen gibt es erhebliche Altlasten in den Böden, u.a. größere Verunreinigungen der Böden mit Teerölen.

Die unterschiedliche Struktur wirkt sich deutlich auf die spontane Vegetation der Werksflächen aus. Besonders großen Einfluß haben die aus unterschiedlichen Substraten zusammengesetzten Böden.

3.3. Kurzcharakteristik der Standortbedingungen auf den ausgewählten Probeflächen

3.3.1. "Industrieflächenklima"

Industrieflächen weisen aufgrund der hohen Versiegelungsraten, zusätzlicher Wärmefreisetzung und produktionsbedingter Schadstoffemissionen eine spezifische klimatische Situation auf. GEHRKE (1982) untersucht die klimatischen Auswirkungen einiger Industrieflächen in Duisburg. Entscheidende Faktoren für die hohe Aufheizung auf industriell genutzten Flächen sind demnach der Versiegelungsgrad von Freiflächen im Erdbodenniveau, der Gebäude- und Grünflächenanteil sowie stark wärmeerzeugende Produktionen.

Abbildung Nr. 3   Schematische Darstellung der klimabestimmenden Elemente bei Flächen mit industrieller Nutzung (aus GEHRKE 1982).

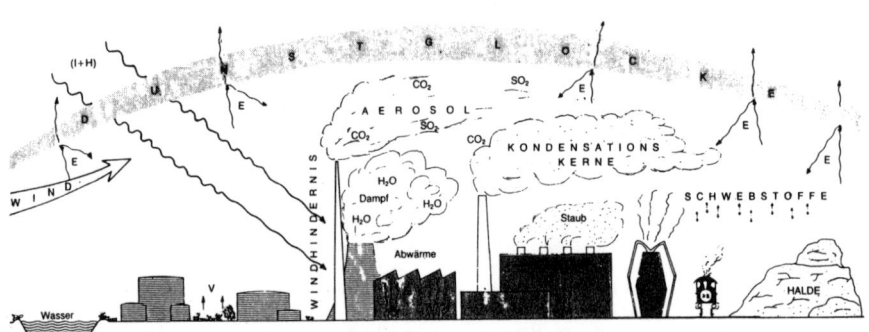

INDUSTRIEFLÄCHENKLIMA	
Typ der Bebauung "Baukörperstruktur"	Dichte Bebauung mit großen Industrieanlagen (Hochöfen, Kühltürme, Kokereien, Stahlkonvertern, Walzstraßen) Große Freiflächen, Abraumhalden, Lagerflächen, Öllager, Klärteiche, freigehaltene Flächen für Industrieerweiterung. Breite Verkehrswege, ausgedehnte Gleisanlagen.
Einstrahlungsbedingungen	Einstrahlung (I+H) durch atmosphärische Verunreinigungen durch verstärkte Absorption und Reflexion geschwächt. "Dunstglocke"
Ausstrahlungsbedingungen	Verminderte Ausstrahlung (E), verstärkte Rückstrahlung, starke Wärmeabstrahlung der erhitzten Oberflächen.
Wind	Industrieflächen am Stadtrand bilden Sperriegel für die Luftzirkulation. Durch Wechsel von stark erwärmten und kalten Oberflächen ist ein lokales Windsystem möglich (jedoch keine Frischluftzufuhr!).
Luftverschmutzung	Erhebliche Emission von Aerosol, Abgasen, Schwermetallstaub, Rauch, Wasserdampf. Luft mit festen und gasförmigen Bestandteilen (=Schadstoffen) angereichert. Im näheren und weiteren Umkreis von den Produktionsstätten erhebliche Immissionen.
Physikal. Eigensch. der Oberflächen	Rauhigkeit der Oberfläche durch inhomogene Bebauung. Flächen (z.T. Metallflächen) mit hoher Absorption und Wärmeleitung, dunkel, schmutzig. Flächen im Erdbodenniveau teils verfestigt, teils mit Beton und Asphalt versiegelt.
Aktive Schicht für den Wärmeumsatz	Bei bebauten Flächen: Vorwiegend Dachflächenniveau, bei unbebauten Flächen Erdbodenniveau.
Wärmestrom in Gebäude und Boden	Intensiver Wärmestrom in die Gebäude (Hallendächer) und in den unbewachsenen, versiegelten Boden.
Latente Wärme	Geringe Verdunstung, da Regenwasser rasch abfließt und kaum Vegetation vorhanden ist. Geringe Verdunstung über dem wenigen Gras- und Ödlandboden.
Fühlbare Wärme	Tagsüber intensive Erhitzung der bodennahen Luft und der Luft über den Industrieanlagen.
Vegetation	Fast keine Vegetation vorhanden, ganz vereinzelt Bäume, Büsche, Freiflächen mit Gras- und Ödland.
Besonderheiten:	Prozess- und Abwärme verstärkt die Strahlungsenergie der Industrieanlagen.

Die punktförmigen Wärmequellen mit extrem hohen Temperaturen (z.B. Hochöfen, Stahlkonverter, Kokereien und Walzstraßen) haben nur eine sehr begrenzte seitliche Auswirkung auf das Gelände, da der überwiegende Teil der Hitze nach oben abgestrahlt wird. Obwohl auch SCHREIBER (1983) feststellt, daß die seitliche Auswirkung von stark wärmeemitierenden Industriegebäuden nicht auffällig verfrühend auf die Entwicklung der vorhandene Vegetation wirkt, haben eigene Beobachtungen gezeigt, daß extreme Hitzeabstrahlungen z.b. am Rand von Schlackebeeten durchaus Auswirkungen auf die Entwicklung der Vegetation im Randbereich haben.

Entscheidender und von größerer Auswirkung auf das gesamte Geländeklima sind die großen Freiflächen im Erdbodenniveau, die aufgrund der Versiegelung (Asphalt oder Schotter) nachhaltig durch die Sonne erwärmt werden. Die eingestrahlte Wärme wird in tiefere Bodenschichten abgeführt, dort eine Zeit gespeichert und wieder abgeführt. Im Sommer bleibt immer ein Rest Wärmeenergie im Boden, der durch erneute Wärmezufuhr vergrößert wird. Dieses ist allerdings nicht auf Industrieflächen begrenzt, tritt hier aber in besonders großer Ausdehnung auf. Bei einem von GEHRKE (1982) untersuchten Stahlwerk in Duisburg Ruhrort, machte eine derart erhitzte Fläche rund 75 % des untersuchten Bereiches aus.

Auf Industrieflächen mit hohen Grünflächenanteil heizen sich die Böden deutlich weniger auf. Dies trifft z.B. für die ausgedehnten Tanklager der Mineralölindustrie zu, deren Schutzwälle mit Rasen bedeckt sind. Es gilt aber auch für Flächen mit großen Anteilen an spontaner Vegetation z.B. älteren Industriebrachen. Je nach Struktur der Flächen sind die Auswirkungen auf Gelände- und Stadtklima entsprechend unterschiedlich.

Die klimabestimmenden Elemente auf Industrieflächen sind in der Abbildung Nr. 3 zusammengestellt.

3.3.1.1 Emissionen - Immissionen

Ein besonderer Aspekt des Industrieflächenklimas sind die produktionsbedingten Emissionen bzw. Immissionen auf den Flächen. Ausführliche Darstellungen über Entstehung, Verbreitung und Wirkung von Emissionen bzw. Immissionen geben u.a. DÄSSLER (1981), ERNST & JOSSE-VAN-DAMME (1983), SAUERBECK (1985) und BUNDESAMT (1987).

Die luftverunreinigenden Substanzen werden bei dem Eintritt in die Atmosphäre einer Reihe von Einflüssen unterzogen, die bestimmen, wie weit und wohin die Emissionen verlagert werden und welche Schadstoffkonzentrationen auftreten (DÄSSLER 1981). Deshalb läßt sich, selbst wenn genaue Daten über die Emissionsmengen vorliegen, keine Aussage darüber machen, wie hoch z.B. die Immissionen auf den Probeflächen sind (siehe auch KUTTLER 1988). Auch die drei für das Ruhrgebiet aufgestellten Luftreinhaltepläne (Ruhrgebiet West/Mitte/Ost u.a. MURL 1986) können über die konkrete Belastung auf den Flächen keine Auskunft geben.

Grundsätzlich wird zwischen staubartigen und gasförmigen Emissionen unterschieden. Bei den komplexen großindustriellen Anlagen entstehen Emissionen vor allem an folgenden Stellen:

- Produktionsanlagen (beim Befüllen und Entleeren)
- Transport-, Verlade- und Abfülleinrichtungen
- Lagerplätze
- Abfalltransport, -lagerung und -deponierung

Die mengenmäßig bedeutensten Emissionen der hier ausgewählten Industriezweige sind (siehe auch Anhang Teil I.):

Eisen- und Stahlindustrie

Stäube - vor allem Erz-, Sinter- und Schlackestäube die gewissen Anteile an Schwermetallen enthalten (u.a. Zink, Blei, Kupfer, Cadmium).
Gase - vor allem Schwefeloxide, Stickoxide, Schwefelwasserstoff, Kohlendioxid.

Chemische Industrie/Mineralölverarbeitung

Gase - vor allem Kohlenwasserstoffe u.a. Benzole, Toluole, Xylole und Phenole, Schwefeloxide, Stickoxide, Ammoniak, Kohlendioxid.

Chemische Industrie/Kunststoffherstellung und organische Chemie

Gase - vor allem Kohlenwasserstoffe u.a. Trichlorethylen, Perchlorethylen und Alkohole, Alkanole, Ketone und Ester, sowie Schwefeloxide, Stickoxide und Kohlendioxid.

Chemische Industrie/Düngerproduktion und anorganische Chemie

Stäube - vor allem Düngerstaub, Phosphate
Gase - vor allem Stickoxide, Ammoniak, Schwefeloxide und Chlorwasserstoff, sowie Kohlendioxid.

Bergbau und Nebenanlagen

Stäube - vor allem Kohlen- und Koksstaub
Gase - vor allem Kohlenwasserstoffe u.a. Benzole, Toluole, Xylole und Phenole, Cyanverbindungen, Ammoniak, Teerdämpfe und Schwefelwasserstoff, sowie Kohlendioxid.

3.3.2. "Industrieböden"

Die Bodenbildungen auf Industrieflächen sind noch weitgehend unerforscht. Um die industriellen Standorte zumindest grob zu charakterisieren, wird hier eine kurze vereinfachende Beschreibung industrieller Böden gegeben. Einerseits lassen sich hierfür die Empfehlungen der Arbeitsgruppe Stadtböden für die Kartierung urban, gewerblich und industriell überformter Flächen (siehe BLUME et al. 1989) heranziehen. Andererseits wurden auf einem Teil der hier ausgewählten Probeflächen bodenkundliche Untersuchungen im Rahmen des bereits erwähnten Forschungsvorhabens (siehe DETTMAR et al. 1991) durchgeführt. Auf diese Ergebnisse kann hier zurückgegriffen werden.

Zur besseren Standortcharakterisierung bei den Vegetationsaufnahmen (siehe Kapitel 5.1.) wurde ein einfacher Substratschlüssel entwickelt. Mit seiner Hilfe kann die Substratstruktur der oberen Bodenschicht in der Aufnahmefläche näher beschrieben werden. Aufgrund der mehr als 1500 Vegetationsaufnahmen, die auf den Probeflächen angefertigt wurden (siehe DETTMAR et al. 1991), ist damit ein gewisser Einblick in die Substratstruktur möglich.

Auf den Flächen der ausgewählten Industriezweige dominieren skelettreiche feinmaterialarme Auftragsböden aus Gemengen von technogenen und natürlichen Substraten. Die Stärke der Aufschüttung variiert von 0,5 bis über 10 m.

Nach den vorherrschenden Substraten lassen sich die Böden auf den Werken der drei Industriezweige grob in zwei Gruppen einteilen. Auf den Flächen der Eisen- und Stahlindustrie dominieren Schlackeablagerungen. Bei dem Bergbau und der chemischen Industrie herrschen dagegen Bergematerialablagerungen vor. In kleineren Anteilen kommen zahlreiche weitere Substrate vor. Die Gemenge und Vermischungen sind außerordentlich vielfältig.

Einen weiteren Einblick gibt die Aufstellung der dominierenden Substrate in 48 aufgegrabenen Profilen auf verschiedenen Flächen der Eisen- und Stahlindustrie (siehe Tabelle Nr. 13).

Tabelle Nr. 13 Verteilung der dominierenden Substrate/Substratgemenge in 48 Profilen auf fünf Werksgeländen der Eisen- und Stahlindustrie im Ruhrgebiet

Anzahl der Profile	Dominierende Substrate/Substratgemenge
23	Hüttenschlacke- Bauschuttgemische
6	reine Hüttenschlacke
5	Hüttenschlacke-Bauschuttgemenge mit größeren Anteilen an Filterstäuben oder Erzen
5	reiner Filterstaub, Filterschlamm oder sonstige industrielle Schlämme
4	Vermischungen von natürlichen Substraten (incl. Bergematerial) mit Hüttenschlacke und/oder Bauschutt
2	Hüttenschlacke-Koks-Kohle-Gemische
2	reine Asche (Sandstrahlgut)
1	weitgehend natürliche Substrate (ehem. Hausgarten)

Eine ausführliche Beschreibung aller auftretenden Stoffe ist hier nicht möglich; nur für die häufigsten und typischen Substratgruppen, unterteilt nach technogener und natürlicher Herkunft, wird eine kurze Charakterisierung gegeben (ausführlichere Darstellung siehe DETTMAR et al. 1991).

3.3.2.1. Künstliche oder technogene Substrate

Die technogenen Substrate lassen sich nach dem Vorschlag des Arbeitskreises Stadtböden (BLUME et al. 1989) in die Gruppen Aschen, Schlacken, Müll, Bauschutt und Industrie- und Gewerbeschlämme unterteilen.

- Schlacken der Eisen- und Stahlindustrie

Bei den technogenen Substraten herrschen vor allem die Schlacken der Eisen- und Stahlindustrie vor. Diese fallen bei der Eisen- und Stahlproduktion im großen Umfang an. Während sie früher vor allem auf oder nahe den Werksflächen abgelagert wurden, werden die Schlacken heute überwiegend als Baustoffe (z.B. für den Straßenbau) weiterverwendet (siehe KLASSEN 1987)

Man unterscheidet Hochofen- und Stahlwerksschlacken (ausführliche Darstellung bei KLASSEN 1987). Die Hochofenschlacke wird nach Stückgröße und Dichte unterteilt in Stückschlacke, Hüttenbims und Hüttensand. Sie hat überwiegend eine kalksilikatische Zusammensetzung.

Tabelle Nr. 14 Durchschnittliche chemische Zusammensetzung von Hochofenschlacke (mg/kg) aus KLASSEN (1987a)

	Durchschnittliche Streuwerte (mg/kg)
SiO_2	300 - 400
Al_2O_2	80 - 160
CaO	350 - 450
MgO	50 - 1200
K_2O u. Na_2O	8 - 22
FeO	3 - 15
P_2O_5	0 - 10

Gehalte an Schwermetallen (Einzelprobe)	
Pb	61,6
Ni	23,7
Zn	5,2
Cr	51,4
Cd	3,5

Die Stahlwerksschlacken lassen sich je nach Stahlherstellungsart unterteilen in Elektroofen-, Induktionsofen-, Kupolofen-, Siemens-Martin-Ofen-Schlacke etc. Je nach eingesetztem Verfahren handelt es um kalkphosphatische oder kalksilikatische Schlacken. Die Unterschiede in der Zusammensetzung der Stahlwerksschlacken, auch was die Schwermetallgehalte angeht, sind wesentlich größer als bei der Hochofenschlacke (siehe KLASSEN 1987).

Tabelle Nr. 15 Schwermetallgehalte von Kupolofenschlacke, Induktionsofenschlacke und Lichtbogenofenschlacke (nach KLASSEN 1987)

	Schwermetall (mg/kg)				
	Pb	Ni	Zn	Cu	Cd
Kupolofenschlacke	54,4	18,4	22,0	295,6	3,5
Induktionsofenschl.	54,4	95,6	29,2	111,4	3,1
Lichtbogenofenschl.	43,2	38,9	26,5	19898,7	8,4

Die Unterscheidung der Schlackearten im Gelände ist schwierig und setzt erhebliche Erfahrungen voraus. Nach den vorherrschenden Produktionsarten und erzeugten Mengen dürften auf den ausgewählten Flächen der Eisen- und Stahlindustrie vor allem Hochofenschlacken und Siemens-Martin-Schlacken dominieren.

Über die Verwitterung und Bodenbildung aus diesen Schlacken ist nicht viel bekannt. Erste Erkenntnisse hierzu hat man gewonnen im Rahmen von Überlegungen zum Einsatz der Schlacken für die Bodenverbesserung (siehe KLASSEN 1987). Vor allem bei den kalksilikatischen Schlacken entstehen, aufgrund der tw. hohen Kalkgehalte, Böden mit alkalischem Milieu. Die Wasserhaltefähigkeit der Schlackeablagerungen ist gering. Die Schlackengranulate können das Niederschlagswasser kaum aufhalten, besonders wenn die Oberfläche der einzelnen Körper glasig ist.

- Bauschutt

Auf den ausgewählten Industrieflächen ist Bauschutt nach den Schlacken in den Auftragsböden die zweithäufigste Gruppe bei den technogenen Substraten. Diese Gruppe umfaßt eine große Palette unterschiedlichster Stoffe, die man nach ihrer Herkunft einteilen kann in Siedlungsbauschutt und Straßenbauschutt. Siedlungsbauschutt enthält z.b. Ziegel, Kalk, Mörtel, Putz, Beton, Eisenteile, Plastikteile etc. (siehe BLUME et al. 1989). Alle Stoffe haben ein spezifisches Verhalten in der Bodenentwicklung und beeinflußen die Bodenbildung. Über "Siedlungs-Bauschuttböden" und ihre Genese liegen bereits einige Untersuchungen vor (siehe u.a. BLUME & RUNGE 1978, BLUME 1982). Speziell zu "industriellen Bauschuttböden" sind noch keine Untersuchungen bekannt.

Weitere Gruppen technogener Substrate sind insgesamt gesehen deutlich geringer in den Ablagerungen vertreten, kleinflächig können sie jedoch auch einmal vorherrschen. Sie sollen im folgenden nur stichwortartig aufgezählt werden.

- Sonstige Schlacken

z.B. - Kokereischlacken, Schlackenrückstände aus der Verkokung sind völlig anders zusammengesetzt.als die Eisen- und Stahlschlacken, Kalkbestandteile spielen hier keine Rolle.

- Aschen

z.B. - Kraftwerksaschen aus Kohlekraftwerken, Flugaschen (siehe KLASSEN 1987)
 - Sandstrahlaschen, spezielle Silikataschen für Strahlarbeiten (Entrostung)

- Filterstäube/Filterschlämme

z.B. - Gichtgasstaub aus der Eisenherstellung (siehe DETTMAR 1985)
 - Gichtgasschlamm aus der Eisenherstellung (siehe DETTMAR 1985)
 - Sinterstäube

- Industrieschlämme/Klärschlämme

z.B. - Klärschlämme aus industrieeingenen Kläranlagen und Absetzbecken
 - Zunderschlämme, abgespültes Feinmaterial aus den Walzstraßen
 - Kalkschlämme aus der Stahlherstellung

- Koks

z.B. - Koksstücke oder Kokstaub

3.3.2.2. Natürliche Substrate

Auch natürliche Substrate weisen in Städten und speziell in Industriegebieten eine Reihe anthropogener Veränderungen auf, die z.B. mit der technischen Ablagerung oder technogenen Umbildung zusammenhängen (siehe BURGHARDT 1988).

Auf den Industrieflächen spielen natürliche Böden nur eine untergeordnete Rolle, sie sind meist meterdick überdeckt und gelangen nur bei Tiefbaumaßnahmen an die Oberfläche. In geringeren Anteilen sind sie mit den aufgetragenen Substraten vermischt.

Den größten Anteil bei den natürlichen Substraten in den Industrieböden, speziell auf den Flächen des Bergbaus, hat das sogenannte Bergematerial.

- Bergematerial

"Berge" ist ein Begriff der Bergmannssprache und bezeichnet das mit der Kohle zutage geförderte Gesteinsmaterial. Im Ruhrbergbau handelt es sich dabei überwiegend um Gesteine aus dem Karbon, vor allem Sand-, Silt- und Tonsteine (siehe NEUMANN-MAHLKAU & WIGGERING 1986:12).

Das in großer Menge anfallende Bergematerial wird auch heute noch überwiegend auf Halden geschüttet (ca. 60 Millionen t/Jahr Stand 1986). Die Werksflächen des Bergbaus und seiner Nebenanlagen (Kokereien), sowie ehemals angeschlossener Produktionsbereiche (Chemische Industrie und Raffinerien) wurden überwiegend mit diesem im Überfluß vorhandenen Material aufgeschüttet und begründet.

Das aus großer Tiefe (tw. über 1000 m) zu Tage geholte Gestein weist zunächst kaum verfügbare Nährstoffe auf und enthält teilweise hohe Salzkonzentrationen. Die Bodenbildung aus Bergematerial ist relativ gut untersucht (siehe NEUMANN-MAHLKAU & WIGGERING 1986). Untersuchungen in diesem Bereich resultieren vor allem aus dem Zwang, die riesigen Halden des Bergbaus möglichst schnell zu begrünen. Das ist nur dann erfolgreich möglich, wenn die Bodenbildungsprozesse dieser Ablagerungen ausreichend bekannt sind und berücksichtigt werden. Viele Fehlschläge in den letzten 50 Jahren haben die Erfahrungen der Verantwortlichen beim Ruhrbergbau erheblich gesteigert. Allerdings finden die Ergebnisse der Sukzessionsforschung auf Bergehalden, die an der Universität Essen seit über 20 Jahren betrieben werden (Prof. JOCHIMSEN), immer noch nicht ausreichende Berücksichtigung.

Auf den überwiegend ebenen Werksflächen herrschen etwas andere Bedingungen als auf den Bergehalden, da das Material hier flächenhaft aufgebracht und meist intensiv verdichtet wird. Oft werden dabei auch andere Substrate, vor allem Bauschutt miteingebracht. Sofern die Bereiche für die spontane Vegetationsentwicklung zur Verfügung stehen, sind die wesentlichsten Hemmnisse der Besiedlung in den extremen Oberflächentemperaturen, der Verdichtung und der Nährstoffarmut zu sehen. Neben der mechanischen Verdichtung beim Auftrag neigt das Bergematerial auch zur Selbstverdichtung, da im Laufe der Verwitterung entstandenes Feinstmaterial aus den oberen Bodenbereichen ausgewaschen wird und in tiefere Schichten gelangt. Unter dieser "natürlichen" Verdichtungsschicht in 10 bis 15 cm Tiefe kommt die Bodenentwicklung weitgehend zum Erliegen (siehe NEUMANN-MALHKAU & WIGGERING 1986:35). Die auf den Bergehalden unter bestimmten Bedingungen einsetzende Versauerung der Böden als Folge der sogenannten Pyritverwitterung (siehe KERTH & WIGGERING 1986) wird auf den Werksflächen durch den beigemischten Bauschuttanteil nicht beobachtet (KUHS & BURGHARDT 1988).

Die im folgenden erwähnten, weiteren natürlichen Substrate sind insgesamt gesehen deutlich geringer in den Ablagerungen vertreten, kleinflächig können sie jeoch auch dominieren. Sie sollen nur stichwortartig aufgezählt werden.

- Eisenerze

Dieser Grundstoff der Eisenproduktion wird in größeren Mengen in Erzlagern und -bunkern auf den Flächen der Eisen- und Stahlindustrie gelagert und gelangt stellenweise auch in die Böden.

- Kohle

Speziell an alten Kohlelagern findet man oft größere Kohleanteile oder -schlammablagerungen.

- Kalksteinschotter

Verschiedene Kalksteine u.a. Dolomit werden als Zuschlagstoffe für die Eisen- und Stahlherstellung verwendet und entsprechend gelagert. Darüberhinaus verwendet man Kalksteinschotter neben Schlackeschotter für den Gleisbau.

Intensiver kann im Rahmen dieser Arbeit nicht auf die Bodenzusammensetzung eingegangen werden. Auch die Bodenentwicklung muß hier unbehandelt bleiben. Gerade was das Zusammenwirken der verschiedenen Substrate, ihr Verhalten in der Bodenbildung angeht, sind die meisten Fragen noch offen.

3.3.2.3. Altlasten - Altablagerungen - Altstandorte

Ein besonders schwieriges Problem auf Industrieflächen sind Kontaminationen der Böden durch industrielle Altlasten. Da die genannten Begriffe zum Teil mißverständlich verwandt werden, erscheint zunächst eine Definition notwendig (nach KINNER et al. 1986)

- Altablagerungen:

stillgelegte, betriebsinterne Ablagerungen von Abfällen, unbeschadet des Zeitpunktes ihrer Stillegung, sowie sonstige stillgelegte betriebsinterne Aufhaldungen und Verfüllungen.

- Altstandorte:

Standorte stillgelegter Anlagen in denen mit umweltgefährdenden Stoffen umgegangen wurde.

- **Altlasten**

alle Altablagerungen und Altstandorte von denen nach einer Gefährdungsabschätzung beurteilt, Gefahren und Beeinträchtigungen für die menschliche Gesundheit oder die Umwelt ausgehen.

Ausführliche Darstellungen zum Themenbereich Altlasten - Ermittlung, Gefahrenabwehr und Sanierung geben u.a. SMITH (1985), FRANZIUS et al. (1988), RÖSGEN (1988) und BARKOWSKI et al. (1990), die verschiedenen Modelle zur vergleichenden Gefährdungsabschätzung stellt FESKORN (1990) vor.

Bodenverunreinigungen auf Industrieflächen gehen vor allem zurück auf:

- Leckagen und Handhabungsverlusten
- Deponierung von Produktionsrückständen auf dem Gelände
- zurückgelassenes Material in den stillgelegten Anlagen
- Verlagerung bzw. Ausbreitung kontaminierender Substanzen durch Abrißarbeiten
- Schadstoffimmissionen während des Betriebes

Mit der von KINNER et al. (1986) angegebenen Matrix der Wirtschaftszweige/Stoffe kann man einen ersten Überblick der branchentypischen Problemstoffe gewinnen. Hier sind die mengenmäßig bedeutenden und/oder verbreitesten gehandhabten potentiell bodenverunreinigenden Stoffe aufgeführt (weitere Ausführungen bzgl. der hier ausgewählten Industriezweige siehe DETTMAR et al. 1991).

- **Wirkungen der Schadstoffe**

Die Vielfalt der umweltrelevanten Schadstoffe und die Komplexität ihrer Wirkungen auf natürliche Systeme macht eine umfassende Darstellung nahezu unmöglich. Allein die Darstellung der bisher bekannten Wirkungen der wesentlichsten Schadstoffe in den Böden und auf die Vegetation würde den hier möglichen Rahmen bei weitem sprengen (siehe u.a. HOCK & ELSTNER 1984, ERNST & JOSSE-VAN DAMME 1983, BUNDESAMT 1987 und KNEIB & RUNGE 1989).

Die wesentlichsten Schadstoffe lassen sich vier Gruppen zusammenfassen:

- Säurebildner
- Schwermetalle
- Organische Schadstoffe
- Stickstoffhaltige und/oder alkalische Stoffe

Während die Auswirkungen der Säurebildner, Schwermetalle und der stickstoffhaltigen/alkalischen Stoffe auf die Böden und die Pflanzenwelt relativ gut untersucht sind, weiß man über den Komplex der organischen Schadstoffe nur wenig (KNEIB & RUNGE 1989).

Im Rahmen dieser Arbeit sind Beziehungen von Schadstoffen und Pflanzen nur dann von Interesse, wenn sie als Ursache für spezifische Vorkommen gewertet werden können.

4. Die floristischen Untersuchungen

4.1. Methoden

In den Vegetationsperioden 1988/89 wurde versucht, alle wildwachsenden Sippen der Farn-, Blütenpflanzen auf den 15 Probeflächen zu erfassen. Alle erreichbaren Stellen auf den Untersuchungsflächen sind mehrfach systematisch zu verschiedenen Zeiten im Laufe der Vegetatiosperiode abgesucht worden. Nicht zu erreichen waren z.b. bewachsene Dächer ohne entsprechende Zugänge oder Nahbereiche von betriebenen Anlagen (z.B. Hochöfen).

Die Zahl der Untersuchungstage pro Fläche liegt zwischen 8 und 29 im Laufe der zwei Jahre, was mit den unterschiedlichen Flächengröße, dem Versiegelungsgrad, dem Nutzungsgrad, dem Flächenanteil der spontanen Vegetation, der Übersichtlichkeit und der Zugänglichkeit der Flächen zusammenhängt.

Erkennbar vollständig versiegelte Bereiche (siehe Kapitel 3.2.) wurden extensiver bearbeitet (insgesamt ca. 600 ha). Allerdings sind bei den anfallenden Staubmengen auf einigen Werken durchaus Vegetationsansiedlungen auf Dächern oder Straßen vorhanden. An leichter besiedelbarer Fläche verbleibt insgesamt ca. 1000 Hektar. Zieht man hiervon die aus verschiedensten Gründen weitgehend vegetationsfreien, die mit Ziergrün belegten und aufgeforsteten Flächen ab, verbleiben ca. 330 Hektar an größeren zusammenhängenden Bereichen mit spontaner Vegetation.

Die Erfassung erfolgte in der ersten Vegetationsperiode mit der Strichliste der Flora NRW. Auf jeder Untersuchungsfläche fand eine Häufigkeitsabschätzung der gefundenen Arten anhand einer siebenstufigen Skala, die Artenzahlen und Flächenbedeckungen verbindet, statt (siehe Tabelle Nr. 16). Da diese Werte nur von einem Bearbeiter geschätzt wurden, sind die Angaben auf subjektiver Ebene vergleichbar.

Tabelle Nr. 16 Häufigkeitsklassifizierung für die Flora in Anlehnung an WEBER (1978)

Stufe	Häufigkeitseinschätzung	
1	sehr selten	(ein Vorkommen von 1 bis 5 Exemplaren an nur einem Standort)
2	selten	(häufiger an einem Standort (bis zu 50 Exemplare) oder sehr selten an 2 bis 3 Standorten)
3	einzeln	(zerstreute Vorkommen an mehr als drei Standorten)
4	verbreitet	(mittlere Häufigkeit an mehreren Standorten)
5	häufig	(regelmäßig in kleineren Beständen auf der gesamten Fläche oder an mehreren Stellen in größeren Beständen)
6	sehr häufig	(regelmäßig größere Bestände auf der gesamten Fläche)
7	massenhaft	(auf großen Teilen der Fläche Dominanzbestände)

Die Ergebnisse der ersten Kartierperiode ermöglichten die Aufstellung einer eigenen floristischen Kartierliste für jede Fläche. Dies vereinfachte die Kartierung im zweiten Durchlauf. Die Häufigkeitseinschätzung aus dem ersten Jahr konnten so überprüft und gegebenenfalls verändert werden.

Die Nomenklatur der Farn- und Blütenpflanzen richtet sich weitgehend nach EHRENDORFER (1973) bzw. der Florenliste Nordrhein-Westfalen (WOLFF-STRAUB et al. 1988). Pflanzen, die sich im Gelände nicht zweifelsfrei bestimmen ließen, wurden gesammelt, herbarisiert und nachbestimmt. Verbleibende Unsicherheiten konnten in einigen Fällen von Experten beseitigt werden.

Die Benennung der Moose richtet sich nach FRAHM & FREY (1983). Bis auf wenige im Gelände zweifelsfrei zu erkennende Moosarten sind alle anderen gesammelt und unter dem Mikroskop bestimmt worden.

4.2. Gesamtzahl und Frequenzverteilung der Farn- und Blütenpflanzensippen

Die Untersuchung der ausgewählten Industrieflächen ergab insgesamt <u>699 wildlebende Sippen</u>. Davon sind 106 aus Anpflanzungen verwildert, und/oder Ansalbungen können nicht ausgeschlossen werden. Darüberhinaus kommen 59 sowohl spontan als auch aus Anpflanzungen verwildert vor oder wurden eventuell angesalbt (Zusammenstellung der Sippen siehe Tabelle Nr. 17 im Anhang Teil II).

Um herauszufinden wieviel Prozent der Flora von NRW (WOLFF-STRAUB et al. 1988) auf den Industrieflächen vertreten sind, müssen zunächst unterschiedliche Detailierungsgrade, und eventuell unterschiedliche Artauffassungen miteinander abgestimmt werden.

In der Florenliste von NRW (FL NRW, WOLFF-STRAUB et al. 1988) ist nur ein Teil der in diesem Bundesland vorkommenden unbeständigen Arten aufgeführt. Unberücksichtigt sind zahlreiche Zierpflanzen, Garten- und Feldfrüchte, die Mehrzahl der in Garten- und Parkanlagen vorkommenden Gehölze sowie die von Straßenbau und Flurbereinigung verwendeten nicht heimischen Holzgewächse (WOLF-STRAUB et al. 1988:50). Weiterhin werden bestimmte Artaggregate wie z.B. Rubus fruticosus agg. nicht differenziert.

Die Gesamtzahl der auf den Industrieflächen festgestellten Sippen muß deshalb zunächst um die nicht in der Florenliste NRW erwähnten unbeständigen Sippen (insgesamt 88) reduziert werden. Außerdem sind die in dieser Arbeit differenzierten Rubus fruticosus-Sippen (insgesamt 22) zu streichen.

Vernachlässigt man einige weitere kleinere Unterschiede verbleiben 579 Sippen, das entspricht ca. 31 % der in der FL NRW aufgeführten Sippen. Bezieht man den Vergleich nur auf die Großlandschaften Westfälische Bucht/Westfälisches Tiefland und Niederrheinisches Tiefland liegt der Wert bei ca. 40 %.

Die Artenzahlen sind abhängig von der Größe der untersuchten Flächen. Das Verhältnis läßt sich als "Standardlinie" in einer doppelt logarithmischen Skala darstellen (vergl. KUNICK 1982:14, GRAF 1986:59, siehe Tabelle Nr. 18 und Abbildung Nr. 4). Die Lage der Standardlinie ändert sich entsprechend der vorhandenen biologischen Vielfalt oder Diversität.

Hier wird zur Berechung des Art-Areal-Verhältnisses das Verfahren von ARRHENIUS verwendet (siehe GRAF 1986:59).

Tabelle Nr. 18   Logarithmisierung der Werte Artenzahl und Flächengröße

Fläche	Größe in ha	Artenzahl	lg Fläche	lg Artenzahl
A. HoWe	300	412	2,4771	2,6149
B. KrHö	100	317	2,0000	2,5011
C. ThOb	80	368	1,9031	2,5658
D. ThMe	40	298	1,6021	2,4742
E. ThRu	160	385	2,2041	2,5854
F. ThBe	200	323	2,3010	2,5092
G. VeHo	140	308	2,1461	2,4886
H. VeSc	250	260	2,3979	2,4149
I. Ruhr	130	274	2,1139	2,4378
J. ZePr	100	323	2,0000	2,5092
K. ZeOs	25	225	1,3979	2,3522
L. ZeZo	45	257	1,6532	2,4099
M. ZeMo	30	215	1,4771	2,3324
N. ZeTh	35	286	1,5441	2,4564
O. ZeLe	3	125	0,4771	2,0969

Abbildung Nr. 4

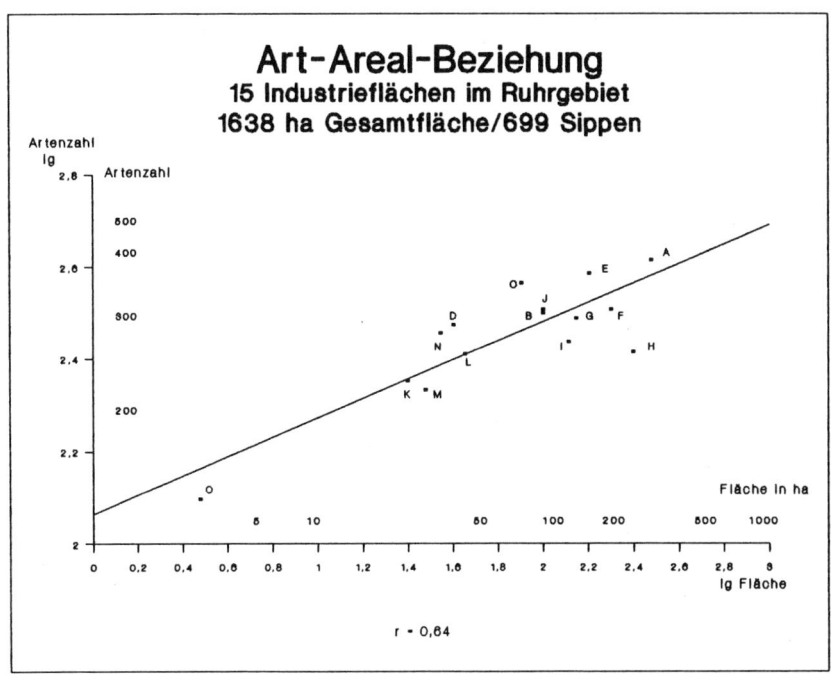

Neben der Flächengröße sind die Gesamtartenzahlen von einer Reihe anderer Faktoren beeinflußt. Zu nennen sind hier Nutzungsintensität, Versiegelungsgrad, Standortheterogenität, Struktur der angrenzenden Flächen, geographische Lage, Schadstoffbelastungen, und nicht zuletzt spielt auch die Gründlichkeit des jeweiligen Kartierers eine Rolle.

Ein besonders wichtiger Faktor für die Artenzahlen ist die Nutzungsintensität der Fläche (siehe REIDL 1989:318, AEY 1990:142). Eine geringe bis mittlere Nutzungsintensität wirkt in der Regel noch steigernd, intensive Nutzungen mit hohen Flächenbeanspruchungen bewirken sinkende Artenzahlen. Als Beleg hierfür können die im Verhältnis zur Flächengröße relativ niedrigen Artenzahlen auf den drei besonders intensiv genutzten Werksflächen (F.ThBe Thyssen Beeckerwerth, H.VeHo Veba Horst und I.VeSc Veba Scholven) gewertet werden.

Ob sich diese angenommenen Zusammenhänge auch statistisch bei den Untersuchungsflächen belegen lassen, soll anhand einer Korrelationsrechnung überprüft werden. Um Werte über die Nutzungsintensität zu bekommen, wurde der jeweilige Nutzungsgrad der Werksflächen geschätzt (siehe Kapitel Nr. 3.2.). Der Prozentwert ist bezogen auf den Anteil intensiv genutzter Flächenbereiche, auf denen wiederholt Tätigkeiten stattfinden, die mit der industriellen Produktion in Zusammenhang stehen. Dazu zählen z.B. auch gepflegte Grünanlagen.

Diese simple Einteilung beinhaltet zwar Ungenauigkeiten, ist aber relativ einfach anwendbar. Außerdem läßt sich auf diese Weise auch ein weiteres Problem lösen. Die Erfahrung auf den Werksflächen zeigt, daß eine generelle Einteilung in "genutzt" und "brachgefallen" außerordentlich schwierig ist. Auf vielen größeren Industrieflächen liegen erhebliche Flächenanteile brach und sind teilweise mit genutzten Bereichen engverzahnt. Sinnvoller als die Einteilung in "Brachen" und "genutzte Flächen" erscheint es deshalb, den Nutzungsgrad einer Fläche anzugeben. Neben der Flächengröße und der Nutzungsintensität ist es wahrscheinlich, daß auch die Versiegelungsrate der Flächen eine Rolle spielt. Es ist wahrscheinlich, daß eine hohe Versiegelung zusätzlich senkend auf die Artenzahlen wirkt. Die statistische Überprüfung erfolgt mittels der "Spearman Rank Correlation".

Tabelle Nr. 19 Spearman Rank Correlation zwischen Gesamtartenzahl, Flächengröße, Nutzungsgrad und Versiegelungsgrad mit insgesamt 15 Einzelflächen.

n = 15	Flächengröße		Nutzungsgrad		Versiegelungsgrad	
	Coeff.	Signi.	Coeff.	Signi.	Coeff.	Signi
Artenzahl	0,6807	0,0109	0,5973	0,0254	0,6399	0,0167

(Coeff.= Coefficient Signi.= Significance level)

bei n = 15 betragen die Zufallshöchstwerte des SPEARMAN Rangkorrelationskoeffizienten nach GLASSER & WINTER (1961):

Irrtumswahrscheinlichkeit			
0,5 %	1 %	2,5 %	5 %
0,6536	0,6000	0,5179	0,4429

Die statistische Auswertung stützt die oben aufgestellte Hypothese der Abhängigkeit der Artenzahlen von der Flächengröße, der Nutzungsintensität und dem Versiegelungsgrad.

Grundsätzlich ist bei der Korrelierung von Nutzungsintensitäten und Artenzahlen zu beachten, daß die Sukzession auf Brachflächen nach einiger Zeit wieder zu einer Reduzierung der Artenzahlen führt, wie REBELE (1988) für Berliner Industrie- und Gewerbebrachen belegt. Dies ist vermutlich auch die Ursache für die relativ niedrigen Artenzahlen auf älteren brachgefallenen Flächen (z.B. M. ZeMo Zechenbrache Mont Cenis). Eine eindeutige Aussage, wie sie REBELE (1988) für die wesentlich kleineren Flächen in Berlin gibt, ist aufgrund der Größe der hier untersuchten Flächen und der engen Verzahnung von genutzten und stilliegenden Bereichen nicht möglich.

An einigen Einzelflächen läßt sich der Zusammenhang zwischen Nutzungsintensität und Artenzahlen besonders gut darstellen. Das Gelände der Veba Raffinerie in Gelsenkirchen Scholven (H. VeSc, insgesamt 250 ha) läßt sich in drei unterschiedlich intensiv genutzte Bereiche einteilen, deren Artenbestand jeweils erfaßt wurde.

1. Höchste Nutzungsintensität (ca. 100 ha)

Flächen im Nahbereich der technischen Anlagen und Gebäude mit hoher Trittbelastung, fast vollständiger Versiegelung und häufiger Herbizidbehandlung

2. Hohe bis mittlere Nutzungsintensität (ca. 125 ha)

Innenbereich des Werkes außer den unter 1. genannten Flächen, alle Weg- und Straßenränder, angelegte Grünflächen (Scherrasen, Zierbeete etc.), Lagerplätze und kleinere Ruderalflächen mit gewisser Trittbelastung, stellenweise hoher Versiegelung, regelmäßigen gärtnerischen Pflegemaßnahmen und gelegentlichem Herbizideinsatz.

3. Geringe Nutzungsintensität (ca. 25 ha)

Außenbereiche des Werkes, bis zum Zeitpunkt der Untersuchung nicht industriell genutzte Flächenteile, extensiv genutzte Lager- und Montierplätze mit gelegentlicher Trittbelastung, stellenweise versiegelten Bereichen und seltenen gärtnerischen Pflegeeingriffen.

Die entsprechenden Teilbereiche sind in dem Werksplan Abbildung Nr. 5 dargestellt. Die Angaben zur Größe der Teilbereiche beruhen auf Schätzungen. In Abbildung Nr. 6 ist die Verteilung der festgestellten Sippen dargestellt. Es zeigt sich, daß in dem Bereich der höchsten Nutzungsintensität trotz einer Gesamtgröße von ca. 100 Hektar nur neun Farn- und Blütenpflanzensippen vorkommen. Dagegen sind in dem wenig genutzten Außenbereich auf nur 10 % der Werksfläche über 80 % aller festgestellten Sippen zu finden.

Bei den neun Farn- und Blütenpflanzensippen, die auch noch in den am intensivsten genutzten Werksbereichen vorkommen, handelt es sich um:

Conyza canadensis	Poa pratensis subsp. irrigata
Dactylis glomerata	Senecio inaequidens
Epilobium angustifolium	Senecio viscosus
Epilobium ciliatum	Senecio vulgaris
Poa annua	

Abbildung Nr. 5   Bereiche unterschiedlicher Nutzungsintensität auf der Veba Raffinerie in Gelsenkirchen Schlolven

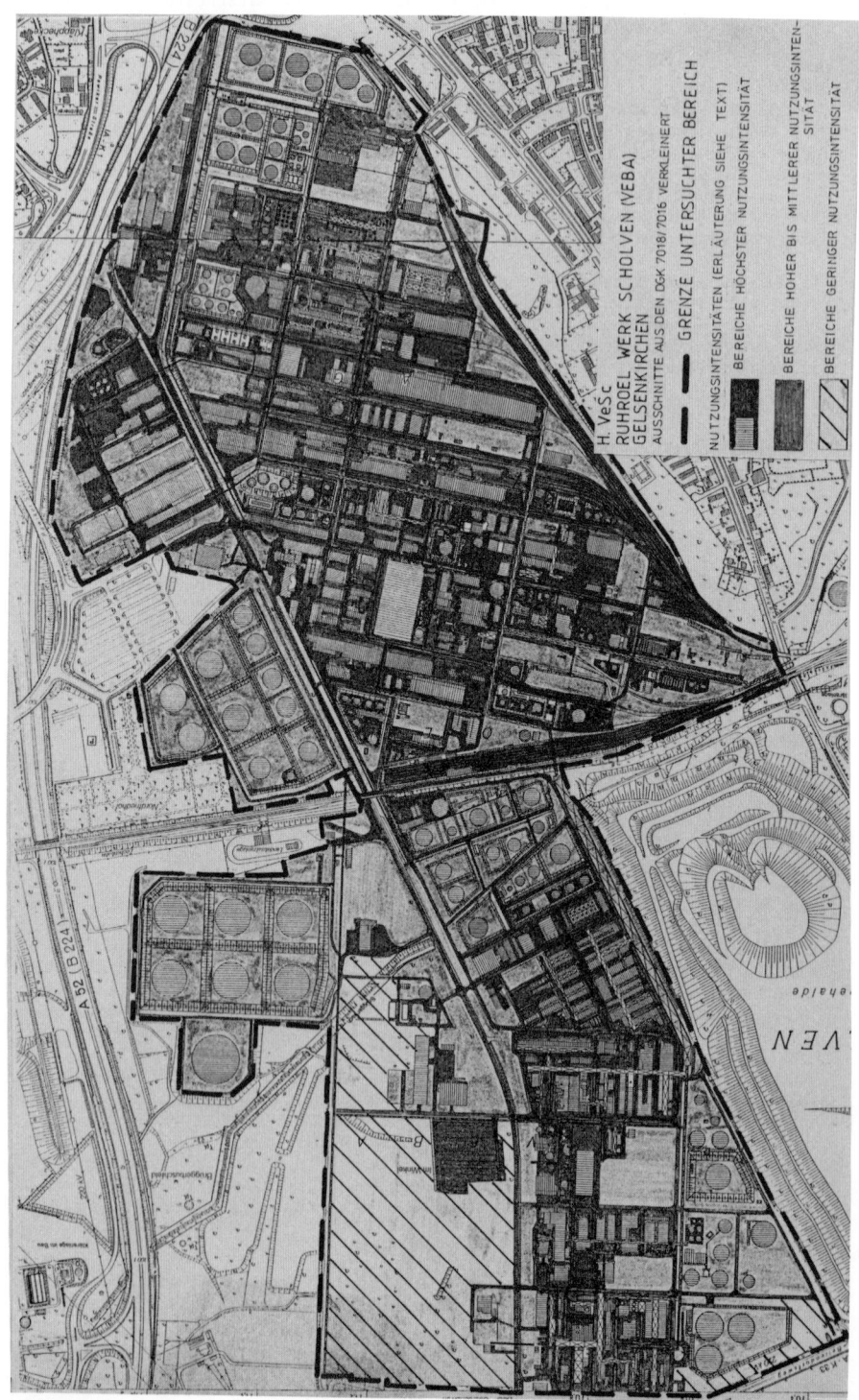

Abbildung Nr. 6   Vergleich der Artenzahlen unterschiedlich intensiv genutzter Teilbereiche
                  der Veba Raffinerie in Gelsenkirchen-Scholven (H.VeSc)

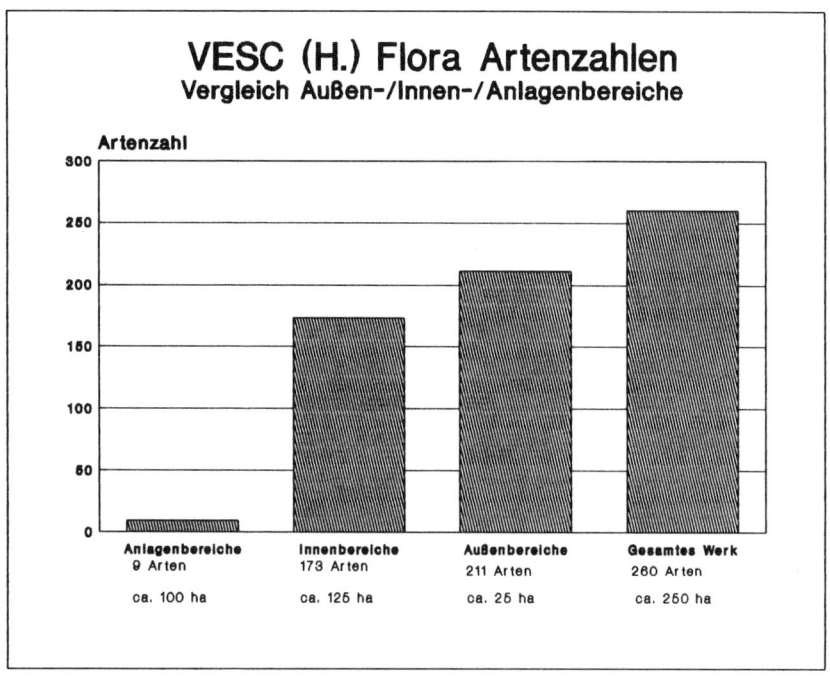

Bei einer Naturschutzkonzeption, die den Erhalt der biologischen Vielfalt als ein zentrales Ziel enthält, sind Artenzahlen in der Vergangenheit immer wieder als Maß für den biologischen Reichtum von Flächen benutzt worden. Dies ist aus mehreren Gründen problematisch. Grundsätzlich muß beachtet werden, daß Artenzahlen nur einer Organismengruppe nicht ausreichen, um die vorhandene Diversität eines Gebietes auch nur annähernd auszudrücken.

Hohe Artenzahlen können auch Ausdruck für die "Störung" eines Ökosystems sein. So kann der Ersatz eines naturnahen Waldes durch einen Forst durchaus mit höheren Gesamtzahlen an Pflanzenarten verbunden sein (KOWARIK 1988:115). Entsprechendes gilt auch für ruderale Biotope, die klassischen "gestörten" Lebensräume (AG ARTENSCHUTZPROGRAMM 1984:146).

Weiterhin sollte beachtet werden, daß man nicht ohne weiteres verschiedene Flächentypen miteinander vergleichen kann, da die Ausstattung variiert (z.B. Industrie- und Wohngebiet) und entsprechend auch ein Optimum auf anderen Niveaus liegen wird.

Tabelle Nr. 20 Vergleich der Artenzahlen verschiedener Untersuchungen von Industrie- und Gewerbeflächen

Untersuchung	Gesamt-fläche ha	Einzel-flächen-zahl	Größe ha Durchschn.	Artenzahl Gesamt	Artenzahl Durchschn.
Diese Arbeit					
- Gesamt (1)	1638	15	109	699	291,7
- Flächen > 15 % Nutzung (2)	1405	9	156,1	638	314,2
- Flächen < 15 % Nutzung (3)	233	6	38,8	502	257,8
REIDL 1989 Essener Norden					
Industrie- und Gewerbezone	634	6	106	366	
Industrieflächen intensiv genutzt	69,3	11	6,3		121,7
Industriebrachen > 10 ha	86,4	1	-	344	-
Industriebrachen < 10 ha	61	10	6,1		115,2
Zechenbrachen	85	10	8,5		149,9
Gewerbeflächen intensiv genutzt	33,5	7	4,8		74,4
Gewerbeflächen extensiv genutzt	51,7	11	4,7		152,5
Gewerbebrachen	24,4	12	2		133,2
HAMANN 1988 Gelsenkirchen					
Industriebrachen	212,3	6	35,4	407	238,2
Nur Zechenbrach.	149	4	37,3		234,8
REBELE 1988 Berlin					
Industrie- und Gewerbeflächen	305	51	5,98	596	143
Genutzte Flächen	249,6	24	10,4		145,7
Industrie- und Gewerbebrachen	31,4	14	2,24		143,6
Sonstige Brachen in Gewerbe- und Industriegebiete	24	13	1,85		137,9
PREISINGER 1984 Hamburg					
Industrie- und Hafenflächen	101,2	25	4,04	317	?
PYSEK 1979 Westböhmen CSFR					
Chemiewerke	51	2	25,5		153

Aus einem Vergleich unterschiedlicher Nutzungstypen hinsichtlich der Artenzahlen sollte man also keine Schlüsse bezüglich des ökologischen Wertes ableiten. Es sind nur Aussagen möglich über die unterschiedlichen Artenzahlenniveaus und über das Lebensraumpotential der Flächennutzungen für die untersuchte Organismengruppe.

Hinsichtlich der Gesamtartenzahlen unterscheiden sich die einzelnen Flächennutzungen erheblich (siehe z.B. SUKOPP 1983:Tabelle 2b). Die durchschnittlichen Artenzahlen, bezogen auf gleichgroße Beispielsflächen unterschiedlicher Nutzungen, schwanken weniger, doch sind auch hier Unterschiede feststellbar (siehe KUNICK 1982:87).

Die Ergebnisse aus Berlin (siehe REBELE 1988) und auch aus Essen (siehe REIDL 1989:104) zeigen, daß Industrie- und Gewerbeflächen zu den artenreichsten städtischen Flächentypen zählen, zusammen mit Friedhöfen, großen Parkanlagen und Zonen offener Bebauung. So kommen z.B. in Essen 67 % der Gesamtflora (615 Sippen) auf den Industrie-, Gewerbe-, und Verkehrsbrachen vor (REIDL 1989:450). Die auf Berliner Industrie- und Gewerbeflächen festgestellten 596 Sippen machen 43% des Artenbestandes der Westhälfte der Stadt aus (REBELE 1988).

Abbildung Nr. 7   Art-Areal-Beziehung verschiedener Industrieflächen in Deutschland und der CSFR

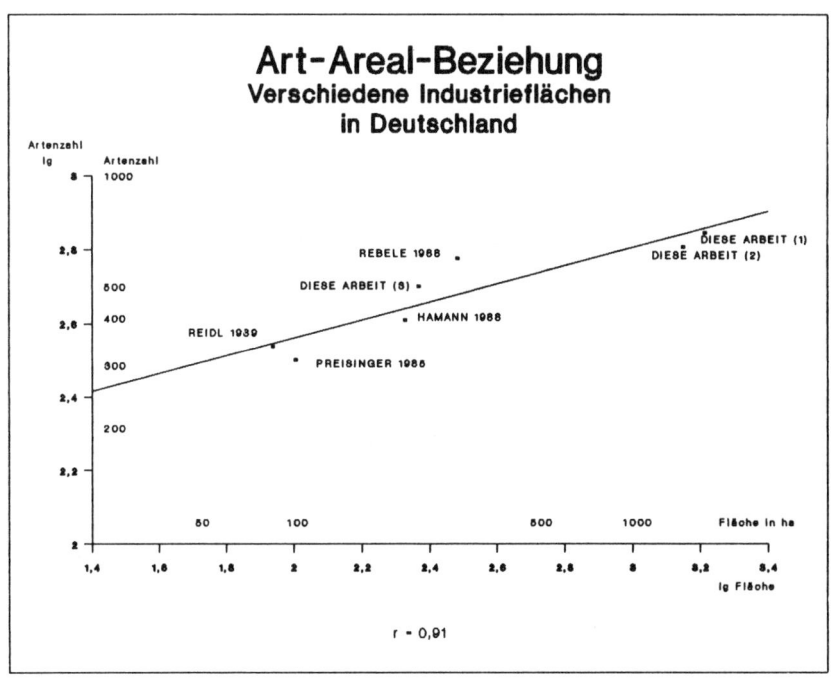

(nähere Erläuterungen zu den in der Abbildung genannten Autorennamen siehe Tabelle Nr. 20)

Tabelle Nr. 20 und Abbildung Nr. 7 enthalten einen Vergleich der Artenzahlen bisher vorliegender Untersuchungen von Industrieflächen aus der BRD und der CSFR. Dabei muß beachtet werden, daß unterschiedliche Untersuchungsansätze zugrunde liegen. Die Bearbeitung industriell geprägter Stadtzonen (siehe REIDL 1989) bringt naturgemäß andere Ergebnisse als die Begrenzung auf einzelne Industrieflächen.

Für die in der Tabelle Nr. 20 dargestellten Ergebnisse müssen derartige Ungenauigkeiten berücksichtigt werden. Darüberhinaus fehlen bei REIDL (1989), REBELE (1988) und PREISINGER (1984) klare Definitionen der untersuchten Nutzungstypen.

Die festgestellten Sippen kann man entsprechend ihrem Vorkommen auf den 15 Probeflächen in 5 Stetigkeitsklassen einteilen:

Stufe	%	absolute Flächenzahl
I.	0 - 20 %	1 - 3
II.	20 - 40 %	4 - 6
III.	40 - 60 %	7 - 9
IV.	60 - 80 %	10 - 12
V.	80 - 100 %	13 - 15

Bei Frequenzberechnungen ist zu berücksichtigen, daß sie nur dann eine objektive Quantifizierung ermöglichen, wenn gleich große Bezugsgebiete zugrunde liegen. Dies ist hier nicht der Fall, deshalb kann man nur von "Scheinfrequenzen" sprechen (siehe SAUER 1974, REIDL 1989:85), die aber dennoch einen Einblick in die Stetigkeitsverteilung der Sippen ermöglichen.

Die Zechenbrache Chr. Levin (O.ZeLe) ist mit 3 Hektar Größe erheblich kleiner als die anderen Untersuchungsflächen (25 - 300 ha). Deshalb ist in Abbildung Nr. 8 die Frequenzverteilung einmal mit und ohne diese Fläche aufgezeigt.

Von den 242 Sippen der Stetigkeitsstufe I treten 160 (das entspricht 22,8 % des Gesamtbestandes bei 15 Flächen bzw. 158 = 22,6 % bei 14 Flächen) nur auf einer Fläche auf. Die übrigen verteilen sich auf die anderen Stetigkeitsklassen. Die Zahl sinkt zunächst bei den Stufen II und III, um dann ab der vierten wieder anzusteigen. Bei Stufe V ist der Anstieg mit immerhin 149 (129) Sippen deutlich stärker, davon sind 60 (83) auf allen 15 (14) Flächen vertreten.

Abbildung Nr. 8

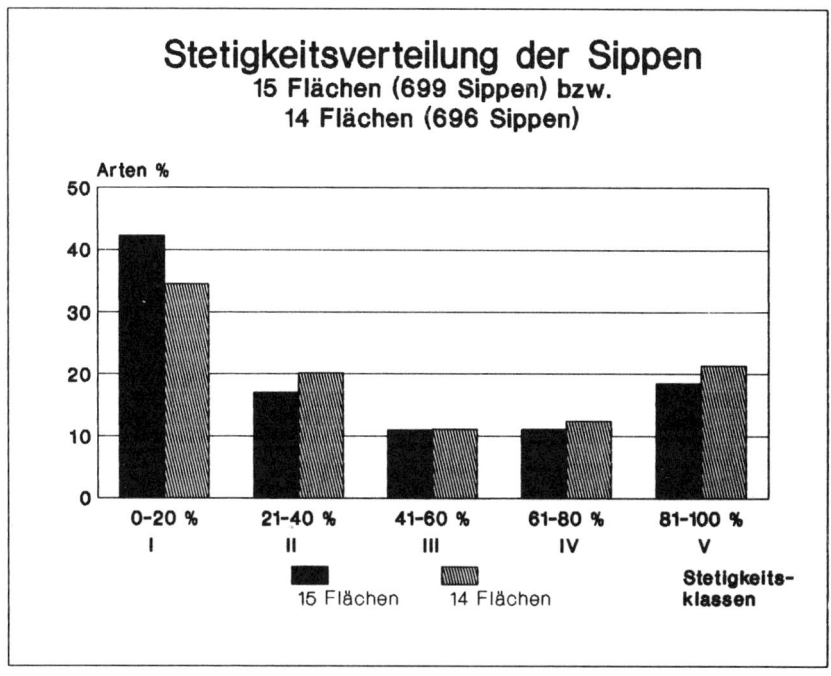

Tabelle Nr. 21   Liste der 60 Farn- und Blütenpflanzen, die auf allen
                 15 Probeflächen vorkommen

(Leb.= Lebensform siehe Kapitel 4.3.
Ein.= Einwanderungs-/Einbürgerungsstatus siehe Kapitel 4.3.
Symbolaufschlüsselung siehe Tabelle Nr. 17 im Anhang Teil II)

	Leb.	Ein.	Bem.
Acer pseudoplatanus	P	I	/K
Achillea millefolium agg.	H	I	
Agrostis tenuis	H	I	
Arenaria serpyllifolia agg.	T/C	I	
Arrhenatherum elatius	H	N(!)	
Artemisia vulgaris	H/C	I	
Bellis perennis	H	I	
Betula pendula	P	I	
Buddleja davidii	N	N	/K
Calamagrostis epigejos	G/H	I	
Cerastium holosteoides	C/H	I	

Tabelle Nr 21 (Fortsetzung)

	Leb.	Ein.	Bem.
Cirsium arvense	G	I	
Cirsium vulgare	H	I	
Conyza canadensis	T/H	N	
Dactylis glomerata	H	I	
Epilobium angustifolium	H	I	
Epilobium ciliatum	H	N	
Equisetum arvense	G	I	
Eupatorium cannabinum	H	I	
Festuca nigrescens	H	I	/KA
Glechoma hederacea	G/H	I	
Hieracium laevigatum	H	I	
Holcus lanatus	H	I	
Humulus lupulus	H	I	
Hypericum perforatum	H	I	
Linaria vulgaris	G/H	I	
Oenothera biennis s.str.	H	N	
Plantago major	H	A	
Poa annua	T/H	A	
Poa compressa	H	A	
Poa palustris	H	I	
Poa angustifolia	H	I	
Poa trivialis	H/C	I	
Populus x canadensis	P	?	/KA
Ranunculus repens	H	I	
Reseda luteola	H	A?	
Reynoutria japonica	G	N	
Rosa canina	N	I	
Rubus fruticosus agg.	N	?(!)	
Rubus armeniacus	N	N	
Rumex crispus	H	I	
Rumex obtusifolius	H	I	
Sagina procumbens	C/H	I	
Salix caprea	N/P	I	
Sambucus nigra	N	I	/K
Senecio viscosus	T	I	
Senecio vulgaris	T/H	I	
Silene alba (Melandrium a.)	H	I	
Solanum dulcamara	N	I	
Solanum nigrum	T	A	
Solidago gigantea	H/G	N	
Sonchus asper	T	A	
Sorbus aucuparia	P/N	I	/K
Stellaria media agg.	T/H	I	
Tanacetum vulgare	H	I	
Taraxacum officinale agg.	H	I	
Trifolium repens	C/H	I	
Tripleurospermum inodorum	T	A	
Tussilago farfara	G	I	
Urtica dioica	H	I	

Die in Abbildung Nr. 8 dargestellte Verteilung der Stetigkeit entspricht den Ergebnissen von REBELE (1988) und REIDL (1989). Nach Kunick (1982:19) ist diese Verteilung typisch für floristische Erhebungen in Stadtgebieten.

Abbildung Nr. 9

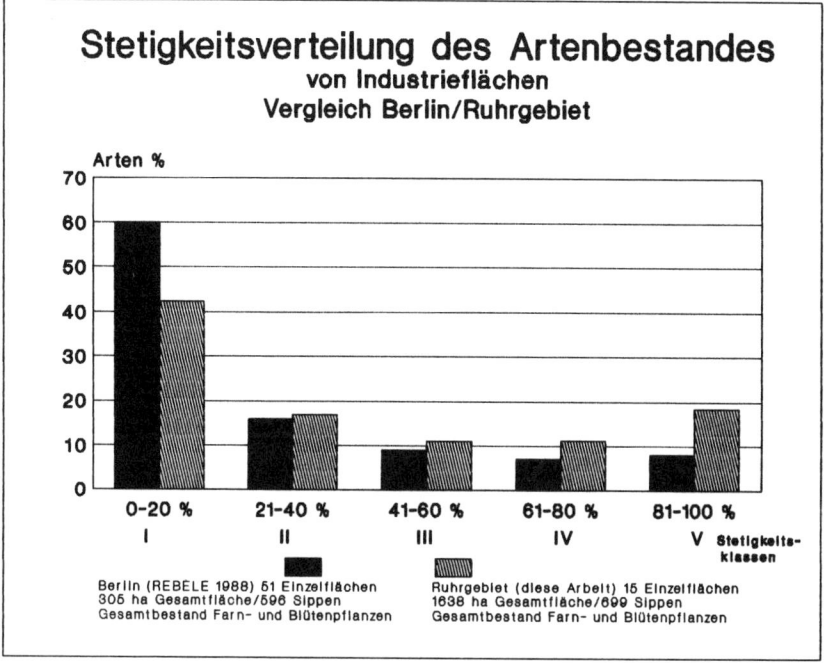

Im Vergleich zu REBELES Ergebnissen von Berliner Industrieflächen ergeben sich deutliche Unterschiede in den Stetigkeitsstufen I und V. Während der Anteil der Arten mit niedriger Stetigkeit in Berlin deutlich höher liegt, ist im Ruhrgebiet der Anstieg in der Stetigkeitsklasse V größer. Dies hängt wahrscheinlich damit zusammen, daß die Zahl der Untersuchungsflächen in Berlin deutlich höher ist, wogegen die Probeflächen im Ruhrgebiet eine erheblich größere Ausdehnung haben.

Daß die Größe der Flächen eine entscheidende Rolle für die Stetigkeitsverteilung spielt, wird in der Untersuchung von REIDL (1989:106) deutlich. Betrachtet man nur die großflächigen Untersuchungsgebiete von REIDL, ergibt sich unabhängig von der Nutzung eine ähnliche Frequenzverteilung der Arten wie in Abbildung Nr. 9 dargestellt. Bei der Berücksichtigung kleinerer Probeflächen ergibt sich ein völlig anderes Bild, bei der die zweite Spitze im hohen Stetigkeitsbereich fehlt (REIDL 1989:89).

Für jede Untersuchungsfläche liegt eine Häufigkeitsschätzung aller festgestellen Sippen vor, entsprechend der in Kapitel 4.1. angegebenen siebenstufigen Skala. Diese Werte sind Schätzungen, die auf der Geländeerfahrung des Bearbeiters beruhen. Bei Flächengrößen von bis zu 300 Hektar ist eine exakte Bestimmung der Individuenzahl oder der Flächendeckung der Sippen kaum möglich.

Da die Flächen sehr unterschiedliche Größen aufweisen, ist ein direkter Vergleich der geschätzten Häufigkeiten über einen Mittelwert statistisch nicht korrekt. Vernachlässsigt man diese statistische Regel, erhält man "Scheinhäufigkeiten". Da die Schätzwerte jeweils auf die Einzelflächen bezogen sind, handelt es sich um die "relative Gesamthäufigkeit". In der Tabelle Nr. 22 sind die danach häufigsten 12 Sippen von 14 Probeflächen (ohne O.ZeLe) zusammengestellt.

Tabelle Nr. 22   Zusammenstellung der Sippen mit der höchsten 'relativen Gesamthäufigkeit'

Sippen	Durchschnittshäufigkeitswert*
1. Betula pendula	6,1
2. Holcus lanatus	5,8
3. Poa annua	5,6
4. Tripleurospermum inodorum	5,6
5. Epilobium ciliatum	5,5
6. Conyza canadensis	5,4
7. Salix caprea	5,4
8. Cirsium arvense	5,2
9. Festuca nigrescens	5,2
10. Arrhenatherum elatius	5,1
11. Sagina procumbens	5,1
12. Taraxacum officinale	5,0

(* - bezogen auf die siebenstufige Häufigkeitsskala)

Wenn man die Sippen mit den jeweils höchsten Häufigkeitswerten für jede Fläche untereinander ordnet, zeigt sich, daß für die drei Industriezweige (Eisen und Stahl, Chemie und Bergbau) unterschiedlich zusammengesetzte Gruppen der häufigsten Sippen herauskommen (Tabelle Nr. 23). Dies ist ein erster Hinweis auf deutliche Unterschiede in der Flora der einzelnen Industriezweige.

Nur Betula pendula zählt in allen drei Industriezweigen zu den häufigsten Sippen. Die Flächen des Bergbaus und der Chemischen Industrie weisen mit Holcus lanatus und Cirsium arvense zwei weitere gemeinsame Arten auf. Hier scheint zumindest bei den vorherrschenden Arten eine größere Ähnlichkeit zwischen den Flächen gegeben zu sein. In Kapitel 4.6. werden weitere Unterschiede in der floristischen Zusammensetzung der Flächen und deren mögliche Ursachen aufgezeigt.

Tabelle Nr. 23 Verteilung der Sippen (Farn- und Blütenpflanzen) mit der höchsten relativen Gesamthäufigkeit für die einzelnen Industriezweige.

Eisen- und Stahlindustrie

	A. HoWe	B. KrHö	C. ThOb	D. ThMe	E. ThRu	F. ThBe
Betula pendula	7	7	7	6	6	5
Arenaria serpyllifolia agg.	7	5	7	7	6	6
Conyza canadensis	7	6	7	7	6	5
Festuca nigrescens	6	6	6	6	5	6
Poa annua	6	6	5	6	6	6

Chemische Industrie

	G. VeHo	H. VeSc	I. Ruhr
Holcus lanatus	7	7	5
Solidago gigantea	6	7	5
Betula pendula	5	6	5
Cirsium arvense	5	6	5
Salix caprea	5	6	5

Bergbau

	J. ZePr	K. ZeOs	L. ZeZo	M. ZeMo	N. ZeTh	O. ZeLe
Betula pendula	6	6	6	7	7	6
Holcus lanatus	6	6	6	6	6	5
Tripleurospermum inodorum	5	5	7	7	7	5
Epilobium ciliatum	5	5	5	6	6	5
Cirsium arvense	6	5	5	5	5	-
Sagina procumbens	6	5	5	5	5	-

4.3.. Einteilung der Sippen nach Lebensformen und Einwanderungszeit

Die Einteilung der Farn- und Blütenpflanzen nach Lebensformen geht auf RAUNKIAER (1934) zurück. Er ordnete die Arten nach der Lage der Erneuerungsknospen zur Erdoberfläche während der ungünstigen Jahreszeit ein. Folgende Gruppen werden unterschieden:

P - Phanerophyten :Bäume, die mehr als 5 m hoch werden können.
N - Nanophanerophyten :Sträucher oder Kleinbäume, meist 0,5 bis 5 m hoch werdend.
Z - holzige Chamaephyten :Zwergsträucher, nur selten über 0,5 m hoch werdend.
C - krautige Chamaephyten :Knospen wie bei den Zwergsträuchern meist über der Erde und im Schneeschutz überwinternd.

H - Hemikryptophyten	: Überwinterungsknospen nahe der Erdoberfläche.
G - Geophyten	: Überwinterungsknospen unter der Erdoberfläche meist mit Speicherorgan.
T - Therophyten	: Kurzlebige Arten, ungünstige Zeiten werden als Samen überdauert.
W - Hydrophyten	: Aquatisch lebende Pfanzen, deren Überwinterungsknospen normalerweise unter Wasser liegen.

(Kurzbeschreibungen aus ELLENBERG 1979:41)

Tabelle Nr. 24 Vergleich einiger Städte hinsichtlich des Lebensformenspektrums der Arten (nach REIDL 1989:118)

	Essen (1)	Bochum (2)	Berlin (3)	Halle (4)	Euskirchen (5)
	alle Angaben in %				
Hemikryptophyten	43,81	41,9	43,9	40,5	47,7
Therophyten	27,71	27,1	29,0	26,8	28,9
Phanerophyten	14,90	21,2	15,8	13,4	11,7
Geophyten	7,56	6,1	6,3	11,1	7,1
Chamaephyten	3,94	3,7	5,0	5,2	4,1
Hydrophyten	2,08	-	-	3,1	-

(1) REIDL 1989   (2) SCHULTE 1985   (3) KUNICK 1982   (4) KLOTZ 1984
(5) ZIMMERMANN-PAWLOWSKY 1985

Beachtet werden muß, daß ein gewisser Teil der Unterschiede auch auf unterschiedliche Einstufungen der Arten zurückgehen kann. Einige Arten (siehe Tabelle Nr. 17 im Anhang Teil II) können in zwei verschiedenen Lebensformen auftreten. Für diese Arbeit wurden die auf den Industrieflächen überwiegend auftretenden Formen zugrundegelegt.

Den Hauptanteil an der Mitteleuropäischen Flora haben die Hemikryptophyten, holzige Pflanzen und Geophyten spielen anteilmäßig nur eine geringe Rolle. Die Therophyten, durch kurze Lebenszyklen besonders gut an Störungen z.B. Bodenverwundungen angepaßt, nehmen in der Regel an Standorten mit hoher Dynamik zu. Auch in städtischen Lebensräumen steigt ihr Anteil im Vergleich zum Durchschnitt der Gesamtflora eines größeren Bezugraumes deutlich an.

Untersuchungen aus verschiedenen Regionen (siehe KOWARIK 1988:59) zeigen, daß der Anteil der Therophyten bei den Hemerochoren besonders hoch ist. Da man bei den Hemerochoren eine Zunahme mit ansteigender Störungsintensität in den Städten feststellte, lag es nahe, auch bei den Theropyhten an derartige Zusammenhänge zu denken.

Gegen die Verwendung von Therophytenanteilen zur generellen Hemerobie-Indikation lassen sich allerdings verschiedene Argumente anführen (siehe KOWARIK 1988:60), z.B. werden Einjährige zwar selektiv durch Bodenverwundungen gefördert und können gegenüber zuvor geschlossenen Vegetationsbeständen Störungen anzeigen, doch andere Formen der Standortbeeinflußung wie z.B. Düngung oder Grundwasserabsenkung lassen sich durch sie nicht indizieren.

Der Vergleich der Therophytenanteile, um unterschiedliche anthropogene Beeinflußungsintensitäten städtischer Nutzungstypen festzustellen, ist insofern mit einiger Vorsicht zu betrachten.

Bei Flächen gleicher Nutzungstypen lassen sich durch die jeweiligen Lebensformenanteile strukturelle und standörtliche Unterschiede belegen, das gilt auch hinsichtlich der Nutzungsintensität (siehe z.B. AEY 1990:150ff). Der Vergleich unterschiedlich alter Industrie- und Gewerbebrachen in Berlin (REBELE 1988) ergab in den ersten 9 Jahren einen deutlichen Anstieg der absoluten Zahlen für Hemikryptophyten. Nach 10 Jahren Brache sinken die absoluten Zahlen, aber die prozentualen Anteile der Hemikryptophyen steigen aufgrund der Reduktion der Artenzahlen an. Der Gehölzanteil nimmt prozentual bei Brachen im Alter von 16-40 Jahren deutlich zu, weil aufgrund der größeren Beschattung und des Schlusses der Vegetationsdecke viele krautige Arten verschwinden.

Abbildung Nr. 10 Verteilung der Lebensformen bei dem Gesamtartenbestand der untersuchten Industrieflächen

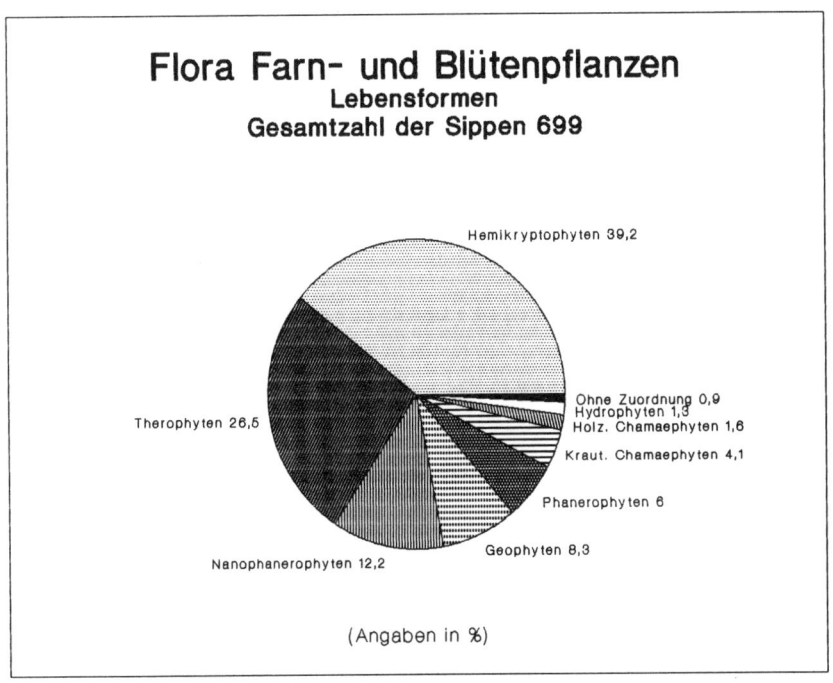

Der Vergleich der festgestellten Lebensformenanteile von Industrieflächen in Berlin und im Ruhrgebiet (siehe Tabelle Nr. 23) ergibt keine großen Unterschiede. Die etwas erhöhten Nanophanerophytenanteile gegenüber den Berliner und Essener Werten gehen vermutlich auf die relativ hohe Zahl verwilderter Ziersträucher zurück.

Die im Rahmen dieser Arbeit festgestellte Verteilung weist allerdings trotz möglicher geographisch bedingter Unterschiede deutlichere Ähnlichkeiten mit den Berliner als mit den Essener Ergebnissen auf. Dies kann damit zusammenhängen, daß die von REIDL (1989) untersuchten Stadtzonen mit vorherrschender industrieller Nutzung inhomogener sind als einzelne Industrieflächen.

Tabelle Nr. 25 Vergleich der Lebensformenanteile verschiedener Industrieflächen

Lebensformen	Berlin (1)	Berlin (2)	Essen (3)	Ruhrgebiet (4)
Phanerophyten	7,9	7,4	14,3	6,0
Nanophanerophyten	8,8	10,3		12,3
Holz. Chamaephyten	0,9	1,0	3,5	1,7
Kraut. Chamaephyten	3,7	3,7		4,1
Hemikryptophyten	36,8	38,4	46,4	38,6
Geophyten	8,6	8,9	5,4	8,1
Therophyten	30,1	29,1	29,8	27,0
Hydrophyten	1,6	1,2	0,6	1,7
Ohne Zuordnung	1,8	-	-	0,9

(1) REBELE & WERNER 1984 insgesamt 280 ha Industrie und Gewerbeflächen in Berlin, 37 Flächen Durchschnitt 7,6 ha
(2) REBELE 1988 insgesamt 55,4 ha Industrie- und Gewerbebrachen in Berlin, 27 Flächen Durchschnitt 2,1 ha
(3) REIDL 1989 insgesamt 634 ha Industrie- und Gewerbezone, 6 Flächen Durchschnitt 106 ha
(4) Diese Arbeit insgesamt 1638 ha Industrieflächen, 15 Einzelflächen Durchschnitt 109 ha

Der Vergleich der fünfzehn Einzelflächen (siehe Tabelle Nr. 41 im Anhang Teil II) ergibt ebenfalls kaum herausragende Unterschiede.

Etwas aus dem Rahmen fallen die insgesamt niedrigsten Phanerophyten- und gleichzeitig höchsten Geophyten- und Therophytengehalte auf dem Gelände der Ruhrchemie (I.Ruhr). Regelmäßiger Herbizideinsatz zur Verhinderung spontaner Vegetationsentwicklung an vielen Stellen, bei gleichzeitig hoher Pflegeintensität der Grünanlagen, lassen den Gehölzen wenig Lebensraum und fördern die Therophyten. Die einzigen größeren, nicht "gepflegten" Bereiche tragen eine überwiegend dichte Strauch- und Baumschicht mit wenigen Gehölzarten.

Die kleinste Untersuchungsfläche (O.ZeLe Zechenbrache Chr. Levin) weist die niedrigsten Therophytengehalte und relativ hohe Hemikryptophyten- und Gehölzanteile auf. Auf der seit längerer Zeit brachliegenden Fläche dominieren dichte Gehölzbestände oder eine dichte krautige Vegetation. Die Reduzierung der Therophytenanteile ist als Resultat der natürlichen Vegetationsentwicklung zu sehen.

Für die restlichen, meist nur geringfügigen Unterschiede lassen sich kaum sinnvolle Erklärungen finden. Wie auch bei der Einteilungen nach der Einwanderungszeit ausgeführt wird, sind die meisten Flächen zu groß, die Nutzungs- und Lebensraumstruktur überwiegend zu heterogen, als daß einzelne Faktoren auf die Lebensformenverteilungen in ihren Auswirkungen entscheidend durchschlagen können (eine Ausnahme ist das Gelände der Ruhrchemie I. Ruhr, siehe oben). Die heterogene Struktur neutralisiert offensichtlich stärkere Schwankungen in einzelnen Bereichen.

Die Unterschiede in der Lebensformenverteilung der Gesamtartenbestände bei den Industriezweigen sind ebenfalls nur minimal.

Die Flora eines Gebietes läßt sich auch nach der Einwanderungszeit und dem Einbürgerungsgrad der Arten einteilen. Am häufigsten verwendet wird dabei die von SCHRÖDER (1969) vorgeschlagene Einteilung, in ihr werden folgende Gruppen unterschieden :

1. Indigene bzw. Idiochorophyten - einheimische Arten, die ohne Einfluß des Menschen in das Gebiet gelangten oder hier entstanden.

2. Archäophyten - alteinheimische Arten, die im Einfluß des Menschen vor 1500 in das Gebiet gelangten.

3. Neophyten - Neueinheimische Arten, die im Einfluß des Menschen nach 1500 in das Gebiet gelangten.

4. Ephemerophyten - unbeständige Arten, die keinen dauerhaften Platz in der Vegetation eines Gebietes haben.

Aufteilungen der oben genannten Art liegen u.a. für die Städte Essen (REIDL 1989), Duisburg und Umgebung (DÜLL & KUTZELNIGG 1980/1987), Bochum (SCHULTE 1985), Berlin (SUKOPP et al. 1981c), Halle (KLOTZ 1984) und Euskirchen (ZIMMERMANN-PAWLOWSKY 1985) vor (siehe Tabelle Nr. 26). Grundsätzlich ist zu berücksichtigen, daß ein gewisser Teil der Unterschiede aus der unterschiedlichen geographischen Lage und uneinheitlichen Quellengrundlagen herrührt (siehe unten).

Die Einteilung in die vier Gruppen richtet sich allerdings nicht konsequent nach der Einwanderungszeit, da die Ephemerophyten nach dem Einbürgerungsgrad eingestuft werden (siehe TREPL 1990 und ausführliche Diskussion bei KOWARIK 1989). Die Probleme bei der inhaltlichen und der terminologischen Abgrenzung nach SCHROEDER und angelehnter Konzepte veranlassen KOWARIK (1989) zu dem Vorschlag einer neuen Einteilung. Am Beispiel der Berliner Flora entwickelt er ein Etablierungskonzept. Entsprechende Grundlagen liegen für NRW noch nicht vor, weshalb hier die alte Einteilung genügen muß.

Tabelle Nr. 26 Angaben über das Indigenat und den Status der
                Naturalisation für die Flora von NRW und einigen Städten

	NRW (1)	Essen (2)	Duisburg (3)	Bochum (4)	Berlin (5)
Arten *	1886	913	1481	461	1396
Fläche km² **		116	1280	4,3	480
Indigene	74,8 %	52,90 %	58,20 %	45,3 %	60,10 %
Archäophyten		9,53 %	25,25 %	13,7 %	11,96 %
Neophyten	10,7 %	19,49 %		17,0 %	16,98 %
Ephemerophyten	14,5 %	18,07 %	16,54 %	24,0 %	10,96 %

(1) WOLFF-STRAUB et al. 1988 (Gesamtartenzahl incl. Unbeständige)
(2) REIDL 1989   (3) DÜLL & KUTZELNIGG 1980   (4) SCHULTE 1985
(5) SUKOPP et al. 1981c

* Gesamtzahl der festgestellten Arten Farn- und Blütenpflanzen
** untersuchte oder zugrunde gelegte Gesamtfläche

Aus der Verteilung der Gruppen lassen sich im Vergleich mit älteren Erhebungen des gleichen Gebietes Veränderungen in der Zusammensetzung der Flora aufzeigen und z.B. der Umfang von Einwanderungen dokumentieren.

Vergleiche aus verschiedenen Städten auf der Basis von Florenlisten heterogen genutzter Rasterflächen zeigen, daß im Übergang von der freien Landschaft zu den Stadtzentren der Anteil hemerochorer Arten mit steigendem menschlichen Einfuß auf die Standorte zunimmt (siehe z.B. FALINSKI 1971, KUNICK 1982). Der Hemerochorenanteil und dabei speziell die Neophytenanteile wurden immer wieder als Maß für den menschlichen Einfluß gewertet (siehe z.B. REIDL 1989).

KOWARIK (1988) weist nach, daß zumindest bei der Beurteilung von Vegetationsaufnahmen die Hemerochoren nicht als genereller Indikator des anthropogenen Einflußes auf die Pflanzendecke gewertet werden können (siehe auch AEY 1990:155).

In Abbildung Nr. 11 ist die Einteilung des Gesamtartenbestandes der untersuchten Industrieflächen nach der Einwanderungszeit dargestellt. Die Aufteilung für die einzelnen Flächen bzw. Industriezweige ist in Tabelle Nr. 41 im Anhang Teil II enthalten.

Bei der Einteilung der Sippen ergeben sich einige Unklarheiten bzw. Unsicherheiten. Für insgesamt 21 Sippen (= 3 %) konnte keine Zuordnung vorgenommen werden, sie sind in der Tabelle Nr. 17 im Anhang Teil II mit "?" gekennzeichnet. Dies hat verschiedene Ursachen. In anderen Naturräumen von NRW heimische Arten treten auf den Industrieflächen wahrscheinlich nur als Verwilderungen aus Anpflanzungen bzw. durch Ansalbungen auf, dazu zählen z.B. Anthriscus cerefolium, Centaurea montana und Ligustrum vulgare. Sofern dies nicht eindeutig zu klären war, wurde auf eine Statusangabe verzichtet.

Abbildung Nr. 11   Einteilung des Gesamtartenbestandes nach der Einwanderungszeit

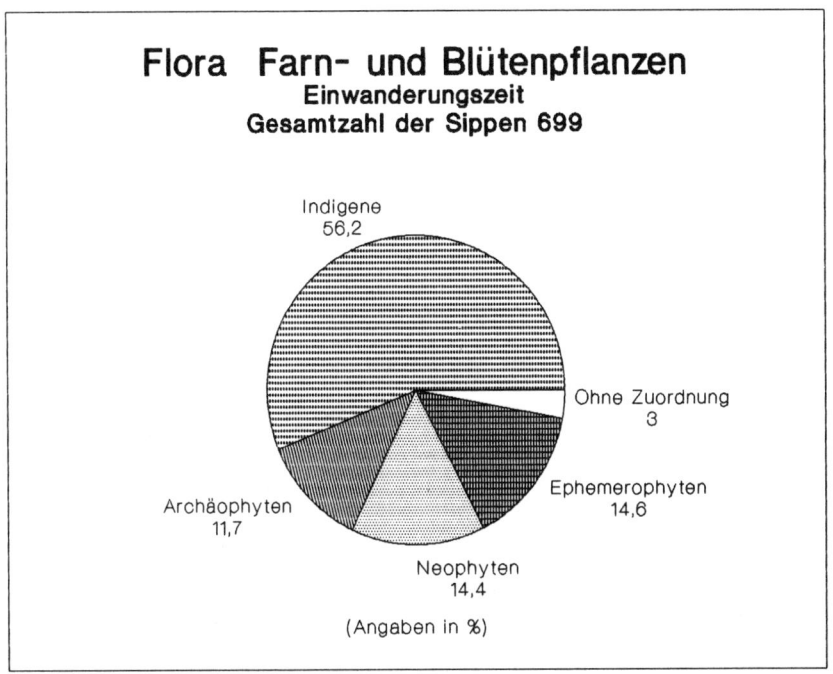

Sofern einzelne Gattungen nicht näher bestimmt werden konnten, z.B. Cotoneaster div. spec. oder Tilia spec., wurde auf eine Statusangabe verzichtet. Bei einigen Bastarden ist der Status unklar z.B. Salix x helix oder Salix x smithiana, bzw. noch unsicher, ob es sich überhaupt um stabile Formen handelt z.B. Reynoutria cf. japonica x sachalinensis. Für einige bislang nicht näher untersuchte Artengruppen fehlen Angaben für einzelne Sippen z.B. für Rubus parahebecarpus.

Bei einigen Sippen wurde gegenüber der FL NRW die Statusangabe geändert, da andere Quellen oder örtliche Experten abweichende Angaben machen, z.B. wurden Arrhenatherum elatius und Bryonia dioica nicht als Indigene, sondern als Neophyten (siehe DÜLL & KUTZELNIGG 1987), sowie Aster novi-belgii nicht als Ephemerophyt, sondern als Neophyt (pers. Einschätzung, siehe Ausführungen bei DETTAMR et al. 1991) eingestuft, das Gleiche gilt für Parthenocissus inserta agg. (siehe DÜLL & KUTZELNIGG 1987).

In Abbildung Nr. 12 ist die Verteilung der Statusgruppen umgesetzt auf die fünf Stetigkeitsstufen (siehe Kapitel 4.2.). Die indigenen Arten sind in allen Stetigkeitsstufen dominierend, ihr Anteil nimmt in der höchsten Stufe noch einmal deutlich zu. Sie machen fast 70 % der auf den Industrieflächen häufigsten Arten aus. Der Hemerochorenanteil ist entsprechend hier am nied-

rigsten. Der überwiegende Anteil der Ephemerophyten hat erwartungsgemäß nur
wenige Vorkommen. Die Neophyten und Archäophyten sind relativ gleichmäßig
verteilt, die höchsten relativen Anteile um 20 % haben sie in den Stufen
IV bzw. V.

Abbildung Nr. 12

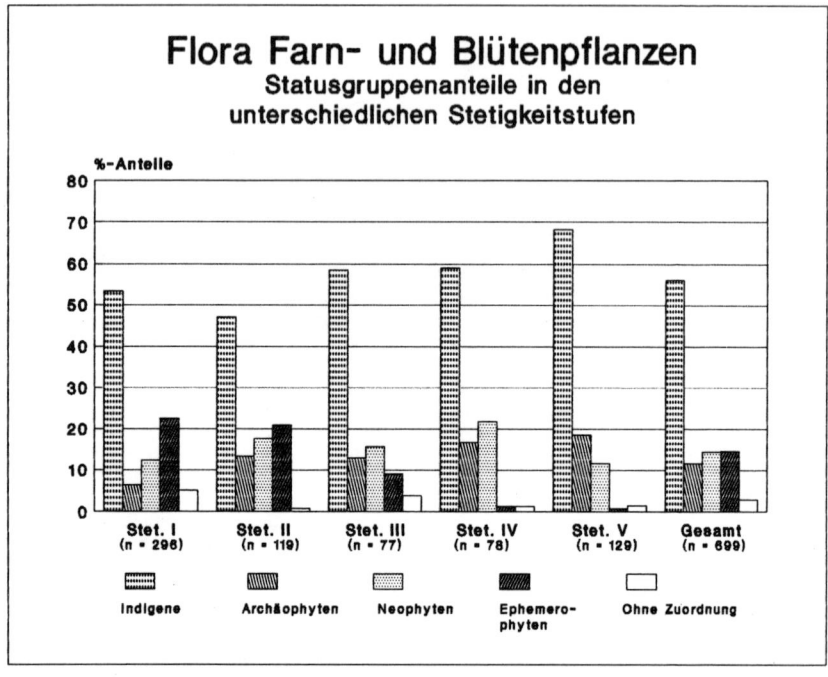

Im Vergleich zu der Gesamtflora von NRW zeigen die Industrieflächen die für
großstädtische Räume typisch hohen Anteile an Hemerochoren, die im Durchschnitt um 40 % liegen (siehe z.B. AEY 1990, KOWARIK 1988).

Bei den vorliegenden Angaben aus den Ruhrgebiets-Städten Essen (REIDL 1989)
und Bochum (SCHULTE 1985) sind gegenüber den Industrieflächen die Anteile
der Indigenen Arten etwas niedriger, die der Ephemerophyten höher. Dies
läßt sich darauf zurückführen, daß in Bochum überwiegend der Innenstadtbe-
reich untersucht wurde. Die Zonen dichter Bebauung weisen in der Regel die
höchsten Ephemerophytenanteile auf (siehe REIDL 1989:114, KUNICK 1982:26).

Für Essen sind zusätzliche Unterschiede bei dieser Gruppe wahrscheinlich
auf die erheblich größere untersuchte Gesamtfläche zurückzuführen. Der Anteil der meist nur selten vorkommenden unbeständigen Arten nimmt in den
Städten mit der Größe der Gesamtfläche zu.

Da sich REIDL (1989) bei seinen Angaben für Essen im wesentlichen auf die Flora von DÜLL & KUTZELNIGG (1987) bezieht, müssen auch geringfügige Unterschiede in der Einteilung gegenüber der FL NRW berücksichtigt werden.

Für den Vergleich der Statusgruppenanteile in unterschiedlichen Flächennutzungen kann auf die Ergebnisse aus Essen (REIDL 1989) zurückgegriffen werden. Diese dürfen zwar nicht ohne weiteres auf das gesamte Ruhrgebiet übertragen werden, geben aber doch gewisse Einblicke. Hier zeigt sich bei der Verteilung eine große Ähnlichkeit zwischen der Zone geschlossener Bebauung (im wesentlichen Innnenstadt) und der Gewerbe- und Industriezone. Beide gelten als die am stärksten vom Menschen geprägten Flächentypen. Der oben genannten Theorie entsprechend, haben sie meist die höchsten Hemerochorenanteile.

Im Vergleich zu der Essener Industrie- und Gewerbezone (siehe Tabelle Nr. 27) sind die Archäophyten- und Neophytenanteile der ausgewählten Industriefächen deutlich niedriger, die der Ephemerophyten höher.

Tabelle Nr. 27   Vergleich einiger Industrieflächen hinsichtlich der Einwanderungszeit der Arten

Stadt/Region	1	2	3	I	A	N	E	?
Berlin (REBELE 1988)	305	51	5,98	47,5	16,9	22,8	12,2	0,5
Essen* (REIDL 1989)	634	6	105,7	57,6	15,1	18,8	8,7	-
Ruhrgebiet (diese Arbeit)	1638	15	109	56,1	11,7	14,4	14,6	3,1

* Industrie- und Gewerbezonen im Essener Norden

1 = Gesamtgröße der Untersuchungsfläche in ha
2 = Zahl der untersuchten Einzelflächen
3 = Durchschnittsgröße der Untersuchungsflächen in ha
I = Indigene   Angaben in %
N = Neophyten   "
A = Archäophyten   "
E = Ephemerophyten   "
? = Zuordnung unklar   "

Während sich die Unterschiede bei den Archäopyhten und Neophyten nicht plausibel erklären lassen, kommen bei den Ephemerophyten verschiedene Erklärungen in Betracht.

Die fünfzehn hier untersuchten Industrieflächen haben insgesamt eine fast dreimal so große Gesamtfläche wie die Industrie- und Gewerbezone bei REIDL. Mit zunehmender Flächengröße nimmt der Anteil nur selten auftretender Arten zu. Dazu zählen in der Regel viele unbeständige Arten.

Eine große Rolle bei den hier festgestellten Ephemerophytenanteile spielen verwilderte Zierpflanzen, vor allem Gehölze (siehe Abbildung Nr. 13), deren Anzahl bei einigen der ausgewählten Probeflächen, speziell der Eisen- und Stahlindustrie, besonders hoch ist.

In Berlin ist der Anteil der Hemerochoren auf den Industrieflächen deutlich höher als im Ruhrgebiet. Neben geographisch bedingten Unterschieden, kann dies damit zusammenhängen, daß Feucht- oder Waldbereiche, die überwiegend geringe Hemerochorenanteile haben (siehe KOWARIK 1989:184), nicht näher untersucht wurden (siehe REBELE 1986:19).

Bei der Einteilung der Sippen nach den Lebensformen unter Berücksichtigung der Einwanderungszeit (Abbildung Nr. 13) wird deutlich, daß der überwiegende Teil der Archäophyten zu den Theropyhten gehört. Der relativ hohe Anteil der Ephemerophyten bei den Bäumen und Sträuchern ist auf die große Zahl verwilderter Ziergehölze zurückzuführen. Der Schwerpunkt der Neophyten liegt bei den Hemikryptophyten.

Abbildung Nr. 13 Einteilung des Gesamtbestandes der Sippen unter Berücksichtigung der Einwanderungszeit

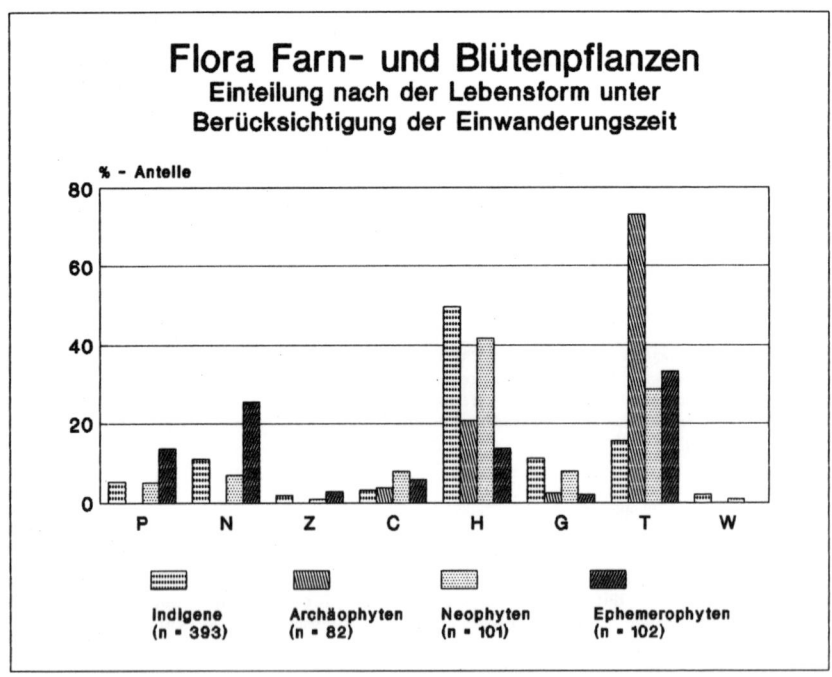

(P = Phanerophyten, N = Nanophanerophyten, Z = holzige Chamaephyten, C = krautige Chamaephyten, H = Hemikryptophyten, G = Geopyhten, T = Therophyten, W = Hydrophyten)

Die Einzelflächen zeigen bei der Verteilung der Arten nach der Einwanderungszeit ein relativ einheitliches Bild (siehe Tabelle Nr. 41 im Anhang Teil II). Dies gilt im besonderen Maße für die Flächen gleicher Industriezweige. Nur bei den jeweils kleinsten Flächen der Eisen- und Stahlindustrie und des Bergbaus ergeben sich deutlichere Schwankungen bei den Idiochoro- und Ephemerophytenanteilen. Die niedrigeren Gehalte an unbeständigen Arten lassen sich auf die geringe Flächengröße zurückführen.

Wahrscheinlich sind die meisten Einzelflächen zu groß, um die Auswirkung bestimmter Nutzungseinflüsse oder Flächeneigenheiten, die über die industriezweigspezifischen Einflüsse hinausgehen, anhand der Statusgruppenanteile ablesen zu können. Zu groß ist das Nutzungs- und Standortmosaik, zu vielfältig die verschiedensten Einflüße. Genauere Beziehungen lassen sich vermutlich feststellen, wenn man die einzelnen Lebensräume (siehe Kapitel 5.3.) nach verschiedenen Nutzungsintensitäten getrennt untersuchen würde. Am Beispiel der Raffinerie Scholven (H. VeSc) wurde in Kapitel 4.2. deutlich, wie radikal intensivste Nutzung die Artenzahlen auf großen Flächen reduziert. Andererseits ist auf einem brachliegendem Rest von nur 10 % der Werksfläche über 80 % des Gesamtartenbestandes vorhanden. Entsprechend beeinflußt natürlich dieser Bereich die Statusgruppenverteilung für die Gesamtfläche.

Beim Vergleich der Gesamtartenbestände der einzelnen Industriezweige muß beachtet werden, daß hier unterschiedlich große Flächen zugrunde liegen. Während sich die Verteilung bei dem Bergbau und der Chemische Industrie weitgehend ähneln, unterscheiden sich die Flächen der Eisen- und Stahlindustrie durch höhere Ephemerophyten- und niedrigere Idiochorophytenanteile. Dies läßt sich zum Teil auf die größere Gesamtfläche und -artenzahl bei der Eisen- und Stahlindustrie zurückführen, andererseits drückt sich hier aber auch der relativ hohe Anteil verwilderter Zierpflanzen aus. Dies hängt damit zusammen, daß hier die Gesamtfläche der Pflanzungen und auch das Zierartenspektrum größer sind. Bei den verwilderten Zierarten dominieren vor allem die Sträucher, was auch in dem insgesamt höchsten Anteil an Nanophanerophyten (siehe Tabelle Nr. 41 im Anhang Teil II) zum Ausdruck kommt.

Die Lebensräume auf den Eisen- und Stahlwerken weisen offensichtlich gute Bedingungen für die Verwilderung der Zierpflanzen auf. Einerseits ist das Nutzungsmosaik und der Anteil unterschiedlich intensiv genutzter Teilflächen hier wesentlich größer, andererseits scheint das basenhaltige Schlackensubstrat vielen dieser Arten bessere Lebensbedingungen zu bieten als das nährstoffarme, stellenweise auch saure Bergematerial, das auf den Flächen der anderen beiden Industriezweige dominiert.

4.4. Seltene und gefährdete Sippen

Der Anteil seltener oder gefährdeter Arten ist ein häufig verwendetes Kriterium zur Naturschutzbewertung. Man kann davon ausgehen, daß dort, wo sich die Vorkommen seltener Arten häufen, auch eine vielfältige Vegetation, ein abwechslungsreiches Milieu und damit ein Komplex von wertvollen Ökosystemen, also eine schutzwürdige Landschaft anzutreffen ist (siehe SUKOPP 1971b, SUKOPP & SCHNEIDER 1981, REIDL 1989:463).

Da eines der wesentlichen Ziele des Naturschutzes ist, alle Arten an ihren Standorten (in ausreichend großen Populationen) zu erhalten, kommt den Flächen mit einem hohen Anteil seltener Arten eine besondere Bedeutung zu.

Mit gewissen Einschränkungen ist es möglich, dieses Kriterium auch auf der Ebene der Nutzungstypen zu verwenden. Sind auf vielen Flächen eines Nutzungstypes größere Anteile seltener oder gefährdeter Arten vorhanden, ist die Bedeutung des Nutzungstypes für den Arten- und Biotopschutz entsprechend groß.

Seltenheit und Gefährdung lassen sich nur flächenbezogen genau bestimmen. Bezugspunkte hierfür können historische und aktuelle floristische Kartierungen von Stadträumen nach Rasterquadranten (siehe z.B. MAAS 1983) oder die Untersuchung von Teilflächen (siehe REIDL 1989) sein. Durch die Bestimmung der Frequenzwerte lassen sich Aussagen über die Häufigkeit treffen und - soweit ältere Daten vorliegen - auch Gefährdungen ableiten.

Die hier ausgewählten Industrieflächen sind im zentralen Ruhrgebiet auf mehrere Städte verteilt. Für diesen Raum liegt keine aktuelle floristische Gesamtbearbeitung vor. Die letzte zusammenfassende Flora für das Ruhrgebiet stammt von HÖPPNER & PREUSS (1926). Um die aktuelle Häufigkeit der Arten für diesen Raum zumindest grob einzuschätzen, müssen also verschiedene Quellen herangezogen werden.

Eine wichtige Grundlage ist die Florenliste von NRW (WOLFF-STRAUB et al. 1988) mit der integrierten Roten Liste (RL NRW), die allerdings keine Häufigkeitsangaben, sondern nur Gefährdungseinstufungen enthält.

Seltenheit und Gefährdung kann man nicht ohne weiteres gleichsetzen. Die Seltenheit einer Art muß nicht immer auf die Zerstörung ihrer Lebensräume zurückgehen, sondern kann auch auf einer bestimmten Strategie des Populationswachstums beruhen (REIDL 1989:88). Wie die Charakteristika bedrohter Pflanzenarten, nämlich Stenözie, beschränktes Verbreitungsgebiet und spezialisierte Fortpflanzungsbedingungen zeigen, bestehen zwischen den Kategorien Seltenheit und Gefährdungen aber enge Beziehungen (SUKOPP & SCHNEIDER 1981). Deshalb ist für die hier vorgesehene Auswertung eine Gleichsetzung vertretbar.

Die RL NRW erfaßt allerdings nur Idiochorophyten und Archäophyten. Der Ausschluß der Neophyten, ist wissenschaftlich umstritten (siehe ausführliche Darstellung bei KOWARIK 1989). Ein wichtiges Argument gegen den Ausschluß ist, daß das Bundesnaturschutzgesetz ausdrücklich die Erhaltung aller Pflanzen- und Tierarten in ihren Lebensgemeinschaften als überlebensfähige Populationen fordert. Speziell im besiedelten Bereich kann der Anteil der Neophyten an der Gesamtflora bis zu 50 % betragen (siehe SUKOPP 1983). Man schließt damit eine Gruppe von Arten aus, die wichtige Leistungen für den Naturhaushalt der Städte erbringt und die aus verschiedenen Gründen genauso in ihrem Bestand bedroht sein kann, wie die einheimischen Arten (siehe u.a. KORNECK 1986:116).

Ebenfalls problematisch ist der Ausschluß sogenannter "adventiver" Vorkommen. Abgesehen davon, daß keine Definition für diesen mißverständlichen Begriff gegeben wird, ist die Einschätzung, ob ein Vorkommen adventiv ist oder nicht, oft schwierig. Darüberhinaus stimmt es schon nachdenklich, daß die Ausdehnung des Bundesnaturschutzgesetzes auf alle Flächen als Erfolg des Naturschutzes begrüßt wurde, nun aber auf diese Weise Teilflächen als für den Artenschutz nicht relevant angesehen werden (KOWARIK 1989).

Eine weitere wichtige Quelle ist die für den westlichen Teil des Ruhrgebietes (Duisburg bis Essen) vorliegende aktuelle Flora von DÜLL & KUTZELNIGG (1987), deren Seltenheitsangaben herangezogen werden können. Das Essener-Stadtgebiet deckt die Arbeit von REIDL (1989) weitgehend ab. Für Gelsenkirchen kann die Untersuchung von HAMANN (1988) einige Hinweise geben. Für das östliche Ruhrgebiet (vom Bochumer Osten bis Dortmund) konnten einige Angaben aus der noch nicht völlig fertiggestellten Flora von Dortmund verwendet werden (BÜSCHER mdl. Mitteilungen).

Da Angaben über die Bestandsentwicklung der Sippen aus dem Ruhrgebiet nicht ausreichend vorliegen und aus dieser Arbeit auch nicht abgeleitet werden können, muß eine über die Angaben der RL NRW hinausgehende Einstufung der Gefährdung unterbleiben.

In Tabelle Nr. 28 im Anhang Teil II sind die seltenen bzw. gefährdeten Sippen zusammengefaßt. Die Tabelle ist nach Gruppen unterteilt.

Der erste Teil der Tabelle enthält die gefährdeten Sippen nach der RL NRW. Neben der landesweiten Einstufung sind auch die der betreffenden Großlandschaften aufgeführt. Ergänzt wurden Neufunde für die betreffenden Großlandschaften, die in anderen Teilen von NRW als gefährdet gelten (Cerastium pumilum s.str., Gymnocarpium robertianum). Es ergibt sich die in Tabelle Nr. 29 dargestellte Verteilung.

Tabelle Nr. 29   Vorkommen von Arten der Roten Liste NW

Gefährdungs-stufe (siehe WOLF-STRAUB et al. 1988)	NRW	Anzahl der Sippen	
		Niederrheinisches Tiefland	Westfälische Bucht/ Westfälisches Tiefland
0	1	4	-
1	-	1	2
2	4	1	5
3	20	9	9
4	1	1	1
*	7	3	2
Gesamt	33	19	19
ohne *	26		

(* nur in bestimmten Großlandschaften gefährdet)

Im zweiten Teil der Tabelle Nr. 28 in Anhang Teil II sind Sippen aufgeführt, die zwar nach der RL NRW als gefährdet gelten, die aber auf den Industrieflächen aus Anpflanzungen verwildert sind oder bei denen eine Ansalbung nicht ausgeschlossen werden kann (insgesamt 7 Sippen).

Der dritte Teil der Tabelle enthält heimische Sippen, die nach Auswertung der erwähnten Quellen im zentralen Ruhrgebiet selten sind, aber in der RL NRW nicht erwähnt werden (insgesamt 5 Sippen).

Die seltenen Rubus fruticosus-Sippen sind im vierten Abschnitt der Tabelle zusammengefaßt. Zugrundegelegt wurden die Angaben von WEBER (1985) und ergänzende mündliche Hinweise von WEBER (insgesamt 9 Sippen).

Teil fünf der Tabelle beinhaltet die nach den ausgewerteten Unterlagen als selten anzusehenden Neophyten (insgesamt 17 Sippen).

Im sechsten Abschnitt der Tabelle sind seltene Neophyten enthalten, die auf den Industrieflächen aus Anpflanzungen verwilderten oder bei denen eine Ansalbung nicht auszuschließen ist (insgesamt 3 Sippen).

Im siebten Teil sind schließlich seltene unbeständige Sippen zusammengestellt, die in der Florenliste NRW erwähnt sind (insgesamt 8).

Der letzte Teil der Tabelle (Abschnitt 8 und 9) enthält unbeständige Sippen (insgesamt 47), die in der Florenliste NRW nicht erwähnt sind, für die teilweise keine oder nur unzureichende Angaben zur Häufigkeit und Verbreitung vorliegen und die aus Anpflanzungen verwilderten bzw. für die eine Ansalbung nicht ausgeschlossen werden kann. Diese Gruppe wird nicht in die weitere Auswertung einbezogen.

Übersicht der in der Tabelle Nr. 28 im Anhang Teil II enthaltenen Sippen:

Tabellen-abschnitt	Anzahl der Sippen
1. Teil	33
2. Teil	7
3. Teil	5
4. Teil	9
5. Teil	17
6. Teil	3
7. Teil	8
Gesamt	82

Die insgesamt 82 Sippen machen 11,7 % des Gesamtbestandes (699 Sippen) der Industrieflächen aus. Zieht man die angesalbten bzw. direkt aus Anpflanzungen verwilderten Sippen ab (Teil 2 und 6), liegt der Anteil mit 72 Sippen bei 10,3 %.

Tabelle Nr. 30 Einteilung der seltenen Sippen nach Vegetations-Formationen im Sinne von SUKOPP et al. (1978).

Formation	Anzahl der Sippen (n = 72)	% Anteil
Auperalpine Felsvegetation	2	2,8
Kurzlebige Ruderalvegetation/ Ackerwildkrautgesellschaften	30	41,7
Langlebige Ruderalvegetation/Schlaggesellschaften/Nitrophile Säume	16	22,2
Halbruderale Queckenrasen	1	1,4
Trocken- und Halbtrockenrasen	9	12,5
Vegetation eutropher Gewässer	1	1,4
Zwergstrauchheiden/Borstgrasrasen	3	4,2
Feuchtwiesen	1	1,4
Mesophile Fallaubwälder	9	12,5

(restliche hier nicht erwähnte Formationsgruppen siehe SUKOPP et al. 1978 oder WOLFF-STRAUB et al. 1988)

Teilt man diese 72 Sippen in die Formationsgruppen nach SUKOPP et al. (1978) ein, zeigt sich, daß der größte Teil (41,7 %) zur kurzlebigen Ruderalvegetation gehört (siehe Tabelle Nr. 30).

Die seltenen Farn- und Blütenpfanzensippen auf den Industrieflächen stammen vor allem aus der Ruderalvegetation, mit einem deutlichen Schwerpunkt bei der ruderalen Pioniervegetation. Besondere Arten- und Biotopschutzbedeutung, im Sinne des Kriteriums Seltenheit, haben also vor allem die jüngeren Entwicklungsstadien der spontanen Vegetation.

Etwas höhere Anteile haben außerdem Sippen der Trockenrasen und der mesophilen Fallaubwälder. Bei der letzten Gruppe handelt es sich ausschließlich um seltenere Brombeerarten. Die Einstufung "selten" ist hier aufgrund des insgesamt geringen Bearbeitungsgrades noch mit einiger Vorsicht zu betrachten.

Die hohe Anteile ruderaler Pionierarten drücken sich auch in der Verteilung der Lebensformengruppen der 72 seltenen Sippen aus (siehe Tabelle Nr. 31). Die Therophyten haben hier im Vergleich zur Gesamtflora der Untersuchungsflächen deutlich höhere Anteile.

Tabelle Nr. 31   Verteilung der Lebensformengruppen bei den 72 seltenen Sippen

	Seltene Sippen (n = 72) absolut	%	Gesamtflora (n = 699) %
Phanerophyten	-	-	6
Nanophanerophyten	8	11,1	12,3
Holzige Chamaephyten	3	4,1	1,7
Krautige Chamaephyten	6	8,3	4,1
Hemikryptophyten	25	34,7	38,6
Geophyten	5	6,9	8,1
Therophyten	23	31,9	27
Hydrophyten	-	-	1,7
Ohne Zuordnung	2	2,7	0,9

Bei der Einteilung der seltenen Sippen nach der Einwanderungszeit bzw. dem Naturalisationsgrad treten besonders die Neophyten stärker hervor, da viele der ruderalen Pioniere Neueinwanderer sind (siehe Tabelle Nr. 32).

Tabelle Nr. 32   Einteilung der seltenen Sippen nach dem Einwanderungszeitpunkt bzw. dem Grad der Naturalisation

	Seltene Sippen (n = 72) absolut	%	Gesamtflora (n = 699) %
Idiochorophyten	38	52,8	56,1
Archäophyten	8	11,1	11,7
Neophyten	17	23,6	14,4
Ephemerophyten	8	11,1	14,6
Ohne Zuordnung	1	1,4	3,1

Für Aussagen über die Bedeutung der Flächen als Lebensraum seltener Arten sind auch Angaben zu den jeweiligen Populationsgrößen notwendig. In Tabelle Nr. 33 ist die Verteilung der 82 seltenen Sippen auf die fünf Stetigkeitsstufen dargestellt.

Tabelle Nr. 33 Stetigkeitsverteilung der seltenen Sippen

Stetigkeits-stufe	Teilabschnitte der Tabelle Nr. 11.1							
	1.	2.	3.	4.	5.	6.	7.	%
I.	27	6	3	8	9	3	6	75,6
II.	5	1	2	-	4	-	1	15,9
III.	-	-	-	1	2	-	1	4,9
IV.	1	-	-	-	2	-	-	3,7
V.	-	-	-	-	-	-	-	0
Gesamt	33	7	5	9	17	3	8	100

Die Verteilung auf die Stetigkeitsstufen zeigt, daß 3/4 aller seltenen Sippen nur auf wenigen Probeflächen vorkommen. Um die Populationsgrößen festzustellen, müssen die Häufigkeitsschätzungen für die Einzelflächen berücksichtigt werden (siehe Tabelle Nr. 34).

Tabelle Nr. 34 Verteilung der 82 seltenen Sippen auf die siebenstufige Häufigkeitsskala und die Stetigkeitsstufen

Stetigkeits-stufe	Arten-zahl	Anzahl der Vorkommen in den sieben Häufigkeitsstufen auf den 15 Flächen						
		Häufigkeitsstufen						
		1	2	3	4	5	6	7
I.	62	45	31	10	2	1	-	-
II.	13	18	19	19	6	3	-	-
III.	4	1	10	10	4	4	-	-
IV.	3	8	10	6	7	2	-	1
V.	-	-	-	-	-	-	-	-

Hieraus wird deutlich, daß einige der seltenen Arten mit geringer Stetigkeit (Stufe I und II) größere Vorkommen (Häufigkeitsstufen 4 - 7) auf den Einzelflächen haben. Insgesamt überwiegen aber deutlich die niedrigen Stetigkeitsstufen und geringe Häufigkeiten.

Besonders interessant ist die Gruppe der seltenen Sippen, die eine Stetigkeit über Stufe III (mehr als 7 Flächen) oder/und mindestens einmal die Häufigkeitsstufe 4 erreichen. Diese in Tabelle Nr. 35 aufgeführten Sippen sind im Ruhrgebiet offensichtlich nur auf Industrieflächen häufiger zu finden (Auswertung in Kapitel 4.6.).

Tabelle Nr. 35 Sippen, die im Ruhrgebiet nur auf Industrieflächen
größere Vorkommen haben (auf der Grundlage der ausgewerteten
Quellen)

Tabellen-bereich *	Sippe	Bemerkungen
Teil 1.	Cerastium pumilum s.str.	(Neufund für das Gebiet)
	Puccinellia distans	(im Osten des Ruhrgebietes etwas häufiger auch an Straßenrändern)
Teil 3.	Tragopogon dubius	(erste Bestätigung für das Gebiet)
Teil 4.	Rubus calvus	(Artengruppe bisher hier kaum untersucht)
	Rubus nemorosus	
Teil 5.	Apera interrupta	(Neufund für das Gebiet)
	Chenopodium botrys	
	Hordeum jubatum	
	Inula graveolens	
	Oenothera chicaginensis	(Artaggregat bisher kaum untersucht)
	Oenothera parviflora s.str.	
	Oenothera rubricaulis	
	Salsola kali subsp. ruthenica	
Teil 7.	Lycium chinense	

* - bezieht sich auf die Abschnitte der Tabelle Nr. 28 im Anhang Teil II

Von den insgesamt 82 seltenen Sippen haben also nur 14 auf den Industrieflächen größere Vorkommen.

Der festgestellte Anteil seltener Arten, darunter auch solche, die offensichtlich nur auf industriell genutzten Flächen größere Populationen haben, erlaubt es, diesem Nutzungstyp eine hohe Bedeutung für den Arten und Biotopschutz zuzuweisen. Die untersuchten Probeflächen unterscheiden sich bezüglich der Anteile seltener Arten (siehe Tabelle Nr. 41 im Anhang Teil II).

REIDL (1989) stellt für den Essener Norden fest, daß die Industrie- und Gewerbeflächen, im Vergleich zu anderen städtischen Nutzungen, die höchsten Anteile seltener Arten aufweisen. Hier kommen nach REIDL (1989:489) überdurchschnittlich viele seltene Arten vor.

4.5. Florististische Ähnlichkeit der Untersuchungsflächen

Die floristische Ähnlichkeit der Pflanzenbestände verschiedener Flächen läßt sich mit dem Gemeinschaftskoeffizienten nach JACCARD berechnen.

$$G \text{ in \%} = \frac{c}{a + b} \times 100$$

a = Summe der in Gebiet a vertretenen Arten
b = Summe der in Gebiet b vertretenen Arten
c = Summe der in beiden Gebieten vertretenen Arten

Der Gemeinschaftskoeffizient drückt prozentual das Verhältnis der Artübereinstimmung zweier Gebiete aus. Hierfür ist einzig das Vorkommen oder Fehlen der Arten ausschlaggebend, die unterschiedlichen Häufigkeiten bleiben also außer Betracht.

Die Dominanz der einzelnen Arten wird bei der Berechnung der Dominantenidentität berücksichtigt. Dazu lassen sich z.B. der sogenannte Massengemeinschaftskoeffzient nach ELLENBERG oder die RENKONEN-Formel verwenden, hier wurde letztere gewählt, weil die entsprechende Software zur Verfügung stand.

Als Maß für die Häufigkeit bzw. Dominanz einer Art dient die Häufigkeitsschätzung nach der siebenstufigen Schätzskala (siehe Kapitel 4.1.).

Das Ausmaß der beiden "Identitäten" erlaubt Schlüsse auf die Homogenität der Untersuchungsflächen. Niedrige Identitätswerte bei gleicher Größe und Zugehörigkeit zu einem Nutzungstyp lassen auf erhebliche Unterschiede in der Lebensraumausstattung der Flächen schließen. Ist dies durchgängig der Fall, wäre es schwierig allgemeingültige Aussagen für den "Lebensraum Industriefläche" zu machen.

Die Artenidentität hängt ab von der Gesamtartenzahl und damit der Größe einer Fläche. Nach der statistischen Regel sollte man nur Flächen ähnlicher Größe vergleichen. Dies ist hier nicht der Fall, die Größen schwanken zwischen 3 und 300 Hektar. Insofern ergeben sich gewissermaßen "Scheinidentitäten". Trotzdem lassen sich hieraus einige Aussagen ableiten. Wenn kleine Flächen hohe Artenidentitäten mit erheblich größeren aufweisen, ist dies ein Hinweis darauf, daß ein gemeinsamer Artengrundstock bereits auf kleinen Teilbereichen gegeben ist.

Je näher der Wert an der 100 % Marke liegt, desto höher ist die Identität. Die Verteilung der Werte für beide Berechnungsarten soll hier wie folgt klassifiziert werden:

```
< 50 %           geringe Identität
50 - 60 %        mittlere Identität
60 - 70 %        hohe Identität
70 - 100 %       sehr hohe Identität
```

Die Werte schwanken zwischen 42 und 77 %. Werte unter 55 % kommen nur bei Vergleich der kleinsten Untersuchungsfläche (O.ZeLe 3 ha) vor. Schon bei der Gesamtartenzahl wird deutlich, daß hier die Mindestgröße für zulässige Vergleiche mit den restlichen Flächen unterschritten ist. Läßt man diese Fläche heraus, beträgt die durchschnittliche Identität aller Fläche nahezu 69 %.

Tabelle Nr. 36 Artenidentität der Untersuchungsflächen nach JACCARD

	A. HoWe	B. KrHö	C. ThOb	D. ThMe	E. ThRu	F. ThBe	G. VeHo	H. VeSc	I. Ruhr	J. ZePr	K. ZeOs	L. ZeZo	M. ZeMo	N. ZeTh	O. ZeLe
	Eisen- und Stahindustrie						Chemische In.			Bergbau					
A.HoWe	100														
B.KrHö	74	100													
C.ThOb	72	72	100												
D.ThMe	69	72	71	100											
E.ThRu	75	73	74	74	100										
F.ThBe	75	72	72	76	77	100									
			EE												
G.VeHo	69	73	67	68	69	69	100								
H.VeSc	64	69	65	65	63	66	72	100							
I.Ruhr	66	69	67	67	67	68	69	72	100						
			EC						CC						
J.ZePr	69	70	68	67	68	65	72	69	69	100					
K.ZeOs	63	65	65	66	64	66	64	67	68	67	100				
L.ZeZo	64	68	63	66	62	64	68	66	66	69	67	100			
M.ZeMo	60	63	59	62	58	61	63	63	62	62	64	65	100		
N.ZeTh	67	68	68	75	69	73	63	63	66	67	67	64	61	100	
O.ZeLe	42	51	43	50	42	46	48	52	52	45	52	51	55	50	100
			EB						CB				BB		

(Erläuterung der Abkürzungen siehe Kapitel 3.1.)

Trotz unterschiedlicher Flächengröße ergeben sich hohe Ähnlichkeiten. Dies läßt darauf schließen, daß die ausgewählten Flächen trotz der Zugehörigkeit zu unterschiedlichen Industriezweigen und erheblich differierenden Nutzungsintensitäten eine hohes Maß an Homogenität haben.

Im Vergleich zu den von KUNICK (1982:10), REIDL (1989:98) und AEY (1990:147) in verschiedenen Städten für Beispielsflächen gleicher Flächennutzungen ermittelten Ähnlichkeiten liegen die Werte der Industrieflächen überwiegend deutlich höher.

Die Werte übertreffen auch die von REIDL (1989:98) für die Industrie- und Gewerbezonen des Essener Norden festgestellten Ergebnisse. Dies hat seine Ursache in der größeren Inhomogenität der "Stadtzone" gegenüber den schärfer abgegrenzten einzelnen Industrieflächen.

Berechnungsgrundlage der Dominantenidentität ist die auf die jeweiligen Flächen bezogene geschätzte Häufigkeit der Arten (siehe Kapitel 4.2.). Aufgrund des Vergleiches unterschiedlich großer Flächen müssen auch hier statistische Unkorrektheiten berücksichtigt werden.

Die Unterschiede zum Gemeinschaftkoeffizienten sind nur geringfügig (siehe Tabelle Nr. 37), die Werte liegen meist nur um wenige Prozente niedriger. Der Durchschnitt ohne die kleinste Fläche (O.ZeLe) beträgt 66 %.

Tabelle Nr. 37   Dominantenidentität der Untersuchungsflächen nach RENKONEN

	Eisen- und Stahlindustrie						Chemische In.			Bergbau					
	A. HoWe	B. KrHö	C. ThOb	D. ThMe	E. ThRu	F. ThBe	G. VeHo	H. VeSc	I. Ruhr	J. ZePr	K. ZeOs	L. ZeZo	M. ZeMo	N. ZeTh	O. ZeLe
A.HoWe	100														
B.KrHö	73	100													
C.ThOb	72	73	100												
D.ThMe	68	71	71	100											
E.ThRu	76	73	77	71	100										
F.ThBe	72	73	73	74	76	100									
				EE											
G.VeHo	66	72	66	67	67	67	100								
H.VeSc	60	65	63	63	59	62	70	100							
I.Ruhr	64	68	67	65	65	66	68	70	100						
			EC					CC							
J.ZePr	67	71	68	66	66	65	73	67	68	100					
K.ZeOs	60	63	63	64	60	64	62	64	67	64	100				
L.ZeZo	60	64	61	65	58	61	65	66	67	66	64	100			
M.ZeMo	57	61	57	61	55	58	62	64	62	62	66	63	100		
N.ZeTh	65	68	68	74	67	70	63	62	65	66	64	64	62	100	
O.ZeLe	39	44	41	46	37	41	42	47	46	40	48	46	53	46	100
			EB					CB					BB		

Bei Flächen unterschiedlicher Nutzungstypen in Berlin sind die nach dem Massen-Gemeinschaftskoeffizienten (ELLENBERG) errechneten Dominantenidentitäten deutlich höher als die Artenidentitäten (siehe KUNICK 1982:10). Das Ausmaß der Ähnlickeit bei den häufigen Arten ist also höher als die einfache Artenidentität.

Auf den Industrieflächen (Unterschiede bei den verschiedenen Berechnungsweisen sind zu berücksichtigen) gibt es dagegen bei den häufigen Arten deutliche Unterschiede zwischen den Industriezweigen. Dies deutete sich ja bereits bei der einfachen Gegenüberstellung der häufigsten Arten auf den Einzelflächen an (siehe Kapitel 4.2.).

Vorstellbar ist, daß sich die Unterschiede in der Flora der Industriezweige auch statistisch ausdrücken. Diese Hypothese soll durch einen Mittelwertvergleich bei der Tabelle der einfachen Artenidentität (Tabelle Nr. 36) überprüft werden. Hierbei wäre nachzuweisen, daß die Varianz der Unterschiede innerhalb einer "Industriezweig-Tabellengruppe" (siehe Tabelle Nr. 36) geringer sind als zwischen den Gruppen.

Der Mittelwertvergleich (STATGRAPHICS 2.7.) zeigt, daß zwischen den Flächen der Eisen- und Stahlindustrie und der chemischen Industrie die Unterschiede bei der Artenidentität auf dem 5 % Niveau ($p < 0,05$) signifikant sind. Der Vergleich der Bergbauflächen mit den beiden anderen Flächentypen ergibt keine signifikanten Unterschiede.

E/C/B = Tabellenbereiche der Tabelle Nr. 36
s   = signifikante Unterschiede
n.s. = nicht signifikante Unterschiede

	EE	CC	BB
EE	/	n.s	s
EC	s	s	s
CC	n.s	/	s
EB	s	n.s	n.s.
CB	s	n.s	n.s
BB	s	s	/

Der bereits in der Struktur der Flächen deutliche Unterschied zwischen der Eisen- und Stahlindustrie und der Chemischen Industrie drückt sich bei diesem Vergleich aus. Die Flächen des Bergbaus haben demgegenüber eine stärkere floristische Verwandschaft zu beiden anderen Flächentypen. Gegenüber den Flächen der chemischen Industrie ist dies auf die vergangene Verflechtung beider Industriezweige zurückzuführen, die weitgehend ähnliche Verhältnisse bei den vorherrschenden Substraten mit sich brachte (siehe Kapitel 3.3.). Im Vergleich mit den Flächen der Stahlindustrie spielen vielleicht ähnliche Flächenstrukturen, z.B. die Anteile an Gleis- und Lagerflächen eine Rolle (siehe Kapitel 3.3.).

Ein interessantes Einzelergebnis ist die in beiden Berechnungsarten (siehe Tabelle Nr. 36 und 37) dokumentierte hohe Ähnlichkeit der Zechenbrache Fr. Thyssen 4/8 (N.ZeTh) mit dem unmittelbar angrenzenden ehemaligem Hüttenwerk Meiderich (D.ThMe). In diesen Werten drückt sich die enge infrastrukturelle und geschichtliche Verflechtung beider Flächen aus. Die Zechenbrache hat aufgrund der verschiedenen Ablagerungen von Schlacken der Eisen- und Stahlindustrie zahlreiche floristische Elemente, die sonst diesem Industriezweig vorbehalten sind (z.B. Apera interrupta, Saxifraga tridactylites, Chenopodium botrys, siehe auch Kapitel 4.6). Auch in der Vegetationsausstattung gibt es entsprechende Erscheinungen (siehe Kapitel 5.6.).

Führt man die Mittelwertberechnung für die Tabelle der Dominantenidentität (Tabelle Nr. 37) durch, bestätigt sich im wesentlichen das Bild, das bei der einfachen Artenidentität gewonnen wurde.

4.6. Industriezweigspezfische und industrietypische Flora

Bereits mehrfach wurden charakteristische Unterschiede in der Flora der einzelnen Industriezweige aufgezeigt (siehe Kapitel 4.2.). Aus Tabelle Nr. 17 im Anhang Teil II geht deutlich hervor, daß einige Sippen Schwerpunkte auf den Flächen bestimmter Industriezweige haben.

Auf Unterschiede in der Flächenstruktur der drei Industriezweige wurde bereits hingewiesen (siehe Kapitel 3.2.). Inwieweit sich hieraus die Ursachen ableiten lassen für die Herausbildung einer spezifischen Flora, soll im Folgenden näher untersucht werden.

Innerhalb der Tabelle Nr. 17 im Anhang Teil II sind zwei Gruppen erkennbar, zum einen Sippen, die einen Schwerpunkt in den Flächen der Eisen- und Stahlindustrie haben, zum anderen jene, die im wesentlichen auf die beiden anderen Industriezweige begrenzt sind. Wie bereits in Kapitel 3.2. dargestellt, weisen die ausgewählten Flächen der Chemischen Industrie vor allem bei den vorherrschenden Substraten ähnliche Bedingungen wie die Zechen auf.

Da die Zahl der untersuchten Flächen insgesamt relativ klein ist, werden die Ergebnisse durch die Auswertung weiterer Untersuchungen aus dem Ruhrgebiet (REIDL 1989, HAMANN 1988, JOCHIMSEN 1987) sowie die Aussagen örtlicher Fachleute und eigene Erfahrungen ergänzt.

Aufgrund der Artenverteilung lassen sich folgende Unterscheidungen treffen:

- <u>Sippen mit hoher Bindung an einen Industriezweig</u> (Vorkommen ≥ 50 % der Flächen des/der Industriezweige/s).

Die Arten wurden im Rahmen dieser Untersuchung ausschließlich bzw. mit sehr starkem Schwerpunkt auf Flächen der Eisen- und Stahlindustrie oder der Chemischen Industrie/des Bergbaus gefunden. Es gibt nur maximal ein Vorkommen in kleiner Ausdehnung (Häufigkeitsklassifikation ≤ 3) auf einer Fläche der jeweilig anderen Gruppe.

- <u>Sippen mit Schwerpunktbindung an einen Industriezweig</u> (Vorkommen ≥ 50 % der Flächen des/der Industriezweige/s).

Die Arten haben in der Tabelle einen deutlichen Schwerpunkt bei einem der beiden Gruppen, was die Zahl der Vorkommen und die geschätzte Häufigkeit angeht. Es treten nur maximal zwei Vorkommen mit gleichen Häufigkeitswerten oder bis maximal vier Vorkommen mit deutlich niedrigeren Häufigkeitswerten auf Flächen der anderen Gruppe auf.

Im wesentlichen beschränkt auf die Flächen der <u>Eisen- und Stahlindustrie</u> sind folgende Arten:

1. Sippen mit hoher Bindung

    1.1. Eingebürgerte Sippen

        Apera interrupta
        Artemisia absinthium
        Ballota alba
        Chenopodium botrys
        Hieracium bauhini
        Lamium amplexicaule
        Lamium maculatum
        Lathyrus tuberosus
        Malva neglecta
        Petrorhagia prolifera
        Puccinellia distans
        Saxifraga tridactylites
        Sedum spurium
        Senecio vernalis
        Tragopogon dubius
        Veronica agrestis

1.2. Unbeständige Sippen (aus Anpflanzungen verwildert oder angesalbt)

    Cerastium tomentosum
    Cotoneaster horizontalis
    Lathyrus latifolius
    Lathyrus odoratus
    Lunaria annua
    Papaver somniferum
    Rhus typhina

2. Sippen mit Schwerpunktbindung

2.1. Eingebürgerte Sippen

    Aster novi-belgii
    Diplotaxis tenuifolia
    Galium mollugo
    Helianthus tuberosus
    Stachys palustris

2.2. Unbeständige Sippen

    Malus domestica

3. Sippen, die die geforderten Verteilungsgrenzen nur sehr knapp erreichen und/oder nur sehr kleine Vorkommen haben. Hier ist eine zufällige Verteilung wahrscheinlich, weshalb sie in die weitere Auswertung nicht einbezogen werden.

    Aster lanceolatus
    Laburnum anagyroides
    Lathyrus pratensis
    Populus x gileadensis
    Ranunculus bulbosus
    Raphanus sativus
    Rorippa sylvestris
    Rosa multiflora
    Salix cinerea
    Solanum tuberosum
    Veronica filiformis
    Viola x wittrockiana

Auf den Flächen der Chemischen Industrie und des Bergbaus zeigen folgende Sippen Schwerpunkte:

1. Sippen mit hoher Bindung

1.1. Eingebürgerte Sippen

    Anthoxanthum odoratum
    Cardamine impatiens
    Juncus tenuis

Hierzu müssen nach der Auswertung vorliegender Untersuchungen aus dem Ruhrgebiet voraussichtlich auch noch

        Illecebrum verticillatum und
        Corrigiola litoralis

gerechnet werden (Angaben nach VOGEL mdl. Mitteilung 1988, HAMANN 1988). Diese Arten kommen auf den hier ausgewählten Flächen nicht oder nur in geringem Umfang vor.

2. Sippen mit Schwerpunktbindung

        Athyrium filix-femina
        Cytisus scoparius
        Lysimachia vulgaris
        Oenothera chicaginensis
        Spergularia rubra
        Stachys sylvatica

Danach ergibt sich die in Tabelle Nr. 38 dargestellte Verteilung

Tabelle Nr. 38   Industriezweigspezifische Verteilung von Sippen

	Eisen/Stahl-industrie	Chemische Industrie Bergbau
Einzelflächenzahl	6	9
Gesamtfläche in ha	880	758
Gesamtartenzahl	611	412/489
Sippen mit hoher Bindung		
- eingebürterte	16	3 (+ 2)
- unbeständige	7	-
Schwerpunktbindung		
- eingebürgert	5	6
- unbeständige	1	-
Gesamt	29	9 (+ 2)

Die wesentlichste Ursache für die dargestellte Verteilung scheinen die Unterschiede in den abgelagerten Substraten zu sein (siehe Kapitel 3.3)..

Von den für die Eisen- und Stahlindustrie oben aufgeführten Sippen haben folgende eine relativ enge Bindung an Schlacken dieses Industriezweiges:

        Apera interrupta
        Artemisia absinthium
        Chenopodium botrys
        Diplotaxis tenuifolia
        Petrorhagia prolifera
        Puccinellia distans
        Saxifraga tridactylites
        Tragopogon dubius
        Senecio vernalis

Bei den Flächen des Bergbaus und der Chemischen Industrie zeigen

> Spergularia rubra sowie
> Illecebrum verticillatum,
> Corrigiola litoralis

eine deutliche Bindung an Bergematerial.

Die Vorkommen von Athyrium filix-femina sind begrenzt auf ältere Birkenreinbestände, die auf Bergematerial entstanden. Auch Cytisus scoparius ist auf die nährstoffarmen sauren Böden aus Bergematerial begrenzt.

Einige der industriezweigspezifischen Vorkommen lassen sich nicht aus spezifischen Standortbedingungen ableiten, sondern hängen mit zufälligen Ereignissen auf den ausgewählten Flächen zusammen. So wurden zum Zeitpunkt der Geländeuntersuchungen (1988/89) auf vier Probeflächen der Eisen- und Stahlindustrie in stärkerem Umfang Oberbodenaufträge durchgeführt. Diese Bereiche werden schnell von einer entsprechenden Flora besiedelt. Hierzu zählen die oben als typisch für die Eisen- und Stahlindustrie aufgeführten Arten Lamium maculatum, Lamium amplexicaule und Veronica agrestris.

Der relativ hohe Anteil an unbeständigen Sippen bei der spezifischen Flora der Eisen- und Stahlindustrie hängt mit der insgesamt größeren Zahl an verwilderten oder möglicherweise angesalbten Zierpflanzen bei diesem Industriezweig zusammen. Auf diesen Punkt wurde bereits in Kapitel 4.3. hingewiesen.

Für einen Teil der aufgezählten Arten läßt sich allerdings auch die jeweilige Häufung bei einem Industriezweig nicht weiter erklären.

Als Resumee kann man festhalten, daß eine industriezweigspezifische Flora existiert. Von den untersuchten Industriezweigen hat die Eisen- und Stahlindustrie den höchsten Anteil an spezifischen Sippen.

Hieraus lassen sich noch keinerlei Aussagen ableiten, inwieweit es auch eine industrietypische Flora gibt, also Sippen, die im Ruhrgebiet ausschließlich oder hauptsächlich auf Industrieflächen vorkommen.

In diesem Zusammenhang ist zu berücksichtigen, daß es auch innerhalb des Ruhrgebietes kleinere klimatische Unterschiede gibt. Der Westen ist im Jahresmittel etwas regenärmer und wärmer als der Osten (siehe Kapitel 2.3.). Dies wirkt sich offensichtlich auch in der floristischen Zusammensetzung der Industrieflächen aus. Das Auftreten oder Fehlen einzelner Sippen kann zwar nicht sicher mit diesen klimatischen Unterschieden erklärt werden, aber einige Sippen zeigen deutliche Unterschiede in der Häufigkeit auf den Flächen gleicher Industriezweige. So haben z.B. die besonders wärmeliebenden Arten Buddleja davidii, Carduus acanthoides, Chenopodium botrys und Diplotaxis tenuifolia auf den in Duisburg gelegenen Werksflächen der Eisen- und Stahlindustrie deutlich größere Vorkommen als auf denen in Dortmund.

Da umfassende Untersuchungen zur Florenausstattung der einzelnen städtischen Nutzungstypen im Ruhrgebiet nicht vorliegen, können zu einer "industrietypischen Flora des Ruhrgebietes" nur über die Auswertung verschiedener Teiluntersuchungen Aussagen getroffen werden. Die Ergebnisse hieraus haben naturgemäß nicht den Aussagewert einer flächendeckenden Kartierung.

Aus den Ergebnissen dieser Arbeit können folgende Punkte herangezogen werden:

1. Als industriespezifisch sind nach dem jetzigen Kenntnisstand jene Sippen anzusehen, die im Rahmen dieser Untersuchung erstmals für den entsprechenden Naturraum nachgewiesen wurden. Hier ist zu unterscheiden zwischen Sippen mit größeren Vorkommen (siehe Kapitel 4.4.) und Einzelvorkommen.

   1.a. Neufunde/Wiederfunde mit größeren Vorkommen auf den Industrieflächen

   Apera interrupta
   Cerastium pumilum s.str.
   Oenothera chicaginensis (bisher kaum untersuchtes Artaggregat)
   Oenothera rubricaulis (bisher kaum untersuchtes Artaggregat)
   Tragopogon dubius

   1.b. Neufunde/Wiederfunde mit Einzelvorkommen auf den Industrieflächen

   Atriplex rosea
   Atriplex tatarica
   Bromus carinatus
   Gymnocarpium robertianum
   Hypericum hirsutum   (Wiederfund für das zentrale Ruhrgebiet)
   Linaria repens
   Poa x figertii
   Rubus contractipes   (bisher kaum beachtete Artengruppen)
   Rubus lasiandrus   (bisher kaum beachtete Artengruppen)
   Rubus nemorosoides   (bisher kaum beachtete Artengruppen)
   Rubus parahebecarpus   (bisher kaum beachtete Artengruppen)
   Rubus raduloides   (bisher kaum beachtete Artengruppen)

2. Als industrietypisch sind jene Sippen anzusehen, die nach der Auswertung der vorliegenden floristischen Untersuchungen (siehe Kapitel 3.1.3.) im Ruhrgebiet nur auf Industrieflächen größere Vorkommen haben.

   Cerastium glutinosum
   Chenopodium botrys
   Corrigiola litoralis
   Hordeum jubatum
   Inula graveolens
   Illecebrum verticillatum
   Lycium chinense
   Oenothera parviflora s.str.
   Puccinellia distans   (gilt nur für den Westen des Ruhrgebietes)
   Rubus calvus   (bisher wenig beachtete Artengruppe)
   Rubus nemorosus   (bisher kaum beachtete Artengruppen)
   Salsola kali subsp. ruthenica

3. Neben den unter 1. und 2. genannten läßt sich eine weitere Gruppe von Sippen aufstellen, die zwar in verschiedenen städtischen Flächennutzungen häufig sind, aber einen deutlichen Schwerpunkt ihres Vorkommens auf Industrieflächen haben. Hierbei wurden besonders die Angaben aus Essen (REIDL 1989:147ff) und Bochum (SCHULTE 1985:115) berücksichtigt.

Arenaria serpyllifolia agg.
Artemisia absinthium
Buddleja davidii
Carduus acanthoides
Crepis tectorum
Diplotaxis tenuifolia
Herniaria hirsuta
Reseda luteola
Saxifraga tridactylites
Verbascum densiflorum

Hierraus ergibt sich die in Tabelle Nr. 39 dargestellte Verteilung

Tabelle Nr. 39 Verteilung industriespezifischer, -typischer Sippen,
sowie jener Sippen mit Schwerpunktvorkommen im Ruhrgebiet

	Anzahl
Industriespezifische Sippen	
-- mit größeren Vorkommen	5
-- mit Einzelvorkommen	12
Industrietypische Sippen	12
Sippen mit Schwerpunkt auf Industrieflächen	10
Gesamt	39

Davon kommen auf den Probeflächen dieser Arbeit 36 Sippen vor, das entspricht 5,2 % der insgesamt 699 festgestellten Sippen. Von den 36 sind sieben als spezifisch für die Eisen- und Stahlindustrie und drei für den Bergbau/Chemische Industrie anzusehen.

Es gibt also im Ruhrgebiet nach dem jetzigen Kenntnistand eine industriespezifische und industrietypische Flora.

Als nächster Schritt ist interessant festzustellen, inwieweit sich auch überregional für Deutschland oder Europa Sippen mit einer Bindung an industrielle Flächennutzungen festellen lassen. Es muß natürlich berücksichtigt werden, daß sich die klimatischen Verhältnisse erheblich unterscheiden und insofern für jede großklimatische Region eigene spezifische Sippen zu erwarten sind. Sollte es darüberhinaus doch Arten geben, die überregional eine gewisse Bindung an industriell genutzte Flächen zeigen, hat dies seine Ursache in den Standortbedingungen auf Industrieflächen, die stärker wirken als großklimatische Unterschiede. Das könnten z.B. spezielle klimatische Bedingungen (Wärmeinseln) oder spezifische Schadstoffbelastungen sein.

Da speziell über Industrieflächen im Sinne der in dieser Arbeit gegebenen Definition (siehe Kapitel 1.2.) zu wenig Untersuchungen vorliegen, wird der Vergleich ausgeweitet auf "industriell geprägte Stadtzonen". Aus Deutschland lassen sich folgende weitere Untersuchungen heranziehen:

Köln	- KUNICK (1983b)
Münster, Essen, Düsseldorf	- WITTIG et al. (1985)
Berlin	- KUNICK (1982)
Berlin	- REBELE (1988)
Lübeck	- DETTMAR (1985)
Halle	- KLOTZ (1984)
Leipzig	- GUTTE (1971)

Sowie Ergänzungen aus "ostdeutscher Sicht" von GUTTE (schriftliche Mitteilung 1991).

Es muß allerdings berücksichtigt werden, daß diese Datengrundlage immer noch unzureichend ist, um wirklich sichere Aussagen machen zu können.

Nach den genannten Arbeiten ergeben sich sieben Arten (siehe Tabelle Nr. 40), die einen gewissen Schwerpunkt in industriell geprägten Stadtzonen zeigen. Es handelt sich überwiegend um einjährige Arten der kurzlebigen Ruderalvegetation.

Tabelle Nr. 40 Arten die in ihrer Verbreitung in Deutschland einen gewissen Schwerpunkt auf industriell geprägten Stadtzonen zeigen

	auch auf Bahnflächen und/oder Häfen (siehe BRANDES 1983/1989)
Amaranthus albus	X
Atriplex rosea	X
Chenopodium botrys	
Diplotaxis tenuifolia	X (vgl. WEINERT 1981)
Plantago indica	(vgl. PHILIPPI 1971)
Salsola kali subsp. ruthenica	X (")
Tragopogon dubius	X

Der Begriff "industriell geprägte Stadtzone" wurde bewußt gewählt, weil man hierzu auch Bahnanlagen und Häfen zählen kann. Der Vergleich mit den Angaben von BRANDES 1983/1989 zeigt (siehe Tabelle Nr. 40), daß der größere Teil der Arten auch für diese Anlagen charakteristisch ist. Zwischen der Florenausstattung von Bahnhöfen, Häfen und Industrieflächen gibt es größere Ähnlichkeiten (siehe u.a. REIDL 1989, REBELE 1988, PREISINGER 1984, BRANDES 1983/1989, WITTIG et al. 1985). Diese sind verursacht durch eine ähnliche Flächenstruktur, der Verwendung der gleichen Substrate zur Flächengründung, dem Einsatz von Herbiziden und der Tatsache, daß die meisten größeren Industrieflächen/-gebiete auch hohe Anteile an Gleisanlagen aufweisen. Auch die Vegetationsausstattung zeigt eine größere Verwandschaft (siehe Kapitel 5.6.).

Für den europaweiten Vergleich fehlen geeignete Untersuchungen. Es gibt zwar einige floristische Arbeiten über Industrieflächen aus der CSFR und England (siehe Zusammenstellung in Kapitel 1.3.), doch lassen sich diese nicht in der hier benötigten Form auswerten.

5. Die vegetationskundlichen Untersuchungen

5.1. Methoden

Die Vegetation wurde nach der Methode der Pflanzensoziologie (BRAUN-BLANQUET 1964) erfaßt. Die Pflanzensoziologie ist die in Mitteleuropa am häufigsten angewendete Form der Vegetationsuntersuchung zwecks Klassifkation von Pflanzenbeständen. Sie basiert auf der Annahme, daß es in abgegrenzten geographischen Räumen mehrfach wiederkehrende Bestände gleichartiger Pflanzenzusammensetzungen gibt, die als Ausdruck ähnlicher Lebensbedingungen und verwandter Vegetationsgeschichte typisiert werden können (OBERDORFER 1977:17). Ordnungsprinzip ist vor allem die floristische Ähnlichkeit der Pflanzenbestände. Der Grundbaustein des pflanzensoziologischen Systems ist die Assoziation (=Vegetationstyp), eine durch bestimmte hier gehäuft auftretende Kennarten definierte Einheit. Mehrere durch Kennarten unterscheidbare, aber sonst floristisch ähnliche Assoziationen werden durch verbindende Arten zu höheren Einheiten (Verbänden, Ordnungen, Klassen) zusammengeschlossen. Seit Anfang des Jahrhunderts wurde dieses System in Mitteleuropa immer weiter ausgebaut.

Die Pflanzensoziologie ist besonders in den letzten Jahren heftiger wissenschaftlicher Kritik ausgesetzt (siehe Zusammenfassung bei BRÖRING & WIEGLEB 1990). Wichtig ist festzuhalten, daß die Pflanzensoziologie nur einer von verschiedenen möglichen Ansätzen zur Klassifikation der Pflanzenbestände ist.

Das Typuskonzept (siehe VAHLE & DETTMAR 1988) bedingt, daß die Realität der Pflanzenbestände oft von den idealisierten Vegetationstypen abweicht. Besonders in städtischen Lebensräumen ist das der Fall. Hier dominieren Pflanzenbestände, die sich nicht in das klassische System der Vegetationstypen einordnen lassen (siehe HARD 1982). Man spricht deshalb von "Fragmenten, Degenerationsstadien und Übergängen" und versucht über diesen Umweg, den Assoziationen möglichst nahe zu kommen. Die Begriffe "Fragment" und "Degenerationsstadium" erwecken den Eindruck, daß etwas an diesem Standort bereits einmal voll. ausgebildet vorhanden war, was aber in der Regel nicht der Fall ist. In den Städten haben sich neue Lebensgemeinschaften entwickelt, die speziell an diese Lebensbedingungen angepaßt sind. Dabei handelt es sich nur zu einem geringeren Teil um Assoziationen im klassischen Sinne, sondern überwiegend um Dominanzbestände einzelner Arten oder Gesellschaften, die nach der Definition von BRAUN-BLANQUET nicht den Rang einer Assoziation haben. Die Aufnahmemethodik und das Prinzip der floristischen Ähnlichkeit der BRAUN-BLANQUET-Schule eignen sich trotzdem gut für eine schnelle und effektive Gliederung der Vegetation in den Städten.

Ein Ziel dieser Arbeit ist festzustellen, inwieweit es industrietypische Formen der Vegetation im Ruhrgebiet gibt. Voraussetzung hierfür ist eine möglichst vollständige Erfassung der verschiedenen Ausbildungen der Vegetation auf den ausgewählten Industrieflächen. Aus diesem Grund werden neben den Assoziationen auch die Gesellschaften, die nicht den Rang einer Assoziation haben und Dominanzbestände erfaßt. Die genaue Definition der einzelnen Begriffe (nach WITTIG 1980 verändert) lautet:

- Assoziation:

durch eine oder mehrere Kennarten ausgezeichnete, nicht nur lokal verbreitete Pflanzengesellschaft. Diese wird nomenklatorisch durch die Endung "-etum" gekennzeichnet.

- **Gesellschaft (unbestimmten Ranges):**

sich wiederholende Artenkombinationen von Pflanzenarten ohne eigene Kennarten. Mindestens zwei Arten müssen miteinander vergesellschaftet sein, das heißt in einem erkennbaren Zusammenhang stehen. Die beiden kennzeichnenden Arten geben der Gesellschaft ihren Namen.

- **Bestand:**

Pflanzengruppierungen die sich allein durch die Dominanz einer bestimmten Art auszeichnen, denen aber die floristische Einheitlichkeit weitgehend fehlt. Der Bestand trägt den Namen der dominierenden Art.

Alle drei Formen werden hier unter dem Oberbegriff "Vegetationseinheiten" zusammengefaßt.

Treten innerhalb der "Gesellschaften" und "Bestände" kennzeichnende Arten höherer systematischer Ränge des pflanzensoziologischen Systems auf, lassen sie sich entsprechend zuordnen. Die Einordnung orientiert sich an dem bei OBERDORFER (1983) angegebenen System. Aktuelle Änderungen oder Diskussionen hierzu werden nicht ausgeführt, da die synsoziologische Gliederung nicht Gegenstand der Untersuchung ist. Lassen sich Einheiten nicht eingliedern, werden sie gesondert als "nicht zuordbar" aufgeführt.

Die inzwischen öfter verwandte Methode der deduktiven Klassifikation (KOPECKY & HEJNY 1978) wird im Rahmen dieser Arbeit nur in einzelnen Fällen zur ergänzenden Beschreibung eingesetzt. Hierbei werden Basalgesellschaften (Bsg.) durch Arten höherer syntaxonomischer Einheiten und Derivatgesellschaften (Dg.) durch Arten ohne nennenswerte Bindung, aber mit hohen Deckungsgraden gekennzeichnet. Die konsequente Anwendung dieser Methode, bei gleichzeitigem Ziel einer möglichst vollständigen Erfassung der Vegetation, führt zu einer großen Fülle von Einheiten (siehe z.B. KOPECKY 1980, 1981, 1982, 1983, 1984 oder ULLMANN et al. 1988), die eine Übersicht erschwert.

Zur Methodik der Gelände- und Tabellenarbeit siehe u.a. KNAPP (1971). Zur Bestandsaufnahme im Gelände dient die kombinierte Schätzung von Abundanz und Flächendeckung der BRAUN-BLANQUET-Skala:

r - 1-3 Exemplare mit geringem Deckungsgrad
+ - spärlich mit geringem Deckungsgrad, unter 1%
1 - reichlich mit geringem Deckungsgrad oder spärlich mit größerem
    Deckungsgrad, Deckungsgrad 1 - 5 %
2 - zahlreich mit Deckungsgrad 5 - 25 %
3 - zwischen 25 - 50 % deckend, Individuenzahl beliebig
4 - zwischen 50 - 75 % deckend, Individuenzahl beliebig
5 - über 75 % deckend, Individuenzahl beliebig

Für jede Untersuchungsfläche wurde das Spektrum der vorkommenden Einheiten erfaßt. Über die Registrierung des Vorkommens hinaus, wurde versucht, Aussagen über den Anteil der jeweiligen Einheit an der gesamten spontanen Vegetation der jeweiligen Fläche zu treffen.

Methoden hierzu wurden u.a. von PYSEK (1976) sowie HARD (1986) und REIDL (1989) vorgeschlagen. Die von HARD und REIDL angewandte Aggregation von geschätzter Flächendeckung (nach der Braun-Blanquet-Skala) und festgestellter Stetigkeit auf den Probeflächen ist, wenn die Untersuchungsflächen Größen bis zu 300 ha aufweisen, extrem arbeitsaufwendig (siehe REIDL 1989:80). Darüberhinaus erscheint die Anwendung der siebenstufigen Skala bei stark strukturierter und vermischter Ruderalvegetation nahezu unmöglich. Die kleinräumige Verzahnung läßt sich selbst unter Einsatz kleinmaßstäblicher CIR-Luftbilder kaum zufriedenstellend auflösen (siehe DETTMAR et al. 1991). Genauer erscheint demgegenüber die von PYSEK (u.a. 1976) vorgeschlagene Einheitsflächenmethode, bei der die Anzahl 10 m² großer Flächen die, die Einheit bedeckt, addiert werden. Allerdings ist auch diese Methode bei großen Probeflächen mit einem vertretbaren Zeitaufwand nicht durchführbar.

Aus diesen Gründen wurde hier ein Schätzverfahren angewandt, das sicher wesentlich ungenauer, aber mit vertretbaren Aufwand durchführbar ist. Außerdem täuscht dieses Verfahren, da keine prozentualen Schätzungen der Flächenanteile durchgeführt werden, keine Genauigkeit vor, die in Wirklichkeit nicht vorhanden ist.

Tabelle Nr. 42 Häufigkeitsklassifizierung für die Vegetationseinheiten

Stufe	Häufigkeitseinschätzung	
1	geringer Anteil	(seltene Einheit, die innerhalb der spontanen Vegetation der jeweiligen Fläche eine geringe Rolle spielt)
2	mittlerer Anteil	(verstreut auftretende Einheit, die der spontanen Vegetation eine untergeordnete Rolle spielt)
3	hoher Anteil	(häufige Einheit, die ein wichtiges Element der spontanen Vegetation ist
4	sehr hoher Anteil	(sehr häufige Vegetationseinheit, die die spontane Vegetation deutlich dominiert)

Im Rahmen einer Voruntersuchung wurde versucht, die verschiedenen werksinternen Lebensräume der spontanen Vegetation übersichtlich zu gliedern. Am besten eignete sich eine nutzungsorientierte Einteilung in Anlehnung an PYSEK (1979). Danach lassen sich vor allem vier Nutzungstypen auf den Werksflächen unterscheiden:

- Bauwerke
- Lagerflächen incl. Halden
- Verkehrsflächen
- Freiflächen

Hinzukommen vier nur wenig verbreitete Lebensraumtypen, die hier unter "Sonstige Lebensräume" zusammengefaßt sind. Die vier "Haupttypen" lassen sich noch weiter unterteilen, so daß insgesamt 13 Einzeltypen differenziert werden (siehe Tabelle Nr. 43).

Tabelle Nr. 43   Lebensraumtypen der Industrieflächen

Lebensräume an und auf Bauwerken
A. Biotope der Mauerfüße und angrenzender Bereiche im Schlagschatten von Gebäuden, Gebäuderesten, Pfeilern, Grenzmauern etc.
B. Biotope der Bodenplatten, Gebäudedächer, Gebäudereste, Mauern, Mauerkronen, Rohrleitungen und Transportbändern

Lebensräume an Verkehrsflächen
C. Biotope der Straßen- und Wege sowie deren Ränder
D. Biotope der Gleis- und Schienenbereiche
E. Biotope der Park-, Halte- oder Wendeplätze

Lebensräume der Lagerplätze und Halden
F. Biotope der kurzfristig eingerichteten Zwischenlagerplätze
G. Biotope der Dauerlagerplätze von Produktionsgrundstoffen, Zwischen- und Endprodukten sowie von Arbeitsmaterialien
H. Biotope der Halden aus Abfallstoffen der Produktion, zwischengelagertem Abraum, Bauschutt und Bodenmaterial

Lebensräume der gößeren Freiflächen
I. Biotope der größeren ebenen Freiflächen, die keinem anderen Lebensraumtyp bzw. einer bestimmten Nutzung eindeutig zugeordnet werden können, z.B. Plätze abgebauter Produktionsanlagen, Rand- und Abstandstreifen, einplanierte Bereiche etc.

Sonstige Lebensräume
J. Biotope der Dämme, Wälle und Böschungen
K. Biotope der Löschteiche, Klär- und Schlammbecken, Vorflutbecken, Tümpel und Gräben
L. Biotope der (Zier)Grünanlagen, Randeingrünungen und Emissionsschutzpflanzungen
M. Biotope der bisher nicht industriell genutzten Bereiche mit natürlich gewachsenem Boden

Bei den Vegetationsaufnahmen werden die jeweiligen Biotoptypen, in denen die Aufnahmeflächen liegen, mittels der Kennbuchstaben (A - M) vermerkt. Auch Kombinationen mehrerer Buchstaben sind möglich.

Zusätzlich ist durch Groß- und Kleinschreibung der Buchstaben unterschieden, ob die Lebensräume auf genutzten oder brachengefallenen Flächen vorkommen:

    A - M Vorkommen auf genutzten Werksflächen
    a - m Vorkommen auf Brachen

Auch die ungefähre Lage auf den Werksflächen ist vermerkt, unterschieden wird zwischen der Lage:

1 - im zentralen Werksbereich
2 - im Randbereich der Werksfläche
3 - in größeren brachgefallenen Teilbereichen genutzter Werksflächen.

Aus der Buchstaben-Zahlenkombination der Kopfzeile "Biotoptyp" in den Vegetationstabellen, läßt sich für die einzelnen Aufnahmen der jeweilige Lebensraumtyp bestimmen, z.B.:

C/1 - Biotop der Straßen und Wege, bzw. deren Ränder im zentralen Bereich eines genutzten Werkes
F/2 - Biotop der Zwischenlagerplätze im Randbereich eines genutzten Werkes
j/2 - Biotop der Dämme, Wälle oder Böschungen im Randbereich eines stillgelegten Werkes, einer Industriebrache
cj/1 - Biotop der Eisenbahndämme im zentralen Bereich eines stillgelegten Werkes

Über die Vegetationsaufnahmen hinaus wurde versucht, die Verbreitung der Vegetationseinheiten auf die verschiedenen Lebensraumtypen in den Werksflächen aufzunehmen. Für alle festgestellten Einheiten wurden pro Untersuchungsfläche das gesamte "Lebensraumspektrum" und erkennbare Schwerpunkte im bestimmten Lebensraumtypen erfaßt.

Die hierbei festgestellten Gesamtzahlen an Einheiten müssen in Bezug gesetzt werden zur Häufigkeit und zu den Flächenanteilen der einzelnen Lebensraumtypen auf den Probeflächen. Dies wird mittels einer sechsstufigen Skala eingeschätzt. Die genaue Bestimmung dieser Parameter ist zu aufwendig.

Da nur das jeweilige Vorkommen einer Vegetationseinheit, unabhängig von ihrer Flächenausdehnung in den Lebensräumen berücksichtigt wird, ist es wichtig neben der Fläche auch die Häufigkeit des Auftretens der Biotoptypen zu berücksichtigen. Es gibt Lebensräume mit überwiegend linearer Struktur wie z.B. Gebäuderänder, Gleise, Wege, Dämme oder Böschungen, die nur eine vergleichsweise geringe Flächenausdehnung haben, aber dafür häufig vertreten sind.

Zur Einschätzung der Häufigkeit und Verbreitung der Biotoptypen auf den ausgewählten Werksflächen wird folgende Skala eingesetzt:

a.I.   - Verbreiteter Lebensraum mit relativ geringen Flächenanteilen
a.II. - Verbreiteter Lebensraum mit mittleren Flächenanteilen
a.III. - Verbreiteter Lebensraum mit großen Flächenanteilen

b.I.   - Auf wenige Stellen beschränkter Lebensraum mit geringer Flächenausdehnung
b.II. - Auf wenige Stellen beschränkter Lebensraum mit mittlerer Flächenausdehung
b.III. - Auf wenige Stellen beschränkter Lebensraum mit großer Flächenausdehnung

In Tabelle Nr. 44 ist die Einschätzung der Biotoptypenanteile bzw. -häufigkeit auf den Probeflächen zusammengefaßt nach Industriezweigen dargestellt. Dies ist möglich, da die Probeflächen der einzelnen Industriezweige in sich homogen sind.

Tabelle Nr. 44   Schätzung der Flächenanteile/Häufigkeit der Lebensraumtypen auf den untersuchten Industriezweigen

Biotoptyp	Eisen-/Stahl-industrie 6 Flächen	Chemische Industrie 3 Flächen	Bergbau 6 Flächen	Gesamteinschätzung 15 Flächen
A.	a.II	a.II	a.II bzw. b.I *	a.II
B.	a.III	a.III	a.III bzw. b.II *	a.III
C.	a.II	a.II	a.II bzw. b.I *	a.II
D.	a.III	a.II	a.II bzw. b.I *	a.II
E.	b.I	b.I	b.I	b.I
F.	b.I	b.I	b.I	b.I
G.	b.III	b.I	b.III	b.II/b.III
H.	b.III	b.I	b.III	b.II/b.III
I.	a.III	b.II	a.III	a.III
J.	a.II	a.III	a.II	a.II
K.	b.I	b.I	b.I	b.I
L.	a.II	a.III	a.I bzw. b.I *	a.II
M.	b.I	b.I	b.I	b.I

Zur Kurzcharakterisierung der Böden in den pflanzensoziologischen Aufnahmeflächen wurde ein Substratschlüssel entworfen. Hiermit ist es möglich, die Substratstruktur der oberen 10-30 cm des anstehenden Bodens grob zu beschreiben. Zugrunde liegen erste Überlegungen des Arbeitskreises Stadtböden der Deutschen Bodenkundlichen Gesellschaft (siehe BURGHARDT 1988). Zwischenzeitlich hat man dies weiter konkretisiert (siehe BLUME et al. 1989), was hier allerdings nicht mehr berücksichtigt werden konnte.

Der Schlüssel umfaßt Angaben zu folgenden Parametern:

- dominierende Substrate
- dominierende Körpergrößen
- Feinmaterialanteil
- Skelettanteil
- Farbe
- ergänzende Angaben u.a. Verdichtungsgrad, Herbizideinsatz
- bei fortgeschrittener Bodenentwicklung, Bodentyp und Humusgehalt

Jeder Einzelparameter erhält ein bestimmtes Symbol (Buchstaben oder Zahlen). Eine bestimmte Symbolkombination in den drei entsprechenden Kopfzeilen der Vegetationstabellen geben einen groben Einblick in die Zusammensetzung der oberen Bodenschicht jeder Aufnahmefläche.

	Nr. der Symbole			
1. Zeile Substrat	1	2	3	4
2. Zeile Substrat (Ergänzungen)	1	2	3	4
3. Zeile Bodentyp	1	2	3	4

Die genaue Aufschlüsselung der Symbole ist in Tabelle Nr. 45 enthalten.

Tabelle Nr. 45   Aufschlüsselung der Symbole des Substratschlüssels

1. Zeile Substrat   Symbol Nr. 1
Dominierende Substrate >50 % Anteil

Technogene Substrate

A - Hochofen/Stahlwerksschlacke
B - Kokerei/Sonstige Schlacken
C - Bauschutt/Beton- Asphaltpatten
D - Asche
E - Filterstäube/Sinterstaub
F - Klärschlamm/Schlämme
G - Koks

Natürliche Substrate

a - Kies
b - Sand
c - Schluff
d - Ton
e - Kalksteinschotter
f - Bergematerial
g - Eisenerz
h - Kohle

Tabelle Nr. 45 (Fortsetzung)

Gemische der oben aufgeführten Substrate im ungefähren Verhältnis
von 50:50, 50:30 oder 40:40 %

```
H - Gemisch A/C
I -    "    A/B            i - Gemische a/b
J -    "    A/E            j -    "     a/b/c + d
K -    "    C/D            k -    "     a/f + a/b/f
L -    "    E/F            l -    "     a/e
M -    "    G/A            m -    "     b/h
N -    "    G/C            n -    "     b/g
O - Sonstige Gemische      o -    "     b/c/d
                           p -    "     b/e
                           q -    "     b/f
                           r -    "     b/g
                           s -    "     f/h
                           t - Sonstige Gemische
```

Gemische aus techogenen und natürlichen Substraten

```
P - Gemisch aus A/a
Q - Gemisch aus A/a/b incl. A/a/b/c/d
R -    "        A/f
S -    "        A/e
T -    "        B/f
U -    "        C/a + C/a/b
V -    "        C/b/c incl. C/b/c/d
W -    "        C/f incl. C/a/b/c/d
X -    "        E/b incl. E/a/b/c/d
Y -    "        G/h
Z -    "        G/f incl. G/f/h
Ä -    "        D/h
Ö -    "        A/h
Ü -    "        B/a/b
# - Sonstige Gemische
```

1. Zeile Substrat   Symbol Nr. 2

Technogene Substrate - Größeneinteilung nach BURGHARDT (1988)
bezogen auf die längste Achse

```
1 - Größtkörper              ) 2000    mm
2 - Großkörper        200  - 2000    mm
3 - Mittelkörper       20  -  200    mm
4 - Feinkörper          2  -   20    mm
5 - Feinstkörper           (    2    mm
```

Tabelle Nr. 45 (Fortsetzung)

1. Zeile Substrate   Symbol Nr. 3

Natürliche Substrate - Größenklassen nach der Bodenkundlichen
Kartieranleitung (AG BODENKUNDE 1982)

```
X - Steine                    ) 63     mm
G - Grus              2   -   63     mm
S - Sand              0,063 -  2      mm
U - Schluff           0,002 -  0,063  mm
T - Ton                  (     0,002  mm
```

Gemische natürlicher Substrate

L - Lehm
u - sandiger Schluff
s - schluffiger Sand

1. Zeile Substrate   Symbol Nr. 4

Bodenskelettanteile/Feinstmaterialanteile nach der Bodenkundlichen
Kartieranleitung (AG BODENKUNDE 1982)

```
                                       Skelettanteil (Vol. %)
X - Skelettboden                        ) 75
5 - sehr stark steinig/kiesig/grusig   50 - 75
4 -      stark steinig/kiesig/grusig   30 - 50
3 -      mittel steinig/kiesig/grusig  10 - 30
2 -      schwach steinig/kiesig/grusig  1 - 10
1 - sehr schwach steinig/kiesig/grusig    ( 1
```


2. Zeile (Substrat Ergänzung)   Symbol Nr. 1

Farbe (grobe Einschätzung)

Vorwiegend dunkle Farbe   Vorwiegend helle Farbe
   A - Schwarz   a - weiß
   B - Dunkelgrau   b - hellgrau
   C - Braun   c - grau
   D - Braunschwarz   d - grau-gelb
   E - rotschwarz/rotbraun   e - orange
   F - Sonstige dunkle Farbtöne   f - graurot
   G - Gemische   g - Sonstige helle Farbt.

2. Zeile Substrat (Ergänzungen)   Symbole Nr. 2 bis 4

Sonstige Ergänzungen, die unten angegebenen Kennzahlen werden, soweit
mehrere der Parameter auf den jeweiligen Boden zutreffen,
nacheinander in die Felder 2 bis 4 dieser Zeile eingetragen

   1 - offensichtliche Schadstoffbelastung (z.B. bei anstehendem
      Sinter- oder Gichtgasstaub etc.)
   2 - Herbizid beeinflußter Boden
   3 - starke Verdichtung an der Oberfläche erkennbar

Tabelle Nr. 45 (Fortsetzung)

4 - Boden ist nach Regenfällen zeitweise von Wasser bedeckt
5 - Bodenentwicklung ist fortgeschritten, Verwitterung,
    Horizoniterung und Humusbildung erkennbar
6 - starke Streuauflage
7 - intensive gärtnerische Pflege des Standortes z.B.
    regelmäßiger Rasenschnitt
8 - Kanichensammelplatz, Kanichenklo und starke
    "Kaninchenbeweidung" erkennbar

3. Zeile Bodentyp   Symbol Nr. 1

Bodentyp, soweit eine fortgeschrittene Bodenentwicklung erkennbar ist, wird versucht den Bodentyp anzugeben, dies geschieht mit den entsprechenden Symbolen der Bodenkundlichen Kartieranleitung (AG BODENKUNDE 1982) ohne weitere Spezifizierung, wie z.B. Auftragsboden oder ähnliches.

```
L   - Parabraunerde
S   - Pseudogley
SG  - Stagnogley
G   - Gley
O   - Syrosem
OL  - Lockersyrosem
Z   - Pararendzina
?   - Bodentyp nicht bestimmt
```

3. Zeile Bodentyp   Symbol Nr. 2

Humusgehalt (geschätzt) der obersten Bodenschicht, bezieht sich nur auf den Eintrag von organischer Substanz aus Resten der Vegetation (Blätter, Streu, Wurzeln etc.), nicht berücksichtigt sind die sehr komplizierten sonstigen Anteile organischer Substanzen in den urbanen Böden (siehe auch BLUME et al. 1989). Einteilung nach der Bodenkundlichen Kartieranleitung (AG BODENKUNDE 1982).

```
h - stellenweise humos
1 -     ( 1     % sehr schwach humos
2 -     1 - 2   % schwach humos
3 -     2 - 5   % humos
4 -     5 - 10  % stark humos
5 -    10 - 15  % sehr stark humos
6 -    15 - 30  % extrem humos
7 -     ) 30    % Torf
```

Beispiel einer Verschlüsselung in der Vegetationstabelle:

	1.	2.	3.	4.	
Substrat	A	3	S	5	1. Zeile
Substrat (Ergänzungen)	A	5	6		2. Zeile
Bodentyp	Z	2			3. Zeile
	1.	2.	3.	4.	Symbol

Aufschlüsselung:

Dominierendes Substrat ist Hochofenschlacke (1/1), die vorwiegend in der Größe "Mittelkörper" (1/2) vorkommt. Sand (1/3) macht einen Teil des Feinmaterials aus (insgesamt ist der Sandanteil jedoch unter 30 % sonst hätte das Symbol (1/1) Q lauten müssen). Der Skelettanteil (1/4) liegt bei 50 bis 75 %. Die Farbe der obersten Bodenschicht ist Schwarz (2/1). Die Bodenentwicklung ist fortgeschritten (2/2). Es ist eine Streuauflage vorhanden (2/3). Es handelt sich um eine Pararendzina (3/1) mit einem geschätzten Humusgehalt von ca. 1-2 % (3/2) in den oberen 10 cm.

Der Kopf der Vegetationstabellen gibt darüberhinaus Auskunft über :

- das Datum der Aufnahme
- den Aufnahmeort
- die Gesamtdeckung der Vegetation sowie die einzelner Schichten
- die maximale Höhe der Kraut-, Strauch-, oder Baumschicht
- die Neigung und Exposition der Aufnahmefläche
- die Größe der Aufnahmefläche
- die Artenzahl der Aufnahmefläche

Insgesamt wurden in den Jahren 1988/1989 über 1.500 Vegetationsaufnahmen auf den Probeflächen erhoben. Es konnten nahezu 200 Vegetationseinheiten in über 120 Vegetationstabellen und insgesamt sechs umfangreichen Stetigkeitstabellen auf Klassenebene differenziert werden (siehe DETTMAR et al. 1991).

Die Beschreibung aller vorgefundenen Einheiten ist hier aus Platzgründen nicht möglich. Eine ausführliche Charakterisierung der Einheiten ist in dem Forschungsbericht enthalten (siehe DETTMAR et al. 1991). Hier wird nur eine tabellarische Übersicht der Einheiten gegeben, aus der die soziologische Einordnung zu entnehmen ist. Die Gesamtzahl der festgestellten Einheiten, deren soziologische Zugehörigkeit und Frequenzverteilung ist allerdings Grundlage der folgenden Auswertung.

Nur seltene, gefährdete, aus anderen Gründen "besondere" und soweit vorhanden industrietypische Einheiten werden im Rahmen dieser Arbeit ausführlich beschrieben (siehe Kapitel 5.7.).

5.2. Gesamtzahl und Frequenzverteilung der Vegetationseinheiten

Insgesamt wurden auf den 15 Probeflächen 197 verschiedene Vegetationseinheiten festgestellt, darunter

34 (= 17,7 %) Assoziationen
21 (= 10,6 %) Gesellschaften unbestimmten Ranges und
142 (= 72,2 %) Bestände

(Definitionen der Begriffe siehe Kapitel 5.1.).

Die Einheiten, ihre soziologische Zuordnung und ihre Verteilung auf den Probeflächen sind in der Tabelle Nr. 46 im Anhang Teil III aufgelistet.

Generell findet man im städtischen Bereich nur relativ wenige Pflanzengemeinschaften (um 50), die als Assoziation angesprochen werden können (siehe u.a. KIENAST 1978b, HETZEL & ULLMANN 1981, REIDL 1989). Wesentlich stärker ist die städtische Vegetation geprägt von Gesellschaften unbestimmten Ranges und Dominanzbeständen einzelner Arten, die sich nicht in das bestehende System der Assoziationen einordnen lassen (siehe hierzu HARD 1982). Soll in einer Vegetationsanalyse das gesamte Spektrum erfaßt werden, sind auch diese "niederen" Einheiten zu berücksichtigen (siehe ausführliche Darstellung bei REIDL 1989:77).

Während die Assoziationen mit ihren Kenn- und Trennarten noch relativ eindeutig definiert sind, werden die Begriffe "Gesellschaft unbestimmten Ranges" und Bestand (= Dominanzbestand) bei den einzelnen Autoren sehr unterschiedlich verwendet (siehe auch REIDL 1989:78).

Die relativ große Zahl an "Beständen" in dieser Arbeit ist eine Folge der engen Fassung des "Gesellschafts"-Begriffes (siehe Kapitel 5.1.). Andere Autoren fassen dies nicht so eng und erreichen entsprechend höhere Anteile an Gesellschaften (siehe GÖDDE 1986 und REIDL 1989).

Für Vergleiche verschiedener Arbeiten hinsichtlich der Zahl der festgestellten Einheiten ist es wichtig, deren Zielsetzungen zu berücksichtigen. Stärker soziologisch ausgerichtete Untersuchungen vernachlässigen Dominanzbestände, Fragmente oder Vermischungen, wogegen diese in den Arbeiten, deren Ziel die möglichst vollständige Erfassung aller Vegetationsformen ist (z.B. REIDL 1989), berücksichtigt werden. Andere Arbeiten befassen sich nur mit einem Ausschnitt des Vegetationsspektrums, z.B. der Ruderalvegetation (z.B. GÖDDE 1986).

Die Gesamtzahlen der festgestellten Einheiten sind deshalb immer auch Folge der Zielsetzungen der Arbeit. Aus einem direkten Vergleich der absoluten Zahlen kann man nur sehr vorsichtige Schlüsse hinsichtlich der realen Vielfältigkeit der untersuchten Lebensräume ziehen.

Um geographisch bedingte Unterschiede auszuschließen, sollten nur Untersuchungen aus einer Region verglichen werden. Für einen orientierenden Vergleich mit dieser Arbeit erscheinen die von GÖDDE (1986) in verschiedenen Stadtbereichen von Essen, Münster und Düsseldorf (insgesamt 111,5 km²) und von REIDL (1989) im Essener Norden (insgesamt 116 km²) erhobenen Daten geeignet.

Aus Tabelle Nr. 47 geht hervor, daß auf den ausgewählten Industrieflächen, deren Größe nur ca. 1,4 % der von REIDL oder GÖDDE bearbeiteten Fläche ausmacht, ein großer Teil der von diesen Autoren beschriebenen Einheiten vorkommt. Für diesen Vergleich wurden unterschiedliche Rangeinstufungen als Assoziationen, Gesellschaften oder Bestände vernachlässigt, sofern die Zusammensetzung in den Vegetationstabellen eine deutliche Ähnlichkeit erkennen ließ. Die hohe Übereinstimmung mit den Ergebnissen von GÖDDE (69,5 %) resultiert aus der in dieser Arbeit vorgenommenen Begrenzung auf die Ruderalvegetation. REIDL (1989) untersuchte dagegen auch landwirtschaftliche Restflächen und Reste naturnäherer Lebensräume, die auf den Industrieflächen kaum eine Rolle spielen.

Tabelle Nr. 47 Vergleich der festgestellten Vegetationseinheiten mit den Ergebnissen aus Essen, Düsseldorf und Münster (siehe GÖDDE 1986 und REIDL 1989)

(unter Vernachlässigung unterschiedlicher Benennung, soziologischer Einstufung bei annähernd gleicher floristischer Zusammensetzung in den Tabellen)

	Gesamtfläche des Untersuchungsgebietes	Gesamtzahl festgestellte Einheiten	davon Assoziationen	davon Gesellschaften	davon Bestände	davon auf den Industrieflächen [*]
Diese Arbeit	1638 ha 1,6 km²	197	34 17,7 %	21 10,6 %	142 72,2 %	
REIDL 1989 Essen	116,0 km²	262	56 21,4 %	145 55,3 %	61 23,3 %	118 45 %
GÖDDE 1986 Essen/Düsseldorf/Münster	111,5 km²	128	55 43 %	63 49,2 %	10 7,8 %	89 69,5 %

[*] im Rahmen dieser Arbeit

Dank der intensiven Untersuchung des Flächentyps Industrie war es möglich, einige der bekannten Vegetationseinheiten schärfer zu fassen und darüberhinaus 62 neue Einheiten zu beschreiben, die von REIDL und GÖDDE nicht erwähnt werden.

Weiterhin ergab der Vergleich mit zahlreichen zugrunde gelegten Arbeiten über die Stadt- bzw. Ruderalvegetation Europas (siehe DETTMAR et al. 1991), daß 21 Einheiten bisher noch nicht beschrieben wurden (siehe auch Kapitel 5.6. und Tabelle Nr. 57 im Anhang Teil III). Da es nahezu unmöglich ist alle vorliegenden Arbeiten zur Ruderalvegetation Europas auszuwerten, ist diese Einschätzung entsprechend mit Unsicherheiten behaftet.

Von den 21 Einheiten treten nur zehn häufiger (siehe Tabelle Nr. 57 im Anhang Teil III) auf. Darunter sind acht, die aus schwierig zu bestimmenden teilweise kritischen Sippen gebildet werden oder durch Moose gekennzeichnet sind.

Insgesamt unterstreicht der oben angestellte Vergleich die Bedeutung der untersuchten Industrieflächen als Lebensraum für die spontane Vegetation. Auch REIDL (1989:282) kommt bei dem Vergleich der verschiedenen städtischen Nutzungstypen in Essen zu dem Ergebnis, daß die Vielfalt der Pflanzengesellschaften in der Industrie- und Gewerbezone am höchsten ist. Speziell die Industrie- und Gewerbebrachen weisen die höchste Anzahl an Pflanzengesellschaften im Essener-Stadtgebiet auf. Dabei handelt es sich überwiegend um die stadttypische Ruderalvegetation. Die Vielfalt wird auch in anderen Untersuchungen über die Ausstattung von Industrieflächen oder -gebieten bestätigt (u.a. DETTMAR 1985, REBELE & WERNER 1984, PREISINGER 1984).

Tabelle Nr. 48 Einteilung der von GÖDDE (1986) und REIDL (1989) nicht erwähnten Einheiten nach möglichen Ursachen (die Zahlen in Klammern beziehen sich auf die Tabelle Nr. 46 im Anhang Teil III)

A. Nicht bearbeitete Pflanzengruppen Blütenpflanzenarten/sippen	B. floristische Neufunde für das Gebiet oder Sippen, die sich in den letzten drei bis vier Jahren stark ausgebreitet haben	C. Einheiten, die offensichtlich vor allem auf den Flächen der Schwerindurstrie auftreten
9 Moosgesellschaften (I) 5 Rubus corylifoli. agg.-Ges.(14.4) 2 Oenothera spec.-Bestände (5.23) 3 Festuca ovina agg.-Best. (15.6) 2 Cerast. pumilum agg.-Best.(12.5)	Gymnocarpium robertianum-Best.(1.7) Atriplex rosea-Bestände (3.27) Poa x figertii-Bestände (15.9) Poa annua-Poa irrigata-Ges. (8.8) Senecio inaequidens-Bestände (3.20) Apera interrupta-Arenaria serpyllif.-Gesellschaft (3.6)	Puccinellia distans-Crepis tectorum-Gesellschaft (3.7) Agrostis gigantea-Bestände (6.9) Puccinellia distans-Diplotaxis tenuif.-Gesellschaft (15.1)
D. Lokale Dominanzbestände mit vermutlich eng begrenzter Verbreitung	E. Seltene Einheiten, mit tw. seltenen Charakterarten	F. Gründe nicht bekannt
Papaver dubium-Bestände (2.2) Crepis tectorum-Bestände (3.15) Poa nemoralis-Bestände (15.8) Potentilla norvegica-Best. (15.11) Isatis tinctoria-Bestände (15.12) Aster lanceolatus-Best. (5.36.2)	Poo-Anthemetum (6.3) Petrorhagia prolifera-Best. (12.8) Acinos arvensis-Bestände (12.9) Hypericum hirsutum-Bestände (13.6) Tragopogon dubius-Bestände (15.14) Sisymbrium volgense-Bestände (15.17) Juncus bulbosus-Bestände (15.22) Nepeta cataria-Bestände (5.15) Amaranthus blitoides-Bestände (3.22) Sherardia arvense-Bestände (15.16)	Silene vulgaris-Artemisia vulgaris-Gesellschaft (5.28) Poa annua-Puccinellia distans-Ges.(8.9) Bidens frondosa-Bestände (4.2) Rorippa palustris-Bestände (4.5) Lamium maculatum-Bestände (5.5) Daucus carota-Bestände (5.22) Pastinaca sativa-Bestände 5.25) Dipsacus sylvestris-Bestände (5.38) Bromus inermis-Bestände (6.11) Erophila verna-Bestände (12.7) Humulus lupulus-Bestände (14.7) Physalis franchetii-Bestände (15.18) Geranium sanguineum-Bestände (15.20) Hippophae rhamnoides-Bestände (15.28) Potamogeton pectinatus-Bestände (9.1) Amaranthus retroflexus-Bestände (3.29)

Da es beim Naturschutz in der Stadt vor allem darum geht, diejenigen Biozönosen zu erhalten, die sich mit der Entwicklung der Städte herausgebildet und ausgebreitet haben, die also im besonderen Maße an diese Verhältnisse angepaßt sind, kommt den industriell geprägten Flächen auf die Vegetation bezogen eine wichtige Rolle zu.

Die Einheiten lassen sich entsprechend ihrem Vorkommen auf den 15 Probeflächen in die bereits erwähnten fünf Stetigkeitsstufen mit 20 % Abständen (siehe Kapitel 4.2.) einordnen. Auf das Problem unterschiedlich großer Probeflächen wurde bereits hingewiesen (Kapitel 4.2.).

Im Gegensatz zur Frequenzverteilung der Flora (siehe Abbildung Nr. 8) sinkt die Zahl der Einheiten deutlich mit zunehmender Stetigkeit (siehe Tabelle Nr. 49 und Abbildung Nr. 14). Das bedeutet, daß nur eine relativ geringe Zahl von Einheiten durchgängig auf den Industrieflächen vorhanden ist. Diese haben allerdings einen großen Anteil an der Fläche, die von der spontanen Vegetation eingenommen wird.

Tabelle Nr. 49   Frequenzverteilung der Vegetationseinheiten auf
den 15 Untersuchungsflächen

Flächenzahl	Stetigkeit	Einheitenzahl	%
1 - 3	1 (0 - 20 %)	92	46,7 %
4 - 6	2 (21 - 40 %)	46	23,4 %
7 - 9	3 (41 - 60 %)	30	15,2 %
10 - 12	4 (61 - 80 %)	20	10,2 %
13 - 15	5 (81 - 100 %)	9	4,6 %

37 Einheiten (18,8 %) kommen nur auf einer Probefläche vor. Nur sieben Einheiten (3,6 %) sind auf allen 15 Flächen vertreten (siehe unten).

Tabelle Nr. 49   Frequenzverteilung der Vegetationseinheiten auf
14 Probeflächen (ohne die kleinste Fläche O.ZeLe)

Flächenzahl	Stetigkeit	Einheitenzahl	%
1 - 2	1 (0 - 20 %)	71	36 %
3 - 5	2 (21 - 40 %)	50	25,4 %
6 - 8	3 (41 - 60 %)	41	20,8 %
9 - 11	4 (61 - 80 %)	25	12,7 %
12 - 14	5 (81 - 100 %)	10	5,1 %

Sieben Einheiten kommen auf allen 15 Flächen vor. Dabei handelt es sich um (die Zahlen in Klammern beziehen sich auf die Tabelle Nr. 46 im Anhang Teil III):

- Conyza canadensis-Senecio viscosus-Gesellschaft (3.5.1)
- Tripleurospermum inodorum-Bestände (3.19)
- Solidago gigantea/Solidago canadensis-Bestände (5.29)
- Poa annua-Bestände (8.10)
- Epilobio-Salicetum capreae (13.1)
- Urtica dioica-Rubus armeniacus-Gesellschaft (14.2)
- Epilobium ciliatum-Bestände (15.2)

Abbildung Nr. 14

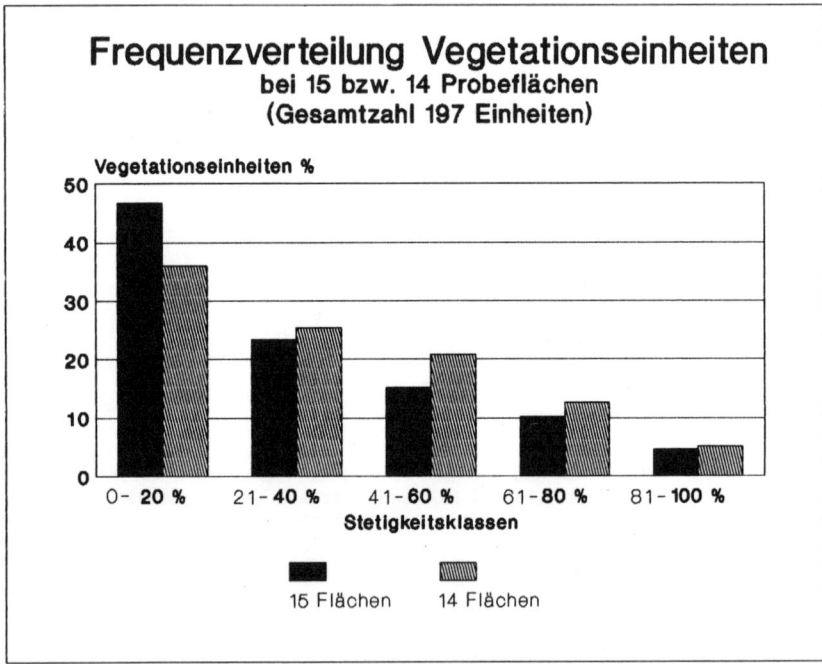

Die Stetigkeit sagt noch nichts über die Flächenanteile der einzelnen Einheiten aus. Mit Hilfe der in Kapitel 5.1. dargestellten vierstufigen Skala wurde deshalb der Anteil jeder Einheit an der spontanen Vegetation einer Fläche geschätzt (siehe Tabelle Nr. 46 im Anhang Teil III).

Vernachlässigt man die statistische Regel, daß nur Flächen ähnlicher Größe verglichen werden sollten (siehe Kapitel 4.2.), läßt sich durch die Addition der Schätzwerte, geteilt durch die Gesamtflächenzahl (= 15), sehr grob ermitteln, welche Einheiten den größten relativen Anteil an der spontanen Vegetation der Probeflächen haben.

Die zehn Einheiten mit der höchsten anteiligen Flächendeckung sind demnach (die Zahlen in Klammern beziehen sich auf die Tabelle Nr. 46 im Anhang Teil III):

- Epilobio-Salicetum (13.1)
- Tripleurospermum inodorum-Bestände (3.19)
- Solidago gigantea/S.canadensis-Bestände (5.29)
- Poa annua-Bestände (8.10)
- Conyza canadensis-Senecio viscosus-Gesellschaft (3.5.1)
- Betula pendula-Bestände (13.2)
- Rubus armeniacus-Urtica dioica-Gesellschaft (14.2)
- Poa palustris-Bestände (5.31)
- Arrhenatherum elatius-Bestände (5.30)
- Ceratodon purpureus-Barbula convoluta-Gesellschaft (5)

Sechs der sieben auf allen Flächen vertretenen Einheiten gehören auch zu denen mit dem höchsten Flächenanteil.

Es gibt zwischen den einzelnen Flächen, wie bei der Flora (siehe Kapitel 4.2.), auch bei den vorherrschenden Vegetationseinheiten deutliche Unterschiede. Auch die Industriezweige unterscheiden sich in charakteristischer Weise (siehe Tabelle Nr. 51).

Die Unterschiede zwischen den Flächen sind bei der Vegetationsausstattung deutlich größer als bei der floristischen Zusammensetzung, wie durch die Analyse der Identität und Dominantenidentiät (siehe Kapitel 5.5.) bestätigt wird. Dies ist darauf zurückzuführen, daß immer nur relativ wenige Arten kennzeichnend für die Einheiten sind, aber der Artengrundstock einer Vegetationsklasse weitgehend gleich ist. Da der größte Teil der Einheiten auf den Industrieflächen nur zwei Klassen angehört (siehe Kapitel 5.3.) ist die deutlich höhere Artenidentität erklärbar.

Tabelle Nr. 51 Zusammenstellung der häufigsten Einheiten für die drei Industriezweige (die Zahlen in Klammern beziehen sich auf die Tabelle Nr. 46 im Anhang Teil III)

Eisen- und Stahlindustrie	A. HoWe	B. KrHö	C. ThOb	D. ThMe	E. ThRu	F. ThBe
Epilobio-Salicetum capreae (13.1)	4	3	4	4	3	1
Solidago gigantea/Solidago canadensis-Bestände (5.29)	4	3	3	2	2	2
Ceratodon purpureus-Barbula convoluta-Gesellschaft (5)	3	2	3	3	2	2
Ceratodon purpureus-Bryum argenteum-Gesellschaft (2)	3	-	3	3	3	3
Arenaria serpyllifolia-Bromus tectorum-Gesellschaft (3.5.2.)	3	1	2	3	3	3
Arenaria serpyllifolia-Bestände (3.26)	3	-	3	3	3	2
Arrhenatherum elatius-Bestände (5.30)	3	-	3	3	4	2
Poa compressa-Bestände (6.7)	3	3	3	-	3	2
Conyza canadensis-Senecio viscosus-Gesellschaft (3.5.1)	2	2	3	2	3	2
Rubus armeniacus-Urtica dioica-Gesellschaft (14.2)	2	2	2	3	2	2
Festuca rubra agg.-Bestände (11.7)	3	1	3	2	2	3
Poa annua-Bestände (8.10)	3	2	2	2	2	3

Tabelle Nr. 51 (Fortsetzung)

Chemische Industrie	G. VeSc	H. VeHo	I. Ruhr
Epilobio-Salicetum capreae (13.1)	3	3	2
Holcus lanatus-Bestände (11.5)	3	3	2
Solidago gigantea/Solidago canadensis-Bestände (5.29)	3	2	2
Poa annua-Bestände (8.10)	2	2	3
Rubus corylifolius agg.-Bestände (14.4)	2	2	3
Cirsium arvense-Bestände (5.34)	2	3	2
Festuca trachyphylla-Bestände (15.6.1)	3	3	-
Ceratodon purpureus-Bryum argenteum-Gesellschaft (2)	2	2	2
Conyza canadensis-Senecio viscosus-Gesellschaft (3.5.1)	2	2	2
Tripleurospermum inodorum-Bestände (3.19)	2	2	2
Urtica dioica-Calystegia sepium-Gesellschaft (5.2.)	2	2	2

Bergbau	J. ZePr	K. ZeOs	L. ZeZo	M. ZeMo	N. ZeTh	O. ZeLe
Tripleurospermum inodorum-Bestände (3.19)	4	2	3	4	4	2
Betula pendula-Bestände (13.2)	3	-	4	4	4	3
Holcus lanatus-Bestände (11.5)	3	3	3	2	2	2
Epilobio-Salicetum capreae (13.1)	2	3	3	4	4	2
Bryo-Saginetum procumbentis (8.1)	2	2	3	2	2	2
Epilobium ciliatum-Bestände (15.2)	2	1	3	3	2	2
Poa annua-Bestände (8.10)	2	3	2	2	2	1
Urtica dioica-Rubus armeniacus-Gesellschaft (14.2)	2	2	2	2	2	1
Solidago gigantea/Solidago canadensis-Bestände (5.29)	2	1	1	3	3	2
Reseda luteola-Bestände (5.14)	1	1	1	3	2	-

5.3. Klassenzugehörigkeit und Verteilung der Vegetationseinheiten auf flächeninterne Lebensräume

In der Abbildung Nr. 15 ist die Verteilung der Einheiten auf die verschiedenen Vegetationsklassen des pflanzensoziologischen Systems dargestellt. Die Einteilung der einzelnen Einheiten geht aus der Tabelle Nr. 46 im Anhang Teil III hervor. Die soziologische Einordnung kann nicht für alle Einheiten näher diskutiert werden, da dies ohne Beschreibung und Vorlage der Vegetationstabellen nicht sinnvoll ist. Die entsprechenden Grundlagen sind bei DETTMAR et al. (1991) enthalten.

Den höchsten Anteil haben, wie zu erwarten war, die Klassen der kurzlebigen und ausdauernden Ruderalvegetation.

Abbildung Nr. 15

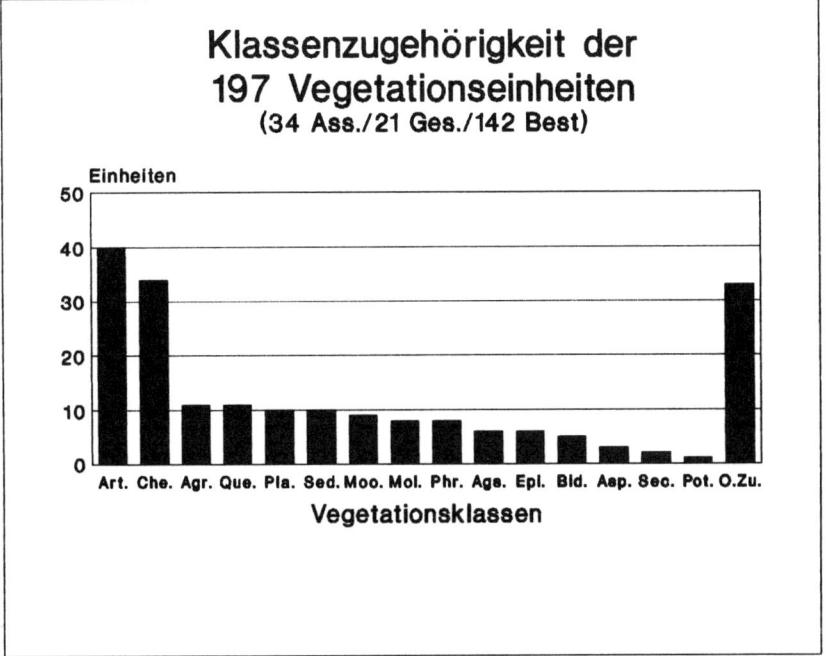

(Erläuterung der Abkürzungen in Abbildung Nr. 15)
Art. = Artemisietea
Che. = Chenopodietea
Agr. = Agropyretea
Que. = Querco-Fagetea
Pla. = Plantaginetea
Sed. = Sedo-Scleranthetea
Moo. = Moosgesellschaften
Mol. = Molinio-Arrhenatheretea
Phr.: Phragmitetea
Ags.: Agrostietea
Epi.: Epilobietea
Bid.: Bidentetea
Asp.: Asplenietea
Sec.: Secalietea
Pot.: Potamogetea
O.Zu: Ohne Zuordnung

Im Vergleich mit den prozentualen Anteilen der Klassen, die REIDL (1989) für den Essener-Norden angibt, ergeben sich trotz der unterschiedlichen Gesamtzahlen und teilweise verschiedener soziologischer Zuordnung nur relativ wenig Unterschiede (siehe Abbildung Nr. 16). Differenzen bei den Grünland-, Röhricht- und Flutrasengesellschaften lassen sich auf das wesentlich größere Lebensraumspektrum innerhalb der von REIDL untersuchten Essener Stadtfläche zurückführen.

Abbildung Nr. 16

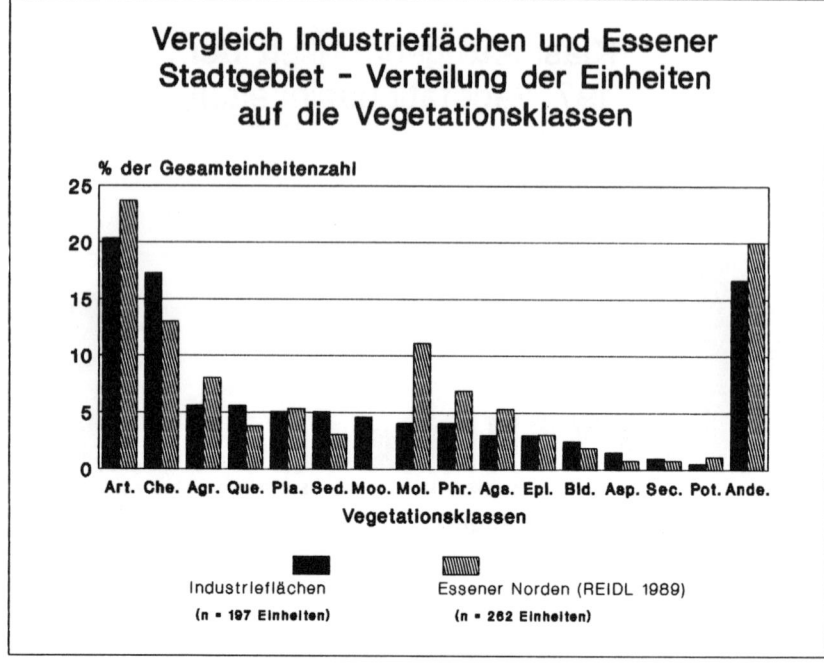

Erläuterung der Abkürzungen siehe Abbildung Nr. 15
Ande =
- bei REIDL (1989) weitere Vegetationsklassen und nicht zugeordnete Einheiten
- hier nur nicht zugeordnete Einheiten

In dieser Untersuchung werden dreizehn interne Lebensraumtypen auf den Industrieflächen unterschieden (siehe Kapitel Nr. 5.1). Für jede Untersuchungsfläche wurde versucht die Gesamtverteilung und Schwerpunkte der Vegetationseinheiten auf diese Lebensräume zu erfassen (siehe Kapitel 5.1).

In Abbildung Nr. 17 ist die Gesamtverteilung der 197 Einheiten auf die Lebensraumtypen dargestellt. Am reichhaltigsten sind mit 144 (= 73,1 %) Einheiten die "Freiflächen" (zur Zeit ungenutzte größere Bereiche, die nicht eindeutig einer vorhergegangenen Nutzung zugeordnet werden können). Als nächstes folgen die Gleisbereiche mit 108 (= 54,8 %), die Straßen- und Wegeflächen incl. -ränder mit 87 (= 44,2 %). Böschungen, Wälle und Dämme erreichen mit 86 (= 43,7 %) Einheiten auch noch eine deutlich höhere Anzahl als der Rest.

Abbildung Nr. 17

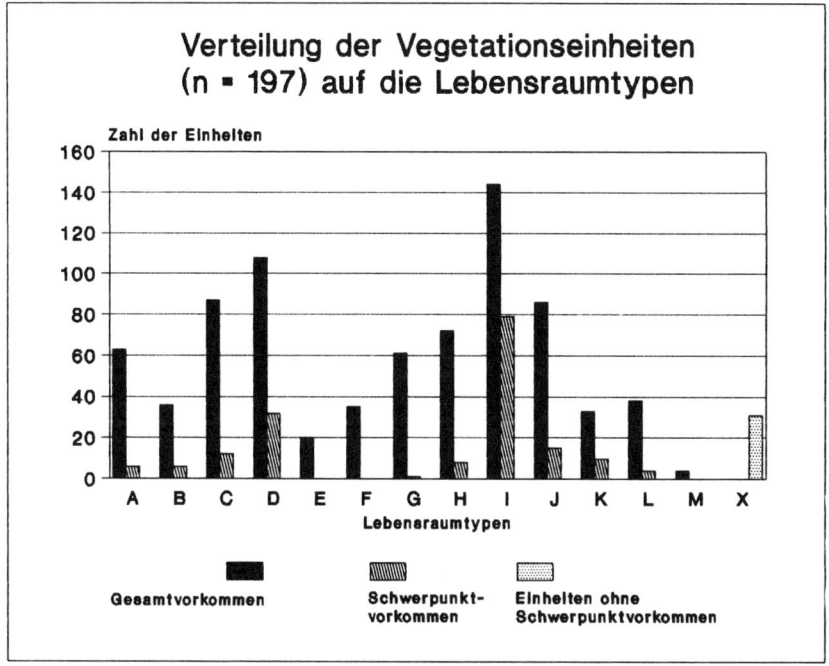

Lebensräume (genaue Definition siehe Kapitel 5.1):

A - Mauerfüße, Gebäudenahbereiche
B - Gebäude, Bodenplatten, Ruinen
C - Straßen, Wege etc.
D - Gleisbereiche
E - Park-, Wendeplätze
F - Zwischenlagerlätze
G - Dauerlagerplätze
H - Halden
I - sonstige Freiflächen
J - Dämme, Wälle
K - Löschteiche, Klär-, Schlammbecken, Tümpel, Gräben
L - Grünanlagen
M - nicht industrielle Restflächen
X - Einheiten ohne Schwerpunktvorkommen

Noch aussagekräftiger werden diese Zahlen, wenn sie in Bezug zu den Flächenanteilen, bzw. zur Verbreitung der Lebensraumtypen gesetzt werden. Ausdehnung und Häufigkeit der einzelnen Biotoptypen, sowie die Methode zur Erfassung dieser Werte werden in Kapitel 5.1. dargestellt. Die Angaben sind in Abbildung Nr. 18 in Bezug zu den Gesamtzahlen der auf den Lebensraumtypen festgestellten Einheiten gesetzt.

Abbildung Nr. 18

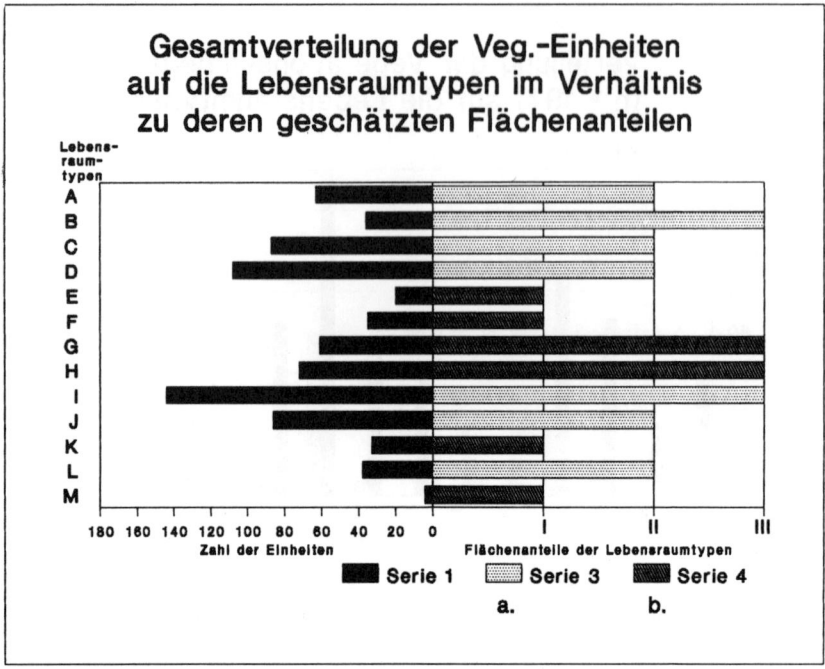

Symbolerläuterung: Flächenanteile der Lebensraumtypen
a. = Verbreiteter Lebensraum
b. = auf wenige Stellen beschränkter Lebensraum

I. = geringe Flächenausdehnung
II. = mittlere Flächenausdehnung
III. = große Flächenausdehnung

Definition dieser Einteilung siehe Kapitel 5.1.

Abkürzung der Lebensraumtypen A - M (siehe Abbildung Nr. 17 und Kapitel 5.1.)

Die hohe Einheitenzahl der "Freiflächen" hängt mit der Häufigkeit und den großen Flächenanteilen zusammen, die dieser Lebensraumtyp auf den Industrieflächen hat. Außerdem sind hier Bereiche mit unterschiedlichster Vornutzung zusammengefaßt. Entsprechend groß ist das Spektrum der Standorte z.B. hinsichtlich der Substrate und der Sukzessionsstufen.

Dagegen enthalten z.B. Lebensräume an und auf Gebäuden, Mauern und Bodenplatten, obwohl die potentiellen Standorte ebenfalls häufig und mit großen Flächenanteilen vertreten sind, nur wenige Einheiten. Diese extremen Standortbedingungen sind nur für wenige Lebensgemeinschaften geeignet.

Neben den Freiflächen sind, bei deutlich geringeren Flächenanteilen, die Gleis-, Straßen- und Wegeflächen und die Dämme, Wälle und Böschungen am reichhaltigsten.

Bei 85 % der Einheiten sind deutliche Schwerpunkte in der Bindung an bestimmte Lebensräume zu erkennen (siehe Tabelle Nr. 58 im Anhang Teil III). Diese Schwerpunkte wurden für jede Untersuchsfläche im Rahmen der vegetationskundlichen Bearbeitung geschätzt. Mit diesem Ansatz lassen sich noch feinere Aussagen zur Bedeutung der einzelnen Lebensräume machen. Hat ein Typ z.B. eine ausgesprochen hohe Anzahl von "Schwerpunktvorkommen" und darüberhinaus auch noch einige, die nur hier vertreten sind, würde eine grundsätzliche Umgestaltung oder Veränderung dieses Biotoptypes eine erhebliche Verarmung bewirken.

Tabelle Nr. 52 Verteilung der Einheiten mit Schwerpunkt auf bestimmten Lebensräumen

	1.	2.		3.		4.							5.	6.	7.														
Biotoptyp	Gesamt	%		Sc	%	A	E	S	N	NR	I	BG			M	1	2	3	4	5	6	7	8	9	10	11	12	13	14	15
A	63	32		6	3	-	-	1	1	2	-	3				2	1	2												1
B	36	18,3		6	3	1	-	2	1	3	-	5			2	2							1							1
C	87	44,2		12	6,1	2	1	1	1	2	2	4					4	2		5										1
D	108	54,8		32	16	4	1	4	4	11	5	19			6		14	2					8	1		1				
E	20	10,2		-	-	-	-	-	-	-	-	-																		
F	35	17,8		-	-	-	-	-	-	-	-	-																		
G	61	31		1	0,5	-	-	-	-	-	1	1				1														
H	72	36,5		8	4,1	3	1	2	1	1	1	2				1	2	1		1										3
I	144	73,1		79	40,1	12	5	7	4	10	10	23			1		11	1	23	5	4	1		3	6	1	4	6		12
J	86	43,7		15	7,6	3	2	3	1	4	2	8				1		3	4								1	1		5
K	33	16,8		10	5,1	8	4	1	-	2	-	2					2	1		1		1	2	1						2
L	33	19,3		4	2	3	2	-	1	2	-	2			2															2
M	4	2		-	-	-	-	-	-	-	-	-																		
X*	-	-		31	15,7	-	-	6	6	3	3	11																		

Erläuterung der Spalten:

1 - Biotoptypen Erläuterung der Symbole siehe Tabelle Nr. 17 und Kapitel 5.1.
    X* = Ohne Zuordnung
2 - Gesamt = Gesamtverteilung der Einheiten
    % = prozentualer Anteil bezogen auf die Gesamtzahl von 197 Einheiten
3 - Sc = Schwerpunktvorkommen von Einheiten
    % = prozentualer Anteil der Einheiten mit Schwerpunktvorkommen bezogen auf die Gesamtzahl von 197 Einheiten
4 - A = Schwerpunkteinheiten die auf einen Lebensraumtyp begrenzt sind
    E = Einheiten aus A die nur an einem Fundort gefunden wurden
5 - S = Seltene Einheiten (siehe Kapitel 5.4.) mit Schwerpunkt auf einem Lebensraumtyp
    N = neu beschriebene Einheiten (siehe Kapitel 5.4.) mit Schwerpunkt auf einem Lebensraumtyp
    NR = erstmals für das Ruhrgebiet beschriebene Einheit (siehe Kapitel 5.4.) mit Schwerpunkt auf einem Lebensraumtyp
    I = Industrietypische Einheiten (siehe Kapitel 5.6.) mit Schwerpunkt auf einem Lebensraumtyp
6 - BG = Besondere Einheiten (Zusammenfassung von 5) insgesamt mit Schwerpunkt auf einem Lebensraumtyp
7 - M = Moosgesellschaften
1 - 15 = Unter-Kapitel-Nr. der Vegetationsklassen siehe Tabelle Nr. 46 im Anhang Teil III

Wiederum treten die "Freiflächen" mit 79 Einheiten (= 40,1 %), darunter 12, (= 6,1 %) die ausschließlich hier auftreten, hervor. Den nächsthöchsten Wert erreichen die Gleisbereiche mit 32 (= 16,2 %) Einheiten, darunter vier (= 2 %), die ausschließlich hier vorkommen.

Betrachtet man die besonders bemerkenswerten Einheiten (Tabelle Nr. 52/ Abschnitt 6) entfallen wiederum auf die Freiflächen und Gleisanlagen die höchsten Werte.

In Tabelle Nr. 52/Abschnitt 7 ist die Klassenzugehörigkeit der "Schwerpunkteinheiten" aufgelistet. Die Verteilung erlaubt Schlüsse auf die Lebensraumstruktur. So dominieren z.b. bei den Bahnflächen die Einheiten der kurzlebigen Ruderalvegetation (Chenopodietea). Der überwiegende Teil der Gleise ist noch in Betrieb, insofern ist das ein Ausdruck der nutzungsbedingten Störungen. Auf den "Freiflächen" dominieren dagegen ausdauernde Ruderalgesellschaften, da viele der Bereiche bereits längere Zeit brachliegen.

Als Resümee läßt sich feststellen, daß Frei-, und Verkehrsflächen (Gleisanlagen, Straßen- und Wegränder) sowie Dämme, Wälle und Böschungen mit Abstand die reichhaltigsten Lebensräume für die spontanen Vegetation auf den Industrieflächen sind. Entsprechend müssen diese Lebensräume am ehesten in Überlegungen zum Schutz oder zur Umgestaltung von Industrieflächen einbezogen werden.

5.4. Seltene, gefährdete oder aus anderen Gründen "besondere" Vegetationseinheiten

Einstufungen über Seltenheit oder Gefährdung von Vegetationseinheiten wurden bislang selten vorgenommen, da die notwendigen Grundlagen meist nicht vorhanden sind (vgl. REIDL 1989:466). Vollständige Übersichten oder Rote Listen der Pflanzengesellschaften liegen bislang nur für Teilbereiche Deutschlands vor (Berlin-West SUKOPP 1979, Halle KLOTZ 1984, Essen REIDL 1989, Schleswig-Holstein DIERSSEN et al. 1988, Niedersachsen PREISING et al. 1984/1990).

Schwierigkeiten bereiten darüberhinaus die unterschiedlichen Auffassungen einzelner Autoren zur Abgrenzung von Einheiten und deren systematische Einordnung. In städtischen Lebensräumen kommt noch hinzu, daß schwer einordbare Dominanzbestände und ranglose Gesellschaften (siehe Kapitel 5.1. und 5.2.) überwiegen.

Wie bereits bei der Auswertung der floristischen Daten erwähnt, lassen sich Seltenheit und Gefährdung nur flächenbezogen exakt definieren. Nur durch die Bestimmung von Frequenzen sind genaue Aussagen zur Häufigkeit und im Vergleich mit älteren Daten auch zur Gefährdung möglich.

Vegetationskundliche Daten, zumal historische, sind für das Ruhrgebiet noch spärlicher vorhanden als floristische. Der Untersuchungszeitraum von nur zwei Vegetationsperioden und die im Verhältnis zur Größe des Ruhrgebiete kleine Untersuchungsfläche von 1,6 km² (= 0,04 % der Gesamtfläche des KVR-Gebietes) reichen nicht, um aus dieser Arbeit Aussagen zur Seltenheit und Gefährdung der Einheiten in der Region abzuleiten. Da es für Nordrhein-Westfalen keine Rote Liste der Pflanzengesellschaften gibt, kann auch nicht auf dieses Hilfsmittel zurückgegriffen werden.

Will man also den Anteil seltener oder aus anderen Gründen besonders bemerkenswerter Einheiten auf andere Art herausfinden, muß man verschiedene Hilfsmittel einsetzen:

- den Seltenheitsgrad der charakteristischen Arten
- Einschätzungen örtlicher Experten und eigene Erfahrungen
- Neubeschreibungen oder Neufunde für die Region

Die von REIDL (1989) für den Essener Norden getroffenen Gefährdungseinstufungen sind nicht auf das gesamte Ruhrgebiet übertragbar, da die Vegetationsausstattung der einzelen Revierstädte unterschiedlich ist. Aussagen zur Gefährdung der Einheiten müssen aus diesen Gründen unterbleiben.

Die Seltenheit der Einheiten läßt sich intern für die Untersuchungsflächen über Stetigkeiten bestimmen. Für die 15 Einzelflächen macht eine vielstufige Skala, wie sie etwa REIDL (1989:87) für mehrere 100 Probeflächen verwendet, keinen Sinn. Als selten werden deshalb hier die Einheiten angesehen, die nur die Stetigkeitsstufe I erreichen. Dies trifft auf insgesamt 92 Einheiten (= 46,9 %) zu. Darunter sind

16 Assoziationen (= 47,1 % aller festgestellten Assoziationen)
3 Gesellschaften (= 14,3 % aller festgestellten Gesellschaften)
73 Bestände   (= 51,4 % aller festgestellten Bestände)

Dies zeigt, daß nahezu die Hälfte der festgestellten Assoziationen nur eine geringe Stetigkeit auf den Untersuchungsflächen hat. Dadurch wird der große Anteil der Einheiten "niederen soziologischen Ranges" nochmals betont. In den 73 Beständen sind 26 (= 35,6 %) Einzelbestände enthalten, die nur an einer Stelle mit wenigen m² Ausdehnung auftreten.

Gewisse Aussagen zur Seltenheit der Einheiten werden möglich, wenn man die oben bereits erwähnten Hilfsmittel heranzieht:

- Sofern seltene Sippen (siehe Kapitel 4.4.) charakteristisch für Einheiten sind, ist davon auszugehen, daß diese ebenfalls selten sind. Unterschieden werden muß dabei, entsprechend den Ergebnissen der floristischen Auswertung, zwischen den Sippen, die generell im Ruhrgebiet selten sind und jenen die offensichtlich nur auf Industrieflächen häufiger vorkommen.

- Vergleich mit den Angaben vorliegender vegetationskundlicher Arbeiten aus der Region (REIDL 1989, GÖDDE 1986, HAMANN 1988, JOCHIMSEN 1987, SCHULMANN 1981).

- Eigene Kenntnisse der Region und Aussagen örtlicher Experten (u.a. BÜSCHER, REIDL, KUTZELNIGG, VOGEL, LOOS).

Die hieraus getroffene Einschätzung der Seltenheit hat naturgemäß nicht den Stellenwert einer Rasterkartierung oder Frequenzermittlung.

34 Einheiten (zwei Assoziationen, fünf Gesellschaften, 27 Bestände) können als selten angesehen werden, da <u>die charakteristischen oder dominierenden Arten im Ruhrgebiet selten sind</u> (die Zahlen in Klammern beziehen sich auf die Tabelle Nr. 46 im Anhang Teil III):

- Asplenium trichomanes-Bestände (1.2), siehe Kapitel 5.7.1.1.
- Gymnocarpium robertianum-Bestand (1.3), siehe Kapitel 5.7.1.2.
X - Apera interrupta-Arenaria serpyllifolia-Gesellschaft (3.6), siehe Kapitel 5.7.2.2.
X - Crepis tectorum-Puccinellia distans-Gesellschaft (3.7), siehe Kapitel 5.7.2.3.
X - Inula graveolens-Tripleurospermum inodorum-Gesellschaft (3.18), siehe Kapitel 5.7.2.4.
X - Hordeum jubatum-Bestände (3.14), siehe Kapitel 5.7.2.9.
- Amaranthus albus-Bestände (3.21), siehe Kapitel 5.7.2.12.
- Amaranthus blitoides-Bestände (3.22), siehe Kapitel 5.7.2.13.
X - Chaenarrhino-Chenopodietum botryos (3.23), siehe Kapitel 5.7.2.14
X - Salsola kali subsp. ruthenica-Bestände (3.24), siehe Kapitel 5.7.2.15.
- Atriplex rosea-Bestände (3.27), siehe Kapitel 5.7.2.17.
- Nepeta cataria-Bestände (5.15), siehe Kapitel 5.7.3.6.
X - Oenothera chicaginensis-Bestände (5.16), siehe Kapitel 5.7.3.7.
X - Oenothera parviflora-Bestände (5.24), siehe Kapitel 5.7.3.10.
- Poo-Anthemetum tinctoriae (6.3), siehe Kapitel 5.7.4.1.
X - Poa annua-Puccinellia distans-Gesellschaft (8.9), siehe Kapitel 5.7.5.2.
- Cerastium pumilum s.str. -Bestände (12.5.2), siehe Kapitel 5.7.7.4.1.
- Petrorhagia prolifera-Bestände (12.8), siehe Kapitel 5.7.7.5.
- Acinos arvensis-Bestände (12.9), siehe Kapitel 5.7.7.6.
- Hypericum hirsutum-Bestände (13.6), siehe Kapitel 5.7.8.3.
X - Rubus calvus-Bestände (14.4.2), siehe Kapitel 5.7.9.1.2.
- Rubus incisior-Bestände (14.4.3), siehe Kapitel 5.7.9.13.
X - Rubus nemorosus-Bestände (14.4.4), siehe Kapitel 5.7.9.1.4.
- Rubus nemorosoides-Bestände (14.4.5), siehe Kapitel 5.7.9.1.5
X - Puccinellia distans-Diplotaxis tenuifolia-Gesellschaft (15.1), siehe Kapitel 5.7.10.1
- Festuca guestfalica-Bestände (15.6.3), siehe Kapitel 5.7.10.5.1
- Poa x figertii-Bestände (15.9), siehe Kapitel 5.7.10.6.
- Tragopogon dubius-Bestände (15.14), siehe Kapitel 5.7.10.8.
- Sherardia arvensis-Bestände (15.16), siehe Kapitel 5.7.10.9.
- Sisymbrium volgense-Bestände (15.17), siehe Kapitel 5.7.10.10.
* - Physalis franchetii-Bestände (15.18)
* - Geranium sanguineum-Bestände (15.20)
- Juncus bulbosus-Bestände (15.22), siehe Kapitel 5.7.10.11.
X - Lycium chinense-Bestände (15.27), siehe Kapitel 5.7.10.12.

X = Einheiten deren charakteristische Sippen im Ruhrgebiet nur auf Industrieflächen häufiger sind
* = Einheiten deren charakteristische Sippen direkt aus Anpflanzungen verwildert sind bzw. angesalbt wurden und deshalb im Folgenden nicht weiter berücksichtigt werden

Zwei weitere Einheiten (Assoziationen) sind darüberhinaus <u>nach Auswertung der Literatur und den Aussagen der Fachleute</u> ebenfalls selten:

- Lamio-Ballotetum albae (5.10), siehe Kapitel 5.7.3.2.
- Saxifrago tridactylites-Poetum compressae (12.1), siehe Kapitel 5.7.7.1

Insgesamt sind danach 34 Einheiten (= 17,3 %) als selten einzustufen. Darunter sind 13 Einheiten, deren kennzeichnende Sippen auf Industrieflächen häufiger sind, was aber nicht automatisch bedeutet, daß dies für die betreffenden Einheiten auch gilt.

Vor allem aus wissenschaftlicher Sicht von Bedeutung sind jene Einheiten, die für die Region erstmals bestätigt werden oder völlige Neubeschreibungen darstellen. Es gibt hier Überschneidungen mit den bereits erwähnten "Einheiten seltener Sippen".

Erstmals für die Region beschrieben werden 37 der 197 festgestellten Einheiten (= 18,8 % zwei Assoziationen, sieben Gesellschaften, 28 Bestände). Allerdings müssen die Gründe für die Neufunde in ihrer Bedeutung als Kriterium für die Einschätzung der "besonderen" Einheiten unterschieden werden.

Der Neufund der Vegetationseinheit im Ruhrgebiet geht mit hoher Wahrscheinlichkeit zurück auf (die Zahlen in Klammern beziehen sich auf die Tabelle Nr. 46 im Anhang Teil III):

a.- den geringen pflanzensoziologischen Bearbeitungsgrad der gesamten Region:

- Papaver dubium-Bestände (2.2)
- Crepis tectorum-Bestände (3.15)
- Amaranthus retroflexus-Bestände (3.29)
- Bidens frondosa-Bestände (4.2)
- Rorippa palustris-Bestände (4.5)
- Daucus carota-Bestände (5.22)
- Cichorium intybus-Bestände (5.26)
- Silene vulgaris-Artemisia vulgaris-Gesellschaft (5.28)
- Aster lanceolatus-Bestände (5.36.2)
- Dipsacus sylvestris-Bestände (5.38)
- Agrostis gigantea-Bestände (6.9)
- Bromus inermis-Bestände (6.11)
- Cerastium glutinosum-Bestände (12.5.1)
- Erophila verna-Bestände (12.7)
- Poa annua-Puccinellia distans-Gesellschaft (8.9)
- Juncus bulbosus-Bestände (15.22)
- Hippophae rhamnoides-Bestände (15.28)

b.- den geringen pflanzensoziologischen Bearbeitungsgrad der Moose bzw. diverser Artaggreate:

- Ceratodon purpureus-Bestände (1.)
- Ceratodon purpureus-Bryum argenteum-Gesellschaft (2.)
- Funarietum hygrometricae (3.)
- Bryum argenteum-Bryum caespiticium-Gesellschaft (4.)
- Ceratodon purpureus-Barbula convoluta-Gesellschaft (5.)
- Marchantia polymorpha-Bestände (7.)
- Polytrichum juniperum-Bestände (8.)
- Tortula muralis-Bestände (9.)
- Poa annua-Poa pratensis subsp. irrigata-Gesellschaft (8.8)
- Festuca trachyphylla-Bestände (15.6.1)

c.- auf Fortschritte in der floristischen Forschung z.B. Neuentdeckungen von Sippen im Gebiet oder verbesserte Differenzierung von Artaggregaten:

- Atriplex rosea-Bestände (3.27), siehe Kapitel 5.7.2.17.
- Poa x figertii-Bestände (15.9), siehe Kapitel 5.7.10.6.
- Tragopogon dubius-Bestände (15.14), siehe Kapitel 5.7.10.8.

d.- die starke Ausbreitung von Sippen in jüngster Zeit:

- Senecio inaequidens-Bestände (3.20), siehe Kapitel 5.7.2.11.

e.- die Seltenheit der Einheit, bzw. der kennzeichnenden Sippen:

- Nepeta cataria-Bestände (5.15), siehe Kapitel 5.7.3.6.
- Poo-Anthemetum tinctoriae (6.3), siehe Kapitel 5.7.4.1.
- Acinos arvensis-Bestände (12.9), siehe Kapitel 5.7.7.6.
- Puccinellia distans-Diplotaxis tenuifolia-Gesellschaft (15.1), siehe Kapitel 5.7.10.1.
- Isatis tinctoria-Bestände (15.12), siehe Kapitel 5.7.10.7.
- Geranium sanguineum-Bestände (15.20) (aus Anpflanzung verwildert)

Nur die unter c. bis e. genannten 10 Einheiten können als "Besonderheiten" gewertet werden.

Um <u>völlige Neubeschreibungen</u> handelt es sich bei 21 Einheiten (= 10,6% drei Gesellschaften, 18 Bestände). Auch hier ist es notwendig etwas zu differenzieren. Die Neubeschreibung ist dabei vor allem zurückzuführen auf:

a.- den geringen pflanzensoziologischen Bearbeitungsgrad der Pflanzengruppen bzw. des Artaggretats:

- Barbula convoluta-Marchantia polymorpha-Gesellschaft (6.)
- Oenothera chicaginensis-Bestände (5.16), siehe Kapitel 5.7.3.7.
- Oenothera parviflora-Bestände (5.24), siehe Kapitel 5.7.3.10.
- Cerastium pumilum s.str.-Bestände (12.5.2), siehe Kapitel 5.7.7.4.1.
- Rubus camptostachys-Bestände (14.4.1), siehe Kapitel 5.7.9.1.1.
- Rubus calvus-Bestände (14.4.2), siehe Kapitel 5.7.9.1.2.
- Rubus incisior-Bestände (14.4.3), siehe Kapitel 5.7.9.1.3.
- Rubus nemorosus-Bestände (14.4.4), siehe Kapitel 5.7.9.1.4.
- Rubus nemorosoides-Bestände (14.4.5), siehe Kapitel 5.7.9.1.5.
- Festuca guestfalica-Bestände (15.6.3), siehe Kapitel 5.7.10.5.1.

b.- die weitgehende Begrenzung der Einheiten auf industriell geprägte Flächen:

- Apera interrupta-Arenaria serpyllifolia-Gesellschaft (3.6), siehe Kapitel 5.7.2.2.
- Crepis tectorum-Puccinellia distans-Gesellschaft (3.7), siehe Kapitel 5.7.2.3.

c.- die relative Seltenheit der kennzeichnenden Arten:

- Gymnocarpium robertianum-Bestand (1.3), siehe Kapitel 5.7.1.2.
- Amaranthus blitoides-Bestände (3.22), siehe Kapitel 5.7.2.13.
- Petrorhagia prolifera-Bestände (12.8), siehe Kapitel 5.7.7.5.
- Hypericum hirsutum-Bestände (13.6), siehe Kapitel 5.7.8.3.
- Sherardia arvensis-Bestände (15.16), siehe Kapitel 5.7.10.9.
- Sisymbrium volgense-Bestände (15.17), siehe Kapitel 5.7.10.10.

Bei den folgenden drei Einheiten lassen sich keine Gründe in der oben genannten Form anführen:

- Lamium maculatum-Bestände (5.5) siehe Kapitel 5.7.3.1.
- Potentilla norvegica-Bestände (15.11)
- Physalis franchetii-Bestände (15.18)

Nur die unter b. und c. aufgeführten 8 Einheiten können als "Besonderheiten" gewertet werden.

Insgesamt gesehen wird eine relativ große Anzahl von Einheiten erstmals für die Region bestätigt, bzw. völlig neu beschrieben. Der überwiegende Anteil dieser Neufunde bzw. -beschreibungen läßt sich aber auf die geringen pflanzensoziologischen Bearbeitungsgrad des Gebietes und bestimmter Pflanzengruppen (v.a. Moose) zurückführen. Diese Einheiten sind zwar von wissenschaftlichem Interesse, können aber nicht als wertvolles Potential des Nutzungstypes gewertet werden. Auf die verbleibenden Einheiten trifft bei fast allen auch auf das bereits erwähnte Kriterium der Seltenheit der kennzeichnenden Arten zu (siehe oben), so daß letztlich nur eine weitere Einheit (Senecio inaequidens-Bestände) hinzukommt.

Damit sind nach den bisher vorgestellten Kriterien insgesamt 35 Einheiten (= 17,8 %) besonders bemerkenswert, darunter sind

4 Assoziationen (= 11,8 % der Ass.)
5 Gesellschaften (= 23,8 % der Ges.)
26 Bestände (= 18,3 % der Bes.)

Die 35 Einheiten werden im Kapitel 5.7. näher beschrieben. Betrachtet man die soziologische Zugehörigkeit diese Einheiten ergibt sich die in Tabelle Nr. 53 dargestellte Verteilung.

Tabelle Nr. 53 Soziologische Zugehörigkeit der seltenen Vegetationseinheiten

Vegetationsklasse (siehe Tabelle Nr. 46 im Anhang Teil III)	Seltene Einheiten (n = 35) absolut	%	Gesamte Einheiten (n = 197) absolut	%
Asplenietea/ Secalinetea (1.)	2	5,7	3	1,5
Chenopodietea (3.)	10	28,6	34	17,3
Artemisietea (5.)	4	11,4	40	20,3
Agropyretea (6.)	1	2,9	11	5,6
Plantaginetea (8.)	1	2,9	10	5,1
Sedo-Scleranthetea (12.)	4	11,4	10	5,1
Epilobietea (13.)	1	2,9	6	3,0
Querco-Fagetea (14.)	4	11,4	11	5,6
Ohne Zuordnung (15.)	8	22,8	33	16,8

Es wird deutlich, daß die Einheiten der Chenopodietea eine große Rolle spielen. Demgegenüber tritt die ausdauernde Ruderalvegetation (Artemisietea) trotz insgesamt größerer Anteile deutlich zurück.

Wichtig ist auch festzuhalten, daß bei den Asplenietea/Secalietea und Sedo-Scleranthetea im Verhältnis ein großer Anteil aller vorkommenden Einheiten selten ist.

Industrieflächen enthalten also neben den bereits festgestellten seltenen oder gefährdeten Arten auch einen nicht geringen Anteil seltener Vegetationseinheiten. Bei der vergleichenden Betrachtung der verschiedenen städtischen Nutzungen in Essen (REIDL 1989:489) wird deutlich, daß die industriell gewerblich geprägten Flächen überdurchschnittlich viele seltene oder gefährdete Gesellschaften aufweisen.

5.5. Vegetationskundliche Ähnlichkeit der Untersuchungsflächen

Wie für die Flora kann man auch bei den Vegetationseinheiten die Ähnlichkeiten zwischen den einzelnen untersuchten Flächen mittels der Formel von JACCARD (siehe Kapitel 4.5.) berechnen.

Die Identitätswerte (siehe Tabelle Nr. 54) sind insgesamt deutlich niedriger als bei der Flora. Relativ gesehen ist also der Anteil der Sippen, die den Flächen gemeinsam sind, höher als der der Vegetationseinheiten. Die floristische Ähnlichkeit ist größer als die vegetationskundliche.

Tabelle Nr. 54   Vegetationseinheiten-Identität nach JACCARD

	Eisen- und Stahlindustrie						Chemische In.			Bergbau					
	A. HoWe	B. KrHö	C. ThOb	D. ThMe	E. ThRu	F. ThBe	G. VeHo	H. VeSc	I. Ruhr	J. ZePr	K. ZeOs	L. ZeZo	M. ZeMo	N. ZeTh	O. ZeLe
A.HoWe	100														
B.KrHö	59	100													
C.ThOb	59	56	100												
D.ThMe	63	50	58	100											
E.ThRu	67	55	63	57	100										
F.ThBe	69	56	67	67	71	100									
				EE											
G.VeHo	45	52	51	43	45	42	100								
H.VeSc	46	47	47	41	42	41	64	100							
J.Ruhr	44	41	42	47	43	40	54	56	100						
			EC					CC							
K.ZePr	44	47	48	44	40	37	51	52	42	100					
L.ZeOs	51	53	53	42	52	47	57	54	51	60	100				
M.ZeZo	48	44	48	44	47	45	42	43	44	52	42	100			
N.ZeMo	44	39	38	36	31	39	47	52	40	50	52	49	100		
O.ZeTh	52	47	45	54	57	54	52	47	50	46	49	50	44	100	
P.ZeLe	34	29	33	34	29	31	44	54	40	42	34	34	44	39	100
			EB					CB				BB			

(Erläuterung der Abkürzungen siehe Kapitel 3.1.)

Die Unterschiede zwischen den Flächen der Eisen- und Stahlindustrie und den beiden anderen Industriezweigen treten bei der Berechnung der "Einheitenidentität" stärker hervor. Hier wirken sich jene ca. 20 Einheiten aus, die im wesentlichen auf die Flächen der Stahlindustrie begrenzt sind (siehe Kapitel 5.6.). Sie machen ca. 10% aller festgestellten Einheiten aus, demgegenüber hat die "spezifische Flora" bei dieser Industrie nur einen Anteil von 5 % am Gesamtartenbestandes des Industriezweiges.

Durch einen Mittelwertvergleich soll überprüft werden, inwieweit sich dies statistisch ausdrückt. Hierbei ist nachzuweisen, daß die Varianz der Unterschiede innerhalb einer "Industriezweig-Tabellengruppe" geringer ist als zwischen den Gruppen. Der Mittelwertvergleich (Statgraphics 2.7) der oben gekennzeichneten Tabellenfelder, ergibt, ähnlich wie bei der Artenidentität (siehe Kapitel 4.5.), signifikante Unterschiede zwischen der Stahlindustrie und der chemischen Industrie (Wahrscheinlichkeitsniveau 95 %). Der Vergleich dieser beiden mit den Bergbauflächen ergibt dagegen keine signifikanten Unterschiede.

	EE	CC	BB
EE	/	n.s.	s.
EC	s.	s.	n.s.
CC	n.s.	/	s.
EB	s.	s.	n.s.
CB	s.	s.	n.s.
BB	s.	s.	/

E/C/B = Tabellenbereiche der Tabelle Nr. 54
s. = signifikante Unterschiede
n.s. = nicht signifikante Unterschiede
(α = 0,05 - Wahrscheinlichkeitsniveau 95 %)

Die Ursachen dieser Unterschiede wurden bereits in Kapitel 4.5. erläutert.

Deutlicher als bei der floristischen Identität tritt bei den Vegetationseinheiten eine gewisse Ähnlichkeit der Bergbau-Untersuchungsflächen Zeche Prosper (J.ZePr) und Zechenbrache Thyssen 4/8 (N.ZeTh) mit einigen Werken der Stahlindustrie hervor. Bei J.ZePr läßt es sich darauf zurückführen, daß dies die größte Untersuchungsfläche beim Bergbau ist, die entsprechend die höchsten Arten- und Einheitenzahlen aufweist. Bei N.ZeTh wurden bereits bei der Darstellung der Artenidentität auf die hohen Ähnlichkeiten mit dem angrenzenden Hüttenwerk Meiderich (D.ThMe) hingewiesen und die Ursachen erläutert (siehe Kapitel 4.5.).

Für die von REIDL (1989:98, 279) untersuchten "großflächigen" Untersuchungsgebiete in Essen liegen ebenfalls Angaben zur floristischen und vegetationskundlichen Identität vor. In den beiden Tabellen bei REIDL 1989 (Tabelle Nr. 18 und 30) ist der Unterschied zwischen Flora und Vegetation für die sechs Gebiete der "Industriezone" vergleichbar mit denen dieser Untersuchung. REIDL (1989:278) betont im Vergleich zu anderen Stadtzonen die "gut ausgeprägte pflanzensoziologische Ähnlichkeit". Nach seinen Ergebnissen bringen die Ähnlichkeitsberechnungen der Vegetation die Unterschiede zwischen den einzelnen Stadtzonen besser zum Ausdruck als die der Flora (REIDL 1989:278). Wie gezeigt eignen sie sich auch gut zur Dokumentation der Unterschiede auf Flächen verschiedener Industriezweige.

Tabelle Nr. 55 Dominantenidentität der Vegetationseinheiten nach RENKONEN

	A. HoWe	B. KrHö	C. ThOb	D. ThMe	E. ThRu	F. ThBe	G. VeHo	H. VeSc	I. Ruhr	J. ZePr	K. ZeOs	L. ZeZo	M. ZeMo	N. ZeTh	O. ZeLe
A.HoWe	100														
B.KrHö	55	100													
C.ThOb	57	53	100												
D.ThMe	58	46	54	100											
E.ThRu	66	52	62	55	100										
F.ThBe	64	50	60	62	65	100									
				EE											
G.VeHo	40	47	44	38	40	38	100								
H.VeSc	43	43	42	39	38	36	58	100							
I.Ruhr	35	33	36	38	36	34	44	47	100						
				EC				CC							
J.ZePr	40	41	40	39	35	32	48	51	38	100					
K.ZeOs	45	49	45	35	45	42	56	51	43	57	100				
L.ZeZo	40	37	38	38	38	36	35	42	37	47	39	100			
M.ZeMo	36	36	31	29	26	29	40	49	31	47	45	46	100		
N.ZeTh	48	47	42	52	53	50	46	47	41	46	47	45	41	100	
O.ZeLe	29	25	29	29	23	25	34	49	32	38	28	31	40	32	100
				EB				CB				BB			

(Erläuterung der Abkürzungen siehe Kapitel 3.1.)

Bei der Dominantenidentität werden die Abundanzen der einzelnen Einheiten, in diesem Fall die geschätzten Flächenanteile (siehe Kapitel 4.5.) stärker berücksichtigt. Zur Berechnung wird hier die Formel nach RENKONEN verwendet (siehe Kapitel 4.5.).

Die Werte (siehe Tabelle Nr. 55) liegen generell etwas niedriger als bei der Berechnung der einfachen Präsenz. Dies entspricht den Unterschieden bei den floristischen Daten. Die Flächen der Eisen- und Stahlindustrie heben sich auch hier deutlich ab. Die Unterschiede der Industriezweige sind auch bei der Dominantenidentität für die Vegetationseinheiten höher als bei der Flora.

5.6. Industriezweigspezifische und industrietypische Vegetation

Aus Tabelle Nr. 46 im Anhang Teil III geht hervor, daß einige Einheiten Schwerpunkte oder ausschließliche Vorkommen auf den untersuchten Flächen der Eisen- und Stahlindustrie oder denen des Bergbaus und der Chemischen Industrie haben. In Kapitel 3. wurden einige grundsätzliche Unterschiede in der Struktur der Werksflächen dieser drei Industrietypen aufgezeigt, die neben einer spezifischen Flora (siehe Kapitel 4.6.) auch die Herausbildung einer "industriezweigspezifischen Vegetation" bewirken.

Da die Zahl der hier untersuchten Flächen relativ klein ist, lassen sich diese Aussagen nicht ohne weiteres generalisieren. Allerdings kann durch das Heranziehen der Untersuchungen von REIDL (1989), HAMANN (1988) und JOCHIMSEN (1987) und ergänzender Aussagen örtlicher Fachleute sowie eigener Erfahrungen die Repräsentativität der Aussagen für das Ruhrgebiet erhöht werden.

Es handelt sich hier zunächst um rein "industrieinterne" Verteilungen von Vegetationseinheiten. Dies beinhaltet keine Aussage darüber, ob die betreffenden Einheiten nicht auch außerhalb von Industrieflächen auftreten. Wie bei der Auswertung der "industriezweigspezifischen Flora" (siehe Kapitel 4.6.), ist es auch bei den Einheiten möglich, die Flächen der Chemischen Industrie und des Bergbaus zusammenzufassen.

Man kann unterscheiden zwischen Einheiten mit

- hoher Bindung an einen Industriezweig

Sie treten im Rahmen dieser Untersuchung auf ≥ 50 % der Flächen einer Gruppe auf, und es ist bis jetzt nur ein Vorkommen in kleiner Ausdehnung (in dieser Arbeit Flächenanteil < 2) auf der Fläche der jeweils anderen Gruppe bekannt.

- Schwerpunktbindung an einen Industriezweig

Sie haben nach den vorliegenden Daten einen deutlichen Schwerpunkt (≥ 50 % der untersuchten Flächen eines Industriezweiges) auf den Flächen eines Industriezweiges bzw. -gruppe, was Häufigkeit des Vorkommens und Flächendeckung angeht/innerhalb der Untersuchung treten nur maximal zwei Vorkommen auf Flächen anderer Zweige mit gleichhohen Flächenanteilen oder bis maximal vier Vorkommen bei deutlich niedrigeren Flächenanteilen auf.

- zufälliger Bindung an einen Industriezweig

Innerhalb dieser Untersuchung ist das ausschließliche oder vorwiegende Auftreten der betreffenden Einheiten auf Flächen eines Types zufällig und hängt mit der geringen Flächenzahl zusammen, wie durch die Ergebnisse anderer Untersuchungen belegt wird.

Für die Eisen- und Stahlindustrie ergibt sich folgende Verteilung (die Zahlen in Klammern beziehen sich auf die Tabelle Nr. 46 im Anhang Teil III):

Eine hohe Bindung haben:

- Arenaria serpyllifolia-Bromus tectorum-Gesellschaft (3.5.2), siehe Kapitel 5.7.2.1.1.
- Apera interrupta-Arenaria serpyllifolia-Gesellschaft (3.6), siehe Kapitel 5.7.2.2.
- Crepis tectorum-Puccinellia distans-Gesellschaft (3.7), siehe Kapitel 5.7.2.3.
- Conyzo-Lactucetum (3.12), siehe Kapitel 5.7.2.8.
- Lamium maculatum-Bestände (5.5), siehe Kapitel 5.7.3.1.
- Lamio-Ballotetum (5.10), siehe Kapitel 5.7.3.2.
- Resedo-Carduetum nutantis (5.12), siehe Kapitel 5.7.3.3.
- Daucus carota-Bestände (5.22), siehe Kapitel 5.7.3.9.
- Diplotaxi-Agropyretum (6.5), siehe Kapitel 5.7.4.2.
- Diplotaxis tenuifolia-Bestände (6.6), siehe Kapitel 5.7.4.3.
- Saxifraga tridactylites-Bestände (12.2), siehe Kapitel 5.7.7.2.

Eine Schwerpunktbindung haben:

- Hordeetum murini (3.10), siehe Kapitel 5.7.2.7.
- Arenaria serpyllifolia-Bestände (3.26), siehe Kapitel 5.7.2.16.
- Artemisio-Tanacetetum (5.21), siehe Kapitel 5.7.3.8.
- Poa compressa-Bestände (6.7), siehe Kapitel 5.7.4.4.
- Dactylis glomerata-Bestände (11.6), siehe Kapitel 5.7.6.2.
- Vulpia myuros-Bestände (12.3), siehe Kapitel 5.7.7.3.
- Cerastium pumilum s.str.-Bestände (12.5.2), siehe Kapitel 5.7.7.4.2.

Innerhalb dieser Untersuchung zufällig auf diesen Industriezweig begrenzt (vergleiche REIDL 1989) sind:

- Chaenarrhinum minus-Bestände (3.17, siehe REIDL 1989:461)
- Melilotetum albi-officinalis (5.18, siehe REIDL 1989:461)
- Artemisia vulgaris-Bestände (5.39, siehe REIDL 1989:461))

Tabelle Nr. 56   Anzahl der Einheiten mit Bindung an die Eisen- und Stahlindustrie

Industriezweig	Einheiten mit Hoher Bindung	Einheiten mit Schwerpunktbindung
Eisen + Stahl	11 (4 Ass. 3 Ges. 4 Best.)	7 (1 Ass. 1 Ges. 5 Best.)

Für die Flächen der chemischen Industrie und des Bergbaus ergibt sich folgende Verteilung (die Zahlen in Klammern beziehen sich auf die Tabelle Nr. 46 im Anhang Teil III):

Einheiten mit hoher Bindung sind:

- Agrostis tenuis-Bestände (15.5), siehe Kapitel 5.7.10.4

Eine Schwerpunktbindung haben:

- Inula graveolens-Tripleurospermum inodorum-Gesellschaft (3.18), siehe Kapitel 5.7.2.4.
- Reseda luteola-Bestände (5.14), siehe Kapitel 5.7.3.5.
- Spergularia rubra-Bestände (8.4), siehe Kapitel 5.7.5.1.
- Holcus lanatus-Bestände (11.5), siehe Kapitel 5.7.6.1.
- Betula pendula-Bestände (13.2), siehe Kapitel 5.7.8.1.
- Epilobium angustifolium-Bestände (15.4), siehe Kapitel 5.7.10.3.

Innerhalb dieser Untersuchung zufällig auf diese Industriezweige begrenzt (siehe REIDL 1989) ist:

- Bryo-Saginetum (8.1, siehe REIDL 1989:461)

Darüberhinaus sind aus anderen Untersuchungen und den Auskünften örtlicher Fachleute drei weitere Bestände zu erkennen, die eng an den Bergbau gebunden sind, die aber auf den hier ausgewählten Flächen nicht auftreten:

- Corrigiola litoralis-Bestände (Soziologische Zugehörigkeit überwiegend zu den Bidentetea/Chenopodion rubri, Vorkommen vor allem auf Zechenbrachen in den Lebensraumtypen C und I (Erläuterung siehe Kapitel 5.1.), Angaben nach VOGEL unveröffentlichte Tabelle 1988 und HAMANN 1988)

- Illecebrum verticillatum-Bestände (Soziologische Zugehörigkeit überwiegend zu den Sedo-Scleranthetea oder Chenopodietea/Sisymbrion, Vorkommen vor allem auf Zechenbrachen im Lebensraumtyp I, Angaben u.a. nach VOGEL unveröffentlichte Tabelle 1988 und HAMANN 1988)

- Aster tripolium-Bestände (Soziologischen Zugehörigkeit überwiegend zu den Bidentetea/Chenopodion rubri, Vorkommen vor allem auf Zechenbrachen in dem Lebensraumtyp K, Angaben nach KAPLAN et al. 1983, HAMANN 1988)

Tabelle Nr. 57 Anzahl der Einheiten mit Bindung an die Chemische Industrie und den Bergbau

Industriezweig	Einheiten mit Hoher Bindung	Einheiten mit Schwerpunktbindung
Chemie/Bergbau	1 (1 Ges.)	6 (6 Best.) davon 1 Best. nur Bergbau sowie 3 (3 Best.) die aus anderen Untersuchungen bekannt sind

Die Verteilung der industriezweigspezifischen Einheiten auf die flächeninternen Lebensraumtypen (siehe Tabelle Nr. 58) zeigt deutliche Unterschiede. Während die spezifischen Einheiten der chemischen Industrie und des Bergbaus ihren Schwerpunkt fast nur auf den Freiflächen haben, sind diejenigen der Eisen- und Stahlindustrie weiter verteilt.

Tabelle Nr. 58 Verteilung der industriezweigspezifischen Einheiten auf die flächeninternen Lebensraumtypen

Biotoptyp	Industriezweigspezifische Einheiten Eisen- und Stahlindustrie	Industriezweigspezifische Einheiten Chemische Industrie/Bergbau
A	(3.10.)	
B	(5.5.)	
C	(3.7.)	
D	(3.5.2./3.6./3.12./12.2./5.21./6.7.)	
E		
F		
G		(3.18.)
H		
I	(3.26./5.12./5.22./5.21/6.7.)	(3.18./5.14./8.4./11.5./13.2/15.5.)
J		
K		
L		
M		
X	(6.5./6.6.)	

(Erläuterung der Biotoptypen-Symbole siehe Kapitel 5.1. - Seite 86 -. Die in Klammern angegebenen Nummern beziehen sich auf die Tabelle Nr. 46 im Anhang Teil III)

Der Vergleich der bearbeiteten Industriezweige auf der Basis der untersuchten Einzelflächen unter Einbeziehung weiterer vorhandener Arbeiten und den Aussagen örtlicher Experten zeigt, daß 18 Einheiten stärker an die Eisen- und Stahlindustrie gebunden sind, wogegen Bergbau und Chemische Industrie 7 (10) Einheiten aufweisen. Damit ist auf der Basis der verwendeten Daten belegt, daß sich die Vegetation von Industrieflächen, der hier bearbeiteten Industriezweige, spezifisch unterscheidet und man von einer "industriezweigtypischen Vegetation" sprechen kann.

Hieraus läßt sich allerdings noch keine Aussage ableiten, ob es auch eine "industrietypische Vegetation" gibt, also ob Vegetationseinheiten im Ruhrgebiet - und vielleicht auch überregional - ausschließlich oder mit deutlichem Schwerpunkt auf Industrieflächen vorkommen.

Für das Ruhrgebiet soll diese Frage anhand des Vergleiches der vorhandenen Untersuchungen beantwortet werden. An vegetationskundlichen Arbeiten, die die unterschiedliche Ausstattung der städtischen Flächennutzungen untersuchen, liegt aus dem Ruhrgebiet bislang nur die Untersuchung von REIDL (1989) über den Essener Norden vor, deren Ergebnisse hier unmittelbar einfließen. Teilaussagen lassen sich aus anderen Arbeiten über die Vegetation im Ruhrgebiet ziehen (Zusammenstellung siehe DETTMAR et al. 1991).

Ergänzend sind auch Ergebnisse floristischer Kartierungen auswertbar (siehe Kapitel 4.). Wenn eine im Rahmen floristischer Untersuchungen als häufig in verschiedenen Lebensräumen angegebene Sippe charakteristisch ist für eine bestimmten Einheit, ist die Wahrscheinlichkeit, daß diese ebenfalls häufiger auftritt, hoch.

Wegen fehlender Vergleichsdaten lassen sich zur Zeit keine Aussagen darüber machen, inwieweit bestimmte Ausbildungen (Untereinheiten, Subassoziationen) von Pflanzengesellschaften oder -beständen im Ruhrgebiet typisch für Industrieflächen sind. Bei der Beschreibung der einzelnen Vegetationseinheiten zeigt sich im Vergleich zu Vorkommen auf anderen Nutzungstypen wiederholt eine spezifische Ausbildung der "industriellen Vorkommen" (siehe DETTMAR et al. 1991).

Die Auswertungen der verschiedenen Quellen sind in den Tabellen Nr. 59 und 60 im Anhang zusammengestellt, sie enthalten:

- die Einheiten, die im Rahmen dieser Untersuchung erstmals für das Ruhrgebiet beschrieben wurden

- die Einheiten, die REIDL (1989) für Essen als schwerpunktmäßig oder ausschließlich auf Industrieflächen oder in stark industriell geprägten Stadtzonen verbreitet angibt.

Innerhalb der Tabellen ist weiterhin gekennzeichnet, welche dieser Einheiten nach den bisher vorliegenden Daten im Ruhrgebiet auch größere Vorkommen in anderen Flächennutzungen haben. Bei den restlichen Einheiten ist unterschieden zwischen denen, die offensichtlich nur auf Industrieflächen stärker vertreten sind (Definition siehe unten) und denen, die hier oder in den Industriegebieten (nach REIDL 1989) den Schwerpunkt ihres Vorkommens haben (Definition siehe unten).

Außerdem ist bei den neu beschriebenen Einheiten, mit nur wenigen Fundorten im Rahmen dieser Arbeit, differenziert zwischen jenen, die nach jetzigem Kenntnisstand ausschließlich auf Industrieflächen begrenzt sind, und jenen, bei denen der Verfasser auch einzelne Fundorte außerhalb von Industrieflächen kennt.

Danach ergeben sich (die Zahlen in Klammern beziehen sich auf die Tabelle Nr. 46 im Anhang Teil III):

Neun Einheiten (eine Ass. vier Ges. vier Best.), die im Ruhrgebiet <u>auf Industrieflächen größere Vorkommen</u> haben (innerhalb dieser Arbeit mindestens Stetigkeit 2) und <u>nur sehr selten an anderen Stellen</u> vorkommen :

- Apera interrupta-Arenaria serpyllifolia-Gesellschaft (3.6), siehe Kapitel 5.7.2.2.
- Crepis textorum-Puccinellia distans-Gesellschaft (3.7), siehe Kapitel 5.7.2.3.
- Inula graveolens-Tripleurospermum inodorum-Gesellschaft (3.18), siehe Kapitel 5.7.2.4.
- Chaenarrhino-Chenopodietum botryos (3.23), siehe Kapitel 5.7.2.14.
- Salsola kali subsp. ruthenica-Bestände (3.24), siehe Kapitel 5.7.2.15.
- Reseda luteola-Carduus acanthoides-Gesellschaft (5.13), siehe Kapitel 5.7.3.4.
- Agrostis gigantea-Bestände (6.9), siehe Kapitel 5.7.4.5.
- Cerastium glutinosum-Bestände (12.5.1) ?, siehe Kapitel 5.7.7.4.1.
- Cerastium pumilum-Bestände (12.5.2) ?, siehe Kapitel 5.7.7.4.2.

(? = für diese Einheiten sind die zugrundeliegenden Verbreitungsangaben noch sehr unzureichend)

Betrachtet man die Verteilung dieser neun Einheiten auf die internen Lebensraumtypen (siehe Kapitel 5.1) haben sie ihre Schwerpunkte an den Straßenrändern (1), Gleisanlagen (4), Halden (1) und Freiflächen (5) (zwei Einheiten haben zwei Schwerpunkte) (siehe Tabelle Nr. 61).

Dreizehn Einheiten (vier Ass., eine Ges. acht Best.), die im Ruhrgebiet <u>größere Vorkommen mit Schwerpunkt auf Industrieflächen oder in industriell geprägten Stadtzonen</u> haben (siehe REIDL 1989, Vorkommen auf den hier bearbeiteten Flächen, Auswertung anderer floristischer und vegetationskundlicher Untersuchungen):

- Sisymbrietum loeselii (3.8), siehe Kapitel 5.7.2.5.
- Lactuco-Sisymbrietum altissimi (3.9), siehe Kapitel 5.7.2.6.
- Conyzo-Lactucetum (3.12.), siehe Kapitel 5.7.2.8.
- Chaenarrhinum minus-Bestände (3.17), siehe Kapitel 5.7.2.10.
- Resedo-Carduetum nutantis (5.12), siehe Kapitel 5.7.3.3.
- Reseda luteola-Bestände (5.14), siehe Kapitel 5.7.3.5.
- Carduus acanthoides-Bestände (5.27), siehe Kapitel 5.7.3.11.
- Poa palustris-Bestände (5.31), siehe Kapitel 5.7.3.12.
- Diplotaxis tenuifolia-Bestände (6.6), siehe Kapitel 5.7.4.3.
- Saxifraga tridactylites-Bestände (12.2), siehe Kapitel 5.7.7.2.
- Betula pendula-Bestände (13.2), siehe Kapitel 5.7.8.1.
- Buddleja davidii-Betula pendula-Gesellschaft (13.4), siehe Kapitel 5.7.8.2.
- Epilobium ciliatum-Bestände (15.2), siehe Kapitel 5.7.10.2.

Vier (sechs) Einheiten (eine Ges. drei (fünf) Best.), die im Ruhrgebiet <u>mehrere Vorkommen mit Schwerpunkt auf Industrieflächen oder in industriell geprägten Stadtzonen</u> haben (Ergebnis von Reidl 1989, Vorkommen auf den hier bearbeiteten Flächen, Auswertung anderen floristischer und vegetationskundlicher Untersuchungen):

- Hordeum jubatum-Bestände (3.14), siehe Kapitel 5.7.2.9.
- Amaranthus albus-Bestände (3.21), siehe Kapitel 5.7.2.12.
- Oenothera chicaginensis-Bestände (5.16) , siehe Kapitel 5.7.3.7.
- Puccinellia distans-Diplotaxis tenuifolia-Gesellschaft (15.1), siehe Kapitel 5.7.10.1.

Außerdem müssen hier zwei der Bestände hinzugerechnet werden, die bereits oben aus externen Daten ergänzt wurden. Es handelt sich dabei um:

- Corrigiola litoralis-Bestände
- Illecebrum verticillatum-Bestände

Auch diese Einheiten kommen vor allem an Gleisanlagen (D.) und auf "Freiflächen" (I.) vor (siehe Tabelle Nr. 61).

Tabelle Nr. 61 Verteilung der Einheiten mit Schwerpunkt auf Industrieflächen bzw. in-
gebieten auf die Lebensraumtypen

Biotoptyp	Begrenzt auf I-Flächen/häufig	Schwerpunkt I-flächen/gebiete
A		
B		
C	(3.7.)	(3.12)
D	(3.6./3.18./12.5.1./12.5.2.)	(3.12./3.17./12.2.)
E		
F		
G		
H		
I	(3.18./3.23./5.13./6.9.)	(3.9./3.21./5.12./5.14./5.31./ 13.2./13.4./15.2.)
J		(3.8./5.27.)
K		
L		
M		
X		(3.14./6.6.)

(Erläuterung der Bioptoptypen-Symbole siehe Kapitel 5.1. Die in Klammern angegebenen Nummern beziehen sich auf die Tabelle Nr. 46 im Anhang Teil III)

Von acht (neun) Einheiten (acht (neun) Best.), sind bisher erst ein oder zwei Fundpunkte (mit geringer Flächenausdehnung) im Ruhrgebiet bekannt, die ausschließlich auf Industrieflächen liegen:

- Gymnocarpium robertianum-Bestand (1.3), siehe Kapitel 5.7.1.2.
- Atriplex rosea-Bestände (3.27), siehe Kapitel 5.7.2.17.
- Petrorhagia prolifera-Bestände (12.8), siehe Kapitel 5.7.7.5.
- Acinos arvensis-Bestände (12.9), siehe Kapitel 5.7.7.6.
- Hypericum hirsutum-Bestände (13.6), siehe Kapitel 5.7.8.3.
- Poa x figertii-Bestände (15.9), siehe Kapitel 5.7.10.6.
- Tragopogon dubius-Bestände (15.16), siehe Kapitel 5.7.10.8.
- Sisymbrium volgense-Bestände (15.17), siehe Kapitel 5.7.10.10.

Weiterhin muß hier eine Einheit zugerechnet werden, die bereits oben aus externen Daten ergänzt wurde. Es handelt sich dabei um:

- Aster tripolium-Bestand

Neun Einheiten (drei Ass. sechs Best.), die insgesamt im Ruhrgebiet selten sind, die nur ein oder zwei Fundpunkte mit geringer Flächenausdehnung auf den untersuchten Industrieflächen haben und von denen zumindest ein weiteres Vorkommen auf einer nicht industriell genutzten Fläche bekannt ist:

- Amaranthus blitoides-Bestände (3.22), siehe Kapitel 5.7.2.13.
- Lamio-Ballotetum albae (5.10), siehe Kapitel 5.7.3.2.
- Oenothera parviflora-Bestände (5.24), siehe Kapitel 5.7.3.10.
- Poo-Anthemetum tictoriae (6.3), siehe Kapitel 5.7.4.1.
- Saxifrago tridactylites-Poetum compressae (12.1), siehe Kapitel 5.7.7.1.
- Festuca guestfalica-Bestände (15.6.3), siehe Kapitel 5.7.10.5.1.
- Geranium sanguineum-Bestände (15.20) (aus Anpflanzung verwildert)
- Juncus bulbosus-Bestände (15.22), siehe Kapitel 5.7.10.11.
- Lycium chinense-Bestände (15.27), siehe Kapitel 5.7.10.12.

Auf der Basis der hier zugrunde gelegten Daten kann man für das Ruhrgebiet bei 28 (26 davon sind im Rahmen dieser Untersuchung erfaßt = 13 % der 197 Einheiten) an verschiedenen Stellen im Ruhrgebiet beobachteten Einheiten von einer "industrietypischen" Vegetation sprechen, die entweder ausschließlich oder mit deutlichem Schwerpunkt auf Industrieflächen oder in Industriegebieten vorkommen.

Weitere 18 Einheiten (17 im Rahmen dieser Untersuchung = 8 %) sind im Ruhrgebiet nur von wenigen Fundorten bekannt, darunter neun, die ausschließlich auf Industrieflächen vorkommen.

Wegen der insgesamt noch unzureichenden Datengrundlage ist es möglich, daß weitere Einheiten bei intensiverer Untersuchung zusätzlicher Teilbereiche des Ruhrgebietes auch für andere Flächennutzungen bestätigt werden. Gleichzeitig ist es aber auch möglich, daß bei der Bearbeitung weiterer Flächen, anderer Industriezweige (z.B. Baustoffindustrie, Holzindustrie), neue spezifische Einheiten entdeckt werden.

Die hier ausgewählten Industriezweige haben allerdings insgesamt den größten Flächenanteil und bewirken die massivsten Standortveränderungen. Aus diesen Gründen ist hier auch die größte Anzahl typischer Vegetationseinheiten zu erwarten.

Faßt man die Ursachen, die zum Entstehen einer spezifischen Vegetation der Industrieflächen führen, zusammen, lassen sich folgende Punkte nennen:

- Diese Flächennutzung hat einen erheblichen Teil extensiv oder nicht genutzter und gegen andere stadttypische Nutzungen abgeschirmter Flächen unterschiedlichsten Alters, auf denen die Vegetation Raum und Zeit für ihre Entwicklung hat.

- Industrieflächen, speziell die der Schwerindustrie, sind aufgrund ihrer hohen Versiegelung und den produktionsbedingten Energieumsätzen besondere Wärmeinseln im Stadtgebiet.

- Bedingt durch die industrielle Produktion oder Förderung fallen zumindest bei der Schwerindustrie im großen Umfang industriespezifische Substrate an, die in dieser Menge und Reinheit sonst nur noch auf industrieeigenen Halden abgelagert sind.

- Spezifische Emissionen wirken sich im Nahbereich der Produktionsanlagen besonders stark aus.

- Durch die großen Stoffumschläge können immer wieder neue fremdländische oder auch gebietsfremde Arten auf die Flächen gelangen.

Aus dem von REIDL (1989:461) durchgeführtem Vergleich der Vegetationsausstattung ausgewählter "Biotoptypen" (= Flächen-nutzungen) des Essener Nordens kann man erkennen, daß neben Gewerbegebieten vor allem Bahnanlagen große Ähnlichkeit mit den Industrieflächen haben.

Die Ähnlichkeit von Industrieflächen und Bahnanlagen wird auch aus Untersuchungen in anderen Städten deutlich. Vergleicht man etwa Arbeiten zur Vegetationsausstattung Berliner Bahnbrachen (ASMUS 1980, 1981 und KOWARIK 1982) mit den Ergebnissen von Berliner Industrieflächen (REBELE & WERNER 1984) ergeben sich ebenfalls deutliche Ähnlichkeiten.

Die Verwandschaft dieser Flächentypen hat verschiedene Gründe. Die meisten Industrieflächen und besonders die der Schwerindustrie haben zahlreiche Gleisanlagen. Bei beiden Flächennutzungen treten größere Anteile an extensiv genutzten oder brachliegenden Bereichen auf. Die Gründung dieser Flächen erfolgt meist mit den- selben Materialien (Schlacke, Bergematerial, Kalksteinschotter, Bauschutt).

Aus dem Vergleich mit anderen aus Deutschland vorliegenden Arbeiten zur Vegetation von Industrieflächen bzw. Industriegebieten (aus Essen REIDL 1989, Gelsenkirchen HAMANN 1988, Hamburg PREISINGER 1984, Lübeck DETTMAR 1985 und Berlin REBELE & WERNER 1984, REBELE 1986; siehe Tabelle Nr. 59/60 im Anhang Teil III) kann man eine Liste der am häufigsten erwähnten Einheiten zusammenstellen. Hierbei sind unterschiedliche Benennungen und soziologische Einstufungen vernachlässigt, soweit sich aus den Vegetationstabellen eine deutliche Ähnlichkeit ergibt.

Folgende 23 Einheiten werden mindestens in drei der Untersuchungen genannt (die Zahlen in Klammern beziehen sich auf die Tabelle Nr. 46 im Anhang Teil III):

- Conyza canadensis-Senecio viscosus-Gesellschaft (3.5.1)
- Arenaria serpyllifolia-Bromus tectorum-Gesellschaft (3.5.2)
- Lactuco-Sisymbrietum altissimae (3.9)
- Hordeetum murini (3.10)
- Conyzo-Lactucetum serriolae (3.12)
- Chaenarrhinum minus-Bestände (3.17)
- Tripleurospermum inodorum- Bestände (3.19)
- Chaenarrhino-Chenopodietum botryos (3.23)
- Salsola kali subsp. ruthenica-Bestände (3.24)
- Arenaria serpyllifolia-Bestände (3.25)
- Chenopodium rubrum-Bestände (4.4)
- Holcus lanatus-Bestände (11.5)
- Sedum acre-Bestände (12.6)
- Melilotetum albi-officinalis (5.18)
- Solidago gigantea/Solidago canadensis-Bestände (5.29)
- Poa palustris-Bestände (5.31)
- Convolvulo-Agropyretum (6.1)
- Poa compressa-Bestände (6.7)
- Poa angustifolia-Bestände (6.8)
- Saponaria officinalis-Bestände (6.10)
- Agrostis stolonifera-Bestände (7.4)
- Epilobio-Salicetum capreae (13.1)
- Calamagrostis epigeios-Bestände (15.3)

Dies zeigt, daß in West-, Nord- und Ostdeutschland eine gewisse Ähnlichkeit in der Vegetationsausstattung der industriell genutzten Bereiche besteht.

Insgesamt 9 dieser Einheiten werden auch bei PYSEK (1979) und/oder PYSEK & PYSEK (1988) von entsprechenden Flächen aus der CSFR aufgeführt (siehe Tabelle Nr. 59 im Anhang Teil III).

In der Tabelle Nr. 59 im Anhang sind darüberhinaus Ergebnisse vegetationskundlicher Untersuchungen von Bahnflächen (BRANDES 1983 Mitteleuropa, REIDL 1989 Essen, FEDER 1990 Hannover) und Binnenhäfen (BRANDES 1989 Niedersachsen) enthalten. Daraus geht hervor, daß der größte Teil der 23 Einheiten (= 17) in mindestens zwei dieser Untersuchungen auch als Elemente der Vegetation von Häfen und Bahnhöfen genannt werden. Die restlichen sechs Einheiten werden nur einmal oder überhaupt nicht genannt. Es handelt sich dabei aber durchweg um weit verbreitete Einheiten, die wahrscheinlich zufällig fehlen.

Keine der aufgeführten 23 Einheiten ist in Deutschland auf industriell und gewerblich geprägte Stadtzonen (Industrieflächen, Gewerbeflächen, Häfen, Bahnflächen) begrenzt, sondern kommt mindestens in einem Teil der Bundesrepublik auch in anderen städtischen Nutzungsformen vor.

Wie hier für das Ruhrgebiet geschehen, lassen sich vermutlich auch für alle anderen Regionen Einheiten mit deutlichen Schwerpunkten in industriell geprägten Stadtzonen feststellen. GUTTE (schriftliche Mitteilung 1991) nennt z.B. für den ostdeutschen Raum u.a. folgende Einheiten mit Schwerpunkt auf industriell geprägten Flächen, Calamagrostis epigejos-Gesellschaften, Solidago canadensis-Bestände (Artemisio-Tanacetetum), Sisymbrietum loeselii, Kochietum densiflorae.

Bei der Auswertung der floristischen Daten wurden im überregionalen Vergleich insgesamt sieben Sippen herausgestellt, die in Deutschland ein gewissen Verbreitungsschwerpunkt in industriell geprägten Stadtzonen zeigen (siehe Kapitel 4.6. Tabelle Nr. 40). Sechs dieser Sippen sind kennzeichnend für Pflanzenbestände oder -gesellschaften. Auch wenn das Vorkommen von Sippen und Einheiten keinesfalls gleichgesetzt werden kann, ist es wahrscheinlich, daß auch die entsprechenden Einheiten in Deutschland einen gewissen Verbreitungsschwerpunkt in industriell geprägten Stadtzonen haben:

- Amaranthus albus-Bestände
- Atriplex rosea-Bestände
- Chaenarrhino-Chenopodietum botryos
- Diplotaxis tenuifolia-Bestände
- Plantaginetum indicae
- Salsola kali subsp. ruthenica-Bestände

Auffallend hoch ist der Anteil von Einheiten des Salsolion-Verbandes.

5.7. Beschreibung ausgewählter Vegetationseinheiten

Es ist hier nicht möglich alle 197 auf den Probeflächen festgestellten Vegetationseinheiten ausführlich zu beschreiben. Die hier getroffene Auswahl beschränkt sich auf insgesamt 67 Einheiten. Es handelt sich dabei um die seltenen, gefährdeten oder aus anderen Gründen "besonderen" Einheiten (siehe Kapitel 5.4.) sowie die industriezweigspezifischen und die industrietypischen Einheiten (siehe Kapitel 5.6.).

Der Grund, warum eine Einheit näher vorgestellt wird, läßt sich aus der
Zahlen-/Buchstabenkombination am Anfang jeder Beschreibung ersehen ("Grund
der Auswahl"). Mit Hilfe von Tabelle Nr. 63 lassen sich die entsprechenden
Symbole aufschlüsseln.

Tabelle Nr. 63 Kurzcharakterisierung der ausgewählten Einheiten
 - Symbolaufschlüsselung - Grund der Auswahl

I.	Seltene, gefährdete oder aus anderen Gründen besondere Vegetationseinheiten (siehe Kapitel 5.4.)
I.a.	- Charakteristische Art im Ruhrgebiet selten
I.b.	- Einschätzung aus externen Daten
I.c.	- Erste Beschreibung für die Region
I.d.	- Neubeschreibung
II.	Industriezweigspezifische Vegetation (siehe Kaptitel 5.6.)
II.a.	- Hohe Bindung an die Eisen- und Stahlindustrie
II.b.	- Schwerpunktbindung an die Eisen- und Stahlindustrie
II.c.	- Hohe Bindung an den Bergbau/die chemische Industrie
II.d.	- Schwerpunktbindung an den Bergbau/die chemische Industrie
III.	Industrietypische Vegetation (siehe Kapitel 5.6.)
III.a.	- Größere Vorkommen nur auf Industrieflächen
III.b.	- Größere Vorkommen mit Schwerpunkt auf Industrieflächen
III.c.	- Mehrere Vorkommen mit Schwerpunkt auf Industrieflächen
III.d.	- Ein oder zwei Fundorte ausschließlich auf Industrieflächen
III.e.	- Im Ruhrgebiet selten mit einigen Fundorten auf Industrieflächen

Die jeweiligen Vegetationstabelle sind im Anhang Teil III nach Tabellennummern geordnet.

Die Reihenfolge der Einheiten richtet sich im wesentlichen nach der pflanzensoziologischen Systematik (siehe OBERDORFER 1983) und der in Tabelle Nr. 46 im Anhang Teil III enthaltenen Gesamtgliederung aller auf den Industrieflächen festgestellten Einheiten. Im Text sind die jeweiligen Gliederungsnummern dieser Tabelle in Klammern angegeben.

Eine vollständige Beschreibung aller Einheiten incl. der insgesamt über 120 Vegetationstabellen und Stetigkeitstabellen findet sich bei DETTMAR et al. (1991).

5.7.1. Mauerpflanzenbestände aus den Klassen Asplenietea und Thlaspietea (Vegetationstabelle Nr. 1)

5.7.1.1. Asplenium trichomanes-Bestand
(Vegetationstabelle Nr. 1, Aufnahme 1)
(Gliederungs-Nr. 1.2. in der Tabelle Nr. 46 im Anhang Teil III)
(Grund der Auswahl I.a.)
Der Braunstengelige Strichfarn bildet an einem alten Brückenpfeiler auf der Hoesch Westfalenhütte (A.HoWe) einen kleinen Bestand. Größere Staubablagerungen ermöglichen es hier auch anderen nicht unbedingt typischen Mauerpflanzen zu wachsen. Weitere Aufnahmen ähnlicher Bestände u.a. bei WITTIG & WITTIG (1986), BRANDES (1987, 1989c), HETZEL (1988) REIDL (1989).

5.7.1.2. Gymnocarpium robertianum-Bestand
(Vegetationstabelle Nr. 1, Aufnahme 2)
(Gliederungs-Nr. 1.3. in der Tabelle Nr. 46 im Anhang Teil III)
(Grund der Auswahl I.a., I.d., III.d.)
Besonders bemerkenswert ist das Vorkommen des Ruprechstsfarnes an der Mauer des alten Maschinenhauses auf dem stillgelegten Hüttenwerk in Duisburg-Meiderich (D.ThMe). Es ist der erste Nachweis dieser Art im Niederrheinischen Tiefland (siehe z.B. DÜLL & KUTZELNIGG 1987). Der entsprechende Mauerteil hat einen relativ dichten Bewuchs mit Dornfarnen (Dryopteris carthusiana, D. dilatata), in dem der Ruprechstsfarn kaum auffällt. Aus einer defekten Rohrleitung rieselte hier über lange Zeit Wasser die Mauer hinunter. Nach der Werksstillegung 1985 entfiel diese Bewässerung. Im besonders trockenen Sommer 1988 vertrockneten einige der Farne u.a. auch die Exemplare des Ruprechtsfarnes. In den nächsten Jahren (1989/90/91) trat die Art nicht mehr auf.

5.7.2. Annuelle Ruderal- und Hackfrucht-Unkrautgesellschaften
- Klasse Chenopodietea Br.- Bl. in Br.- Bl. et al. 52
-- Ordnung Sisymbrietalia J. Tx. in Lohm. et al. 62
Annuelle Ruderalgesellschaften
--- Verband Sisymbrion officinalis Tx. et al. in Tx. 50

5.7.2.1.. Bromo-Erigeretum (Knapp 1961) Gutte 1969
(Gliederungs-Nr. 3.5 in der Tabelle Nr. 46 im Anhang Teil III)

Das Bromo-Erigeretum ist die typische Pioniergesellschaft feinerdearmer Aufschüttungsflächen im städtischen Bereich. Schwerpunkte ihres Vorkommens liegen auf Industrieflächen, Bahn- und Hafenanlagen. BRANDES (1983) hat durch den Vergleich verschiedener Aufnahmen aus unterschiedlichen Regionen gezeigt, daß diese Gesellschaft floristisch gut vom verwandten Conyzo-Lactucetum getrennt werden kann. Kennzeichnende Trennarten sind demnach Bromus tectorum, Senecio viscosus, Chaenarrhinum minus, Linaria vulgaris und Arenaria serpyllifolia agg..

GÖDDE (1986) unterscheidet drei stark voneinander abweichende Gesellschaften innerhalb des Bromo-Erigeretum, das er als Gesellschaftsgruppe auffaßt:

- Conyza canadensis-Senecio viscosus-Gesellschaft
- Arenaria serpyllifolia-Hypericum perforatum-Gesellschaft
- Bromus tectorum-Gesellschaft

Diese Einteilung konnte bei der Untersuchung der Industrieflächen nur zum
Teil nachvollzogen werden. Die drei Gesellschaften kommen auch auf den Probeflächen vor. Allerdings läßt die floristische Zusammensetzung der
Arenaria serpyllifolia-Hypercium perforatum-Gesellschaft keinen Anschluß an
das Bromo-Erigeretum zu (siehe DETTMAR et al. 1991).

GÖDDE (1986) stellt den nordamerikanischen Neophyten Epilobium ciliatum als
lokale Kennart (Westfalen/Rheinland) in die Gruppe der von BRANDES (1983)
angeführten 5 kennzeichnenden Arten des Bromo-Erigeretum. Nach den vorliegenden Aufnahmen von den Industrieflächen ist diese Einordnung nicht möglich. Der Neophyt zeigt hier keinen eindeutigen Schwerpunkt in dieser Gesellschaft, sondern ist weit gestreut über Einheiten verschiedener Vegetationsklassen. Dominanzbestände der Art lassen sich keiner Klasse eindeutig
zuordnen (siehe Kapitel 5.7.10.2).

Da die Conyza canadensis-Senecio viscosus-Gesellschaft keines der am Anfang
von Kapitel 5.7. erläuterten Auswahlkriterien erfüllt, wird hier nur die
Arenaria serpyllifolia-Bromus tectorum-Gesellschaft näher erläutert.

5.7.2.1.1. Arenaria serpyllifolia-Bromus tectorum-Gesellschaft
(Vegetationstabelle Nr. 2)
(Gliederungs-Nr. 3.5.2. in der Tabelle Nr. 46 im Anhang Teil III)
(Grund der Auswahl II.a.)
Die Gesellschaft ist vor allem durch die dominierende Dachtrespe gekennzeichnet. Senecio viscosus und Conyza canadensis erreichen nur niedrige
Stetigkeiten und Deckungswerte. Arenaria serpyllifolia ist dagegen stärker
als bei der Conyza canadensis-Senecio viscosus-Gesellschaft (siehe DETTMAR
et al. 1991) beteiligt. Die erkennbaren Beziehungen von Arenaria und Bromus
tectorum rechtfertigen die gewählte Bezeichnung.
Obwohl es zahlreiche Übergänge zwischen den beiden "Bromo-Erigeretum-Gesellschaften" auf den Probeflächen gibt, sind sie an den bezeichnenden Arten meistens unterscheidbar. Der übrige Artenbestand ähnelt sich weitgehend.

Die Arenaria-Bromus-Gesellschaft kommt fast nur auf den untersuchten Werksflächen der Eisen- und Stahlindustrie vor und wird deshalb zur spezifischen
Vegetation dieses Industriezweiges gerechnet (siehe Kapitel 5.6.).

Neben größeren Vorkommen auf den Gleisbereichen findet man auch Bestände an
anderen Stellen wie z.B. ungenutzten Freiflächen, Weg- und Gebäuderändern,
Lagerplätzen und Schlackehalden. An älteren Werksgleisen, wo sich durch
Staubimmissionen und Transportverluste stärker Feinmaterial angesammelt
hat, ist Bromus tectorum oft besonders gut entwickelt.
Fast immer dominieren Hüttenschlacken in den anstehenden Böden. Deutlich
erkennbar ist der höhere Feinmaterialgehalt gegenüber jenen Standorten auf
denen Senecio viscosus eine größere Rolle spielt.

Die Dachtrespe ist empfindlicher gegen Herbizide als Senecio viscosus. Die
Einschätzung von GÖDDE (1986:105), daß sie durch ihre späte jahreszeitliche
Entwicklung den Spritzaktionen im Frühsommer entgeht und so einen Konkurrenzvorteil hat, entspricht nicht den hier zugrundeliegenden Beobachtungen.
Auf den Werksflächen der Stahlindustrie zählt sie zu den frühblühenden Gräsern. Ihre Entwicklung ist hier meist Mitte Mai abgeschlossen.

Die Ausbildung mit Cerastium holosteoides (Aufnahme 1-15) ist kennzeichnend
für etwas ältere Bestände der Gesellschaft.

Die "Unterausbildung" mit Carduus acanthoides (Aufnahme 1-8) ist begrenzt auf benachbarte Werksflächen von Thyssen in Duisburg. Carduus acanthoides ist als eindringendes Element nachfolgender ausdauernder Ruderalgesellschaften zu werten.

Die von GÖDDE (1986), FABRICIUS (1989) und REIDL (1989:662) unter anderen Namen aufgeführten Einheiten mit dominierender Dachtrespe lassen sich der Gesellschaft problemlos zuordnen.

5.7.2.2. Apera interrupta-Arenaria serpyllifolia-Gesellschaft
     (Vegetationstabelle Nr. 3)
     (Gliederungs-Nr. 3.6. in der Tabelle Nr. 46 im Anhang Teil III)
     (Grund der Auswahl I.a., I.d., II.a., IIIa.)

Apera interrupta war, bevor im Rahmen dieser Untersuchung die großen Vorkommen auf den Industrieflächen entdeckt wurden, für das Ruhrgebiet nicht bekannt (siehe Kapitel 4.4. sowie ausführliche Darstellung bei DETTMAR 1989). Das Gras ist im Ruhrgebiet eng an Industrieflächen, speziell die der Eisen- und Stahlindustrie gebunden (siehe Kapitel 4.6.). Auch die von ihr gebildete Gesellschaft kann als industriezweigtypisch bzw. industrietpyisch gelten (siehe Kapitel 5.6.).

Vor Bearbeitung der "Industrievegetation" des Ruhrgebietes lagen nur 11 Vegetationsaufnahmen mit Apera interrupta aus Nordrhein-Westfalen vor (BANK-SIGNON & PATZKE 1986). Sie stammen aus dem Düsseldorfer und Aachener Raum. Die floristische Zusammensetzung legte einen Anschluß an die Sedo-Scleranthetea (Corynephoretalia) nahe. Es wurde ein Aperetum interruptae Bank-Signon & Patzke 1986 vorgeschlagen.

Demgegenüber vermittelt die floristische Zusammensetzung der Bestände im Ruhrgebiet ein anderes Bild. In der Vegetationstabelle Nr. 3 sind Aufnahmen zusammengestellt, bei denen das Gras die häufigste krautartige Pflanze mit einer Deckung über 20 % ist. Die Bestände sind homogen hinsichtlich Artenkombination und -zahl.
Die Einordnung in den Sisymbrion-Verband ist durch das stete Vorkommen der Verbandskennarten Bromus tectorum, Crepis tectorum und Tripleurospermum inodorum gerechtfertigt. Es besteht eine enge Verwandschaft zum Bromo-Erigeretum.

In einigen Aufnahmen sind allerdings Sedo-Scleranthetea-Arten stärker vertreten (Aufnahme Nr. 18, 21, 31). Die Gesellschaft vermittelt mehr als andere Sisymbrion-Einheiten zu den Sandtrockenrasen. Für eine generelle Zuordnung reicht dies aber nicht aus. Dagegen ist es möglich einige Aufnahmen von BANK-SIGNON & PATZKE (1986) in die Chenopodietea (Sisymbrion) einzuordnen (siehe DETTMAR 1989).

Die Untereinheit von Crepis tectorum und Bromus tectorum (Aufnahme 1 - 20) ist im wesentlichen auf skelettreichen Böden zu finden. Hochofen- oder Stahlwerksschlacke dominieren die Substrate. Beigemischt sind meist Bauschutt-, Koks-, Kohle- oder Bergematerialanteile.

An ehemaligen Lagerplätzen wächst die Einheit auch gelegentlich auf Kohle- oder Koksablagerungen. Hier sind die anstehenden Böden durch den Staub der Brennstoffe feinmaterialreicher. Die tiefschwarze Farbe bedingt eine starke Aufheizung durch die Sonne. Die bei DETTMAR (1989) als typisch für diese Standorte angegebene Untereinheit mit Solidago gigantea läßt sich bei der Einbeziehung weiterer Aufnahmen allerdings nicht aufrechterhalten.

Die Standorte der Gesellschaft sowohl auf Schlacke- als auch auf Kohle- oder Koks- haltigen Böden sind durchweg extrem trocken oder trocknen zumindest periodisch stark aus.

Auf Schlackeböden wird die Gesellschaft teilweise durch Poa compressa- und Poa angustifolia-Bestände abgelöst (siehe Aufnahme 1-5). Auf Kohle und Koks folgen unter anderem Solidago canadensis/S. gigantea-Bestände. Eine Ablösung der Gesellschaft durch Onopordetalia-Gesellschaften, wie für den Aachener und Düsseldorfer Raum vermutet, konnte nicht beobachtet werden.

5.7.2.3. Crepis tectorum-Puccinellia distans-Gesellschaft
(Vegetationstabelle Nr. 4)
(Gliederungs-Nr. 3.7. in der Tabelle Nr. 46 im Anhang Teil III)
(Grund der Auswahl I.a, I.d., II.a., III.a.)

Puccinellia distans hat sich von ihren ursprünglichen Standorten an der Meeresküste und den binnenländischen Salzstellen in den letzten 30 Jahren im Gefolge des Menschen stark verbreitet (ausführliche Darstellung bei DETTMAR (in Vorbereitung)). Zusammenfassend läßt sich sagen, daß der Salzschwaden vielfach an anthropogenen Extremstandorten auftritt, die durch Herbizideinsatz, Salzbelastung, Immisssionsbelastung, Überdüngung oder Deponie landwirtschaftlicher, kommunaler und industrieller Abfälle gekennzeichnet sind (nach HEINRICH 1984b).

Dabei verträgt er sowohl mittlere Feuchtigkeit wie extreme Schwankungen zwischen naß und trocken bis hin zu stark austrocknenden Standorten. Er kommt vor auf lockeren bis stark verdichteten, extrem nährstoffreichen bis mittleren Böden, verträgt starke Staubauflagerungen und hohe mechanische Belastungen. Grenzen setzen seinem Vorkommen saure Böden mit einem pH-Wert unter 6, sowie bereits geringe Beschattungen.

Im Ruhrgebiet ist der Salzschwaden im Gegensatz zu anderen Regionen Deutschlands bisher entlang von Straßen kaum beobachtet worden (DÜLL & KUTZELNIGG 1987). Vor allem aus dem Westen des Reviers sind praktisch keine "Straßenvorkommen" bekannt. Aus Dortmund berichtet BÜSCHER (1984) über einige kleinere Bestände an Straßen. Mehrfach erwähnt wurden dagegen schon Vorkommen an salzbelasteten Zechenteichen (NEIDHARDT 1953, GALHOFF & KAPLAN 1983, HAMANN & KOSLOWSKI 1988). Kleinere Puccinellia-Bestände beschreibt REIDL (1989:175) vom Gelände einer Aluminium-Hütte in Essen.

Unbekannt waren bisher die relativ großen Puccinellia-Vorkommen auf Flächen der Eisen- und Stahlindustrie. Mit einer Ausnahme (B.KrHÖ Krupp Werk Bochum-Höntrup) ist das Gras auf allen untersuchten Stahlwerken vertreten. Die Vergesellschaftung der Art auf diesen Flächen ist typisch für diesen Industriezweig (siehe Kapitel 5.6.).

Die anderen im Ruhrgebiet bisher bekannten "Industrievorkommen" sind eng an feuchtere Lebensräume gebunden und unterscheiden sich in der floristischen Zusammensetzung.

Die Puccinellia distans-Vorkommen auf den Flächen der Eisen- und Stahlindustrie kann man in drei Gesellschaften unterteilen (siehe Vegetationstabelle Nr. 4 sowie die Kapitel 5.7.5.2. und 5.7.10.1.). Die Crepis tectorum-Puccinellia distans-Gesellschaft (Aufnahme 1-31) läßt sich aufgrund des steten Vorkommens von Crepis tectorum und Bromus tectorum sowie weiterer Chenopodietea- und Chenopodietalia-Arten an den Sisymbrion-Verband anschließen.

Meist wächst die Gesellschaft an Straßen- und Wegrändern, Gleisen, auf Lagerplätzen und an Gebäuderändern, seltener auf offenen ungenutzten Freiflächen. Es handelt sich durchweg um offene, meist erst kurze Zeit besiedelbare Standorte, die regelmäßig gestört werden. Dabei kann es sich um Trittbelastung oder Fahrzeugeinwirkung, aber auch um massive Staubimmissionen (Schlackestaub) handeln.

Das dominierende Substrat der Standorte ist Hochofen- oder Stahlwerksschlacke. Überwiegend handelt es sich um feinmaterialarme, stärker verdichtete Grus-. und Schotterböden. Man findet Bestände auch auf Filterstäuben (Gichtgasstaub) und Eisenerzen, die erhöhte Gesamtgehalte an Schwermetallen aufweisen. Häufig liegen die Vorkommen in der Nähe von Anlagen, die schwermetallhaltige Stäube emittieren, wie z.b. Hochöfen, Gichtgasstaubreinigungen und Sinteranlagen.

Ob eine gewisse Salz- oder die vermutete Schwermetallbelastung eine Rolle beim Vorkommen von Puccinellia spielt, wurde innerhalb des Forschungsvorhabens (siehe DETTMAR et al. 1991) durch eine Anzahl von Boden- und Pflanzenanalysen untersucht. Immerhin erschien es möglich, daß Puccinellia distans auch eine erhöhte Verträglichkeit gegenüber Schwermetallen aufweist. Die Auswertung ergab allerdings keine signifikanten Zusammenhänge mit dem Salz- oder/und Schwermetallgehalt im Boden. Auffällig waren demgegenüber durchgängig hohe pH-Werte in den durchwurzelten Bodenbereichen (siehe DETTMAR et al. 1991).

Die Gesellschaft läßt sich in zwei Untereinheiten gliedern. Die Cerastium holosteoides-Artemisia vulgaris-Untereinheit (Aufnahme 1-18) vereinigt die Aufnahmen von weniger gestörten Standorten. Zumeist stammen sie von brachgefallenen Flächen oder Teilflächen, wo sich die Vegetationsdecke mindestens eine Vegetationsperiode lang ungestört entwickelt hat. Das drückt sich in dem Anteil an Hemikryptophyten, die neben Puccinellia auftreten, aus. Die durchschnittliche Artenzahl liegt bei 18,6, der durchschnittliche Gesamtdeckungsgrad der Vegetation bei 74 %, wobei besonders der Anteil der Moose eine große Rolle spielt. Innerhalb dieser Untereinheit lassen sich wiederum drei Ausbildungen differenzieren, deren Zustandekommen vermutlich mit unterschiedlichen Feuchtigkeits- bzw. Verdichtungsverhältnissen sowie Substratstrukturen zusammenhängt.

In der trennartenfreien Untereinheit (Aufnahme 19-31) sind Aufnahmen von stärker durch Tritt, Befahren oder verschiedenen Immissionen gestörten Standorten zusammengefaßt. Hier überwiegen eindeutig die Therophyten. Die durchschnittliche Artenzahl liegt bei 12,9 die durchschnittliche Gesamtdeckung bei 70 %. Der Anteil von Poa annua nimmt in einigen Aufnahmen zu. Es besteht eine deutliche Verwandschaft zur Puccinellia distans-Poa annua Gesellschaft (siehe Kapitel 5.7.5.2.).

Vegetationsaufnahmen mit Puccinellia distans von unterschiedlichsten Standorten sind vielfach veröffentlicht (siehe Zusammenstellung bei DETTMAR in Vorbereitung). Die Schwerpunkte der Salzschwaden-Vorkommen auf synanthropen Standorten liegen nach dieser Zusammenstellung in Bidentetea- und Plantaginetea-Gesellschaften.

Puccinellia-Bestände, die der Ruderalvegetation trockener Standorte angehören, sind wesentlich seltener beschrieben. REIDL (1989:175) gibt aus Essen eine Hordeum jubatum-Puccinellia distans-Gesellschaft an, die ebenfalls dem Sisymbrion angehört, aber auch Übergänge zu Bidentetea- bzw. Isoeto-Nanojuncetea-Gesellschaften enthält. Sie ist auf stärker salzhaltige, periodisch trockenfallende Standorte begrenzt. In Ansätzen wurde diese Vergesellschaftung auch an Zechenteichen (siehe GALHOFF & KAPLAN 1983) beobachtet. Große Ähnlichkeit mit der Puccinellia-Crepis-Gesellschaft haben Vorkommen des Salzschwadens auf dem Gelände eines stillgelegten Hochofenwerkes in Lübeck (DETTMAR 1985). Weitere vergleichbare Bestände aus städtischen oder industriellen Lebensräumen sind bisher nur aus Osteuropa (incl. ehemalige DDR) bekannt, u.a. veröffentlicht von HEINRICH (1984b), KALETA (1984), KIESEL et al. (1985), MORAVCOVA-CECHOVA (1988).

5.7.2.4. Inula graveolens-Tripleurospermum inodorum-Gesellschaft

(Vegetationstabelle Nr. 5)
(Gliederungs-Nr. 3.18. in der Tabelle Nr. 46 im Anhang Teil III)
(Grund der Auswahl I.a, I.d., II.a., III.a.)

Inula graveolens ist eine sommerannuelle Pflanze, die spät keimt und erst zu Beginn des Herbstes blüht. Sie ist eine Pionierpflanze auf offenen, meist skelettreichen, dunklen und durch Aufheizung warmen Böden (weitere ökologische Charakterisierung bei GÖDDE 1984).
Die Art wurde im Ruhrgebiet zuerst 1913 bei der Wollfabrik in Essen-Kettwig gefunden (BONTE 1929, HÖPPNER & PREUSS 1926). Hier trat sie unbeständig immer wieder einmal auf. In neuerer Zeit stellte STIEGLITZ (1980) ein Vorkommen südlich des Ruhrgebietes im Neußer-Hafen nahe Düsseldorf fest. Im Ruhrgebiet fanden dann REIDL (1984) und kurz darauf GÖDDE (1984) die Art in größeren Beständen, interessanterweise erneut in Essen. Es gibt wahrscheinlich auch eine Verbindung zu dem ersten Vorkommen in Kettwig (GÖDDE 1984).

Seitdem hat sich Inula graveolens explosionsartig im Ruhrgebiet ausgebreitet. Heute sind Massenvorkommen der Art von Duisburg bis nach Dortmund auf Zechenbrachen, genutzten Bergbauflächen sowie Steinkohlenbergehalden zu beobachten. Der Klebrige Alant hat im Ruhrgebiet den Schwerpunkt seines Vorkommens auf Bergbauflächen (siehe Kapitel 4.6.). Eine ausführliche Darstellung der Verbreitung und Vergesellschaftung geben DETTMAR & SUKOPP (1991).

Die meisten Inula graveolens-Bestände besiedeln offene, mit Bergematerial überdeckte und planierte Freiflächen. Weitere Standorte liegen auf Bergehalden sowie an nicht mehr genutzten Gleisen und Lagerplätzen.

Frisch abgelagertes Bergematerial ist ein sehr nährstoffarmes skelettreiches Substrat. Der Nährstoff- und der Feinmaterialgehalt steigt erst im Laufe der Verwitterung an. Seltener besiedelt Inula graveolens Hochofenschlacke-, Kohle-, Koks-, oder Sandablagerungen. Hier ist der Feinmaterialanteil meist höher. Die durchgängig dunkle, oft schwarze Farbe des Substrates bewirkt im Sommer eine starke Aufheizung der oberen Bodenschicht.

Inula graveolens keimt erst relativ spät (Ende Mai/Anfang Juni). Die zu Beginn sehr lückigen Bestände schließen sich bis Ende Oktober immer mehr. Die Individuen messen gewöhnlich zwischen 20 und 40 cm, an besser mit Nährstoffen und Wasser versorgten Stellen können sie bis zu 80 cm hoch werden.
Eine weitere, besonders zur Blütezeit auffällige Pflanze der Bestände ist Tripleurospermum inodorum. Wegen der häufigen Vergesellschaftung beider Arten und der homogenen Zusammensetzung der Bestände erscheint die Ansprache als Inula graveolen-Tripleurospermum inodorum-Gesellschaft gerechtfertigt. Die Gesellschaft hat ihren Schwerpunkt auf den Flächen des Bergbaus und kann als industriezweigtypische Vegetation gelten (siehe Kapitel 5.6.).

Drei Untereinheiten lassen sich unterscheiden. Die meisten Aufnahmen (Aufnahme 1-16) enthalten die Differentialartengruppe mit Eupatorium cannabinum und Cirsium vulgare. Weitere chrakteristische Arten sind Cerastium holosteoides, Holcus lanatus und Poa palustris. Diese Gesellschaft ist auf stärker verdichteten Standorten verbreitet, an denen vor allem Bergematerial ansteht. Bei größeren Niederschlagsmengen staut sich hier das Wasser einige cm hoch. Dementsprechend sind die Flächen im Frühjahr meist relativ lange vernäßt.

Während die Variante mit Artemisia vulgaris und Hypericum perforatum (Aufnahme 1-6) in Essen, Bottrop und Gelsenkirchen vorkommt, konnte die mit Carduus acanthoides und Reseda luteola (Aufnahme 13-16) nur in Duisburg gefunden werden.

Arenaria serpyllifolia dient zur Abgrenzung der zweiten Untereinheit (Aufnahme 17-21). Sie kommt vor allem auf stärker hochofenschlacke- und kokshaltigen Böden vor, die nicht so stark verdichtet sind.

Die typische Untereinheit (Aufnahme 22-27) enthält einige Aufnahmen mit verhälnismäßig niedrigen Artenzahlen. Diese dokumentieren sehr junge Besiedlungen. Das Substrat und auch die Verdichtung variieren.

Bisher liegen aus dem Ruhrgebiet 33 Vegetationsaufnahmen von Inula graveolens-Beständen vor (REIDL 1984/1989, GÖDDE 1984/1986, HAMANN 1988). GÖDDE (1984) ordnet die "Inula graveolens-Gesellschaft" zunächst dem Sisymbrion-Verband zu. Nach dem Vergleich mit der Arbeit von LAMPIN (1969) und der Hinzunahme dreier weiterer "diagnostisch wichtiger Aufnahmen" schlägt er ein Inuletum graveolentis als Assoziation des Salsolion-Verbandes vor (GÖDDE 1986). Er unterscheidet außer einer typischen Subassoziation eine Cerastium pumilum-Subassoziation, die zu den Sandtrockenrasen vermittelt.

REIDL (1989:177) beschreibt eine ähnliche Subassoziation mit Cerastium glutinosum und Arenaria serpyllifolia auf "sandigen wenig entwickelten Böden". Die Ansprache als "Inuletum graveolentis" vollzieht REIDL (1989) nicht nach. Er benennt eine "Inula graveolens-Gesellschaft", die er in den Sisymbrion-Verband einordnet.

Eine Untereinheit mit Eupatorium cannabinum haben weder GÖDDE (1986) noch REIDL (1989) differenziert. Allerdings kann man die Aufnahmen Nr. 6, 9, 11 und 12 der Tabelle von REIDL (1989:670) durchaus hierher stellten. Die Arenaria serpyllifolia-Untereinheit ist dagegen bei beiden Autoren in ähnlicher Form wiederzufinden.

Die von GÖDDE (1986) getroffene Zuordnung zum Salsolion ist nach einer Zusammenstellung aller vorliegenden Aufnahmen von Inula graveolens, Beständen aus Europa nicht zwingend (siehe DETTMAR & SUKOPP 1991). Es bestehen Beziehungen zum Salsolion, die im seltenen Auftreten von Chenopodium botrys liegen. Nur bei den von LAMPIN (1969) aufgenommen Beständen aus Lille/Frankreich kommt Chenopodium botrys stärker vor. Allerdings ist hier eine Vermischung mit dem Chenopodietum botryos wahrscheinlich (siehe DETTMAR & SUKOPP 1991). Die Nachbarschaft beider Gesellschaften wurde auch im Ruhrgebiet beobachtet.

Die von GÖDDE (1984) und REIDL (1989) vorgeschlagene Einordnung ins Sisymbrion basiert vor allem auf dem hochsteten Vorkommen von Tripleurospermum inodorum. Diese Art ist im Ruhrgebiet als Sisymbrion-Verbandskennart anzusehen (siehe auch GÖDDE 1984:86). Die in diesem Raum typische Inula graveolens-Tripleurospermum inodorum-Gesellschaft wird deshalb zunächst dem Sisymbrion Verband zugeordnet.

5.7.2.5. Sisymbrietum loeselii Gutte 72
(Vegetationstabelle Nr. 6)
(Gliederungs-Nr. 3.8. in der Tabelle Nr. 46 im Anhang Teil III)
(Grund der Auswahl III.b.)
Kennarten dieser vor allem im zentralen und östlichen Mitteleuropa verbreiteten Assoziation sind Sisymbrium loeselii und Descuraina sophia (MÜLLER 1983:68). Descuraina sophia fehlt der Gesellschaft auf den Industrieflächen, sie ist generell im Ruhrgebiet selten und tritt nur unbeständig auf (DÜLL & KUTZELNIGG 1987:104).

Sisymbrium loeselii hat im Revier einen Verbreitungsschwerpunkt in Oberhausen. Erst in den letzten Jahren breitet sie sich von hier in weitere Bereiche aus (DÜLL & KUTZELNIGG 1987:349). Während sie in Oberhausen auch in anderen Stadtbereichen und Nutzungstypen vorkommt, ist sie außerhalb dieses Verbreitungszentrums auf Industrieflächen beschränkt (REIDL 1989:174).

Homogene Bestände der Gesellschaft konnten entsprechend vor allem auf den Probeflächen in Oberhausen (C.ThOb, K.ZeOs) aufgenommen werden. Meist besiedelt die Assoziation Böden mit hohen Schlackeanteilen, die ab 10-15 cm Tiefe größere Feinmaterialanteile aufweisen. Dies ist der einzige erkennbare Standortunterschied zu anderen Sisymbrion-Gesellschaften. Ähnlich wie bei Hordeum murinum oder Sisymbrium officinale wächst die Rauke oft an Mauerfüßen.

Die in der Vegetationstabelle Nr. 6 erkennbaren Untereinheiten stellen altersbedingte Entwicklungsstadien dar. In der Ausbildung mit Artemisia vulgaris (Aufnahme 1-5) sind Aufnahmen von längerer Zeit ungestörten Standorten zusammengefaßt. Die von REIDL (1989:661) in Essen angefertigten Aufnahmen kann man dieser Ausbildung problemlos zuordnen. Die Gesellschaft kann durch das Artemisio-Tanacetetum (siehe GUTTE 1972) oder von Solidago-Beständen abgelöst werden.

Die Ausbildung mit Arenaria serpyllifolia (Aufnahme 6-8) enthält Aufnahmen von Initialstadien der Pflanzenbesiedlung.

Besonders bemerkenswert ist das Vorkommen einer völlig kahlen Form von Sisymbrium loeselii (cf. var. glaberrinum, nach Testat von JEHLIK 1989).

Vor allem aus Berlin sind zahlreiche Vegetationsaufnahmen mit Sisymbrium loeselii veröffentlicht, da sie hier eine der häufigsten Arten der kurzlebigen Ruderalvegetation ist (u.a. REBELE & WERNER 1984, KOWARIK 1986). Weitere Aufnahmen der Gesellschaft geben u.a. GUTTE & HILBIG (1975), PASSARGE (1984), KOPECKY (1980) und KIESEL et al. (1985) an.

5.7.2.6. Lactuco-Sisymbrietum altissimi Lohm. in Tx. 55 n. inv.
Lohm. in Oberd. et al. 67
(Vegetationstabelle Nr. 7)
(Gliederungs-Nr. 3.9. in der Tabelle Nr. 46 im Anhang Teil III)
(Grund der Auswahl III.b.)
Kennart dieser Gesellschaft ist die vor allem kontinental verbreitete Riesen-Rauke. Die andere namengebende Art Lactuca serriola hat ihren Schwerpunkt im Conyzo-Lactucetum (siehe Kapitel 5.7.2.8.) und spielt in dieser Gesellschaft nur eine untergeordnete Rolle.

BRANDES (1990) gibt einen Überblick der Verbreitung der Gesellschaft in Deutschland. Während die Gesellschaft im Süden Deutschlands selten auftritt, ist sie in nördlichen und östlichen Gebieten Deutschlands vor allem

auf Industriegeländen, Müllplätzen, Bahnhöfen und ähnlichen Standorten
großer Städte regelmäßig vertreten (siehe auch BRANDES 1983).

Nach BRANDES (1990) ist das Lactuco-Sisymbrietum in Nordrhein-Westfalen und
im westlichen Niedersachsen entsprechend dem kontinentalen Charakter von
Sisymbrium altissimum und Lactuca serriola stärker an städtisch-industri-
elle Lebensräume gebunden als im östlichen Teil Deutschlands. Dem entsprechend kommt die Gesellschaft im Ruhrgebiet schwerpunktmäßig auf Industrieflächen vor (siehe Kapitel 5.6.).

Im Untersuchungsgebiet ist keine Bindung an einen bestimmten Industriezweig
erkennbar. Die Gesellschaft kommt nur sehr kleinflächig vor und fällt vor
allem durch das zur Faziesbildung neigende Sisymbrium altissimum auf. Bevorzugt besiedelt sie jene Stellen, wo kurz zuvor Gebäude abgerissen wurden
oder frische Bauschuttablageungen sind. Dies entspricht den Beobachtungen
von DETTMAR (1986) auf Lübecker Industrieflächen.

Die Ausbildung mit Arenaria serpyllifolia (Aufnahme 1-3) enthält Aufnahmen
von stärker mit Schlacke, Koks und Kohle durchmischten Böden. GÖDDE
(1986:95) und REIDL (1989:173) beschreiben sie von sandigen Standorten.

Demgegenüber ist die Ausbildung mit Poa angustifolia (Aufnahme 4-7) wesentlich seltener. Poa angustifolia ist als eindringendes Element einer nach-
folgenden Agropyretea-Gesellschaft zu werten.

Der Rest der Aufnahmen (Nr. 8-17) stammt von Initialbesiedlungen auf stark
bauschutthaltigen Böden.

Die Gesellschaft ist schon vielfach dokumentiert worden in neuerer Zeit
u.a. bei HARD (1983), TÜLLMANN & BÖTTCHER (1985), KIESEL et al. (1985),
KOPECKY et al. (1986), ASMUS (1987), DIERSSEN et al. (1988). Eine sehr ausführliche Zusammenstellung der aus Deutschland vorliegenden Arbeiten gibt
BRANDES (1990).

5.7.2.7. Hordeetum murini Libb. 33
(Vegetationstabelle Nr. 8)
(Gliederungs-Nr. 3.10. in der Tabelle Nr. 46 im Anhang Teil III)
(Grund der Auswahl II.b.)

Das Hordeetum murini zählt zu den am häufigsten beschriebenen Sisymbrion-
Gesellschaften (siehe unten). Es ist in Städten weitverbreitet und besiedelt nach MÜLLER (1983) warm trockene, mäßig stickstoffhaltige, vorwiegend
sandige Böden an Zäunen, Mauerfüßen, Wegrändern und Baumscheiben.

Da die Gesellschaft in einigen Städten des Ruhrgebietes große Vorkommen
hat, überraschte es, daß sie auf den Industrieflächen nur eine untergeordnete Rolle in der Vegetation spielt. Sie ist im wesentlichen beschränkt auf
Werksflächen der Eisen- und Stahlindustrie, weshalb sie hier zur industrie-
zweispezifischen Vegetation gerechnet werden kann (siehe Kapitel 5.6.).
Hordeum murinum wächst meist in kleinen dichtgeschlossenen Beständen an
Mauerfüßen oder auf extensiv genutzten Gleisen. Die auch als Kennarten gel-
tenden Gräser Bromus sterilis und B. mollis fehlen weitgehend. Verschiedene
Ausbildungen sind nicht erkennbar.

Entscheidend für die großen Vorkommen an den Straßenrändern, Baumscheiben
und ähnlichen Flächen in den Städten ist vermutlich die u.a. durch Hunde
bedingte gute Nährstoffversorgung der Böden.

Weitere Aufnahmen und Beschreibungen der Gesellschaft aus neuerer Zeit sind u.a. bei BRANDES (1983, 1987), KONTRISOVA (1984), DETTMAR (1985), KIESEL et al. (1985), GÖDDE (1986), HETZEL (1988), DIERSSEN et al. (1988), REIDL (1989) zu finden.

5.7.2.8. Conyzo-Lactucetum serriolae Lohm. in Oberd. 57
(Vegetationstabelle Nr. 9)
(Gliederungs-Nr. 3.12. in der Tabelle Nr. 46 im Anhang Teil III)
(Grund der Auswahl II.a., III.b.)

Nur auf den beiden Duisburger Thyssen-Werken Beeckerwerth (F.ThBe) und Ruhrort (E.ThRu) nimmt diese Gesellschaft größere Flächen ein. Auf anderen Probeflächen der Stahlindustrie kommt sie nur kleinflächig vor. Sie kann in dieser Untersuchung als spezifisch für diesen Industriezweig gewertet werden (siehe Kapitel 5.6.)

Kennzeichnende Art ist Lactuca serriola, die in dieser Gesellschaft den Schwerpunkt ihres Auftretens hat. Die Assoziation ist typisch für trockene sandig-kiesige oder steinige Böden mit wenig Feinmaterial und mäßigen Nährstoffverhältnissen (MÜLLER 1983:67).

Auf den Industrieflächen sind vor allem stark verdichtete, skelettreiche Böden aus Schlacke und/oder Bauschutt entlang von Wegen, Straßen und Gleisen Standorte der Gesellschaft.

Die Ausbildung mit Matricaria chamomilla (Aufnahme 1-3) ist lokal begrenzt auf das Thyssen-Werk Beeckerwerth (F.ThBe). Sie hat deutliche Ähnlichkeiten zu Secalietea-Gesellschaften. Erkennbare Unterschiede bei den Standortverhältnissen zu der trennartenfreien Ausbildung (Aufnahme 4-11) gibt es nicht.

Insgesamt sind die Aufnahmen von den Industrieflächen hinsichtlich Artenzusammensetzung und -zahl wesentlich homogener als z.B. die von KIENAST (1978c) und HETZEL & ULLMANN (1981) angeführten. Durch Lactuca serriola läßt sich die Gesellschaft eindeutig vom nahe verwandten Bromo-Erigeretum (siehe Kapitel 5.7.2.1.) unterscheiden.

Nach REIDL (1989:461) hat das Conyzo-Lactucetum in der Ruhrgebietsstadt Essen einen deutlichen Verbreitungsschwerpunkt in reinen Gewerbegebieten. Auf das gesamte Ruhrgebiet bezogen, kann der Assoziation ein Verbreitungsschwerpunkt auf industriell gewerblichen Flächen zugewiesen werden (siehe Kapitel 5.6.).

In Prag (CSFR) ist das Conyzo-Lactucetum nach PYSEK & PYSEK (1988) die häufigste Sisymbrion-Gesellschaft auf den Gewerbeflächen.

Zahlreiche weitere Literaturhinweise zu dieser Gesellschaft gibt GÖDDE (1986:99).

5.7.2.9. Hordeum jubatum-Bestände
(Vegetationstabelle Nr. 10)
(Gliederungs-Nr. 3.14. in der Tabelle Nr. 46 im Anhang Teil III)
(Grund der Auswahl I.a., III.c.)

Das ursprüngliche Verbreitungsgebiet dieses Neophyten liegt in Nordamerika und Ostasien. Im Ruhrgebiet ist Hordeum jubatum vor allem bekannt an salzbelasteten Stellen industriell geprägter Flächen (GALHOFF & KAPLAN 1983,

HAMANN 1988, REIDL 1989, siehe auch Kapitel 5.6.). Sie zeigt dabei einen deutlichen Schwerpunkt im östlichen Teil des Reviers (siehe DÜLL & KUTZELNIGG 1987:146). Die Verbreitung der Art um Dortmund sowie Fundangaben aus dieser Region seit Beginn des Jahrhunderts stellt BÜSCHER (1984) vor.

Im dieser Untersuchung konnte die Art nur auf drei im östlichen Teil des Ruhrgebietes gelegenen Probeflächen festgestellt werden (A.HoWe Westfalenhütte Dortmund, B.KrHö Stahlwerk Bochum-Höntrop und J.ZePr Zeche/Kokerei Prosper in Bottrop). Die lückenhaften Bestände mit Hordeum jubatum sind nur wenige m² groß.

An den langen Grannen ist die Mähnengerste schon von weitem zu erkennen, sie machen den besonderen Reiz dieses auch als Zierpflanze angebauten Grases aus. Die wenigen Vorkommen auf den Industrieflächen lassen keinen eindeutigen Schwerpunkt bei einem Lebensraumtyp erkennen. Die Mähnengerste besiedelt unterschiedliche Substrate, allerdings wurde sie meist auf feinmaterialarmen Böden aus Bauschutt beobachtet.

Der Deckungsgrad von Hordeum jubatum liegt selten über 30 %. Das stete Vorkommen mehrerer Kennarten erlaubt die Zuordnung an den Sisymbrion-Verband.

Die Ausbildung mit Solidago gigantea (Aufnahme 1-4) faßt Aufnahmen von Standorten zusammen, an denen u.a. Solidago gigantea oder Agrostis gigantea beginnen die Hordeum-Bestände zu überwachsen. Demgegenüber enthält die trennartenfreie Ausbildung (5-7) Aufnahmen von erst kurze Zeit besiedelten Standorten. Ob diese Flächen salzbelastet sind, ist nicht bekannt.

REIDL (1989:175) fand Hordeum jubatum auf dem Gelände der Aluminiumhütte in Essen vergesellschaftet mit Puccinellia distans. Anklänge an diese Gesellschaft enthält Aufnahme Nr. 7. Auch KIESEL et al. (1985:84) erwähnen Vergesellschaftungen dieser beiden Arten auf stärker salzbelastete Standorten.

Weitere Angaben über Hordeum jubatum machen u.a. CONERT (1977), SCHNEDLER & MEYER (1983), WALTER (1980).

5.7.2.10. Chaenarrhinum minus-Bestände
(Vegetationstabelle Nr. 13)
(Gliederungs-Nr. 3.17. in der Tabelle Nr. 46 im Anhang Teil III)
(Grund der Auswahl III.b.)

Die Häufung der Orant-Bestände auf Flächen der Eisen- und Stahlindustrie innerhalb dieser Untersuchung ist zufällig. Ein Vergleich mit den Angaben von REIDL (1989:461) aus Essen zeigt, daß sie z.B. auch häufiger auf Zechenbrachen zu finden sind.

Die lückenhaften, meist nur wenige m² einnehmenden Bestände an Bahngleisen und auf kürzlich abgeschobenen Freiflächen sind leicht zu übersehen. Der Deckungsgrad der Krautschicht beträgt selten mehr als 30 % und die nur 10 - 15 cm hohen unscheinbaren Exemplare des Orant fallen über den oft dunklen Substraten kaum auf. Der Orant kann die Initialbesiedlung sehr unterschiedlicher Substrate wie z.B. Schlacke, Filterstaub, Koks, Sand und Kalkstaub übernehmen. Auch Feinmaterialgehalt und Skelettanteil variieren stark. Gegen größere Staubimmissionen und geringe Herbizideinwirkungen ist die Art unempfindlich. Auf dem Krupp Stahlwerk in Bochum-Höntrup (B.KrHö) besiedelt sie z.B. besonders stark mit Kalkstaub belastete Stellen eines Emissionsschutzwalles. Gemeinsam ist allen Standorten, daß die oberen Bodenschichten extrem austrocknen.

Die floristische Zusammensetzung ähnelt, bis auf das Fehlen von Chenopodium botrys, weitgehend dem Chaenarrhino-Chenopodietum botryos (siehe Kapitel 5.7.2.14.). Es besteht auch eine enge Verwandschaft zum Bromo-Erigeretum (siehe Kapitel 5.7.2.1.). BRANDES (1983) ordnet vergleichbare Aufnahmen in diese Gesellschaft ein. Die hier vorgestellten Aufnahmen werden, ähnlich wie von REIDL (1989:180) und REBELE (1986:44), nur als ranglose Sisymbrion-Einheit aufgefaßt.

Auf dem Gelände der Leichtmetallgesellschaft in Essen (Untersuchungsfläche von REIDL 1989) fiel 1989 ein Massenvorkommen von Chaenarrhinum minus auf. Durch das Abschieben der oberen Bodenschichten wurde hier eine großflächige Ablagerung von industriellem Filterstaub freigelegt. Keine andere Art war auf diesem offensichtlich schadstoffbelastetem Material in der Lage, so üppig aufzukommen wie der Orant.

5.7.2.11. Senecio inaequidens-Bestände
(Vegetationstabelle Nr. 11)
(Gliederungs-Nr. 3.20. in der Tabelle Nr. 46 im Anhang Teil III)
(Grund der Auswahl I.c.)

Das Schmalblättrige Greiskraut ist ein Neophyt mit weltweiter Ausbreitungstendenz. In den letzten Jahren hat sich die Art auch im Ruhrgebiet zunehmend ausbreitet (siehe BÜSCHER 1989). Zur Zeit bedeckt der südafrikanische Einwanderer zwar noch nicht solche großen Flächen wie Inula graveolens, doch ist die Ausbreitungsgeschwindigkeit durchaus vergleichbar.

Die Zahl der Veröffentlichungen über diese Art nimmt laufend zu (siehe Übersicht bei ASMUS 1988 und BÜSCHER 1989). Zur Zeit liegt der Schwerpunkt seines Vorkommens in Westdeutschland zwischen Aachen und Köln. Hier wächst die Art in großen Massen auf industriell geprägten Flächen (Stein- und Braunkohlebergbau) und an Autobahnrändern (siehe MOLL 1989).

Adventive Vorkommen des Korbblütlers im Ruhrgebiet sind seit Beginn des Jahrhunderts bekannt (vor allem in Kettwig an der Wollfabrik, siehe BÜSCHER 1989). Als erstes Anzeichen seiner beginnenden Ausbreitung im Revier ist vermutlich ein 1978 beiläufig festgestelltes Vorkommen am Bochumer-Hauptbahnhof anzusehen (BÜSCHER 1984,1989). Vegetationsaufnahmen von Dominanzbeständen des Neophyten aus dem Ruhrgebiet liegen bislang nicht vor (siehe Kapitel 5.4.).

Senecio inaequidens wurde auf allen ausgewählten Industrieflächen festgestellt. Allerdings waren nur auf acht im westlichen und zentralen Revier gelegenen Flächen größere Bestände vorhanden. Dies stimmt überein mit der Feststellung von BÜSCHER (1989), daß sich das Greiskraut im östlichen Teil des Ruhrgebietes bisher weniger stark ausbreiten konnte.

In Vegetationstabelle Nr. 11 sind 11 Aufnahmen zusammengefaßt, bei denen die Art die dominierende Blütenpflanze ist. Die Bestände wachsen vor allem an Gleisen, Gebäuderesten und Lagerplätzen. Durchweg handelt es sich um lockere wenig verdichtete Böden mit geringem Feinmaterialanteil. Substrate sind Hüttenschlacke, Bauschutt oder Bergematerial.

Die floristische Zusammensetzung ist heterogen, eine deutliche Vergesellschaftung ist nicht zu erkennen. Aufgrund des relativ steten Vorkommens verschiedener Sisymbrion- und Chenopodietea-Arten erscheint hier eine Zuordnung möglich.

In der Tabelle könnte man verschiedene Ausbildungen floristisch differenzieren, doch sind diese im Gelände nicht nachzuvollziehen. Deshalb wird hier auf weitergehende Einteilungen verzichtet.

Die verschiedentlich dokumentierte Nähe von Senecio inaequidens-Beständen zum Dauco-Melilotion (siehe z.B. HÜLBUSCH & KUHBIER 1979, BRANDES & BRANDES 1981, WEBER 1987b, BRANDES 1989, FEDER 1990) ist im Ruhrgebiet seltener zu beobachten. ASMUS (1988) hat 49 Aufnahmen mit Senecio inaequidens aus dem Bremer-, dem Aachener-Raum und Velvier in Belgien zusammengefaßt. Aus dieser Tabelle geht hervor, daß die Art kaum eine soziologische Bindung hat. Der Vergleich mit den Aufnahmen aus dem Ruhrgebiet ergibt neben einigen Ähnlichkeiten zu den Bremer- und Aachener-Beständen auch deutliche Unterschiede. So spielen im Ruhrgebiet Chenopodietea-Arten eine wesentlich größere Rolle. Überall gleich ist nur das frühe Auftreten von Senecio inaequidens in der Sukzessionsabfolge und eine offensichtlich weite Standortamplitude (siehe ASMUS 1988, BÜSCHER 1989).

Für die Revitalisierung der zuvor teilweise vegetationsfreien Flächen auf den Bergehalden des Aachener Steinkohlereviers hat sie eine ähnliche Bedeutung, wie Inula graveolens auf Zechenbrachen und -halden im Ruhrgebiet. Für beide Arten sind die Ursachen der plötzlichen Ausbreitung noch nicht geklärt (siehe hierzu JÄGER 1988). Bei Senecio inaequidens stellt BÜSCHER (1989) eine zunehmende Anpassung des Wachstums-, Blüh- und Fruchtverhaltens an mitteleuropäische Senecio-Arten fest. Milde Winter wie in den Jahren 1988/89 fördern die Ausbreitung offensichtlich zusätzlich. Die Pflanzen frieren kaum zurück und beginnen bereits sehr früh zu blühen (Mai).

Auf dem stillgelegten Hüttenwerk in Duisburg-Meiderich (D.ThMe) wurde 1988 an einem Gleisabschnitt nur ein Exemplar von Senecio inaequidens beobachtet. Im folgenden Jahr, nachdem man hier im Laufe des Winters die verbliebenen Schienen abgebaut hatte, war bereits ein kleiner Bestand von ca 10 m² Größe mit 17 Individuen um die ursprüngliche Pflanze herum entstanden. 1990 bedeckte ein Dominanzbestand mit Senecio inaeqidens hier ca. 100 m² und enthielt mehr als 100 Einzelpflanzen. 1991 setzt sich die Ausbreitung auf der gesamten Fläche mit großer Geschwindigkeit fort. Was im Laufe der Sukzession die Senecio inaequidens-Bestände ablösen wird, ist noch ungewiß. Bei sehr dichten Beständen ist davon auszugehen, daß sie über Jahre stabil bleiben können.

Die umfassende Arbeit über Senecio inaequidens von WERNER et al. (1991) konnte hier nicht mehr berücksichtigt werden.

5.7.2.12. Amaranthus albus-Bestände
(Vegetationstabelle Nr. 12)
(Gliederungs-Nr. 3.21. in der Tabelle Nr. 46 im Anhang Teil III)
(Grund der Auswahl I.a., III.c.)

Amaranthus albus ist im Ruhrgebiet wesentlich seltener als der relativ weit verbreitete Amaranthus retroflexus (vergleiche DÜLL & KUTZELNIGG 1987). Im Rahmen dieser Untersuchung konnten nur auf dem Thyssen Werk in Duisburg-Ruhrort (E.ThRu) und dem Gelände der Ruhrchemie in Oberhausen (I.Ruhr) kleine lückige Bestände der Art auf offenen, seit kurzem nicht mehr genutzten Freiflächen in der Nähe von Werkstraßen aufgenommen werden.

Die auf dem Ruhrchemie-Gelände erhobenen Bestände entwickelten sich an Stellen, die im Untersuchungsjahr erstmalig nicht mehr durch Herbizide krautfrei gehalten wurden. Der Boden besteht aus Schlacke, Koks und Sand, benachbart wachsen Salsola-Bestände (siehe Kapitel 5.7.2.15.).

Vergleichbare Ausbildungen vom Gelände des Essener Krupp-Werkes ordnet REIDL (1989:179) dem Sisymbrion-Verband zu. Das stete Vorkommen von Senecio viscosus und Tripleurospermum inodorum macht dies auch für die hier dokumentierten Bestände möglich. Amaranthus albus-Bestände haben im Ruhrgebiet den Schwerpunkt ihres Vorkommens auf industriell geprägten Flächen (siehe Kapitel 5.6).

5.7.2.13. Amaranthus blitoides-Bestände
(Vegetationstabelle Nr. 12)
(Gliederungs-Nr. 3.22. in der Tabelle Nr. 46 im Anhang Teil III)
(Grund der Auswahl I.a., I.d., III.c.)

Amaranthus blitoides ist im Ruhrgebiet ähnlich selten wie die zuvor beschriebene Fuchsschwanzart (siehe DÜLL & KUTZELNIGG 1987). Nur auf dem Gelände der Ruhrchemie in Oberhausen (I.Ruhr) konnte die Art in kleinen Beständen beobachtet werden. Die Standorte entsprechen denen der Amaranthus albus-Bestände. Gelegentlich treten beide Arten hier zusammen auf. Nach der Artenzusammensetzung ist auch hier ein Anschluß an den Sisymbrion- Verband möglich.

Dominanzbestände von Amaranthus blitoides sind in der vorliegenden Literatur bisher nicht beschrieben worden (siehe Kapitel 5.4.). Die wenigen bisher im Ruhrgebiet bekannten Vorkommen der Amaranthus blitoides-Bestände liegen überwiegend auf Industrieflächen (siehe Kapitel 5.6.).

--- Verband Salsolion ruthenicae Phil. 71

5.7.2.14. Chaenarrhino-Chenopodietum botryos Sukopp 1971
(Vegetationstabelle Nr. 13)
(Gliederungs-Nr. 3.23. in der Tabelle Nr. 46 im Anhang Teil III)
(Grund der Auswahl I.a., III.a.)

"Chenopodium botrys ist eine sommerannuelle Pflanze, die spät keimt und auch dann nur ein mäßiges Höhenwachstum zeigt, wenn Wasser ausreichend zur Verfügung steht. Durch stärkere Konkurrenz wird sie auf konkurrenzschwache, sandig kiesige, mäßig feuchte Standorte verwiesen", so lautet die ökologische Charakteristik der Art von BORNKAMM & SUKOPP (1971, hier erfolgt auch weitergehende ökologische Charakterisierung).

Ursprünglich stellt Chenopodium botrys ein "mediterran-orientalisch-turanisch-westchinesich-südsibirisch-pontisches Florenelement" dar (SUKOPP 1971). Hemerochore Vorkommen hat die Art in West- und Zentraleuropa, Nordamerika und Australien.

Für Nordrhein-Westfalen wird sie von WOLFF-STRAUB et al. (1988) als eingebürgerter Neophyt angegeben. Seit wann die Art im Ruhrgebiet als eingebürgert gelten kann, ist unklar. Eine ausführliche Darstellung der Verbreitung im Ruhrgebiet geben DETTMAR & SUKOPP 1991. Es ist wichtig festzuhalten, daß die Floristen bisher nicht systematisch auf den abgezäunten und schwer zugänglichen Werksflächen der Schwerindustrie suchen konnten. So war es auch nicht überraschend, auf den Thyssen Werken in Duisburg Ruhrort (E.ThRu) und Beeckerwerth (F.ThBe), der Dortmunder Westfalenhütte (A.HoWe) und der schwer zugänglichen Zechenbrache Thyssen 4/8 in Duisburg-Hamborn (N.ZeTh) neue Vorkommen dieser Art festzustellen. Insgesamt haben die Bestände allerdings nur einen kleinen Anteil an der spontanen Vegetation der Flächen.

In Vegetationstabelle Nr. 12 sind 18 Vegetationsaufnahmen des Chaenarrhino-Chenopodietum botryos zusammengestellt. Besiedelt werden offene, frisch geschüttete, gestörte oder erst wenige Jahre liegende, skelettreiche Böden von Lagerplätzen, Gleisanlagen, unbefestigten Wegen, kleineren Aufschüttungen und Gebäuderändern.

Die Substrate sind unterschiedlich (Eisen- und Stahlhüttenschlacken, Koks, Kohle, Bergematerial), aber sie trocknen alle an der Oberfläche stark aus. Bei den dunkelfarbigen Substraten hängt dies mit der starken Aufheizung durch die Sonneneinstrahlung zusammen. Als weiteres Standortmerkmal tritt an einigen Stellen eine größere Bodenverdichtung hinzu, die bei stärkerem Niederschlag zu kurzfristiger Wasserüberstauung führt.

Man kann mehrere Ausbildungen unterscheiden, von denen zwei als Subassoziationen betrachtet werden können (siehe unten). Die Aufnahmen 1 und 2 enthalten einen relativ hohen Anteil an Inula graveolens. Es handelt sich hierbei um Vermischungen bzw. Übergänge zu der Inula graveolens-Tripleurospermum inodorum-Gesellschaft (siehe Kapitel 5.7.2.4.) auf offenen feinmaterialhaltigen Bergematerial-Sand-Mischböden. Die ersten drei Aufnahmen wurden auf der Zechenbrache Thyssen 4/8 in Duisburg-Hamborn (N.ZeTh) erhoben.

Alle übrigen Aufnahmen stammen von den erwähnten Flächen der Eisen- und Stahlindustrie. Elf Aufnahmen dokumentieren die Ausbildung mit Arenaria serpyllifolia und Epilobium ciliatum (Aufnahmen 4-14). Substrate sind Hochofen- und Stahlwerksschlacken, Koks- und Kohlegrus, die fast durchweg substratspezifisches Feinmaterial (< 2 mm) aus der Verwitterung oder Staubanflug enthalten. Der Skelettanteil liegt durchschnittlich bei 60 %.

Die Variante von Betula pendula und Buddleja davidii (Aufnahme 4-8) zeigt etwas ältere Bestände an. Die beiden Gehölze erreichen bis zu 60 cm Höhe. Sie wachsen auf diesen trockenen Böden langsam und sind bereits mehere Jahre alt. Trotz der relativ langen ungestörten Entwicklung des Standortes kann sich Chenopodium botrys hier behaupten. Andere Arten sind offensichtlich nicht in der Lage ihm den Platz streitig zu machen. Die Birke und der Sommerflieder dringen von in der Nähe gelegenen Beständen auf diese Standorte vor. Offensichtlich können auf den extrem trockenen Böden nur wenige Individuen dauerhaft wachsen. Andere ausdauernde Arten spielen eine untergeordnete Rolle.

In den Aufnahmen 9 - 11 treten Artemisia vulgaris und Solidago gigantea stärker auf. Auch diese Variante deutet auf etwas ältere Bestände hin. Die Aufnahmen 10 und 11 stammen von der Dortmunder Westfalenhütte, alle übrigen sind in Duisburg aufgenommen.

Crepis tectorum, Plantago major und Polygonum aviculare sind charakteristisch für eine Variante an stärker betretenen Stellen.

Die typische Ausbildung (Aufnahme 16-18) ist seltener anzutreffen. Zumindest bei den Aufnahmen 17 und 18 liegen andere Substrate vor als bei allen übrigen. Einerseits handelt es sich um ein feinmaterialhaltiges Gemisch aus u.a. Bauschutt, Sand, Schlacke und Asche (17), andererseits um reinen Filterstaub (18). Auffällig ist, daß in diesen beiden Aufnahmen auch Puccinellia distans vorkommt.

Anders als aus Berlin berichtet (SUKOPP 1971), konnte im Ruhrgebiet ein ausgesprochener Zwergwuchs der beteiligten Arten nicht beobachtet werden. Auch Chenopodium botrys zeigt überwiegend eine gute Vitalität und erreicht Höhen zwischen 10 und 35 cm.

Nach nur zwei Untersuchungsjahren (1988/89) sind Aussagen zur Weiterentwicklung der Bestände schwierig. An einigen Stellen trat Chenopodium botrys im zweiten Untersuchungsjahr mit geringerer Deckung und in deutlich kleineren Individuen auf. Nur an einem Standort blieb sie völlig aus. Der überwiegende Teil der Vorkommen unterschied sich jedoch nicht wesentlich von denen im ersten Untersuchungsjahr. Beide Jahre hatten ein sehr regenarmes heißes Frühjahr, was zahlreichen Arten auf den sowieso schon trockenen Böden der Industrieflächen erhebliche Probleme bereitete. Durch diese Wetterbedingungen wurde das Aufkommen anderer Arten an den Standorten des Chenopodietum botryos erschwert. Derartige Ereignisse und andere Störungen, die mit der industriellen Nutzung der Flächen zusammenhängen, können dazu führen, daß sie hier als initiale Dauergesellschaft längere Zeit bestehen bleibt.

Weitere Vegetationsaufnahmen mit Chenopodium botrys aus dem Ruhrgebiet liegen bisher von HAMANN (1988) und REIDL (1989:672) vor. In den insgesamt 16 bei HAMANN und REIDL angeführten Aufnahmen spielt die Art eine untergeordnete Rolle, nur fünf lassen sich dem Chenopodietum botryos zuordnen.
Die Artenzusammensetzung unterscheidet sich vor allem durch das stärkere Auftreten von Chenopodium rubrum. Besonders die von REIDL (1989:672) mitgeteilten Bestände haben eine deutliche Ähnlichkeit zu der Chenopodium rubrum-Subassoziation, die SUKOPP (1971) aus Berlin beschreibt.

Ein Vergleich von 191 Aufnahmen des Chaenarrhino-Chenopodietum botryos aus Frankreich, Deutschland, Östereich, der CSFR und Ungarn ergab die Einteilung in 6 Subassoziationen (siehe DETTMAR & SUKOPP 1991). Davon sind im Ruhrgebiet neben der typischen, die Subassoziation von Arenaria serpyllifolia und die Subassoziation von Chenopodium rubrum vertreten.

Insgesamt zeigt das Chaenarrhino-Chenopodietum eine enge Verwandschaft zum Sisymbrion-Verband. Im kontinentalen Bereich (Berlin und CSSR) sind deutliche Übergänge zum Sisymbrietum loeselii Gutte 1972 und dem Lactuco-Sisymbrietum altissmi Lohm. in Tx. 1955 n. inv. Lohm. in Oberd. et al. 1967 vorhanden. Entscheidend ist dabei der Zeitpunkt der Erstbesiedlung des Standortes (SUKOPP 1971) durch Sommer- oder Winterereinjährige. Im eher altlantisch beeinflußten Ruhrgebiet gibt es Übergänge zum Bromo-Erigeretum. Im Ruhrgebiet ist die Assoziation weitgehend beschränkt auf Industrieflächen, speziell der Schwerindustrie und kann für diese Region als industrietypisch gelten (siehe Kapitel 5.6.).

5.7.2.15.. Salsola kali subsp. ruthenica-Bestände
(Vegetationstabelle Nr. 14)
(Gliederungs-Nr. 3.24. in der Tabelle Nr. 46 im Anhang Teil III)
(Grund der Auswahl I.a., III.a.)

Artenarme Salsola kali subsp. ruthenica-Bestände werden zunehmend häufiger auf Bahngeländen, Häfen, Mülldeponien und industriell genutzten Flächen angetroffen (siehe GUTTE & KLOTZ 1985, BRANDES 1989). Durchweg besiedelt die Art extrem trockene, oft auch herbizid-, salz- oder durch andere Schadstoffe belastete Standorte. Die späte Keimung (Ende Mai bis Anfang Juni) sowie mikroklimatische Bedingungen ihrer Standorte weisen auf die Notwendigkeit hoher Keimtemperaturen hin. Als optimal wurden von IGNACIUK & LEE (1980 zit. nach GUTTE & KLOTZ 1985) 30°C angegeben. Salzzusätze stimulieren die Keimung bei niedrigeren Temperaturen (GUTTE & KLOTZ 1985).

Salsola breitet sich in jüngster Zeit besonders stark entlang von Bahnlinien in Ostdeutschland aus (PASSARGE 1988), was sowohl mit der Herbizidanwendung als auch mit Salztransporten in Verbindung gebracht wird (BRANDES 1989). Auch in Niedersachsen sind inzwischen größere Vorkommen an Bahnhöfen und Häfen beobachtet worden (siehe BRANDES 1989).

In Nordrhein-Westfalen gilt die Art in fast allen "Großlandschaften" als eingebürter Neophyt (WOLFF-STRAUB et al. 1988). Im Ruhrgebiet ist sie allerdings bisher erst selten gefunden worden (siehe DÜLL & KUTZELNIGG 1987). Kleinere Vorkommen sind bekannt von einem Gelsenkirchener Hafen (HAMANN & KOSLOWSKI 1988b) und dem Gelände der Aluminiumhütte in Essen (REIDL 1989).

Vegetationsaufnahmen von Salsola-Beständen liegen aus dem Ruhrgebiet bisher nicht vor. Auf vier der untersuchten Flächen in Oberhausen und Duisburg (I.Ruhr, K.ZeOs, N.ZeTh, E.ThRu) konnten Bestände aufgenommen werden. Insgesamt gesehen haben sie keine allzugroße Ausdehnung. Die größten Vorkommen sind auf der Zechenbrache Thyssen 4/8 in Duisburg-Hamborn (N.ZeTh). Zumindest für das Ruhrgebiet ist davon auszugehen, daß die Art und die von ihr dominierten Bestände, bis auf kleine Vorkommen auf den Rheinsandflächen (siehe DÜLL & KUTZELNIGG 1987), in ihrem Vorkommen weitgehend auf Industrieflächen beschränkt sind (siehe Kapitel 5.6.).

Am häufigsten wachsen die Bestände an Bahngleisen, seltener auch an Wegrändern oder Lagerplätzen. Oft unterliegen die Flächen einer Herbizidanwendung. An den Gleisen wird meist im Frühsommer gespritzt. Durch die späte Keimung bleibt Salsola davon unberührt. Daß sie nicht unempfindlich gegen Herbizide ist, war deutlich auf dem Gelände der Ruhrchemie (I.Ruhr) zu beobachten. Hier werden viele Teilbereiche durch mehrfache Spritzungen im Jahr krautfrei gehalten. Im Gegensatz zu den Beobachtungen von GUTTE & KLOTZ (1985) wurde Salsola dadurch nicht nur geschädigt, sondern starb meist völlig ab.

Die Standorte der Bestände auf der erwähnten Zechenbrache unterscheiden sich von den übrigen. Hier besiedelt Salsola eine planierte Freifläche aus Bergematerial.

Alle Bestände wachsen auf sehr trockenen, meist etwas verdichteten, skelettreichen und feinmaterialarmen Böden. Die Substrate sind unterschiedlich zusammengesetzt, neben den für die Gleiskörper meist verwendete Hüttenschlacken, wächst die Art auch auf Vermischungen aus Koks, Kohle, Bergematerial und Bauschutt. In der Nähe einer Kläranlage auf den Thyssen-Werk in Ruhrort (E.ThRu) konnte ein Salsola-Dominanzbestand auf einer Filterschlammablagerung (Gichtgasschlamm) aufgenommen werden (Aufnahme Nr. 5). Dieser Schlamm enthält hohe Schwermetallgehalte.

In der Vegetationstabelle Nr. 15 sind 21 Aufnahmen von Dominanzbeständen des Kali-Salzkrautes zusammengefaßt. Die Bestände sind floristisch nicht besonders homogen, die Artenzahlen schwanken zwischen 2 und 22.
Die trennartenfreie Ausbildung (Aufnahme 16-21) enthält die artenärmsten Aufnahmen. Ursachen für diese starke Verarmung sind nicht zu erkennen. Es handelt sich zwar um relativ junge Initialbesiedlungen von zuvor durch Herbizide krautfrei gehaltenen Flächen. Dies trifft jedoch auch für einige der Standorte der Ausbildung mit Senecio viscosus (1-15) zu, und hier ist die Artenzahl überwiegend höher (6-22). Vor allem Chenopodietea-Arten spielen eine größere Rolle. Die Unterausbildung von Amaranthus blitoides ist lokal begrenzt auf das Gelände der Ruhrchemie.

BRANDES (1989) faßt verschiedene Salsola kali subsp. ruthenica Bestände aus Deutschland in einer Stetigkeitstabelle zusammen. Die Aufnahmen aus dem Ruhrgebiet lassen sich problemlos der nordwestdeutschen Ausbildung, die v.a. durch Senecio viscosus gekennzeichnet ist, zuordnen.

Größere Ähnlichkeit besteht zu einigen Aufnahmen aus Osnabrück (HARD 1986) und den Beständen einer stillgelegten Eisenhütte in Lübeck (DETTMAR 1986). Die Lübecker Bestände wurden vor allem auf einer mit Schwermetallen belasteten Filterstaubhalde (Gichtgasstaub) erhoben. KIESEL et al. (1986) beschreiben eine ähnliche "Salsola kali-Diplotaxis muralis-Gesellschaft" von industriellen Filteraschedeponien in der ehemaligen DDR. Auch hier sind verschiedene Schadstoffe in höheren Konzentrationen vorhanden.

BRANDES (1989) hält es nicht für notwendig, die Salsola-Bestände von Bahnanlagen und Häfen in das Salsoletum ruthenicae Phil. 71 einzuordnen. Er faßt sie stattdessen als Salsolion-Basalgesellschaft auf und bleibt bei der Bezeichnung "Bestand". Auch für die Vorkommen im Ruhrgebiet bietet sich dieses Vorgehen an.

- **Chenopodietea-Bestände/-Gesellschaften (die nicht weiter zugeordnet werden können)**

5.7.2.16. Arenaria serpyllifolia-Bestände
(Vegetationstabelle Nr. 15)
(Gliederungs-Nr. 3.26. in der Tabelle Nr. 46 im Anhang Teil III)
(Grund der Auswahl II.b.)
Außer auf Industrieflächen sind Arenaria-Dominanzbestände häufiger an Bahnanlagen zu finden (BRANDES 1983, REIDL 1989, FABRICIUS 1989). Auch Arenaria serpyllifolia wird durch den Herbizideinsatz indirekt gefördert, da sie vor der ersten Spritzung zur Samenreife gelangen kann. Durch die Zurückdrängung von Konkurrenten finden die Samen die benötigten offenen Flächen und keimen bei günstigen Witterungsbedingungen (nicht zu trocken) bald aus. Da das Sandkraut relativ herbizidhart ist, können auch viele ältere Individuen die Spritzung überleben. Zusammen mit den neuaufgewachsenen bilden sie rasenartige Bestände. In milden regenreichen Wintern gelingt es zudem, vielen Pflanzen zu überwintern.

Wegen der frühen Präsenz erscheinen die Bestände zu Beginn der Vegetationsperiode besonders verbreitet. Es empfielt sich allerdings mit Vegetationsaufnahmen noch etwas zu warten, da an einigen Standorten kennzeichnende Arten anderer Gesellschaften erst später aufkommen. Hier handelt es sich dann nur um eine Faziesbildung mit Arenaria.

Auf den Probeflächen sind die "Arenaria-Reinbestände" vor allem auf den Werken der Eisen- und Stahlindustrie verbreitet, weshalb sie zur industriezweigspezifischen Vegetation gerechnet werden können (siehe Kapitel 5.6.). Hier überzieht das Sandkraut mit seinen niedrigen Rasen viele Gleisanlagen, feinmaterialarme Hüttenschlacken- und Koksablagerungen. Obwohl auf den Bergbau- und Chemieflächen ebenfalls Gleisanlagen tw. auch mit ähnlichen Substraten vorhanden sind, fehlen die Bestände hier fast völlig.

Die Bestände wirken sehr einheitlich. Nur die physiognomisch ähnlichen, kleineren Cerastium-Arten (siehe Kapitel 5.7.7.4.) sind stellenweise stärker vertreten. Arenaria erreicht meist Höhen zwischen 10 und 20 cm. An sehr trockenen oder häufiger betretenen Stellen wurden auch Kleinformen mit nur 1 - 2 cm Höhe beobachtet. Der Schluß der Krautschicht bleibt in der Regel unter 50 %. Die teilweise gut ausgebildete Mooschschicht verursacht die insgesamt höhere Vegetationsbedeckung. Es gibt hier oft sehr kleinräumige Wechsel mit Moosgesellschaften aus Bryum argenteum und Ceratodon purpureus (siehe DETTMAR et al. 1991).

Die Untereinheit mit Bromus tectorum und Cerastium pumilum agg. (Aufnahme 19 - 29) enthält die artenreichsten Aufnahmen. Deutliche Standortunterschiede zu der trennartenfreien Ausbildung (Aufnahme 30-39) waren nicht erkennbar.

Die soziologische Zuordnung der Bestände ist problematisch. Arenaria serplyllifolia tritt in Nordwestdeutschland vor allem auf ruderalen Standorten auf. Sie gehört zu den häufigsten Pflanzen auf Bahnhöfen (BRANDES 1983), Häfen (BRANDES 1989) und Flächen der Eisen- und Stahlindustrie (diese Arbeit, DETTMAR 1985). Im Ruhrgebiet hat sie ihren Schwerpunkt eindeutig in verschiedenen Sisymbrion bzw. Chenopodietea-Gesellschaften (siehe die Vegetationstabellen hier sowie bei GÖDDE 1986 und REIDL 1989). Nach den Ergebnissen von BRANDES (1983) kann sie als Trennart des Bromo-Erigeretum gewertet werden. Aus diesen Gründen und aufgrund des relativ steten Auftretens von Conyza canadensis werden die Bestände hier zunächst den Chenopodietea zugeordnet.

Ähnliche Ausbildungen erwähnen u.a. KIENAST (1978), DETTMAR (1985), GÖDDE (1986), HAMANN (1988), BRANDES (1989), REIDL (1989), FABRICIUS (1989). Die Einordnung ist je nach Zusammensetzung verschieden. Die floristische Heterogenität der Bestände legt die Anwendung der deduktiven Klassifikation nahe (siehe Kapitel 5.1.). Für die in Vegetationstabelle Nr. 16 enthaltenen Aufnahmen ergibt sich danach folgende Einteilung:

Arenaria serpyllifolia Dg. (Chenopodietea) Aufnahme 1, 7, 8, 10-16, 20
Arenaria serpyllifolia Dg. (Chenopodietea/Sedo-Scleranthetea) Aufnahme 1, 4, 6
Arenaria serpyllifolia Dg. (Sedo-Scleranthetea) Aufnahme 3, 9, 17, 21
Keine Zuordnung möglich 8, 18, 19

Nach der Stillegung von Werken oder Werksteilen konnte im Laufe der zwei Untersuchungsjahre die Weiterentwicklung entsprechender Bestände beobachtet werden. Auf dem 1985 stillgelegten Hüttenwerk Meiderich (D.ThMe) werden Arenaria-Bestände an mehreren Stellen durch Arrhenatherum elatius überwachsen. An inzwischen abmontierten Gleisen des Thyssen-Werkes in Oberhausen (C.ThOb) dringt Hypericum perforatum in die Bestände ein. Stellenweise baut auch Poa compressa die Bestände ab (siehe auch REIDL 1989:728).

5.7.2.17. Atriplex rosea-Bestände
(Vegetationstabelle Nr. 16)
(Gliederungs-Nr. 3.27. in der Tabelle Nr. 46 im Anhang Teil III)
(Grund der Auswahl I.a., I.c., III.d.)

An einem Abstellgleis des Thyssen Werkes in Duisburg-Ruhrort (E.ThRu) konnten mehrere Atriplex rosea-Bestände aufgenommen werden. Die Wuchsorte liegen im Immissionsbereich einer stark staubenden Schlackenbrechanlage. Alle Pflanzen sind mit einer Schlackenstaubschicht überzogen. Der anstehende Gleisschotter, bestehend aus einem Gemisch von Hüttenschlacke und natürlichem Kalkstein, wird durch Herbizidspritzungen überwiegend vegetationsfrei gehalten.

Erst im späten Hochsommer fallen die lückigen weiß-grauen Bestände der Melde auf. Atriplex rosea gilt in Nordrhein-Westfalen an ihren ursprünglichen Standorten (binnenländische Salzstellen) als verschollen. Die Art kommt nach den Angaben der Florenliste nur noch "adventiv" vor (WOLFF-STRAUB et al. 1988). Innerhalb des Ruhrgebietes stellt dieses Vorkommen die Erstmeldung der Art dar (siehe Kapitel 4.4.). Da bislang nur das eine Vorkommen im Ruhrgebiet bekannt ist, kann die Einheit hier als seltene industrietypische Bildung gewertet werden (siehe Kapitel 5.6.).

Von Bahnhöfen und einem Industriehafen in Niedersachsen beschreiben BRANDES (1983,1989) und FEDER (1990:99) verschiedene Atriplex rosea-Bestände. Sie ordnen die heterogenen Dominanzbestände in die Sisymbrietalia-Ordnung ein. Auch die Aufnahmen aus dem Ruhrorter Werk (E.ThRu) sind floristisch uneinheitlich. Die Zusammensetzung erlaubt nur einen Anschluß an die Klasse der Chenopodietea.

5.7.3. Zwei- bis mehrjährige Ruderalgesellschaften
- Klasse Artemisietea vulgaris Lohm., Prsg. et Tx. 50

- Unterklasse Galio-Urticenea Pass. 67

-- Ordnung Glechometalia hederaceae Tx. in Tx. et Brun-Hool 75

--- Verband Aegopodion podagrariae Tx. 67

5.7.3.1. Lamium maculatum-Bestände
(Vegetationstabelle Nr. 17)
(Gliederungs-Nr. 5.5. in der Tabelle Nr. 46 im Anhang Teil III)
(Grund der Auswahl I.a., I.c., III.d.)
Dominanzbestände von Lamium maculatum treten auf einigen Flächen der Eisen- und Stahlindustrie auf. Diese besonders zur Blütezeit der Taubnessel im Frühjahr auffällige, dichte, nitrophile Vegetation kommt vor allem auf ehemaligen Zierbeeten in der Nähe alter Werkshallen vor. Die Standorte haben humose Oberböden und sind überwiegend beschattet. Die Bestände werden durch Sambucus nigra-Gebüsche abgelöst.

Obwohl diese Bildungen nach eigenen Beobachtungen im Ruhrgebiet häufiger sind, wurden sie in der vorliegenden Literatur bisher nicht beschrieben. Innerhalb dieser Untersuchung können sie als spezifisch für die Eisen- und Stahlindustrie gewertet werden.

- Unterklasse Artemisienea vulgaris Müller 83

-- Ordnung Artemisietalia vulgaris Lohm. in Tx. 47 em.

--- Verband Arction lappae Tx. 37 em. 50

5.7.3.2. Lamio-Ballotetum albae Lohm. 70
(Vegetationstabelle Nr. 18)
(Gliederungs-Nr. 5.5. in der Tabelle Nr. 46 im Anhang Teil III)
(Grund der Auswahl I.a., I.c., III.d.)
Die Gesellschaft kommt auf drei Probeflächen vor, eine etwas größere Ausdehnung erreicht sie allerdings nur auf dem stillgelegten Hüttenwerk Meiderich (D.ThMe) entlang einer alten Werksmauer und einer ostexponierten Böschung. Die Standorte sind feinmaterialhaltig, teilweise wurde Oberboden aufgebracht.

Ballota alba ist in den Städten im Rheinland relativ häufig anzutreffen. GÖDDE (1986) beschreibt z.B. größere Bestände aus Düsseldorf. In Westfalen ist die Art dagegen wesentlich seltener und gilt in dieser Großlandschaft als gefährdet (siehe Kapitel 4.4.). Das Lamio-Ballotetum in einigermaßen typischer Ausbildung ist insgesamt im zentralen Ruhrgebiet selten (siehe Kapitel 5.4.). Von den wenigen bekannten Standorten liegen einige auf Industrieflächen (siehe Kapitel 5.6.).

Weitere Vorkommen aus verschiedenen Städten geben u.a. BORNKAMM (1974), KIENAST (1977), WITTIG & WITTIG (1986) und HETZEL (1988) an.

--- **Verband Onopordion acanthii Br.-Bl. 26**

5.7.3.3. Resedo-Carduetum nutantis Siss. 50
(Vegetationstabelle Nr. 19)
(Gliederungs-Nr. 5.12. in der Tabelle Nr. 46 im Anhang Teil III)
(Grund der Auswahl II.a., III.b.)

Das Resedo-Carduetum ist eine lückige Pioniergesellschaft auf skelett- und kalkreichen Böden aus Hüttenschlacke. Einzelne Exemplare der nickenden Distel mit den leuchtend violetten Blütenköpfe der Distel kommen auf den meisten Probeflächen vor.

Das Resedo-Carduetum nutantis konnte dagegen nur auf drei Werken der Eisen- und Stahlindustrie aufgenommen werden. Die lückigen sehr inhomogen wirkenden, meist kaum mehr als 10 m² großen Bestände wachsen entlang von Wegen, Straßen, Gleisen, sowie auf ungenutzten Freiflächen. Immer handelt es sich um erst kurze Zeit zuvor veränderte Standorte (Aufschüttungen, Straßenneubau etc.).

Neben den kennzeichnenden Arten sind vor allem Artemisia vulgaris und Arenaria serpyllifolia sowie eine Reihe von Chenopodietea-, speziell Sisymbrion-Arten vertreten.

Die Ausbildung mit Poa compressa (Aufnahme 1 - 5) enthält mit dem Platthalm-Rispengras eine eindringende Agropyretea-Art. Neben diesem Gras können u.a. auch Poa angustifolia- oder Festuca rubra-Bestände die Gesellschaft ablösen.

Die Assoziation kann als "industriezweigtypisch" für die Eisen- und Stahlindustrie im Ruhrgebiet gelten, darüberhinaus hat die Gesellschaft in dieser Region auf Industrieflächen den Schwerpunkt ihres Vorkommens (siehe Kapitel 5.6.).

Weitere Aufnahmen der Gesellschaft geben u.a. KOPECKY (1983), PASSARGE (1984), DETTMAR (1985), GÖDDE (1986), BRANDES (1988), HETZEL (1988) und REIDL (1989) an.

5.7.3.4. Reseda luteola-Carduus acanthoides-Gesellschaft
(Vegetationstabelle Nr. 20)
(Gliederungs-Nr. 5.13. in der Tabelle Nr. 46 im Anhang Teil III)
(Grund der Auswahl III.a.)

Während Reseda luteola auf den Zechenbrachen und Carduus acanthoides auf den Flächen der Eisen- und Stahlindustrie Dominanzbestände bilden (siehe Kapitel 5.7.3.5. und 5.7.3.11.), ist die Vergesellschaftung beider Arten, wie sie von GÖDDE (1986) aus Düsseldorf und Essen aufgezeigt wurde, wesentlich seltener.

Die Dominanzbestände der beiden Arten lassen sich sowohl floristisch (siehe Vegetationstabelle Nr. 20) als auch standörtlich gut trennen. Die Reseda-Carduus-Gesellschaft enthält Elemente aus beiden Beständen und ist insgesamt gesehen wesentlich homogener. Zur Blützeit der kennzeichnenden Arten im Juni/Juli fallen die bunten Bestände besonders in Auge.

Die Gesellschaft wächst meist auf größeren, vor kurzem abgeräumten Flächen, die zuvor als Lager dienten oder auf denen Gebäude standen. Sie übernimmt die Initialbesiedlung offener Standorte meist in engem Kontakt zu Sisymbrion-Gesellschaften (siehe Ausbildung mit Tripleurospermum inodorum Aufnahme 12 - 13). Dabei kommt sie sowohl auf kalkhaltigen Schlackeböden (Aufnahme 9) als auch auf Bergematerial (Aufnahme 12) vor.

Während die Carduus acanthoides-Bestände (siehe Kapitel 5.7.3.11.) vor allem auf Schlacke und die von Reseda luteola dominierten Ausbildungen (siehe Kapitel 5.7.3.5.) vor allem auf Bergematerial wachsen, sind bei der Vergesellschaftung beider Arten keine spezifischen Bodenverhältnisse erkennbar.

Für das Ruhrgebiet kann man feststellen, daß diese Gesellschaft nur sehr selten außerhalb von industriell genutzten Flächen auftritt (siehe Kapitel 5.6.).

Außer bei GÖDDE (1986:166) werden u.a. von REIDL (1989:702), KOPECKY (1980:264) und BRANDES (1982:434) ähnliche Aufnahmen mitgeteilt.

5.7.3.5. Reseda luteola-Bestände
(Vegetationstabelle Nr. 20)
(Gliederungs-Nr. 5.14. in der Tabelle Nr. 46 im Anhang Teil III)
(Grund der Auswahl II.d., III.b.)
Reseda luteola ist auf allen Probeflächen vertreten. Sie ist verschiedenen Chenopodietea- und Artemisietea- Initialgesellschaften, die an offenen, warmen Standorten auftreten, regelmäßig beigemischt.

Zur Vorherrschaft gelangt die Art allerdings vor allem auf den Bergbauflächen, speziell auf frischplanierten oder geschütteten Bergematerialböden. Seltener entstehen dichte Bestände auf Bauschuttablagerungen oder Bauwerksresten mit hohem Schuttanteilen.

Die größte Ausdehnung haben derartige Bestände auf den untersuchten Zechenbrachen. Auch auf den Bergehalden spielt sie eine große Rolle bei der natürlichen Begrünung (siehe JOCHIMSEN 1987). Da sie auf dem fast sterilen Bergematerial unmittelbar nach der Ablagerung wachsen kann, scheint sie durchaus nicht nur an "nährstoff- und basenreiche" Standorte (OBERDORFER 1983:476) gebunden zu sein. Allerdings erreicht sie, wenn etwas Bauschutt mit dem Bergematerial vermischt ist, deutlich bessere Wuchsleistungen.

Die einzeln wachsenden Reseden, mit ihren hellgrünen, gelben, gelegentlich auch orangen bis zu 150 cm hohen Blütenständen geben auf dem schwarzen Bergematerial oft ein bizarres Bild ab. Die Bestände sind durchweg sehr lückig, ein Schluß der Krautschicht über 50 % ist eher selten.

Auf den Bergehalden entwickeln sich die Reseden-Bestände vor allem an Stellen mit permanenter Wasserverfügbarkeit (JOCHIMSEN 1987). Demgegenüber sind die Standorte auf den planierten Flächen der Zechenbrachen wesentlich trockener. Der schwarze Boden wird durch die Sonneneinstrahlung sehr heiß und trocknet oberflächlich stark aus. Die lückenhafte Vegetationsdecke bildet dagegen kaum einen Schutz. Inwieweit es den tief wurzelnden Reseden gelingt, den verdichteten Horizont zu durchdringen und darunter vorhandenes Wasser zu erschließen, ist nicht geklärt.

Insgesamt sind die Reseden-Bestände floristisch inhomogen, die Artenzahlen schwanken zwischen 12 und 32. Auch aus diesem Grund ist eine Zusammenfassung mit den Carduus acanthoides-Beständen in der Reseda luteola-Carduus acanthoides-Gesellschaft (siehe Kapitel 5.7.3.4.) nicht sinnvoll.

Außerdem sind die Reseden-Bestände mit Poa annua und Cerastium holosteoides und die Bestände der Wegdistel durch Artemisia vulgaris und Arenaria serpyllifolia floristisch abgrenzbar. Ein Übergang stellt die auf Bauschutt wachsende Ausbildung mit Artemisia vulgaris (Aufnahme 14-16) dar, die auch an anderen Stellen in den Städten an entsprechenden Standorten zu finden ist (siehe u.a. GÖDDE 1986:167, REIDL 1989:702). Der Abbau dieser relativ kurzlebigen Bestände kann u.a. durch Poa palustris erfolgen.

Auf den verdichteten Bergematerialböden der Zechenbrachen kommt die Ausbildung mit Sagina procumbens (Aufnahme 20 - 25) vor. Diese - wie die trennartenfreie Ausbildung (Aufnahme 17 - 19) - können im Gegensatz zur Ausbildung auf Bauschutt mehrere Jahre lang stabil bleiben, ohne daß sich der Deckungsgrad der Krautschicht wesentlich erhöht. Aufkommende Birken sind dann in der Lage die Bestände abzulösen.

Die Reseda luteola-Bestände haben im Ruhrgebiet eindeutig den Schwerpunkt ihres Vorkommens auf Industrieflächen. Dabei sind sie weitgehend auf die Zechenbrachen und Bergehalden (siehe JOCHIMSEN 1987 Tabelle 1) begrenzt und lassen sich deshalb auch als "industriezweigspezifische Vegetation" einordnen (siehe Kapitel 5.6.).

5.7.3.6. Nepeta cataria-Bestände
(Vegetationstabelle Nr. 21)
(Gliederungs-Nr. 5.15. in der Tabelle Nr. 46 im Anhang Teil III)
(Grund der Auswahl I.a., I.c.)

Am Fuße mehrerer Hallengebäude auf der Westfalenhütte in Dortmund (A.HoWe) und dem Thyssen Werk Ruhrort in Duisburg (E.ThRu) wurden dichte Bestände der Katzenminze beobachtet.

Nepeta cataria gilt nach der Roten Liste NRW (WOLFF-STRAUB et al. 1988) als stark gefährdet (siehe Kapitel 4.4.). Aus den Dörfern, in denen sie früher ein Bestandteil der Ruderalflora war, ist sie weitgehend verschwunden. An verschiedenen Ruderalstellen in den Städten des Ruhrgebietes breitet sie sich in neuerer Zeit wieder etwas aus (siehe DÜLL & KUTZELNIGG 1987:339). Allerdings handelt es sich dabei zum Teil auch um Gartenflüchtlinge einer öfter angebauten, stärker behaarten weißgrauen Zierform (Nepeta x faassenii).

Bemerkenswert ist, daß die Katzenminze auf einer alten Eisenhütte in Lübeck an vergleichbaren Standorten wächst (siehe DETTMAR 1985:109). In Hannover fand FEDER (1990:120) ähnlich zusammengesezte Bestände der Art auf mehreren Bahnhöfen. Auch hier sind sie meist angelehnt an Mauern, Laderampen oder ähnlichen Lebensräumen.

Nepeta cataria kann nach OBERDORFER (1983:792) als Onopordion-Verbandkennart gelten. Aus diesem Grund sollen die insgesamt inhomogenen Bestände diesem Verband zugeordnet werden.

5.7.3.7. Oenothera chicaginensis-Bestände
(Vegetationstabelle Nr. 22)
(Gliederungs-Nr. 5.16. in der Tabelle Nr. 46 im Anhang Teil III)
(Grund der Auswahl I.a., I.d., III.c.)
Die Differenzierung der zahlreichen Kleinarten des Oenothera biennis agg. ist schwierig, und über den taxonomischen Wert besteht noch keine Einigkeit (WOLFF-STRAUB et al. 1988:49). Zur Zeit wird an der Düsseldorfer Universität eine Revision der Gattung Oenothera erarbeitet (DIETRICH schriftl. Mitteilung 1989). Die Bestimmung der hier aufgeführten Kleinarten richtet sich nach dem bis jetzt noch gebräuchlichen Schlüssel von ROTHMALER (1982). Die einzelnen Herbarbelege wurden von DIETRICH überprüft.

Die Verbreitung der Kleinarten im Ruhrgebiet ist bis jetzt unbekannt (siehe auch DÜLL & KUTZELNIGG 1987).

Oenothera biennis s.str. ist im Ruhrgebiet sicher die häufigste Nachtkerzensippe, auch auf den Industrieflächen ist sie weit verbreitet. Meist wächst sie in Sisymbrion-, Dauco-Melilotion- oder Onopordion-Gesellschaften.

Oenothera chicaginensis war bisher im Ruhrgebiet nicht bekannt bzw. wurde nicht differenziert. Nach OBERDORFER (1983:687) hat diese aus Nordamerika stammende Nachtkerzenart ihren Schwerpunkt v.a. in Sisymbrion- und Onopordion-Gesellschaften.

Während der ersten Untersuchungsperiode (1988) fiel die Sippe kaum auf, da fast nur Rosetten der zweijährigen Pflanzen vorhanden waren. Erst 1989, als zahlreiche Exemplare blühten, wurde ihre Verbreitung deutlich. Dominanzbestände konnten jedoch nur auf den Zechenbrachen Thyssen 4/8 in Duisburg (N.ZeTh) und Zollverein 12 in Essen (L.ZeZo) erhoben werden. Sie wachsen auf basenarmen Böden aus Sand oder Kohleresten. Offensichtlich haben diese Bestände den Schwerpunkt ihres im Ruhrgebiet wahrscheinlich noch seltenen Vorkommens auf Industrieflächen (siehe Kapitel 5.6.).

Durch das Auftreten von Reseda luteola und Verbascum densiflorum ist es möglich, die Bestände in den Onopordion-Verband zu stellen.

--- **Verband Dauco-Melilotion Görs 66**

5.7.3.8. Artemisio-Tanacetetum vulgaris Br.-Bl. 31 corr. 49 nom. inv.
(Vegetationstabelle Nr. 23)
(Gliederungs-Nr. 5.21. in der Tabelle Nr. 46 im Anhang Teil III)
(Grund der Auswahl II.b.)
Das Beifuß-Rainfarngestrüpp ist eine der häufigsten ausdauernden Ruderalgesellschaften im besiedelten Bereich. An vielen Stellen der Städte tritt sie großflächig auf, vor allem an mäßig ruderalisierten, tockenen bis frischen, meist sandigen Standorten (MÜLLER 1983:249).

Die überwiegend skelettreichen, nährstoffarmen Böden der Industrieflächen sind für die Gesellschaft offensichtlich nicht besonders gut geeignet, denn unerwartet spielt sie hier nur eine untergeordnete Rolle in der spontanen Vegetation. Am seltensten ist sie auf den Bergbauflächen. Das anstehende Bergematerial scheint als Substrat besonders ungeeignet zu sein.

Auf jeder untersuchten Eisen- und Stahlindustriefläche konnten zwar Aufnahmen des Artemisio-Tanacetetum erhoben werden (Schwerpunktbindung an die Eisen- und Stahlindustrie siehe Kapitel 5.6.), doch größere ausgedehnte Bestände der Gesellschaft wachsen nur auf dem Thyssen Gelände in Oberhausen (C.ThOb).

In der Regel entwickeln sich die Bestände auf größeren, nur selten gestörten Rest- oder Brachflächen der Werke. Es handelt sich z.B. um ehemalige Lagerflächen oder nach dem Abriß von Gebäuden stilliegenden Teilflächen mit variierenden Substraten. Die Gemische bestehen aus Hüttenschlacke, Bauschutt, Koks und Kies, Sand und Schluff. Ein durchgängiges Standortmerkmal ist nicht zu erkennen.

Die Aufnahmen lassen sich in vier Ausbildungen einteilen. Im überregionalen Vergleich mit den zahlreichen vorliegenden Aufnahmen (siehe unten) der Gesellschaft stellen sie jedoch nur lokale Varianten der typischen Subassoziation dar. Die u.a. von REIDL (1989) und GÖDDE (1986) aus dem Ruhrgebiet beschriebene Subassoziation mit Hypericum perforatum auf trockenen Böden kommt nicht vor.

Die Ausbildung mit Solidago canadensis (Aufnahme 1 - 6) ist physiognomisch vor allem durch Stauden gekennzeichnet und bietet im Jahresverlauf das bunteste Bild. Stellenweise ist offensichtlich Solidago canadensis in der Lage, die Gesellschaft abzubauen.

Die Ausbildung mit Festuca rubra (Aufnahme 7 - 11) wird stärker durch verschiedene Gräser geprägt und kommt vor allem auf sand- und schluffhaltigen Hüttenschlackeböden vor. Gräser spielen beim Aufbau des Artemisio-Tanacetetum generell eine große Rolle, vor allem Arrhenatherum elatius, Dactylis glomerata und Poa compressa. Übergänge zu ruderalen Glatthaferbeständen (siehe DETTMAR et al. 1991) sind häufig.

Die Weiterentwicklung zum Epilobio-Salicetum ist in der Ausbildung mit Epilobium angustifolium (Aufnahme 12 - 13) dokumentiert.

Das Artemisio-Tanacetetum übernimmt nur sehr selten die Initialbesiedlung von Rohböden, sondern löst in der Regel Sisymbrion-Gesellschaften, andere Dauco-Melilotion-Gesellschaften speziell das Echio-Verbascetum oder auch Poa compressa-Bestände ab. Bei gelegentlichen Störungen, z.B. durch Mahd, kann die Gesellschaft über lange Zeit bestehen bleiben (MÜLLER 1983:257). Auf den untersuchten Industrieflächen machen die Bestände allerdings nicht den Eindruck von Dauerstadien, was auch in der insgesamt inhomognen Zusammensetzung zum Ausdruck kommt. Hier wird die Gesellschaft - wie bereits angedeutet - teilweise durch Solidago-, oder Glatthafer-Dominanzbestände, meist aber durch das Epilobio-Salicetum abgelöst.

Wohl kaum eine Ruderalgesellschaft wurde bisher so häufig beschrieben. Sie fehlt in fast keiner Beschreibung der Stadtvegetation. Größere Literaturübersichten zu dieser Einheit geben u.a. KIENAST (1978), HETZEL & ULLMANN (1981), DIESING (1984) und GÖDDE (1986). Vorkommen auf Industrie- und Gewerbeflächen oder ähnlichen Standorten wurden u.a. beschrieben von SCHULMANN (1981), REBELE & WERNER (1984), KIESEL et al. (1986), PYSEK & PYSEK (1988), REIDL (1989).

Weitere Aufnahme aus neuerer Zeit sind u.a. bei DIERSSEN et al. (1988), ULLMANN et al. (1988), BRANDES (1988), HETZEL (1988) und FABRICIUS (1989) zu finden.

5.7.3.9. Daucus carota-Bestände
(Vegetationstabelle Nr. 24)
(Gliederungs-Nr. 5.22. in der Tabelle Nr. 46 im Anhang Teil III)
(Grund der Auswahl II.a.)
Unter der Bezeichnung "Dauco-Melilotion-Fragmente oder -Gesellschaften" führen einige Autoren Daucus carota-Dominanzbestände an (u.a. BRANDES 1982, TÜLLMANN & BÖTTCHER 1985). Daucus carota-Faziesbildungen sind auch innerhalb des Artemisio-Tanacetetum bekannt (siehe u.a. GÖDDE 1986).

Die Verwandschaft der hier aufgenommenen Bestände zum Artemisio-Tanacetetum wird vor allem in den Aufnahmen 1, 2 und 7 deutlich. Physiognomisch bestehen aber Unterschiede, während die Daucus carota-Bestände locker und durchsichtig wirken, ist das Beifuß-Rainfarn-Gestrüpp meist dicht geschlossen und wirkt wesentlich massiver.

Teilweise wachsen beide Einheiten unmittelbar nebeneinander. Die Standorte und Substrate sind identisch. Insofern scheint es zufallsbedingt, wenn Daucus carota die Vorherrschaft erringt.

Als weitere Dauco-Melilotion-Kennart ist Oenothera biennis s.str. stet vertreten, was den Anschluß an den Verband untermauert. Insgesamt sind diese Bestände nur kleinflächig ausgebildet und haben in dieser Untersuchung wie das Artemisio-Tanacetetum einen Schwerpunkt auf den Flächen der Eisen- und Stahlindustrie (siehe Kapitel 5.6.).

5.7.3.10. Oenothera parviflora-Bestände
(Vegetationstabelle Nr. 22)
(Gliederungs-Nr. 5.24. in der Tabelle Nr. 46 im Anhang Teil III)
(Grund der Auswahl I.a., I.d., III.c.)
Nach OBERDORFER (1983:685) tritt die Kleinblütige Nachtkerze vor allem in Dauco-Melilotion-Gesellschaften auf. Im Ruhrgebiet galt sie bisher als ausgesprochen selten (KUTZELNIGG mdl. Mitteilung 1989). Die zahlreichen früheren Fundpunkte (siehe DÜLL & KUTZELNIGG 1987) gehen meist auf Verwechselungen mit kleinblütigen O. biennis agg.-Formen zurück.

Aus diesem Grund wurden die meisten Herbarbelege von potentiellen Oenothera parviflora-Vorkommen zur Überprüfung an die Universität Düsseldorf (DIETRICH) gesandt.

Erstaunlicherweise tritt die Kleinblütige Nachtkerze auf den meisten der untersuchten Industrieflächen in kleinen Beständen auf. (Belegexemplare von DIETRICH überprüft). Die Industrieflächen stellen offensichtlich im Ruhrgebiet den Schwerpunkt im Vorkommen der Art dar, weshalb sie hier zur industrietypischen Flora gerechnet werden kann (siehe Kapitel 4.6.).

Ein Dominanzbestand dieser Nachtkerze konnte allerdings nur auf der Zeche Prosper in Bottrop aufgenommen werden. Ähnliche Bestände wurden nach Kenntnis des Autors bislang noch nicht beschrieben. Verschiedene weitere Vorkommen wurden aber vom Autor auf anderen Industrieflächen im Ruhrgebiet beobachtet (u.a. auf dem Gelände der Leichtmetallgesellschaft in Essen). Da die einzig bisher bekannten Standorte auf Industrieflächen liegen, wird der Bestand zur industrietypischen Vegetation gezählt (siehe Kapitel 5.6.).

-- Onopordetalia-Bestände die nicht weiter zugeordnet werden können

5.7.3.11. Carduus acanthoides-Bestände
(Vegetationstabelle Nr. 20)
(Gliederungs-Nr. 5.27. in der Tabelle Nr. 46 im Anhang Teil III)
(Grund der Auswahl III.b.)

Carduus acanthoides wächst auf fast allen Probeflächen einzeln in Dauco-Melilotion-, Onopordion- oder Sisymbrion-Gesellschaften trockener, kalkreicher Bauschutt- oder Schlackeböden.

Dominanzbestände dieser Distel kommen nur auf einigen Probeflächen in Duisburg vor. Besonders ausgeprägt sind sie an offenen Stellen der Bahndammböschungen auf dem stillgelegten Hochofenwerk Meiderich (D.ThMe). Das locker aufgeschüttete Material aus Schlacke oder Bauschutt gerät auf den Böschungen leicht in Bewegung, so daß sich hier die Krautschicht nur schwer schließen kann. Ansonsten wachsen die Bestände vorwiegend auf größeren Freiflächen, stellenweise auch an Wegrändern oder auf Lagerplätzen.

Die Distel kann an ausreichend mit Feuchtigkeit versorgten Stellen bis zu 150 cm Höhe erreichen. Derartig hochwüchsige Bestände sind vor allem an den Bahndämmen des stillgelegten Hüttenwerkes in Meiderich verbreitet. Zur Blütezeit im Juli überzieht die Distel die Flächen mit einem tiefrosa Blütenkleid. Diese Vorkommen halten sich hier weitgehend unverändert, bereits seit 10 Jahren (MESSER mdl. Auskunft 1989).

Die Ausbildung mit Conyza canadensis (Aufnahme 1 - 5) ist durch das stärkere Auftreten einiger Chenopodietea-Arten gekennzeichnet. Die Übergänge zu verschiedenen Sisymbrion-Gesellschaften z.B. dem Bromo-Erigeretum sind oft fließend.

In der Ausbildung von Reseda lutea (Aufnahme 6 - 7) haben auch Dactylis glomerata und Arrhenatherum elatius größere Anteile. Verschiedentlich wurde beobachtet, daß der Glatthafer nach einiger Zeit in die Distelbestände eindringt und sie abbaut.

Im Ruhrgebiet sind derartige Carduus acanthoides-Bestände vor allem auf industriell geprägten Flächen verbreitet (siehe REIDL 1989:193 und Kapitel 5.6.). Sehr ähnliche Bildungen beschreibt PHILLIPI (1971) aus dem Mannheimer-Raum.

Floristisch anders zusammengesetzte Dominanzbildungen von Carduus acanthoides werden u.a. von GUTTE (1972), GRÜLL (1980), KOPECKY (1980), HETZEL & ULLMANN (1981), MUCINA (1982), FORSTNER (1984) und MIRKIN et al. (1989) angeführt.

- Artemisietea-Gesellschaften/Bestände, die nicht weiter zugeordnet werden können

5.7.3.12. Poa palustris-Bestände
(Vegetationstabelle Nr. 25)
(Gliederungs-Nr. 5.31. in der Tabelle Nr. 46 im Anhang Teil III)
(Grund der Auswahl III.b.)
Vorkommen von Poa palustris auf trockenen ruderalen Böden wurden bisher wenig beschrieben (siehe REIDL 1989:206). Das vor allem aus Röhrichten und feuchtem Grünland bekannte Sumpfrispengras hat sich lange Zeit unbemerkt auf ruderale Standorten ausgebreitet. Einer der ersten Hinweise hierzu stammt von SCHOLZ (1956:102), der die Art auf Berliner Trümmerschutt-Ziegelbergen fand. Heute ist sie in trockenen ruderalen Convolvulo-Agropyrion-Wiesen auf innerstädtischen Brachflächen Berlins häufig (KOWARIK & SEIDLING 1989).

Aus Berlin liegen einige Vegetationsaufnahmen mit höheren Poa palustris-Anteilen von Bahnbrachen (u.a. KOWARIK 1982), Industrieflächen (REBELE & WERNER 1984) und Dachrasen (DARIUS & DEPPER 1985) vor. Einzelne Aufnahmen von Sumpfrispengrasbeständen veröffentlichten BRANDES (1983, Braunschweiger Bahnhof), HÜLBUSCH (1980, Bahnfläche in Osnabrück als Echio-Verbascetum eingeordnet) und FABRICIUS (1989, Bahnhöfe in Schleswig-Holstein).

WEBER (1987) vermutet, daß es sich bei dem regelmäßig in Ruderalgesellschaften vertretenen Sumpfrispengras um einen eventuell auch morphologisch abgrenzenbaren Ökotyp handelt. Bei näheren Untersuchungen an der TU Berlin konnte dies nicht verifiziert (SCHOLZ mdl. Auskunft 1990) werden.

Im Ruhrgebiet fand REIDL (1989) größere Bestände des Grases auf Industriebrachen und Bahnflächen, und auch in der bei JOCHIMSEN (1987) angeführten Tabelle der Vegetationsentwicklung einer Bergehalde dominiert Poa palustris in einigen Aufnahmen.

Auf den ausgewählten Industrieflächen ist das Gras weit verbreitet, Dominanzbestände treten auf fast allen Flächen auf. Sie zählen zu den häufigsten Vegetationseinheiten auf den Probeflächen (siehe Kapitel 5.2.). Besonders ausgeprägt sind sie auf wenig genutzten oder brachliegenden Restflächen sowie Lagerplätzen der Bergbauflächen. Obwohl eine gewisse Herbizidtoleranz beobachtet wurde, sind Vorkommen an Bahngleisen eher die Ausnahme.

Meistens wachsen sie auf wenig entwickelten, basenarmen, verdichteten Böden aus Hochofenschlacke und/oder Bergematerial. Seltener handelt es sich um Bauschutt-, Sand- oder Koks-Kohle-Gemische.

Die Poa palustris-Bestände wirken physiognomisch sehr einheitlich und sind auch floristisch relativ homogen. Gräser bestimmen das Erscheinungsbild, neben dem Sumpfrispengras treten Agrostis gigantea und Holcus lanatus regelmäßig auf. Nur die beiden Goldrutenarten lockern mit ihren gelben Blüten die ansonsten recht farblosen Bestände etwas auf.

Verschiedene Ausbildungen wurden nicht festgestellt. Die Aufnahmen entsprechen denen, die REIDL (1989:724) und JOCHIMSEN (1987) angeben. Soziologisch stehen die Bestände im Ruhrgebiet überwiegend zwischen den Artemisietea (speziell dem Dauco-Melilotion) und dem Convolvulo-Agropyrion. Insgesamt überwiegen jedoch die Artemisietea-Kennarten. Auch WEBER (1987) vermutet, daß Poa palustris als Differentialart der Artemisietea oder einzelner Ordnungen und Verbände darin gelten kann.

Die aus kontinentaler beeinflußten Bereichen (Braunschweig, Berlin) bisher dokumentierten Bestände (s.o.) gehören dagegen eher in die ruderalen Halbtrockenrasen (Agropyretea).

Bei den Poa palustris-Bestände erscheint die Anwendung der deduktiven Klassifikation (siehe Kapitel 5.1.) sinnvoll:

Dg. Poa palustris (Dauco-Melilotion) 1, 15, 18, 22
Dg. Poa palustris (Dauco-Melilotion/Conv.-Agropyrion) 2, 3, 6, 9, 13, 14, 23
Dg. Poa palustris (Artemisietea) 4, 10, 16, 17
Dg. Poa palustris (Artemisietea/Conv.-Agropyrion) 5, 7, 8, 11, 12, 19, 20
Dg. Poa palustris (Molinio-Arrhenatheretea) 21, 25
Ohne Zuordnung 24

Die Poa palustris-Bestände sind im Ruhrgebiet vor allem auf industriell geprägten Flächen verbreitet (siehe Kapitel 5.6.). Die von REIDL (1989) beschriebenen "ausgedehnten Vorkommen" auf dem Gelände der Leichtmetallgesellschaft in Essen stellen die größten dem Autor bekannten zusammenhängenden Bestände im Ruhrgebiet dar. Seit Beginn der Untersuchungen von REIDL im Jahr 1982 haben sie sich nicht wesentlich verändert (eigene Beobachtung). Offensichtlich kann sich das Gras auf den anstehenden trockenen, sandig kiesigen tw. mit Bergematerial und Aschen vermischten Böden lange behaupten.

5.7.4. Halbruderale Pionier-Trockenrasen
- Klasse Agropyretea intermedii-repentis (Oberd. et al. 67) Müller et Görs 69

-- Ordnung Agropyretalia intermedii-repentis (Oberd. et al. 67) Müller et Görs 69

--- Verband Convolvulo-Agropyrion repentis Görs 66

5.7.4.1. Poo-Anthemetum tinctoriae Müller et Görs (69) in Oberd.
(Vegetationstabelle Nr. 26)
(Gliederungs-Nr. 6.3. in der Tabelle Nr. 46 im Anhang Teil III)
(Grund der Auswahl I.a., I.c., III.e.)
Die kennzeichnende Art dieser Gesellschaft, die leuchtend gelb blühende Anthemis tinctoria, ist im Ruhrgebiet ausgesprochen selten (siehe z.B. DÜLL & KUTZELNIGG 1987). Nur im östlichen Teil des Reviers hat sie einige wenige Vorkommen (BÜSCHER mdl. Mitteilung 1989).

Auf der Westfalenhütte in Dortmund (A.HoWe) konnte ein kleiner Bestand dieser Rote Liste-Art (siehe WOLFF-STRAUB et al. 1988) an einer südexponierten Böschung aufgenommen werden. Mehrere Dutzend Individuen wachsen hier an aufgelichteten Stellen auf einer ansonsten vom Glatthafer bestandenen Böschung. Der Damm ist aus grober Hüttenschlacke geschüttet und enthält kaum Feinmaterial. An besonders steilen Stellen der Böschung treten kleine Erosionen auf. Hier findet die Färberkamille gute Lebensbedingungen.

Fast identische Standorte besiedelt die Art auf dem ehemaligen Metallhüttengelände in Lübeck (DETTMAR 1986). Auch hier ist der Glatthafer einer der vorherrschenden Begleitarten. Allerdings treten deutlich mehr Agropyretea-Arten auf, so daß die Einordnung in das Poo-Anthemetum besser begründet ist als bei den Beständen auf der Westfalenhütte.

Ähnliche Aufnahmen gibt PASSARGE (1989) von Steinbrüchen, Kiesgruben, Bahndämmen und anderen Standorten aus Ostdeutschland an. Weitere Aufnahmen dieser an süddeutschen Weinbergen häufigeren Gesellschaft (siehe MÜLLER 1983) sind u.a. bei PASSARGE (1984), ULLMANN et al. (1988) enthalten.

5.7.4.2. Diplotaxi-Agropyretum (Phillippi in Oberd. et al. 1967)
Müll. et Görs 1969 (Vegetationstabelle Nr. 65 Aufnahme (Vegetationstabelle Nr. 27)
(Gliederungs-Nr. 6.5. in der Tabelle Nr. 46 im Anhang Teil III)
(Grund der Auswahl II.a.)

5.7.4.3. Diplotaxis tenuifolia-Bestände
(Vegetationstabelle Nr. 27)
(Gliederungs-Nr. 6.6. in der Tabelle Nr. 46 im Anhang Teil III)
(Grund der Auswahl II.a., III.b.)

Größere Bestände von Diplotaxis tenuifolia kommen vor allem auf den Flächen der Eisen- und Stahlindustrie in Duisburg vor. Der aus dem mediterranen bis submediterranen Gebiet eingewanderte Neophyt ist im westlichen Ruhrgebiet (um Duisburg) außer auf den Industrieflächen auch an Autobahnrändern und innerstädtischen Ruderalstellen vertreten (siehe DÜLL & KUTZELNIGG 1987). Im restlichen Ruhrgebiet ist er demgegenüber selten und nur auf sehr trockenen warmen industriellen Standorten zu finden. Die Vorkommen auf der Dortmunder Westfalenhütte (A.HoWe) sind für diesen Teil des Reviers in ihrer Größe einmalig (BÜSCHER mdl. Mitteilung).

Auf den Flächen der Eisen- und Stahlindustrie in Duisburg übernimmt Diplotaxis tenuifolia die Initialbesiedlung extrem trockener, feinmaterialarmer oder -freier Schotterböden aus Hüttenschlacke. Die Wuchsorte liegen sowohl auf brachgefallenen Freiflächen als auch an Dämmen, Wegrändern und kleineren Halden, ein Schwerpunkt bei einem bestimmten Lebensraumtyp ist nicht zu erkennen. Die lückigen Bestände sind mit Artenzahlen um 10 je Aufnahmefläche relativ artenarm. Neben Diplotaxis treten nur Artemisia vulgaris, Arenaria serpyllifolia und die beiden Ruderalmoose Bryum argenteum und Ceratodon purpureus regelmäßig auf.

An wenigen Stellen treten neben Diplotaxis weitere Agropyretea-Arten wie Poa compressa und Agropyron repens auf. In diesen Fällen ist es möglich vom Diplotaxi-Agropyretum (Aufnahme 1 - 4) zu sprechen. Im Vergleich zu den von MÜLLER (1983:289) aus Süddeutschland angegebenen Aufnahmen ist die Gesellschaft auf den Industrieflächen allerdings immer nur in Ansätzen ausgebildet.

Der größte Teil der Diplotaxis-Vorkommen läßt sich nur als "Bestand" fassen. Die floristische Zusammensetzung ist je nach den Standortverhältnissen unterschiedlich, doch die Bestände machen optisch einen relativ einheitlichen Eindruck.

Die Ausbildung mit Chaenarrhinum minus (Aufnahme 5 - 7) ist lokal begrenzt auf das Gelände des stillgelegten Hüttenwerkes Meiderich (D.ThMe). Hier überziehen Diplotaxis-Herden die extrem trockenen, stark verdichteten ehemaligen Rangierflächen der Transportfahrzeuge in der Nähe der Kläranlagen und Filterstaubverladungen. Die Entwicklung auf diesen extremen, vermutlich stark mit verschiedenen Schadstoffen belasteten Böden verläuft langsam. Erst fünf Jahre nach der Stillegung wurden die ersten Gehölzsämlinge beobachtet.

Die Ausbildung mit Tripleurospermum inodorum (Aufnahme 8 - 10) ist eng begrenzt auf Böschungen, Dämmen und Halden mit Produktionsabfällen. Dies ist eines der insgesamt wenigen Beispiele für Untereinheiten, die deutliche Bindungen an einen Lebensraumtyp zeigen (siehe Kapitel 5.3. ausführliche Darstellung bei DETTMAR et al. 1991). Die Standorte sind aufgrund der Böschungsneigungen durch fortlaufende Erosion gekennzeichnet. Eine ähnliche Ausbildung beschreibt REIDL (1989:203) von einer Essener Gewerbefläche.

Diplotaxis tenuifolia zählt zu den Arten, die durch bestimmte industrielle Immissionen gefördert werden. WEINERT (1981) dokumentiert die Häufung dieser Art entlang von Straßen in den extremen Immissionsgebieten bei Halle und Bitterfeld.

Die Vorkommen an Straßenrändern im Duisburger-(eigene Beobachtungen), Düsseldorfer- (siehe GÖDDE 1986) und Kölner-Raum (siehe BORNKAMM 1974) hängen vermutlich mit der Salztoleranz von Diplotaxis tenuifolia zusammen (siehe KIESEL 1988). Nach den Ergebnissen von KIESEL (1988) verträgt Diplotaxis darüberhinaus auch hohe Ca-Gehalte und wächst auf Substraten mit hohen Anteilen an anorganischem Kohlenstoff. KIESEL et al. (1985) zählen sie zu den wenigen charakteristischen Arten für industrielle Abfallkippen in der ehemaligen DDR. Sie wächst hier auf stark belasteten, verdichteten, an der Oberfläche stark austrocknenden, meist kalkhaltigen Substraten (z.B. Kalkhydrat).

Auch auf den Industrieflächen stehen die Diplotaxis-Bestände oft in der Nähe emittierender Anlagen (z.B. Schlackenbrecher, Gichtgasstaubverladung) oder wachsen auf belasteten Substraten, wie z.B. Gichtgasschlamm.

Auf ähnlichen Standorten und in fast identischer Vergesellschaftung wurde auf Lübecker Industrieflächen Diplotaxis muralis gefunden (DETTMAR 1986). Offensichtlich ersetzt der Mauer-Doppelsame an diesen Standorten die im Norden Deutschlands seltene Diplotaxis tenuifolia.

Abgesehen von den Vorkommen an Autobahnrändern in Duisburg hat Diplotaxis tenuifolia im Ruhrgebiet einen deutlichen Schwerpunkt auf den Flächen der Eisen- und Stahlindustrie (siehe Kapitel 4.6.). Die durch Diplotaxis tenuifolia gekennzeichneten Einheiten können zur industriezweigspezifischen Vegetation für die Eisen- und Stahlindustrie gerechnet werden (siehe Kapitel 5.6.). Die Diplotaxis-Bestände haben im Ruhrgebiet einen deutlichen Schwerpunkt auf Industrieflächen (siehe Kapitel 5.6.).

Das Diplotaxi-Agropyretum wird u.a. von BORNKAMM (1974), BRANDES & BRANDES (1981) und GÖDDE (1986) beschrieben. Weitere Aufnahmen von Diplotaxis tenuifolia-Beständen führen u.a. GUTTE (1983) und REIDL (1989) an.

5.7.4.4. Poa compressa-Bestände
(Vegetationstabelle Nr. 28)
(Gliederungs-Nr. 6.7. in der Tabelle Nr. 46 im Anhang Teil III)
(Grund der Auswahl II.b.)

Poa compressa-Rasen sind bereits vielfach beschrieben (siehe unten), besonders häufig treten sie herbizidbedingt als relativ artenarme Ausbildung an Bahngleisen auf (siehe z.B. BRANDES 1983).

In der Vegetation der Industrieflächen spielen sie vor allem auf den Werken der Eisen- und Stahlindustrie eine gößere Rolle und können hier zur industriezweigspezifischen Vegetation gezählt werden (siehe Kapitel 5.6.). Hier wachsen sie in ausgedehnten Beständen auf trockenen, meist skelettreichen Böden aus Hüttenschlacke und/oder Bauschutt. Neben den artenarmen, herbizidbeeinflußten Beständen an den Werksgleisen sind artenreichere Ausbildungen vor allem auf den ungenutzten Restflächen, sowie an Lager- bzw Zwischenlagerflächen und gelegentlich befahrenen Wendeplätzen zu finden.

Die Poa compressa-Rasen übernehmen die Initialbesiedlung offener Stellen oder lösen kurzlebige Ruderalgesellschaften wie z.B. das Bromo-Erigeretum (siehe Kapitel 5.7.2.1.) ab. Durch starke Wurzelausläuferbildung ist das Gras in der Lage dichte, oft ähnlich ausehende Bestände aufzubauen.

Neben Poa compressa sind v.a. die beiden Artemisietea-Arten Artemisia vulgaris und Daucus carota regelmäßig in den Beständen anzutreffen. Außerdem ist noch das Ruderalmoos Ceratodon purpureus häufig.

Die Ausbildung mit Linaria vulgaris (Aufnahme 1 - 7) wächst auf stärker feinmaterialhaltigen, meist sand- oder schluffhaligen Böden. Durch Linaria vulgaris, die verschiedenen Hieracium-Arten, Erigeron acris und Centaurea nigra x jacea ist diese Ausbildung zur Blütezeit der Kräuter ausgesprochen bunt. Offensichtlich handelt es sich um ältere Entwicklungsstadien, da die Flächen bereits seit mehr als 10 Jahren nicht mehr genutzt oder verändert wurden.

Die Standorte der Ausbildung mit Lolium perenne (Aufnahme 8 - 12) sind deutlich feinmaterialärmer und durch Trittbelastungen an der Oberfläche leicht verdichtet. Es bestehen große Ähnlichkeiten zu der typischen Subassoziation des von BORNKAMM (1974) aus Köln beschriebenen Poetum pratensiscompressae. In dieser Ausbildung treten zahlreiche Artemisietea-Arten auf. Bei nachlassender Störung geht die Entwicklung in Richtung verschiedener Dauco-Melilotion-Gesellschaften.

Andere Agropyretea-Arten sind in den Beständen selten, wie auch bei den Aufnahmen von REIDL (1989), FABRICIUS (1989) und GÖDDE (1986). Trotz der Präsenz von einigen Artemisietea-Arten sollen die Bestände aufgrund des Status von Poa compressa auch hier zunächst in die Agropyretea gestellt werden. Die bei GÖDDE (1986) erwähnten Übergänge zu Sedo-Scleranthetea-, Agrostietea- oder Sisymbrion-Einheiten spielen auf den Industrieflächen eine untergeordnete Rolle.

In Essen zählen die Poa compressa-Rasen nach REIDL (1989:204) mit zu den häufigsten Einheiten der Bahnanlagen und Industriegebiete. Aufgrund des deutlichen Schwerpunktes auf den Flächen der Eisen- und Stahlindustrie kann die Einheit im Rahmen dieser Untersuchung als typisch für diesen Industriezweig angesehen werden (siehe Kapitel 5.6.).

Ausführliche Literaturangaben zu dieser Einheit macht GÖDDE (1986), weiteres Aufnahmematerial liegt u.a. von FRICK (1983) und DETTMAR (1986) vor.

5.7.4.5. Agrostis gigantea-Bestände
(Vegetationstabelle Nr. 29)
(Gliederungs-Nr. 6.9. in der Tabelle Nr. 46 im Anhang Teil III)
(Grund der Auswahl III.a.)
Physiognomisch sind die Riesenstraußgras-Bestände den zuvor beschriebenen Rasen mit Poa compressa und P. angustifolia ähnlich. Auch hier ist das Aussehen von dem vorherrschenden Gras bestimmt.
Wie Poa palustris (siehe Kapitel 5.7.3.12.) ist auch Agrostis gigantea vor allem aus feuchten Lebensräumen z.B. Uferröhrichten, -hoch-staudengesellschaften und Feuchtwiesen (siehe OBERDORFER 1983:250) bekannt. Die Vorkom-

men auf trockenen Ruderalstandorten werden erst in neuerer Zeit gemeldet und wurden vermutlich lange Zeit übersehen (siehe DÜLL & KUTZELNIGG 1987:312). Bisher liegen deshalb erst wenige Aufnahmen von ruderalen Dominanzbildungen der Art vor.

Auf den Flächen des Berliner Anhalter-Güterbahnhof sind Agrostis gigantea-Bestände nach KOWARIK (1982:58) sehr häufig. Er schätzt die Wasserversorgung dieser Standorte gegenüber denen mit vorherrschendem Glatthafer als etwas besser ein. Auf den Berliner Industrieflächen bewächst sie vor allem schlacke- oder bauschutthaltige, schwach lehmige Sandböden (REBELE & WERNER 1984:85). KIESEL et al. (1986) beschreiben entsprechende Bestände von industriellen Abfallkippen in der ehemaligen DDR auf älteren Ascheablagerungen mit hohen pH-Werten und einer gewissen Salzbelastung. Wie KOWARIK (1982) sehen auch REBELE & WERNER (1984) Agrostis gigantea für Berlin als lokale Convolvulo-Agropyrion-Kennart.

Die Bestände auf den hier ausgewählten Industrieflächen bewachsen vor allen stärker verdichtete skelettreiche Böden, in denen Hüttenschlacke und Bauschutt dominieren oder mit Kies und Sand vermischt sind. An wenigen Stellen gibt es auch Vorkommen auf Ablagerungen von Filterstäuben aus der Stahlindustrie.

Agrostis gigantea übernimmt dabei meist die Initialbesiedlung von Rohböden, dringt aber auch in lückige Sisymbrion-Gesellschaften ein. Trotz der relativ kurzen Wurzelausläufer kann sich das Gras schnell vegetativ ausbreiten, und so schließen sich die Bestände rasch. Vor allem Grünland- oder ausdauernde Ruderalarten sind am Aufbau beteiligt.

Die Stabilität der Bestände ist verschieden, und die Ursachen für diese Unterschiede sind nicht bekannt. An einigen Stellen halten sie offensichtlich über mehrere Jahre aus, an anderen werden sie recht schnell durch Glatthafer- oder Goldrutenbeständen abgelöst.

In der Ausbildung mit Poa compressa (Aufnahme 1 - 8) sind Aufnahmen von Initialbesiedlungen auf trockenen Standorten zusammengefaßt. Ältere Bestände enthalten höhere Anteile an ausdauernden Ruderal- und Grünlandarten (vor allem Holcus lanatus) (trennartenfreie Ausbildung Aufnahme 10 - 17).

Wie für Berlin vorgeschlagen, ist auch im Ruhrgebiet der soziologische Anschluß der Dominanzbildungen von Agrostis gigantea an die Agropyretea sinnvoll. Vergleichbar sind auch die aus Berlin beschriebenen Übergänge zu den ruderalen Glatthaferbeständen oder Dominanzbildungen anderer Grünlandarten. Im Unterschied dazu spielen im Ruhrgebiet Artemisietea-Arten eine größere Rolle, und Übergänge zu Einheiten dieser Klasse sind hier häufiger.

Wie bei Poa palustris (Kapitel 5.7.3.12.) ist die deduktive Klassifikation hilfreich. Danach ergibt sich folgende Einteilung :

Dg. Agrostis gigantea (Agropyretea/Artemisisetea) 1, 2, 4, 5, 6, 8, 16
Dg. Agrostis gigantea (Agropyretea) 3
Dg. Agrostis gigantea (Agropyretea/Molinio-Arrhenatheretea) 17
Dg. Agrostis gigantea (Artemisietea) 12, 14
Dg. Agrostis gigantea (Artemisietea/Sisymbrion) 7, 9
Dg. Agrostis gigantea (Artemisietea/Molinio-Arrhenatheretea) 11, 13, 15
Dg. Agrostis gigantea (Molinio-Arrhenatheretea) 10

Soweit bisher bekannt, sind Agrostis gigantea-Bestände im Ruhrgebiet vor allem auf industriell geprägten Flächen verbreitet (siehe Kapitel 5.6.).

Die großflächigsten Bestände wurden auf der Westfalenhütte in Dortmund (A.HoWe) beobachtet.

5.7.5. Trittpflanzen-Gesellschaften
- Klasse Plantaginetea majoris Tx. et Prsg. in Tx. 50 em. Oberd. et al. 67
-- Ordnung Plantaginetalia majoris Tx.50 em. Oberd. et al. 67
--- Verband Polygonion avicularis Br.-Bl. 31 ex. Aich. 33

5.7.5.1. Spergularia rubra-Bestände
(Vegetationstabelle Nr. 30)
(Gliederungs-Nr. 8.4. in der Tabelle Nr. 46 im Anhang Teil III)
(Grund der Auswahl II.d.)
Die in der Vegetationstabelle Nr. 30 wiedergegebenen Aufnahmen von Trittgesellschaften mit Spergularia rubra und Herniaria glabra könnten, folgt man dem Vorschlag von GÖDDE (1987), alle in das Spergulario-Herniarietum glabrae Gödde 87 eingeordnet werden. Ausgehend von OBERDORFERs (1983b:306) Feststellung, daß neben Spergularia rubra auch Herniaria glabra als Kennart des Rumici-Spergularietum Hülb. 73 dienen kann, faßt GÖDDE (1987) die unter verschiedenen Namen beschriebene Trittgesellschaften mit den beiden Arten in dem neu aufgestellten Spergulario-Herniarietum zusammen.

Die Aufnahmen derartiger Bestände im Ruhrgebiet, speziell auf Industrieflächen, lassen einige Zweifel aufkommen, ob eine solche Zusammenfassung gerechtfertigt ist.

Die Spergularia rubra-Bestände (Aufnahme 1 - 14) ohne Herniaria sind im besonderen Maße kennzeichnend für die Bergbauflächen (siehe Kapitel 5.6.), fehlen dagegen fast völlig auf den Werken der Eisen- und Stahlindustrie. Kleinere Vorkommen von Spergularia auf den Thyssen Werken in Oberhausen (C.ThOb, Aufnahme 13) oder Duisburg-Ruhrort (E.ThRu) hängen damit zusammen, daß hier Bergematerial abgelagert wurde.

Spergularia übernimmt auf den Bergbauflächen zusammen mit anderen Arten die Pionierbesiedlung verdichteter, oberflächlich austrocknender Bergematerialablagerungen. Derartige Bestände sind meist sehr lückenhaft mit nur 20 - 40 % Deckung, artenarm (5 - 10 Arten) und fallen, wenn Spergularia nicht blüht, kaum auf. Augenscheinlich fördern Kaninchen die Verbreitung der Art, da immer wieder Bestände auf den sogenannten "Kaninchenklos" vorkommen.

Neben Bergematerial besiedeln die Bestände auch Gemische aus Koks, Kohle und Bauschutt. Dabei handelt es sich u.a. um befestigte, nur gelegentlich betretene oder befahrene Freiflächen sowie Wendeplätze, Parkpätze oder Laufstreifen entlang von Gleisen. Durchgängig ist eine dunkle Substratfarbe, die eine starke Aufheizung durch Sonneneinstrahlung mit sich bringt, was Spergularia rubra, obwohl sie auf dem Boden liegend wächst, offensichtlich gut verkraften kann.

Die Herniaria glabra-Bestände (Aufnahme 23 - 31) ohne Beteiligung von Spergularia sind in ihrer Verbreitung weiter gestreut. Das Standortspektrum unterscheidet sich insofern, als Herniaria neben bauschutt- und koks/kohlehaltigen Böden auch Hüttenschlacke besiedelt (nähere Beschreibung siehe DETTMAR et al. 1991).

Die Vergesellschaftung beider Arten (Aufnahme 15 - 22) ist wesentlich seltener als die Einzelvorkommen. Auch in der von GÖDDE (1987) vorgestellten Tabelle (Nr. 2) treten in 20 Aufnahmen beide Arten nur fünf mal zusammen auf (davon stammt nur eine Aufnahme aus dem Ruhrgebiet). Wachsen beide Arten zusammen, dominiert fast immer eine der beiden deutlich (siehe Vegetationstabelle 30, sowie GÖDDE 1987 Tabelle 2). Auch in der von GÖDDE zusammengestellten Stetigkeitstabelle haben beide Arten nur in 5 der 15 Spalten vergleichbare Stetigkeiten.

Die durchschnittlichen Artenzahlen sind bei den Herniaria-Beständen mit 13,7 (7 - 22) und der Vergesellschaftung beider Arten 13,6 (5 - 21) vergleichbar, während die der Spergularia-Bestände mit 9 (4 - 14) deutlich niedriger liegen. Poa annua und Cerastium holosteoides sind in allen drei Einheiten die häufigsten Begleiter. Fließende Übergänge zum Sagino-Bryetum treten nur bei den Spergularia-Beständen auf. In den Aufnahmen, in denen Herniaria vorkommt, sind dagegen Conyza canadensis und Senecio viscosus häufiger.

Auch in den zahlreichen von VOGEL (nicht veröffentlicht) auf Zechen- und Gewerbebrachen im Ruhrgebiet erhobenen Vegetationsaufnahmen im Rahmen eines Forschungsvorhabens über verschiedene Paronychioideaen (u.a. Herniaria glabra) läßt sich eine durchgängige Vergesellschaftung beider Arten nicht beobachten. Das Gleiche gilt für die bei HAMANNN (1988) aus Gelsenkirchen mitgeteilten Aufnahmen.

Zumindest für das Ruhrgebiet bestehen also Zweifel, ob eine durch Spergularia rubra und Herniaria glabra gekennzeichnete Assoziation nicht verschiedene Bestände bzw. Gesellschaften zusammenfaßt. Aus diesem Grund wurden in dem Forschungsbericht (siehe DETTMAR et al. 1991) die vorliegenden Aufnahmen zunächst in drei Einheiten unterteilt:

- Spergularia rubra-Bestände
- Spergularia rubra-Herniaria glabra-Gesellschaft
- Herniaria glabra-Bestände.

5.7.5.2. Poa annua-Puccinellia distans-Gesellschaft
(Vegetationstabelle Nr. 4)
(Gliederungs-Nr. 8.9. in der Tabelle Nr. 46 im Anhang Teil III)
(Grund der Auswahl I.a.)

Über die Vorkommen von Puccinellia distans auf ruderalen Standorten wurde bereits ausführlich berichtet (siehe Kapitel 5.7.2.3., sowie DETTMAR in Vorbereitung). Der größte Teil dieser Vorkommen gehört soziologisch zu den Trittrasengesellschaften, speziell zum Lolio-Polygonetum Br.-Bl. 30 em. Lohm. 75 (siehe Übersichtstabelle bei DETTMAR in Vorbereitung). Darüberhinaus treten meist sehr artenarme Bestände auf, in denen neben Puccinellia distans nur Poa annua und Plantago major als Plantagnietea-Kennarten vertreten sind. Diese "Fragmente" beschreiben u.a. TÜLLMANN & BÖTTCHER (1985), DETTMAR (1985), KIESEL et al (1985, 1986), TOMAN (1988), MORACOVA-CECHOVA (1988), BRANDES (1988).

Derartige artenarme Puccinellia-Bestände in Vergesellschaftung mit Plantaginetea-Arten, vor allem Poa annua und Plantago major, kommen nur auf zwei der ausgewählten Werke der Eisen- und Stahlindustrie vor. Eine zusätzliche Aufnahme stammt von einem nicht näher bearbeiteten Gelände am Erzmischer der Sinteranlage des Thyssen Werkes Duisburg-Schwelgern (Aufnahme 37). Die Wuchsorte liegen an Weg- oder Straßenrändern oder an den Laufstreifen der Gleise.

Es gibt Vermischungen oder Übergänge zu einer Poa annua-Poa pratensis subsp. irrigata-Gesellschaft (siehe DETTMAR et al. 1991). Der einzige erkennbare Standortunterschied gegenüber dieser Gesellschaft ist, daß die von Puccinellia dominierten Trittrasen enger an Hüttenschlacke gebunden sind.

Insgesamt sind diese Trittrasen sehr viel seltener als die Crepis tectorum-Puccinellia distans-Gesellschaft (siehe Kapitel 5.7.2.3.).

Puccinellia distans zählt zu den Arten die u.a. durch basenhaltige industrielle Emissionen gefördert wird (KOWARIK & SUKOPP 1984).

5.7.6. Grünlandgesellschaften
- Klasse Molinio-Arrhenatheretea Tx. 37 (em. Tx. et Prsg. 51)

- Molinio-Arrhenatheretea-Bestände, die nicht weiter zugeordnet werden können.

5.7.6.1. Holcus lanatus-Bestände
(Vegetationstabelle Nr. 31)
(Gliederungs-Nr. 11.5. in der Tabelle Nr. 46 im Anhang Teil III)
(Grund der Auswahl II.d.)
Dichte Holcus lanatus-Rasen sind vor allem auf den ausgewählten Flächen des Bergbaus und der Chemischen Industrie häufig und können zu der industriezweigspezifschen Vegetation gezählt werden (siehe Kapitel 5.6.). Während das Honiggras hier zu den fünf häufigsten Blütenpflanzenarten zählt (siehe Kapitel 4.2.), hat es in der spontanen Vegetation der Eisen- und Stahlwerke nur geringe Anteile.

Besonders ausgeprägt entwickeln sich die Honiggras-Bestände offensichtlich an den Stellen, wo bindige Böden mit Anteilen natürlicher Bodenarten anstehen. Meistens sind diese Stellen leicht verdichtet und etwas staunaß. Entsprechende Standorte finden sich u.a. an Abraumhalden, Dämmen und Wällen. Holcus lanatus löst hier verschiedene Pioniereinheiten wie z.B. Tripleurospermum inodorum-oder Agrostis gigantea-Bestände ab.

Ganz anders sind die Standortbedingungen der Bergematerialablagerungen, auf denen Holcus lanatus ebenfalls zur Dominanz gelangen kann. Es handelt sich nicht um frische Ablagerungen, sondern um schon in der Verwitterung fortgeschrittene, verdichtete Bergeböden, die schon einen gewissen Gehalt an organischer Substanz aufweisen.

Offensichtlich spielen für die Entstehung und den Erhalt der Holcus lanatus-Rasen, die auf den Industrieflächen immer in großer Zahl vorhandenen Kaninchen, eine wichtige Rolle. Beispielsweise ist so ein mehrere 1000 m² umfassender Bereich auf der Raffinerie Scholven (H.VeSc) zu erklären. Dies ist auch an anderen "Freßplätzen" zu beobachten.

Obwohl die Bestände physiognomisch immer recht einheitlich wirken, sind sie floristisch heterogen zusammengesetzt. Verschiedene Ausbildungen lassen sich nach der vorliegenden Tabelle nicht erkennen. Allerdings gibt es Anklänge zu den bei REIDL (1989:233) differenzierten Untereinheiten trockener und frischer Böden.

Regelmäßgig beigemischt sind nur Cirsium arvense und das Moos Ceratodon purpureus. Ähnlich wie bei den Arrhenatherum elatius- (siehe DETTMAR et al. 1991) und Poa palustris-Beständen (Kapitel 5.7.3.12.) sind auch hier Artemisietea- und Agropyretea-Arten stark vertreten, so daß die Einordnung in die Molinio-Arrhenatheretea im Wesentlichen nur darauf fußt, daß Holcus lanatus in dieser Klasse als Kennart gilt. Die bei GÖDDE (1986) und REIDL (1989) angegebenen ruderalen Holcus lanatus-Bestände enthalten ebenfalls neben zahlreichen Ruderalarten größere Anteile an Grünlandarten.

Bei Anwendung der deduktiven Klassifikation (siehe Kapitel 5.1.) wird die soziologische Stellung der Bestände zwischen Molinio-Arrhenatheretea, Artemisietea und Agropyretea deutlich.

Bg. Holcus lanatus (Molinio-Arrhenatheretea) Aufnahme 1
Bg. Holcus lanatus (Molinio-Arrhenatheretea/Artemisietea) Aufnahme 2, 3, 4, 5, 16
Bg. Holcus lanatus (Molinio-Arrhenatheretea/Agropyretea) Aufnahme 19
Dg. Holcus lanatus (Agropyretea) Aufnahme 10, 13, 15, 17, 20
Dg. Holcus lanatus (Artemisietea/Agropyretea) Aufnahme 11
Dg. Holcus lanatus (Chenopodietea) Aufnahme 8
Keine Einordnung möglich Aufnahme 9, 14, 18

Nach REIDL (1989:233) ersetzen Holcus lanatus-Bestände auf trockenen Böden der Industrie- und Gewerbebrachen Festuca rubra-Rasen. Dies wurde auf den Untersuchungsflächen nicht beobachtet. Auch GÖDDES (1986:69) Einschätzung, daß die Honiggras-Bestände durch regelmäßige Mahd bedingt sind und nach Einstellung derselben bald verschwinden, trifft auf die hier beschriebenen Bildungen nicht zu.

Die Fähigkeit schwermetalltolerante Formen auszubilden und höhere Metallbelastungen im Boden zu ertragen, ist bei Holcus lanatus beonders intensiv untersucht worden (siehe z.B. BAKER et al. 1986). Auf entsprechend belasteten Standorten der Eisen- und Stahlindustrie im Ruhrgebiet spielt die Art aber keine große Rolle, da es sich meist um basenreiche trockene Standorte handelt. Holcus lanatus besiedelt demgegenüber vorwiegend frische, saure bis neutrale, nährstoffarme Böden.

5.7.6.2. Dactylis glomerata-Bestände
(Vegetationstabelle Nr. 32)
(Gliederungs-Nr. 11.5. in der Tabelle Nr. 46 im Anhang Teil III)
(Grund der Auswahl II.d.)

Die soziologische Einordnung der Dactylis glomerata-Bestände in die Klasse der Molinio-Arrhenatheretea gründet sich darauf, daß Dactylis im Ruhrgebiet als schwache Kennart der Molinio-Arrhenatheretea gewertet werden kann (siehe Einordnung bei GÖDDE 1986, REIDL 1989). Aufgrund der floristischen Zusammensetzung der Bestände wäre aber auch ein Anschluß an die Agropyretea denkbar.

Auf den ausgewählten Probeflächen haben Dactylis glomerata-Bestände ihren Schwerpunkt bei der Eisen- und Stahlindustrie und können zu der industriezweigspezifischen Vegetation gerechnet werden (siehe Kapitel 5.6.).

Neben den Vorkommen auf den ungenutzten Freiflächen wachsen sie vor allem an Gleisen, Dämmen und Lagerplätzen. Die Bodenentwicklung, der vor allem aus Hüttenschlacken bestehenden Substrate, ist meist fortgeschritten. Dabei sind Feinmaterial- und Skelettgehalt sowie der Verdichungsgrad sehr unterschiedlich. Eine direkte menschliche Beeinflußung, etwa durch Mahd, gelegentliches Betreten oder Befahren, ist nicht zu erkennen.

Die Knaulgras-Bestände können auf Schlacke- oder Bauschuttrohböden stellenweise auch die Initialbesiedlung übernehmen. Häufiger ist das Gras jedoch nur in einzelnen Exemplaren den verschiedenen Sisymbrion-Pioniergesellschaften beigemischt. An einigen Stellen ist sie in der Lage, die anderen Arten zurückzudrängen. Haben sich erst dichtere Bestände aufgebaut, bleiben diese offensichtlich lange stabil. Der Deckungsgrad der Krautschicht liegt fast immer um 80 %. Neben dem Knaulgras sind Artemisia vulgaris, Lolium perenne, Poa angustifolia und Cirisium arvense stet vertreten.

Die deduktive Klassifikation (siehe Kapitel 5.1.) ergibt, wie bei den Holcus lanatus-Beständen, eine Stellung zwischen den Klassen der Molinio-Arrhenatheretea, Artemisietea und Agropyretea.

Dg. Dactylis glomerata (Molinio-Arrhenatheretea) Aufnahme 4
Dg. Dactylis glomerata (Molinio-Arrhenatheretea/Artemisietea) Aufnahme 1
Dg. Dactylis glomerata (Artemisietea/Agropyretea) Aufnahme 2, 3, 5, 6
Dg. Dactylis glomerata (Agropyretea) Aufnahme 8, 9

Knaulgrasbestände mit deutlicher Zugehörigkeit zu den Molinio-Arrhenatheretea beschreiben aus dem besiedelten Bereich bzw. von Straßenrändern u.a. KOPECKY & HEJNY (1978), SANDOVA (1979) und GÖDDE (1986). Insgesamt gesehen liegen bisher aber erst relativ wenig Aufnahmen dieser zumindest im Ruhrgebiet auch außerhalb von Industrieflächen nicht seltenen Einheit vor.

5.7.7. Sandrasen- und Felsgrusgesellschaften
- Klasse Sedo-Scleranthetea Br.-Bl. 55 em. Th. Müller 61

-- Ordnung Sedo-Scleranthetalia Br.-Bl. 55

--- Verband Alysso alyssoidis-Sedion albi Oberd. et Th. Müller in Th. Müller 61

5.7.7.1. Saxifrago tridactylitis-Poetum compressae (Kreh 45)
Gehu u. Leriq 57
(Vegetationstabelle Nr. 33)
(Gliederungs-Nr. 12.1. in der Tabelle Nr. 46 im Anhang Teil III)
(Grund der Auswahl I.b., III.e.)
5.7.7.2. Saxifraga tridactylites-Bestände
(Vegetationstabelle Nr. 33)
(Gliederungs-Nr. 12.2. in der Tabelle Nr. 46 im Anhang Teil III)
(Grund der Auswahl II.b., III.b.)
Saxifraga tridactylites hat sich in den letzten fünf Jahren an Bahngleisen im Ruhrgebiet explosionsartig ausgebreitet. An vielen Stellen zwischen Duisburg und Dortmund sind im Frühjahr die Gleise von einem hellrosa Schleier überzogen. Erst wenn sich die kleinen meist unter 10 cm hohen Steinbrechpflanzen kurze Zeit später zur Samenreife braunrot verfärben,

fallen sie stärker ins Auge. Zu diesem Zeitpunkt kann man sie selbst vom fahrenden Zug aus bemerken.

Trotz dieser Ausbreitung liegen erst wenige Aufnahmen derartiger Bestände aus dem Ruhrgebiet vor. Selbst in der umfangreichen Arbeit von REIDL (1989:211) ist nur eine Aufnahme enthalten. Offensichtlich waren die Bestände zum Zeitpunkt seiner Geländeuntersuchungen (1982-86) in Essen noch nicht so verbreitet. Auch bei GÖDDE (1986) fehlen entsprechende Aufnahmen aus dem Revier, während er zwei Belege aus dem Düsseldorfer Hafen mitteilen kann. Die Ausbreitung von Saxifraga tridactylites entlang von Bahngleisen ist nicht auf das Ruhrgebiet beschränkt, sondern wird aus dem Rheinland, Niedersachsen (BRANDES 1983, FEDER 1990) und Schleswig-Holstein (FABRICIUS 1989) berichtet.

Saxifraga tridactylites zählt zu den Arten (Cerastium semidecandrum, Erophila verna, Senecio viscosus u.a.), die durch die Herbizidanwendungen an den Gleisen indirekt gefördert werden. Sie hat ihren Entwicklungszyklus bereits abgeschlossen, wenn die ersten Spritzungen erfolgen. Legt man die Beobachtungen von den Industrieflächen zugrunde, gibt es allerdings kaum eine andere Art, die so eng an diesen Lebensraum gebunden ist.

Bei den untersuchten Industrieflächen sind die Saxifraga tridactylites-Bestände charakteristisch für die Flächen der Eisen- und Stahlindustrie. Auf allen Werksflächen dieses Industriezweiges, besonders aber auf der Westfalenhütte (Dortmund, A.HoWe) und dem Thyssen Werk Ruhrort (Duisburg, E.ThRu), bedecken sie große Teile der Werksgleise. Aus diesem Grund wird auch diese Einheit zu der industriezweigspezifischen Vegetation gezählt (siehe Kapitel 5.6.).

Fast alle Gleiskörper sind aus Kalkstein- und/oder Hüttenschlackenschotter aufgebaut, insofern sind dies die vorrangig besiedelten Substrate. Seltener sind Vorkommen an den Stellen, wo die Gleisschotter durch Transportverluste mit anderen Substraten wie Erz- oder Sinterstaub, Koks oder Kohle überlagert wurden. Die enge Bindung an die Stahlindustrie ist insofern bemerkenswert, als die Gleiskörper auf den Flächen der anderen beiden Industriezweigen aus gleichen Materialien bestehen und auch bei den Herbizideinsätzen kaum Unterschiede erkennbar sind.

Saxifraga tridactylites gilt nach OBERDORFER (1983a:490) als Verbandskennart des Alysso-Sedion und ist namengebend für das Saxifrago-Poetum compressi. Diese Pioniergesellschaft ist in Süddeutschland auf alten Mauern, Dächern oder ähnlichen Standorten relativ verbreitet. Neben dem Steinbrech sind Poa compressa und P. angustifolia, sowie verschiedene Sedum-Arten und weitere Therophyten v.a. Erophila verna und Arenaria serpyllifolia regelmäßig vertreten (KORNECK 1978:62).

Gegenüber den z.B. von KORNECK (1978) zusammengestellten Aufnahmen sind die bisher von Bahngleisen veröffentlichten Bestände in der Regel wesentlich artenärmer, was sicher mit der Herbizidbeeinflußung zusammenhängt. BRANDES (1983), GÖDDE (1986) und REIDL (1989) ordnen auch sehr fragmentarische Ausbildungen in das Saxifrago-Poetum ein. Demgegenüber wertet FABRICIUS (1989:50) entsprechende Bestände aus Schleswig-Holstein zunächst nur als Alysso-Sedion-Basalgesellschaft und begründet dies mit den unterschiedlichen Auffassungen zum Kennartenstatus von Saxifraga tridactylites sowie zur Zusammensetzung der Gesellschaft.

Der größte Teil der auf den Industrieflächen erhobenen Aufnahmen läßt sich nicht ohne weiteres dem Saxifrago-Poetum zuordnen. Nur bei Aufnahme 1 - 7 erscheint dies möglich, weil hier als kennzeichnende Trennart Poa compressa und/oder Cerastium pumilum als weitere Alysso-Sedion-Verbandskennart auftreten. Der Rest der Bestände ist zunächst nur als Alysso-Sedion-Basalgesellschaft zu werten (siehe FABRICIUS 1989:50). Verschiedene Ausbildungen der homogen zusammengesetzten und überwiegend zwischen 6 und 10 Arten beinhaltenden Bestände waren nicht zu beobachten. Die deduktive Klassifikation (siehe Kapitel 5.1.) ergibt folgende Aufteilung:

Bg. Saxifraga tridactylites (Alysso-Sedion) Aufnahme 9, 11, 14, 15, 16, 17, 20, 22
Bg. Saxifraga tridactylites (Alysso-Sedion/Sisymbrietalia) Aufnahme 8, 10, 13, 18, 19

Bald nach der Samenreife sind die vertrockneten Reste des Steinbrechs fast völlig verschwunden. Sofern es sich nicht um intensiv genutzte Gleise handelt, kann an diesem Standort im Laufe des Sommers eine andere Vegetationseinheit, z.B. die Conyza canadensis-Sencio viscosus-Gesellschaft (siehe DETTMAR et al. 1991) entstehen.

An stillgelegten oder nicht mehr regelmäßig gespritzten Gleisen wird der konkurrenzschwache Steinbrech schnell verdrängt. Beobachtet wurden sowohl dichte Poa compressa-Bestände als auch die Zunahme von Arenaria serpyllifolia und Hypericum perforatum.

Ob die Verbreitung des kleinen Steinbreches ausschließlich ripochor erfolgt, wie BRANDES (1983) angibt, erscheint nach den Beobachtungen von drei Vegetationsperioden (1988-1990) auf den Industrieflächen zweifelhaft. Das starke Vordringen der Art auf bisher nicht besiedelte Gleisflächen legt die Vermutung nahe, daß hier auch der Wind bzw. der Transport durch die Züge eine Rolle spielen muß.

Saxifraga tridactylites ist ein Beispiel für eine heimische Art, die z.B. in Nordrhein-Westfalen lange Zeit relativ selten war, und sich jetzt plötzlich auf urban industriellen Standorten, speziell Bahngleisen, stark ausbreitet. Auch wenn die Art im Ruhrgebiet inzwischen weiter verbreitet ist, liegt der Schwerpunkt ihres Vorkommens zur Zeit (Stand 1989 !) noch auf Industrieflächen (siehe Kapitel 5.6.).

- **Sedo-Scleranthetea-Einheiten, die nicht weiter zugeordnet werden können.**

5.7.7.3. Vulpia myuros-Bestände
(Vegetationstabelle Nr. 34)
(Gliederungs-Nr. 12.3. in der Tabelle Nr. 46 im Anhang Teil III)
(Grund der Auswahl II.b.)
Auch die Bestände des Mäuseschwingels sind fast nur auf den Probeflächen der Eisen- und Stahlindustrie vertreten, weshalb sie ebenfalls zu der industriezweigspezifischen Vegetation gezählt werden (siehe Kapitel 5.6.).

Die kleinen geschlossenen Vorkommen stehen vor allem an Gleisen und Lagerplätzen auf sehr trockenen skelettreichen Böden, die meistens nur aus Hüttenschlacke bestehen. Viele dieser Wuchsorte unterliegen Störungen durch Tritt oder Herbizideinsatz.

Vulpia gilt als Kennart des Filagini-Vulpietum, einer Thero-Airion-Gesellschaft, die vor allem im Oberrheingebiet verbreitet ist. Der Mäuseschwingel hat sich in den letzten Jahren großräumig entlang von Eisenbahnanlagen und in Industriegebieten ausgebreitet (BRANDES 1983, MÜLLER 1987) und ist hier unterschiedlich vergesellschaftet. Entsprechend der floristischen Zusammensetzung wurden Vulpia-Bestände aus dem besiedelten Bereich den Plantaginetea, dem Dauco-Melilotion, dem Sisymbrion oder den Agropyretea zugeordnet (siehe BRANDES 1983, MÜLLER 1987, REIDL 1989). Aufnahmen der Bestände von ruderalen Standorten mit stärkerer Beteiligung von Sandtrockenrasenarten geben u.a. DETTMAR (1986), GÖDDE (1986), REIDL (1989), FABRICIUS (1989) an.

Obwohl die in Vegetationstabelle Nr. 34 zusammengefaßten Bestände floristisch unterschiedlich zusammengesetzt sind, wirken sie physiognomisch recht einheitlich und sind im Gelände deutlich von angrenzenden Gesellschaften abgegrenzt. Die leicht überhängenden Rispen von Vulpia myuros bestimmen den optischen Eindruck.

Die Ausbildung mit Poa annua (Aufnahme 1 -5) ist beschränkt auf wenig genutzte oder stillgelegte Lagerplätze. Insofern ist sie eines der wenigen Beispiele für Untereinheiten, die an bestimmte Lebensraumtypen gebunden sind.

In der Unterausbildung von Epilobium angustifolium und Arrhenatherum elatius ist der Anteil begleitender Sedo-Scleranthetea-Arten von allen Aufnahmen am höchsten. Die Aufnahmen stammen von einem ehemaligen Kokslager, das schon seit mehreren Jahren brach liegt. Die Vegetationsentwicklung auf diesen fast feinmaterialfreien, stark austrocknenden Böden aus Koks und Hochofenschlacke verläuft sehr langsam.

Der Rest der Aufnahmen wurde an Gleisen oder in nicht genutzten Restflächen aufgenommen und tendiert dem Arteninventar nach mehr zu den Chenopodietea oder den Artemisietea. Obwohl die ruderalen Florenelemente in den Beständen überwiegen, sollen sie aufgrund der soziologischen Zugehörigkeit von Vulpia myuros zunächst noch in die Sedo-Scleranthetea eingeordnet werden.

Weitere Bestände dieser Art aus dem besiedelten Bereich beschreiben u.a. LAMPIN (1969), KIENAST (1978c) und BRANDES (1989).

5.7.7.4. Cerastium pumilum agg.-Bestände
(Vegetationstabelle Nr. 35)
(Gliederungs-Nr. 12.5. in der Tabelle Nr. 46 im Anhang Teil III)
Nachdem im Gelände in der ersten Vegetationsperiode zunächst nur zwischen Cerastium semidecandrum und C. pumilum agg. unterschieden wurde, erbrachte die Nachbestimmung zahlreicher Herbarbelege, daß auf den Probeflächen sowohl Cerastium pumilum s.str. als auch Cerastium glutinosum vorkommen. Die Unterscheidung basiert auf den bei HAEUPLER (1968) dargestellten Merkmalen (durch H. KUTZELNIGG, Duisburg bestätigt). Cerastium pumilum s.str. war bisher für das Ruhrgebiet nicht belegt (siehe Kapitel 4.4. und DÜLL & KUTZELNIGG 1987:323). Ältere Angaben wurden für Fehlbestimmungen von Cerastium glutinosum gehalten.

Die bei HAEUPLER (1968) angegebenen Bestimmungsmerkmale lassen sich auch im Gelände gut anwenden. Die "reinen" Formen überwiegen zwar eindeutig, Schwierigkeiten bereiten jedoch verschiedene Übergangsformen zwischen C. pumilum und C. glutinosum mit z.B. extrem schmalen Hauträndern an den unteren, zusätzlich auch noch leicht behaarten Tragblättern. Hierbei handelt es sich vermutlich um Bastarde, die entstehen, wenn beide Arten nebeneinander vorkommen.

Die drei Cerastium-Arten wachsen auf ähnlichen Standorten, bevorzugt an den Werksgleisen, auf gelegentlich betretenen Stellen, die noch im Einwirkungsbereich der Herbizide liegen. Standortunterschiede sind nicht erkennbar. Auffällig ist nur, daß meistens eine der Hornkrautarten deutlich dominiert.

Die Deckung der Krautschicht liegt um 50 %, die Moosschicht ist in der Regel gut ausgebildet. Die Krautschicht wird kaum über 20 cm hoch. Neben den beherrschenden Cerastium-Arten sind Conyza canadensis, Poa annua und Arenaria serpyllifolia regelmäßig vorhanden.

5.7.7.4.1. Cerastium glutinosum-Bestände (Aufnahme 15 - 30)
(Vegetationstabelle Nr. 35)
(Gliederungs-Nr. 12.5.1. in der Tabelle Nr. 46 im Anhang Teil III)
(Grund der Auswahl III.a.)

Die durchschnittliche Artenzahl dieser Cerastium-Bestände ist mit 10,3 etwas niedriger als die von C. pumilum (12,2). Trennarten gegenüber den C. pumilum-Beständen lassen sich nicht differenzieren. Einzig Tripleurospermum indorum weist in diese Richtung. Ein stärkeres Vorkommen von Poa annua gegenüber den C. pumilum-Beständen könnte ein Hinweis darauf sein, daß diese Standorte etwas häufiger betreten werden. Auch die deduktive Klassifikation ergibt stärkere Bezüge zu den Trittrasen:

Bg. Cerastium glutinosum (Sedo-Scleranthetea) Aufnahme 23, 24, 26, 29, 30
Bg. Cerastium glutinosum (Sedo-Scleranthetea/Sisymbrion) Aufnahme 7, 8, 9, 10, 11, 12
Bg. Cerastium glutinosum (Sedo-Scleranthetea/Chenopodietea) Aufnahme 25
Bg. Cerastium glutinosum (Sedo-Scleranthetea/Plantaginetea) Aufnahme 16, 20, 27, 28

Ähnliche Bestände hat bisher nur FEDER (1990:152) von Bahnhöfen aus Hannover beschrieben.

5.7.7.4.2. Cerastium pumilum s.str.-Bestände (Aufnahme 1 - 14)
(Vegetationstabelle Nr. 35)
(Gliederungs-Nr. 12.5.2. in der Tabelle Nr. 46 im Anhang Teil III)
(Grund der Auswahl I.a., I.d., II.b., III.a.)

Cerastium pumilum gilt als schwache Kennart des Cerastietum pumili (OBERDORFER 1983:375), einer auf Felsen, Klippen und Erosionsanrissen in Süddeutschland relativ häufigen Alysso-Sedion-Gesellschaft. Diese z.B. bei KORNECK (1978:53) dokumentierte Gesellschaft unterscheidet sich in ihrer floristischen Zusammensetzung erheblich von den hier vorgestellten Beständen. Eine Einbeziehung in diese Gesellschaft ist nicht möglich. Inwieweit Cerastium pumilum als Alysso-Sedion-Verbandskennart angesehen werden kann, ist unklar, weshalb sie hier zunächst nur als Klassenkennart gewertet wird.

Bromus tectorum und Crepis tectorum können als Trennarten gegenüber den Cerastium glutinosum-Beständen dienen. Wie bei den Cerastium semidecandrum-Beständen gibt es fließende Übergänge zu Sisymbrion-Einheiten, wie z.B. der Arenaria serpyllifolia-Bromus tectorum-Gesellschaft (siehe Kapitel 5.7.2.1.1.). Stellenweise lassen sich die Cerastium pumilum-Bestände auch als Faziesbildung auffassen.

Die deduktive Klassifikation (siehe Kapitel 5.1.) ergibt folgende Aufteilung:

Bg. Cerastium pumilum (Sedo-Scleranthetea) Aufnahme 1, 2, 3, 4, 6, 14
Bg. Cerastium pumilum (Sedo-Scleranthetea/Sisymbrion) Aufnahme 7, 8, 9, 10, 11, 12
Bg. Cerastium pumilum (Sedo-Scleranthetea/Plantaginetea) Aufnahme 5

Die Verteilung der beiden Arten auf den Probeflächen ist unterschiedlich. Während C. pumilum schwerpunktmäßig auf den Flächen der Eisen- und Stahlindustrie vorkommt (siehe Kapitel 5.6.), ist C. glutinosum gleichmäßiger verteilt und insgesamt auch etwas häufiger.

Ruderale Bestände von Cerastium pumilum agg. sind bislang kaum beschrieben worden. Im Ruhrgebiet sind sie offenbar vor allem auf Industrieflächen verbreitet, weshalb sie hier zur industrietypischen Vegetation gezählt werden (siehe Kapitel 5.6.).

Allerdings sind die Kenntnisse über das Vorkommen der beiden Cerastium-Sippen noch nicht ausreichend, um dies abschließend beurteilen zu können. Aus diesem Grund muß auch die Einstufung der Einheiten als "industrietypisch" (Kapitel 5.6.) mit einem Fragezeichen versehen werden.

5.7.7.5. Petrorhagia prolifera-Bestände
(Gliederungs-Nr. 12.8. in der Tabelle Nr. 46 im Anhang Teil III)
(Grund der Auswahl I.a., I.d., III.d.)
Die Sprossende Felsennelke zählt in Nordrhein-Westfalen zu den gefährdeten Arten (siehe WOLFF-STRAUB et al. 1988), besonders in den westfälischen Landesteilen ist sie sehr selten. Während sie sich im westlichen Ruhrgebiet um Duisburg auf warmen industriellen Standorten ausbreitet (siehe DÜLL & KUTZELNIGG 1987:341), hat sie im östlichen Teil des Reviers nach wie vor nur wenige Vorkommen (BÜSCHER mdl. Auskunft 1988).

Aus diesem Grund war der relativ große Bestand von mehreren hundert blühenden Exemplaren auf dem Bochumer Krupp-Hüttenwerk (B.KrHö) ein bemerkenswertes Vorkommen. Der Fundort lag zwischen den Zufahrtsgleisen eines stillgelegten Siemens-Martin-Stahlwerk.

Derartige Bestände sind bislang nicht beschrieben worden (siehe Kapitel 5.4.). Die wenigen, bislang aus dem Ruhrgebiet bekannten Vorkommen dieser Bestände liegen ausschließlich auf Industrieflächen (siehe Kapitel 5.6.).

Einzelaufnahme Nr. 981; Datum 8.88; Stadt Bochum; Industriefläche Krupp Werk Höntrop; Biotoptyp D/3; Substrat Hüttenschlacke-Aschegemisch; Gesamtdeckung Vegetation 45 %; Deckung Krautschicht 42 %; Deckung Moosschicht 3 %; Max. Höhe Krautschicht 80 cm; Größe der Aufnahmefläche 2 m²; Artenzahl 23;

Petrorhagia prolifera 2

K. Sedo-Scleranthetea: Erodium cicutarium 1

Sonstige: Conyza canadensis 2, Linaria vulgaris 1, Erodium cicutarium 1, Artemisia vulgaris 1, Plantago lanceolata +, Arenaria serpyllifolia +, Poa compressa +, Solidago gigantea +, Carduus acanthoides +, Poa angustifolia +, Hypericum perforatum +, Diplotaxis tenuifolia +, Medicago lupulina +, Taraxacum officinale +, Epilobium ciliatum r, Achillea millefolium agg. r, Epilobium hirsutum r, Senecio vulgaris r, Cirsium arvense r;

Moose: Bryum argenteum 1, Ceratodon purpureus +

Leider wurde dieses Vorkommen nach dem Abriß des alten Stahlwerkes 1988 durch die Umwandlung des Bereiches in einen Zierrasen vernichtet.

5.7.7.6. Acinos arvensis-Bestand
(Gliederungs-Nr. 12.9. in der Tabelle Nr. 46 im Anhang Teil III)
(Grund der Auswahl I.a., I.c., III.d.)
Noch seltener als die zuvor erwähnte Art ist im Untersuchungsgebiet der Steinquendel. Ein kleiner lückiger Bestand dieser seltenen Sandtrockenrasenart wächst auf dem Gelände des Thyssen Werkes in Oberhausen (C.ThOb). Dies ist das einzige bisher dokumentierte Vorkommen eines derartigen Bestandes im Ruhrgebiet. Entsprechend ist auch dieser Bestand zur industrietypen Vegetation zu zählen (siehe Kapitel 5.6.).

An dem Standort hat man vor einigen Jahren einen stark kalkhaltigen Schlackensand abgelagert, der stellenweise stark verfestigt ist.

Einzelaufnahme Nr. 1501; Datum 8/89; Stadt Oberhausen; Industriefläche Thyssen Oberhausen; Biotoptyp I/3; Substrat A5 3; Substrat Ergänzungen b38; Gesamtdeckung Vegetation 90 %; Deckung Krautschicht 40 %; Deckung Moosschicht 70 %; Max. Höhe Krautschicht 40 cm; Größe d. Aufnahmefläche 5 m²; Artenzahl 15

Acinos arvensis 2;

Sonstige Arten: Plantago lanceolata 2, Arenaria serpyllifolia 1, Conyza canadensis 1, Epilobium ciliatum +, Artemisia vulgaris +, Medicago lupulina +, Tanacetum vulgare +, Taraxacum officinale r, Epilobium angustifolium r°, Tripleurospermum inodorum r°, Hieracium laevigatum r°, Leontodon saxatilis r;

Moose: Barbula convoluta 3, Ceratodon purpureus 2

5.7.8. Schlaggesellschaften und Vorwald-Gehölze
- Klasse Epilobietea angustifolii Tx. et Prsg. in Tx. 50

-- Ordnung Atropetalia Vlieg. 37

--- Verband Sambuco-Salicion Tx. 50

5.7.8.1. Betula pendula-Bestände
(Vegetationstabelle Nr. 36)
(Gliederungs-Nr. 13.2. in der Tabelle Nr. 46 im Anhang Teil III)
(Grund der Auswahl II.d., III.b.)
Pionierwaldgesellschaften haben auf den Industrieflächen einen großen Anteil an der spontanen Vegetation, speziell auf den schon längere Zeit brachliegenden Bereichen. Die beiden häufigsten Pioniergehölze sind Salix caprea und Betula pendula (siehe Kapitel 4.2.). Beide haben ein breites Standortspektrum. Nur auf sehr nährstoffarmen oder trockenen Böden ist die

Birke der Salweide überlegen. Hier entstehen oft reine Birkengehölze (siehe OBERDORFER 1978:327), die sich in der Struktur und teilweise auch der floristischen Zusammensetzung deutlich von der durch Salix caprea gekennzeichneten Pionierwaldgesellschaft, dem Epilobio-Salicetum, unterscheiden.

Das Epilobio-Salicetum fehlt auf fast keiner Probefläche und zählt zu den häufigsten Gesellschaften auf den Industrieflächen überhaupt (siehe Kapitel 5.2.). Die Einheit hat hier eine sehr vielfältige Struktur und tritt in zahlreichen Ausbildungen auf (siehe ausführliche Beschreibung bei DETTMAR et al. 1991).

Demgegenüber sind die reinen Birkenbestände vor allem auf den Flächen der chemischen Industrie und des Bergbaus verbreitet. Hier besiedeln sie großflächig das anstehende nährstoffarme Bergematerial. Die durchschnittliche Artenzahl ist mit 16,1 (5 - 31) gegenüber dem Epilobio-Salicetum 19,8 (5 - 30) etwas niedriger, was mit den extremeren Standortbedingungen zusammenhängt (siehe DETTMAR et al. 1991).

Große Bedeutung haben die Birkenbestände bei der spontanen Begrünung von Bergehalden im Ruhrgebiet. Allerdings verhindert eine künstliche Begrünung oft das Entstehen entsprechender Bestände.

Reine Birkenbestände auf Hüttenschlacke, Bauschutt, Sand oder Asche kommen ebenfalls vor. Hier hängen die Dominanz der Birke bzw. das Fehlen der Salweide, meist mit der Trockenheit oder der extremen Flachgründigkeit der Standorte zusammen. Oft sind allerdings die Übergänge zum Epilobio-Salicetum fließend.

Die Palette der vielgestaltigen Gesellschaft reicht von älteren, annähernd waldartigen Beständen mit geschlossener Baumschicht, über dichte Strauchbestände bis hin zu lückigen Initialstadien. Darüberhinaus sind, wie erwähnt, auch die besiedelten Substrate unterschiedlich. All dies bewirkt eine große floristische Heterogenität, die einzigen etwas steter auftretenden Arten neben Betula pendula sind Epilobium angustifolium, Holcus lanatus, Cerastium holosteoides und Ceratodon purpureus.

Dementsprechend bereitet es Schwierigkeiten einen dichtgeschlossenen ca. 70 Jahre alten bis 15 m hohen Birken-Bestand mit einem lückigen kaum 50 cm hohen Gestrüpp derselben Gehölzart in einer Gesellschaft zusammenzufassen. Um diese Vielfalt übersichtlich darzustellen, wurde in der Tabelle neben der floristischen auch eine strukturelle Gliederung durchgeführt. Am besten geeignet erwies sich eine Einteilung nach der (geschätzten) Höhe der beteiligten Gehölze:

Baumschicht > 5 m Höhe	"Baumstadium"
Strauchschicht 5 - 1,5 m Höhe	"Strauchstadium"
Krautschicht < 1,5 m Höhe	"Krautstadium"

Ist die Deckung der Baumschicht größer als 20 % wird die Aufnahme entsprechend in das "Baumstadium" eingereiht usw.

- "Baumstadien" der Betula pendula-Bestände (Aufnahme 1 - 17)

Die "Baumstadien" der reinen Birkenbestände sind gegenüber denen des Epilobio-Salicetum wesentlich lichter (vergleiche DETTMAR et. al. 1991). Die Baumschicht ist nur selten völlig geschlossen. Obwohl die Bestände wesentlich lichtdurchlässiger sind, ist die Krautschicht stellenweise nur sehr schwach ausgebildet.

In diesem Zusammenhang ist es wichtig daraufhinzuweisen, daß ein Teil der Aufnahmen aus gepflanzten Beständen stammt (Aufnahme 1 - 8). Wenn frische Bergematerialablagerungen direkt aufgeforstet werden, fehlt selbst nach mehreren Jahrzehnten in den Beständen eine geschlossene Krautschicht. Hat sich der Gehölzbewuchs als Ergebnis einer Sukzession natürlich entwickelt, ist die Krautschicht meist geschlossen (siehe JOCHIMSEN 1987).

Die Aufnahmen 1 - 5 dokumentieren ca. 40 - 50 Jahre alte Birkenpflanzungen auf der Zechenbrache Zollverein 12 in Essen (L.ZeZo). Die Birke wurde hier auf den steilen Böschungen kleinerer Bergehalden sowie in Gleiszwischenflächen gesetzt. Die nur lückenhaft ausgebildete Krautschicht ist gekennzeichnet durch Avenella flexuosa, Dryopteris dilatata und Pteridium aquilinum (Aufnahme 2 - 5). Diese Anklänge an eine "natürliche" Birken-Eichengesellschaft" sind insofern bemerkenswert, als ähnliche Artenkombinationen in den spontan aufgewachsenen Beständen auf den Probeflächen nicht auftreten. Allerdings berichtet REIDL (1989:250) über eine Avenella-Ausbidung einer spontan aufgewachsenen "Betula pendula-Vorwaldgesellschaft".

An besser mit Nährstoffen oder Basen versorgten Stellen treten in den Baumstadien der Birkenbestände, wie beim Epilobio-Salicetum (siehe DETTMAR et al. 1991), Urtica dioica und Poa trivialis als Trennarten auf. Einige der Standorte waren vermutlich zu Beginn der Sukzession zu trocken für Salix caprea, an anderen Stellen ist es vielleicht auch nur Zufall, daß die Weide ausbleibt.

-"Strauchstadium" der Betula pendula-Bestände (Aufnahme 18 - 30)

Die Gesamtdeckung der Vegetation ist in den "Strauchstadien" trotz fehlender Baumschicht kaum geringer, was hier aber vor allem mit einer dichteren Kraut- und Mooschicht zusammenhängt. Floristisch sind sie, wenn auch nur schwach, durch Cirsium arvense und Conyza canadensis von den "Baumstadien" abgrenzbar.
Die Ausbildungen mit Eupatorium cannabinum (Aufnahme 18 - 24) und Festuca rubra (Aufnahme 25 - 28) bewachsen ähnliche Standorte (u.a. ehemalige Kokslager). Demgegenüber stammen die Aufnahmen der trennartenfreien Ausbildung (Aufnahme 29 - 30) von Beständen auf Bergematerialablagerungen, denen die Krautschicht fast völlig fehlt.

- "Krautschichtstadium" der Betula pendula-Bestände (Aufnahme 31 - 35)

Auf frischen Bergematerialablagerungen übernehmen Birken stellenweise die Initialbesiedlung. Derartige Pionierstadien können sich direkt zu mehr oder weniger geschlossenen Birkengebüschen weiterentwickeln. Floristisch lassen sich diese Pionierstadien nicht von den Strauchstadien abgrenzen.

Kleinflächig kann man Birkenbestände vielerorts in Städten beobachten, mit größerer Ausdehnung treten sie aber meist nur auf Bahn-, Industrie- oder Gewerbebrachen sowie Bergehalden auf. Im Ruhrgebiet können sie als typisch für Zechenbrachen gelten (siehe Kapitel 5.6.) und haben insgesamt gesehen den Schwerpunkt ihres Vorkommens auf industriell geprägten Flächen (siehe Kapitel 5.6.).

Entsprechende Bestände werden in der Literatur wiederholt als "Birken-Vorwald-Gesellschaft" beschrieben (siehe u.a. KOWARIK 1982, ASMUS 1987, REIDL 1989).

5.7.8.2. Buddleja davidii-Betula pendula-Gesellschaft
(Vegetationstabelle Nr. 37)
(Gliederungs-Nr. 13.4. in der Tabelle Nr. 46 im Anhang Teil III)
(Grund der Auswahl III.b.)
Der ostasiatische Neophyt Buddleja davidii wurde als Zierstrauch in Europa eingeführt und verwilderte aus den Gärten an besonders wärmebegünstigten Standorten. Erste größere Bestände fielen in einigen Städten an den Trümmerbergen des zweiten Weltkriegs auf. Der farbenfrohe Zierstrauch wird auch heute noch gerne in Gärten und Anlagen verwendet. Wegen der Anziehungskraft seiner Blütenstände auf Schmetterlinge nennt man ihn auch "Schmetterlingsstrauch". Neben der Stammform mit violetten Blütenrispen, gibt es auch eine weiße Form. Beide Formen treten auch spontan auf.

Weil der Zierstrauch keine großen Ansprüche an die Bodenverhältnisse stellt, größere Trockenheit und auch stärkere Staubimmissionen verträgt, wird er auch auf Industrieflächen oft zur Begrünung eingesetzt. Auf diesen trockenen warmen Standorten verwildert er entsprechend häufig.

Im westlichen Ruhrgebiet, vor allem in Rheinnähe, sind spontane Vorkommen von Buddleja davidii häufig. In Duisburg, Oberhausen und Mühlheim findet man ihn vielerorts auf trockenen Ruderalstellen im Stadtbereich (siehe DÜLL & KUTZELNIGG 1987:60). Im östlichen Teil, von Essen bis Dortmund, ist er dagegen wesentlich seltener und nur noch auf sehr warmen, meist industriell geprägten Standorten zu finden. Insgesamt gesehen hat Buddleja und die von ihr gebildete Gesellschaft deutlich einen Schwerpunkt auf Industrieflächen (siehe Kapitel 5.6.). Südlich des Ruhrgebietes ist die Art z.B. in Düsseldorf, Köln und Aachen regelmäßig über das gesamte Stadtgebiet vertreten (DIESING & GÖDDE 1989).

Geschlossene Bestände des Schmetterlingsstrauches gibt es nur auf einigen der untersuchten Werksflächen. Meist bleiben diese in ihrer Ausdehung unter 50 m². Die meisten Aufnahmen von Buddleja-Gebüschen stammen von den benachbarten Flächen des Thyssen Werkes Ruhrort (E.ThRu) und der Zechenbrache Fr. Thyssen 4/8 in Duisburg (N.ZeTh).

Die Gebüsche sind sowohl von ihrer Struktur als auch von der floristischen Zusammensetzung her unterschiedlich. Das Spektrum reicht von lückigen Initialstadien bis zu älteren dicht geschlossenen, relativ krautschichtarmen Gebüschen. REIDL (1989:256) unterscheidet deshalb nach der Struktur zwischen "offenen Pionierbeständen", bis 2m hohen "geschlossenen Beständen" und "dichten Gebüschen" über 2 m. Floristisch läßt sich diese Unterteilung allerdings nicht nachvollziehen, weshalb sie hier nicht verwendet wird.

Neben dem Sommerflieder sind an weiteren Gehölzpionieren häufig Salweide und Sandbirke beteiligt. Dies gilt sowohl für die noch lückigen, oft unter 1 m hohen Pionierstadien, wie für die bis über 3 m hohen geschlossenen Gebüsche. Soweit sie nicht aus Gehölzjungwuchs besteht, ist die Krautschicht heterogen zusammengesetzt. Relativ konstant treten neben Epilobium angustifolium die Artemisietea-Arten Artemisia vulgaris, Urtica dioica, Eupatorium cannabinum, Solidago canadensis und Cirsium vulgare, sowie die Sisymbrietalia bzw. Sisymbrion-Arten Tripleurospermum inodorum und Conyza canadensis auf. Weiterhin sind Cirsium arvense und Arenaria serpyllifolia häufig. Der hohe Anteil an lichtliebenden Ruderalarten macht deutlich, daß auch die älteren Gebüsche noch relativ durchlässig sind. Außerdem macht sich bei diesen meist kleinen Gebüschen auch der Seitenlichteinfall deutlich bemerkbar.

Die Wuchsorte der Bestände sind vor allem nicht genutzte Rest- oder Teilflächen, stillgelegte Gleisbereiche oder Lagerplätze. Die anstehenden Böden sind durchweg extrem trockene, fast feinmaterialfreie Skelettböden aus Bauschutt, Hüttenschlacke oder Koks. Die dunklen, meist locker aufgeschütteten oder extrem flachgründigen Substrate heizen sich in der Sonne stark auf und trocknen weitgehend aus. An diesen Stellen ist Buddleja bei der Initialbesiedlung gegenüber den sonst hier dominierenden krautigen Ruderalarten durchaus konkurrenzfähig.

Die Ausbildung mit Plantago major (Aufnahme 1 - 8) wächst auf basen- oder kalkreichen Substraten (Bauschutt, Hüttenschlacke). Eine lokale Besonderheit der Zechenbrache Thyssen 4/8 (N..ZeTh) stellt die Unterausbildung mit Inula conyza dar.

Wesentlich basenärmer sind die bergematerialhaltigen Böden, die von der Ausbildung mit Clematis vitalba (Aufnahme 9 - 10) eingenommen werden. Gegenüber den beiden bisher erwähnten Ausbildungen ist die von Solidago gigantea (Aufnahme 11 - 14) charakteristisch für etwas frischere Standorte. Sie ist auf verdichtete Böden an Lagerpläzen beschränkt und ein Beispiel einer "lebensraumspezifischen" Untereinheit.

Die trockensten und/oder flachgründigsten Stellen besiedelt die trennartenfreie und im Durchschnitt gesehen auch artenärmste Ausbildung (Aufnahme 15 - 18). Sie wächst z.B. auf ehemaligen Kokslagern, wo die Substrate vor allem aus Koksresten bestehen.

In der Literatur hat man Buddleja-Bestände wiederholt als initiale Übergangsgesellschaft mit nur kurzer Lebensdauer aufgefaßt (REIDL 1989, DIESING & GÖDDE 1989). Nach DIESING & GÖDDE (1989) führt die weitere Entwicklung zum Epilobio-Salicetum.

Die ältesten auf den Probeflächen beobachteten Bestände sind ca. 10 - 15 Jahre alt (Zechenbrache Fr. Thyssen 4/8 N.ZeTh). Über die weitere Entwicklung kann noch keine Aussage getroffen werden, die Gebüsche machen einen stabilen Eindruck. Berücksichtigen muß man dabei allerdings, daß Buddleja nicht völlig frosthart ist und in kalten Wintern zurückfriert, so daß heimische Gehölze dann eventuell einen Vorteil haben. Außerdem sind die meisten der Gebüsche so klein, daß sie seitlich überwachsen werden können. Ob allerdings das Epilobio-Salicetum an allen Standorten die nächste Entwicklungsstufe ist, erscheint zweifelhaft, weil diese Gesellschaft extrem trockene Standorte meidet.

Wegen der steten Vergesellschaftung von Buddleja und Betula pendula werden die Gebüsche hier vorläufig als Buddleja davidii-Betula pendula-Gesellschaft bezeichnet. Das stete Auftreten von Salix caprea und Epilobium angustifolium ermöglicht eine Einordnung in die Epilobietea. Als echte Pioniergebüsche passen sich die Sommerfliederbestände hier gut ein. Die Verwandtschaft zum Epilobio-Salicetum ist groß, Übergänge sind häufig. Trotzdem besiedelt diese Gesellschaft deutlich trockenere und wärmere Standorte. Gegenüber den reinen Betula pendula-Beständen benötigen die Buddleja-Gebüsche stärker kalk- bzw. basenreiche Substrate.

GÖDDE (1986), REIDL (1989) und DIESING & GÖDDE (1989) weisen darauf hin, das Sommerfliederbestände vor allem typisch sind für Industrie- und Gewerbebrachen. Auch in England, wo sich die Art bereits wesentlich früher als auf dem Kontinent ausbreitete (siehe MÜLLER 1987b), ist sie in manchen Städten der typische Industriebrachenbesiedler (siehe GILBERT 1983). Weitere Bestände aus dem besiedelten Bereich dokumentieren u.a. BORNKAMM (1974) und BRANDES (1989b).

- **Epilobietea-Bestände, die nicht weiter zugeordnet werden können**

5.7.8.3. Hypericum hirsutum-Bestand
(Gliederungs-Nr. 13.6. in der Tabelle Nr. 46 im Anhang Teil III) (Grund der Auswahl I.a., I.d., III.d.)

Hypericum hirsutum ist eine typische Art der Waldschlaggesellschaften, Verlichtungsstellen und Waldwege. Sie gilt als Atropion-Verbandskennart (OBERDORFER 1983a:662). Im Ruhrgebiet ist sie sehr selten. Für den Duisburger Raum vermuten DÜLL & KUTZELNIGG (1987:332) sogar, daß sie verschollen ist.

Ruderale Bestände dieser Art sind bisher nicht bekannt geworden, insofern überraschte der Fund eines ca. 10 m² großen Bestandes auf der Zeche Zollverein (L.ZeZo). Das Johanniskraut wächst hier an einem schon lange stillgelegten Gleis, auf einem Gemisch aus Gleisschotter (Kalkstein), Hüttenschlacke, Koks, Sand und Resten der Bahnschwellen.

Obwohl die Art als Atropion Verbandskennart gilt, wird der Bestand hier zunächst nur als ranglose Einheit in die Klasse der Epilobietea gestellt. An weiteren Epilobietea-Arten treten Epilobium angustifolium und Salix caprea auf.

Vegetationsaufnahme Nr. 414; Datum 6/88; Stadt Essen; Industriefläche Zeche Zollverein 1/3; Biotoptyp D/2; Substrat Gemisch aus Kalksteinschotter, Hüttenschlackeschotter, Koks, Sand und Holzstücke der Schwellen; Gesamtdeckung Vegetation 60 %; Deckung Krautschicht 55 %; Deckung Moosschicht 10 %; Max. Höhe Krautschicht 130 cm; Größe d. Aufnahmefläche 6 m²; Artenzahl 23;

        Hypericum hirsutum 3,

K/D Epilobietea: Epilobium angustifolium +, Salix caprea juv. +, Betula pendula juv. +,

Sonstige: Arenaria serpyllifolia 1, Cirsium arvense 1, Rubus fruticosus agg. 1, Solidago gigantea 1, Poa pratensis 1, Holcus lanatus +, Rumex crispus +, Scrophularia nodosa +, Rorippa palustris +, Geranium robertianum +, Hypericum perforatum 1, Hieracium sabaudum r, Taraxacum officinale r, Epilobium ciliatum, Galium aparine r, Viola arvensis, Conyza canadensis r,

Moose: Ceratodon purpureus 2, Bryum caespiticium +

5.7.9. Europäische Sommerwälder und Sommergebüsche
- Klasse Querco-Fagetea Br.-Bl. et Vlieg. 37

-- Ordnung Prunetalia Tx. 52

--- Verband Pruno-Rubion fructicosi Doing 62 corr.
(Rubion subatlanticum Tx. 52)

---- Unterverband Pruno-Rubenion Oberd. 87

- Vorbemerkung zu Brombeergebüschen

Die Vielfalt der Brombeerarten auf den Industrieflächen ist überraschend (siehe Kapitel 4.2.). Die Identifizierung der verschiedenen Brombeeren ist bekanntermaßen nicht ganz einfach. Die Bestimmung richtete sich hier nach dem Schlüssel für Westfalen von WEBER (1985). Viele Brombeerexikate wurden von H.E. WEBER überprüft. Nur von den häufigsten Brombeerbeständen wurden Aufnahmen angefertigt. Die soziologische Einordnung ruderaler Brombeerbestände ist schwierig, da es an entsprechenden Vergleichsaufnahmen fehlt.

Aus Gründen der Einheitlich- und Übersichtlichkeit, und weil es hier nicht um die Klärung synsystematischer Fragen geht, wird hier die bei OBERDORFER (1987) angegebene Gliederung der Gebüsche verwendet. Die soziologische Zuordnung der einzelnen Brombeerarten kann unterschiedlich beurteilt werden, je nachdem, ob man ihre Vergesellschaftung auf weiter gefaßte Einheiten bezieht (siehe OBERDORFER 1987), oder in engerer Betrachtung als Kennarten eigener Brombeergesellschaften (siehe WEBER 1985) ansieht (WEBER in OBERORFER 1983:511). Eine bessere Fassung der zahlreichen Brombeerbestände ermöglicht der von WEBER.(1985) verwendete Gliederungsansatz.

5.7.9.1. Rubus corylifolius agg.-Bestände
(Vegetationstabelle Nr. 38)
(Gliederungs-Nr. 14.4. in der Tabelle Nr. 46 im Anhang Teil III)
(Grund der Auswahl I.a. I.d.)

Neben den beiden auf den Industrieflächen besonders häufigen Eufructicosi-Arten Rubus armeniacus und R. elegantispinosus (siehe Kapitel 4.2. und ausführliche Darstellung bei DETTMAR et al. 1991) treten vor allem Brombeeren der Sektion Corylifolii auf. Die Sippen dieser Sektion treten bevorzugt im ortsnahen Bereich an subruderalen Standorten auf und sind z.B. in waldreichen Gebieten selten (WEBER 1985:377).

Zu der Sammelart Rubus corylifolius agg. gehören neben zahlreichen gut bestimmbaren und weit verbreiteten Brombeersippen auch viele nicht näher bekannte Bastarde bzw. Lokalsippen (siehe DIESING & GÖDDE 1989). Auf den Industrieflächen sind diese lokalen Bildungen allerdings eher die Ausnahme. Am häufigsten sind Rubus camptostachys und R. nemorosus, die auf verschiedenen Werken Dominanzbestände ausbilden. Seltener wurden Gebüsche aus Rubus incisior, R. calvus oder R. nemorosoides erhoben. Dominanzbestände anderer Rubus corylifolius-Sippen wurden nicht beobachtet.

5.7.9.1.1. Rubus camptostachys-Bestände (Aufnahme 1 - 4)
(Vegetationstabelle Nr. 38)
(Grund der Auswahl I.d.)
Diese Corylifolii-Sippe ist weit verbreitet und hat eine sehr große Standortamplitude (siehe WEBER 1985:406). Auf verschiedenen Probeflächen bildet sie Dominanzbestände aus, die durchweg sehr artenarm (4 - 8 Arten) sind. Die dichten Gebüsche wachsen vorwiegend auf natürlichen Substraten, meist schluffreichen Auftragsböden. Entsprechende Bestände wurden bislang noch nicht beschrieben (siehe Kapitel 4.4.).

5.7.9.1.2. Rubus calvus-Bestände (Aufnahme 5 - 6)
(Vegetationstabelle Nr. 38)
(Grund der Auswahl I.a. I.d.)
Nach WEBER (1985) ist diese Art in Westfalen und angrenzenden Gebieten relativ selten und vor allem auf nährstoffarmen kalkfreien Böden zu finden. Insofern ist das Auftreten dichter Rubus calvus-Gebüsche auf zwei Werken der Stahlindustrie bemerkenswert. Nach der Verbreitungskarte bei WEBER (1985:406) sind dies die südlichsten Fundpunkte der Art. Erstaunlich ist, daß die Gebüsche auf basen- bzw kalkreichen Böden aus Hüttenschlacke und Bauschutt stehen.

5.7.9.1.2. Rubus incisior-Bestände (Aufnahme 7 - 8)
(Vegetationstabelle Nr. 38)
(Grund der Auswahl I.a. I.d.)
Über die Verbreitung von Rubus incisior in Westfalen berichtet LOOS (1990) ergänzend zu WEBER (1985). Sie bildet nur auf zwei der Probeflächen (Raffinerie Scholven H.VeSc, Ruhrchemie I.Ruhr) dichte Gebüsche aus. Auch diese wachsen auf basen- bzw. kalkhaltigen Substraten, obwohl nach WEBER (1985:386) die Art in der freien Landschaft nährstoff- und kalkarme Böden bevorzugt. Die Funde auf den Industrieflächen sind in der Verbreitungskarte bei LOOS (1990) bereits berücksichtigt.

5.7.9.1.3. Rubus nemorosus-Bestände (Aufnahme 9 - 11)
(Vegetationstabelle Nr. 38)
(Grund der Auswahl I.a. I.d.)
Nach WEBER (1985:396) ist Rubus nemorosus häufiger an stickstoffreichen subruderalen Standorten zu finden. Nach R. camptostachys ist sie die zweithäufigste Corylifolii-Sippe auf den Probeflächen. Die von ihr gebildeten Gebüsche werden so dicht, daß selbst bei einer Gebüschgröße von 10 m^2 keine andere Art darin wächst.

5.7.9.1.4. Rubus nemorosoides-Bestände (Aufnahme 12)
(Vegetationstabelle Nr. 38)
(Grund der Auswahl I.a. I.d.)
Diese leicht mit Rubus nemorosus zu verwechselnde Brombeere ist nach den Angaben von WEBER (1985:398) relativ selten und deutlich an reiche kalkhaltige Böden gebunden. Ruderale Bestände dieser Art waren bisher nicht bekannt (siehe Kapitel 4.4.). An mehreren Stellen kommen kleinere Gebüsche dieser Brombeere auf zwei der Probeflächen vor. Die anstehenden Böden bestehen aus Hüttenschlacke und Bauschutt.

Aufnahmen von Rubus corylifolius agg.-Beständen ruderaler Lebensräume liegen bisher nur von DIESING & GÖDDE (1989) aus einigen nordrhein-westfälischen Städten vor. Nach DIESING & GÖDDE handelt es sich dabei vorwiegend um nicht näher bestimmbare Bastarde, die vor allem im Münster und Recklinghausen Rubus armeniacus und R. elegantispinosus an Bahndämmen und Straßenböschungen ablösen. In ihrer floristischen Zusammensetzung sind diese Gebüsche deutlich homogener, als die hier vorgestellten Bestände. DIESING & GÖDDE (1989) folgen bei ihrer soziologischen Einordnung u.a. WITTIG (1976), der alle Rubus corylifolii agg. Bestände in die Prunetalia stellt. Auch hier wird zunächst diese Einordnung verwendet und die beschriebenen Brombeer-Bestände als ranglose Einheiten in die Prunetalia gestellt.

Innerhalb des detaillierteren Systems von Brombeergesellschaften von WEBER (1985), können Rubus camptostachys, R. calvus und R. incisior als schwache Kennarten des Rubion plicati-Verbandes (Franguletea) gelten.

Wegen der noch geringen Kenntnis über die Verbreitung der Rubus corylifolius Sippen, ist die Beurteilung, ob eine Sippe zur industrietypischen Vegetation gezählt werden kann, nicht möglich.

5.7.10. Gesellschaften und Bestände, die nicht in das vorliegende pflanzensoziologische System eingeordnet werden können

5.7.10.1. Puccinellia distans-Diplotaxis tenuifolia-Gesellschaft
(Vegetationstabelle Nr. 4)
(Gliederungs-Nr. 15.1. in der Tabelle Nr. 46 im Anhang Teil III)
(Grund der Auswahl I.a., I.c., III.c.)
Weitere Pflanzengesellschaften bzw. -bestände mit den beiden Arten wurden bereits ausführlich beschrieben (siehe Kapitel 5.7.2.3. und 5.7.5.2.). Danach ist es deutlich, daß beide Arten vor allem an Stellen auftreten, die durch starke Staubimmissionen, Salz- und anderer Schadstoffbelastungen des Bodens gekennzeichnet sind.

Innerhalb der Probeflächen wurde die Vergesellschaftung beider Arten nur auf dem Thyssen-Werk in Duisburg-Beeckerwerth (F.ThBe) beobachtet. Es handelt sich dabei um extreme Standorte, z.B unmittelbar am Rand von "Schlackebeeten". In diesen Gruben wird glühende, flüssige Hochofen- oder Stahlwerksschlacke abgekippt und erkaltet unter Ablöschung mit Wasser. Anschließend werden die verfestigten Schlackekörper mechanisch gebrochen und zu Schlackenschotter weiterverarbeitet. Bei diesem Prozeß wird eine große Hitze frei, die dazu führt, daß die angrenzende Vegetation immer wieder einmal Feuer fängt. Außerdem entstehen starke Gasemissionen, u.a. von Schwefelwasserstoff. Beim Brechen der Schlacken werden zusätzlich große Staubmengen freigesetzt. Dadurch sind alle in der Nähe wachsenden Pflanzen mit dicken Staubauflagen überzogen. Aufgrund dieser extremen Standortbedingungen entwickeln sich diese Pflanzenbestände nur dort, wo nicht noch zusätzliche Trittbelastungen sind.

Nach den Untersuchungen von KIESEL et al. (1985) sind die beiden Arten bezeichnende Besiedler industrieller Abfallkippen im Raum Halle/Leipzig. Eine direkte Vergesellschaftung beider Arten in ähnlich artenarmen Beständen, allerdings unter starker Beteiligung von Atriplex tatarica, ist bezeichnend für "chemisch aktive Hausmülldeponien". Diese mehrfach beobachtete Kombinationen benennen KIESEL et al. (1985) als Atriplici tataricae-Diplotaxietum tenuifoliae und stellen diese neue Assoziation ins Sisymbrion.

Für die hier vorgestellten Aufnahmen ist eine soziologische Einordnung nicht möglich. Die Vergesellschaftung der beiden Arten kann aber als industrietypische gelten, da sie im Ruhrgebiet vor allem auf industriell geprägten Standorten auftreten (siehe Kapitel 5.6.). So wurde sie z.B. ebenfalls am Rand von Schlackebeeten auf den nicht näher untersuchten Werken Hoesch-Union (Dortmund), August-Thyssen-Hütte (Duisburg) und auch dem Stahlwerk Völklingen im Saarland beobachtet. Puccinellia distans und Diplotaxis tenuifolia zählen zu den Arten, die einen Schwerpunkt auf urban-industriellen Standorten haben (siehe Kapitel 4.6.).

5.7.10.2. Epilobium ciliatum (adenocaulon)-Bestände
(Vegetationstabelle Nr. 39)
(Gliederungs-Nr. 15.2. in der Tabelle Nr. 46 im Anhang Teil III)
(Grund der Auswahl I.a., I.c., III.c.)

Epilobium ciliatum ist ein nordamerikanischer Neophyt, der nach ROTHMALER (1982) 1927 im deutschen Raum erstmals beobachtet wurde und sich seitdem sehr stark ausgebreitet. In Westfalen wurde die Art erstmals 1947 notiert (RUNGE 1979b) und ist heute in weiten Teilen des Ruhrgebietes das häufigste Weidenröschen überhaupt (siehe DÜLL & KUTZELNIGG 1987:313). Auch in anderen Regionen Europas breitet es sich aus. In England registrierte man die Art beispielsweise zuerst 1891; seit 1932 nimmt sie stark zu (GRIME et al. 1988:242). Besonders fiel sie 1945 bei ihrer Massenbesiedlung von Trümmerschutt in London auf (DAVIS 1976); heute ist sie in England vielerorts häufig (siehe GRIME et al. 1988:242).

Weitere Angaben über Ausbreitung des relativ unscheinbarere Weidenröschen in Europa macht JÄGER (1986). JÄGER führt aus, daß die Art gebietsweise jahrzehntelang mit anderen Epilobien verwechselt wurde. Die explosive Vermehrung setzte demnach bereits in den 50er Jahren, vor allem in feuchten Lebensräumen z.B. in Gebüschen und an Ufern, ein. Die Ursachen hierfür liegen vermutlich in der Eutrophierung dieser Standorte (JÄGER 1986). Sippendifferenzierung oder die Einschleppung neuer Ökotypen wurden nach JÄGER (1988) bislang kaum festgestellt.

WITTIG & POTT (1980) stufen die Art nach Untersuchungen in der Westfälischen Bucht als Bidentetea bzw. Bidention-Art ein. Seltener sind bislang Angaben über ruderale Vorkommen in Westdeutschland. Nach GÖDDE (1986:100) hat die Art in Düsseldorf, Essen und Münster ihr Hauptvorkommen im Bromo-Erigeretum (Sisymbrion). Damit ist die breite Standortpalette des Neophyten angedeutet.

Auf den Industrieflächen ist Epilobium ciliatum weit verbreitet und tritt in den meisten Ruderalgesellschaften auf, soweit sie keine vollständig geschlossene Vegetationsdecke haben. Darüberhinaus bildet sie auf fast allen Probeflächen auch Dominanzbestände aus. Es handelt sich durchweg um lückige Pionierbestände, die meist nur wenige m^2 groß sind. Man findet sie an offenen Stellen auf kurz zuvor einplanierten Freiflächen, Abraumhalden und Gleisen. Die Palette der besiedelten Substrate reicht von Hüttenschlacke, Bauschutt, Kraftwerksasche bis hin zu Koks, Kohle und Bergematerial. Am ausgeprägtesten sind die Vorkommen allerdings auf Bergematerialablagerungen. Die Standorte sind meist so stark verdichtet, daß sie nach Regenfällen kurzeitig überstaut sein können. Der Wechsel zwischen Vernässung und völliger Austrocknung ist bezeichnend.

Epilobium ciliatum dominiert die lückigen Bestände völlig. Ihre Deckungswerte schwanken zwischen 15 und 60 %. Die floristische Zusammensetzung ist ausgesprochen heterogen. Regelmäßig wachsen nur Poa annua, Cirsium arvense, Betula pendula (Jungwuchs) sowie die Moose Bryum argenteum und Ceratodon purpureus mit dem Weidenröschen zusammen. Ausbildungen, die die unterschiedlichen Standortverhältnisse anzeigen könnten, sind nicht zu erkennen. Die Vitalität des Weidenröschen ist allerdings sehr unterschiedlich. Auf besonders trockenen, sich stark aufheizenden Böden bleibt die Art oft unter 20 cm und bildet nur wenige Seitenäste aus. Diese kleinen Exemplare sind bis in die Blätter hinein tief dunkelrot gefärbt. An frischeren Standorten erreicht sie dagegen bis zu 1 m Höhe und kann ausgesprochen buschige Individuen bilden.

Epilobium ciliatum ist ein polykarper mehrjähriger Hemikryptophyt oder Chamaephyt, der überwiegend mittels Blattrosetten überwintert, von Juli bis August blüht und von Juli bis September fruchtet. Eine Produktion von über 10.000 Samen im Laufe der Vegetationsperiode, bei großen Exemplaren, ist vergleichbar mit Leistungen, die sonst nur Theropyhten erzielen. Die Keimung erfolgt bei sehr verschiedenen Bedingungen, auf unterschiedlichsten Substraten, die gesamte Vegetationsperiode hindurch. Zusätzlich ist sie durch oberirdische Ausläufer in der Lage, sich auch vegetativ stark auszubreiten (GRIME et al. 1988:242).

Nach GRIME et al. (1988:242) sind Massenvorkommen der Art in England besonders auf Abraumdeponien aus Schlacke oder Bauschutt, sowie auf Bergehalden anzutreffen. Begleitend wächst sie in zahlreichen Vegetationstypen. Die große Heterogenität des bisher vorliegenden Aufnahmematerials (siehe auch WITTIG & POTT 1980) erlaubt es bis jetzt nicht, Epilobium ciliatum als Kennart einer bestimmten Klasse anzusehen.

In der spontanen Vegetation der Industrieflächen hat Epilobium ciliatum als begleitende Art ihren Schwerpunkt eindeutig in den Sisymbrietalia-Einheiten, wo sie fast nirgends fehlt (siehe Stetigkeitstabelle Nr. 1 in DETTMAR et al. 1991)). Stetigkeitsstufe IV erreicht sie z.B. in der Inula graveolens-Tripleurospermum inodorum-Geselschaft (siehe Kapitel 5.7.2.4.) und Tripleurospermum inodoru͞m-Beständen (siehe DETTMAR et al. 1991), zwei Einheiten, die vor allem auf Bergematerial vorkommen.
In den meisten Einheiten der Artemisietea ist sie mit Stetigkeitsstufe I - II vertreten (Stetigkeitstabelle Nr. 2 bei DETTMAR et al. 1991). Stärker beteiligt (Stufe III und IV) ist sie vor allem in den Pionierbeständen mit und Reseda luteola (siehe Kapitel 5.7.3.5.) die vor allem auf Bergematerial wachsen. Der deutliche Schwerpunkt der Beteiligung an Sisymbrietalia-Einheiten drückt sich allerdings nicht in den Dominanzbeständen von Epilobium ciliatum nicht aus. Außer Conyza canadensis spielen Chenopodietea/ Sisymbrietalia Arten in den vorliegenden Aufnahmen nur eine geringe Rolle. Die deduktive Klassifikation, unter neutraler Wertung von Epilobium ciliatum, ergibt ein sehr diffuses Bild. Aus diesem Grund werden die Bestände hier zunächst nicht in eine bestimmte Klasse gestellt.

Dg. Epilobium ciliatum (Sisymbrion) Aufnahme 8, 15, 18
Dg. Epilobium ciliatum (Sisymbrion/Plantaginetea) Aufnahme 17
Dg. Epilobium ciliatum (Sisymbrion/Artemisietea) Aufnahme 11
Dg. Epilobium ciliatum (Chenopodietea/Artemisietea) Aufnahme 6
Dg. Epilobium ciliatum (Chenopodietea/Molinio-Arrhenatheretea) Aufnahme 7
Dg. Epilobium ciliatum (Artemisietea) Aufnahme 5, 10, 12, 13
Dg. Epilobium ciliatum (Artemisietea/Molinio-Arrhenatheretea) Aufnahme 1, 4
Dg. Epilobium ciliatum (Artemisietea/Plantaginetea) Aufnahme 2
Dg. Epilobium ciliatum (Plantaginetea) Aufnahme 3
Keine Zuordnung möglich Aufnahme 9, 14, 16

Epilobium ciliatum-Bestände von städtischen Lebensräumen sind bisher aus Westdeutschland kaum beschrieben worden. In der Tabelle der Conyza canadensis-Senecio viscosus-Gesellschaft bei GÖDDE (1986:100) sind 3 Aufnahmen enthalten, in denen die Art deutlich dominiert. REIDL (1989:180) beschreibt Epilobium ciliatum-Bestände von Essener Schwerindustrieflächen auf Gleisschotter. Er fügt allerdings nur eine Belegaufnahme an und ordnet sie dem Sisymbrion-Verband zu.

Im Ruhrgebiet haben die Bestände des Drüsigen Weidenröschens, ähnlich wie aus England für die Art berichtet, einen deutlichen Schwerpunkt auf industriell geprägten Flächen (siehe Kapitel 5.6.). Die von ihr dominierten Bestände trockener Ruderalstellen sind im Ruhrgebiet am ausgeprägtesten auf den Bergbauflächen zu finden.

5.7.10.3. Epilobium angustifolium-Bestände
(Vegetationstabelle Nr. 40)
(Gliederungs-Nr. 15.4. in der Tabelle Nr. 46 im Anhang Teil III)
(Grund der Auswahl II.d.)

Epilobium angustifolium ist auf den Industrieflächen weit verbreitet, und tritt außer in den Pioniergehölzbeständen auch begleitend in vielen Ruderalgesellschaften auf. Dominanzbestände mit Epilobium angustifolium, denen andere bezeichnende Arten der Epilobietea fehlen und stattdessen vor allem mit Ruderalarten durchsetzt sind, beschreiben u.a. REIDL (1989) und GÖDDE (1986).

Bei den Dominanzbeständen handelt es sich um Pionierstadien der Vegetationsbesiedlung. Die Krautschicht ist überwiegend lückig; Epilobium angustifolium erreicht Deckungen zwischen 30 und 60 %. Am ausgeprägtesten wachsen diese Bestände auf offenen Bergmaterialablagerungen, weshalb sie besonders bezeichnend sind für Zechen (siehe Kapitel 5.6.). Aber die Standortpalette des Weidenröschens geht weit darüberhinaus. Man findet die Epilobium-Herden auch auf Bauschutt, Hüttenschlacke und anderen künstlichen Substraten. Bodenstruktur, Feuchte, Nährstoffgehalt und andere Parameter sind völlig unterschiedlich, entscheidend ist offensichtlich nur, daß es sich um offene Bereiche handelt. An diesen Stellen kann Epilobium angustifolium, begünstigt durch die Bildung von Wurzelausläufern, schnell Bestände aufbauen.

Im Gegensatz zu den von GÖDDE (1986:212) vorgestellten Aufnahmen sind die hier vorliegenden deutlich homogener zusammengesetzt. Eine Reihe von Artemisietea-, Chenopodietea-, und Plantagineteaarten treten recht stet auf. Die Zusammensetzung ermöglicht allerdings keine eindeutige Zuordnung in eine Klasse.

An leicht verdichteten, frischeren Stellen wächst die Ausbildung mit Holcus lanatus (Aufnahme 1 - 5). Gegenüber den von REIDL (1989:251) beschriebenen Ausbildungen bestehen nur geringe Ähnlichkeiten.

Meist bleiben diese Bestände nicht lange stabil. Sehr bald dringen die Pioniergehölze Betula pendula und Salix caprea ein, und die Entwicklung geht in Richtung der erwähnten Vorwaldgesellschaften weiter. An einigen Stellen mit lehmreichen Substraten wurde beobachtet, wie Tussilago farfara das Weidenröschen verdrängt.

Faßt man die bisher vorliegenden Aufnahmen von Epilobium angustifolium-Beständen zusammen (REIDL 1989, GÖDDE 1986, FORSTNER 1984) und berücksichtigt die Charakterisierung von WITTIG & WITTIG (1986), ergibt sich ein sehr uneinheitliches Bild.

5.7.10.4. Agrostis tenuis-Bestände
(Vegetationstabelle Nr. 41)
(Gliederungs-Nr. 15.5. in der Tabelle Nr. 46 im Anhang Teil III)
(Grund der Auswahl II.c.)
Dominanzbestände mit Agrostis tenuis wachsen vor allem auf den Flächen der chemischen Industrie und des Bergbaus, wehalb sie hier zur industriezweigspezifischen Vegetation gezählt werden können (siehe Kapitel 5.6.).

Agrostis tenuis ist eine der Hauptgrasarten gelegentlich gemähter Rasenflächen auf trockenen Sandböden, z.B. an Wällen und Dämmen (Aufnahme 3, 4, 9). Die Zusammensetzung der Bestände ist unterschiedlich, speziell an den Schutzwällen der Raffinerietanklager treten sehr artenarme Ausbildungen auf. Agrostis tenuis wurde hier sicher nicht in dieser Menge angesät, sondern hat sich gegenüber den anderen Gräsern durchgesetzt.

Andere vollständig spontan aufgewachsene Agrostis-Rasen findet man vor allem auf Bergematerialablagerungen. Es gibt ältere dichtgeschlossene Bestände, die völlig von dem Straußgras dominiert werden (Aufnahme 6, 7). Das Bergematerial ist in den oberen Schichten bereits stark verwittert. Offensichtlich sind Kaninchen dafür verantwortlich, daß diese Rasen nicht durch andere Vegetationsstadien abgelöst werden. Initialbesiedlungen frischer Bergematerialablagerungen durch das Straußgras wurden nur sehr selten und kleinflächig beobachtet (Aufnahme 8).

Besonders auffällig sind größere Agrostis-Rasen der Zechenbrache Chr. Levin in Essen (O.ZeLe). Auf einem trockenen nährstoffarmen Gemisch aus Kokereischlacke und Asche erreichen die lückigen Rasen kaum Höhen über 25 cm (Aufnahme 1 - 2). Beigemischt sind v.a. Festuca rubra agg. und Centaurium erythraea. Auch hier sind große Kaninchenpopulationen für den Erhalt dieses Bestandes verantwortlich. Zusätzlich spielen vielleicht auch größere Konzentrationen von Teerölen im Boden eine Rolle.

Ganz anders zusammengesetzt und wesentlich höherwüchsig ist ein Agrostis tenuis-Bestand in ehemaligen Schlammbecken der Kokerei Prosper in Bottrop (J.ZePr, Aufnahme 5). Auf dem Grund der leeren Becken stehen verdichtete, leicht staunasse Sandböden an. Neben Agrostis gigantea wachsen hier vor allem Molinia caerulea, Juncus effusus und andere feuchtigkeitsliebende Arten.

Insgesamt gesehen sind die Agrostis tenuis-Bestände der Industrieflächen so unterschiedlich in ihrer Zusammensetzung und den Standortbedingungen, daß es nicht möglich ist, sie in einer Gesellschaft zusammenzufassen. Genauso wenig erscheint es angebracht, sie einer bestimmten Klasse zuzuordnen. Dieses Vorgehen wird bestätigt, wenn man die wiederum anders zusammengesetzten Agrostis tenuis-Bestände, die REIDL (1989) auf Essener Industriebrachen erhoben hat, betrachtet. REIDL (1989) unterscheidet zwischen einem den Agropyretea angehörenden "Agrostis tenuis-Bestand" (S. 206) und einer "A. tenuis-Gesellschaft" (S. 211), die er in die Sedo-Scleranthetea stellt.

Auf stark versauerten Böden nicht rekultivierter Bergehalden des Steinkohlebergbaus in Frankreich wachsen Agrostis tenuis-Rasen als erste Anzeiger verbesserter Nährstoffbedingungen am Fuße der Halden, unter Gehölzbeständen oder dort, wo verstärkt Kaninchenkot anfällt (PETIT 1982). Im Großraum

Liverpool/Manchester (England) nehmen Agrostis tenuis-Bestände auf ähnlichen Halden einen großen Raum ein (eigene Beobachtung).

Demgegenüber spielt die Art auf deutschen Bergehalden z.B. im Aachener Kohlerevier eine geringere Rolle (siehe ASMUS 1987). Im Ruhrgebiet sind Agrostis tenuis-Dominanzbestände auf den Halden noch seltener (siehe z.B. Vegetationstabelle bei JOCHIMSEN 1987). Wenn sie vorkommen, ist meist ein Zusammenhang mit dem stärkeren Auftreten von Kaninchen erkennbar (eigene Beobachtungen).

5.7.10.5. Festuca ovina agg.-Bestände
(Gliederungs-Nr. 15.6. in der Tabelle Nr. 46 im Anhang Teil III)
Im Ruhrgebiet kommen nach DÜLL & KUTZELNIGG (1987) Festuca trachyphylla, F. tenuifolia und F. guestfalica vor. Im Gelände sind die Sippen des Festuca ovina-Aggregates oft nur sehr schwer auseinander zu halten. Ein kleinerer Teil, der auf den Industrieflächen gesammelten Belege, wurde von Prof. Dr. Patzke (Aachen) überprüft.

Die häufigste Sippe der F. ovina-Gruppe auf den Industrieflächen ist F. trachyphylla. Diese im Gebiet meist aus Ansaaten verwilderte und inzwischen eingebürgerte Art breitet sich auf ruderalen Standorten stark aus (siehe DÜLL & KUTZELNIGG 1987). Wesentlich seltener sind Dominanzbestände des zierlichen kleinen Haarschwingels (Festuca tenuifolia) (siehe ausführliche Darstellung bei DETTMAR et al. 1991).

5.7.10.5.1. Festuca guestfalica-Bestände
(Gliederungs-Nr. 15.6. in der Tabelle Nr. 46 im Anhang Teil III)
(Grund der Auswahl III.e.)
An einigen Tanklagerwällen der Raffinerie Horst (G.VeHo) wachsen F. guestfalica-Dominanzbestände. Die oberen Bodenschichten bestehen hier aus reinen Sandauflagen. Es ist nicht auszuschließen, daß die Art mit in den Ansaatmischungen vertreten ist und an besonders trockenen, durch Kaninchen offen gehaltenen Bereichen zur Dominanz gelangt.

Vegetationsaufnahme Nr. 1141; Datum 5/89; Stadt Gelsenkirchen; Industriefläche Veba Horst; Biotoptyp J/2; Substrat angeschütteter Sand; Gesamtdeckung Vegetation 85 %; Deckung Krautschicht 85 %; Max. Höhe Krautschicht 45 cm; Exposition/Neigung West 10°; Größe d. Aufnahmefläche 6 m²; Artenzahl 10;

Festuca guestfalica 4,

Sonstige: Dianthus deltoides 2, Taraxacum officinale 1, Equisetum arvense +, Agrostis gigantea +, Holcus lanatus +, Bromus mollis +, Achillea millefolium +, Hypericum perforatum +, Dactylis glomerata r

5.7.10.6. Poa x figertii-Bestände
(Gliederungs-Nr. 15.9. in der Tabelle Nr. 46 im Anhang Teil III)
(Grund der Auswahl I.a., I.c., III.d.)
Der Bastard aus Poa nemoralis und Poa compressa wurde verschiedentlich an Ruderalstandorten und an Mauern in der CSFR (JEHLIK mdl. Mitteilung 1990)

und in Bremen (KUHBIER mdl. Mitteilung 1989) gefunden. DIEKJOBST (1990) gibt die Art für einige Steinbrüche des Sauerlandes an und vermutet eine sehr viel weitere Verbreitung des Bastardes, als bisher bekannt ist.

Bei den verschiedenen auf den Industrieflächen gesammelten Herbarbelegen mit Verdacht auf Poa x figertii, konnte SCHOLZ (Berlin) allerdings nur einmal den Bastard bestätigen. Da er im Gelände schwer zu erkennen ist, ist es möglich, daß weitere Vorkommen auf den Probeflächen übersehen wurden. Wahrscheinlich ist ein Auftreten dort, wo Poa nemoralis und Poa compressa in größeren Beständen zusammenvorkommen, z.B. auf dem Thyssen-Gelände in Oberhausen (C.ThOb).

Die unten angeführte Belegaufnahme des Poa figertii-Bestandes enthält mit Poa angustifolia und P. compressa einige Agropyretea-Arten. Die von DIEKJOBST (1990) erhobene Aufnahme mit Beteiligung von Poa x figertii läßt sich auch in diese Klasse stellen. Da über Poa x figertii bisher nur wenig bekannt ist, soll hier zunächst keine weitere Zuordnung erfolgen.

Vegetationsaufnahme Nr. 1178; Datum 5/89; Stadt Bochum; Industriefläche Krupp Werk Höntrop; Biotoptyp I/2; Substrat Q4S4; Substrat Ergänzungen c3; Gesamtdeckung Vegetation 50 %; Deckung Krautschicht 50 %; Deckung Moosschicht (1%; Max. Höhe Krautschicht 50 cm; Größe Aufnahmefläche 5 m²; Artenzahl 10;

Poa x figertii 3

Agropyretea: Poa compressa 1, Poa angustifolia 1, Agrostis gigantea 1,

Artemisietea: Daucus carota 1, Solidago gigantea +,

Sonstige: Betula pendula juv. 2, Taraxacum officinale +, Arenaria serpyllifolia r,

Moose: Barbula convoluta +

5.7.10.7. Isatis tinctoria-Bestände
(Vegetationstabelle Nr. 42)
(Gliederungs-Nr. 15.12. in der Tabelle Nr. 46 im Anhang Teil III)
(Grund der Auswahl I.c.)
Isatis tinctoria ist im Gebiet nur auf trockenen Ruderalstellen in Rheinnähe (z.B. in Häfen) häufiger (siehe DÜLL & KUTZELNIGG 1987:154). Kleinere Bestände der Art kommen auf dem am Rhein gelegenen Thyssen-Werk Beeckerwerth (F.ThBe) vor. An steilen Böschungen alter Hochofenschlackeablagerungen wächst Isatis tinctoria an offenen Stellen zusammen mit einigen Agropyretea- oder Chenopodietea-Arten.

OBERDORFER (1983:445) bewertet Isatis tinctoria als lokale Charakterart des Echio-Melilotetum. In dem von KIENAST (1978c) aus Kassel beschriebenem Echio-Verbascetum ist die Art stellenweise stärker vertreten. Vegetationsaufnahmen von Beständen dieser Art aus dem Ruhrgebiet liegen bislang nicht vor (siehe Kapitel 5.4.).

5.7.10.8. Tragopogon dubius-Bestände
(Vegetationstabelle Nr. 43)
(Gliederungs-Nr. 15.14. in der Tabelle Nr. 46 im Anhang Teil III)
(Grund der Auswahl I.a., I.c., III.d.)

Tragopogon dubius wurde im Gebiet bisher nur einmal von PIEPER (1974) für Mühlheim nachgewiesen. Die übrigen Angaben beruhen auf Fehlbestimmungen von Tragopogon pratensis (siehe DÜLL & KUTZELNIGG 1987:351). Aus diesem Grund sind die festgestellten Vorkommen auf fünf Probeflächen der Eisen- und Stahlindustrie in Dortmund, Oberhausen und Duisburg (einige Herbarbelege überprüft von H. KUTZELNIGG, Duisburg) besonders bemerkenswert (siehe Kapitel 4.4.). Am häufigsten ist die Art auf den untersuchten Duisburger Thyssen-Werken, die meisten Exemplare wachsen auf dem Thyssen-Werk Ruhrort (E.ThRu). Hier bildet die Art lückige Pionierbestände an einigen Bahndammböschungen, wo durch Erosion offene Stellen entstanden sind. Das anstehende Substrat besteht vor allem aus locker geschütteter Hüttenschlacke. Die feinmaterialarmen Schotter trocknen stark aus und geraten auf den steilen Böschungen leicht in Bewegung.

Tragogpon dubius fällt bereits von weitem auf, die zweijährige Art erreicht zur Blütezeit über 1,0 m Höhe und bildet dichte buschige Exemplare. Neben Tragopogon dubius wachsen in wechselnden Anteilen Chenopodietea-, Agropyretea- und Artemisietea-Arten, so daß eine Zuordnung nicht möglich ist.

Vegetationsaufnahmen ruderaler Tragopogon dubius-Bestände liegen bisher nicht vor. BRANDES (1989) erwähnt für den Binnenhafen in Hannover Tragopogon dubius-(Dauco-Melilotion)-Bestände, gibt aber keine Aufnahme an. Darüberhinaus zählt BRANDES sie zu den charakteristischen Sippen für Häfen und Güterbahnhöfe in Niedersachsen. JEHLIK (1989) fand die Art auch im Hamburger Hafen. Für das Ruhrgebiet muß man nach den bisher vorliegenden Daten davon ausgehen, daß sie auf Industrieflächen beschränkt ist (siehe Kapitel 5.6.).

5.7.10.9. Sherardia arvensis-Bestände
(Vegetationstabelle Nr. 44)
(Gliederungs-Nr. 15.16. in der Tabelle Nr. 46 im Anhang Teil III)
(Grund der Auswahl I.a., I.d.)

Sherardia arvensis gilt in Nordrhein-Westfalen nach der Roten Liste als gefährdet (siehe WOLFF-STRAUB et al. 1988). Als Ackerunkraut findet man sie nur noch selten. Hier und da tritt sie an frischen Erdanschüttungen auf (siehe DÜLL & KUTZELNIGG 1987:262). Verschiedentlich wurden auch schon Sherardia-Bestände in Scherrasen beobachtet (KUTZELNIGG mdl. Mitteilung 1989), wie sie auf der Raffinerie in Horst (G.VeHo) und dem Stahlwerk Beeckerwerth (F.ThBe) vorkommen. Vegetationsaufnahmen entsprechender Bestände liegen nach Kenntnis des Autors bislang nicht vor (siehe Kapitel 5.4.).

An sandigen trockenen Stellen mit lückigem Graswuchs, stellenweise auch in der Nähe von Kaninchenbauten, ist die Ackerröte in der Lage, sich teppichartig auszubreiten. Der regelmäßige Schnitt macht der niedrigwüchsigen Art kaum etwas aus.

Sherardia arvensis ist zwar eine Caucalidion-Verbandskennart (OBERDORFER 1983:760), doch lassen sich diese Bestände nur schwer als Ackerunkrautgesellschaft auffassen. Denkbar wäre eventuell von einer Faziesbildung in der Scherrasengesellschaft zu sprechen.

5.7.10.10. Sisymbrium volgense-Bestände
(Gliederungs-Nr. 15.16. in der Tabelle Nr. 43 im Anhang Teil III)
(Grund der Auswahl I.a., I.d., III.d.)
Der einzige aus dem Umkreis des Ruhrgebietes bisher bekannte Standort, an dem die Wolga-Rauke als eingebürgert gelten kann, ist der Krefelder-Hafen (siehe DÜLL & KUTZELNIGG 1987:266). Früher wurde die Art hin und wieder mit Getreide (aus Südrussland HÖPPNER & PREUSS 1926:169) an Umschlagplätzen eingeschleppt und verschwand bald wieder. Insofern stellt das Vorkommen ein Wiederfund da.

Es bleibt abzuwarten, ob der ca. 15 m² große dichte Bestand des Neophyten an einem kaum genutzten Lagerplatz des Thyssen-Werkes in Ruhrort (E.ThRu) stabil ist. Der Kriechwurzelpionier dringt von einer kleinen Böschung auf den Lagerplatz, der eine wassergebundene Decke aus Hüttenschlacke und Bauschutt hat, vor. Von 1988 bis 1990 hat sich der Bestand um einige m² vergrößert.

Vegetationsaufnahme Nr. 491; Datum 6/88; Stadt Duisburg; Industrieflächen Thyssen Werk Ruhrort; Biotoptyp G/2; Substrat Hüttenschlacke-Bauschutt-Gemisch; Gesamtdeckung Vegetation 80 %; Deckung Krautschicht 80 %; Deckung Moosschicht (1%; Max. Höhe Krautschicht 100 cm; Größe der Aufnahmefläche 7 m²; Artenzahl 9;

Sisymbrium volgense 4

Sonstige: Arrhenatherum elatius 2, Rubus armeniacus 2,
Parthenocissus inserta 1, Cirsium arvense 1, Artemisia vulgaris +, Chenopodium album +, Melilotus alba +

Moose: Barbula convoluta +

5.7.10.11. Juncus bulbosus-Bestände
(Gliederungs-Nr. 15.22. in der Tabelle Nr. 46 im Anhang Teil III)
(Grund der Auswahl I.a., III.e.)
Der unten dokumentierte Juncus bulbosus-Bestand fällt etwas aus dem Rahmen der sonstigen spontanen Vegetation der Industrieflächen. Er wurde erhoben in einem ehemaligen Schlammbecken der Kokerei Prosper (J.ZePr). Am Grund dieses Beckens hat sich auf vernäßten Sandböden eine dichte Vegetation eingestellt, die vor allem von Juncus effusus und Agrostis gigantea beherrscht wird. An nährstoffärmeren und stärker vernäßten Stellen treten kleinflächig Juncus bulbosus- und Molinia caerulea-Bestände auf.

Vegetationsaufnahme Nr. 354; Datum 6/88; Stadt Bottrop; Industriefläche Zeche/Kokerei Prosper; Biotoptyp I/3; Substrat Sand; Gesamtdeckung Vegetation 65 %; Deckung Krautschicht 65 %; Max. Höhe Krautschicht 12cm; Größe der Aufnahmefläche 2 m²; Artenzahl 12;

Juncus bulbosus 2

Sonstige: Agrostis tenuis 2, Spergularia rubra 2, Poa annua 2,
Polygonum persicaria 1, Poa pratensis +, Rumex crispus +, Epilobium ciliatum +, Senecio viscosus r,
Ranunculus repens r, Cirsium vulgare r, Gnaphalium uliginosum r

Der Bestand wird hier erwähnt, weil Juncus bulbosus im zentralen Ruhrgebiet relativ selten ist (siehe Kapitel 4.4.) und einer der relativ wenigen Fundorte auf einer Industriefläche liegt (siehe Kapitel 5.6.).

5.7.10.12. Lycium chinense-Bestände
(Vegetationstabelle Nr. 45)
(Gliederungs-Nr. 15.27. in der Tabelle Nr. 46 im Anhang Teil III)
(Grund der Auswahl I.a., III.e.)

In der Literatur findet man erst in neuerer Zeit einige Angaben über Verwilderungen von Lycium chinense (GUTTE & KLOTZ 1985, KLOTZ & GUTTE 1991, REIDL 1989). Demgegenüber sind Angaben über die spontane Ausbreitung von Lycium barbarum (siehe Zusammenstellung bei DIESING & GÖDDE 1989) häufiger. Auch DÜLL & KUTZELNIGG (1987:176) kennen bis dahin keine verwilderten Vorkommen von L. chinense im westlichen Ruhrgebiet. Nach eigenen Beobachtungen ist Lycium chinense im Ruhrgebiet auf Industrieflächen häufig verwildert (siehe Kapitel 4.6.). Dominanzbestände dieser Art sind dagegen wesentlich seltener, zeigen aber auch einen gewissen Schwerpunkt auf Industrieflächen (siehe Kapitel 5.6.).

Auf den Industrieflächen wird L. chinense wesentlich häufiger angepflanzt als L. barbarum und verwildert entsprechend auch stärker. Die Bocksdorngebüsche wachsen bevorzugt auf den Freiflächen, meist in der Nähe von Bahndämmen oder kleineren Halden. Floristisch sind sie heterogen zusammengesetzt, an weiteren Gehölzen sind gelegentlich Salweide und Holunder beigemischt.

Auch REIDL (1989:257) beschreibt aus Essen Bestandbildungen von Lycium chinense und dokumentiert sie mit zwei Aufnahmen. Die von GUTTE & KLOTZ (1985) bzw. KLOTZ & GUTTE (1991) aus Leipzig beschriebenen Gebüsche von Industrie- und Bahnflächen ähneln denen aus dem Ruhrgebiet. Ob allerdings die Aufstellung eines Lycietum chinensis KLOTZ & GUTTE 1991 auf der Basis des bisher vorliegenden Aufnahmematerials sinnvoll ist, bleibt fraglich.

6. Bedeutung der Ergebnisse für den Stadtnaturschutz

Die Ziele des Naturschutzes im unbesiedelten wie im besiedelten Teil der Landschaft sind die nachhaltige Sicherung
- der Leistungsfähigkeit des Naturhaushaltes
- der Nutzungsfähigkeit der Naturgüter
- der Pflanzen- und Tierwelt
- der Vielfalt, Eigenart und Schönheit von Natur und Landschaft
als Lebensgrundlage des Menschen und als Voraussetzung für seine Erholung in Natur und Landschaft (§ 1 BNatschG).

Entsprechend muß ein umfassender Naturschutz den Schutz, die Pflege und Entwicklung aller Elemente des Naturhaushaltes beinhalten. Die gerade im besiedelten Teil der Landschaft häufig vorzufindende Reduktion des Naturschutzes auf den Arten- und Biotopschutz wird einer umfassenden Naturschutzkonzeption nicht gerecht.

Ein wesentliches Ziel des Stadtnaturschutzes, als Beitrag zu einer ökologisch ausgerichteten Stadtgestaltung muß es sein, die Vielfalt an begrünten Flächen, die mit ihrem Artenbestand und ihren positiven Auswirkungen auf den Naturhaushalt einen wesentlichen Beitrag zur Verbesserung der Lebensbedingungen der Menschen in der Stadt leisten, zu erhalten, in ihrer Qualität zu steigern oder neu zu schaffen, bzw. zu vergrößern (SUKOPP & KOWARIK 1988).

Möglichkeiten, Formen und Leitlinien des Stadtnaturschutzes wurden bereits verschiedentlich dargestellt (siehe u.a. AUHAGEN & SUKOPP 1983, SUKOPP & SUKOPP 1987, SUKOPP & KOWARIK 1988, REIDL 1989:22ff.) und müssen deshalb hier nicht erneut dargelegt werden.

Eine wichtige Aufgabe des Naturschutzes in der Stadt ist es, den Stadtbewohnern unmittelbaren Kontakt mit natürlichen Elementen ihrer Umwelt zu ermöglichen. Dazu ist es notwendig, die Lebewesen und Lebensgemeinschaften, die in der Stadt vorkommen, gezielt zu erhalten (SUKOPP & WEILER 1986). Dementsprechend geht es beim Teilbereich Arten- und Biotopschutz in der Stadt vor allem um den Schutz, den Erhalt und die Förderung von Organismen und Lebensgemeinschaften, die an die städtischen Lebensbedingungen angepaßt sind.

Aus Naturschutzgründen wird es innerhalb der Städte nur für wenige, besonders wertvolle Gebiete Restriktionen gegenüber anderen Nutzungsansprüchen geben können. Strategisches Ziel ist es deshalb, den Naturschutz in die verschiedenen Flächennutzungen zu integrieren. Neben der Entwicklung eines Gebietssystems mit Vorrang für den Naturschutz gilt es, alle städtischen Flächennutzungen ökologisch optimal zu entwickeln.

Die hier vorliegende Arbeit stellt einen Beitrag zur Kenntnis des Lebensraumpotentials einer typisch urbanen Flächennutzung dar. Derartige Untersuchungen sind die Grundlage für die Erarbeitung von Konzepten zur ökologischen Optimierung von Flächennutzungen.

Die Ergebnisse der floristischen und vegetationskundlichen Analysen der ausgewählten Industrieflächen im Ruhrgebiet belegen, daß Flächen dieses Nutzungstypes eine herausragende Bedeutung als Lebensraum für wildwachsende Pflanzen haben können. In den Kapiteln 4. und 5. wird eine große Vielfalt an Arten (Farn- und Blütenpflanzen) und Vegetationseinheiten, sowie das Vorkommen zahlreicher seltener, gefährdeter oder aus anderen Gründen bemerkenswerter Arten und Einheiten belegt. Durch den Vergleich mit anderen Flächennutzungen wird deutlich, daß aufgrund der vorgefundenen Ergebnisse Industrieflächen zu den reichhaltigsten und bedeutendsten Lebensräumen der spontanen Vegetation in der Stadt zählen. Gründe hierfür wurden bereits dargelegt (siehe Kapitel 4. und 5.).

Dem nachgewiesenen hohen Arten- und Biotopschutzwert stehen teilweise massive Belastungen anderer Naturpotentiale durch die industrielle Flächennutzung gegenüber. Produktionsbedingte Schadstoffemissionen und industrielle Altlasten (siehe Kapitel 3.) beeinträchtigen die Leistungsfähigkeit des Naturhaushaltes und gefährden stellenweise sogar direkt die menschliche Gesundheit.

Die ausschließliche Betrachtung des Arten- und Biotopschutzwertes einer Industriefläche wird dem geforderten umfassenden Naturschutzansatz deshalb nicht gerecht. Ein Bewertungsverfahren, was die Bedeutung von Industrieflächen für den Stadtnaturschutz überprüft, muß umfassend angelegt sein.

Einen ersten Ansatz hierzu stellen DETTMAR et al. (1991) vor. Ein derartiges Bewertungsverfahren wird bei Einbeziehung der verschiedenen Naturpotentiale entsprechend umfangreich und aufwendig und kann hier nicht im einzelnen erläutert werden. Die Grundprämisse des Ansatzes ist, daß der Schutz der menschlichen Gesundheit und die Erhaltung der Leistungsfähigkeit der Naturgüter Boden und Grundwasser sowie die Reinhaltung der Luft Priorität gegenüber dem Arten- und Biotopschutz haben.

Ein besonders schwieriges Teilproblem ist die Aufnahme von Schadstoffen durch die spontane Vegetation auf den Industrieflächen. Am Beispiel der Schwermetalle verdeutlichen DETTMAR et al. (1991) das nicht unerhebliche Problem des Eintrags von Schadstoffen ins Ökosystem.

Als wesentlichstes Ergebnis des Bewertungsansatzes kann hier festgehalten werden, daß nach jetzigem Kenntnisstand Naturschutzüberlegungen auf Industrieflächen nicht grundsätzlich abgelehnt werden dürfen. Allerdings ist eine "Ökotoxikologie", die zur Zeit noch fehlende Richt- oder Grenzwerte entwickeln kann, erst im Entstehen. Es ist deshalb unbedingt notwendig, jede industriell genutzte Fläche, die in Naturschutzüberlegungen einbezogen wird, eingehend auf Umweltbelastungen hin zu überprüfen (weitere ausführliche Darstellungen siehe DETTMAR et al. 1991).

Industrieflächen bieten besonders gute Voraussetzungen für integrierte Naturschutzansätze. Viele der festgestellten seltenen und gefährdeten Arten und Vegetationseinheiten gehören zur kurzlebigen Ruderalvegetation (siehe Kapitel 4. und 5.). Das bedeutet, sie sind im besonderen Maße an Störungen ihrer Lebensräume angepaßt. Auf den genutzten Industrieflächen sind die meisten dieser Störungen produktionsbedingt. Beim Ausbleiben dieser Störungen, z.B. infolge von Werkstillegungen, verschwinden diese Elemente durch die natürliche Weiterentwicklung der Standorte. Künstliche Eingriffe zur Simulation produktionsbedingter Störungen sind enorm aufwendig, wenig erfolgversprechend und der Bevölkerung auch nur bedingt verständlich zu machen. Deshalb ist die Erhaltung dieser Elemente vor allem auf den genutzten Werksflächen sinnvoll. Mit relativ geringem Aufwand lassen sich diese Lebensräume auch effektiv sichern. Eine ernsthafte Bedrohung stellt in der Regel nicht die laufende intensive Produktion dar, sondern nur grundlegende Umgestaltungen der Werksflächen z.B. zur optischen Aufwertung. Das beinhaltet oft die Anlage von Zierrasen, Gehölzpflanzungen, befestigten Wegen und Plätzen sowie den Einsatz von Herbiziden.

Durch die gezielte Information der Verantwortlichen in den Werken ist es möglich, das Bewußtsein über die Bedeutung der Lebensräume für die spontane Vegetation zu wecken. Gelingt es gleichzeitig zu verdeutlichen, daß die spontane Vegetation auch ökonomisch gesehen wesentlich günstiger kommt, da sie weder Anlage- noch Unterhaltungskosten verursacht, sind gute Voraussetzungen für die verbesserte Beachtung dieser Strukturen auf den Industrieflächen geschaffen.

Im Rahmen des Forschungsberichtes (siehe DETTMAR et al. 1991) werden ausführlich Möglichkeiten, Strategien und Maßnahmen für einen integrierten Naturschutz auf Industrieflächen vorgestellt. Ebenso sind hier Maßnahmen zur Berücksichtigung des Arten- und Biotoppotentials auf Industriebrachen, die erneut genutzt werden sollen, aufgezeigt.

Hier soll, entsprechend der Themenstellung der Arbeit, ausführlicher der Aspekt "industrietypische Flora und Vegetation" und deren Bedeutung für den Stadtnaturschutz behandelt werden.

Wie im Rahmen dieser Untersuchung gezeigt werden konnte, haben die ausgewählten Industrieflächen im Ruhrgebiet sowohl eine industriezweigspezifische wie auch industrietypische Flora und Vegetation (siehe Kapitel 4.6. und 5.6.). Das bedeutet, daß mit dem Verschwinden des Nutzungstypes auch bestimmte Elemente der Stadtnatur weitgehend verschwinden würden. Da diese an die spezifischen Bedingungen auf dem Flächentyp angewiesen sind, lassen sie sich nicht oder nur mit großem Aufwand auf anderen Flächen erhalten.

Das wichtigste Ziel des Arten- und Biotopschutzes ist es, alle Arten und Lebensgemeinschaften auf ihren Standorten in überlebensfähigen Populationen zu erhalten. Insofern kommt der Flächennutzung auch aus dieser Sicht eine besondere Bedeutung für den Arten- und Biotopschutz in der Stadt zu.

Im Rahmen des Vorrangflächenkonzeptes für den Naturschutz (Schutzgebiete) wurden verschiedene Kriterien entwickelt, mit denen die Wertigkeit einzelner Gebiete für den Naturschutz überprüft werden kann. Die geläufigsten Kriterien sind u.a. Vorkommen seltener Arten, Artenvielfalt, Natürlichkeit (siehe ERZ 1980).

Vor der Verwendung dieser Kriterien im Stadtnaturschutz ist es sinnvoll zu überprüfen, inwieweit sie sich für die spezielle Situation im besiedelten Bereich eignen bzw. inwieweit sie entsprechend angepaßt werden müssen (siehe DETTMAR et al. 1991).

Das entsprechende Naturschutzkriterium, welches nutzungstypspezifische Vorkommen von Organismen oder Lebensgemeinschaften berücksichtigt ist die "Repräsentanz". Hierbei handelt es sich um ein typologisches Kriterium, daß das Vorkommen (quantitativ) und den Zustand (qualitativ) einer Lebensgemeinschaft oder eines Biotopes in Bezug zum Gesamtvorkommen in bestimmten Räumen und zu deren charakteristischen Zustand setzt (siehe ERZ 1980).

Je besser, d.h. mit allen zugehörigen Elementen ein Lebensraum ausgestattet ist, desto repäsentativer für den Landschaftsraum und damit umso wertvoller im Rahmen von Naturschutzbestrebungen ist er.

Auch wenn es bislang kaum praktiziert wurde, läßt sich dieses Kriterium in den Städten prinzipiell ebenfalls einsetzen. Auf der Basis einer flächendeckenden Biotopkartierung lassen sich z.B. die jeweils besonders typischen bzw. repräsentativen Einzelflächen der verschiedenen Nutzungen bestimmen. Hier muß vor allem mit integrierten Naturschutzmaßnahmen angesetzt werden. Gleichzeitig können diese Flächen als Maßstab für Pflege- und Entwicklungsmaßnahmen dienen.

Ein besonderes Element der Repräsentanz ist das spezifische Vorkommen von Arten, Einheiten, Lebensräumen in bestimmten Nutzungstypen. Hierzu liegen bislang erst relativ wenige floristische und vegtationskundliche Arbeiten vor (vergleiche Kapitel 4.6. und 5.6.). Es scheint, daß Industrieflächen im besonderen Maße derartige Anteile aufweisen. Dies hängt einerseits damit zusammen, daß dieser Nutzungstyp die Standorte so stark wie kaum eine andere urbane Flächennutzung spezifisch überformt (siehe Kapitel 3.3.). Andererseits bieten Industrieflächen ein erhebliches Flächenpotential für die spontane Vegetation.

Ziel des Arten- und Biotopschutzes, hier als Teilbereich des Stadtnaturschutzes, muß es sein, derartige spezifische Vorkommen und typische Ausbildungen der spontanen Vegetation zu erhalten. Die Leistungsfähigkeit des Naturhaushaltes hängt direkt mit dem Erhalt der vorhandenen Vielfalt an Arten und Lebensgemeinschaften zusammen (siehe u.a. AUHAGEN & SUKOPP 1983). Gerade die an die spezifischen Belastungen auf den Industrieflächen angepaßten Elemente der Vegetation leisten wertvolle Beiträge zur Umwelthygiene z.B. durch Staubfilterung oder die Reduzierung von Temperaturextreme (siehe ausführliche Darstellung bei DETTMAR et al. 1991). Schutz- bzw. Erhaltungs-

Überlegungen für diese Elemente müssen ansetzen bei den spezifischen Lebensraumbedingungen.

Die nähere Untersuchung der industriezweigspezifischen und industrietypischen Flora und Vegetation ergibt, daß hier die ruderalen Pionierarten bzw. -gesellschaften eine große Rolle spielen (siehe Tabelle Nr. 64. und 65.). Für Schutz, Pflege und Entwicklung dieser Lebensräume bedeutet dies, wie bereits oben ausgeführt, daß vor allem nutzungs-integrierte Naturschutzansätze auf genutzten Flächen wichtig sind.

Tabelle Nr. 64 Einteilung der Industriezweig- und industriespezifischen Flora der Industrieflächen (siehe Kapitel 4.6.) in die Formationsgruppen nach SUKOPP et al. (1978)

Formation	Industriezweig-spezifisch/ E/S*	B/C**	Industrie-spezifisch/ typisch im Ruhrgebiet
Außeralpine Felsvegetation	-	-	1
Hygrophile Therophyten-Gesellsch.	-	1	-
Kurzlebige Ruderalvegetation/ Ackerwildkrautgesellschaften	10	1	14
Langlebige Ruderalvegetation/Schlaggesellschaften/Nitrophile Säume	5	4	8
Kriechpflanzenrasen/Trittvegetation	-	2	-
Halbruderale Queckenrasen	1	-	1
Trocken- und Halbtrockenrasen	2	-	3
Frischwiesen	1	1	
Bodensaure Laubwälder	-	2	2
Mesophile Fallaubwälder	-	-	7
Ohne Einordnung	5	-	-
n*** =	29	11	39

* - E/S = Eisen- und Stahlindustrie

** - C/B = Chemische Industrie und Bergbau

*** - nicht alle Arten lassen sich einer der genannten Formationsgruppen zuordnen, die Gesamtanzahl bezieht sich auf die Angaben in Kapitel 4.6.

(restliche hier nicht erwähnte Formationsgruppen siehe SUKOPP et al. 1978 oder WOLFF-STRAUB et al. 1988)

Tabelle Nr. 65 Verteilung der industriezweig- und industrietypischen
Vegetationseinheiten (siehe Kapitel 5.6.) auf die ver
-schiedenen Vegetationsklassen.

Vegetationsklasse	Industriezweig-spezifische Vegetationseinheiten		Industrietypische Vegetationseinheiten im Ruhrgebiet
	E/S*	C/B**	
Asplenietea/Secalinetea	-	-	1
Bidentetea	-	2	2
Chenopodietea	6	2	13
Artemisietea	5	1	6
Agropyretea	3	-	2
Plantaginetea	-	1	-
Molinio-Arrhenatheretea	1	1	-
Sedo-Scleranthetea	3	-	5
Epilobietea	-	1	3
Ohne Einordnung	-	2	5
n*** -	18	10	37

* - E/S = Eisen- und Stahlindustrie

** - C/B = Chemische Industrie und Bergbau

*** - die Gesamtzahl bezieht sich auf die Angaben in Kapitel 5.6.

Besonders bei den industrietypischen Arten und Einheiten dominieren Elemente der ruderalen Pionierstadien. Dies gilt auch für die industriezweigspezifischen Elemente der Eisen- und Stahlindustrie. Demgegenüber weisen Chemische Industrie und Bergbau diesen Schwerpunkt nicht auf.

Aus den Tabellen Nr. 58 und 61 im Kapitel 5.6. lassen sich ergänzend die Verteilung dieser Einheiten auf die flächeninternen Lebensraumtypen entnehmen. Daraus ergibt sich, daß integrierte Naturschutzmaßnahmen sich vor allem auf die derzeit ungenutzten Freiflächen, die Gleisbereiche, Böschungen und Dämme (siehe Kapitel 5.1.) konzentrieren sollten.

Wie lassen sich diese Ergebnisse nun auf der Ebene der Einzelflächen konkret zur Beurteilung der Naturschutzwürdigkeit einsetzen ? Für die hier untersuchten Probeflächen wird dies hier ansatzweise versucht.

Da nicht alle Industrieflächen oder Industriezweige im Ruhrgebiet flächendeckend untersucht wurden, können die hier bestimmten Arten oder Einheiten nicht absolut gesehen werden. Ergänzende Untersuchungen können Veränderungen mit sich bringen.

Grundsätzlich ist es wichtig, deutlich zwischen "industriezweigspezifisch" und "industrietypisch" zu unterscheiden (siehe Kapitel 4.6. und 5.6.).

Mit Hilfe der zweigspezifischen Vorkommen läßt sich feststellen, inwieweit und in welchem Umfang einzelne Flächen die typische "Ausstattung" des jeweiligen Industriezweiges beinhalten.

In der Tabelle Nr. 66 sind die Vorkommen der industriezweigspezifischen Flora auf den Probeflächen zusammengestellt.

Tabelle Nr. 66 Industriezweigspezifische Flora - Verteilung auf den Probeflächen
(Erläuterung des Begriffes "industriezweigspezifisch" sowie die Definition der Auswahlkriterien siehe Kapitel 4.6. Erläuterung der Symbole und Abkürzungen siehe Tabelle Nr. 17 in Anhang Teil II)

	Leb.	Ein.	Bem.	A. Howe	B. KrHö	C. ThOb	D. ThMe	E. ThRu	F. ThBe	G. VeHo	H. VeSc	I. Ruhr	J. ZePr	K. ZeOs	L. ZeZo	M. ZeMo	N. ZeTh	O. ZeLe	Ste
Eisen- und Stahlindustrie																			
Apera interrupta	T	N?		3	2	5	3	5	4								2		3
Artemisia absinthium	C	A	3	3		3	3	3								1			2
Aster novi-belgii s.str.	H	N(!)		6		3		4								4			2
Ballota alba	C/H	A	*	2			3	2	2										2
Cerastium tomentosum	C	U	KA	2	1	1	1	2	2										2
Chenopodium botrys	T	N		2			1	4	3								3		2
Cotoneaster horizontalis	N	U	KA		1	2	4												1
Diplotaxis tenuifolia	C/H	N		4	3	3	5	5	5			1	1				2		3
Galium mollugo agg.	H	I		3	3	3	3	4	3	3							2		3
Helianthus tuberosus	G	N		1	2	2		2	2			1		1					3
Hieracium bauhinii	H	I		2	1		1	2	1								1		2
Lathyrus odoratus	T	(U)	A		1	2		2	1										2
Lathyrus tuberosus	G/H	I		1	1	1		2	1				1						2
Lunaria annua	T	U	KA	1	2	1			1										2
Malus domestica	P	U		3	1	2	3	2	2					2			2		3
Malva neglecta	T/H	A			1	1	1	1											2
Papaver somniferum	T	U	KA	1	1	1		2	1	1									2
Petrorhagia prolifera	T	I	*		3	2		3	1					1					2
Puccinellia distans	H	I		2	5		2	4	5	5									2
Rhus typhina	N	(U)	KA	1	1	2	2	3	2										2
Saxifraga tridactylites	T	I		7	6	5	3	7	4								2		3
Sedum spurium	C	N		1			1	1	1								1		2
Senecio vernalis	T	N		1		1	1	1											2
Stachys palustris	G	I		2	2	1	1	1		1							1		3
Tragopogon dubius	H	I		1		1	2	4	2										2
Chemische Industrie/Bergbau																			
Anthoxanthum odoratum	T/H	I						4		3	2	2	3	1					2
Athyrium filix-femina	H	I		2	1			2	1	2			3	2					3
Cardamine impatiens	H/T	I			2					2			3	1	2	2			2
Corrigiola litoralis	T	I	3										1						2
Cytisus scoparius	N	I		3		2				2	2	3	3	2					3
Juncus tenuis	H	N				2				3	3		2	2	3	2	3		3
Lysimachia vulgaris	H	I			1		1			3			2	1	1		1		3
Oenothera chicaginensis	H	N		3			2			2	2	2	3		3		3		3
Spergularia rubra	T/H	I			2		1			2	2	3	4	2	4	4	4		3
Stachys sylvatica	H	I		1	1					1	1	2	1	1	2	2		2	4

Bei der Bewertung dürfen die Vorkommen jeweils nur verglichen werden mit dem Potential des Industriezweiges. Bei der Eisen- und Stahlindustrie wurden insgesamt 25, bei der chemischen Industrie und dem Bergbau nur 10 charakteristische Sippen festgestellt (siehe Kapitel 4.6.). Insofern sind die Werte nur geeignet für die vergleichende Betrachtung der Flächen identischer Industriezweige.

Die Eisen- und Stahlindustrie weist deutlich mehr spezifische Sippen auf als die beiden anderen Industriezweige. Für das Vorkommen scheint die Flächengröße nur eine untergeordnete Rolle zu spielen (siehe D. ThMe). Der größte Teil der "stahlspezifischen" Sippen zählt zur kurzlebigen Pioniervegetation. Diese Arten sind an Störungen, die nutzungsbedingt sind, besonders gut angepaßt.

Von größerer Bedeutung für den Stadtnaturschutz sind die Vorkommen industrietypischer Arten und Einheiten. Das bereits formulierte Ziel des Arten- und Biotopschutzes in der Stadt ist es, alle vorkommenden Arten und Vegetationseinheiten an ihren Standorten in ausreichend großen Vorkommen zu sichern und zu erhalten. Sind Vorkommen auf bestimmte Nutzungstypen begrenzt, kommt diesen bzw. den jeweiligen Flächen eine besondere Bedeutung zu.

Die Tabelle Nr. 67 enthält die industrietypische Flora mit ihren Vorkommen auf den Probeflächen. Ein größerer Teil der industrietypischen bzw. -spezifischen Sippen gehört in die Gruppe der ruderalen Pioniere (siehe oben). Man kann von einer guten Anpassung an nutzungsbedingte Störungen ausgehen. Der Anteil derartiger Arten nimmt nach Einstellung der industriellen Nutzung im Laufe der Zeit deutlich ab (siehe z.B. M. ZeMo).

Tabelle Nr. 67 Industriespezifische und -typische Flora - Verteilung auf den Probeflächen
(Erläuterung der in der Tabelle verwendeten Begriffe sowie die Definition der Auswahlkriterien siehe Kapitel 4.6. Erläuterung der Symbole, Abkürzungen und Häufigkeitswerte siehe Tabelle Nr. 17 in Anhang Teil II)

	A. Leb.	B. Ein.	C. Bem.	D. Howe	E. KrHö	F. ThOb	G. ThMe	H. ThRu	I. ThBe	J. VeHo	K. VeSc	L. Ruhr	M. ZePr	N. ZeOs	O. ZeZo	ZeMo	ZeTh	ZeLe	Ste
Industriespezifische häufige Sippen																			
Apera interrupta	T	N?		3	2	5	3	5	4							2		3	
Cerastium pumilum s.str.	T	I	*	4	3	3	4	4	2	3	1		2	2		4		4	
Oenothera chicaginensis	H	N			3			2		2	2	2	3			3	3		3	
Oenothera rubricaulis	H	N		2												2	4		1
Tragopogon dubius	H	I		1		1	2	4	2										2
Industriespezifische seltene Sippen																			
Atriplex rosea	T	I	0			2													1
Atriplex tatarica	T	U				1													1
Bromus carinatus	T	(U)	A?							1									1
Gymnocarpium robertianum	G	I	3		1														1
Hypericum hirsutum	H	I												2						
Linaria repens	G	N						1											1
Poa x figertii	?	?		2															1
Rubus contractipes	?	I															3		1
Rubus lasiandrus	N	I													1				1
Rubus nemorosoides	N	I		2				2							3				1
Rubus parahebecarpus	?	?				1													1
Rubus raduloides	N	I												1					1

Tabelle Nr. 67 (Fortsetzung)

Industrietypische Sippen mit größeren Vorkommen

Art																		
Cerastium glutinosum	T	I		3	6	4	3	3	4	3	3	2	5	3	3	3	3	5
Chenopodium botrys	T	N		2			1	4	3								3	2
Corrigiola litoralis	T	I	3											1				1
Hordeum jubatum	T	N		4	4								2	2				2
Inula graveolens	T	N			2		3	2	2	4	4	1	5	1	5		7	4
Lycium chinense	N	U	/K	2		3		3	2		2		1				2	3
Oenothera parviflora s.str.	H/T	N		3	1	2	1	1	1	3	2	1	2		2			4
Puccinellia distans	H	I	2	5			2	4	5	5								2
Rubus calvus	N	I				5	4											1
Rubus nemorosus	N	I					5	3	4		3		4	2	4	5		3
Salsola kali subsp. ruthenica	T	N							3				3		4		3	2

Sippen mit Schwerpunktvorkommen auf Industrieflächen

Art																		
Arenaria serpyllifolia agg.	T/C	I		7	5	7	7	6	6	4	3	4	4	4	2	3	5	4	5
Artemisia absinthium	C	A	3	3			3	3	3								1		2
Buddleja davidii	N	N	K	3	4	5	4	5	4	3	2	1	2	1	2	2	6	2	5
Carduus acanthoides	H	N		3	3	5	6	5	4	3	3	3	3		4		6		5
Crepis tectorum	T/H	I		4	4	4	4	5	4	2	1	2	2	3		3			4
Diplotaxis tenuifolia	C/H	N		4	3	3	5	5	5			1	1				2		3
Reseda luteola	H	A?		5	4	4	3	4	4	3	4	3	4	2	5	5	6	4	5
Saxifraga tridactylites	T	I		7	6	5	3	7	4								2		3
Verbascum densiflorum	H	I		3			3	4	2	1						3	4		3

Insgesamt wurden 37 industriespezifische bzw. -typische Sippen zugrundegelegt (in Kapitel 4.6. Tabelle 39 sind insgesamt 39 Sippen angegeben, dabei sind zwei Sippen einbezogen, die auf den Untersuchungsflächen nicht vorkommen, die aber nach der vorliegenden Literatur für das Ruhrgebiet ebenfalls in die genannten Kategorien eingeordnet werden können - Illecebrum verticillatum, Herniaria hirsuta -).

Die Flächen der Eisen- und Stahlindustrie weisen auch hier überwiegend die höchsten Anteile auf. Dies wird besonders deutlich, wenn man nur die Sippen, die größere Vorkommen auf den Flächen haben (≥ Häufigkeitsgrad 3 siehe Kapitel 4.1.), berücksichtigt (siehe Tabelle Nr. 68). Etwas aus dem Rahmen fällt dabei die Zechenbrache Thyssen 4/8 (N. ZeTh), die verschiedene Elemente der Eisen- und Stahlindustrie enthält (siehe Kapitel 4.6.).

In Tabelle Nr. 68 sind die Anteile der spezifischen und typischen Flora zusammengefaßt. Deutlich wird, daß die Flächengröße offensichtlich nur eine untergeordnete Rolle für das Vorkommen der jeweiligen Arten spielt.

Die industrietypischen Vorkommen haben eine wesentlich größere Bedeutung für den Stadtnaturschutz als die zweigspezifischen Verteilungen der Arten (siehe Kapitel 4.6). In einem weitergehenden Bewertungsverfahren müssen auf der Basis der festgestellten Anteile industrietypischer Vorkommen Wertstufen gebildet werden. Bei einem dreistufigen Ansatz könnte z.B. folgende Einteilung gewählt werden:

>   Wertstufen nach dem Vorkommen industriespezifischer/
>   industrietypischer Arten (n = 37)
>   ≥ 17   Hoher   Wert
>   ≥ 11   Mittlerer Wert
>   ≤ 10   Niedriger Wert

Tabelle Nr. 68 Anzahl industriezweigspezifischer und industrietypischer Sippen auf den Untersuchungsflächen

Fläche	Größe ha	Nutzung %	Industriezweigspezifisch ges.	≥ 3*	Industriespezifisch, bzw. industrietypisch ges.	≥ 3*
Eisen/Stahlindustrie			n = 25		n = 37	
A. HoWe	300	60	21	8	20	15
B. KrHö	100	80	15	4	16	12
C. ThOb	80	15	21	6	17	14
D. ThMe	40	1	18	7	20	15
E. ThRu	160	70	24	11	23	17
F. ThBe	200	90	20	4	18	11
Chemie/Bergbau			n = 10			
G. VeHo	140	80	7	3	13	9
H. VeSc	250	80	6	1	12	5
I. Ruhr	130	70	7	2	12	5
J. ZePr	100	80	7	3	14	6
K. ZeOs	25	30	6	1	10	5
L. ZeZo	45	20	10	6	12	7
M. ZeMo	30	0	6	1	8	4
N. ZeTh	35	4	5	3	18	13
O. ZeLe	3	0	2	0	4	3

* = Anzahl der Sippen mit Häufigkeitsgrad ≥ 3 (siehe Kapitel 4.1.)

Bei den Vegetationseinheiten ergibt sich mengenmäßig eine ähnliche Verteilung der industriezweigspezifischen Vorkommen wie bei der Flora. Auch hier weist die Eisen- und Stahlindustrie mit 18 Einheiten deutlich mehr spezifische Bildungen als die beiden anderen Industriezweige (Chemische Industrie und Bergbau 7 Einheiten) auf. Die Bewertung der Vorkommen kann nur zweigspezifisch erfolgen. In der Tabelle Nr. 69 sind die betreffenden Einheiten zusammengestellt.

Tabelle Nr. 69 Industriezweigspezifische Vegetationseinheiten - Verteilung auf den Probeflächen (Erläuterung des Begriffes "industriezweigspezifisch" sowie die Definition der Auswahlkriterien siehe Kapitel 5.6.) (Erläuterung der Abkürzungen siehe Kapitel 3., die Aufschlüsselung der Häufigkeitswerte siehe Kapitel 5.1., die Nummern vor den Einheiten beziehen sich auf die Tabelle Nr. 46 in Anhang Teil III)

	A. HoWe	B. KrHö	C. ThOb	D. ThMe	E. ThRu	F. ThBe	G. VeHo	H. VeSc	I. Ruhr	J. ZePr	K. ZeOs	L. ZeZo	M. ZeMo	N. ZeTh	O. ZeLe
Eisen- und Stahlindustrie															
3.5.2. Arenaria serpyllifolia-Bromus tectorum-Gesellschaft (Bromo-Erigeretum)	3	1	2	3	3	3								2	
3.6. Apera interrupta-Arenaria serpyllifolia-Gesellschaft	1	1	2	3	3	2								1	
3.7. Crepis tectorum-Puccinellia distans-Gesellschaft	2		1	2	3	2									
3.10. Hordeetum murini	2	1	1	1	2	2				1	1				
3.12. Conyzo-Lactucetum	2	1	2		2	3						1			
3.26. Arenaria serpyllifolia-Bestände	3	3	3	3	2	1								2	

Tabelle Nr. 69 (Fortsetzung)

	HoWe	KrHö	ThOb	ThMe	ThRu	ThBe	VeHo	VeSc	Ruhr	ZePr	ZeOs	ZeZo	ZeMo	ZeTh	ZeLe
Eisen- und Stahlindustrie															
5.10. Lamio-Ballotetum albae	1			2	1										
5.12. Resedo-Carduetum nutantis		2	2			1									
5.21. Artemisio-Tanacetetum	2	2	3	2	2	1				1	1				
5.22. Daucus carota-Bestände	1	1	2		1	1					1				
5.5. Lamium maculatum-Bestände		1		1	1	1									
6.5. Diplotaxi-Agropyretum				1	1	1									
6.6. Diplotaxis tenuifolia-Bestände	1				2	2	2								
6.7. Poa compressa-Bestände	3	3	3		3	2				1			1		
11.6. Dactylis glomerata-Bestände	2		1	2	2	1				1	1				
12.2. Saxifraga tridactylites-Bestände	3	2	2	1	3	1								1	
12.3. Vulpia myuros-Bestände	1	1		1	1	1								1	
12.5.2.Cerastium pumilum s.str.-Bestände	2	1	1	2	2	1					1			2	
Chemische Industrie/Bergbau															
3.18. Inula graveolens-Tripleurospermum ino-dorum-Gesellschaft		1		1	1			2	2		3		2		4
5.14. Reseda luteola-Bestände	1	1					1	2	1	1	2	3	2		
8.4. Spergularia rubra-Bestände			1			1				2	2	2	3		
11.5. Holcus lanatus-Bestände			1	1			3	3	2	3	3	3	2	2	2
13.2. Betula pendula-Bestände	2	2			2	1	2	2	1	3		4	4	4	3
15.4. Epilobium angustifolium-Bestände			1	2			2	2		1		2	2	3	
15.5. Agrostis tenuis-Bestände								2			2	2	2		3

Vergleicht man die Tabellen Nr. 69 und Nr. 66, wird deutlich, daß die ähnlichen Mengenverhältnisse darauf zurückzuführen sind, daß einige der zweigspezifischen Sippen auch kennzeichnend für die betreffenden Einheiten sind. Dies trifft in Teilen auch bei der industrietypischen Vegetation zu. Die entsprechenden Einheiten sind in Tabelle Nr. 70 mit ihrer Verteilung auf den Probeflächen zusammengestellt.

Tabelle Nr. 70 Industrietypische Vegetationseinheiten - Verteilung auf den Probeflächen (Erläuterung der in der Tabelle enthaltenen Begriffe sowie die Definition der Auswahlkriterien siehe Kapitel 5.6.) (Erläuterung der Abkürzungen siehe Kapitel 3., die Aufschlüsselung der Häufigkeitswerte siehe Kapitel 5.1., die Nummern vor den Einheiten beziehen sich auf die Tabelle Nr. 46 in Anhang Teil III)

	A.	B.	C.	D.	E.	F.	G.	H.	I.	J.	K.	L.	M.	N.	O.
	HoWe	KrHö	ThOb	ThMe	ThRu	ThBe	VeHo	VeSc	Ruhr	ZePr	ZeOs	ZeZo	ZeMo	ZeTh	ZeLe
Vegetationseinheiten, die nur auf Industrieflächen größere Vorkommen haben															
3.6. Apera interrupta-Arenaria serpyllifolia-Gesellschaft	1	1	2	2	3	2								1	
3.7. Crepis tectorum-Puccinellia distans-Gesellschaft	2		1	2	3	2									
3.18. Inula graveolens-Tripleurospermum ino-dorum-Gesellschaft		1		1	1			2	2		3		2		4
3.23. Chaenarrhino-Chenopodietum botryos	1				2	1									2
3.24. Salsola kali subsp. ruthenica-Bestände					2					2		2			
5.13. Reseda luteola-Carduus acanthoides-Gesellschaft					1		1			2					2
6.9. Agrostis gigantea-Bestände	3	2			2	2	2	1	1	2	2		2	2	
12.5.1.Cerastium glutinosum-Bestände	1	2	2	1	2	1	2			2	1			1	1
12.5.2.Cerastium pumilum s.str.-Bestände	2	1	1	2	2	1					1			2	

Tabelle Nr. 70 (Fortsetzung)

Vegetationseinheiten mit Schwerpunktvorkommen auf Industrieflächen

	HoWe	KrHö	ThOb	ThMe	ThRu	ThBe	VeHo	VeSc	Ruhr	ZePr	ZeOs	ZeZo	ZeMo	ZeTh	ZeLe
3.8. Sisymbrietum loeselii			2		1						2				
3.9. Lactuco-Sisymbrietum altissimi	2		1		2	1	1		1	1	2			1	
3.12. Conyzo-Lactucetum	2	1	2		2	3			1						
3.17. Chaenarrhinum minus-Bestände		2	1	1	2	1			1						
5.12. Resedo-Carduetum nutantis		2	2			1									
5.14. Reseda luteola-Bestände	1	1							1	2	1	1	2	3	2
5.27. Carduus acanthoides-Bestände					3	2	2								2
5.31. Poa palustris-Bestände	3	3	2			3			2	2		3	2	2	2 3
6.6. Diplotaxis tenuifolia-Bestände	1				2	2	2								
12.2. Saxifraga tridactylites-Bestände	3	2	2	1	3	1									1
13.2. Betula pendula-Bestände	2	2			2	1	2	2	1	3			4	4	4 3
13.4. Buddleja davidii-Betula pendula-Ges.		2	2			3	1	1			1				3
15.2. Epilobium ciliatum-Bestände	1	1	1	1	1	1	2	1	1	2	1	3	3	2	2

Seltene Vegetationseinheiten, die mit Schwerpunkt au Industrieflächen vorkommen

3.14. Hordeum jubatum-Bestände	1	1												1	
3.21. Amaranthus albus-Bestände					1						2				
5.16. Oenothera chicaginensis-Bestände														1	2
15.1. Puccinellia distans-Diplotaxis tenui-folia-Gesellschaft									1						

Seltene Vegetationseinheiten, die bislang nur von Industrieflächen bekannt sind

1.3. Gymnocarpium robertianum-Bestand											1				
3.27. Atriplex rosea-Bestände											1				
12.8. Petrorhagia prolifera-Bestände					1						1				
12.9. Acinos arvensis-Bestände						1									
13.6. Hypericum hirsutum-Bestände														1	
15.9. Poa x figertii-Bestände									1						
15.14. Tragopogon dubius-Bestände											2				
15.17. Sisymbrium volgense-Bestände											1				

In der Tabelle Nr. 71 ist die Anzahl der vorkommenden industriezweigspezifischen und industrietypischen Einheiten zusammengefaßt. Diejenigen mit größeren Vorkommen (≥ Häufigkeitsgrad 2 siehe Kapitel 5.1.) sind extra aufgeführt.

Will man auch hier wie bei der Flora (siehe oben) im Rahmen eines Bewertungsverfahrens Wertstufen nach der Anzahl industrietypischer Vorkommen bilden, könnte bei einem dreistufigen Ansatz folgende Einteilung gewählt werden:

Wertstufen nach dem Vorkommen industrietypischer Einheiten (n= 34)

≥ 15   Hoher Wert
≥ 9   Mittlerer Wert
≤ 8   Niedriger Wert

Tabelle Nr. 71 Anzahl industriezweig- und industriespezifischer Vegetationseinheiten auf den Untersuchungsflächen

Fläche	Größe ha	Nutzung %	Industriezweigspezifisch ges. $\geq 2^*$ n = 18		Industriespezifisch, bzw. industrietypisch ges. $\geq 2^*$ n = 34	
A. HoWe	300	60	15	10	15	8
B. KrHö	100	80	12	4	17	8
C. ThOb	80	15	13	9	14	8
D. ThMe	40	1	14	9	11	5
E. ThRu	160	70	17	12	25	17
F. ThBe	200	90	17	8	17	6
			n = 7			
G. VeHo	140	80	5	4	9	6
H. VeSc	250	80	6	5	6	3
I. Ruhr	130	70	3	2	9	4
J. ZePr	100	80	7	5	11	6
K. ZeOs	25	30	4	3	9	5
L. ZeZo	45	20	7	7	7	5
M. ZeMo	30	0	5	5	6	5
N. ZeTh	35	4	5	5	17	13
O. ZeLe	3	0	3	3	2	2

* = Anzahl der Sippen mit Häufigkeitsgrad ≥ 2 (siehe Kapitel 4.1.)

Vergleicht man die Werte der industriezweigspezifischen Vorkommen (Flora und Vegetation), schneiden, bezogen auf die jeweiligen zweigspezifischen Gesamtzahlen die Flächen A.HoWe, E.ThRu und L.ZeZo (siehe Kapitel 3.1.) besonders gut ab. Bei der Eisen- und Stahlindustrie weisen vor allem die größeren Flächen mit einem Mosaik unterschiedlich intensiv genutzter Bereiche ein hohes Potential auf.

Bei den beiden anderen Industriezweigen hat die Fläche L.ZeZo die höchsten Werte. Wie oben gezeigt wurde, sind für die Flächen der Chemischen Industrie und des Berbaus im stärkeren Maß Elemente der ausdauernden (Ruderal-)Vegetation bezeichnend. Diese finden offensichtlich auf der seit wenigen Jahren stillgelegten Zeche Zollverein (L.ZeZo) besonders gute Bedingungen.

Bei den industrietypischen Anteilen (Flora und Vegetation) gibt es größere Unterschiede bei den besonders reichhaltigen Flächen. Durchgängig an der Spitze liegen die Flächen E.ThRu und N.ZeTh. Hinzukommen bei der Flora A.HoWe und D.ThMe, während bei der Vegetation B.KrHö zu nennen ist.

Daß die Flächen der Stahlindustrie die höchsten Anteile haben, kann angesichts des bereits beschriebenen, insgesamt höheren Potentials bzgl. dieser Arten und Einheiten nicht überraschen. Die Zechenbrache Thyssen 4/8 (N.ZeTh) erreicht das hohe Niveau vermutlich nur wegen der unmittelbaren Nachbarschaft zur Fläche D.ThMe (siehe oben).

Zusammenfassend läßt sich feststellen, daß bezüglich der "Repräsentanz" im hier dargestellten Sinne, offenbar besonders den Flächen, die ein großes

Mosaik unterschiedlich intensiv genutzter Teilflächen aufweisen, sowie den "jüngeren" Brachen eine besondere Bedeutung zukommt. Im Ruhrgebiet haben, die Flächen der Eisen- und Stahlindustrie, was das Vorkommen industrietypischer Elemente angeht, in der Regel höhere Potentiale als die des Bergbaus oder der Chemischen Industrie.

Bei den meisten Untersuchungen zur Naturschutzeignung einzelner Flächen bleibt kaum die Zeit für umfangreiche Erhebungen wie sie notwendig sind, um z.B. das Vorkommen und die Anteile typischer Elemente der Flora und der Vegetation aufzuzeigen. Oft genug sind noch nicht einmal nähere floristische und schon gar keine vegetationskundlichen Untersuchungen möglich. Aufgrund dessen sind die oben angeführten Hinweise zur Flächenstruktur besonders wichtig. Im Forschungsbericht (DETTMAR et al. 1991) wurde hieraus eine Art Schlüssel zur Schnellerfassung des Naturschutzwertes von Industrieflächen entwickelt. Mit seiner Hilfe kann auf der Basis von aktuellen Luftbildern zumindest eine grobe Beurteilung anhand von Strukturmerkmalen wie z.B. Nutzungsgrad, Versiegelungsgrad, Vorkommen spontaner Vegetation, Mosaik unterschiedlich alter Stadien etc. vorgenommen werden (ausführliche Darstellung siehe DETTMAR et al. 1991).

7. Zusammenfassung

Die industrielle Flächennutzung hat, wie kaum ein anderer urbaner Nutzungstyp, die Standorte überformt und verändert. Gleichzeitig sind diese Flächen vielfach wertvolle und bedeutende Lebensräume für wildlebende Organismen, speziell für die spontane Vegetation.

Durch eine gezielte floristische und vegetationskundliche Analyse ausgewählter Industrieflächen wird mit dieser Arbeit versucht, einen Beitrag zur Kenntnis des Lebensraumpotentials einer typisch urbanen Flächennutzung zu leisten. Insbesondere geht es dabei um industrietypische Vorkommen von Pflanzenarten oder Vegetationseinheiten, die ausschließlich oder schwerpunktmäßig auf industriell genutzten Flächen auftreten.

Das Ruhrgebiet, als größter urban industrieller Ballungsraum Europas, erscheint für eine derartige Untersuchung besonders geeignet. Ausgewählt wurden insgesamt 15 Einzelflächen der drei Industriezweige Eisen- und Stahlindustrie, Chemische Industrie und Bergbau. Enthalten sind sowohl intensiv genutzte als auch vollständig brachgefallene Flächen mit Größen zwischen 3 und 300 Hektar. Die Gesamtuntersuchungsfläche von rund 1.600 Hektar entspricht ca. 10 % der derzeit im Ruhrgebiet vorhandenen Industrieflächen (genutzt und brachgefallen).

Ergebnis der floristischen Untersuchungen

Insgesamt konnten 699 wildwachsende Farn- und Blütenpflanzensippen festgestellt werden. Nach Abzug, die in der Florenliste NRW nicht differenzierten Artaggregate und nicht enthaltenen unbeständigen Arten, verbleiben 579 Sippen, die rund 31 % der Flora von NRW darstellen.

Die unterschiedlichen Artenzahlen auf den Untersuchungsflächen hängen in erster Linie von der Flächengröße, der Nutzungsintensität und dem Versiegelungsgrad ab. Hierfür lassen sich auch statistische Nachweise erbringen.

Durchgängig, auf allen 15 Flächen, sind 60 Sippen vertreten. Für jede Fläche liegt eine Häufigkeitsschätzung aller auftretenden Sippen vor. Im Vergleich der Einzelflächen kommt deutlich heraus, daß es industriezweigspezifische Unterschiede bei den häufigsten Sippen gibt.

Die Einteilung der Sippen nach der Einwanderungszeit ergibt im wesentlichen die für bebaute Bereiche in Städten typische Verteilung mit dominierenden Hemikryptophyten- und Therophytenanteilen. Signifikante Unterschiede zwischen den Probeflächen oder den Industriezweigen sind nicht erkennbar.

Unterteilt man die Sippen nach dem Indigenat und dem Status der Naturalisation, finden sich auf den Industrieflächen die für großstädtische Räume typischen hohen Anteile an Hemerochoren. Der verhältnismäßig hohe Anteil an Ephemerophyten läßt sich vor allem auf die große Zahl verwilderter Ziergehölze zurückführen. Signifikante Unterschiede zwischen den Einzelflächen und den Industriezweigen waren auch hier kaum erkennbar.

Da aktuelle Daten zur Frequenz der Farn- und Blütenpflanzen flächendeckend für das Ruhrgebiet nicht vorliegen, wurden Einschätzungen zur Seltenheit der Sippen mit verschiedenen Hilfsmitteln erarbeitet. Die Rote Liste der Farn- und Blütenpflanzen von Nordrhein-Westfalen ist aufgrund des Ausschlußes der Neophyten nur begrenzt verwendbar. Insgesamt ergaben sich auf diese Weise 76 seltene, gefährdete oder aus anderen Gründen besonders bemerkenswerte Sippen, die auf den Industrieflächen vorkommen. Das entspricht 10,3 % der Gesamtflora, davon stehen 33 auf der aktuellen Roten Liste NRW. Beziehт man die Häufigkeitsschätzungen ein, zeigt sich, daß nur 14 der 76 Sippen auf den Industrieflächen größere Vorkommen haben.

Die Berechnung der einfachen Artenidentität wie der Dominantenidentität für die Flora ergibt hohe Ähnlichkeitswerte der Untersuchungsflächen. Die Industrieflächen sind bezüglich der floristischen Ausstattung im hohen Maße homogen. Gewisse Unterschiede zwischen den Industriezweigen sind statistisch belegbar.

Die Verteilung der Sippen auf die Untersuchungsflächen läßt deutliche Schwerpunkte bei einzelnen Industriezweigen erkennen. Dabei kann man die Eisen- und Stahlindustrie auf der einen Seite von den beiden anderen Industriezweigen (Chemische Industrie und Bergbau) auf der anderen Seite trennen. Die Stahlindustrie weist insgesamt 29, im wesentlichen untersuchungsintern, spezifisch auftretende Sippen auf. Bergbau und Chemische Industrie haben dagegen nur 11 spezifische Sippen. Die Hauptursache für diese "industriezweigspezifische" Verteilung liegt in den großen Unterschieden bei den vorherrschenden Substraten.

Unter Einbeziehung weiterer floristischer Untersuchungen aus dem Ruhrgebiet läßt sich eine Gruppe von Sippen aufstellen, die hier entweder ausschließlich oder doch mit deutlichem Schwerpunkt auf Industrieflächen vorkommen. Mit unterschiedlichen "Treugraden" zählen insgesamt 39 Sippen zu dieser "industrietypischen" Flora.

Im Vergleich mit anderen Untersuchungen aus Deutschland läßt sich für insgesamt sieben Sippen auch überregional ein gewisser Schwerpunkt auf industriell geprägten Flächen feststellen.

Ergebnis der vegetationskundlichen Untersuchungen

Insgesamt wurden auf den Probeflächen 197 Vegetationseinheiten differenziert, darunter 34 Assoziationen, 21 Gesellschaften (unbestimmten Ranges) und 142 Dominanzbestände.

Sieben Einheiten kommen auf allen 15 Untersuchungsflächen vor. Sechs dieser sieben gehören zu den Einheiten mit der höchsten geschätzten Flächendeckung auf den Probeflächen. Auch bei den vorherrschenden Vegetationseinheiten gibt es industriezweigspezifische Unterschiede.

Erwartungsgemäß gehört der größte Teil der Einheiten zur Ruderalvegetation, wobei sich die kurzlebige und die ausdauernde Ruderalvegetation anteilmäßig in etwa die Waage halten.

Für alle Probeflächen wurde die Verteilung der Einheiten auf flächeninternen Lebensräume festgehalten. Am reichhaltigsten sind demnach die größeren ungenutzten Freiflächen, gefolgt von den Gleisbereichen, den Straßen- und Wegeflächen, den Böschungen, Wällen und Dämmen. Im Verhältnis zum Flächenanteil sind die Gleisbereiche besonders reichhaltig. Bei 85 % aller Einheiten ist ein deutlicher Schwerpunkt bei einem Lebensraumtyp erkennbar. Neben den "Freiflächen" weisen wiederum die Gleisbereiche die höchste Anzahl an Schwerpunktvorkommen auf.

Mangels entsprechender Untersuchungen sind Angaben zur Seltenheit und Gefährdung von Vegetationseinheiten im Ruhrgebiet schwierig und nur unter Heranziehung verschiedener Hilfsmittel möglich. Insgesamt lassen sich danach 35 Einheiten, das entspricht 17,8 % des Gesamtbestandes als selten, gefährdet oder aus anderen Gründen als besonders bemerkenswert bezeichnen.

Die Berechnung der vegetationskundlichen Ähnlichkeit bestätigt erneut die relativ große Homogenität der Probeflächen. Allerdings ist die floristische Ähnlichkeit größer als die vegetationskundliche. Auch bei der "Einheitenidentität" sind Unterschiede zwischen den Industriezweigen statistisch nachweisbar.

Aus den Vorkommen auf den Probeflächen, unter Einbeziehung anderer Untersuchungen aus dem Ruhrgebiet, lassen sich auch bei der Vegetation deutliche Schwerpunkte von Einheiten bei einzelnen Industriezweigen ablesen. Die bei der Auswertung der floristischen Daten gebildeten zwei Gruppen (Eisen/Stahl und Chemie/Bergbau) bestätigen sich auch bei der Analyse der Vegetation. Dies liegt unter anderem daran, daß viele der spezifischen Sippen kennzeichnend für die spezifischen Einheiten sind. Es ergeben sich 18 Einheiten, die einen Schwerpunkt ihres Vorkommens bei der Stahlindustrie haben, demgegenüber sind 10 Einheiten für die beiden anderen Zweige charakteristisch.

Aus dem Vergleich mit weiteren Untersuchungen aus dem Ruhrgebiet ergibt sich eine Gruppe von insgesamt 37 "industrietypischen" Einheiten, die offensichtlich entweder eng an Industrieflächen gebunden sind oder hier deutliche Schwerpunkte haben.

Im überregionalen Vergleich, unter Einbeziehung der floristischen Ergebnisse, lassen sich bei sechs Einheiten in Deutschland gewisse Schwerpunkte in industriell geprägten Stadtzonen bzw. auf Industrieflächen feststellen. Auffällig hoch ist dabei mit vier Einheiten der Anteil des Salsolion-Verbandes.

Insgesamt kann festgehalten werden, daß es sowohl eine industriezweigspezifische wie auch industrietypische Flora und Vegetation im Ruhrgebiet gibt. Auch überregional deuten sich gewisse Schwerpunktvorkommen von Pflanzenarten und Vegetationseinheiten auf industriell geprägten Flächen an. Neben der erneut dokumentierten Reichhaltigkeit industrieller Lebensräume, den zahlreichen Vorkommen seltener und gefährdeter Pflanzenarten und -gesellschaften, weisen Industrieflächen auch spezifische Vorkommen auf. Da eines der zentralen Ziele des Arten- und Biotopschutzes die Erhaltung, Sicherung und Entwicklung aller vorhandenen Organismen und Lebensgemeinschaften an ihren Standorten in überlebensfähigen Populationen ist, kommt den Flächennutzungen mit spezifischen Elementen eine besondere Bedeutung zu.

Am Ende der Arbeit werden die Bedeutung dieser Ergebnisse für den Stadtnaturschutz behandelt und die Möglichkeiten des Naturschutzes auf Industrieflächen diskutiert. Da von Industrieflächen große Umweltbelastungen (Altlasten, Schadstoffemissionen) ausgehen können, ist besonders bei dieser Flächennutzung eine umfassende Naturschutzbewertung notwendig, die nicht nur den Arten- und Biotopschutz, sondern den Schutz aller Naturpotentiale umfaßt. Für die Berücksichtigung der typischen Elemente der Flora und Vegetation auf Industrieflächen werden im Rahmen einer Arten- und Biotopschutz-Teilbewertung Möglichkeiten aufgezeigt.

8. Literaturhinweise

ADOLPHI, K. (1975): Der Salzschwaden (Puccinellia distans) auch in Westfalen an Straßenrändern. Gött. Flor. Rundbr. Göttingen 9(3): 89.

ADOLPHI, K. (1980): Puccinellia distans (Jacq.) Parl. an einem Wegrand in der Eifel. Decheniana Bonn 133: 26.

AELLEN, P. & R. SCHEUERMANN (1937): Fünfter Beitrag zur Kenntnis der Adventivflora Hannovers. Mitt. Flor. Soz. Arbeitsgem. Niedersachsens 3: 258-260.

AEY, W. (1990): Historisch - ökologische Untersuchungen an Stadtökotopen Lübecks. Mitt. AG Geobotanik Schleswig-Holstein und Hamburg 41. 229 S.

ARBEITSGRUPPE ARTENSCHUTZPROGRAMM BERLIN (1984): Grundlagen für das Artenschutzprogramm Berlin in drei Bänden. Landschaftsentwicklung u. Umweltforschung Nr. 23. 995 S. + Karten.

ARBEITSGRUPPE BODENKUNDE (1982): Bodenkundliche Kartieranleitung. 3. Aufl. Hannover. 331 S.

ARBEITSGRUPPE "METHODIK DER BIOTOPKARTIERUNG IM BESIEDELTEN BEREICH" (1986): Flächendeckende Biotopkartierung im besiedelten Bereich als Grundlage einer ökologisch bzw. am Naturschutz orientierten Planung. Grundprogramm für die Bestandsaufnahme und Gliederung des besiedelten Bereichs und dessen Randzonen. Natur u. Landschaft 61(10): 371-389.

ASH, H. (1983): The natural colonisation of derelict industrial land. Dissertation University of Liverpool.

ASMUS, U. (1980): Vegetationskundliches Gutachten über den Potsdamer und Anhalter Güterbahnhof in Berlin. Im Auftrag des Senators für Bau- und Wohnungswesen. (als Manuskript vervielfältigt) 145 S. Berlin.

ASMUS, U. (1980b): Biotopkartierung im besiedelten Bereich von Berlin (West). Teil 1 Vegetationskartierung auf innerstädtischem Brachland. Garten und Landschaft 7: 560-564.

ASMUS, U. (1981): Der Einfluß von Nutzungsänderungen und Ziergärten auf die Florenzusammensetzung stadtnaher Forste. Ber. Bayer. Bot. Ges. 52: 177-121.

ASMUS, U. (1981b): Vegetationskundliches Gutachten über das Südgelände des Schöneberger Güterbahnhofes. Im Auftrag des Senators für Bau- und Wohnungswesen. (als Manuskript vervielfältigt) 227 S. Berlin.

ASMUS, U. (1987): Spontane Vegetationsentwicklung auf Bergehalden des Aachener Reviers. In: Naturschutzzentrum N.W. "Natur aus zweiter Hand" dargestellt an Abgrabungen und Aufschüttungen. 1: 40-46.

ASMUS, U. (1988): Das Eindringen von Neophyten in anthropogen geschaffene Standorte und ihre Vergesellschaftung am Beispiel von Senecio inaequidens DC. Flora 180: 130-138.

AUHAGEN, A. & H. SUKOPP (1982): Auswertung der Liste der wildwachsenden Farn- und Blütenpflanzen von Berlin (West) für den Arten- und Biotopschutz. Landschaftsentwicklung und Umweltforschung 11: 5-18.

BAKER, A.J.M., GRANT, C.J., MARTIN, M.H., SHAW, S.C. & J. WHITEBROOK (1986): Induction and loss of cadmium tolerance in Holcus lanatus L. and other grasses. New. Phytol. 102: 575-587.

BANASOVA, V. (1978): Vergleich der Vegetation auf Antimonschacht- und Flotationshalden von Propoc. Acta botanica slovaca. Acad. Sci. slovacae. Ser. A. 3: 241-243.

BANASOVA, V. (1980): Indikatoreigenschaften der Kupferhaldenvegetation in der Slowakei. Bioindikation 4.Wiss. Beiträge M. Luther Univ. Halle Wittenberg 27 (P11): 74-76.

BANK-SIGNON, I. & E. PATZKE (1986): Zur Soziologie von Apera interrupta. Tuexenia 6: 21-25.

BARKOWSKI, D. et al. (1990): Altlasten-Handbuch zur Ermittlung und Abwehr von Gefahren durch kontaminierte Standorte. Alternative Konzepte 56. II. Auflage. Verlag C.F. Müller. Karlsruhe.

BARTLING, H. & H. STRAUSS (1987): Umweltrelevante und vegetationskundliche Überlegungen zu Bergehalden im Saarland. Natur u. Landschaft 62(12): 512-516.

BECHER, R. & D. BRANDES (1985): Vergleichende Untersuchungen an städtischen und stadtnahen Gehölzbeständen am Beispiel von Braunschweig. Braunschweig. Naturk. Schr. 2 (2): 309-339.

BECKMANN, TH. (1986): Vegetationskundliche und bodenkundliche Standortbeurteilung einer Steinkohlenberghalde im Essener Süden. Decheniana 139: 1-13.

BEER, W.D. (1955/56): Beiträge zur Kenntnis der pflanzlichen Wiederbesiedlung von Halden des Braunkohlenbergbaus im nordwestsächsischen Raum. Wiss. Z. Karl-Marx-Univ. Leipzig 5 (1/2): 207-211.

BENKERT, D. (1976): Über ein Vorkommen des Chenopodietum botryos bei Potsdam. Gleditschia 4: 153-160.

BERGE, H. (1963): Phytotoxische Immissionen. Gas-, Rauch- und Staubschäden. Parey Verlag. 99 S.

BERLEKAMP, L.R. (1987): Bodenversiegelung als Faktor der Grundwasserneubildung. Untersuchungen am Beispiel der Stadt Hamburg. Landschaft u. Stadt 19(3): 129-136.

BERLEKAMP, L.R. & KAMIETH, H. & N. PRANZAS (1990): Eine neue Systematik urbaner Nutzungstypen. Allgemeine planerische Relevanz und ihre besondere Bedeutung für die Erhebung von Bodenversiegelungen. Landschaft u. Stadt 22(3): 105-114.

BERNHARDT, K.G. & P. HANKE (1988): Zur Vegetationsdynamik von Schlickspülflächen in der Umgebung von Bremen. Tuexenia 8, 239-246.

BLANA, H. (1984): Bioökologischer Grundlagen- und Bewertungskatalog für die Stadt Dortmund. Teil 1 und 2. Stadt Dortmund unter Beteiligung des KVR (Hrsg.).

BLANA, H. (1985): Bioökologischer Gurndlagen- und Bewertungskatalog für die Stadt Dortmund. Teil 3. Stadt Dortmund unter Beteiligung des KVR (Hrsg.).

BLUME, H.P. (1982): Böden des Verdichtungsraumes Berlin. Mitt. Dtsch. Bodenkdl. Ges. 33: 269-280.

BLUME, H.P. & M. RUNGE (1978): Genese und Ökologie innerstädtischer Böden aus Bauschutt. Z. Pflanzenernähr. Bodenkde. 141: 727-740.

BLUME, H.P., BURGHARDT, W., CORDSEN, E., FINNERN, H., FRIED, G., GRENZIUS, R., KNEIB, W., KNIES, J., PLUQUET, E., GÖTZ-SCHRAPS, W. & H.K. SIEM (1989): Kartierung von Stadtböden. UBA Texte 89-056 171 S.

BLUME, H.P. & H. SUKOPP (1976): Ökologische Bedeutung anthropogener Bodenveränderungen. Schriftenr. Vegetationskde. 10: 75-89.

BONTE, L. (1929): Beiträge zur Adventivflora des rheinisch-westfälischen Industriegebietes 1913-1927. Verh. Naturhist. Ver. Preuss. Rheinl. u. Westf. 86: 141-255. Bonn.

BONTE, L. (1937): Beiträge zur Adventivflora des rheinisch westfälischen Industriegebietes 1930-1934 - Verh. Naturhist. Ver. Preuss. Rheinl. u. Westf. 94: 107-142.

BORNKAMM, R. (1974): Die Unkrautvegetation im Bereich der Stadt Köln. Teil I. Die Pflanzengesellschaften. Teil II. Der soziologische Zeigerwert der Arten. Decheniana 126 (1/2): 267-332.

BORNKAMM, R. & H. SUKOPP (1971): Beiträge zur Ökologie von Chenopodium botrys L. VI. Die ökologische Konstitution von Chenopodium botrys. Verhandl. Bot. Ver. Prov. Brandenburg 108: 65-74.

BRADSHAW, A.D., HUMPHRIES, R.N., JOHNSON, M.S. & R.D. ROBERTS (1978): The restoration of vegetation on derelict land produced by industrial activity. Breakdown and Restoration of Ecosystems (Ed. by. M.W. Holdgate & M.J. WOODMAN) NATO Conference Series I Ecology, Vol. 3: 249-278. New York.

BRADSHAW, A.D. & M.J. CHADWICK (1980): The Restoration of Land. Blackwell Scientific Publications. Oxford.

BRANDES, D. (1977): Die Onopordion-Gesellschaften der Umgebung Braunschweigs. Mitt. flor. soz. Ag. 19/20: 104-124.

BRANDES, D. (1979): Bahnhöfe als Untersuchungsobjekte der Geobotanik. Mitt. Techn. Univ. Carola-Wilhelmina zu Braunschweig 14 (3/4): 49-59.

BRANDES, D. (1980): Flora, Vegetation und Fauna der Salzstellen im östlichen Niedersachsen. Beitr. Naturkde. Niedersachsens 33: 66-90.

BRANDES, D. (1981): Über einige Ruderalpflanzen im Kölner-Raum. Decheniana 134: 49-60.

BRANDES, D. (1982): Die synanthrope Vegetation der Stadt Wolfenbüttel. Braunschw. Naturkdl. Schr. 1 (3): 419-443.

BRANDES, D. (1983): Flora und Vegetation der Bahnhöfe Mitteleuropas. Phytocoenologia 11(1): 31-115.

BRANDES, D. (1987): Zur Kenntnis der Ruderalvegetation des Alpenrandes. Tuexenia 7: 121-138.

BRANDES, D. (1988): Die Vegetation gemähter Straßenränder im östlichen Niedersachsen. Tuexenia 8: 181-194.

BRANDES, D. (1989): Flora und Vegetation niedersächsischer Binnenhäfen. Braunschw. naturkdl. Schr. 3(2): 305-334.

BRANDES, D. (1989b): Zur Soziologie einiger Neophyten des insubrischen Gebietes. Tuexenia 9: 267-274.

BRANDES, D. (1989c): Die Siedlungs- und Ruderalvegetation der Wachau (Österreich). Tuexenia 9: 183-197.

BRANDES, D. (1990): Verbreitung, Ökologie und Vergesellschaftung von Sisymbrium altissimum in Nordwestdeutschland. Tuexenia 10: 67-82.

BRANDES, D. & E. BRANDES (1981): Ruderal- und Saumgesellschaften des Eschtals zwischen Bozen u. Rovereta. Tuexenia 1: 99-134.

BRAUN-BLANQUET, J. (1964): Pflanzensoziologie. 3. Auflage. Wien 865 S.

BRINKMANN, M. (1943): Die Begleitvogelwelt der Industrielandschaft. Deutsche Vogelwelt 68: 27-30 und 45-51.

BRÖRING, M. & G. WIEGLEB (1990): Wissenschaftlicher Naturschutz oder ökologische Grundlagenforschung ? Natur und Landschaft. 65(6): 283-292.

BÜSCHER, D. (1984): Über Vorkommen des Abstehenden Salzschwadens (Puccinellia distans (L.) PARL.) und der Mähnengerste (Hordeum jubatum) im östlichen Ruhrgebiet. Dortm. Beitr. Landeskunde Naturwiss. Mitt. 18: 47-54.

BÜSCHER, D. (1984b): Senecio inaequidens DC. nun auch im Ruhrgebiet. Natur und Heimat. 44 (1): 33-34.

BÜSCHER, D. (1989): Zur weiteren Ausbreitung von Senecio inaequidens DC. in Westfalen. Floristische Rundbriefe 2: 95-101.

BUNDESAMT FÜR ERNÄHRUNG UND FORSTWIRTSCHAFT (1987): Einfluß von Luftverunreinigungen auf Böden, Gewässer, Flora und Fauna. Arbeitsmat. d. Bundesamtes BEF. 26.-40.26. Frankfurt/Main. 299 S.

BURGHARDT, W. (1988): Substrate und Substratmerkmale von Böden der Stadt- und Industriegebiete. Arbeitskreis Stadtböden der Dtsch. Bodenkdl. Ges. Mitt. Dtsch. Bodenkdl. Ges. 56: 311-316.

BURGHARDT, W. (1989): C-, N- und S-Gehalte als Merkmal der Bodenbildung auf Bergehalden. Mitt. Dtsch. Bodenkdl. Ges. 59/II: 851-856.

BUSCHBOM, U. (1984): Bemerkenswerte Vorkommen der Hornkraut-Gesellschaft (Cerastietum pumili) im Maintal bei Würzburg. Tuexenia 4, 217-225.

CONERT, H.J. (1977): Mähnengerste (Hordeum jubatum L.) und Roggengerste (Hordeum secalinum Schreb.). Hess. Flor. Briefe 26: 3-12.

DÄßLER, H.G. (Hrsg.)(1981): Einfluß von Luftverunreinigungen auf die Vegetation. Ursachen-Wirkungen-Gegenmaßnahmen. 2. Auflage. VEB G. Fischer Verlag Jena.

DARIUS, F. & J. DREPPER (1985): Rasendächer in Berlin. in LIESECKE, H. (Hrsg.): Dachbegrünung. S. 99-110. Berlin, Hannover.

DARMER, G. (1974): Ökologische Aspekte der Haldenrekultivierung. In: Grüne Halden im Ruhrgebiet. Hrsg. SVR. S. 81-88.

DAVIS, B.N.K. (1976): Wildlife, urbanization and industry. Biological conservation 10: 249-291.

DEGE, W. & W. DEGE (1983): Das Ruhrgebiet. 3. Auflage. Geocolleg. Bornträger Berlin. 184 S.

DETTMAR, J. (1985): Vegetation unterschiedlich belasteter Industrieflächen an der Untertrave bei Lübeck und deren Wert für den Arten- und Biotopschutz. Dipl. Arbeit Institut für Landschaftspflege und Naturschutz Univ. Hannover. (n.p.) 194 S.

DETTMAR, J. (1986): Spontane Vegetation auf Industrieflächen in Lübeck. Kieler Notizen 18(3), 113-148

DETTMAR, J. (1989): Die Apera interrupta-Arenaria serpyllifolia-Gesellschaft im Ruhrgebiet. Natur und Heimat 49(2), 33-42

DETTMAR, J. (1989): Bemerkenswerte Pflanzenvorkommen auf Industrieflächen im Ruhrgebiet und einige kritische Anmerkungen zur Bewertung der Neophyten in der Roten Liste der Gefäßpflanzen NRW. Floristische Rundbriefe 22(2), 104-122

DETTMAR, J. & H. SUKOPP (1991): Vorkommen und Gesellschaftsanschluß von Chenopodium botrys L. und Inula graveolens (L.) DESF. im Ruhrgebiet (Westdeutschland) sowie im regionalen Vergleich. Tuexenia 11: 49-65.
DETTMAR, J., KIEMSTEDT, H. & H. SUKOPP (1991): Die Bedeutung von Industrieflächen für den Naturschutz im besiedelten Bereich untersucht anhand der spontanen Vegetation von Industrieflächen im Ruhrgebiet. Forschungsbericht Forschungsvorhaben der Universität Hannover, gefördert durch das BMFT 0339193A. (n.p.). Hannover. 455 S. und Anhang.

DIEKJOBST, H. (1990): Das Felsen-Greiskraut (Senecio squalidus L.) in Steinbrüchen des östlichen Sauerlandes. Natur und Heimat 50(1): 17-28.

DIESING, D. (1984): Vegetationskundliche Charakterisierung der Strukturtypen Düsseldorfs. Dipl. Arbeit Botanisches Institut d. Univer. Düsseldorf Abt. Geobotanik. (n.p.) 133 S.

DIESING, D. & M. GÖDDE (1989): Ruderale Gebüsch- und Vorwaldgesellschaften nordrhein-westfälischer Städte. Tuexenia 9: 225-251.

DIERSSEN, K. (1988): Rote Liste der Pflanzengesellschaften Schleswig-Holsteins. 2. Auflage. Schriftenreihe des Landesamtes für Naturschutz und Landschaftspflege Schleswig Holstein Heft 6. 198 S.

DOHMS, N. & H.J. KOSSMANN (1989): Gewerbeflächen des Verarbeitenden Gewerbes im Ruhrgebiet. KVR Abt. Wirtschaft., EDV, Statistik. 21 S.

DRUZININA, O.A. (1981): Nekotorye osobennoski antropofil'noj flory proizvodnych soobscestv rajona. Vorkutinskogo promyslennogo kompleksa. In: Vliganie antropogennych faktorov na priodu tundr. Moskva 1981. S. 28-40.

DÜLL, R. & H. KUTZELNIGG (1980): Punktkartenflora von Duisburg und Umgebung. 1. Auflage Forschungsberichte des Landes NRW Nr. 2910. Westdeutscher Verlag.

DÜLL, R. & H. KUTZELNIGG (1987): Punktkartenflora von Duisurg und Umgebung. 2. Auflage IDH-Verlag. 378 S.

DUVIGNEAUD, P. (1974): L'ecosysteme "urbs". Mem. soc. roy. Bot. Belg. 6: 5-35.

EHRENDORFER, F. (1973): Liste der Gefäßpflanzen Mitteleuropas. Gustav Fischer Verlag Stuttgart. 318 S.

Elias, P. (1987): Vzacna a malo znama asociacia Chaenorrhino-Chenopodietum botryos v hornom pozitavi. Rosalia (Nitra) 4: 133-142.

ELLENBERG, H. (1978): Vegetation Mitteleuropas mit den Alpen. 2. Auflage. Ulmer Verlag Stuttgart. 981 S.

ELLENBERG, H. (1979): Zeigerwerte der Gefäßpflanzen Mitteleuropas. 2. Aufl. Scripta Geobotanica IX. Göttingen. 122 S.

ERNST, W. & E.N.G. JOSSE-VAN DAMME (1983): Umweltbelastung durch Mineralstoffe. Biologische Effekte. G. Fischer Verlag. Stuttgart. 234 S.

ERZ, W. (1980): Naturschutz - Grundlagen, Probleme und Praxis. In: BUCHWALD, K. & W. ENGELHARDT (Hrsg.): Handbuch für Planung, Gestaltung und Schutz der Umwelt. Band 3. Die Bewertung und Planung der Umwelt. S. 560-637. BLV München.

FABRICIUS, K. (1989): Floristische und vegetationskundliche Untersuchungen auf Bahnhöfen in Schleswig-Holstein. Dipl. Arbeit Botanisches Institut im Fachbereich der Mathem. Naturwiss. Fakultät der Chr. Albrechts Univer. Kiel. (n.p.) 107 S.

FALINSKI, J.B. (ed.) (1968): Synanthropization of plant cover. I. Neophytism and apophytism in the flora of Poland. Mater. Zakladu Fitosocjol. Stosowanej UW 25: 1-229.

FALINSKI, J.B. (ed.) (1971): Synanthropization of plant cover. II. Synatropic flora and vegetation of towns connected with their natural conditions, history and function. Mater. Zakladu Fitosocjol. Stosowanej UW 27: 1-317.

FEDER, J. (1990): Flora und Vegetation der Bahnhöfe im Großraum Hannover. Dipl. Arb. Institut für Landschaftspflege und Naturschutz, Universität Hannover. (n.p.) 190 S.

FELDMANN, R. (1987): Industriebedingte sekundäre Lebensräume. Ein Beitrag zu ihrer Ökologie. Habilitationsschrift GHS Universität Wuppertal. 259 S.

FESKORN, M. (1990): Modelle zur vergleichenden Gefährdungsabschätzung von Altlasten in der BRD. Landschaftsentwicklung und Umweltforschung. Schriftenreihe des FB. Landschaftsentwicklung der TU Berlin. Band 75. 152 S.

FORSTNER, W. (1983): Ruderale Vegetation in Ost-Österreich. Teil 1. Wiss. Mitt. Niederösterreich. Landesmuseum 2: 19-133.

FORSTNER, W. (1984): Ruderale Vegetation in Ost-Österreich. Teil 2. Wiss. Mitt. Niederösterreich. Landesmuseum 3: 11-91.

FRAHM, J.P. & W. FREY (1983): Moosflora. UTB Ulmer Stuttgart. 522 S.

FRANZIUS, W., STEGMANN, R., & K. WOLF (Hrsg.)(1988): Handbuch der Altlastensanierung. Deckers Heidelberg, Economica Bonn.

FRICK, U. (1983): Stadtökologische Untersuchungen anhand der Ruderalvegetation in einem Stadtteil von Bonn. Dipl. Arbeit Universität GHS Paderborn Abt. Höxter. (n.p.) 67 S.

FÜLBERTH, R. (1988): Stadtbiotopkartierungen im Vergleich. Dipl. Arbeit Institut für Landschaftspflege und Naturschutz Univ. Hannover (n.p.). 159 S.

GALHOFF, H. & K. KAPLAN (1983): Zur Flora und Vegetation salzbelasteter Bochumer Zechenteiche. Natur und Heimat (Münster) 43: 75-83.

GEHRKE, A. (1982): Klimaanalyse Stadt Duisburg. KVR Planungshefte. Essen. 56 S.

GEMMEL, R.P. (1982): The origin and botanical importance of industrial habitats. In: BORNKAMM, R., LEE, J.A. & M.R.D. SEAWARD (ed.): Urban Ecology. The second European Ecological Symposium Berlin 8.-12.9.1980. Blackwell Scientific Publications XIV. Oxford

GEMMEL, R.P. & R.K. CONNELL (1984): Conservation and creation of wildlife habitats on industrial land in Greater Manchester. Landscape Planning 11(3): 175-186.

GILBERT, O. (1983): The wildlife of Britain's wasteland. New. Sci. 97 (Nr. 1350): 824-829.

GILLHAM, M.E. & J.K. SMITH (1983): Industry and wildlife: compromis and coexistence. Endeavour 7(4): 162-172.

GLAVAC, V. (1983): Über die Rotschwingel-Rotstrauß-Pflanzengesellschaft (Festuca rubra-Agrostis tenuis-Ges.) im Landschafts- und Naturschutzgebiet "Dönche" in Kassel. Tuexenia 3: 389-406.

GLASSER, G.J. & R.F. WINTER (1961): Critical values of rank correlation for testing the hypothesis of independence. Biometrika 48: 444-448.

GÖDDE, M. (1984): Zur Ökologie und pflanzensoziologischen Bindung von Inula graveolens (L.) DESF. in Essen. Natur und Heimat 44.Jg. 4: 101-108.

GÖDDE, M. (1986): Vergleichende Untersuchung der Ruderalvegetation der Großstädte Düsseldorf, Essen und Münster. Hrsg. v. d. Stadt Düsseldorf. 293 S.

GÖDDE, M. (1987): Das Spergulario-Herniarietum glabrae GÖDDE ass. nov., eine bislang verkannte Trittgesellschaft. Osnabrücker Naturwiss. Mitt. 13: 87-94.

GOSSMANN, H., LEHNER, M. & P. STOCK (1981): Wärmekarten des Ruhrgebietes. Geographische Rundschau 33(12):556-563.

GRAF, A. (1986): Flora und Vegetation der Friedhöfe in Berlin (West). Verh. Berl. Bot. Ver. 5. 210 S.

GREENWOOD, E.F. & R.P. GEMMEL (1978): Derelict industrial land as a habitat for rare plants in S. Lancs (v.c. 59) and W. Lancs (v.c. 60). Watsonia 12: 33-40.

GRIME, J.P., HODGSON, J.G. & R. HUNT (1988): Comparative Plant Ecology. A functional approach to common British species. Unwin Hyman London. 742 S.

GRÜLL, F. (1980): Vorkommen und Charakteristik des Chaenarrhino-Chenopodietum botryos und Plantaginetum indicae im Gebiet der Stadt Brno. Folia Geobot. Phytotax. 15: 363-368.

GRÜLL, F. (1980b): Vorkommen und Charakteristik wenig bekannter Ruderalgesellschaften der Verbände Sisymbrion officinalis und Arction im breiteren Areal der Stadt Brno. Preslia 52: 269-278.

GRÜLL, F. & K. KOPECKY (1983): Weniger bekannte anthropogene Pflanzengesellschaften der Stadt Brno. Preslia 55: 235-243.

GUTTE, P. (1971): Die Wiederbegrünung städtischen Ödlandes dargestellt am Beispiel Leipzigs. Hercynia N.F. 8: 58-81. Leipzig.

GUTTE, P. (1972): Ruderalpflanzengesellschaften West- und Mittelsachsens. Feddes Rep. 83: 11-122.

GUTTE, P. (1983): Ökologische Stadtgliederung anhand anthropogen bedingter Vegetatioseinheiten insbesondere der Ruderalpflanzengesellschaften (dargestellt am Beispiel Leipzigs). Tagungsbericht 2. Leipziger Symposium urbane Ökologie S. 40-43.

GUTTE, P. & W. HILBIG (1975): Übersicht über die Pflanzengesellschaften des südlichen Teiles der DDR. XI. Die Ruderalvegetation. Hercynia N.F. 12: 1-39.

GUTTE, P. & S. KLOTZ (1985): Zur Soziologie einiger urbaner Neophyten. Hercynia N.F. 22: 25-36.

HAEUPLER, H. (1968): Ein Schlüssel zum Bestimmen der kleinblütigen Hornkräuter (Cerastium). Gött. Flor. Rundbr. 1968/1.

HAHNE, G. (1965): Geologie, Morphogenese, Pedologie im mittleren Ruhrgebiet. In: Gesellschaft für Geographie und Geologie Bochum (Hrsg.) S. 9-21. Paderborn.

HALL, I.G. (1957): The ecology of disused pit heaps in England. Journal of ecology 45: 689-720.

HAMANN, M. (1988): Vegetation, Flora und Fauna - insbesondere Avifauna - Gelsenkirchener Industriebrachen und ihre Bedeutung für den Arten- und Biotopschutz. Dipl. Arbeit Univ. Bochum (n.p.) 236 S.

HAMANN, M. & I. KOSLOWSKI (1988): Vegetation, Flora und Fauna eines salzbelasteten Feuchtgebietes an einer Bergehalde in Gelsenkirchen. Natur und Heimat 48: 9-14.

HAMANN, M. & I. KOSLOWSKI (1988b): Zur Verbreitung gefährdeter Pflanzenarten auf urban industriellen Standorten. Natur- und Landschaftskunde 24: 13-16.

HARD, G. (1982): Die spontane Vegetation der Wohn- und Gewerbequartiere von Osnabrück. (Teil I.). Osnabrück. naturwiss. Mitt. 9: 151-203.

HARD, G. (1983): Die spontane Vegetation der Wohn- und Gewerbequartiere von Osnabrück. (Teil II.). Osnabrück. naturwiss. Mitt. 10: 97-142.

HARD, G. (1986): Vegetationskomplexe und Quartierstypen in einigen nordwestdeutschen Städten. Landschaft und Stadt 18(1): 11-25.

HARENBERG, B. (1987): Chronik des Ruhrgebietes. Chronik Verlag. 671 S.

HEINDL, B. & I. ULLMANN (1988): Geographische Gliederung straßenbegleitender Pflanzengesellschaften in Mitteleuropa. Symposium Synanthropic Flora and Vegetation V. S. 67-77. Martin CSSR.

HEINRICH, W. (1984): Über den Einfluß von Luftverunreinigungen auf Ökosysteme. III. Beobachtungen im Immissionsgebiet eines Düngemittelwerkes. Wiss. Z. Fr. Schiller Univ. Jena. Naturwiss. R. 33: 251-289.

HEINRICH, W. (1984b): Bemerkungen zum binnenländischen Vorkommen des Salzschwadens (Puccinellia distans (Jacq.) Parl. Hausknechtia 1: 27-41.

HEJNY, S. (1971): The characteristic features of vegetation of slag and flue dust substrates in Prague. Bioindicators of Landscape Deterioration S. 39-42. Praha.

HERMANN, W. & G. HERMANN (1981): Die alten Zechen an der Ruhr. Karl Robert Langewische Königstein. 133 S.

HETZEL, G. (1988): Ruderalvegetation im Stadtgebiet von Aschaffenburg. Tuexenia 8: 211-238.

HETZEL, G. & I. ULLMANN (1981): Wildkräuter im Stadtbild Würzburgs. Die Ruderalvegetation der Stadt Würzburg in einem Vergleich zur Trümmerflora der Nachkriegszeit. Würzburger Universitätsschriften zur Regionalforschung 3. 150 S.

HOCK, B. & E.F. ELSTNER (1984): Pflanzentoxikologie. Der Einfluß von Schadstoffen und Schadwirkungen auf Pflanzen. Bibliogr. Institut. Mannheim. Wissenschaftsverlag. 346 S.

HODGSON, D.R. & G.P. BUCKLEY (1975): A practical approach towards the establishment of trees and shrubs on pulverized fuel ash. In: CHADWICK, M.J. & G. GOODMAN (eds.): The ecology of resource degradation. Blackwell scientific Publ. Oxford. S. 305-329.

HÖPPNER, H. & H. PREUSS (1926): Flora des Westfälisch-Rheinischen Industriegebietes unter Einschluß der Rheinischen Bucht. Wiss. Heimatbücher f. d. Westfälisch Rheinischen Industriebezirk. Band 6a.

HORBERT, M. (1978): Klimatische und lufthygienische Aspekte der Stadt- und Landschaftsplanung. Natur und Heimat 38 (1/2).

HÜLBUSCH, K.H. (1980): Die Pflanzengesellschaften von Osnabrück. Mitt. flor. soz. AG. NF. 22: 51-75.

HÜLBUSCH, K.H. & H. KUHBIER (1979): Zur Soziologie von Senecio inaequidens DC. Abh. Naturw. Verein Bremen 39: 47-54.

HUPKE, H. (1933): Adventiv- und Ruderalpflanzen der Kölner Güterbahnhöfe, Hafenanlagen und Schuttplätze. Wiss. Mitt. Vereins Natur-Heimatkde. 1: 71-89.

HUSAKOVA, J. (1988): Synanthropic Vegetation of the state nature reserve hrabanovska cernava (Central Bohemia). Symposium synanthropic flora and vegetation V. S. 321-325. Martin CSSR.

HUSKE, J. (1987): Die Steinkohlenzechen im Ruhrrevier. Daten und Fakten von den Anfängen bis 1986.

JÄGER, E.J. (1986): Epilobium ciliatum (E. adenocaulon Hauskn.) in Europa. Wiss. Z. Univ. Halle 35 M 5: 122-134.

JÄGER, E.J. (1988): Möglichkeiten der Prognose synanthroper Pflanzenausbreitungen. Flora 180: 101-131.

JEHLIK, V. (1981): Beitrag zur synanthropen (besonders Adventiv-) Flora des Hamburger Hafens. Tuexenia 1: 81-97.

JEHLIK, V. (1982): Adventivni Flora Prurnyslove Krajiny. Racionalni Vyuzivrani Rostlinstva. Acta Ecologica Naturae AC Regionis.

JEHLIK, V. (1988): A survey of the adventive flora of the synanthropic vegetation in the oil-seed processing factories in CSSR. Symposium synanthropic Flora and Vegetation V. S. 95-107. Martin CSSR.

JEHLIK, V. (1989): Zweiter Beitrag zur synanthropen (besonders Adventiv-) Flora des Hamburger Hafens. Tuexenia 9: 253-266.

JEHLIK, V. & P. ERDÖS (1985): Chaenarrhino-Chenopodietum botryos auch in Ungarn. Preslia. Praha. 57: 227-233.

JOCHIMSEN, M. (1982): Untersuchungen zur Frage der natürlichen Sukzession auf Bergehalden. Internationale Haldenfachtagung Essen 7.-10.9.82. KVR (Hrsg.) S. 63-67. Essen.

JOCHIMSEN, M. (1986): Begrünungsversuche auf Bergematerial der Halde Ewald/Herten. Verhandlungen d. Ges. f. Ökol./ Hohenheim 1984. XIV: 223-228.

JOCHIMSEN, M. (1987): Vegetation Development on Mine Spoil Heaps - A Contribution to the improvement of derelict land based on natural sucession. In: MIYAWAKI, A., BOGENRIEDER, A., OKUDA, S.R. & J. WHITE (ed.): Vegetation Ecology and Creation of New Environments. Proceedings International Symposium Tokyo. S. 245-252.

JOHNSON, M.S. (1978): Land reclamation and the botanical significance of some former mining and manufacturing sites in Britain. Environm. Conserv. 5(3): 223-228.

JOHNSON, M.S., PUTWAIN, P.D. & R.J. HOLLIDAY (1978): Wildlife conservation value of derelict metaliferous mine workings in Wales. Biological Conservation 14: 131-148.

JUNGE, P. (1916): Einige bei Hamburg beobachtete Fremdpflanzen. Allg. Bot. Zeitschr. 21: 130-132. Karlsruhe.

KÄMPFER, M. (1976): Rekultivierung im Kohlebergbau. BFANL Bibliographie Nr. 32.

KALETA, M. (1980): Pflanzengesellschaften als Indikator der Luftverunreinigungen. Wiss. Beitr. Martin Luther. Univer. Halle 27: 40-45.

KALETA, M. (1984): Die Degradation von Wiesengesellschaften im Gebiet von Magnesitwerken. Biologia Bratislava 39: 81-91.

KEES, H. (1988): Die Entwicklung triazinresistenter Samenunkräuter in Bayern und Erfahrungen mit der Bekämpfung. Gesunde Pflanzen 10: 407-414.

KELCEY, J.G. (1975): Industrial development and wildlife conservation. Environm. Conserv. 2(2): 99-108.

KELCEY, J.G. (1984): Industrial development and the conservation of vascular plants, with special references to Britain. Environm. Conserv. 11(3): 235-245.

KERTH, M. & H. WIGGERING (1986): Bergeverwitterung - Pyritverwitterung und Tonmineralbildung. Haldenökologische Untersuchungsreihe H. 2. KVR Essen. 58 S.

KIENAST, D. (1977): Die Ruderalvegetation der Stadt Kassel. Mitt. flor. soz. AG. N.F. 19/20: 83-101.

KIENAST, D. (1978): Pflanzengesellschaften des alten Fabrikgeländes Henschel in Kassel. Philippia III/5: 408-422.

KIENAST, D. (1978b): Kartierung der realen Vegetation des Siedlungsgebietes der Stadt Schleswig mit Hilfe von Sigma-Gesellschaften. Ber. Int. Symp. d. Int. Ges. Vegetationskde. Rinteln 1977. Vaduz. S. 329-362.

KIENAST, D. (1978c): Die spontane Vegetation der Stadt Kassel in Abhängigkeit von bau- und stadtstrukturellen Quartierstypen. Urbs + Regio 10.

KIFFE, K. (1989): Der Einfluß der Kaninchenbeweidung auf die Vegetation am Beispiel des Straußgras-Dünenrasens der Ostfriesischen Inseln. Tuexenia 9: 283-291.

KIESEL, G. (1988): Untersuchungen zum Einfluß substratspezifischer Faktoren auf Vegetationsstruktur und -dynamik von Deponiestandorten unter umwelthygienischen Aspekten. Diss. Matin Luther Univ. Halle.

KIESEL, G., MAHN, E.G. & J.G. TAUCHNITZ (1985): Zum Einfluß des Deponiestandortes auf die Vegetationsstruktur und Verlauf der Sekundärsukzession. Teil 1: Kommunalmüll enthaltende Deponien. Hercynia N.F. 22(1): 72-102.

KIESEL, G., MAHN, E.G., DEIKE, U. & J.G. TAUCHNITZ (1986): Zum Einfluß des Deponiestandortes auf die Vegetationsstruktur und Verlauf der Sekundärsukzession. Teil 2: Deponien industrieller Abprodukte. Hercynia N.F. 23(2): 212-244.

KINNER, U.H., KÖTTER, L. & M. NIKLAUSS (1986): Branchentypische Inventarisierung von Bodenkontaminationen - ein erster Schritt zur Gefährdungsabschätzung für ehemalige Betriebsgelände. UBA Texte 31/86. 66 S. + Anhang.

KLASSEN, TH. (1987): Ergebnisse zur Verwertung von Mineralischen Abfallstoffen zur Bodenverbesserung und Bodenherstellung im Landschaftsbau. Teil I: Entstehung von Schlacken und ihre chemischen und physikalischen Eigenschaften. Zeitschrift für Vegetationstechnik 10(2): 39-47.
Teil II: Ergebnisse von Gefäßversuchen. Zeitschrift für Vegetationstechnik 10(3): 89-99.

KLOTZ, ST. (1981): Pflanzensoziologische Untersuchung an einer Kalkhydratdeponie bei Knapendorf, Kr. Merseburg. Wiss. Z. Univ. Halle. XXX (3): 55-76.

KLOTZ, ST. (1984): Phytoökologische Beiträge zur Charakterisierung und Gliederung urbaner Ökosysteme, dargestellt am Beispiel der Städte Halle und Halle-Neustadt. Diss. Univ. Halle. 283 S.

KLOTZ, S. & P. GUTTE (1991): Zur Soziologie einiger urbaner Neophyten. 2. Beitrag. Hercynia N.F. 28(1): 45-61. Leipzig.

KNAPP, R. (1971): Einführung in die Pflanzensoziologie. 3. Auflage Stuttgart. Ulmer Verlag. 388 S.

KNEIB, W.D. & I. RUNGE (1989): Verfahren und Modelle für den Bodenschutz zur Belastungs- und Risikoabschätzung von Schadstoffeinträgen. Darstellung des Forschungsstandes und -bedarfs. KFA Jülich Spez. 545. PBE/BEO. 568 S.

KÖNIG, W. (1986): Belastungen des Bodens und der Pflanzen mit Schwermetallen. Untersuchungsergebnisse aus NRW. Schriftenreihe Deutsch. Rates f. Landespflege 51: 43-49.

KOLL, D. (1962): Der Beginn des pflanzlichen Lebens auf einer Dortmunder Hochofenschlacke-Halde. Abhandlg. d. Landesmus. f. Naturkde. 24(3): 23-28.

KONTRISOVA, O. (1984): Ruderalpflanzen aus dem Gebiet eines Aluminiumwerkes. Acta. Bot. Slov. Acad. Sc. Slovacae Ser. A. Suppl. 1: 127-131.

KOPECKY, K. (1980): Die Ruderalgesellschaften im südwestlichen Teil von Praha. Teil 1. Preslia 52: 241-263.

KOPECKY, K. (1981): Die Ruderalgesellschaften im südwestlichen Teil von Praha. Teil 2. Preslia 53: 121-145.

KOPECKY, K. (1982): Die Ruderalgesellschaften im südwestlichen Teil von Praha. Teil 3. Preslia 54: 67-89.

KOPECKY, K. (1982b): Die Ruderalgesellschaften im südwestlichen Teil von Praha. Teil 4. Preslia 54: 123-139.

KOPECKY, K. (1983): Die Ruderalgesellschaften im südwestlichen Teil von Praha. Teil 5. Preslia 55: 289-298.

KOPECKY, K. (1984): Die Ruderalgesellschaften im südwestlichen Teil von Praha. Teil 6. Preslia 56: 55-72.

KOPECKY, K. & S. HEJNY (1978): Die Anwendung einer deduktiven Methode syntaxonomischer Klassifikation bei der Bearbeitung straßenbegleitender Pflanzengesellschaften Nordböhmens. Vegetatio 36: 43-51.

KOPECKY, K., HOLUB, M. & L. CECHOVA (1986): Sukcese rostlinnych spolecenstev na vyspypce popilku z odlucovacu nove ocelamy Sonp Skladno u obce Drin. Zpr. Ca. Bot. Spolec. Praha.

KORNECK, D. (1978): Klasse Sedo-Scleranthetea In: OBERDORFER, E.: Süddeutsche Pflanzengesellschaften Teil II. G. Fischer Verlag.

KORNECK, D. (1986): Zur Problematik der Aufnahme von Neophyten in Rote Listen gefährdeter Pflanzenarten. Schr.Reihe Vegetationskde. 18: 115-119.

KOSTER, A. (1984): Verspeiding en betekenis van de nederlandse spoorwegflora. Ministerie van landbouw en visserij. Adviesgroep vegetatiebeheer. Notitie no. 4. Wageningen.

KOSTER, A. (1985): Bijzondere planten op zeventien spoorwegemplacementen. De groeiplaatsen en het beheer. Ministerie van landbouw en visserij. Adviesgroep vegetatiebeheer. Notitie no. 6. Wageningen.

KOSTER, A. (1986): Spoowegterreinen van betekenis voor plant en dier. De levende Natur. 86(6).

KOSMALE, S. (1983): Kohlenbrände bei Zwickau und ihr Einfluß auf die Vegetation. Dresdner Flor. Mitt. 2: 24-32.

KOVACS, M., PODANI, J., KLINCSEK, P., DINKA, M. & K. TOPÖK (1982): Element composition of the leaves of some decidicious trees and the monotoring of Heavy metals in an urban-industrial environment. In. BORNKAMM, R., LEE J.A. & M.R.D. SEAWARD: Urban Ecology. The second European Ecological Sympos. Berlin 8.-12.9.80. Blackwell Scientific Publications XIV. Oxford.

KOWARIK, I. (1982): Floristisch vegetationskundliches Gutachten für die Bahnanlagen zwischen Ringbahn und Yorckstraße. Im Auftrage des Senators für Bau- und Wohnungswesen. (als Manuskript vervielfältigt).

KOWARIK, I. (1986): Vegetationsentwicklung auf innerstädtischen Brachflächen - Beispiele aus Berlin (West). Tuexenia 6: 75-88.

KOWARIK, I. (1988): Zum menschlichen Einfluß auf Flora und Vegetation. Landschaftsentwicklung und Umweltforschung 56. 280 S.

KOWARIK, I. (1989): Berücksichtigung anthropogener Standort- und Florenveränderungen bei der Aufstellung Roter Listen. Mit einer Bearbeitung der Liste der wildwachsenden Farn- und Blütenpflanzen von Berlin (West). Im Auftrag der Senatverwaltung für Stadtentwicklung und Umweltschutz. (als Manuskript vervielfältigt).

KOWARIK, I. & W. SEIDLING (1989): Zeigerwertberechnung nach Ellenberg. Zu Problemen und Einschränkungen einer sinnvollen Methode. Landschaft und Stadt 21(4): 132-143.

KOWARIK, I. & H. SUKOPP (1984): Auswirkungen von Luftverunreinigungen auf die Bodenvegetation von Wäldern, Heiden und Mooren. Allgemeine Forstzeitschrift 39(12): 292-293.

KRACH, E. & B. KOEPFF (1980): Beobachtungen an Salzschwaden in Südfranken und Nordschwaben. Gött. Flor. Rundbr. 13: 61-75.

KREH, W. (1960): Die Pflanzenwelt des Güterbahnhofes in ihrer Abhängigkeit von Technik und Verkehr. Mitt. Flor. Soz. Ag. 8: 86-109.

KUCHARCZYK, M. & F. SWIES (1988): An analysis of synanthropic flora of the select towns of south-east Poland. Symposium synanthropic flora and vegetation V: 331-337. Martin CSSR.

KÜRTEN, W.v. (1970): Die naturräumlichen Einheiten des Ruhrgebietes und seiner Randzonen. Natur und Landschaft im Ruhrgebiet 6: 5-81.

KUHS, R. & W. BURGHARDT (1988): Ökologische Eigenschaften von Böden montanindustriell geprägter Flächen. Mitt. Dtsch. Bodenkdl. Ges. 56: 381-386.

KUNICK, W. (1982): Zonierung des Stadtgebietes von Berlin-West - Ergebnisse floristischer Untersuchungen. Landschaftsentwicklung und Umweltforschung 14. 164 S.

KUNICK, W. (1983): Pilotstudie Stadtbiotopkartierung Stuttgart. Beih. z.d. Veröff. f. Natursch. u. Landschaftspfl. Baden Würtenberg 36.

KUNICK, W. (1983b): Biotopkartierung - Landschaftsökologische Grundlagen. Teil 3. Im Auftrag der Stadt Köln (n.p.). 304 S.

KUTTLER, W. (1985): Untersuchungen zum Bochumer Stadtklima. Ges. d. Freunde d. Ruhr Universität. Jahrbuch 1984: 99-114.

KUTTLER, W. (1987): Das Stadtklima und seine Raum- zeitliche Struktur. Hohenheimer Arbeiten - Ökologische Probleme in Verdichtungsgebieten Januar 1987. S. 9-30.

KUTTLER, W. (1988): Lufthygienische und stadtklimatologische Aspekte des Rhein - Ruhr - Raumes. Geogr. Rundsch. 40 (7/8): 56-63.

KVR (1987): Revier-Report. Kommunalverband Ruhrgebiet. 18 S.

LAMPIN, P. (1969): La vegetation pioniere d'un terril en combustion. Univ. Lille Fac. Sc. 67 S.

LAWNIEZAK, S. (1987): Untersuchung von Pflanzengesellschaften auf einer Steinkohlenhalde in Gladbeck. Staatsexamensarbeit GHS Duisburg. (n.p.).

LEE, J.A. & B. GREENWOOD (1976): The colonization by plants of calcareous wastes from salt and alkali industry in Cheshire, England. Biological Conservation 10: 131-149.

LELIVELDT, B. (1983): Floristische und vegetationskundliche Untersuchung des Geländes der Borsig-Werke in Berlin (West). Dipl. Arbeit FU Berlin (n.p.).

LIENENBECKER, H. (1979): Ein weiteres Vorkommen des Salzschwadens (Puccinellia distans (L.)Parl.) in Westfalen an Straßenrändern. Natur und Heimat 39(1): 67-68.

LOOS, G.H. (1990): Zur Verbreitung von Rubus orthostachys G.Br. und Rubus incisior H.E. Weber im mittleren Westfalen. Flor. Rundbriefe 24(1): 24-26.

MAAS, H. & E. MÜCKENHAUSEN (1970): Böden. In: Akademie für Raumforschung und Landschaftsplanung (Hrsg.): Deutscher Planungsatlas Band 1 NRW.

MAAS, S. (1983): Die Flora von Saarlouis. Abh. Delattinia 13: 1-108.

MAGS/MURL (1985-1990) Luftreinhaltpläne des Landes NRW. Ruhrgebiet-West, Mitte und Ost. 1. und 2. Fassung. Ministerium für Arbeit, Gesundheit und Soziales NRW/Ministerium für Umwelt, Raumordnung und Landwirtschaft NRW.

MANG, F. (1984): Besiedlung belasteter Industrie- und Hafenflächen in Hamburg. Mitt. AG Geobotanik Schlesw. Holst. u. Hamburg 33: 187-206.

MARRS, R.H. & A.D. BRADSHAW (1980): Ecosystem development on reclaimed china clay wastes. III. Leaching of nutrients. Journal of Applied Ecology 17: 727-736.

MEYER, H. (1955): Zur Adventivflora von Harburg, Wilhelmsburg und Umgebung. Harburger Jahrbücher 5: 96-128.

MEYER, K. (1930): Die Pflanzenwelt der Breslauer Bahnhöfe. Jahresber. Schles. Ges. Vaterl. Kult. 103. Breslau.

MEYER, K. (1931): Der gegenwärtige Stand der Bahnhofsfloristik. Jahresber. Schles. Ges. Vaterl. Kult. 104. Breslau.

MEYER, K. (1932): Südfruchtpackmaterial und Südfruchtbegleiter. Jahresber. Schles. Ges. Vaterl. Kult. 105. Breslau.

MIRKIN, B.M., SOLOMESC, A.I., ISBIRDIN, A.R. & M.T. SACHAPOV (1989): Ruderal vegetation of Baskiria. II. Classes Artemisietea, Agropyretea, Plantaginetea, Pol.-Artemisietea. Feddes Repertorium 100(9/10): 493-529.

MOLL, W. (1989): Zur gegenwärtigen Verbreitung von Senecio inaequidens im nördlichen Rheinland. Floristische Rundbriefe 22(2): 101-103.

MOLYNEUX, J.K. (1953): Some ecological aspects of colliery waste heaps around Wigan South Lanesshire. Journal of ecology 41: 315-321.

MORACOVA-CECHOVA, L. (1988): The ruderal plant comunities of roads and tracks with the dominant species Puccinellia distans (Jacq.)Parl. in the territory of Prague. Symposium Synanthropic Flora and Vegetation V. Martin CSSR. S. 199-207.

MUCINA, L. (1982): Numerical classifikation and ordination of ruderal plant communities (Sisymbrietalia, Onopordetalia) in the western part of Slovakia. Vegetatio 48: 267-275.

MÜLLER, N. (1987): Zur Verbreitung und Vergesellschaftung von Vulpia myuros (L.) C.C. Gmelin in Südbayern. Bayer. Bot. Ges. 58: 109-113.

MÜLLER, N. (1987b): Alianthus altissima (Miller)Swingle und Buddleja davidii Franchet zwei adventive Gehölze in Ausgburg. Ber. d. Bayer. Bot. Ges. 58: 105-107.

MÜLLER, TH. (1983): Die Klassen Chenopodietea und Artemisietea. In: OBERDORFER, E. Die Pflanzengesellschaften Süddeutschlands. Band III. 2. Auflage.

MUNARI, F. (1983): Floristische und vegetationskundliche Untersuchung auf dem Gelände des Gaswerkes in Berlin-Mariendorf. Dipl. Arbeit. FU Berlin. (n.p.).

NEIDHARDT, H. (1951): Die Trümmerflora von Dortmund. Natur und Heimat 11: 17-25.

NEIDHARDT, H. (1953): Salzpflanzen in Dortmund. Natur und Heimat 13: 6-8.

NEUMANN-MAHLKAU, P. & H. WIGGERING (1986): Bergeverwitterung - Voraussetzung der Bodenbildung auf Bergehalden des Ruhrgebietes. Haldenökologische Untersuchungsreihe Heft 1. KVR. 87 S.

NICKFELD, H. (1967): Pflanzensoziologische Beobachtungen im Rauchschadensgebiet eines Aluminiumwerkes. Zentralbl. für d. ges. Forstwesen 2(6): 318-329.

OBERDORFER, E. (1983): Pflanzensoziologische Exkursions Flora. 5. Auflage. Ulmer Verlag. 1051 S.

OBERDORFER, E. (1978): Süddeutsche Pflanzengesellschaften. Teil 1. 2. Auflage. G.Fischer Verlag. 311 S.

OBERDORFER, E. (1977): Süddeutsche Pflanzengesellschaften. Teil 2. 2. Auflage. G.Fischer Verlag. 355 S.

OBERDORFER, E. (1983): Süddeutsche Pflanzengesellschaften. Teil 3. 2. Auflage. G.Fischer Verlag. 455 S.

PALUCH, J. & Z. STRZYSZCZ (1970): Chemische Eigenschaften von Zinkhüttenhalden und deren biologische Rekultivierung. In: IV. Symposium über die Wiederurbarmachung der durch die Industrie devastierten Terretorien. Teil 1.

PASSARGE, H. (1984): Ruderalgesellschaften am Seelower Oderbruchland. Gleditschia 12(1): 107-122.

PASSARGE, H. (1988): Neophyten-reiche märkische Bahnbegleitgesellschaften. Gleditschia 16: 187-197.

PASSARGE, H. (1989): Agropyretea-Gesellschaften im nördlichen Binnenland. Tuexenia 9: 121-150.

PATSCH, G., BLAUROCK, H., KLESEN, G., VUONG, V., MARKS, R., KRONE, N., NEUMANN, H., LIPPECK, H. & H. WEBER (1982): Das Waldgelände "Grafenbusch" im Bereich der Stadt Oberhausen als Beispiel einer analytischen Modelluntersuchung. Beitrag zur Standortuntersuchung für Bergehalden des Steinkohlenbergbaus im Ruhrgebiet. KVR. 15 S.

PETIT, D. (1982): Natürliche Begrünung der Halden Nordfrankreichs. Zusammenhänge mit einigen chemo-edaphischen Parametern. Internationale Haldenfachtagung Essen 7.-10.9.82. KVR. S. 105-122.

PHILIPPI, G. (1971): Zur Kenntnis einiger Ruderalgesellschaften der nordbadischen Flugsandgebiete um Mannheim und Schwetzingen. Beitr. naturkd. Forsch. Südw.-Deutsch. 30(2): 113-131.

PHILIPPI, G. (1971b): Beiträge zur Flora der nordbadischen Rheinebene und angrenzender Gebiete. Beitr. naturkd. Forsch. Südw.-Deutsch. 30(2): 1-47.

PIEPER, J. (1974): Beiträge zur Flora von Mühlheim a.d. Ruhr. Floristische Untersuchungen im Bereich des MTB 4507. Decheniana 126(1/2): 155-182.

PREISING, E. et al. (1984): Bestandsentwicklung, Gefährdung und Schutzprobleme der Pflanzengesellschaften Niedersachsens. Teil I. in 10 Bänden (als Manuskript vervielfältigt).

PREISING, E., PETERS, J., DREHWALD, U. & R. BOSTELMANN (1983): Bestandsentwicklung, Gefährdung und Schutzprobleme der Pflanzengesellschaften Niedersachsens. Teil II. Moosgesellschaften. (als Manuskript vervielfältigt).

PREISING, E., VAHLE, H.C., BRANDES, D., HOFMEISTER, H., TÜXEN, J. & H.E. WEBER (1990): Die Pflanzengesellschaften Niedersachsens - Bestandsentwicklung, Gefährdung und Schutzprobleme. Salzpflanzengesellschaften der Meeresküste und des Binnenlandes. Wasser und Sumpfpflanzengesellschaften des Süßwassers. Naturschutz. Landschaftspfl. Niedersachsen 20(7/8).

PREISINGER, H. (1984): Analyse und Kartierung der terrestrischen Vegetation höherer Pflanzen im Gebiet der Hamburger Industrie- und Hafenanlagen zur Erfassung ökologischer Grunddaten. Arbeitsergebnisse 1982-1984. Forschungsvorhaben des Forschungsbereiches Umweltschutz und Umweltgestaltung der Univ. Hamburg. (n.p.). 69 S. + Anhang.

PUNZ, W. (1987): Zur Vegetation von Hochofenschlackehalden. 4. Österr. Botanikertreffen. Stapfia. 13 S. (als Manuskript vervielfältigt).

PUNZ, W., ENGENHART, M. & R. SCHENNINGER (1986): Zur Vegetation einer Eisenerzschlackenhalde bei Leoben/Donawitz. Mitt. naturwiss. Ver. Steiermark Band 116: 205-210.

PYSEK, A. (1976): Vegetation auf dem Gelände des VEB Chemischen Betriebe Sokolov (Westböhmen). Fol. Mus. Rer. Natur. Boh. Occid. Botanica Plzen 8: 1-44.

PYSEK, A. (1977): Sukzession der Ruderalgesellschaften von Gross-Plzen. Preslia 49: 161-179.

PYSEK, A. (1979): Zur Vegetation der chemischen Betriebe des Bezirkes Westböhmen. Preslia 251: 363-373.

PYSEK, A. (1985): Bemerkungen zur Vegetation der Bergehalden Böhmens. Zpravy Muz. Zapadoces. Kraje-Prir Plzen 30-31: 33-36.

PYSEK, A. & M. SANDOVA (1979): Die Vegetation der Abraumhalden von Ejpovice. Folia musei rer. nat. Bohemiae occ. Botanica 12.

PYSEK, P. & A. PYSEK (1988): Die Vegetation der Betriebe des östlichen Teiles von Praha. 1. Floristische Verhältnisse. Preslia 60: 339-347. 2. Vegetationsverhältnisse. Preslia 60: 349-365.

RAABE, U. (1985): Zum Vorkommen von Inula graveolens (L.) Desf. und einigen weiteren bemerkenswerten Adventiv- und Ruderalpflanzen im Raum Recklinghausen - Gelsenkirchen. Natur und Heimat 45(3): 107-108.

RAUNKIAER, C. (1934): The life forms of plants and statistical plant geography. Oxford.

REBELE, F. (1986): Die Ruderalvegetation der Industriebetriebe von Berlin (West) und deren Immissionsbelastung. Landschaftsentwicklung und Umweltforschung 43. 223 S.

REBELE, F. (1988): Ergebnisse floristischer Untersuchungen in den Industriegebieten von Berlin (West). Landschaft und Stadt 20(2): 49-66.

REBELE, F. & P. WERNER (1984): Untersuchungen zur ökologischen Bedeutung industrieller Brach- und Restflächen in Berlin (West). Berlin Forschung. Förderprogramm der FU Berlin. 3. Ausschreibung. 169 S.

REIDL, K. (1984): Zur Verbreitung und Vergesellschaftung des Klebrigen Alant (Inula graveolens (L.)Desf. in Essen. Mitt. LÖLF 9(3): 41-43.

REIDL, K. (1989): Floristische und vegetationskundliche Untersuchungen als Grundlagen für den Arten- und Biotopschutz in der Stadt - Dargestellt am Beispiel Essen - Diss. Univ. GHS Essen 811 S.

REISS-SCHMIDT, S. (1988): Entsiegelungsmaßnahmen auf gewerblichen Flächen. Informationen z. Raumentwicklung. 8/88: 557-572.

RICHARDS, A.J. & G.A. SWANN (1976): Epipactis leptochila (Godfery) Godfery and E. phyllantes G.E. Sm. occurring in South Northumberland on lead and zinc soils. Watsonia 11: 1-5.

RICHTER, D. (1977): Ruhrgebiet und Bergisches Land. 2. Auflage. Sammlung geologischer Führer 55. 186 S.

ROBERTS, R.D., MARS, R.H., SKEFFINGTON, R.A. & A.D. BRADSHAW (1981): Ecosystem development in naturally colonized china clay wastes. I. Vegetation changes and accumulation of biomass and nutrients. Journal of Ecology 69: 153-161.

RÖSGEN, CH. (1988): Metallbelastete Altstandorte und Halden - Möglichkeiten ihrer Rekultivierung und Sanierung - Dipl. Arbeit. Institut f. Landschaftspflege und Naturschutz Univ. Hannover. (n.p.) 230 S.

ROTHMALER, W. (1982): Exkursionsflora. Band 4. 5. Auflage. Volk und Wissen Verlag. 811 S.

RUNGE, F. (1979): Gutachten über die Vegetation des Lippegebietes zwischen Stockum bei Werne und Alstedde bei Lünen - Unna. (Als Manuskript vervielf.) 224 S.

RUNGE, F. (1979b): Neue Beiträge zur Flora Westfalens. Natur und Heimat 39: 69-102.

SANDOVA, M. (1979): Indikationseigenschaften der Vegetation am Beispiel der Pflanzengesellschaften entlang der Straße Susice-Modrava (Böhmerwald). Ser. Rerum naturalium Bohemiae occidentalis Plzen 13: 3-35.

SARGENT, C. & J.O. MOUNTFORD (1979): Biological survey of British Rail Property. III. interim report for 1978 CST Rep. 248. Banbury.

SARGENT, C. & J.O. MOUNTFORD (1980): Biological survey of British Rail Property. IV. interim report CST Rep. 293. Banbury. 83 S.

SARGENT, C. & J.O. MOUNTFORD (1981): Biological survey of British Rail Property. V. interim report CST Rep. 325. Banbury.

SAUER, E. (1974): Probleme und Möglichkeiten großmaßstäblicher Kartierungen. Gött. flor. Rundbriefe 8: 6-24.

SAUERBECK, D. (1985): Funktion, Güte und Belastbarkeit des Bodens aus agrikulturchemischer Sicht. Materialien zur Umweltforschung 10.

SAVELSBERGH, E. (1983): Inula graveolens (L.) Desf. (Klebriger Alant) bei Speyer. Gött. flor. Rundbr. 16: 96-99.

SCHEUERMANN, R. (1930): Mittelmeerpflanzen der Güterbahnhöfe des rheinisch-westfälischen Industriegebietes. Verh. Naturhist. Vereines Preuss. Rheinl. Westfalen 86: 256-342.

SCHIRMER, H. et al. (1976): Klimadaten. In: Veröff. d. Akad. für Raumforschung u. Landesplanung (Hrsg.): Deutscher Planungsatlas Band 1 (NRW). Lieferung 7.

SCHMIDT, J.J.H. (1890): Die eingeschleppten und verwilderten Pflanzen der Hamburger Flora. Jahresbericht. Unterrichtsanst. Klost. St. Johann. Hamburg 18: 1-32.

SCHNEDLER, W. & C. MEYER (1983): Hordeum jubatum L. die Mähnengerste, an der Autobahn zwischen Kassel und Gießen. Hess. Flor. Briefe 32: 13-16.

SCHOLZ, H. (1956): Die Ruderalvegetation Berlins. Diss. FU Berlin.

SCHREIBER, K.F. (1983): Die thermischen Verhältnisse des Ruhrgebietes und angrenzender Räume - dargestellt mit Hilfe der phänologischen Entwicklung der Pflanzendecke. In: WEBER, P. & K.F. SCHREIBER (Hrsg.): Westfalen und angrenzende Regionen. Müntersche Geogr. Arb. 15: 307-319.

SCHROEDER, F.-G. (1969): Zur Klassifizierung der Anthropochoren. Vegetatio 16: 225-238.

SCHROEDER, F.-G. (1974): Zu den Statusangaben bei der floristischen Kartierung Mitteleuropas. Gött. Flor. Rundbr. 8(3): 71-79.

SCHROEDER-LANZ, H. & O. WERLE (1982): Geographisch landeskundliche Erläuterungen zur Topographischen Karte 1:50000. Auswahl E. Ballungsräume. Zentralausschuß für Deutsche Landeskunde. 155 S.

SCHULMANN, W. (1981): Ruderale Pflanzengesellschaften von industrienahen Standorten in Duisburg. Hausarbeit I. Staatsprüfung GHS Duisburg. (n.p.).

SCHULTE, W. (1984): Vegetationsanalyse und Rekultivierungsmethodik auf der Halde Norddeutschland in Kamp-Lintfort. (als Manuskript vervielf.)

SCHULTE, W. (1985): Florenanalyse und Raumbewertung im Bochumer Stadtbereich. Diss. Ruhr Univ. Bochum Materialien z. Raumordnung. Geograph. Inst. Univ. Bochum. Forschungsabt. f. Raumord. 30. 394 S.

SCHULTE, W., FRUND, H.C., GRAEFE, U., RUSZKOWSKI, B., SÖNTGEN, M. & V. VOGGENREITER (1990): Untersuchungen zur Biologie städtischer Böden. Beispielraum Bonn Bad Godesberg. Natur und Landschaft 65(10): 491-496.

SCOTT, N.E. & A.W. DAVISON (1982): De-icing salt and the invasion of road verges by maritime plants. Watsonia 14: 41-52.

SEYBOLD, S. (1973): Der Salzschwaden (Puccinellia distans) auf Bundesstraßen und Autobahnen. Gött. Flor. Rundbr. 7(4): 70-73.

SILOVA, I.I. & A.I. LUKJANEC (1985): Odinamike rastitel'nosti pad vlijamiem zagrjaznenija sredy medeplavil'nymi predprijatijami. In: Celovek i landsafty: Vlijanie celoveka na rastitel'nyj pokrov i pervicnuju produtivnast'ekosistem (Informat. mat. ly.) Sverdlovsk 1985 S. 44-45.

SLOTTA, R. (1988): Technische Denkmäler in der BRD 5. Der Eisenerzbergbau. Teil III. Die Hochofenwerke. Verlag des Deutschen Bergbaumuseums. Bochum.

SMITH, M.S. (Hrsg.) (1985): Contaminated land - Reclamation and treatment. NATO challenges of modern society. Vol. 8. Plenum Press New York.

SÖDING, K. (1953): Vogelwelt der Heimat. Bongers Verlag Recklinghausen.

STEUSLOFF, U. (1938): Der Hirschsprung (Corrigiola litoralis) auf der Zechenhalde. Natur und Heimat 1938: 7-8.

STIEGLITZ, W. (1980): Bemerkungen zur Adventivflora des Neußer-Hafens. Niederrheinisches Jahrbuch 14: 121-128.

STOCK, P. & W. BECKRÖGE (1985): Klimaanalyse der Stadt Essen. KVR (Hrsg.) Planungshefte Ruhrgebiet. Essen. 123 S.

STOCK, P. & K. PLÜCKER (1978): Wärmeaufnahmen des Ruhrgebietes für die regionale und städtische Umweltplanung. In: KIRSCHBAUM, G.M. & K.H. MEINE (Hrsg.): Internationales Jahrbuch für Kartographie XVIII. S. 183-195.

STOHR, G. (1964): Vegetation und Standortverhältnisse einiger Halden bei Freiberg und Brand-Erbisdorf. Festschr. zum 100 jährigen Bestehen d. Naturkundemus. Freiberg. S. 69-77.

STORDEUR, R. (1980): Einfluß der im Straßenwinterdienst eingesetzten MgCl-Sole auf das ökologische Verhalten von Puccinellia distans (Jacq)Parl. und Lolium perenne L. Flora 170: 271-289.

STRAUSS, B. & G. RÖSSLER (1987): Salzschwadenkartierung an Straßen des Filderraumes. In: Ökologische Probleme in Verdichtungsgebieten. Tagung über Umweltforschung an der Universität Hohenheim. Januar 1987. Hohenheimer Arbeiten. S. 233-237.

SUKOPP, H. (1971): Beiträge zur Ökologie von Chenopodium botrys L. 1. Verbreitung und Vergesellschaftung. Verhandl. d. Bot. Ver. d. Prov. Brandenb. 108: 3-25.

SUKOPP, H. (1971b): Bewertung und Auswahl von Naturschutzgebieten. Schriftenreihe Landschaftspflege und Naturschutz 6: 183-194.

SUKOPP, H. (1979): Vorläufige systematische Übersicht von Pflanzengesellschaften Berlins aus Farn- und Blütenpflanzen. 2. Auflage. (als Manuskript vervielf.) 16 S.

SUKOPP, H. (1980): Naturschutz in der Großstadt. Naturschutz und Landschaftspflege in Berlin. Heft 2. Senator für Bau- und Wohnungswesen (Hrsg.).

SUKOPP, H. (1981): Ökologische Charakteristik der Großstädte. Tagungsbericht. 1. Leipziger Symposium urbane Ökologie.

SUKOPP, H. (1983): Ökologische Charakteristik von Großstädten. In: Akademie für Raumforschung und Landesplanung (Hrsg.): Grundriß der Stadtplanung. S. 51-82.

SUKOPP, H. (1983b): Erfahrungen bei der Biotopkartierung in Berlin in Hinblick auf ein Schutzgebietssystem. Deutscher Rat für Landespflege. Integrierter Gebietsschutz. Heft 41: 69-73.

SUKOPP, H. (1987): Biotopkartierung im besiedelten Bereich. Grundlagen und Methoden. Die Heimat 94(9): 237-243.

SUKOPP, H. (1987b): Stadtökologische Forschung und deren Anwendung in Europa. Düsseldorfer Geobot. Kolloqu. 4: 3-28.

SUKOPP, H. (Hrsg.) (1990): Stadtökologie. Das Beispiel Berlin. D. Reimer Verlag Berlin. 455 S.

SUKOPP, H. & I. KOWARIK (1987): Der Hopfen (Humulus lupulus L.) als Apophyt der Flora Mitteleuropas. Natur und Landschaft 62(9): 373-377.

SUKOPP, H. & I. KOWARIK (1988): Stadt als Lebensraum für Pflanzen, Tiere und Menschen. Forderung an die Stadtgestaltung aus ökologischer Sicht. In: WINTER, J. & J. MACK (Hrsg.): Herausforderung Stadt. Aspekte einer Humanökologie. S. 29-55. Ullstein Frankfurt.

SUKOPP, H., KUNICK, W. & CH. SCHNEIDER (1980): Biotopkartierung im besiedelten Bereich von Berlin (West). Teil II. Zur Methodik von Geländearbeit und Auswertung. Garten und Landschaft 90(7): 565-569.

SUKOPP, H. & CH. SCHNEIDER (1981): Mensch und Vegetation in ökologischer und historischer Perspektive. In: TÜXEN, R. (Hrsg.): Berichte der intern. Symposien d. intern. Verein. f. Vegetationsk. (1981) 1971. S. 24-48. Vaduz.

SUKOPP, H. & CH. SCHNEIDER (1981b): Zur Methodik der Naturschutzplanung. Beiträge zur ökologischen Raumplanung, Naturschutzplanung, forstliche Fachplanung, Bodenschätze. ARL - Arbeitsmaterial. Akademie für Raumforschung und Landesplanung.

SUKOPP, H. et al. (1981c): Rote Liste der wildwachsenden Farn- und Blütenpflanzen von Berlin (West). Berlin (als Manuskript vervielfältigt).

SUKOPP, H. & U. SUKOPP (1987): Leitlinien für den Naturschutz in Städten Zentraleuropas. In: MIYAWAKI, A., BOGENRIEDER, A., OKUDA, S. & J. WHITE (Ed.): Vegetation Ecology and Creation of New Environments. Tokai University Press.

SUKOPP, H. & U. SUKOPP (1988): Reynoutria japonica Houtt. in Japan und in Europa. Veröff. Geobot. Inst. ETH. Stiftung Rübel 98: 354-372. Zürich.

SUKOPP, H., TRAUTMANN, W. & D. KORNECK (1978): Auswertung der Roten Liste gefährdeter Farn- und Blütenpflanzen in der BRD für den Arten- und Biotopschutz. Schriftenreihe f. Vegetationskde. 12.

SUKOPP, H., TRAUTMANN, W. & J. SCHALLER (1979): Biotopkartierungen in der BRD. Natur und Landschaft 54(3): 63-65.

SUKOPP, H. & S. WEILER (1986): Biotopkartierungen im besiedelten Bereich der BRD. Landschaft und Stadt 18(1): 25-38.

SUKOPP, H. & P. WERNER (1987): Development of flora and fauna in urban areas (Council of Europe. Strasbourg). European Committee for the Conservation of Nature and Natural Resources. 68 S.

SUKOPP, H., WERNER, P., SCHULTE, W. & R. FLÜECK (1986): Untersuchungen zu Naturschutz und Landschaftspflege im besiedelten Bereich. Bibliographie Nr. 51. Dokumentation für Umweltschutz und Landespflege 26. Sonderheft 7. 127 S.

TOMAN, M. (1988): Beiträge zum xerothermen Vegetationskomplex Böhmens. 2. Die Salzflora Böhmens und ihre Stellung zur Xerothermvegetation. Feddes Repertorium 99(5/6): 205-235.

TREPL, L. (1990): Research on the anthropogenic migration of plants and naturalisation. Its history and current state of development. In: SUKOPP, H. & HEJNY, S. (Eds.): Urban ecology. Den Haag.

TÜLLMAN, G. & H. BÖTTCHER (1985): Synanthropic vegetation and structure of urban subsystems. Colloques phytosociologiques XII. Vegetation nitrophiles Bailleul 1983. S. 481-523.

ULLMANN, I., HEINDL, B., FLECKENSTEIN, M. & I. MENGLING (1988): Die straßenbegleitende Vegetation des mainfränkischen Wärmegebietes. ANL Berichte 12/88: 141-187.

VAHLE, H.C. & J. DETTMAR (1988): Anschauende Urteilskraft ein Vorschlag für eine Alternative zur Digitalisierung der Vegetationskunde. Tuexenia 8: 407-412.

VOGEL, A. (1988): Vegetationsaufnahmen von Paronychioideaen im Ruhrgebiet (n.p. Vegetationstabelle).

WAGNER, K. (1989): Einfluß v. Kulturmaßnahmen auf Vegetationsentwicklungen und Nährstoffverhältnisse auf Abraumhalden des Braunkohlentagebaus im nordhessischen Borken. Mitt. aus dem Ergänzungsstudium ökologische Umweltbelastung 13. 157 S.

WALTER, E: (1980): Pflanzen v. d. in der mitteleuropäischen Literatur selten oder gar keine Abbildungen zu finden sind. Folge XV. Hordeum jubatum L. die Mähnengerste - auch am Neusiedler-See. Gött. Flor. Rundbr. 14: 64-66.

WAY, J.M. & J. SHEALL (1977): British rail land - Biological Survey. 2.interim report. CST. Rep. 178 Banbury.

WEBER, H.E. (1978): Vegetation des Naturschutzgebietes Balksee und Randmoore. Naturschutz Landschaftspfl. Niedersachsen 9. 168 S.

WEBER, H.E. (1983): Zeigerwerte für Rubus-Arten in Mitteleuropa. Tuexenia 3: 359-364.

WEBER, H.E. (1985): Rubi Westfalici. Die Brombeeren Westfalens und des Raumes Osnabrück. Abhandl. d. Westf. Mus. f. Naturkde. 47(3). 452 S.

WEBER, H.E. (1987): Zur Kenntnis einiger bislang wenig dokumentierter Gebüschgesellschaften. Osnabrücker Naturwiss. Mitt. 13: 143-157.

WEBER, H.E. (1987b): Das Schmalblättrige Kreuzkraut (Senecio inaequidens DC.) eine aus Südafrika stammende Art, nun auch im Raum Osnabrück. Osnabrücker naturwiss. Mitt. 13: 77-80.

WEINERT, E. (1981): Zur floristischen Erfassung von Umweltveränderungen. Wiss. Abh. Geogr. Ges. DDR 15. Leipzig. S. 101-109.

WERNER, D.J., ROCKENBACH, T. & M.L. HÖLSCHER (1991): Herkunft, Ausbreitung, Vergesellschaftung und Ökologie von Senecio inaequidens DC. unter besonderer Berücksichtigung des Köln-Aachener Raumes. Tuexenia 11: 73-107.

WITTIG, R. (1980): Die geschützten Moore und oligotrophen Gewässer der Westfälischen Bucht. Vegetation, Flora, botanische Schutzeffizienz und Pflegevorschläge. Schr. Reihe LÖLF NRW 5 230 S.

WITTIG, R., DIESING, D. & M. GÖDDE (1985): Urbanophob - urbanoneutral - urbanophil. Das Verhalten der Arten gegenüber dem Lebensraum Stadt. Flora 177: 265-282.

WITTIG, R. & R. POTT (1980): Zur Verbreitung, Vergesellschaftung und zum Status des Drüsigen Weidenröschens (Epilobium adenocaulon Hauskn., Onograceae) in der westfälischen Bucht. Natur und Heimat 40: 83-87.

WOLFF-STRAUB, R., BANK-SIGNON, I., FOERSTER, E., KUTZELNIGG, H., LIENENBECKER, H., PATZKE, E., RAABE, U., RUNGE, F. & W. SCHUMACHER 1988: Florenliste von NW. 2.Auflage. Schriftenreihe der LÖLF NW Band 7 Recklinghausen 124 S.

ZEITZ, W.D. (1965): Vegetationskundliche Erhebungen über den natürlichen Bewuchs und die künstliche Begrünung der Bergehalden II, VI, IX und III/V des Steinkohlenbergwerkes Graf Bismark in Gelsenkirchen-Buer. AMN 27(2).

ZIMMERMANN-PAWLOWSKY, A. (1985): Flora und Vegetation von Euskirchen und ihre Veränderung in den letzten 70 Jahren. Decheniana 138: 17-37.

Anhang Teil I. Untersuchungsflächen

Seite

1. Matrix Produktionsanlagen/Produkte/Emissionen für die Probeflächen 226 - 233

2. Übersichtspläne der Untersuchungsflächen 234 - 248

Matrix Nr. 1 Probelflächen der Eisen- und Stahlindustrie

Matrix Nr. 2 Probeflächen der Chemischen Industrie

Matrix Nr. 3 Probeflächen des Bergbaus

Erläuterung der Symbole in den Matrices:

Abkürzungen der Probeflächen siehe Tabelle Nr. 17 im Anhang Teil II.

* - Errichtung/Neubau der Anlage
+ - Stillegung der Anlage
2 - Anzahl entsprechender Anlagen
x - Anlage ist oder war vorhanden

Matrix Nr. 1 Teil 1

Anlagen/ Produkte /Emissionen - Probeflächen der Eisen- und Stahlindustrie

Produkt-ionsan-lagen	Hochöfen	Sinteran-lage/Erz-lager	Roheisen-entschwe-felung	Oxygen-stahlwerk	Siemens-Martin-Stahlwerk	Thomas-Stahlwerk	Elektro-Stahlwerk	Bessemer-Stahlwerk	Puddel-Stahlwerk	Block-strasse	Universal-Brammen-strasse
A. HOWE	2 a 4000 t/T *1896 /75 /89	1 *1960	-	-	2 4 Öfen *1895/1956 +1984	1 2 Öfen *1885/1930 + 1966	1 *1956 +1984	1 *1874 +1885?	-	1 1 *1888/1900 +1984	-
B. KRHÖ	-	-	-	1 ?	1 *1922 +1988	?	1 *1975	?	-	-	-
C. THOB	X 5 ? * ? +1982	1 + ?	-	-	X + ?	X	1 2 Öfen *1868 +1968	? *1979	-	-	-
D. THME	3 2 *1901/1907 +1985	1 * ? +1985	-	-	-	-	-	-	-	-	-
E. THRU	3 1 *1854/1855 70/84 56/85 55/83	1 *1957 +1985?	1 *1976	1 3 Konvert. *1975/1980	1 *1870 + ?	1 *1884 + ?	-	1 *1870 + ?	1 *1855 +1901	1 *1956 + ?	-
F. THBE	-	-	-	1 3 Konvert. *1962/1970	-	-	-	-	-	-	1 *1963 +?
Produkte	Roheisen Schlacke	Sinter	Schlacke	Stahl Schlacke	Stahl Schlacke	Stahl Schlacke	Stahl Schlacke	Stahl Schlacke	Stahl Schlacke	Vorbrammen Grobbleche Br.FlachSt	Brammen
Staub-Emissionen	Gichtgasst. Sinterstaub Schlackenst. Kalkstein-staub Koksstaub	Sinterstaub Erzstaub Koksstaub Kalkstein-staub	Schwefel Schlacke-staub	Stahlstaub Filterstaub Schlacken-staub	Stahlstaub Filterstaub Schlacken-staub	Stahlstaub Filterstaub Schlacken-staub	Stahlstaub Filterstaub Schlacken-staub	Stahlstaub Schlacken-staub	Stahlstaub Schlacken-staub	Zunder-staub	Zunder-staub
Gas/Dampf-Emissionen	SO_2 CO_2 CO H_2S HCN	SO_2 CO_2 CO	SO_2 CO_2 CO	SO_2 CO_2 CO	SO_2 CO_2 CO Pb Zn	SO_2 CO_2 CO	SO_2 CO_2 CO Pb	SO_2 CO_2 CO	SO_2 CO_2 CO	SO_2 CO_2 CO H_2O-Dampf	SO_2 CO_2 CO H_2O-Dampf

Matrix Nr. 1 Teil 2

<u>Anlagen/ Produkte /Emissionen - Probeflächen der Eisen- und Stahlindustrie</u>

Produkt- ionsan- lagen	Grob- und Mittel- strassen	Halbzeug- strasse/ zurichtung	Fein- strasse	Warmbreit- strasse/ zurichtung	Kaltwalz- werk/zu- richtung + Beizerei	Draht- strasse	Drahtver- feinerung	Plattier- werk
A. HOWE	1 *1893 +1966	1 *1955 +1985	1 *1957 +1986	1 *1958	2 *1961/1969	1 *1884 + ?	1 *? +1980	-
B. KRHÖ	-	-	-	1 *1964	1	-	-	-
C. THOB	X	-	1 * ? +1980	1 *1868 +1980	-	1 * ? +1990	-	1 * ?
D. THME	-	-	-	-	-	-	-	-
E. THRU	-	1 *1956 63/75	1 *1879 + ?	-	-	-	-	-
F. THBE	-	-	-	1 *1963/1966	1 *1964/1985	-	-	-

Produkte	Winkelstahl I-Stahl U-Stahl Grubenstahl Rippenstahl Spundstahl Br.FlachSt Rundstahl Sonderprofil	Vorblöcke Knüppel Platinen	U-Stahl Betonstahl Walzdraht Rundstahl Flachstahl Winkelstahl T-Stahl	Stahlblech	Stahlblech Feinbleche Tafeln	Grobdraht	UP- und CO2 Schweiß- draht	Stahl- platten
<u>Staub- Emissionen</u>	Zunder- staub	Zunder- staub	Zunder- staub	Zunder- staub	Zunder- staub			
<u>Gas/Dampf- Emissionen</u>	SO_2 CO_2 CO H_2O-Dampf	SO_2 CO_2 CO H_2O-Dampf	SO_2 CO_2 CO H_2O-Dampf	SO_2 CO_2 CO H_2O-Dampf	Cl-Kohlen- wasserstoff HCL H_2SO_4	SO_2 CO_2 CO H_2O-Dampf	SO_2 CO_2 CO H_2O-Dampf	SO_2 CO_2 CO H_2O-Dampf

Matrix Nr. 1   Teil 3

Anlagen/Produkte/Emissionen – Probelflächen der Eisen- und Stahlindustrie

Produkt-ionsan-lagen	Elektroly. Bandver-zinnung	Elektroly. Verzin-kung	Feuerver-zinkung	Blechver-gütung	Kunststoff-beschich-tung	Schlacke-verarbei-tung	Zement-fabrik	Kokerei	Zeche/Schachtan-lagen	Kohle-hydrierung	Kraftwerk
A. HOWE	1 *1969 (incl.Ver-chromung)	1 *1970 (incl.Ver-bleiung)	–	4 Glühen	–	X Schlacken-beete/-sand-herstellung	1 *?	1 *1896	3 Kaiserstuhl *1872 +1966	1 *1939 +1945	3 Kessel *?
B. KRHÖ	–	?	–	–	–	–	–	–	2 Engelsburg *1735 +1961	–	–
C. THOB	–	–	–	1 *?	–	X *1	1	1 Osterfeld *1893/1931 +1988	1 1 Osterfeld *1873	–	1 *? +1980
D. THME	–	–	–	–	–	X +?	–	1 Fr.Thyss4/8 *1905 +1977	2 Fr.Thyss4/8 *1899 +1959	–	–
E. THRU	–	–	–	–	–	X Schlacke-beete und -verarbeitung	–	1 Westende *1912 +?	2 Westende *1856 +1968	–	1 *1955
F. THBE	–	1 *1986	1 *1964/1985	–	1 *1968	X Schlacke-beete und -verarbeitung	–	–	2 Beeckerwerth *1912 +1963	–	–
Produkte	verzinntes/verchromtes Stahlblech	verzinktes/verbleites Stahlblech	verzinktes Stahlblech	gehärtetes/geglühtes Stahlblech	Kunststoff-beschicht. Stahlblech	Schlackesand S.-Schotter S.-Grus	Zemente	Koks Kohlewert-stoffe	Kohle Berge	Benzin	Strom

Staub-emissionen   Schlacken-staub

| Gas/Dampf-emissionen | Sn-Verbind. | Zn-Verbind. | Zn-Verbind. Cyanide | SO2 CO2 CO | Cl-Kohlen-wasser-stoffe | H2S | | | | | |

Matrix Nr. 2 Teil 1.

Anlagen/Produkte/Emissionen Probeflächen der Chemischen Industrie - Mineralölverarbeitung

	Konversionsanlagen						Schwerölverarbeitung									
Produktionsanlagen	Rohöldestillation	Coker/Kalzinierung	Hydrocracker	Visbreaker	Katalcracker	Vakuumdestillation	Schwerölvergasung	Methanolsynthese	Ammoniaksynthese	Clausanlagen	Bitumenanlage	Mitteldestillation	Paraffinextraktion	PSA-Anlage	Reformer	Aromatenanlage	Entalkylierung
G. VEHO	1 *1950	1 *?	-	-	-	-	-	-	-	-	-	-	-	1 *?	1 *?	1 *?	1 *?
H. VESC	2 *1952	-	1 *1983	1 *?	1 *1953	2 *?	1 *1983	1 *?	1 *?	4 *?	1 *?	2 *?	1 *?	-	1 *?	3 *?	X *?
Produkte in 1000 t	Rohöldestillationen 10.500	Petrolkoks Grünkoks Gase LKW	Benzin Heizöl ES/DK Düsentreibstoff	Benzin Gas HEL	HES HEL Gas Bitumen	Zwischenprodukte Teer	LDK HEL Bitumen Gase	Methanol 200	Ammoniak 330	Schwefel	Bitumen Blasbitumen	HEL DK Zwischenprodukte	Paraffine 100 Lösungsmittel	Phtalsäureanhydrid 65	Fahrbenzinkomponenten	O-Xylol P-Xylol Tuluol Benzol	Benzol 310
Emissionen Gas/Dampf	Erdöldestillationprodukte Rohöl		Petrol Benzin Heizöl Ethylen	Benzin	Heizöl Ethylen			Methanol	Ammoniak	H2S	Bitumen		Paraffine		u.a. Bleiverbindungen	Xylole	Benzol Toluol

diverse Kohlenwasserstoffe, sowie SO2, CO2, CO, NO, NOx, H2S und Ammoniak

| Emissionen Staub | Petrolkoksstaub | | | | | | Aluminiumsilikate | | | | | | | | | | |

Matrix Nr. 2. Teil 2.

Anlagen/Produkte/Emissionen Probeflächen der Chemischen Industrie - Mineralölverarbeitung

Produktions-anlagen	Gasverar-beitung	Olefin-anlage	Cumolan-lagen	Cyclohexan-anlage	Benzoldruck Raffination	Synthese-betrieb	Polyolefin CMH	Gasver-edelung	Tanklager	Kohlehy-drieranlagen	Düngemit-telpro-duktion	Kokerei	Zeche/Schacht	Kraftwerk
G. VEHO	1 *?								X	X *1930 +1945		1 Nordstern *?	2 Nordstern *1899/1910 +?	1 *1932 +1980?
H. VESC	X *?	1 *?	1 *?	1 *?	1 *?	1 *?	1 *1985	1 *?	X	X *1935 +1945	1 *1930 +1980	1 Scholven *1911	2 Scholven *1908 +1964	1 *? *? 7 Block
Pro-dukte	Raffinerie- und Flüssig-gas	Ethylen Propylen 400	Cumol 330	Cyclohexan 100	Benzol Tuluol Xylol	H2 CO2	Polyethyl Polypropylen	Stadtgas Neben-produkte	-	Benzin u.a. Neben-produkte	Ammonium-salpeter u.a. Dünge-salze			
Emis-sionen Gas/Dampf	Ethylen	Cumol	Cyclohexan	Benzol										

Matrix Nr. 2 Teil 3

Anlagen/Produkte/Emissionen Probeflächen der Chemischen Industrie – Kunstdünger / Kunststoff / Organische- / Anorganische Grundstoffe

Produktionsanlagen	Oxoanlagen	Aminanlagen	Hostalen-BUR-Produktion	LDPE-Synthese	HDPE-Synthese	HDPE-Rohrproduktion	Trägerkatalysatorenproduktion	Synthesegasanlage	Anorganische Düngemittel-Produktion	Tanklager	Fischer-Tropsch-Anlagen	Raffinerie	Glycol-Produktion (Chem.Fabrik Holten)	Kraftwerk
I. RUHR	X *1940/1953 1984	X *1974/1975	X *1982	X *1972	X *1960	X *1978	X *1936/1973	X *1985/1986	X *1929	X	X *1936 +1945	X *1939 +1955	X *1930 +1971	1 *1929
Produkte	Aldehyde Carbonsäuren Esterweichmacher z.B. Dioctylphthalate div. Kohlenwasserstoffe Ketone Alkohole u.a 2Ethyhexanol Isobutanol n-Butanol	Amine	Höchstmolekulares Polyethylen	Hochdruck-Polyethylen	Niederdruck-Polyethylen	HDPE-Rohre Halbzeug	Trägerkatalysatoren auf der Basis von Nickel, Eisen, Edelmetalle und Kobalt, Kupfer	Kohlenmonoxid-Wasserstoff-Gas	Kalkammonsalpeter Salpetersäure Nitrosylschwefels.		Benzin	Paraffine Polymerbenzine Schmieröl Flugbenzin u.a.	Ethylenglycol	

Emissionen div.Alkohole Amine Ethylen Ethylen Ethylen Ethylen   CO   Ammoniak   div.   div.   div.
Gas/Dampf Esterweich-   SO2   NOx   Organica   Kohlenwas- Kohlenwas-
I 3760 t/a macher   serstoffe serstoffe
           Carbon-
           säuren

insgesamt SO2 320 t/a NOx 1040 t/a CO 210 t/a organische Gase 2100 t/a

Emissionen   Polyethylen- Polyethylen- Polyethylen-   div. Stäube   Düngerstaub
Staub   staub   staub   staub
I 90 t/a

Matrix Nr. 3   Teil 1.

Anlagen / Produkte / Emissionen - Probeflächen des Bergbaus

Produktionsanlagen	Schächte	Schachtanlagen Fördergerüst Schachthalle	Kesselhaus	Kohlewäsche	Kohlelager	Bergehalde	Schlämmteiche Absetzbecken
J. ZEPR	II/III/VIII *1871/1893/ 1917 +ca. 1980 II/III	1 2	1	1 *1867	X	1 1	-
K. ZEOS	I/III *1873/1932 + ? (I)	1 1	1	1 * ?	X	1	-
L. ZEZO	I/II/XII *1847/1860/ 1928 +1986 XII	1 2	2	2 * ?/1928 +1986	X +1986	X +1986	3 +1986
M. ZEMO	I/III *1871/1905 +1978	2.	1	1 * ? +1978	X	1	-
N. ZETH	IV/VIII *1899/1922 +1959	2	1	1 * ? +1959	X	-	X
O. ZELE	I/II/Wetter- schacht *1857/ ca.1900 +1960	3	1	1 * ? + 1960	X	1	?
Produkte		Steinkohle Bergematerial (Bleierz nur O.)	Strom	Kohle			
Emissionen Staub		Kohlenstaub Bergestaub (Bleierz- staub nur bei O.)		Kohlenstaub Bergestaub	Kohlestaub	Bergestaub	Kohlestaub Bergestaub
Emissionen Gas/Dampf							

Matrix Nr. 3 Teil 2.

Anlagen / Produkte / Emissionen - Probeflächen des Bergbaus

Kokereien

Produkt ionsan- lagen	Kohle-/Koks- lager	Koksbat- terien	Teerscheide- anlage/-grube	Teerdestil- lation	Ammoniak- wäscher	Benzol- wäscher	Benzol- gewinnungs- anlage	Ammoniak- gewinnung	Phenol- anlage	Gasbehälter
J. ZEPR	X	X *1866?	1 * ?	1 * ?	1 * ?	1 * ?	1 * ?	1 * ?	1 * ?	2 * ?
K. ZEOS	-	X *1893 +1988	1 * ? +1988	1 * ? +1988	1 * ? +1988	1 * ? +1988	1 * ? +1988	1 * ? +1988	1 * ? +1988	1 * ? +1988
L. ZEZO	X	Kokerei Zollverein grenzt an								
M. ZEMO	X	X * ? + ca. 1930	1 + ca. 1930	?	1 + ca. 1930	?	?	?	?	?
N. ZETH	X	X *1905 +1977	1 * ? +1977	1 * ? +1977	1 * ? +1977	1 * ? +1977	1 * ? +1977	1 * ? +1977	1 * ? +1977	1 * ? +1977
O. ZELE	X	X *1873 + ?	1 * ? + ?	? * ? + ?	1 * ? + ?	1 * ? + ?	? * ? + ?	? * ? + ?	? * ? + ?	? * ? + ?

| Produkte | Koks Koksgas | Teer Ammoniak- wasser | Leichtöl Carbolöl Naphtalinöl Treiböl Waschöl Anthrazenöl Pech | Ammoniak freies Gas angereich- ertes Ammo- niakwasser | Rohbenzol | Benzole Toluole Xylole Cumaronharz Phenole Pyridin | Ammonsul- fat | Phenol |

| Emissio- nen/ Staub | Kohlestaub Koksstaub | Koksstaub Kohlestaub Asche | | Pechstaub Teerstaub | | | | |

| Emissionen Gas/Dampf | div. Kohlen- wasserstoffe HCN H2S Ethylen | Steinkohlen- teerdämpfe Ammoniak | div. Kohlen- wasserstoffe Naphtalin Treiböl | Ammoniak | Benzole div. Kohlen- wasserstoffe | Benzole Toluole Xylole Äthylbenzol Styrol Naphtalin div. Kohlen- wasserstoffe | Ammoniak | Phenole |

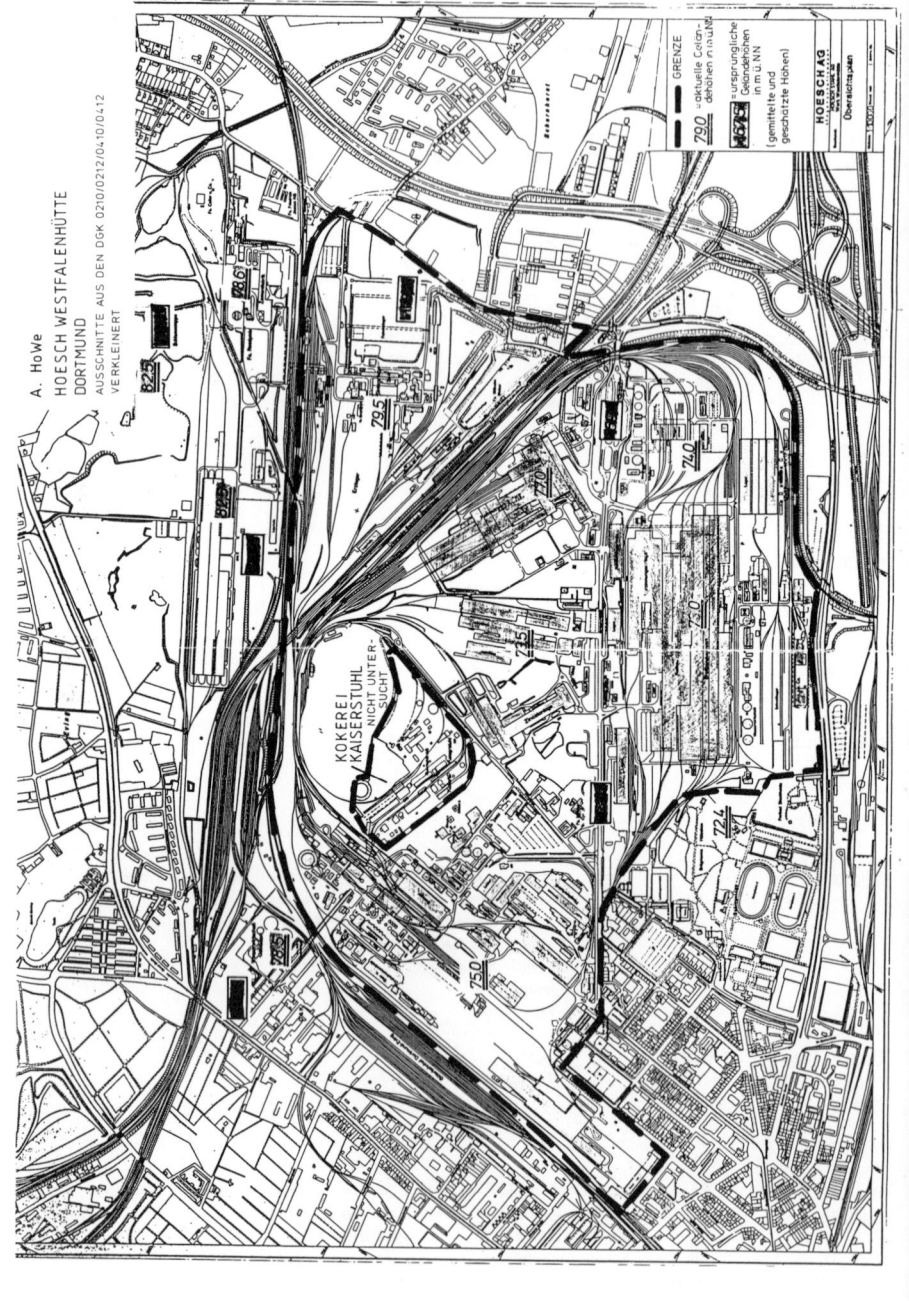

B. KrHö
KRUPP STAHLWERK HÖNTROP
BOCHUM
AUSSCHNITTE AUS DEN DGK 8004/8204
VERKLEINERT

━ ━ GRENZE UNTERSUCHTER BEREICH

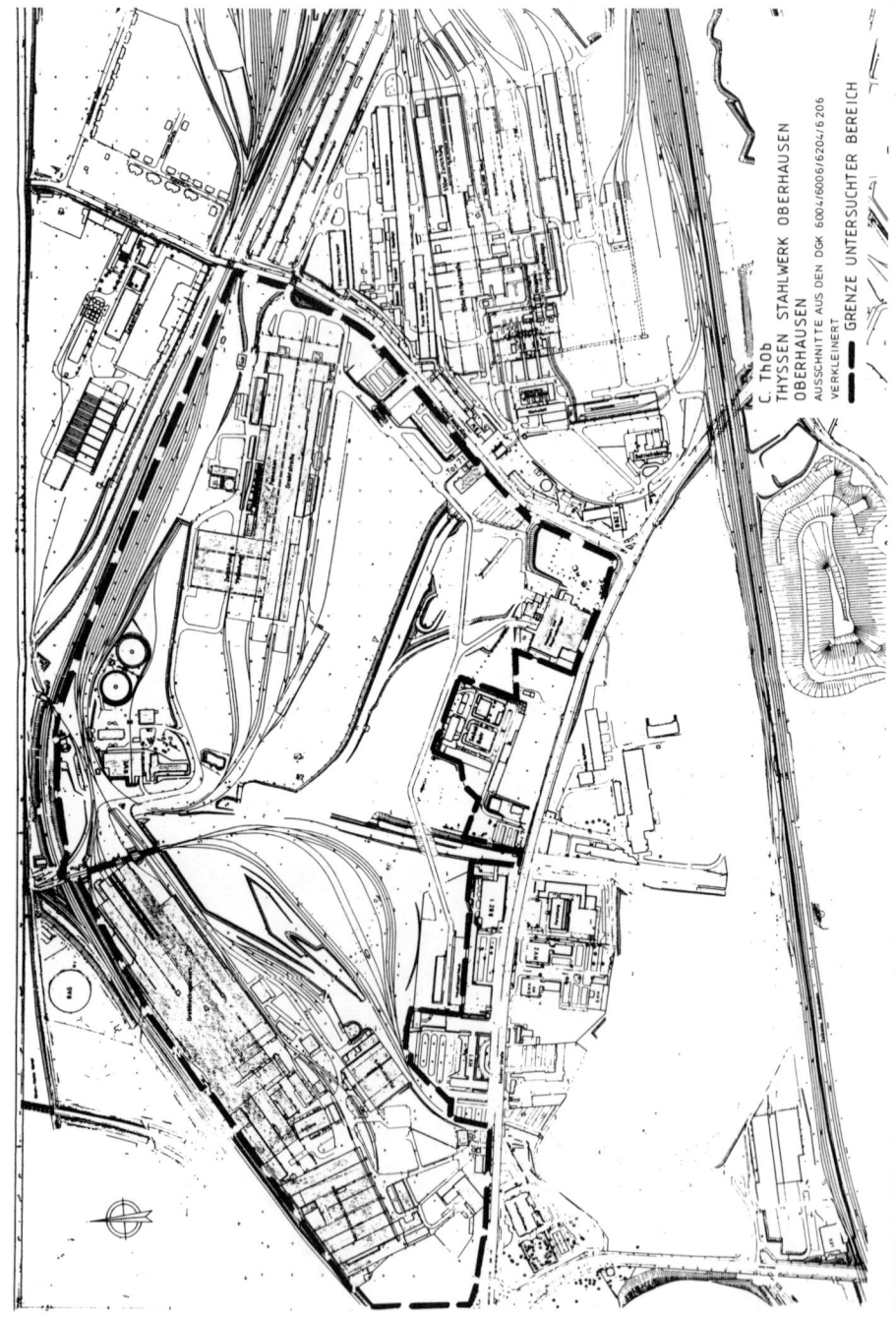

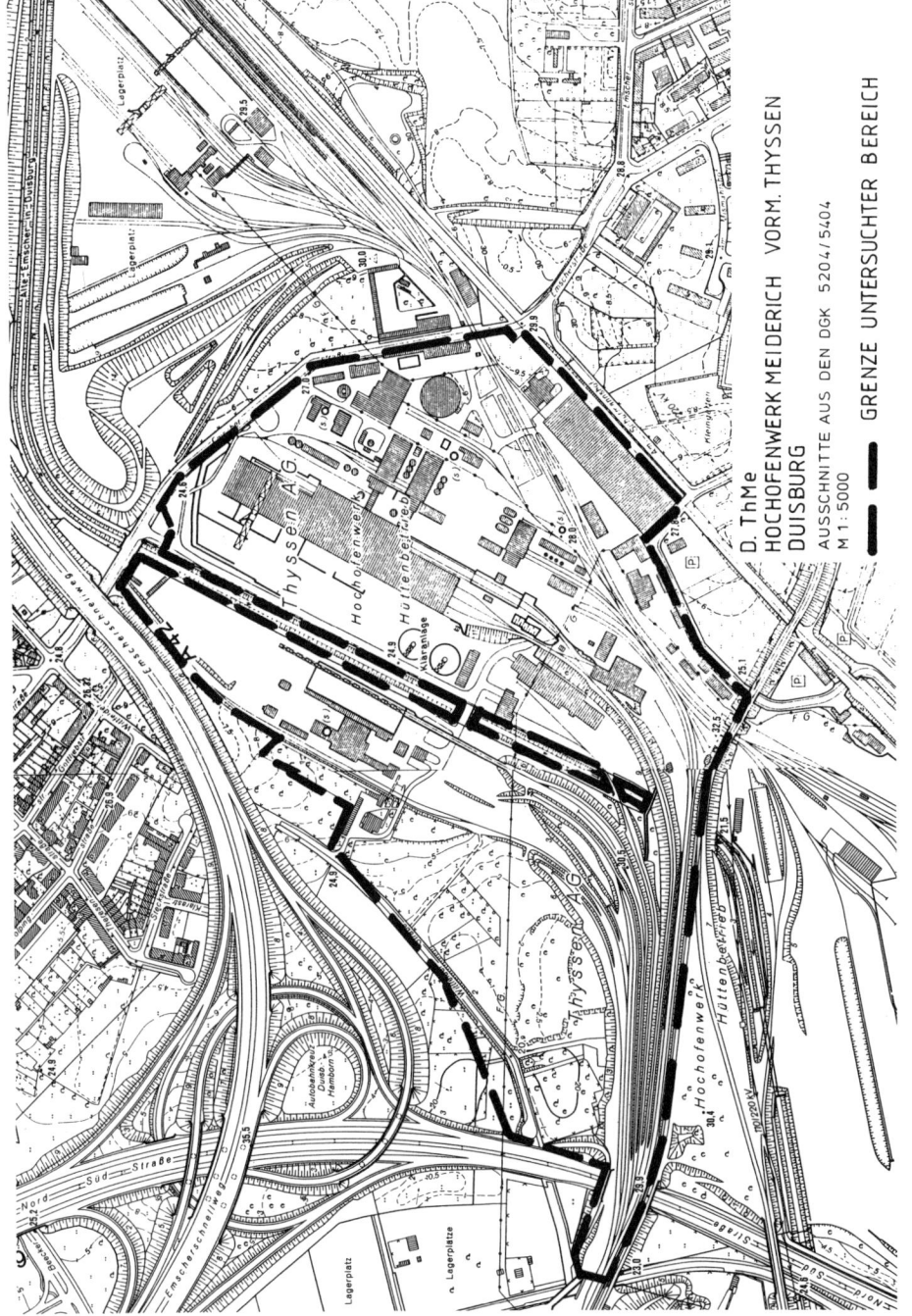

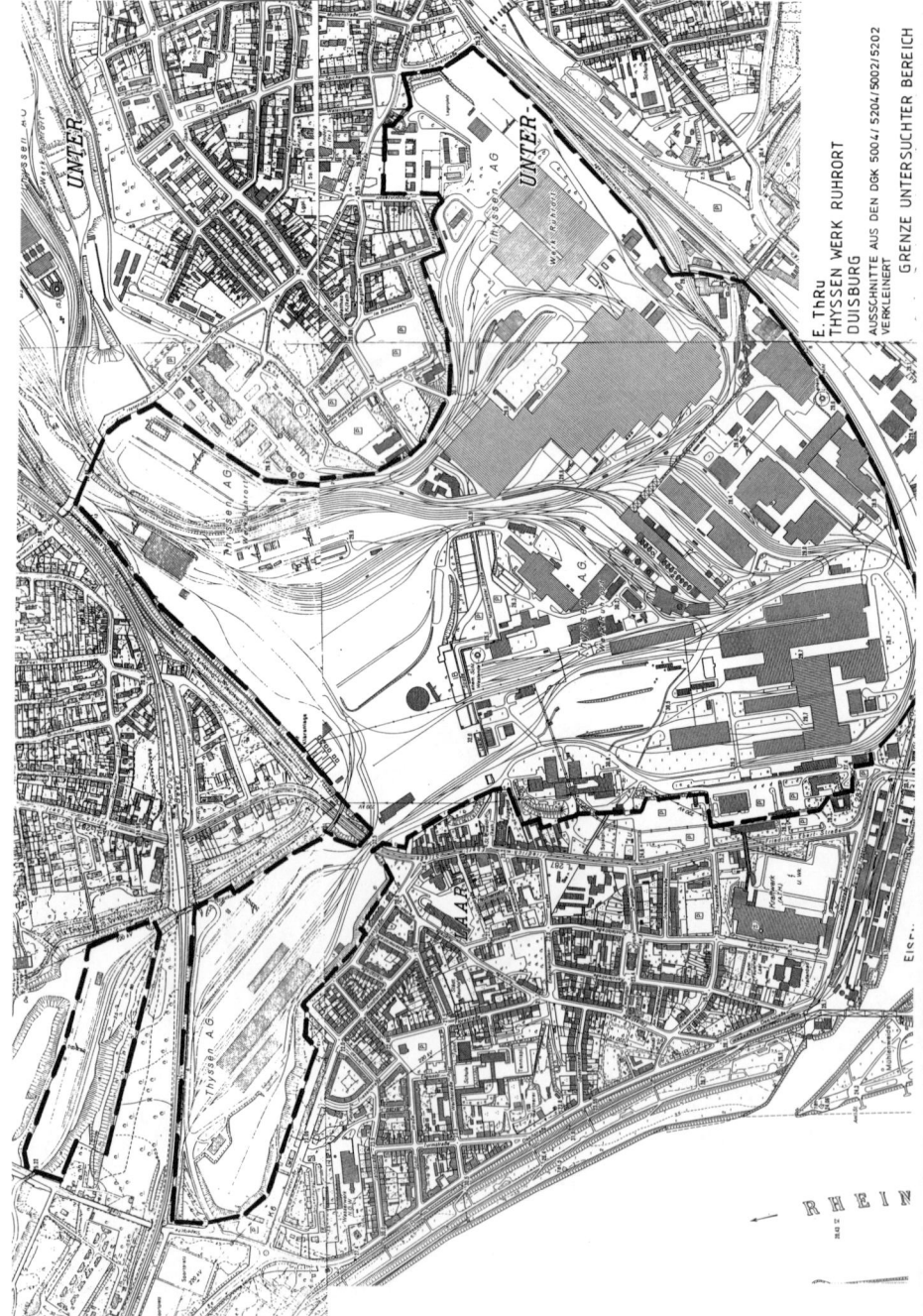

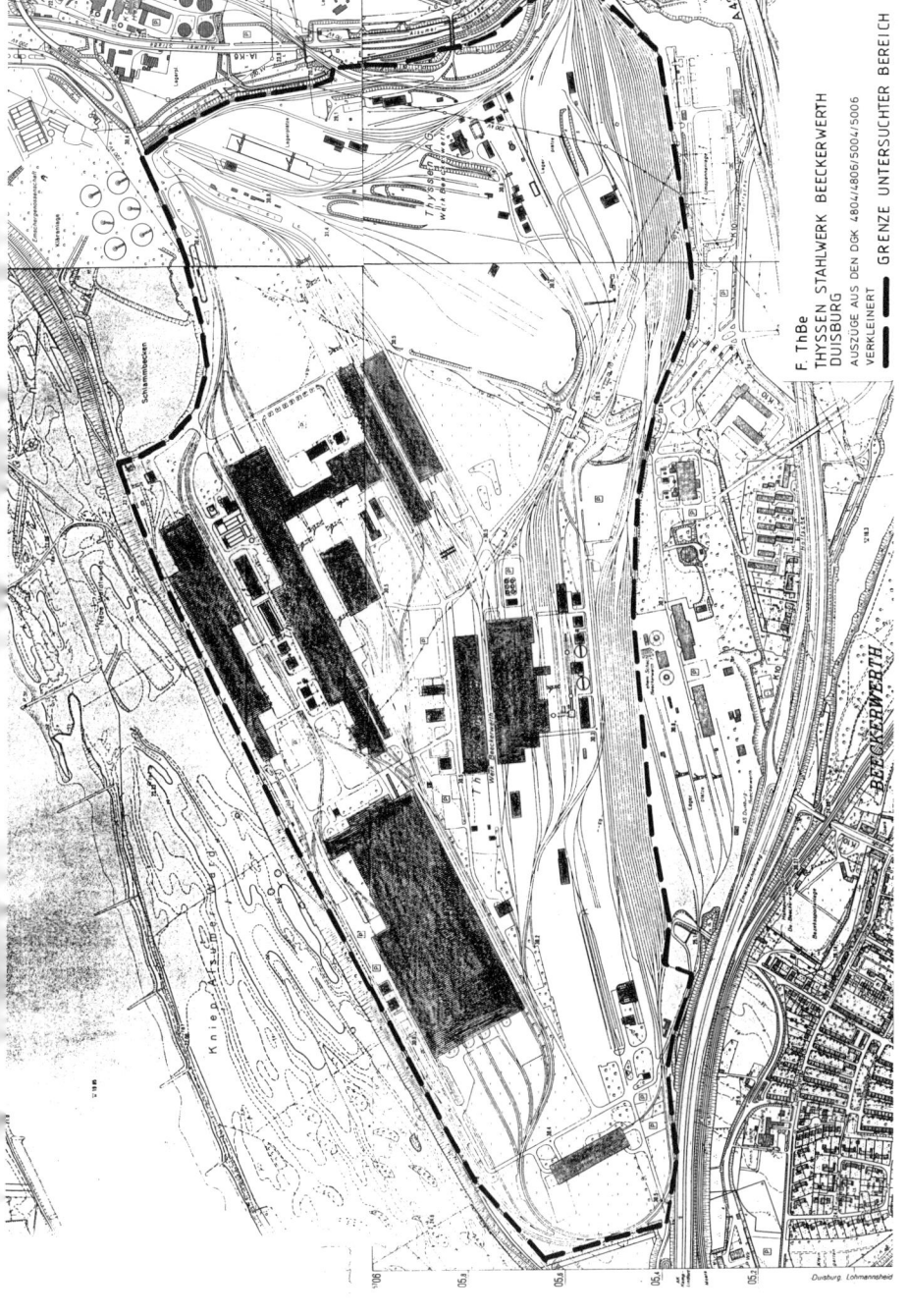

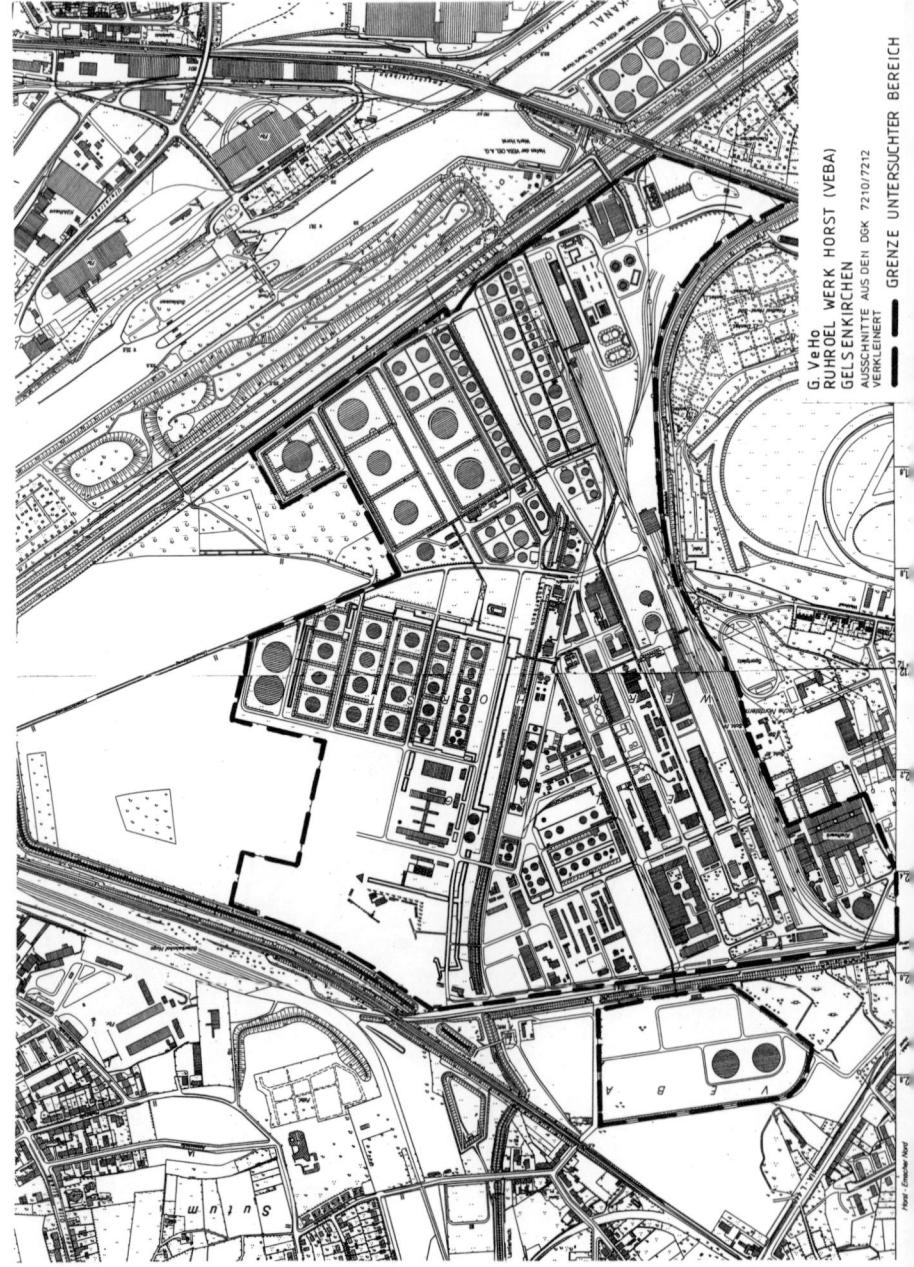

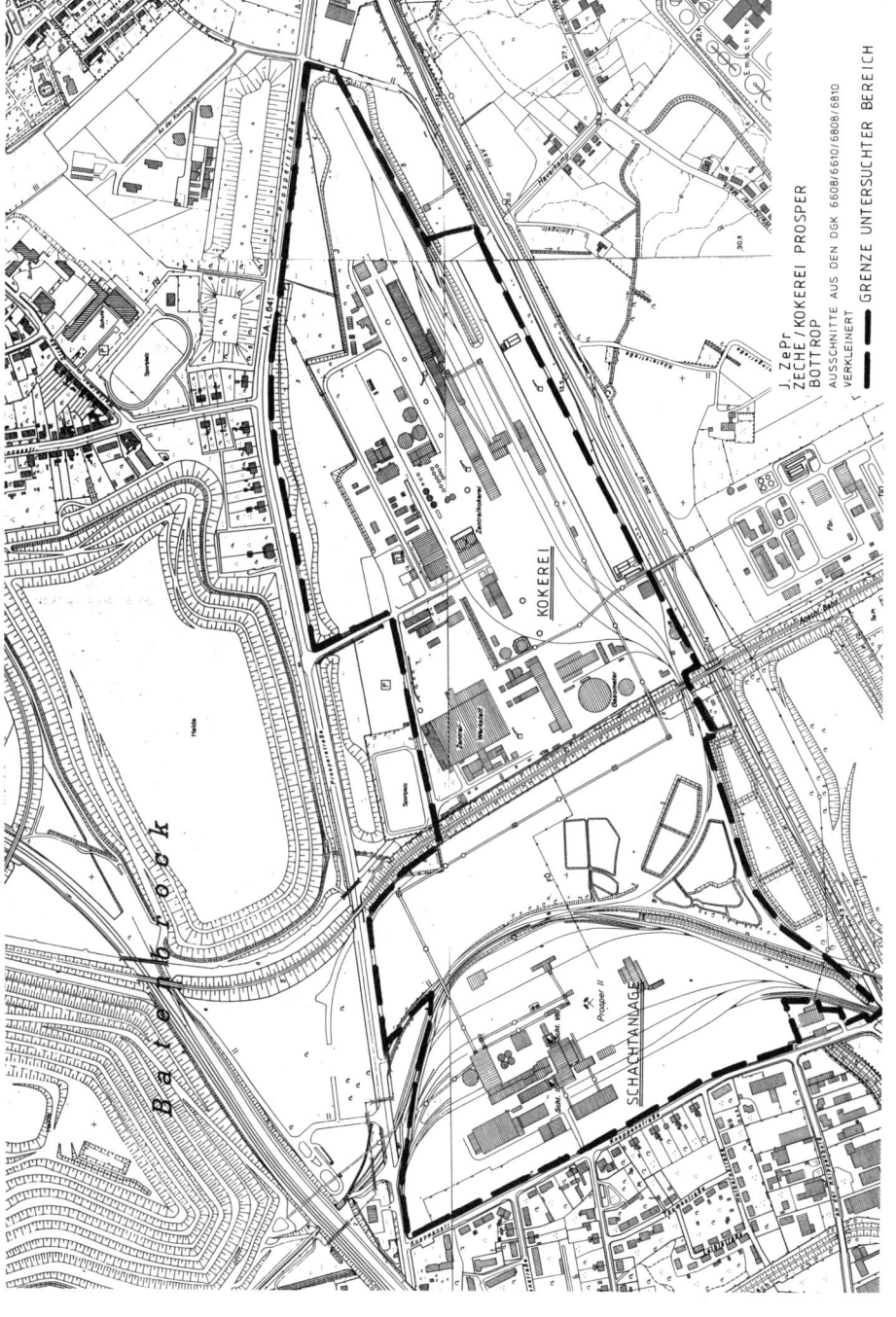

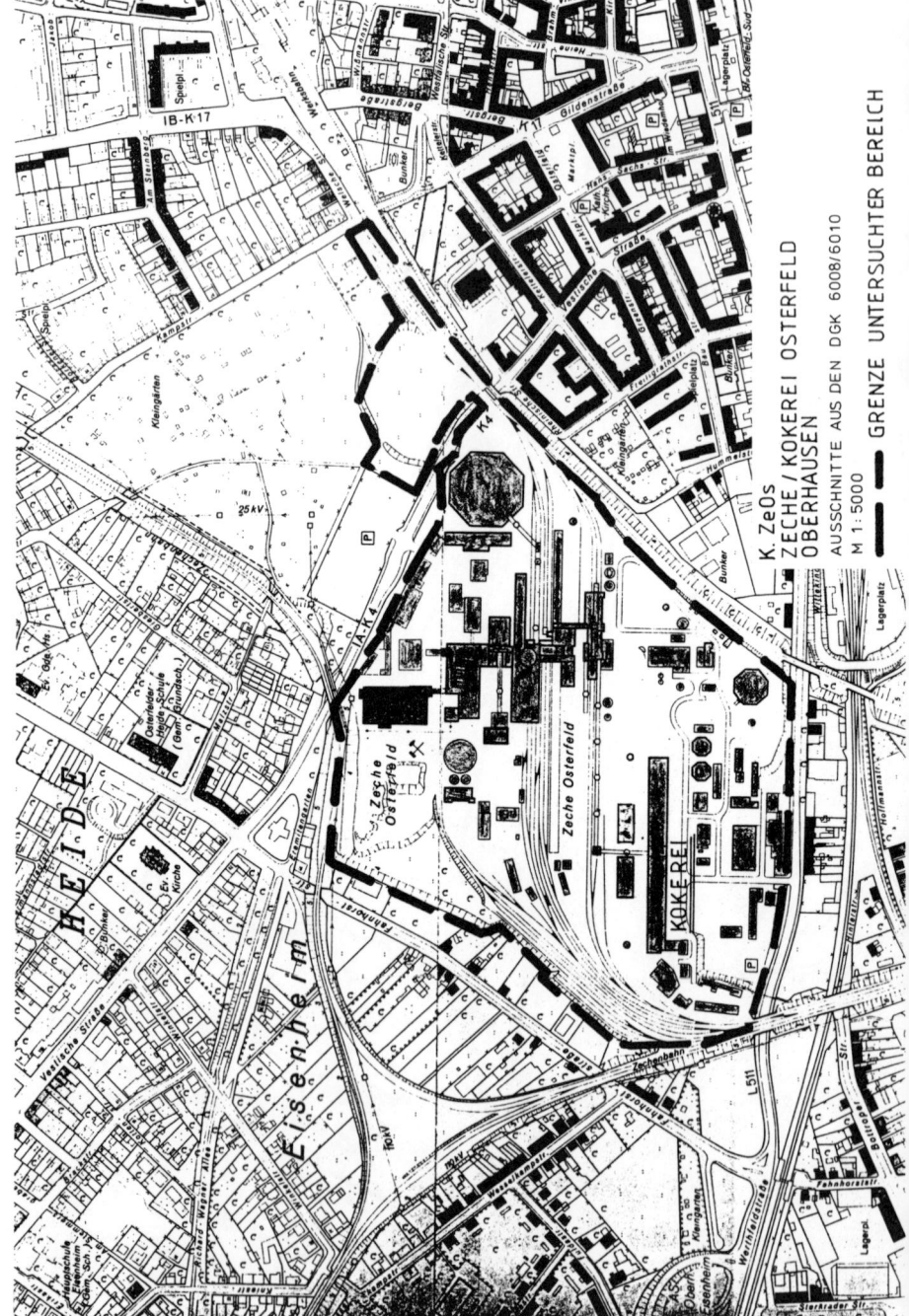

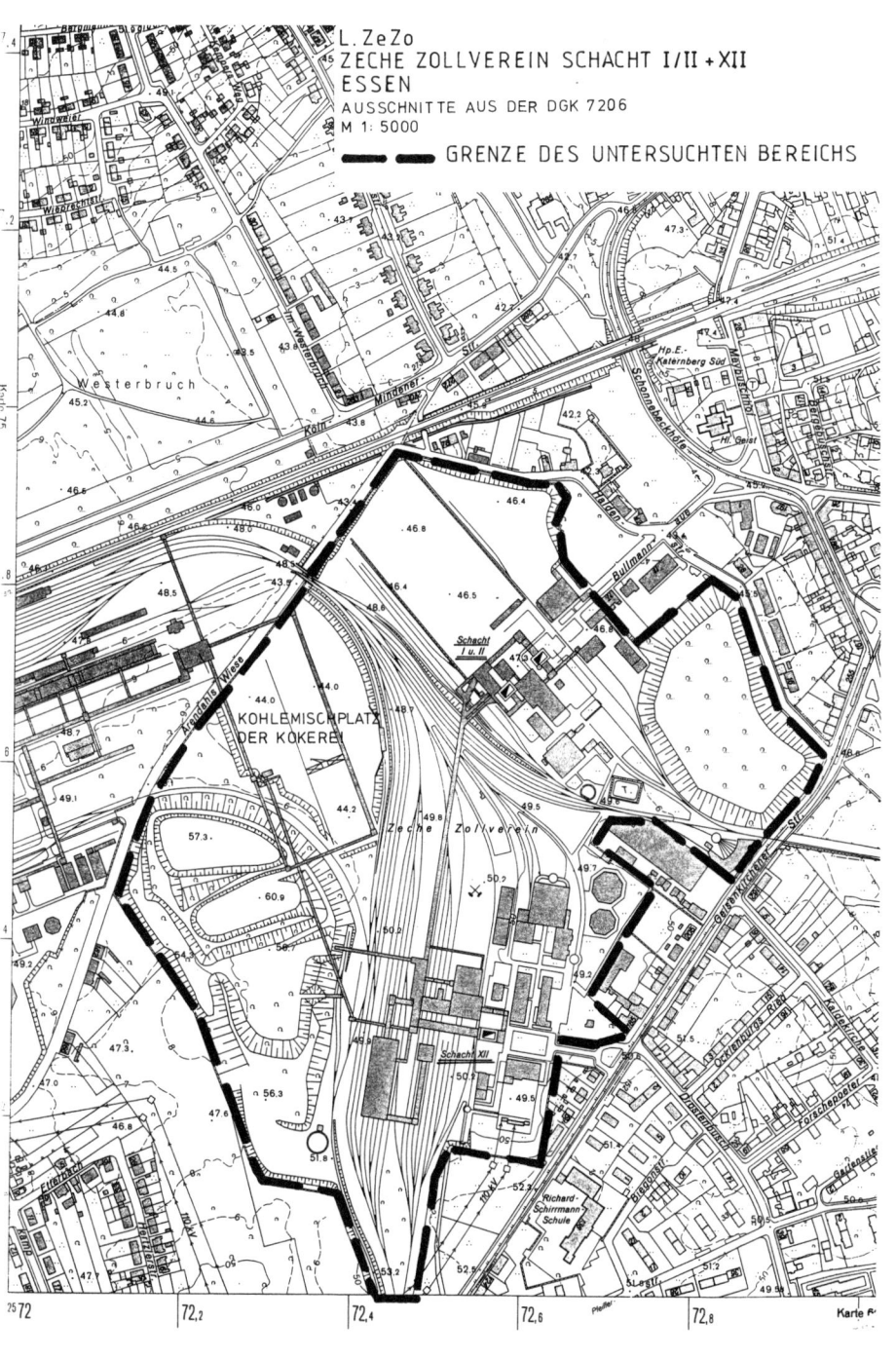

L.ZeZo
ZECHE ZOLLVEREIN SCHACHT I/II +XII
ESSEN
AUSSCHNITTE AUS DER DGK 7206
M 1: 5000

━━ ━━ GRENZE DES UNTERSUCHTEN BEREICHS

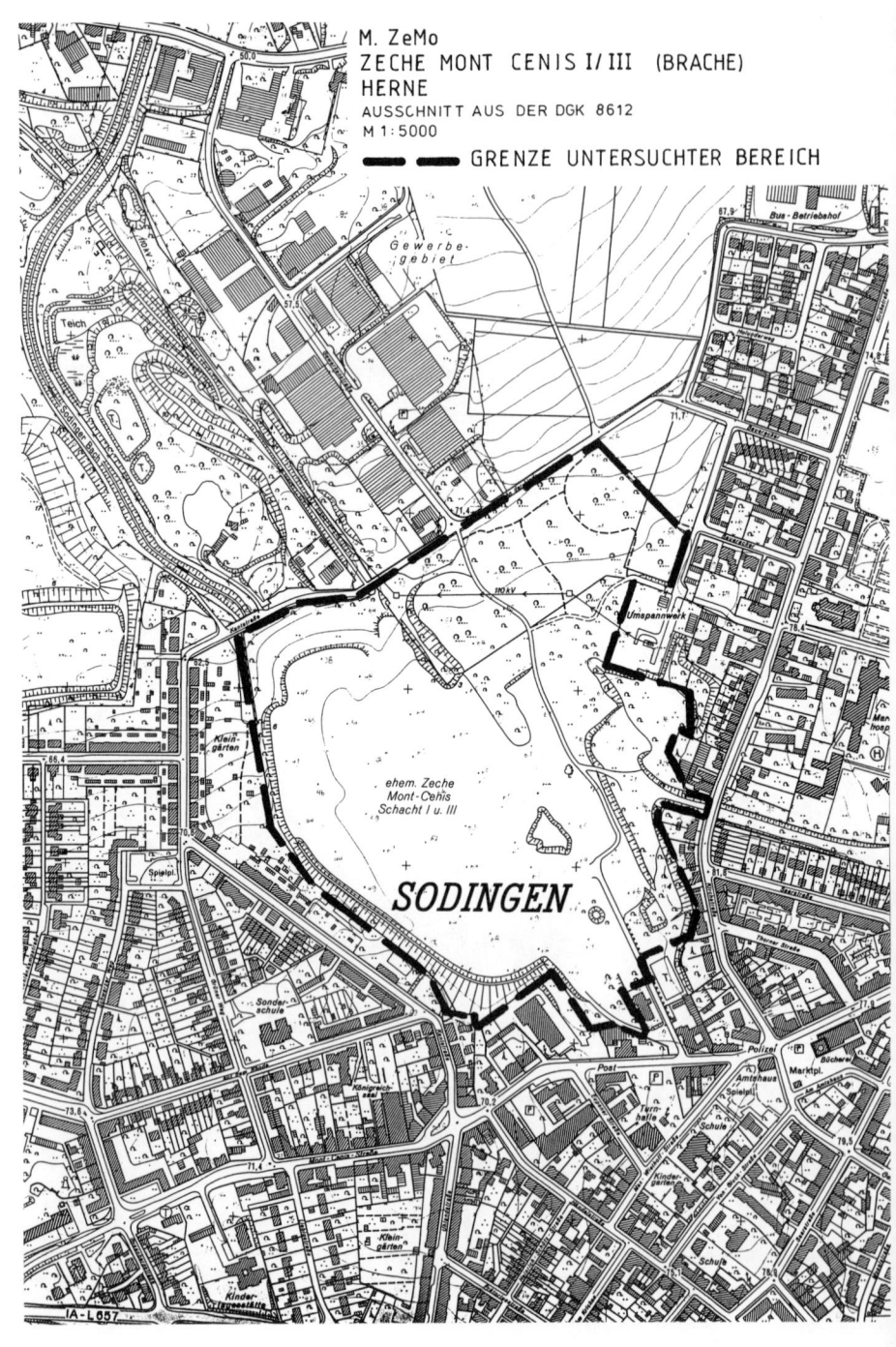

M. ZeMo
ZECHE MONT CENIS I/III (BRACHE)
HERNE
AUSSCHNITT AUS DER DGK 8612
M 1:5000

━━ ━━ GRENZE UNTERSUCHTER BEREICH

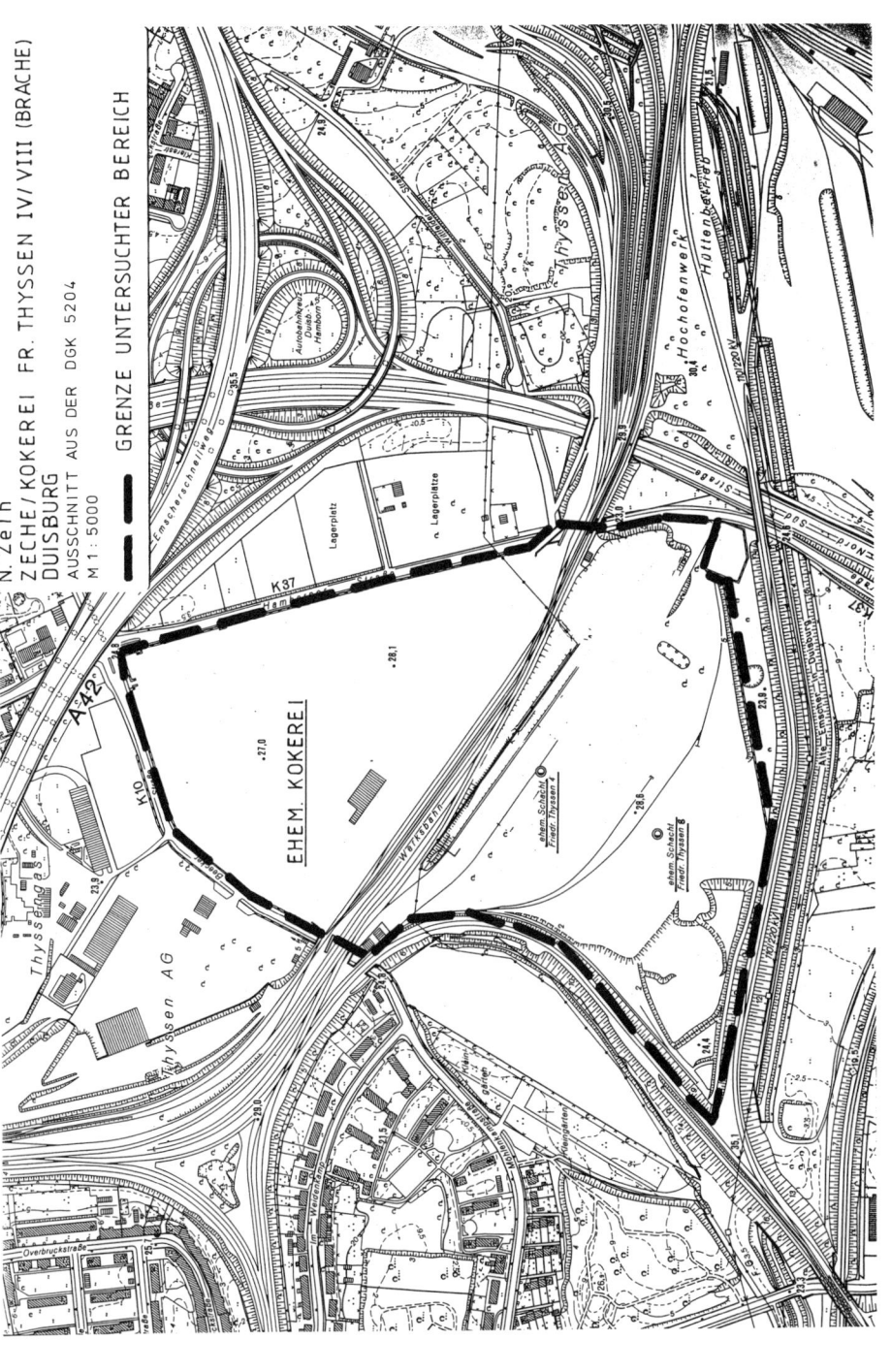

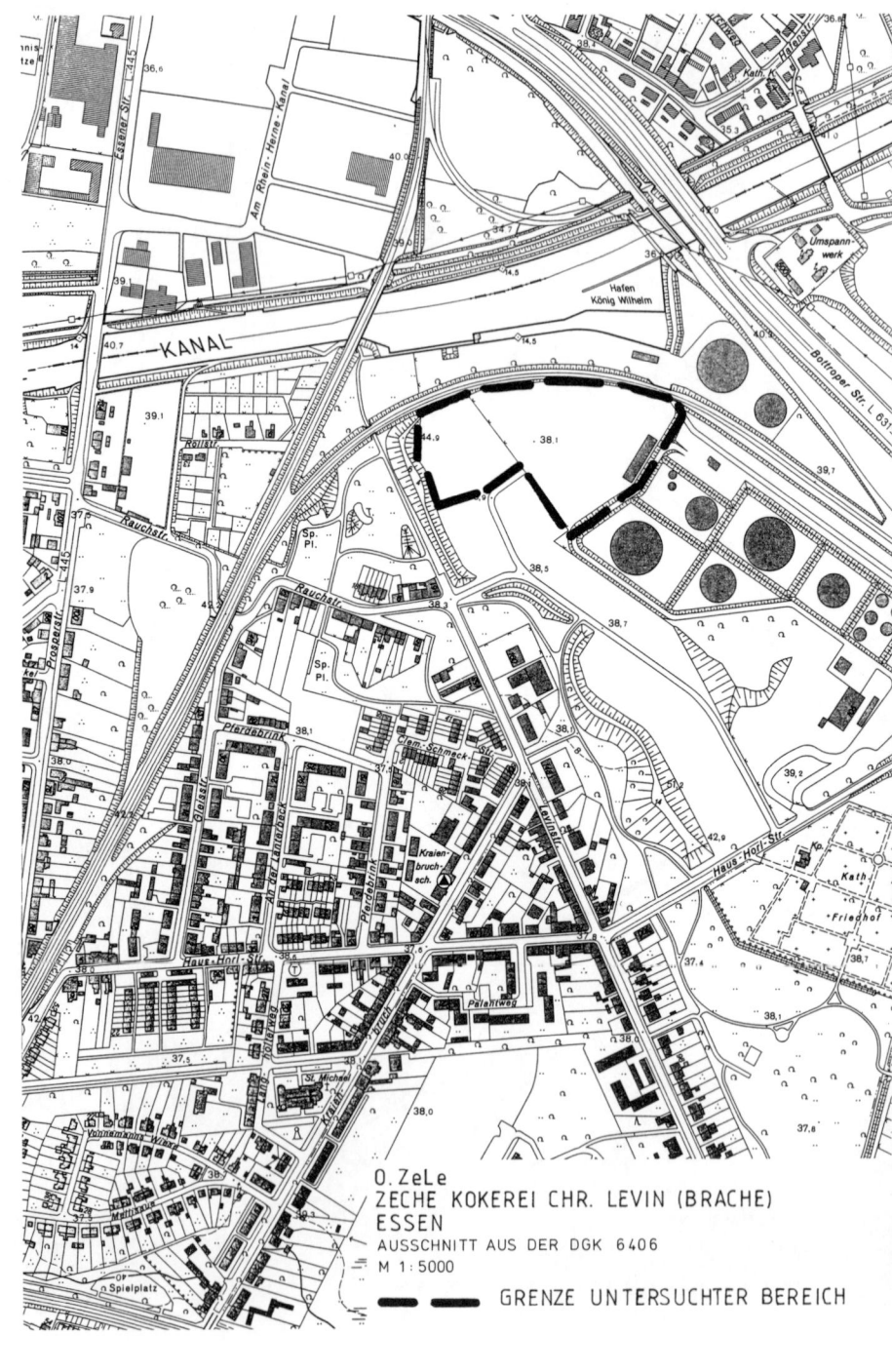

O. ZeLe
ZECHE KOKEREI CHR. LEVIN (BRACHE)
ESSEN
AUSSCHNITT AUS DER DGK 6406
M 1 : 5000

━ ━ GRENZE UNTERSUCHTER BEREICH

Anhang Teil II.   **Flora**

		Seite
Tabelle Nr. 17	Gesamtliste der Farn- und Blütenpflanzensippen mit Angabe der Häufigkeit	250 - 264
Tabelle Nr. 28	Liste der seltenen, gefährdeten oder aus anderen Gründen besonders bemerkenswerten Farn- und Blütenpflanzensippen	265 - 268

Tabelle Nr. 17 Liste der auf den Untersuchungsflächen festgestellten
              Farn- und Blütenpflanzensippen mit Angaben zur Häufigkeit

Erklärung der Symbole und Abkürzungen:

Leb. = Lebensformengruppen nach RAUNKIAER

    P - Phanerophyten
    N - Nanophanerophyten
    Z - holziger Chamaephyt
    C - krautiger Chamaephyt
    H - Hemikryptophyt
    G - Geophyt
    T - Therophyt
    W - Hydrophyt
    ? - Einstufung unklar

Str. = Strategietypen nach GRIME

    c - Konkurrenzstrategen
    s - Stresstrategen
    r - Ruderalstrategen
    cs/cr/sr/csr - intermediäre Formen
    ? - Einstufung unklar

Ein. = Einwanderungs-/Einbürgerungsstatus nach der Florenliste NRW

    I - Indigene
    A - Archäophyten
    N - Neophyten
    U - Ephemerophyten (in der Florenliste NRW verzeichnet)
    (U)- Ephemerophyten (nicht in der Florenliste NRW verzeichnet)
    ? - Einstufung unklar oder unsicher
    ! - andere Einstufung als in der Florenliste NRW

Bem. = Bemerkungen - Gefährdungsstufen nach der Roten Liste der Farn- und Blütenpflanzen NRW

    0 - ausgestorben oder verschollen
    1 - vom Aussterben bedroht
    2 - stark gefährdet
    3 - gefährdet
    4 - potentiell gefährdet
    * - nur in bestimmten Großlandschaften von NRW gefährdet

    Angaben über Verwilderung und Ansalbung
    K   - Vorkommen verwildert aus Anpflanzungen
    /K - sowohl spontane Vorkommen, wie auch aus Anpflanzungen verwildert
    A   - Ansalbung des Vorkommens kann nicht ausgeschlossen werden
    KA - angesalbte und aus Anpflanzungen verwilderte Vorkommen
    /KA - sowohl spontane Vorkommen, wie auch aus Anpflanzungen verwildert und/oder angesalbt
    ?   - Einstufung unklar oder unsicher

Untersuchungsflächen

A.HoWe - Hoesch Westfalenhütte Dortmund
B.KrHö - Krupp Stahlwerk Bochum-Höntrop
C.ThOb - Thyssen Stahlwerk Oberhausen
D.ThMe - ehem. Thyssen Hüttenwerk Duisburg-Meiderich
E.ThRu - Thyssen Eisen- und Stahlwerk Duisburg-Ruhrort
F.ThBe - Thyssen Stahlwerk Duisburg-Beeckerwerth
G.VeHo - Veba Raffinerie Gelsenkirchen Horst
H.VeSc - Veba Raffieneri Gelsenkirchen Scholven
I.Ruhr - Höchst Chemiewerk Ruhrchemie Oberhausen-Holten
J.ZePr - Zeche und Kokerei Prosper Bottrop
K.ZeOs - Zeche und ehem. Kokerei Osterfeld Oberhausen
L.ZeZo - Zeche Zollverein Schacht 1/2 und 12
M.ZeMo - ehem. Zeche Mont Cenis 1/3 Herne-Sodingen
N.ZeTh - ehem. Zeche und Kokerei Fr. Thyssen 4/8 Duisburg-Hamborn
O.ZeLe - ehem. Zeche Chr. Levin Essen-Dellwig

Ste = Stetigkeit bezogen auf die Anzahl der Untersuchungsflächen auf denen die Art vorkommt

1 = 1 - 3 Flächen (0 - 20 %)
2 = 4 - 6 Flächen (20 - 40 %)
3 = 7 - 9 Flächen (40 - 60 %)
4 = 10 - 12 Flächen (60 - 80 %)
5 = 13 - 15 Flächen (80 - 100 %)

Aufschlüsselung der Häufigkeitsschätzungen für die Einzelflächen

1 = sehr selten (ein Vorkommen von 1 bis 5 Exemplaren an nur einem Standort)
2 = selten   (häufiger an einem Standort (bis zu 50 Exemplare) oder sehr selten an 2 bis 3 Standorten)
3 = einzeln   (zerstreutes Vorkommen an mehr als drei Standorten)

4 = verbreitet   (mittlere Häufigkeit an mehreren Standorten)

5 = häufig   (regelmäßig in kleineren Beständen auf der gesamten Fläche oder an mehreren Stellen in größeren Beständen)
6 = sehr häufig (regelmäßig größere Bestände auf der gesamten Fläche)
7 = massenhaft   (auf großen Teilen der Fläche Dominanzbestände)

Farn- und Blütenpflanzensippen

Farn- und Blütenpflanzensippen	Leb.	Ein.	Bem.	A. Howe	B. KrHö	C. ThOb	D. ThMe	E. ThRu	F. ThBe	G. VeHo	H. VeSc	I. Ruhr	J. ZePr	K. ZeOs	L. ZeZo	M. ZeMo	N. ZeTh	O. ZeLe	Ste
Acer campestre	P	I	/K	2	2	2	1	2	2	1	1	1	1		2		2	1	5
Acer negundo	P	N	K					1											1
Acer platanoides	P	I	/K	3	3	3	2	2	2	1	2		2		3		2	2	4
Acer pseudoplatanus	P	I	/K	2	3	3	1	3	3	2	2	2	2	2	3	3	3	2	5
Achillea millefolium agg.	H	I		4	4	4	4	4	4	4	4	3	3	4	4	3	4	3	5
Achillea ptarmica	H	I		1					1			1							1
Acinos arvensis	C/T	I	3			1													1
Aconitum napellus agg.	H	?	K	1															1
Aegopodium podagraria	G/H	I		2	2	3	3	3		2	3	2	1	3				2	4
Aesculus hippocastanum	P	(U)	/KA	1		1			1		1				1				2
Aethusa cynapium	T	A		2	3	1		3	3	2		2							3
Agropyron repens	G	I		3	5	3	2	4	4	3	3	3	3	3	3	3	4		5
Agrostis canina	H	I									1		2						1
Agrostis castellana	H	(U)	KA		1	1	1	1	1		1								2
Agrostis gigantea	H	I		6	5	4	5	3	4	3	3	3	4	4	4	5	5		5
Agrostis stolonifera	H	I		4	3	3	3	3	3	4	3	3	3	3	4	2	2		5
Agrostis tenuis	H	I		3	3	3	3	4	3	4	6	3	5	4	5	3	2	6	5
Ailanthus altissima	P	N	/K	1		1		2		1		1							2
Ajuga reptans	H	I						1	1								1		1
Alcea rosea	H	(U)	A					1											1
Alisma plantago-aquatica	W	I		1						3			2						1
Alliaria petiolata	H	I		2	2		2	3	2	2	1				3		2		3
Allium vineale	G	I				1		1											1
Alnus incana	P	(U)	K										2		3				1
Alnus glutinosa	P	I	/K	2	2	2		2	1	1			2	2	2		1		4
Alopecurus geniculatus	H	I		1				2					2	1					2
Alopecurus myosuroides	T	A		3				1	2					2					2
Alopecurus pratensis	H	I		3									1		2	1			2
Alyssum saxatile	C	(U)	K					1											1
Amaranthus albus	T	N		2				2	1			3						1	2
Amaranthus blitoides	T	N							3			3						1	1
Amaranthus retroflexus	T	N		2		1		3		3		3	1		2				3
Anagallis arvensis	T	A		3	3	4		4	3	3	3	3	3	3	3	3	5	4	5
Anchusa arvensis	T/H	A			2	2				2			1	1					2
Anemone nemorosa	G	I			1						2								1
Angelica sylvestris	H	I						2			2						1		1
Anthemis tinctoria	H	I	3	2															1
Anthoxanthum odoratum	T/H	I							4		3	2	2	3	1				2
Anthriscus caucalis	T	N?						2											1
Anthriscus cerefolium	T	?(!)	A					1											1
Anthriscus sylvestris	H	I		3	2	2	2	2	2	2	2	2		3		2			4
Anthyllis vulneraria	H	I	3			1													1
Antirrhinum majus	C	N		1		1	1	1	1	1			1						3
Apera interrupta	T	N?		3	2	5	3	5	4							2			3
Apera spica-venti	T	A		2	2	3	2	2	2	2		3	3	3	2				4
Aphanes arvensis	T	A				1						1							1
Aquilegia vulgaris	H	N?	KA														2		1
Arabidopsis thaliana	T	A		2	2	3	2	3	3	2	2	2	3	2	2		2	3	5
Arctium lappa	H	I		2	2	3	1	3	1	3	3	2	3	2		1			4
Arctium minus	H	I		3	2		3		2	3	3	2	3	2	2	2	2	1	5
Arenaria serpyllifolia agg.	T/C	I		7	5	7	7	6	6	4	3	4	4	4	2	3	5	4	5
Armoracia rusticana	G	A		3	2	3	2	2	2	1	2	1	1	1		1			4
Arrhenatherum elatius	H	N(!)		6	4	7	6	7	5	6	5	4	4	6	2	3	7	3	5
Artemisia absinthium	C	A	3	3		3	3	3									1		2
Artemisia biennis	C	U		2															1
Artemisia vulgaris	H/C	I		6	5	6	6	5	5	5	4	5	4	5	4	3	4	4	5
Asparagus officinalis	G	A		2	1	2						2	1				2		2
Asplenium ruta-muraria	H	I		1											1				1

Farn- und Blütenpflanzensippen	Leb.	Ein.	Bem.	A. Howe	B. KrHö	C. ThOb	D. ThMe	E. ThRu	F. ThBe	G. VeHo	H. VeSc	I. Ruhr	J. ZePr	K. ZeOs	L. ZeZo	M. ZeMo	N. ZeTh	O. ZeLe	Ste
Asplenium trichomanes	H	I	*	2															1
Aster lanceolatus	H	N		2			2	2							2				2
Aster novi-belgii s.str.	H	N(!)		6		3		4							4				2
Athyrium filix-femina	H	I		2	1					2	1	2			3	2			3
Atriplex hortensis	T	U				1													1
Atriplex patula	T	A		4	3	3	4	4	4	3	3	3	4	3	3	3	3		5
Atriplex prostrata	T	I		1				2								1			1
Atriplex rosea	T	I	O					2											1
Atriplex tatarica	T	U						1											1
Atropa bella-donna	H	I														1			1
Avena sativa	T	(U)	KA	1															1
Avenella flexuosa	H	I													2				1
Avenochloa pubescens	H	I															1		1
Ballota alba	C/H	A	*	2			3	2	2										2
Barbarea stricta	H	I	4		1														1
Barbarea vulgaris	H	I				2		1		1	2								2
Bellis perennis	H	I		5	4	5	4	5	5	3	3	4	3	4	4	2	2	2	5
Berberis thunbergii	N	(U)	A					1	1										1
Berteroa incana	H/T	N				1										2			1
Berula erecta	H	I								2									1
Beta vulgaris	H	(U)	KA		1														1
Betula pendula	P	I		7	7	7	6	6	5	5	6	5	6	6	6	7	7	6	5
Betula pubescens	P	I								1		1							1
Bidens frondosa	T	N		2	1				1			1							2
Bidens tripartita	T	I					1												1
Brassica napus	T	(U)		1	2	3		2	2	2	1	1				1			3
Brassica nigra	T	A		2	2			1			2	1	2	2	2				3
Brassica oleracea	C	(U)		1				1		2	1	1							2
Bromus arvensis	T	I	2								1								1
Bromus carinatus	T	(U)	A?							1									1
Bromus inermis	H/G	I		3	4	2	1	3	1	1	2		2	2			1		4
Bromus mollis (hordeacus)	T	I		3	2	3	3	3	3	2	4	2	2	3	3		3		5
Bromus secalinus	T	A	2A					1											1
Bromus sterilis	T	A		4	4	3	5	3	5	4	2	2	3	2	2	2	3		5
Bromus tectorum	T	A		5	3	6	5	6	6			2	2	2	2		4		4
Bryonia dioica	G/H	N(!)		2		3	3	3	3		1	3		3			3		3
Buddleja davidii	N	N	K	3	4	5	4	5	4	3	2	1	2	1	2	2	6	2	5
Bunias orientalis	H/G	N												1		2			1
Buxus sempervirens	N	(U)	KA			1													1
Calamagrostis epigejos	G/H	I		2	4	4	3	4	3	3	3	4	4	3	4	3	3	2	5
Calendula officinalis	T	U	KA		1	1		1			1	1							2
Callitriche palustris agg.	W	I										1							1
Calluna vulgaris	Z	I			1								2						1
Calystegia sepium	G/H	I		4	3	3	2	3	4	3	4	3		3	2	2	3	3	5
Campanula medium	C	(U)	A	1															1
Campanula rapunculoides	H	I					1												1
Campanula rapunculus	H	I			1														1
Campanula rotundifolia	H	I								1									1
Campanula trachelium	H	I						1											1
Capsella bursa-pastoris	T	A		5	3	3	3	3	4	3	3	3	3	3	3	2	3		5
Cardamine flexuosa	H/T	I			1						2								1
Cardamine hirsuta	T/H	N		3	2	3	2	3		2		3	3	2		2	1	1	4
Cardamine impatiens	H/T	I		2						2			3	1	2	2			3
Cardamine pratensis	H	I		1				1				2							1
Cardaminopsis arenosa	H/C	N		3	4	3	3	3	3			2	1	2		3			4
Cardaria draba	H/G	N		2	3	3	2		2			3							2
Carduus acanthoides	H	N		3	3	5	6	5	4	3	3	3		4		6			5
Carduus crispus	H	I		2		3	2	3	2	3	3	2	2	3		2	2		4

Farn- und Blütenpflanzensippen	Leb.	Ein.	Bem.	A. Howe	B. KrHö	C. ThOb	D. ThMe	E. ThRu	F. ThBe	G. VeHo	H. VeSc	I. Ruhr	J. ZePr	K. ZeOs	L. ZeZo	M. ZeMo	N. ZeTh	O. ZeLe	Ste
Carduus nutans	H	I		3	4	1	2	2	1		1		2			2	1		4
Carex acutiformis	G	I		1				2		3	3	4							2
Carex brizoides	H/G	N								1	2								1
Carex canescens	H	I								2			2						1
Carex disticha	G	I		2						2		2	2						2
Carex gracilis	G	I								3	3	2	2						2
Carex hirta	G	I		3	4	4		2	3	4	3	4	4	3	3	3	3	4	5
Carex leporina	H	I								1	1	1	2						2
Carex muricata agg.	H	I		2		2	2			1	2	1				3	2	2	4
Carex nigra	G	I											2		1				1
Carex otrubae	H	I		2		1				2	3								2
Carex panicea	G/H	I	3										2						1
Carex pilulifera	H	I										1							1
Carex spicata	H	I				2													1
Carlina vulgaris	H/T	I	*					1											1
Carpinus betulus	P	I	/K	2	2	2		2	1		2		2		1		1		3
Carum carvi	H	I	3A	1															1
Centaurea cyanus	T	A	3	1		3				1									1
Centaurea jacea s.l.	H	I		3		1		3							1	1			2
Centaurea montana	H	?(!)	*A	1															1
Centaurea jacea x nigra	H	I		2	2	4	2	4	2	2				1			3		3
Centaurea scabiosa	H	I		2				2											1
Centaurium erythraea	T/H	I		2	2	3				3	3		3			3		5	3
Cerastium arvense	C	I		1		2	3	2	2	2		3			3	2			3
Cerastium glomeratum	T	I		2	2	2	1	3		2			3			2			3
Cerastium holosteoides	C/H	I		5	4	4	4	4	4	4	4	5	4	5	3	4	5	4	5
Cerastium glutinosum	T	I		3	6	4	3	3	4	3	3	2	5	3	3	3	3		5
Cerastium pumilum s.str.	T	I	*	4	3	3	4	4	2	3	1		2	2			4		4
Cerastium semidecandrum	T/H	I		5	4	3	3	4	4	3	2	4	3	3		2	4	3	5
Cerastium tomentosum	C	U	KA	2	1	1	1	2	2										2
Chaenorrhinum minus	T	N		2	4	4	4	4	4			3	1				4		3
Chaerophyllum temulum	T/H	I		-			2	2	2	2			2	2					2
Chelidonium majus	H	I		2	2	3	3	3				2	2				2		3
Chenopodium album agg.	T	I					4								4		4			2
Chenopodium album	T	I		3	3	4		3	4	3	3	4	5	4		3		3		4
Chenopodium strictum	T	N		3	3	4		4	4	3	3	3	4	4		3				4
Chenopodium botrys	T	N		2			1	4	3								3			2
Chenopodium glaucum	T	I					1	2	1		1						1			2
Chenopodium polyspermum	T	I		3	3	4	3	4		3	4	3	3		4	4	3			5
Chenopodium rubrum	T	I		4	4	5	4	5	4	4	4	3	5	3	5	6	4		5
Chrysanthemum segetum	T	A	3A		1															1
Cichorium intybus	H	A		2		4		3			2			1		2				2
Cirsium arvense	G	I		5	5	5	6	5	5	5	6	5	5	5	6	5	5	4	5
Cirsium palustre	H	I		1								2		1						1
Cirsium vulgare	H	I		4	4	4	4	4	4	3	3	3	3	4	3	3	3	3	5
Claytonia perfoliata	T	N									1									1
Clematis vitalba	N	I		3		5	3	4	6		2	3		2	3		3			4
Colutea arborescens	Z	U	K		1								1							1
Convallaria majalis	G	I	A										1							1
Convolvolus arvensis	G/H	I		3	3	3	3	3	4	2	3	3		4	3	2	3	1		5
Conyza canadensis	T/H	N		7	6	7	7	6	5	5	4	4	5	5	5	5	5	5		5
Corispermum leptopterum	T	N						1												1
Cornus alba	N	(U)	K	2	2	3	3	3	3	2	1		2	3	2	3	2	2		5
Cornus sericea	P	U	K	2						1										1
Cornus sanguinea	N	I	/K								1									1
Coronilla varia	H	I			2												2			1
Corrigiola litoralis	T	I	3											1						1
Corylus avellana	N	I	/K	2	1	2	2						2	1	2		2			3

Farn- und Blütenpflanzensippen	Leb.	Ein.	Bem.	A. Howe	B. KrHö	C. ThOb	D. ThMe	E. ThRu	F. ThBe	G. VeHo	H. VeSc	I. Ruhr	J. ZePr	K. ZeOs	L. ZeZo	M. ZeMo	N. ZeTh	O. ZeLe	Ste
Cosmos bipinnatus	T	(U)	A	1															1
Cotoneaster horizontalis	N	U	KA		1	2	4												1
Cotoneaster salicifolia	N	(U)	K					1											1
Cotoneaster div. spec.	N	?		3	2	3		4		2	2		1		1				3
Crataegus crus-galli	P	(U)	KA		1			2						1	1				2
Carataegus laevigata agg.	N	I	/K	1		1					1				1				2
Crataegus monogyna	N	I	/K	3	2	4	5	4	4	3	5	5	2	3		3	4	2	5
Crepis biennis	H	I				3										1			2
Crepis capillaris	T/H	A		3	3	4	3	3	3	4	4	3	3	3	4	3	3		5
Crepis tectorum	T/H	I		4	4	4	4	5	4	2	1	2	2	3			3		4
Cynosurus cristatus	H	I		2	2	2	1	2	3	3	3		3	2					4
Cytisus scoparius	N	I		3		2					2	2	3	3	2				3
Dactylis glomerata	H	I		5	5	5	5	5	4	5	5	2	5	5	5	4	5	2	5
Datura stramonium	T	N			1		1										2		1
Daucus carota	H	I		5	5	5	4	5	4	4			4	6	3	3	4		4
Deschampsia cespitosa	H	I		3	2	3		3	2	2	3	3	4	2	3	3	2		5
Descurainia sophia	T	A															1		1
Deutzia scabra	N	(U)	A	1															1
Dianthus armeria	T/H	I	3	1				1											1
Dianthus deltoides	C/H	I	3						2										1
Digitalis purpurea	H	I		2				2	1		1	2	2	1	2		2		3
Digitaria ischaemum	T	A			2	1				3	3				4			2	2
Digitaria sanguinalis	T	A							2				2		2				1
Diplotaxis tenuifolia	C/H	N		4	3	3	5	5	5			1	1				2		3
Dipsacus sylvestris	H	A		2	2	2	2	3	3	2	2					2	3	3	4
Doronicum pardalianches	G	N						1											1
Dryopteris carthusiana	H	I		2		2	3	2	2	3	2	3	2		3	3	2		4
Dryopteris dilatata	H	I			1	2			1		1				3				2
Dryopteris filix-mas	H	I		3	2	2	1	2	2	2	2	3	2	2	2	2	2	2	5
Echinochloa crus-galli	T	A			1						1								1
Echinops sphaerocephalus	H	N				1					1						1		1
Echium vulgare	H	A		5	4	5	4	5	4	4	3	3	3		3	3	5	3	5
Elaeagnus angustifolia	N	(U)	KA	1	1			2	1	2			2				2		3
Eleocharis palustris	W	I		1	2					3	3		3						2
Elodea canadensis	W	N			1														1
Epilobium angustifolium	H	I		4	4	5	6	5	3	4	4	3	3	4	5	6	6	4	5
Epilobium ciliatum	H	N		5	4	5	5	5	4	6	5	5	5	5	5	6	6	5	5
Epilobium hirsutum	H	I		4	3	3	3	4	2	3	3	2	2	3	3	3	2		5
Epilobium montanum	H/C	I		3	2		2	2	1	1	1	1	2	2	2		1	1	5
Epilobium obscurum	H	I			1														1
Epilobium palustre	H	I				1	1		1		1		1						2
Epilobium parviflorum	H	I		3	2		3	3	2	3	2	2	2	2		3	3	2	5
Epilobium tetragonum	H/C	I		2	1		2	2					2		2	1	1		3
Epipactis helleborine	G	I						1					1						1
Equisetum arvense	G	I		3	4	4	3	4	3	5	5	4	3	4	3	3	3	1	5
Equisetum fluviatile	W/G	I			1														1
Equisetum palustre	G	I							1				1						1
Equisetum ramossisimum	G	I	3					2											1
Equisetum telmateia	G	I	3			2													1
Erica tetralix	Z	I									1								1
Erigeron acris	T/H	I		3	3	3		3	2	2		2		2	3				3
Erigeron annuus	H	N		3	2	3		3							1				2
Erodium cicutarium	T/H	A		2	2	3		3	3	3	2	3						2	3
Erophila verna	T	I		3	4		1				2			2					2
Eryngium campestre	H	I	*				1		2			1							2
Erysimum cheiranthoides	T	I		2	2			1	3	2	1		1	2	1				3
Euonymus europaea	N	I	/K					2								1			1
Eupatorium cannabinum	H	I		5	4	4	5	5	4	4	4	4	4	4	5	4	4	5	5

Farn- und Blütenpflanzensippen	Leb.	Ein.	Bem.	A. Howe	B. KrHö	C. ThOb	D. ThMe	E. ThRu	F. ThBe	G. VeHo	H. VeSc	I. Ruhr	J. ZePr	K. ZeOs	L. ZeZo	M. ZeMo	N. ZeTh	O. ZeLe	Ste
Euphorbia cyparissias	H/G	I				2	2	2	2			2							2
Euphorbia esula agg.	H	I					2	2				1							1
Euphorbia helioscopia	T	A		3	2	2		3	3		1		2	2	2	2			4
Euphorbia lathyris	C	N					2		1		1								1
Euphorbia peplus	T	A				1	1									1			1
Fagus sylvatica	P	I	/K		1					1	1	1							2
Fallopia aubertii	Z	U	KA							1							/		1
Fallopia convolvulus	T	A		3	2	3	2	3	2		3	2	3	2	2	3	2		5
Fallopia dumetorum	T	I				1		2			1		1			1			2
Festuca arundinacea	H	I		4	4	4	1	3	3	4	4	4	4	1	1	3			5
Festuca gigantea	H	I														1			1
Festuca ovina agg.	H	I		2	3	4	2	4		2	2		2		2	2		5	4
Festuca guestfalica	H	I								3									1
Festuca tenuifolia	H	I				4							2					5	1
Festuca trachyphylla	H	N	/KA	6	6			4	3	7	7	4	4		2				3
Festuca pratensis	H	I		2		1	1					1	2						2
Festuca rubra s.str.	H	I		3	3		1		2		2			2	2			2	3
Festuca nigrescens	H	I	/KA	6	6	6	6	5	6	6	5	4	5	5	5	4	4	6	5
Filago minima	T	I	3													2			1
Foeniculum vulgare	H	(U)	KA	2		1		1					2						2
Forsythia x intermedia	N	(U)	K				1	2	1							2			2
Fragaria vesca	H	I											2				1	1	1
Fragaria x ananassa	H	(U)	KA	1	2			2		2		1	1	1	1	3	1	2	4
Frangula alnus	N	I				2		1			2					1			2
Fraxinus excelsior	P	I	/K	3	1	2	1	3		2	2		2	1	2	2		3	4
Fumaria officinalis	T	A		3	2	1		3	3					1	1	2			3
Galeopsis speciosa	T	I	3				1												1
Galeopsis tetrahit	T	I		3		3	2		2	3	2	2	2	2	2	1	2		4
Galingsoga ciliata	T	N		4	4	4	3	4	3	3	2	4	3	3	4	2	2		5
Galingsoga parviflora	T	N		2		4	3	4	3	3	2	4	3	3	3		2		4
Galium album	H	I													4				1
Galium aparine	T	I		3	3	3	3	4	2	3	3	2	3		3	3	3		5
Galium mollugo agg.	H	I		3	3	3	3	4	3	3							2		3
Galium odoratum	H	I	A													1			1
Galium verum	H	I					2									1			1
Genista anglica	Z	I	3										1						1
Genista tinctoria	Z	I	3A					1											1
Geranium columbinum	T	I			1														1
Geranium dissectum	T	A?		1			1			1									1
Geranium molle	T	A		2	3	3	3	4	4	3		2	3				2		4
Geranium pusillum	T	A		2	3	2		3	2	2	1	3			3				3
Geranium pyrenaicum	H	N		1					1										1
Geranium robertianum	T/H	I		4	3	4	4	4	4			2	3		5		3	1	4
Geranium sanguineum	H	?(!)	*A					1											1
Geum urbanum	H	I								1									1
Glechoma hederacea	G/H	I		3	3	2	2	4	3	4	5	3	4	3	3	3	3	4	5
Glyceria declinata	H	I		1															1
Glyceria fluitans	H	I							1			1							1
Glyceria maxima	H	I			1														1
Gnaphalium uliginosum	T	I		2	1		1	1	1	2	2	3	2		2	2		2	4
Gymnocarpium robertianum	G	I	3					1											1
Hedera helix	Z/P	I	/K	2	2	2	2	2					2	2			2	2		3
Helianthus annuus	T	U			1	2	1			1	1	1							2
Helianthus tuberosus	G	N		1	2	2		2	2			1		1						3
Heracleum mantegazzianum	H	N										1		2						1
Heracleum sphondylium	H	I		4	3	3	3	3	3	3	2	2	3	2		3	3		5
Herniaria glabra	H/T	I		4	3	4	3	4		3	2	2	3	2	4		4	2	5
Hesperis matronalis	H	N		1						1									1

Farn- und Blütenpflanzensippen	Leb.	Ein.	Bem.	A. Howe	B. KrHö	C. ThOb	D. ThMe	E. ThRu	F. ThBe	G. VeHo	H. VeSc	I. Ruhr	J. ZePr	K. ZeOs	L. ZeZo	M. ZeMo	N. ZeTh	O. ZeLe	Ste
Hieracium bauhinii	H	I		2	1		1	2	1								1		2
Hieracium caespitosum	H	I	2	2	2														1
Hieracium lachenalii	H	I		3	2	4	2	4	3			2	3	3	4		4	2	4
Hieracium laevigatum	H	I		4	3	4	3	3	4	3	3	3	3	3	3	3	3	3	5
Hieracium pilosella	H	I		2	2	2		2		2		2			3				3
Hieracium piloselloides	H	I		4	3	4	3	4	2	2			1		2	3			4
Hieracium sabaudum	H	I		3	4	4	3	3	3	3	3	4	4	2	3	2			5
Hieracium sylvaticum	H	I			2							1				1		1
Hieracium umbellatum	H	I			1														1
Hippophae rhamnoides	N	U	KA	2	1			2		1			1				1		2
Holcus lanatus	H	I		5	6	5	6	5	5	7	7	5	6	6	6	6	6	5	5
Holcus mollis	G/H	I		2		2		2				3	2	1	3					3
Hordeum jubatum	T	N		4	4									2	2					2
Hordeum murinum	T	A		4	3	4	2	4	3	3	3	3					3		4
Hordeum vulgare	T	(U)	KA	1				2	2			1							2
Humulus lupulus	H	I		3	3	4	4	4	4	3	3	3	3	3	3	3	3	2	5
Hyacinthus orientalis	G	(U)	A					1											1
Hypericum hirsutum	H	I													2				1
Hypericum humifusum	C/T	I								1									1
Hypericum maculatum	H	I				1				1	3		2						1
Hypericum perforatum	H	I		5	5	6	5	5	5	5	5	5	3	3	5	3	5	5	5
Hypericum tetrapterum	H	I														1			1
Hypochoeris radicata	H	I		2	3	3	3	3	3	4	2	2	3	3	3	1	3		5
Iberis umbellata	T	U	KA	1	1						1	1							2
Impatiens glandulifera	T	N				1	1	1	1				1		2				2
Impatiens parviflora	T	N		3	1	2	1								1		2		2
Inula conyza	H	I		4	2	3	3	4	3				3	2		2		3	2	4
Inula graveolens	T	N			2		3	2	2	4	4		1	5	1	5		7		4
Iris pseudacorus	G	I	/KA						1		1								2
Iris spec.	?	(U)	A														1		1
Isatis tinctoria	H	N				1			2										1
Isolepis setacea	T/H	I								1									1
Juncus acutiflorus	G/H	I			1						1		1						1
Juncus articulatus	H	I		3					2		1	2			1				1
Juncus bufonius	T	I		2	2			2		2	3	1	1		1	2			3
Juncus bulbosus	H	I								2			2	1					1
Juncus compressus	G	I											2						1
Juncus conglomeratus	H	I								2	4	2	2						2
Juncus effusus	H	I		3	3	2				5	6	2	4		3	2			3
Juncus inflexus	H	I		2	1					5			1			1			2
Juncus squarrosus	H	I	3									1							1
Juncus tenuis	H	N					2				3	3		2	2	2	3		3
Kickxia elatine	T	A	*							1						1			1
Knautia arvensis	H	I		1			1												1
Laburnum anagyroides s.l.	Z	N	/KA	1	1	1	2						1	1					2
Lactuca serriola	H/T	N		4	3	4	3	4	4		1	3	2	2		2		4
Lamiastrum galeobdolon agg.	C	I	/KA	1				1						1					1
Lamium album	H	A		4	2	3	2	3	3	2	3	2	2	1		2	2	3	5
Lamium amplexicaule	T	A		2			3	2	3	3				2					3
Lamium maculatum	H	I		2	3			3	3	3							1		3
Lamium purpureum	T/H	A		2	2	3	2	3	3		1	2	1	2					4
Lapsana communis	H/T	I		3		1	1	2	2					1	2		1		3
Lathyrus latifolius	H	U		2		1		2	1										2
Lathyrus odoratus	T	(U)	A		1	2		2	1										2
Lathyrus pratensis	H	I		2	2	1		1	2										2
Lathyrus tuberosus	G/H	I		1	1	1		2	1			1							2
Lemna gibba	W	I					1			2			2		2	2			2
Leontodon autumnalis	H	I		3	2	3	2	3	3	3		3	3	2	3	3	2		5

Farn- und Blütenpflanzensippen	Leb.	Ein.	Bem.	A. Howe	B. KrHB	C. ThOb	D. ThMe	E. ThRu	F. ThBe	G. VeHo	H. VeSc	I. Ruhr	J. ZePr	K. ZeOs	L. ZeZo	M. ZeMo	N. ZeTh	O. ZeLe	Ste
Leontodon saxatilis	H	I		2	3	4	3	4	4	4	3	4	4		4	3	3		5
Lepidium campestre	T	A	3				2												1
Lepidium ruderale	T/H	A		1	1														1
Leucanthemum vulgare agg.	H	I		3	3	3	2	4	3	3		2	3	3			3		4
Ligustrum ovalifolium	N	(U)	KA					1											1
Ligustrum vulgare	N	?(!)	/KA	2	1	1	1		2				1		1		2		3
Linaria repens	G	N							1										1
Linaria vulgaris	G/H	I		4	4	4	4	5	4	4	3	4	4	4	2	3	4	3	5
Linum catharticum	T	I															1		1
Lobelia erinus	T	(U)	KA					1											1
Lobularia maritima	T	U	KA	1	1		1				1								2
Lolium multiflorum	H/T	N		1	2	2	1	3	3	2		3	2			1	1		4
Lolium perenne	H	I	/KA	6	4	4	4	4	5	5	5	5	5	5	3	4	4		5
Lonicera periclymenum	N	I			1														1
Lonicera tatarica	N	(U)	K					1											1
Lonicera xylosteum	N	I	/KA	1				1											1
Lotus corniculatus	H	I		3	2	3	2	3	1	4	1	3	2	3	1	3			5
Lotus uliginosus	H	I		2	2					3	3		3			3			3
Lunaria annua	T	U	KA	1	2	1			1										2
Lupinus polyphyllus	H	N	/KA	2				2		3			2		2				2
Luzula campestris	H	I		2		2				3			2		2				2
Lychnis coronaria	H	(U)	KA				1										2		1
Lychnis flos-cuculi	H	I		1							1					1			2
Lycium barbarum	N	N	/K		2									1					1
Lycium chinense	N	U	/K	2		3		3	2		2		1				2		3
Lycopersicum esculentum	T	U	KA	1	1		2									1			2
Lycopus europaeus	H	I			1	3				4			3		2				2
Lysimachia nummularia	C	I													1	1			1
Lysimachia punctata	H	N		3	1									1				3	2
Lysimachia vulgaris	H	I				1		1		3			2	1	1		1		3
Lythrum salicaria	H	I		1				1		1	2								2
Mahonia aquifolium	N	N	KA					1	1										1
Malus domestica	P	U		3	1	2	3	2	2					2			2		3
Malva neglecta	T/H	A			1	1	1	1											2
Malva sylvestris	H	A		2					1				1						1
Malva verticillata	H	(U)	A		1														1
Matricaria chamomilla	T	A		4	3	4	3	4	4		2	3	3	3		3	2		4
Matricaria discoidea	T	N		2		2	2	2	1		1	1	1	2		1	2		4
Matthiola incana	C	(U)	A	1															1
Medicago falcata	H	I															2		1
Medicago lupulina	T	I		3	4	4		4	4	4	3	4	3	3	1	3	3		5
Medicago x varia	C	N		2	1			1	2	2	1		2						3
Melilotus alba	H/T	A		4	5	4	2	4	2	2			3	3	1		1		4
Melilotus altissimus	H/T	I						1	2										1
Melilotus officinalis	H	A		4	4	4	3	5	4	2		3	3	3	3	3	2		5
Mentha aquatica	H	I		2								1	1				1		2
Mentha arvensis	G/H	I		2	1	2	2	2	2	3		2		2					4
Mentha longifolia	H	I		2	1								1						2
Mentha spicata	H	N							1										1
Mentha x piperita	H	(U)							1				1						1
Mentha x villosa	H	N		3		3		3	2			1	1			1			3
Mercurialis annua	T	N		3	3	3	3	4	5	2	2	4		3		3	2		4
Molinia caerulea	H	I								1		2	1						1
Mycelis muralis	H	I					1					3		1					1
Myosotis arvensis	T/H	I		3	3	3	3	3	2	1	2	3	2			3	2	3	5
Myosotis palustris agg.	H	I		1	1		1			1			1						2
Myosotis sylvatica agg.	H	I	K				2								1				1
Myosoton aquaticum	G/H	I		2							1	1							1

Farn- und Blütenpflanzensippen	Leb.	Ein.	Bem.	A. Howe	B. KrHö	C. ThOb	D. ThMe	E. ThRu	F. ThBe	G. VeHo	H. VeSc	I. Ruhr	J. ZePr	K. ZeOs	L. ZeZo	M. ZeMo	N. ZeTh	O. ZeLe	Ste
Narcissus spec.	G	(U)	KA					2		2									1
Nepeta cataria	H/C	A	2	3				3	2										2
Nicotiana rustica	T	U				1						1					1		1
Nigella damascena	T	(U)	A			1													1
Oenothera biennis s.str.	H	N		5	4	6	4	4	4	3	5	3	4	4	3	4	3	4	5
Oenothera chicaginensis	H	N			3			2		2	2	2	3		3		3		3
Oenothera erythrosepala	H	N			2			2											1
Oenothera rubricaulis	H	N		2												2	4		1
Oenothera parviflora s.str.	H/T	N		3	1	2	1	1	1	3	2	1	2		2				4
Onobrychis viciifolia	H	N	/KA	2															1
Onopordum acanthium	H	A	3/K		1	2					1	1							2
Origanum vulgare	H/C	I		2															1
Ornithogalum umbellatum	G	N(!)	*/K?					2											1
Oxalis fontana	G/T	N				2		2				2	2	2			2			1
Panicum miliaceum	T	U								1									1
Papaver dubium	T	A		2	3	3		3			2	3	3	3	3					3
Papaver hybridum	T	U				1													1
Papaver rhoeas	T	A		2		3	1	3	4	1	2	3	3				2		4
Papaver somniferum	T	U	KA	1	1	1		2	1	1									2
Parthenocissus inserta agg.	N	N(!)	KA	2	1	1	2	2	1	2		2	1	1	1		1		5
Pastinaca sativa	H	I		4	3	4	4	4	4	3		3	3		4			3	4
Persicaria vulgaris	P	(U)	K	1			1	1					1						2
Petasites hybridus	G/H	I								2		1							1
Petrorhagia prolifera	T	I	*		3	2		3	1					1					2
Petroselinum crispum	H	(U)	K?	1															1
Petunia x atkinsiana	T	(U)	A												1				1
Phacelia tanacetifolia	H	N	/KA	1			2						3						1
Phalaris arundinacea	G/H	I		2	2	3			2	2	3	2			2	2			3
Phalaris canariensis	T	U		1															1
Philadelphus coronarius	N	(U)	/KA		1	2						1				1			2
Phleum pratense	H	I		2	2	1		2	2	2	2		2	2	1	2			4
Phragmites australis	G	I		3						3	3	4							2
Physalis franchetii	H	U	KA		1														1
Picea abies	P	N	KA	1															1
Picris hieracioides	H	I		1		2	1	2	1				1	1		1			3
Pimpinella saxifraga	H	I				1		1											1
Pinus sylvestris	P	I	KA	1				1									1		2
Plantago lanceolata	H	A		3	3	4	3	4	4	3	4	3	4	3	2	3			5
Plantago major	H	A		5	5	5	5	5	5	4	5	5	5	5	4	5	5	5	5
Platanus hybridus	P	U	/K	1											1	1			1
Poa annua	T/H	A		6	6	5	6	6	6	5	6	6	6	5	6	4	4		5
Poa compressa	H	A		6	7	6	4	7	5	3	2	3	2	4	3	3	4	2	5
Poa nemoralis	H	I		3	3	4	2	1	2	1	3		2		5	5	2	2	5
Poa palustris	H	I		6	6	4	5	4	6	4	3	5	5	4	5	5	3		5
Poa angustifolia	H	I		5	4	4	5	4	4	5	3	3	3	4	3	3	3	3	5
Poa irrigata	H	I		3	2	3	4	3	4	2	3	2	3		2		3	2	4
Poa pratensis s.str.	H	I		3	3	3	2	2	5	3	3			3	3				4
Poa trivialis	H/C	I		5	3	3	5	3	3	6	2	4	4	4	3	5	5	3	5
Poa x figertii	?	?			2														1
Polygonatum multiflorum	G	I	A	1															1
Polygonum amphibium	G/W	I		1	2		2		1	2	1	1							3
Polygonum aviculare agg.	T	I		6	5	5	5	5	5	4	4	5	4	5	5	5	5		5
Polygonum arenastrum	T	I		4	3			3	3		3	4	3	3		3			4
Polygonum aviculare	T	I		3								2			2				1
Polygonum calcatum	T	I		5	4	4	3	4	4			4	3	5	4	5	4		5
Polygonum hydropiper	T	I										1			1				1
Polygonum lapathifolium agg.	T	I		3	3	3	4	4	3	3		3	3	3	4		3		4
Polygonum minus	T	I												1					1

Farn- und Blütenpflanzensippen	Leb.	Ein.	Bem.	A. Howe	B. KrHö	C. ThOb	D. ThMe	E. ThRu	F. ThBe	G. VeHo	H. VeSc	I. Ruhr	J. ZePr	K. ZeOs	L. ZeZo	M. ZeMo	N. ZeTh	O. ZeLe	Ste
Polygonum mite	T	I					1												1
Polygonum persicaria	T	A?		3	3	3	4	4	3	3	3	3	3	2	4	3	3		5
Polypodium vulgare	H	I				1													1
Populus alba	P	I	/K	2	3	2	3	3	1	2		2	2	1	1		3		4
Populus balsamifera agg.	P	(U)	K	1	1								1	1	2				2
Populus tremula	P	I		4	1	3	3	3	1	2						3	3		3
Populus x canadensis	P	?	/KA	4	3	3	4	4	3	3	3	3	4	3	3	4	4	3	5
Populus x gileadensis	P	(U)	K	2	1	1	1	1	1						2	1			3
Populus x trichocarpa	P	(U)	K														3		1
Potamogeton pectinatus	W	I		1															1
Potentilla anserina	H	I		3		2	1		2	2	2				1				2
Potentilla argentea	H	I															1		1
Potentilla erecta	H	I											3						1
Potentilla intermedia	H	N						1									1		1
Potentilla norvegica	T/H	N			2			2		2			4		2	4			2
Potentilla recta	H	N									1								1
Potentilla reptans	H	I		3		2	3	3	3	3	3		3				3		3
Prunella vulgaris	H	I		4	3	4	4	4	3	5	5		4		4	4	4	4	5
Prunus avium	P	I		1		2	1	2	1	1		1	1	1	1	1	2		4
Prunus mahaleb	N	?	4K			1			2								1		1
Prunus padus	P	I		2				1							1		1		2
Prunus serotina	P	N	/K	1		1	2	2	1	1	1	1		1	2		1		4
Prunus spinosa	N	I		2		1													1
Pteridium aquilinum	G	I		2		3	3	3	2	4	4	4	3	1	4	2	3		5
Puccinellia distans	H	I	2	5		2	4	5	5										2
Pyracantha coccinea	N	(U)	KA					2											1
Pyrus communis	P	U	K			1					1								1
Quercus petraea	P	I	/K			1													1
Quercus robur	P	I	/K	2		2	1	2	2		2	2	1	2	3	2	2	1	5
Quercus rubra	P	(U)	K			1								1					1
Ranunculus acris	H	I				1						1				1			1
Ranunculus bulbosus	G/H	I				1	1	1											1
Ranunculus ficaria	G	I				2					2								1
Ranunculus repens	H	I		4	4	4	5	4	4	5	5	4	4	4	4	5	4	4	5
Ranunculus sceleratus	T	I					1			1		1		1					2
Raphanus raphanistrum	T	A					2	1	1	1	2								2
Raphanus sativus	T	U	KA	1	1		1			1									2
Rapistrum perenne	H	U						2	3										1
Rapistrum rugosum	T/H	U				1													1
Reseda lutea	H	A?		4	4	4	4	4	4	2	3		2	3	4	2	2	3	5
Reseda luteola	H	A?		5	4	4	3	4	4	3	4	3	4	2	5	5	6	4	5
Reynoutria japonica	G	N		4	4	5	3	5	3	3	3	3	2	4	3	3	5	3	5
Reynoutria sachalinensis	G	N				1							5	1					1
Reynoutria cf jap. x sachal.	G	?											2	1					1
Rhus typhina	N	(U)	KA	1	1	2	2	3	2										2
Ribes aureum	N	(U)	KA	1	1		1												2
Ribes nigrum	N	I	/KA	1	1						1			1					2
Ribes rubrum agg.	N	N?	/KA	1	2	1	3				1		1	1	1	1			4
Ribes sanguineum	N	(U)	KA													1	1		1
Ribes uva-crispa	N	?(!)	/KA	2	1	1	2		1		2		1	2	2	2	1		4
Robinia pseudacacia	P	N	/K	3	2	3	2	3	2	2	2	2	2	2	3	2		2	5
Rorippa palustris	T/H	I		3	3		3	3	3	1	3	3	2	3					4
Rorippa sylvestris	G/H	I		1		1	1	2							1	1			2
Rorippa cf. x armoracoides	?	?		1															1
Rosa blanda	N	(U)	K					1											1
Rosa canina	N	I		3	2	2	2	3	2	2	3	2	2	2	2	1	2	1	5
Rosa corymbifera	N	I					1												1
Rosa glauca	N	(U)	KA				1	1											1

Farn- und Blütenpflanzensippen	Leb.	Ein.	Bem.	A. Howe	B. KrHö	C. ThOb	D. ThMe	E. ThRu	F. ThBe	G. VeHo	H. VeSc	I. Ruhr	J. ZePr	K. ZeOs	L. ZeZo	M. ZeMo	N. ZeTh	O. ZeLe	Ste
Rosa multiflora	N	(U)	KA		1		2	1											1
Rosa rubiginosa	N	I			1		2										2	1	2
Rosa rugosa	N	U	KA	1				1											1
Rosa tomentosa	N	I	KA						1										1
Rosa caesia subcollina	N	I				1													1
Rosa div. spec.	N	?	/KA			1													1
Rubus caesius	Z/N	I		3	3	3	2	3	2	3	3	3	3	2	3	2	3		5
Rubus fruticosus agg.	N	?(!)		4	4	6	4	5	4	5	5	5	4	4	5	5	5	5	5
Rubus adspersus	N	I							2		3	2						1	2
Rubus armeniacus	N	N		5	4	4	5	5	4	3	3	3	4	3	4	4	5	2	5
Rubus calvus	N	I				5	4												1
Rubus camptostachys	Z	I		4	4	3	2			2	3	3	3			3	3	2	4
Rubus contractipes	?	I																3	1
Rubus divaricatus	N	I									1								1
Rubus elegantispinosus	N	I		4		2	3	3	3				2	2	4	3	3	4	4
Rubus gratus	N	I				1	1					1		1					2
Rubus incisior	N	I		2						3	3								2
Rubus laciniatus	N	(U)											1	1					1
Rubus lasiandrus	N	I												1					1
Rubus macrophyllus	N	I									2								1
Rubus nessensis	N	I										1							1
Rubus nemorosoides	N	I		2						2				3					1
Rubus nemorosus	N	I				5	3	4		3		4	2	4	5				3
Rubus parahebecarpus	?	?					1												1
Rubus plicatus	N	I								2	2								1
Rubus raduloides	N	I												1					1
Rubus vigorosus	N	I								1									1
Rubus winteri	N	I								4			3						1
Rubus cf. grabowskii	N	I			1														1
Rubus cf. hadroacanthus	N	I			1														1
Rubus idaeus	N/Z	I		4	3	3	2	2		3	4	1		3		2			4
Rudbeckia hirta	H	N													1				1
Rudbeckia lacinata	H/G	N		1															1
Rumex acetosa	H	I		2		3		2	2	2		2	2	2	3				3
Rumex acetosella agg.	G/H	I		3		3	2	3		3	4	4	3	3	4	3	2		4
Rumex crispus	H	I		4	3	3	3	3	3	2	3	3	2	3	3	3	3	2	5
Rumex maritimus	T	I		1															1
Rumex obtusifolius	H	I		3	3	3	3	3	2	2	2	3	3	3	3	3	2	2	5
Rumex thyrsiflorus	H	N					2	3	3	2	1						1		2
Sagina procumbens	C/H	I		5	5	5	5	5	5	6	5	5	5	5	6	5	5	4	5
Salix acutifolia	N	(U)	K											1					1
Salix alba	P	I		2	2	2	3	2	1	3	4		2	1		2	3		4
Salix aurita	N	I			2	2	1	2			2	2	2		2	2			3
Salix caprea	N/P	I		6	6	6	7	6	4	5	6	5	4	5	5	5	6	3	5
Salix cinerea	N	I		2	2	1	2		4										2
Salix fragilis	P	I	K	1															1
Salix purpurea	N/P	I		2				1	1										1
Salix viminalis	N	I		2	2	2	2	1	1	2	3	2	2		2		2		4
Salix x helix	N	?		1															1
Salix x rubens	P	I		3	2	2		2	2	2	2			2	3				3
Salix x smithiana	N	?		1		1			1	1	1			1		1			3
Salix spec.	?	?	/K													2			1
Salsola kali subsp. ruthenica	T	N					3				3		4			3			2
Sambucus ebulus	H	A(!)	*	2		2	2	2		2	2	1				3			3
Sambucus nigra	N	I	/K	5	4	4	6	5	4	4	5	7	4	4	5	4	4	5	5
Sambucus racemosa	N	I	/K	2				1			1		2	2	3				2
Sanguisorba minor subsp. minor	H	I	/KA	1	1				3	2									2
Sanguisorba m. subsp. muricata	H	N	KA	2	2									1					1

Farn- und Blütenpflanzensippen	Leb.	Ein.	Bem.	A. Howe	B. KrHö	C. ThOb	D. ThMe	E. ThRu	F. ThBe	G. VeHo	H. VeSc	I. Ruhr	J. ZePr	K. ZeOs	L. ZeZo	M. ZeMo	N. ZeTh	O. ZeLe	Ste
Saponaria officinalis	H	I		3	2	3	4	4	2	2		2	2	3		3	3	3	5
Saxifraga tridactylites	T	I		7	6	5	3	7	4								2		3
Schoenoplectus tabernaemontani	G/W	I	3							2									1
Scleranthus annuus s.str.	T	I		1					2										1
Scrophularia nodosa	H	I		2	2	3	3	3	1	3	3	3	3		2		3	2	5
Scrophularia umbrosa	H	I		1						1									1
Secale cereale	T/H	(U)	KA	1					1										1
Sedum acre	C	I		4	4	4	4	5	4	4	3	3	3				4	4	4
Sedum album	C	N	/KA								1								1
Sedum hispanicum	T	(U)	A	1															1
Sedum spurium	C	N		1			1	1	1								1		2
Senecio erucifolius	H	I			3	3	3	3	3	2			2		3	1	3		4
Senecio fuchsii	H	I		1															1
Senecio inaequidens	C	N		3	2	4	3	4	3	2	3	2	2	3	3	2	3		5
Senecio jacobaea	H	I		1	1	1	1	2	1	1						1	1		3
Senecio sylvaticus	T	I						1											1
Senecio vernalis	T	N		1		1	1	1											2
Senecio viscosus	T	I		5	4	6	5	5	4	5	5	4	4	5	4	5	3	3	5
Senecio vulgaris	T/H	I		4	4	4	4	4	4	5	4	3	5	3	4	4	1		5
Setaria viridis	T	A		2	1	1	2	1	1		3	2	2						3
Sherardia arvensis	T	A	3						2	3							2		1
Silene alba	H	I		3	3	3	3	3	2	3	3	4	3	3	3	3	3	2	5
Silene dioica	H	I				1	2		1		3		1		2		1		3
Silene vulgaris	H/C	I		3	2	4	2	4	3			2	2	4	2	2	1	2	5
Sinapis alba	T	U	KA					2			2					2			1
Sinapis arvensis	T	A		3	2	2	3	4	4	3		1	2		3	2			4
Sisymbrium altissimum	T/H	N		4	3	4	3	4	4	4	2	3	4	3	1	3	3		5
Sisymbrium loeselii	H/T	N				4	1	2					2				2		2
Sisymbrium officinale	T	A		3	3	3	3	1	3	2	3	3	3	3	3	3	2	3	5
Sisymbrium volgense	H	N						1											1
Solanum dulcamara	N	I		3	3	3	3	3	3	3	3	3	3	2	3	3	3	3	5
Solanum nigrum	T	A		3	4	4	3	3	3	3	2	3	3	1	2	3	3	2	5
Solanum tuberosum	T	(U)		1		1			1										1
Solidago canadensis	H/G	N		3	3	6	4	4	4	2	2		4	4			6		4
Solidago gigantea	H/G	N		7	7	3	5	3	3	6	7	5	5	4	5	6	3	4	5
Solidago gigantea x canadensis	H/G	?		1		1													1
Sonchus arvensis	G/H	I		2	2	2	3	3	3	2	1	2	2		3		2		4
Sonchus asper	T	A		3	3	4	4	3	3	4	3	3	3	4	3	3	3	3	5
Sonchus oleraceus	T	A		4	3	4	4	4	4	4	3	3	3	4	3	3			5
Sorbaria sorbifolia	N	(U)	KA						2				1						1
Sorbus aria	P/N	(U)?	*KA	1															1
Sorbus aucuparia	P/N	I	/K	3	2	2	3	2	2	2	1	2	2		3	3	2	1	5
Sorbus intermedia	P/N	U	/K	2	2	2	2							1	2		2		3
Spergula arvensis	T	A				2		1											1
Spergularia rubra	T/H	I			2		1		2	2	3	2	4	4	4				2
Stachys arvensis	T	A	3	1		1		1					1						2
Stachys palustris	G	I		2	2	1	1	1		1							1		3
Stachys sylvatica	H	I		1	1					1	1	2	1	1	2	2		2	4
Stellaria alsine	H	I		2															1
Stellaria graminea	H	I														2			1
Stellaria media agg.	T/H	I		5	3	3	4	4	5	3	4	4	3	4	4	4	4	2	5
Symphoricarpos albus	N	N	/KA	2		1	2	2	1		2				3		2	1	4
Symphytum officinale	H/G	I			3	2	2	2	2	2	2	2	2						3
Syringia vulgaris	N	(U)	KA	1	1		1		1			1	1				1	1	3
Tagetes patula	T	(U)	KA			1													1
Tanacetum macrophyllum	H	(U)	A	1															1
Tanacetum parthenium	H	A			1			2											1
Tanacetum vulgare	H	I		5	4	5	4	5	4	4	4	4	4	3	4	4	4	2	5

263

Farn- und Blütenpflanzensippen   Untersuchungsflächen

	Leb.	Ein.	Bem.	A. Howe	B. KrHö	C. ThOb	D. ThMe	E. ThRu	F. ThBe	G. VeHo	H. VeSc	I. Ruhr	J. ZePr	K. ZeOs	L. ZeZo	M. ZeMo	N. ZeTh	O. ZeLe	Ste
Taraxacum officinale agg.	H	I		5	5	5	5	5	5	5	5	5	5	5	5	5	5	2	5
Teucrium scorodonia	H	I							1										1
Thlaspi arvense	T	A		2					2			1		1	1		1		2
Tilia spec.	P	?	/K	1				1											1
Torilis japonica	T/H	I		3					1							2			1
Tragopogon dubius	H	I		1		1	2	4	2										2
Tragopogon pratensis agg.	H	I		1	1	1		1		1	1			1					3
Trifolium arvense	T	I				2													1
Trifolium campestre	T	I		3	2	2		2	2	1			2				3		3
Trifolium dubium	T	I		3	3	3	3	4	4	3	3		3	3	4	3	3		5
Trifolium hybridum	H	?(!)		2		1						1	1	1			1		2
Trifolium incarnatum	T	U	A						3										1
Trifolium medium	H	I		1								1							1
Trifolium pratense	H	I		4	3	3	3	3	3	3	2	3	1	2	2		2		5
Trifolium repens	C/H	I		5	4	4	4	4	5	5	4	5	4	4	4	4	4	4	5
Trifolium resupinatum	T/H	U	A		1					1	1								1
Tripleurospermum inodorum	T	A		5	5	6	4	6	5	6	5	6	7	5	5	7	7	5	5
Triticum aestivum	T	(U)	KA					2				2							1
Tulipa spec.	G	(U)	KA	1	1														1
Tussilago farfara	G	I		4	3	4	3	4	3	4	3	3	4	3	3	3	3	1	5
Typha angustifolia	W,H	I			1														1
Typha latifolia	W,H	I		1	2							4	2		3		1		2
Ulmus glabra	P	I	/K															1	1
Urtica dioica	H	I		5	4	4	5	4	4	4	5	5	3	4	4	4	4	5	5
Urtica urens	T	A		1	2	2	2	3	2	2	1	2	1		2	2	1		5
Valeriana procurrens	H	I		3	1			1				1	2						2
Verbascum densiflorum	H	I		3				3	4	2	1					3	4		3
Verbascum lychnites	H	I					1												1
Verbascum nigrum	H	I			2	3	2	3	2	3	2	3	2	3	3	3	3		5
Verbascum phlomoides	H	I		1				1	1		1						1		2
Verbascum pulverulentum	H	U											1				1		1
Verbascum thapsus	H	I		4	4	4	4	4	4	4	3	3	3		2	2	3	3	5
Verbascum cf. x semialbum	H	?					1										1		1
Verbena officinalis	H/T	A							1		1								1
Veronica agrestis	T	A		1	1	2	1	1								1			2
Veronica arvensis	T	A		4	3	3	3	3	3	3	3	3	3	1	2	3			5
Veronica beccabunga	H/W	I												1					1
Veronica catenata	H	I		1															1
Veronica chamaedrys	C	I		2	3		1	2	1				2		2	2	2		3
Veronica filiformis	C/H	N		1			1		1										1
Veronica hederifolia agg.	T	I										2	1						1
Veronica longifolia	H	I?	2/K?					1											1
Veronica officinalis	C	I														1			1
Veronica persica	T	N		2	3	2	1	2	3			3	2			3	1		4
Veronica polita	T	A		1		2													1
Veronica serpyllifolia	H	I		1					2			1			1				2
Viburnum lantana	N	(U)?	*K	1			1	1	1	2						1			2
Viburnum opulus	N	I	/K	3	1		1	1	1	1	1			1	1		1	1	4
Vicia angustifolia	T	I		3		1		2	2	2				1		2			3
Vicia cracca	H	I		3	2	3		3	2	2			2	2		2	2		3
Vicia hirsuta	T	I		3		2			2	2		2	3	2		3			3
Vicia sativa	T	N		2	2			3	2	2			2		1	2	2		4
Vicia sepium	H	I		3	2	2		2	2	1	1		2				3		3
Vicia tetrasperma	T	A		3				3		4			2			2			2
Vinca minor	C	A?	/KA					1											1
Viola arvensis	T	A		3		3	3	3	3	3	3	3	2	2	3		1		4
Viola riviniana	H	I									1								1
Viola x wittrockiana	T	(U)	KA	1			1		1										2

Farn- und Blütenpflanzensippen	Leb.	Ein.	Bem.	A. Howe	B. KrHö	C. ThOb	D. ThMe	E. ThRu	F. ThBe	G. VeHo	H. VeSc	I. Ruhr	J. ZePr	K. ZeOs	L. ZeZo	M. ZeMo	N. ZeTh	O. ZeLe	Ste
Vitis vinifera	Z	(U)	K					1	2								1		1
Vulpia myuros	T/H	N		3	3	2	3	4	4	3				2	2		3		4
Zea mais	T	(U)	KA																1

Tabelle Nr. 28   Liste der seltenen und/oder gefährdeten Sippen

Abkürzungen und Symbole - (weitere Erläuterungen siehe in Tabelle Nr. 17 im Anhang Teil II)

Leb. = Lebensform
Ein. = Einwanderungszeit/Einbürgerungsstatus
Bem. = Gefährdungsstufen nach der Roten Liste der Farn- und Blütenpflanzen NRW Landesweite Einstufung sowie Angaben zu verwilderten Kulturpflanzen und Ansalbungen
NRTLD = Gefährdungseinstufung für die Großlandschaft Niederrheinisches Tiefland
WB/WT = Gefährdungseinstufung für die Großlandschaft Westfälische Bucht/Westfälisches Tiefland
Ste = Stetigkeit bezogen auf das Vorkommen in den 15 Untersuchungsflächen

1. Sippen die auf der Roten Liste der gefährdeten Farn- und Blütenpflanzen NRW (RL NRW) stehen

	Leb.	Ein.	Bem.	NR TLD	WB/ WT	A. Howe	B. KrHö	C. ThOb	D. ThMe	E. ThRu	F. ThBe	G. VeHo	H. VeSc	I. Ruhr	J. ZePr	K. ZeOs	L. ZeZo	M. ZeMo	N. ZeTh	O. ZeLe	Ste
Acinos arvensis	C/T	I	3	1					1												1
Anthemis tinctoria	H	I	3			1	2														1
Anthyllis vulneraria	H	I	3	0				1													1
Artemisia absinthium	C	A	3	3	3	3				3	3	3							1		2
Asplenium trichomanes	H	I	*		3	2															
Atriplex rosea	T	I	0	-					2												1
Ballota alba	C/H	A	*		3	2			3	2	2										2
Barbarea stricta	H	I	4		-	1															1
Bromus arvensis	T	I	2	0									1								1
Carex panicea	G/H	I	3		3												2				1
Carlina vulgaris	H/T	I	*	3			1														1
Centaurea cyanus	T	A	3	*	*	1		3						1							1
Cerastium pumilum s.str.	T	I	*	-	-	4	3	3	4	4	2	3	1			2	2		4	4	
Corrigiola litoralis	T	I	3		2													1			1
Dianthus armeria	T/H	I	3	0	2	1				1											1
Dianthus deltoides	C/H	I	3		3											2					1
Equisetum ramossisimum	G	I	3	3							2										1
Equisetum telmateia	G	I	3	2				2													1
Eryngium campestre	H	I	*	*	2		1		2		1										1
Filago minima	T	I	3	3														2			1
Galeopsis speciosa	T	I	3	3				1													1
Genista anglica	Z	I	3		3											1					1
Gymnocarpium robertianum	G	I	3	-			1														1
Hieracium caespitosum	H	I	2		4	2	2														1
Juncus squarrosus	H	I	3		*											1					1
Kickxia elatine	T	A	*	3								1							1	1	
Lepidium campestre	T	A	3	3				2													1
Nepeta cataria	H	A	2	0	2	3							3	2							1
Petrorhagia prolifera	T	I	*	3	1		3	2		3	1						1				2
Puccinellia distans	H	I	2	*	2	5		2	4	5	5										2
Schoenoplectus tabernaem.	G/W	I	3	3												2					1
Sherardia arvensis	T	A	3	3	3										2	3			2		1
Stachys arvensis	T	A	3	3	3	1		1			1										2

2. Sippen der RL NRW, die auf den Probeflächen aus Anpflanzungen verwilderten oder angesalbt wurden

	Leb.	Ein.	Bem.	NR TLD	WB/ WT	A. Howe	B. KrHö	C. ThOb	D. ThMe	E. ThRu	F. ThBe	G. VeHo	H. VeSc	I. Ruhr	J. ZePr	K. ZeOs	L. ZeZo	M. ZeMo	N. ZeTh	O. ZeLe	Ste
Bromus secalinus	T	A		2A	2					1											1
Carum carvi	H	I		3A	3	1															1
Chrysanthemum segetum	T	A		3A	3				1												1
Genista tinctoria	Z	I		3A	2						1										1
Onopordum acanthium	H	A		3/k	0	0		1	2				1	1							2
Prunus mahaleb	N	?		4K	-	-			1		2							1			1
Veronica longifolia	H	I?		2/K?0						1											1

3. Im Ruhrgebiet seltene einheimische Sippen, die nicht auf der RL NRW stehen

	Leb.	Ein.	Bem.	NR TLD	WB/ WT	A. Howe	B. KrHö	C. ThOb	D. ThMe	E. ThRu	F. ThBe	G. VeHo	H. VeSc	I. Ruhr	J. ZePr	K. ZeOs	L. ZeZo	M. ZeMo	N. ZeTh	O. ZeLe	Ste
Atropa bella-donna	H	I																1			1
Cardamine impatiens	H	I					2						2		3	1	2	2	2		
Erica tetralix	Z	I												1							
Hypericum hirsutum	H	I															2			1	
Tragopogon dubius	H	I				1		1	2	4	2									2	

4. Seltene Rubus fruticosus-Sippen

	Leb.	Ein.	Bem.	NR TLD	WB/ WT	A. Howe	B. KrHö	C. ThOb	D. ThMe	E. ThRu	F. ThBe	G. VeHo	H. VeSc	I. Ruhr	J. ZePr	K. ZeOs	L. ZeZo	M. ZeMo	N. ZeTh	O. ZeLe	Ste
Rubus calvus	N	I					5	4													1
Rubus contractipes	?	I																	3		1
Rubus incisior	N	I				2						3	3								1
Rubus lasiandrus	N	I															1				1
Rubus nemorosoides	N	I				2				2						3					1
Rubus nemorosus	N	I					5	3	4		3		4	2	4	5					3
Rubus parahebecarpus	?	?						1													1
Rubus raduloides	N	I															1				1
Rubus cf. grabowskii	N	I					1														1

5. Seltene Neophyten

		NR	WB/	A.	B.	C.	D.	E.	F.	G.	H.	I.	J.	K.	L.	M.	N.	O.	Ste
		Leb.Ein.Bem.	TLD WT	Howe	KrHö	ThOb	ThMe	ThRu	ThBe	VeHo	VeSc	Ruhr	ZePr	ZeOs	ZeZo	ZeMo	ZeTh	ZeLe	

Amaranthus albus	T N		2			2	1		3							1	2
Amaranthus blitoides	T N					3			3							1	1
Anthriscus caucalis	T N?					2											1
Apera interrupta	T N?	3	2	5	3	5	4							2			3
Carex brizoides	H/G N							1	2								1
Chenopodium botrys	T N	2			1	4	3							3			2
Hordeum jubatum	T N	4	4							2	2						2
Inula graveolens	T N		2		3	2	2	4	4	1	5	1	5	7			4
Linaria repens	H N					1											1
Oenothera chicaginensis	H N		3			2		2	2	2	3		3	3			3
Oenothera erythrosepala	H N		2			2											1
Oenothera parviflora s.str.	H N	3	1	2	1	1	1	3	2	1	2		2				4
Oenothera rubricaulis	H N	2											2	4			1
Rudbeckia hirta	H N													1			1
Rudbeckia lacinata	H N	1															1
Salsola kali ruthenica	T N					3				3	4			3			2
Sisymbrium volgense	H N					1											1

6. Seltene Neophyten, die auf den Probeflächen aus Anpflanzungen verwilderten oder angesalbt wurden

		NR	WB/	A.	B.	C.	D.	E.	F.	G.	H.	I.	J.	K.	L.	M.	N.	O.	Ste
		Leb.Ein.Bem.	TLD WT	Howe	KrHö	ThOb	ThMe	ThRu	ThBe	VeHo	VeSc	Ruhr	ZePr	ZeOs	ZeZo	ZeMo	ZeTh	ZeLe	

Aquilegia vulgaris	H N? KA													2			1
Ornithogalum umbellatum	G N! */K?					2											1
Sanguisorba minor muricata	H N KA	2	2								1						1

7. Seltene unbeständige Sippen, die in der Florenlisten NRW (FL NRW) aufgeführt sind

		NR	WB/	A.	B.	C.	D.	E.	F.	G.	H.	I.	J.	K.	L.	M.	N.	O.	Ste
		Leb.Ein.Bem.	TLD WT	Howe	KrHö	ThOb	ThMe	ThRu	ThBe	VeHo	VeSc	Ruhr	ZePr	ZeOs	ZeZo	ZeMo	ZeTh	ZeLe	

Artemisia biennis	C U		2														1
Atriplex tatarica	T U				1												1
Colutea arborescens	Z U K		1							1							2
Lathyrus latifolius	H U		2	1		2	1										2
Lycium chinense	N U /K		2	3		3	2	2		1			2				3
Papaver hybridum	T U				1												1
Rapistrum perenne	C U					2	3										1
Verbascum pulverulentum	H U										1			1			1

8. Seltene unbeständige Sippen, die in der FL NRW nicht aufgeführt sind und auf den Probeflächen überwiegend aus Anpflanzungen verwilderten oder angesalbt wurden

	Leb.	Ein.	Bem.	NR TLD	WB/ WT	A. Howe	B. KrHö	C. ThOb	D. ThMe	E. ThRu	F. ThBe	G. VeHo	H. VeSc	I. Ruhr	J. ZePr	K. ZeOs	L. ZeZo	M. ZeMo	N. ZeTh	O. ZeLe	Ste
Aconitum napellus agg.	H	?	K	1																	1
Agrostis castellana	H	(U)	KA				1	1	1	1	1		1								2
Alcea rosea	H	(U)	A							1											1
Alyssum saxatile	C	(U)	K							1											1
Anthriscus cerefolium	T	?(!)A									1										1
Berberis thunbergii	N	(U)	A							1	1										1
Bromus carinatus	T	(U)											1								1
Buxus sempervirens	N	(U)	KA					1													1
Campanula medium	C	(U)	A				1														1
Centaurea montana	H	?(!)*A		1																	1
Cosmos bipinnatus	T	(U)	A					1													1
Crataegus crus-galli	P	(U)	KA					1		2						1	1				2
Deutzia scabra	N	(U)	A	1																	1
Elaeagnus angustifolia	N	(U)	KA	1	1				2	1	2			2				2			3
Foeniculum vulgare	G	(U)	KA	2		1		1						2							2
Forsythia x intermedia	N	(U)	K				1	2	1								2				2
Geranium sanguineum	H	?(!)*A						1													1
Hyacinthus orientalis	G	(U)	A					1													1
Lathyrus odoratus	T	(U)	A		1	2		2	1												1
Ligustrum ovalifolium	N	(U)	KA						1												1
Lobelia erinus	T	(U)	KA					1													1
Lonicera tatarica	N	(U)	K					1													1
Lychnis coronaria	H	(U)	KA				1											2			1
Malva verticillata	H	(U)	A		1																1
Matthiola incana	C	(U)	A		1																1
Nigella damascena	T	(U)	A		1																1
Petroselinum crispum	H	(U)	K?	1																	1
Philadelphus coronarius	N	(U)	/KA				1	2				1						1			2
Populus balsamifera agg.	P	(U)	K	1	1										1	1	2				2
Populus x gileadensis	P	(U)	K	2	1	1	1	1	1							2	1				3
Populus x trichocarpa	P	(U)	K															3			1
Pyracantha coccinea	N	(U)	KA					2													1
Ribes aureum	N	(U)	KA	1	1		1														1
Rosa blanda	N	(U)	K						1												1
Rosa glauca	N	(U)	KA					1	1												1
Rosa multiflora	N	(U)	KA		1		2	1													1
Sorbus aria	P	?	*KA	1																	1
Tanacetum macrophyllum	H	(U)	A	1																	1
Viburnum lantana	N	(U)?*K		1			1	1	1	2							1				2

9. Sippen deren Einbürgerungs- oder Einwanderungsstatus unklar ist und für die keine oder nur unzureichende Angaben zur Verbreitung vorliegen

	Leb.	Ein.	Bem.	NR TLD	WB/ WT	A. Howe	B. KrHö	C. ThOb	D. ThMe	E. ThRu	F. ThBe	G. VeHo	H. VeSc	I. Ruhr	J. ZePr	K. ZeOs	L. ZeZo	M. ZeMo	N. ZeTh	O. ZeLe	Ste
Poa x figertii	?	?				2														2	1
Reynoutria cf jap. x sachal.	G	?													2	1					1
Rorippa cf. x armoracoides	?	?		1																	1
Salix x helix	N	(U)?		1																	1
Salix x smithiana	N	(U)?		1		1			1	1	1			1		1					3
Solidago gig. x canadensis	H	?		1	1																1
Verbascum cf. x semialbum	H	?				1		1									1				1

Anhang Teil III. Vegetation

Seite

Tabelle Nr. 46 Gesamtliste der Vegetationseinheiten mit Angabe der Häufigkeit — 270 - 275

Tabelle Nr. 59 Vergleich der Vegetationseinheiten mit anderen Untersuchungen von Industrieflächen — 276 - 286

Tabelle Nr. 60 Verteilung der Vegetationseinheiten auf die Lebensraumtypen/ Einschätzung der Verbreitung der besonders bemerkenswerten Einheiten — 287 - 297

Vegetationstabellen Nr. 1 - 45 — 298 - 397

Tabelle Nr. 46 Liste der auf den Probeflächen festgestellten Vegetationseinheiten mit Angabe der Häufigkeit

Aufschlüsselung der Häufigkeitswerte (nähere Erläuterung s. Kapitel 5.1):
1 - geringer Anteil
2 - mittlerer Anteil
3 - hoher Anteil
4 - sehr hoher Anteil

Assoziationen/Gesellschaften/Bestände	A. HoWe	B. KrHö	C. ThOb	D. ThMe	E. ThRu	F. ThBe	G. VeHo	H. VeSc	I. Ruhr	J. ZePr	K. ZeOs	L. ZeZo	M. ZeMo	N. ZeTh	O. ZeLe
I. Moosbestände/-gesellschaften															
1. Ceratodon purpureus-Bestände	3		2	2	2	2		2							2
2. Ceratodon purpureus-Bryum argenteum-Ges.	3		3	3	3	2	2	2	2	2		2		2	2
3. Funarietum hygrometrae	2	2	2	2	2	2	1	1	3	3	1	2		2	
4. Bryum argenteum-Bryum caespiticium-Ges.	2	3		3		2					2	2		2	
5. Ceratodon purpureus-Barbula conv.-Ges.	3	2	3	3	2	2		2				2	2	2	2
6. Barbula conv.-Marchantia polymorpha-Ges.	1	1	1	1	1	1	1		1						
7. Marchantia polymorpha-Bestände		1	1				1	1	1			1	1		
8. Polytrichum juniperum-Bestände									1						
9. Tortula muralis-Bestände	1		1			1	1		1			1	1	1	1
II. Ges./Best. der Farn- und Blütenpflanzen															
1. Asplenietea/Thlaspietea															
1.1. Asplenium ruta-muraria-Bestände	1								1						
1.2. Asplenium trichomanes-Bestände	1														
1.3. Gymnocarpium robertianum-Bestand				1											
2. Secalietea															
- Centauretalia cyani															
-- Aperion															
2.1. Alchemillo-Matricarietum	2		1	1		1	2					1			
2.2. Papaver dubium-Bestand					1				1						
3. Chenopodietea															
- Polygono-Chenopodietalia															
3.1. Digitaria ischaemum-Bestände			1				1					2			
3.2. Chenopodium polyspermum-Bestände			1				1		1	2					
3.3. Galinsoga parviflora/G. ciliata-Best.			1	1						1		1			
-- Fumario-Euphorbion															
3.4. Mercurialetum annuae	1		1	1	2	2					1		1		
- Sisymbrietalia															
-- Sisymbrion															
3.5.1. Conyza canadensis-Senecio viscosus-Gesellschaft (Bromo-Erigeretum)	2	2	3	2	3	2	2	2	2	2	2	2	2	2	1
3.5.2. Arenaria serpyllifolia-Bromus tectorum-Gesellschaft (Bromo-Erigeretum)	3	1	2	3	3	3							2		
3.6. Apera interrupta-Arenaria serpyllifolia-Gesellschaft	1	1	2	2	3	2									1
3.7. Crepis tectorum-Puccinellia distans-Gesellschaft	2		1	2	3	2									
3.8. Sisymbrietum loeselii				2	1							2			
3.9. Lactuco-Sisymbrietum altissimi	2		1		2	1	1		1	1	2		1		
3.10. Hordeetum murini	2	1	1	1	2	2		1	1						
3.11. Chenopodietum ruderale	2		2		2	2			2	2					
3.12. Conyzo-Lactucetum	2	1	2		2	3				1					

Assoziationen/Gesellschaften/Bestände	A. HoWe	B. KrHö	C. ThOb	D. ThMe	E. ThRu	F. ThBe	G. VeHo	H. VeSc	I. Ruhr	J. ZePr	K. ZeOs	L. ZeZo	M. ZeMo	N. ZeTh	O. ZeLe
3.13. Bromus sterilis-Bestände	3	2		2	2	2	1	1	1	2	2	1		2	
3.14. Hordeum jubatum-Bestände	1	1							1						
3.15. Crepis tectorum-Bestände	2	1									2				
3.16. Sisymbrium officinale-Bestände	1	1							1						
3.17. Chaenarrhinum minus-Bestände		2	1	1	2	1			1						
3.18. Inula graveolens-Tripleurospermum inodorum-Gesellschaft			1	1			2	2		3		2		4	
3.19. Tripleurospermum inodorum-Bestände	2	2	2	2	2	2	2	2	2	3	2	3	4	4	2
3.20. Senecio inaequidens-Bestände	1		1	2	1	1	1				1	2		2	
3.21. Amaranthus albus-Bestände					1				2						
3.22. Amaranthus blitoides-Bestände									2						
-- Salsolion															
3.23. Chaenarrhino-Chenopodietum botryos	1				2	1								2	
3.24. Salsola kali subsp. ruthenica-Bestände					2				2		2			2	
--- Sonstige Chenopodietea Ges./Best.															
3.25. Arenaria serpyllifolia-Hypericum perforatum-Gesellschaft		3	3		2		1	2	2	1		1		2	1
3.26. Arenaria serpyllifolia-Bestände	3		3	3	3	2	1							2	
3.27. Atriplex rosea-Bestände					1										
3.28. Senecio vulgaris-Bestände				1		1	1	1	1						
3.29. Amaranthus retroflexus-Bestände					1			2		1	1		1		
3.30. Setaria viridis-Bestände				1			1			1					
3.31. Digitaria sanguinalis-Bestände							1				1				
3.32. Sinapis arvensis-Bestände				1	1		1				1		1		
3.33. Solanum nigrum-Bestände				1						1					

4. Bidentetea
- Bidentetalia
-- Bidention tripartitae

	A	B	C	D	E	F	G	H	I	J	K	L	M	N	O
4.1. Ranunculus sceleratus-Bestände					1						1	1			
4.2. Bidens frondosa-Bestände	1				1										
-- Chenopodion rubri															
4.3. Chenopodietum rubri							1								
4.4. Chenopodium rubrum-Bestände	1	1		1			1	1	1	1		2	3	1	
--- Sonstige Bidentetea Ges./Best.															
4.5. Rorippa palustris-Bestände												1		1	

5. Artemisietea
Galio-Urticenea
- Convolvuletalia
-- Convolvulion sepium

	A	B	C	D	E	F	G	H	I	J	K	L	M	N	O
5.1. Convolvulo-Epilobietum hirsuti	1						1								
5.2. Urtica dioica-Calystegia sepium-Ges.	2		2	2		2	2	2	2	1				2	
5.3. Eupatorium cannabinum-Bestände			1			1		1							
- Glechometalia															
-- Aegopodion podagrariae															
5.4. Urtico-Aegopodietum			1												
5.5. Lamium maculatum-Bestände		1			1	1	1								
5.6. Petasitus hybridus-Bestände												1			
5.7. Anthriscus sylvestris-Bestände		1					1								

Assoziationen/Gesellschaften/Bestände	A. HoWe	B. KrHö	C. ThOb	D. ThMe	E. ThRu	F. ThBe	G. VeHo	H. VeSc	I. Ruhr	J. ZePr	K. ZeOs	L. ZeZo	M. ZeMo	N. ZeTh	O. ZeLe
-- Alliarion															
5.8. Epilobio-Geranietum robertiani	1														
--- Sonstige Galio-Urticenea Ges./Best.															
5.9. Sambucus ebulus-Bestände			1	1					1	1					2
Artemisienea															
- Artemisietalia															
-- Arction lappae															
5.10. Lamio-Ballotetum albae	1			2	1										
5.11. Armoracia rusticana-Bestände	1			2											1
- Onopordetalia															
-- Onopordion acanthii															
5.12. Resedo-Carduetum nutantis		2	2			1									
5.13. Reseda luteola-Carduus acanthoides- Gesellschaft					1		1		2						2
5.14. Reseda luteola-Bestände	1	1						1	2	1	1	2	3	2	
5.15. Nepeta cataria-Bestände	1				1										
5.16. Oenothera chicaginensis-Bestände														1	2
-- Dauco-Melilotion															
5.17. Echio-Verbascetum	2	1	2	2	2	2				1				1	2
5.18. Melilotetum albi-officinalis	1	2	2		2	1	1								
5.19. Dauco-Picridetum hieracoides			2									1			
5.20. Berteroetum incanae														1	
5.21. Artemisio-Tanacetum	2	2	3	2	2	1					1	1			
5.22. Daucus carota-Bestände	1	1	2		1	1						1			
5.23. Oenothera biennis s.str.-Bestände	1		1	1								1		1	
5.24. Oenothera parviflora s.str.-Bestände										1					
5.25. Pastinaca sativa-Bestände				1						1					
5.26. Cichorium intybus-Bestände				1											
--- Sonstige Onopordetalia Ges./Best.															
5.27. Carduus acanthoides-Bestände				3	2	2									2
--- Sonstige Artemisietea Ges./Best.															
5.28. Silene vulgaris-Artemisia vulgaris-Ges.	1		1	1								1			
5.29. Solidago gigantea/Solidago canadensis- Bestände	4	3	3	2	2	2	2	3	2	2	1	1	3	3	2
5.30. Arrhenatherum elatius-Bestände	3		3	3	3	2		2	2	1	3			3	
5.31. Poa palustris-Bestände	3	3	2		3		2	2		3	2	2	2	3	
5.32. Reynoutria japonica-Bestände	3	2	3		2	2		2		2	2	2	2	2	
5.33. Reynoutria sachalinensis-Bestände									3						
5.34. Cirsium arvense-Bestände	2	2		2	2		3	2	2	2		2	2	2	1
5.35. Geranium robertianum-Bestände	2		1	1	2	1				1		2			
5.36. Aster novi-belgii agg. Bestände															
5.36.1 Aster novi-belgii-Bestände	3												2		
5.36.2 Aster lanceolatus-Bestände				2											
5.37. Rubus caesius-Bestände			2	2	2	2	2	2						2	
5.38. Dipsacus sylvestris-Bestände					1	1								1	1
5.39. Artemisia vulgaris-Bestände	2	1	1	2	1	1					1				
6. Agropyretea															
- Agropyretalia															
-- Convolvulo-Agropyrion															
6.1. Convolvulo-Agropyretum	1	1		2	2			1	1	2	1	1		2	
6.2. Cardario-Agropyretum		2	1									1			

Assoziationen/Gesellschaften/Bestände	A. HoWe	B. KrHö	C. ThOb	D. ThMe	E. ThRu	F. ThBe	G. VeHo	H. VeSc	I. Ruhr	J. ZePr	K. ZeOs	L. ZeZo	M. ZeMo	N. ZeTh	O. ZeLe
6.3. Poo-Anthemetum tinctoriae	1														
6.4. Poo-Tussilaginetum	2	2	2	2		1	1			1		1	2		
6.5. Diplotaxi-Agropyretum					1	1	1								
6.6. Diplotaxis tenuifolia-Bestände	1				2	2	2								
6.7. Poa compressa-Bestände	3	3	3			3	2				1		1		
6.8. Poa angustifolia-Bestände	2	2	2	2		1	3			2	2		2		
6.9. Agrostis gigantea-Bestände	3	2			2	2	2	1	1	2	2		2	2	
6.10. Saponaria officinalis-Bestände					2		1		1						1
6.11. Bromus inermis-Bestände	1	1													

7. Agrostietea
- Agrostietalia
-- Agropyro-Rumicion

7.1. Dactylo-Festucetum arundinaceae	2	2	1				1	1	1						
7.2. Mentho-Juncetum inflexi							2								

--- Sonstige Agrostietea Ges./Best.

7.3. Carex hirta-Bestände	1	1	2	1			1	1	2	1		1			1
7.4. Agrostis stolonifera-Bestände		1			1	1				1	1	1			
7.5. Ranunculus repens-Bestände		1					2	1							
7.6. Potentilla anserina-Bestände							1								

8. Plantaginetea
- Plantaginetalia
-- Polygonion avicularis

8.1. Bryo-Saginetum procumbentis			2				2	2	2	2	2	3	2	2	2
8.2. Polygonetum calcati		1	1	1							1	1	1		
8.3. Juncetum tenuis											1	1	1		
8.4. Spergularia rubra-Bestände		1					1			2	2	2	3		
8.5. Spergularia rubra-Herniaria glabra-Ges.										1	1				
8.6. Herniaria glabra-Bestände	2	1								1		2		2	
8.7. Prunella vulgaris-Plantago major-Ges.		2				1	2	1			1		1	1	2
8.8. Poa annua-Poa pratensis subsp. irrigata-Gesellschaft	1	1		1	1		1		1		1				
8.9. Poa annua-Puccinellia distans-Ges.	1								1						

--- Sonstige Plantaginetea Ges./Best.

8.10. Poa annua-Bestände	3	2	2	2	2	3	2	2	3	3	3	2	2	2	1

9. Potamogetonetea
- Potamogetonetalia
-- Potamogetonion pectinati

9.1. Potamogeton pectinatus-Bestände							1								

10. Phragmitetea
- Phragmitetalia
-- Phragmition

10.1. Thypha latifolia-Bestände							2						1		
10.2. Thypha angustifolia-Bestände							1								
10.3. Glyceria maxima-Bestände			1												
10.4. Phragmites communis-Bestände													2	1	
10.5. Eleocharis palustris-Bestände	1						2				1				

Assoziationen/Gesellschaften/Bestände	A. HoWe	B. KrHö	C. ThOb	D. ThMe	E. ThRu	F. ThBe	G. VeHo	H. VeSc	I. Ruhr	J. ZePr	K. ZeOs	L. ZeZo	M. ZeMo	N. ZeTh	O. ZeLe
-- Magnocaricion															
10.6. Carex acutiformis-Bestände								1	1						
10.7. Carex disticha-Bestände							1	1							
10.8. Carex gracilis-Bestände							1								
11. Molinio-Arrhenatheretea															
- Molinietalia															
11.1 Juncus acutiflorus-Bestand							1								
11.2 Juncus effusus-Bestände							2	3		2			1	1	
11.3. Equisetum palustre-Bestände												1			
- Arrhenatheretalia															
-- Arrhenatherion															
11.4. Arrhenatheretum			1		1		2					1			
--- Sonstige Mol.-Arrhenatheretea Best.															
11.5. Holcus lanatus-Bestände			1	1			3	3	2	3	3	3	2	2	2
11.6. Dactylis glomerata-Bestände	2		1	2	2	1			1	1					
11.7. Festuca rubra agg.-Bestände	3	1	3	3	2	3	2	2				2	2		1
11.8. Lolium perenne-Bestände	1			1	1	1					1				
12. Sedo-Scleranthetea															
- Thero-Airetalia															
-- Alysso-Sedion															
12.1 Saxifrago tridactylites-Poetum compress.	1				1										
12.2. Saxifraga tridactylites-Bestände	3	2	2	1	3	1									1
--- Sonstige Sedo-Scleranthetea Best.															
12.3. Vulpia myuros-Bestände	1	1		1	1	1								1	
12.4. Cerastium semidecandrum-Bestände	2	2	2	2	2	2	1		2	1	1		1	2	1
12.5. Cerastium pumilum agg.-Bestände															
12.5.1. Cerastium glutinosum-Bestände	1	2	2	1	2	1	2			2	1		1	1	
12.5.2. Cerastium pumilum s.str.-Bestände	2	1	1	2	2	1					1			2	
12.6. Sedum acre-Bestände	2	2	2	2	2	2	1	1	1					2	2
12.7. Erophila verna-Bestände			2	1											
12.8. Petrorhagia prolifera-Bestände			1		1										
12.9. Acinos arvensis-Bestände		1													
13. Epilobietea angustifolii															
- Atropetalia															
-- Sambuco-Salicion capreae															
13.1. Epilobio-Salicetum capreae	4	3	4	3	1	3	3	2	2	3	3	4	4	2	
13.2. Betula pendula-Bestände	2	2		2	1	2	2	1	3		4	4	4	3	
13.3. Urtica dioica-Sambucus nigra-Gesellsch.	1		2			1	1	4				1		1	
13.4. Buddleja davidii-Betula pendula-Ges.		2	2		3	1	1		1			3			
13.5. Rubus idaeus-Bestände	1	1		1				2							
--- Sonstige Epilobietea-Ges./Best.															
13.6. Hypericum hirsutum-Bestände												1			
14. Querco-Fagetea															
- Prunetalia															
-- Berberidion															
14.1. Pruno-Ligustretum					1	1									

Assoziationen/Gesellschaften/Bestände	A. HoWe	B. KrHö	C. ThOb	D. ThMe	E. ThRu	F. ThBe	G. VeHo	H. VeSc	I. Ruhr	J. ZePr	K. ZeOs	L. ZeZo	M. ZeMo	N. ZeTh	O. ZeLe
-- Pruno-Rubion															
Pruno-Rubenion															
14.2. Urtica dioica-Rubus armeniacus-Ges.	2	2	2	3	3	2	2	2	1	2	2	2	3	3	1
14.3. Rubus elegantispinosus-Bestände	2			2					1		2		1	2	
--- Sonstige Prunetalia Ges./Best.															
14.4. Rubus corylifolius agg.-Bestände	2	3	3	2	2		2	2	3		2	3	2	2	2
14.5. Crataegus monogyna-Bestände				1			1		2					1	
14.6. Clematis vitalba-Bestände			2	1	1	2					1				
14.7. Humulus lupulus-Bestände				0				1	1	1				1	

15. Gesellschaften/Bestände die nicht weiter zugeordnet werden können
- mit dominierenden krautigen Pflanzen

	A. HoWe	B. KrHö	C. ThOb	D. ThMe	E. ThRu	F. ThBe	G. VeHo	H. VeSc	I. Ruhr	J. ZePr	K. ZeOs	L. ZeZo	M. ZeMo	N. ZeTh	O. ZeLe
15.1. Puccinellia distans-Diplotaxis tenuifolia-Gesellschaft						1									
15.2. Epilobium ciliatum-Bestände	1	1	1	1	1	1	2	1	1	2	1	3	3	2	2
15.3. Calamagrostis epigeios-Bestände	1		2		1	1	1	1	1	2	1	1	1		
15.4. Epilobium angustifolium-Bestände			1	2			2	2		1		2	2	3	
15.5. Agrostis tenuis-Bestände							2			2	2	2			3
15.6. Festuca ovina agg.-Bestände							1								3
15.6.1. Festuca trachyphylla-Bestände		2	2		2		3	3		2					
15.6.2. Festuca tenuifolia-Bestände			2					1				1			2
15.6.3. Festuca guestfalica-Bestände							1								
15.7. Solanum dulcamara-Bestände	1			1	1				1	1			1		
15.8. Poa nemoralis-Bestände			2	2							1				
15.9. Poa x figertii-Bestände	1														
15.10. Pteridium aquilinum-Bestände			1	1	1				1	1	2	1			
15.11. Potentilla norvegica-Bestände									1			1			
15.12. Isatis tinctoria-Bestände					1										
15.13. Holcus mollis-Bestände													1		
15.14. Tragopogon dubius-Bestände					2										
15.15. Phalaris arundinacea-Bestände	1													1	
15.16. Sherardia arvensis-Bestände									1					1	
15.17. Sisymbrium volgense-Bestände					1										
15.18. Physalis franchetii-Bestände				1											
15.19. Mentha x villosa-Bestände	1		1	1											
15.20. Geranium sanguineum-Bestände												1			
15.21. Coronilla varia-Bestände														1	
15.22. Juncus bulbosus-Bestände												1			
15.23. Molinia caerulea-Bestände												1			

- mit dominierenden Gehölzen

	A. HoWe	B. KrHö	C. ThOb	D. ThMe	E. ThRu	F. ThBe	G. VeHo	H. VeSc	I. Ruhr	J. ZePr	K. ZeOs	L. ZeZo	M. ZeMo	N. ZeTh	O. ZeLe
15.24. Robinia pseudacacia-Bestände	1	1	1		1					2		2			
15.25. Populus x canadensis-Bestände									2		1			2	
15.26. Cornus alba-Bestände			2	1		1							1		
15.27. Lycium chinense-Bestände				1							1			1	1
15.28. Hippophae rhamnoides-Bestände				1											
15.29 Salix viminalis-Bestände				1										1	
15.30 Alnus glutinosa-Bestände	1														

Tabelle Nr. 59   Vergleich mit Untersuchungen von anderen Industrieflächen sowie von Bahnflächen und Binnenhäfen

Erläuterung der Symbole und Abkürzungen:

Spalte Nr. 1.: Nummer der Vegetationseinheiten (siehe Tabelle Nr. 46)
Spalte Nr. 2.: Bezeichnung der Einheiten, Klassen, Ordnungen, Verbände
Spalte Nr. 3.: Stet. 15 Flä. - Stetigkeit der Einheiten bezogen auf das Vorkommen in den 15 Untersuchungsflächen, Stetigkeitsstufen 1 - 5 in 20 % Stufen

für mit x gekennzeichnete Einheiten in den Spalten 4. bis 10. gilt:

Spalte Nr. 4.: neu   - erstmals beschriebene Einheit
Spalte Nr. 5.: neu Ruhrgeb. - erstmals für das Ruhrgebiet beschriebene Einheit
Spalte Nr. 6.: REIDL aus. Iflä. - nach REIDL 1989 in Essener Norden auf Industrieflächen beschränkte Einheit
              REIDL Schw. Igeb. - nach REIDL 1989 Einheit mit deutlichem Schwerpunkt in Industrie- und Gewerbegebieten im Essener Norden

die Angaben in den folgenden Spalten sind nur auf die in den Spalten 4. - 6. markierten Einheiten bezogen

Spalte Nr. 7.: auß. Iflä. vorh. - nach den vorliegenden vegetationskundlichen Untersuchungen, Aussagen von lokalen Experten oder nach der Erfahrung der Verfasser ist die Einheit im Ruhrgebiet auch außerhalb von Industrieflächen verbreitet
Spalte Nr. 8.: nur Iflä. häuf. - Einheit die im Ruhrgebiet nach den vorliegenden Daten nur auf Industrieflächen häufiger vorkommt
Spalte Nr. 9.: selt. Einh.   - Einheit von der nach den vorliegenden Daten nur wenige Fundorte im Ruhrgebiet bekannt sind
Spalte Nr. 10.: nur Iflä. bek. - Einheit von der nach den vorliegenden Daten nur wenige Fundorte im Ruhrgebiet bekannt sind, die alle auf Industrieflächen liegen

in den Spalten 11. bis 23. bedeuten:

x - der Autor gibt eine identische Einheit an
o - der Autor gibt eine ähnlich zusammengesetzte Einheit an, die aber unterschiedlich benannt ist und/oder anders soziologisch eingestuft wird
I - der Autor gibt eine Einheit an, die eine gewisse Ähnlichkeit mit der hier angegebenen hat

Spalte Nr. 11.: REIDL (1989) Industrieflächen im Essener Norden   11 Einzelflächen insgesamt 69 ha
Spalte Nr. 12.: REIDL (1989) Industriebrachen im Essener Norden   10 Einzelflächen insgesamt 61 ha
Spalte Nr. 13.: REIDL (1989) Zechenbrachen im Essener Norden   10 Einzelflächen insgesamt 85 ha
Spalte Nr. 14.: HAMANN (1988) Industriebrachen in Gelsenkirchen   6 Einzelflächen insgesamt 212 ha
Spalte Nr. 15.: PREISINGER (1984) Industrie- und Hafenflächen in Hamburg   25 Einzelflächen insgesamt 101 ha
Spalte Nr. 16.: DETTMAR (1985) Industrieflächen in Lübeck   2 Einzelflächen insgesamt 130 ha
Spalte Nr. 17.: REBELE & WERNER (1984) Industrieflächen in Berlin   38 Einzelflächen insgesamt 279 ha
Spalte Nr. 18.: PYSEK (1979) Flächen der chemischen Industrie in Westböhmen (CSFR)   2 Einzelflächen insgesamt 51 ha
Spalte Nr. 19.: PYSEK & PYSEK (1988) Industrie- und Gewerbeflächen in Prag (CSFR)   34 Einzelflächen insgesamt   ? ha
Spalte Nr. 20.: REIDL (1989) Bahnbrachen im Essener Norden   2 Einzelflächen insgesamt 29 ha
Spalte Nr. 21.: BRANDES (1983) Bahnhöfe in Mitteleuropa   zahlreiche Einzelflächen
Spalte Nr. 22.: FEDER (1990) Bahnhöfe in Hannover   67 Einzelflächen insgesamt   ? ha
Spalte Nr. 23.: BRANDES (1989) Binnenhäfen in Niedersachsen   verschiedene Einzelflächen

1.	2.	3.	4.	5.	6.	7.	8.	9.	10.	11.	12.	13.	14.	15.	16.	17.	18.	19.	20.	21.	22.	23.
	Assoziationen/Gesellschaften/Bestände	Ste. 15 Flß.	neu geb.	REIDL Ruhr aus. Iflß.Igeb. vorh.häuf.	REIDL Schw.Ifl8.	auß. Ifl8. Einh. bek.	nur Ifl8.	selt. Iflß.	nur 1989	REIDL Ibra 1989	REIDL Zbra 1989	HAMA. 1988	REIDL 1989	PREI- SING. 1984	DETT- MAR 1985	REB. WER. 1984	PYSEK 1979	PYSEK 1988	PYSEK Bbra 1989	REIDL DES 1983	BRAN- FEDER 1990	BRAN- DES 1989
I.	**Moosbestände/-gesellschaften**																					
1.	Ceratodon purpureus-Bestände	3			x									o								
2.	Ceratodon purpureus-Bryum argenteum-Ges.	4			x						x			x					x	x		
3.	Funarietum hygrometrae	5			x									x						x		
4.	Bryum argenteum-Bryum caespiticium-Ges.	3			x																	
5.	Ceratodon purpureus-Barbula conv.-Ges.	4			x																	
6.	Barbula conv.-Marchantia polymorpha-Ges.	3		x																		
7.	Marchantia polymorpha-Bestände	3			x									o								
8.	Polytrichum juniperum-Bestände	1			x																	
9.	Tortula muralis-Bestände	4			x																	
II.	**Ges./Best. der Farn- und Blütenpflanzen**																					
1.	Asplenietea/Thlaspietea																					
1.1.	Asplenium ruta-muraria-Bestände	1																			o	o
1.2.	Asplenium trichomanes-Bestände	1																			o	o
1.3.	Gymnocarpium robertianum-Bestand	1			x			x	x													
2.	Secalietea																					
	- Centauretalia cyani																					
	-- Aperion																					
2.1.	Alchemillo-Matricarietum	2															o					
2.2.	Papaver dubium-Bestand	1						x														
3.	Chenopodietea																					
	- Polygono-Chenopodietalia																					
3.1.	Digitaria ischaemum-Bestände	1														o				x		o	
3.2.	Chenopodium polyspermum-Bestände	2																					
3.3.	Galinsoga parviflora/G. ciliata-Best.	2																				o	
	-- Fumario-Euphorbion																						
3.4.	Mercurialetum annuae	3																				o	o

278

1.	2. Assoziationen/Gesellschaften/Bestände	3. Ste.Flä 15	4. neu Ruhr Flä.	5. neu geb.	6. REIDL aus.Schw. Iflä.Igeb. vorh.häuf.	7. auß. Iflä.	8. nur selt. Iflä.Einh.	9. nur bek. 1989	10. REIDL Iflä 1989	11. REIDL Ibra 1989	12. REIDL Zbra 1989	13. REIDL HAMA. 1988	14. PREI-SING. 1984	15. DETT-MAR 1985	16. REB. WER. 1984	17. PYSEK 1979	18. PYSEK 1988	19. REIDL Bbra 1989	20. BRAN-DES 1983	21. PYSEK FEDER 1990	22. BRAN-DES 1989
	– Sisymbrietalia																				
	— Sisymbrion																				
3.5.1	Conyza canadensis-Senecio viscosus-Gesellschaft (Bromo-Erigeretum)	5							o	o	o	o	o	o	o				o	o	o
3.5.2	Arenaria serpyllifolia-Bromus tectorum-Gesellschaft (Bromo-Erigeretum)	3						o	o			o		o	o				o	o	o
3.6	Apera interrupta-Arenaria serpyllifolia-Gesellschaft	3	x				x														
3.7	Crepis tectorum-Puccinellia distans-Gesellschaft	2	x				x														
3.8	Sisymbrietum loeselii	1		x											x			x	x		x
3.9	Lactuco-Sisymbrietum altissimi	3		x					x	x	x	I		x	x			x	x		x
3.10	Hordeetum murini	3						x	x	x	x		x					x	x		x
3.11	Chenopodietum ruderale	2							o	o		o		x	x		o	x	o		
3.12	Conyzo-Lactucetum	2		x					x	o				x			o	x	x		
3.13	Bromus sterilis-Bestände	4			x					o			o	x	x		o	x	x		
3.14	Hordeum jubatum-Bestände	1		x					I	I	I							o			
3.15	Crepis tectorum-Bestände	1			x																
3.16	Sisymbrium officinale-Bestände	1																			
3.17	Chaenarrhinum minus-Bestände	2		x					x	x	o	o		o				x	o		o
3.18	Inula graveolens-Tripleurospermum inodorum-Gesellschaft	3			x																
3.19	Tripleurospermum inodorum-Bestände	5							o	o	o	o	o		o						
3.20	Senecio inaequidens-Bestände	3		x	x															x	o
3.21	Amaranthus albus-Bestände	1		x		x														x	
3.22	Amaranthus blitoides-Bestände	1	x		x																
	— Salsolion																				
3.23	Chaenarrhino-Chenopodietum botryos	2		x					o	o	o	o							x		
3.24	Salsola kali subsp. ruthenica-Bestände	2		x					o	o	o	o	o	x					o		x
	--- Sonstige Chenopodietea Ges./Best.																				
3.25	Arenaria serpyllifolia-Hypericum perforatum-Gesellschaft	4																			
3.26	Arenaria serpyllifolia-Bestände	3							o			o		o					o	o	o
3.27	Atriplex rosea-Bestände	1	x			x	x													x	o	x
3.28	Senecio vulgaris-Bestände	2					x													x	o	

1.	2. Assoziationen/Gesellschaften/Bestände	3. Ste. 15 Flä.	4. neu Ruhr geb.	5. neu aus. Schw.Iflä.Igeb.	6. REIDL Iflä.Einh.Iflä.vorh. bek.	7. auß. nur Iflä.Igeb.häuf.	8. nur selt. vorh.	9. Iflä. häuf.	10. bek. 1989	11. REIDL Ibra 1989	12. REIDL Zbra 1989	13. HAMA. 1988	14. PREI- SING. 1984	15. DETT- MAR 1985	16.	17. REB. WER. 1984	18. PYSEK 1979	19. PYSEK 1988	20. PYSEK Bbra 1989	21. REIDL BRAN- 1983	22. FEDER 1990	23. BRAN- DES 1989
3.29.	Amaranthus retroflexus-Bestände	2	x																	x	o	x
3.30.	Setaria viridis-Bestände	1																		x	o	
3.31.	Digitaria sanguinalis-Bestände	1														I					o	
3.32.	Sinapis arvensis-Bestände	2																				
3.33.	Solanum nigrum-Bestände	1							x													
4.	**Bidentetea**																					
	– Bidentetalia																					
	-- Bidention tripartitae																					
4.1.	Ranunculus sceleratus-Bestände	1												o	o							
4.2.	Bidens frondosa-Bestände	1		x																		
	-- Chenopodion rubri																					
4.3.	Chenopodietum rubri	1			x										o		x					
4.4.	Chenopodium rubrum-Bestände	4			x	x						o			o	I	x					x
	--- Sonstige Bidentetea Ges./Best.																					
4.5.	Rorippa palustris-Bestände	1		x		x																
5.	**Artemisietea**																					
	Galio-Urticenea																					
	– Convolvuletalia																					
	-- Convolvulion sepium																					
5.1.	Convolvulo-Epilobietum hirsuti	1																				
5.2.	Urtica dioica-Calystegia sepium-Ges.	3									o	o			o			o		o		o
5.3.	Eupatorium cannabinum-Bestände	1										o										
	– Glechometalia																					
	-- Aegopodion podagrariae																					
5.4.	Urtico-Aegopodietum	1									x		x									
5.5.	Lamium maculatum-Bestände	2			x(?																	
5.6.	Petasites hybridus-Bestände	1									o	o					x				o	
5.7.	Anthriscus sylvestris-Bestände	1																			x	

1.	2. Assoziationen/Gesellschaften/Bestände	3. Ste. 15 Flä.	4. neu Ruhr geb.	5. neu aus. Iflä.Igeb.vorh.häuf.	6. REIDL Schw.Iflä.	7. Iflä.Einh. auß. nur	8. Iflä nur selt.nur bek. 1989	9. REIDL Iflä.Einh.Iflä 1989	10. REIDL Ibra 1989	11. REIDL Zbra 1989	12. HAMA. 1988	13. PREI- 1988	14. DETT- SING. 1984	15. MAR 1985	16. REB. WER. 1984	17. PYSEK 1979	18. PYSEK Bbra 1988	19. REIDL 1989	20. PYSEK BRAN-DES 1983	21. FEDER 1990	22. BRAN-DES 1989	23.
	-- Alliarion																					
5. 8.	Epilobio-Geranietum robertiani	1																				
	--- Sonstige Galio-Urticenea Ges./Best.								o													
5. 9.	Sambucus ebulus-Bestände	2																				
	Artemisienea																					
	- Artemisietalia																					
	-- Arction lappae																					
5.10.	Lamio-Ballotetum albae	1			x																	
5.11.	Armoracia rusticana-Bestände	1				x															x	
	- Onopordetalia																					
	-- Onopordion acanthii																					
5.12.	Resedo-Carduetum nutantis	1			x						o											
5.13.	Reseda luteola-Carduus acanthoides-Gesellschaft	2				x												x				
5.14.	Reseda luteola-Bestände	3			x																	
5.15.	Nepeta cataria-Bestände	1		x				x	x				o		o							
5.16.	Oenothera chicaginensis-Bestände	1	x					x x?							o							
	-- Dauco-Melilotion																						
5.17.	Echio-Verbascetum	3									x	x			x		o	x	x	x		
5.18.	Melilotetum albi-officinalis	2									x	x			o		o	x	x	x	x	I
5.19.	Dauco-Picridetum hieracoides	1						x		x	x	x	o		x			x	x	x	x	x
5.20.	Berteroetum incanae	1													x			x	x	x	x	x
5.21.	Artemisio-Tanacetetum	3									x				x			x	x	x	x	x
5.22.	Daucus carota-Bestände	2							x			x			x	x		x	o	x	x	x
5.23.	Oenothera biennis s.str.-Bestände	2		x	x				x		x		o			x	o	x	o	x	o	
5.24.	Oenothera parviflora s.str.-Bestände	1		x					x		x					x		x	o		x	o
5.25.	Pastinaca sativa-Bestände	1		x	x																	
5.26.	Cichorium intybus-Bestände	1											o		o					o	o	
	--- Sonstige Onopordetalia Ges./Best.																						
5.27.	Carduus acanthoides-Bestände	2			x																	

1.	2. Assoziationen/Gesellschaften/Bestände	3. Ste. 15 Fl8.	4. neu Ruhr geb.	5. neu Ifl8. Igeb.	6. REIDL Schw. vorh.	7. auß. Ifl8. häuf.	8. nur Ifl8. bek.	9. selt.nur Ifl8.Einh.	10. REIDL Ifl8 1989	11. REIDL Ibra 1989	12. REIDL Zbra 1989	13. REIDL 1988	14. HAMA. 1989	15. PREI-SING. 1984	16. DETT-MAR 1985	17. REB.WER. 1984	18. PYSEK 1979	19. PYSEK 1988	20. PYSEK Bbra 1989	21. REIDL BRAN-DES 1983	22. BRAN-FEDER 1990	23. BRAN-DES 1989
	--- Sonstige Artemisietea Ges./Best.																					
5.28.	Silene vulgaris-Artemisia vulgaris-Ges.	2	x			x																
5.29.	Solidago gigantea/Solidago canadensis-Bestände	5			x				x	o	o				o				o		o	
5.30.	Arrhenatherum elatius-Bestände	4								o	o			o		o			o	x	o	o
5.31.	Poa palustris-Bestände	4		x						o	o		I	o		o				x	x	
5.32.	Reynoutria japonica-Bestände	4						x		o	x								x	x	x	x
5.33.	Reynoutria sachalinensis-Bestände	1						x			x											x
5.34.	Cirsium arvense-Bestände	4								o	o		o				x					
5.35.	Geranium robertianum-Bestände	3							x										o	x	x	
5.36.	Aster novi-belgii agg. Bestände																					
5.36.1	Aster novi-belgii-Bestände	1							x												x	
5.36.2	Aster lanceolatus-Bestände	1	x			x															x	
5.37.	Rubus caesius-Bestände	3					x			o	o				o		o	x	o	x	o	
5.38.	Dipsacus sylvestris-Bestände	2	x			x				o	o						x		o			
5.39.	Artemisia vulgaris-Bestände	3					x			o	o		o		o		x		o			

6. Agropyretea
- Agropyretalia
-- Convolvulo-Agropyrion

1.	2.	3.	4.	5.	6.	7.	8.	9.	10.	11.	12.	13.	14.	15.	16.	17.	18.	19.	20.	21.	22.	23.
6.1.	Convolvulo-Agropyretum	4								x	x		I	o	x	x	x	x	I	x			x
6.2.	Cardario-Agropyretum	1								x									o		x		
6.3.	Poo-Anthemetum tinctoriae	1		x			x									x							
6.4.	Poo-Tussilaginetum	3						x		o	o		I			x			o			o	
6.5.	Diplotaxi-Agropyretum	1																					
6.6.	Diplotaxis tenuifolia-Bestände	2		x																			
6.7.	Poa compressa-Bestände	3								o			o	o	o			x	o	x	o		
6.8.	Poa angustifolia-Bestände	3								o			o	o	x							I	
6.9.	Agrostis gigantea-Bestände	4		x		x				o	o	o	o	x						x	o		
6.10.	Saponaria officinalis-Bestände	2								x							x		x				
6.11.	Bromus inermis-Bestände	1		x																			x

	Assoziationen/Gesellschaften/Bestände	3. Ste. neu Flß. 15	4. neu Flß.	5. Ruhr aus. geb.	6. REIDL Schw.Iflß. Igeb.vorh.	7. auß. Iflß.Einh. vorh.häuf.	8. nur selt. Iflß.	9. nur bek.	10. REIDL Iflß. 1989	11. REIDL Ibra 1989	12. REIDL Zbra 1989	13. REIDL HAMA. 1988	14. PREI-SING. 1984	15. DETT-MAR 1985	16. REB. WER. 1984	17. PYSEK 1979	18. PYSEK 1988	19. REIDL 1989	20. PYSEK Bbra 1989	21. BRAN-DES 1983	22. FEDER 1990	23. BRAN-DES 1989
7. Agrostietea																						
	— Agrostietalia																					
	—— Agropyro-Rumicion																					
7.1.	Dactylo-Festucetum arundinaceae	2			x					x												
7.2.	Mentho-Juncetum inflexi	1			x	x			o													
	—— Sonstige Agrostietea Ges./Best.																					
7.3.	Carex hirta-Bestände	4							o	o	o		I				o	o	o			
7.4.	Agrostis stolonifera-Bestände	2							o	x	o	o	x	x	x		o	o	o			
7.5.	Ranunculus repens-Bestände	1											o									
7.6.	Potentilla anserina-Bestände	1																o				
8. Plantaginetea																						
	— Plantaginetalia																					
	—— Polygonion avicularis																					
8.1.	Bryo-Saginetum procumbentis	4								x	x					x		x	x		x	
8.2.	Polygonetum calcati	2								x	x										x	
8.3.	Juncetum tenuis	1																			x	
8.4.	Spergularia rubra-Bestände	2									x											
8.5.	Spergularia rubra-Herniaria glabra-Ges.	1													o							
8.6.	Herniaria glabra-Bestände	2																				
8.7.	Prunella vulgaris-Plantago major-Ges.	3											o									
8.8.	Poa annua-Poa pratensis subsp. irrigata-Gesellschaft	2				x																
8.9.	Poa annua-Puccinellia distans-Gesellsch.	1			x	x?	x							x		I			o		o	
	—— Sonstige Plantaginetea Ges./Best.																					
8.10.	Poa annua-Bestände	5							o	o	o		o					o				
9. Potamogetonetea																						
	— Potamogetonetalia																					
	—— Potamogetonion pectinati																					
9.1.	Potamogeton pectinatus-Bestände	1																				

Assoziationen/Gesellschaften/Bestände	Ste. 15 Flä.	neu geb.	neu Ifl8.Igeb.	REIDL vorh.häuf.	auß. nur selt.nur bek.	REIDL Schw.Ifl8.Einh.Ifl8.Ifl8 1989	REIDL Ibra 1989	REIDL Zbra 1989	HAMA. 1988	PREI-DETT-SING. MAR 1984 1985	REB. WER. 1984	PYSEK 1979	PYSEK 1988	REIDL 1989	BRAN-DES Bbra 1989	FEDER BRAN-DES 1983 1990 1989
10. Phragmitetea																
– Phragmitetalia																
-- Phragmition																
10.1. Typha latifolia-Bestände	1										o					
10.2. Typha angustifolia-Bestände	1										o					
10.3. Glyceria maxima-Bestände	1															
10.4. Phragmites communis-Bestände	1											x				
10.5. Eleocharis palustris-Bestände	1															
-- Magnocaricion																
10.6. Carex acutiformis-Bestände	1									x x						
10.7. Carex disticha-Bestände	1															
10.8. Carex gracilis-Bestände	1															
11. Molinio-Arrhenatheretea																
– Molinietalia																
11.1 Juncus acutiflorus-Bestand	1															
11.2 Juncus effusus-Bestände	2					x										
11.3. Equisetum palustre-Bestände	1								o			o				
– Arrhenatheretalia																
-- Arrhenatherion																
11.4. Arrhenatheretum	2															
--- Sonstige Mol.-Arrhenatheretea Best.																
11.5. Holcus lanatus-Bestände	4							o	o							
11.6. Dactylis glomerata-Bestände	3							o	o					o		
11.7. Festuca rubra agg.-Bestände	4					o	o			I				o		
11.8. Lolium perenne-Bestände	2												o	x		
12. Sedo-Scleranthetea																
– Thero-Airetalia																
-- Alysso-Sedion																
12.1 Saxifraga tridactylites-Poetum compress.	1														x x	
12.2. Saxifraga tridactylites-Bestände	3					x										o

1. 2. Assoziationen/Gesellschaften/Bestände	3. Ste. 15 Flä.	4. neu geb.	5. neu REIDL Ruhr Iflä.Igeb.vorh.häuf.	6. REIDL aus. Schw.Iflä.Iflä.Einh.Iflä.Iflä	7. auß.	8. nur	9. selt.nur	10. REIDL bek.	11. REIDL Iflä 1989	12. REIDL Ibra 1989	13. REIDL Zbra 1989	14. HAMA. 1988	15. PREI- SING. 1984	16. DETT- MAR 1985	17. REB. WER. 1984	18. PYSEK 1979	19. PYSEK 1988	20. REIDL Bbra 1989	21. PYSEK BRAN- DES 1983	22. BRAN- FEDER DES 1989	23. 1990 1989
--- Sonstige Sedo-Scleranthetea Best.																					
12.3. Vulpia myuros-Bestände	2											I					o	x	o	o	
12.4. Cerastium semidecandrum-Bestände	5											o		I	o					o	
12.5. Cerastium pumilum agg.-Bestände																					
12.5.1. Cerastium glutinosum-Bestände	4				x?														o		
12.5.2. Cerastium pumilum s.str.-Bestände	3	x			x																
12.6. Sedum acre-Bestände	4							o	o												
12.7. Erophila verna-Bestände	1		x			x							o	o		o			o	x	
12.8. Petrorhagia prolifera-Bestände	1	x					x x														
12.9. Acinos arvensis-Bestände	1	x					x x														
13. Epilobietea angustifolii																					
- Atropetalia																					
-- Sambuco-Salicion capreae																					
13.1. Epilobio-Salicetum capreae	5								x	x	x		o		o		x		o	o	
13.2. Betula pendula-Bestände	4			x					x	o	o			I	o		x	o	o	o	
13.3. Urtica dioica-Sambucus nigra-Gesellschaft	3								o	o	o		o		o	o		o	o	o	
13.4. Buddleja davidii-Betula pendula-Ges.	3			x					o	o	o							o			
13.5. Rubus idaeus-Bestände	2									o	o							o			
--- Sonstige Epilobietea-Ges./Best.																					
13.6. Hypericum hirsutum-Bestände	1	x					x x														
14. Querco-Fagetea																					
- Prunetalia																					
-- Berberidion																					
14.1. Pruno-Ligustretum	1																				
-- Pruno-Rubion																					
Pruno-Rubenion																					
14.2. Urtica dioica-Rubus armeniacus-Ges.	5													o							x
14.3. Rubus elegantispinosus-Bestände	2																				

1.	2. Assoziationen/Gesellschaften/Bestände	3. Ste. neu 15 Fl8.	4. neu Ruhr geb.	5. REIDL aus. Schw.Ifl8.Igeb.vorh.häuf.	6. REIDL	7. auß.	8. nur	9. selt.nur	10. REIDL Ifl8.Einh.Ifl8.Ifl8. bek.1989	11. REIDL Ibra 1989	12. REIDL Zbra 1989	13. HAMA. 1988	14. PREI- SING. 1984	15. DETT- MAR 1985	16. REB. WER. 1984	17. 1979	18. PYSEK 1988	19. PYSEK 1989	20. PYSEK Bbra 1989	21. BRAN- DES 1983	22. FEDER 1990	23. BRAN- DES 1989
	--- Sonstige Prunetalia Ges./Best.																					
	14.4. Rubus corylifolius agg.-Bestände																					
	14.4.1. Rubus camptostachys-Bestände	2	x			x?																
	14.4.2. Rubus calvus-Bestände	1	x			x?																
	14.4.3. Rubus incisior-Bestände	1	x			x																
	14.4.4. Rubus nemorosus-Bestände	2	x			x?																
	14.4.5. Rubus nemorosoides-Bestände	1	x			x?																
	14.5. Crataegus monogyna-Bestände	2							o													
	14.6. Clematis vitalba-Bestände	2								o	o					I	o		x	o		
	14.7. Humulus lupulus-Bestände	2									o					I						
	15. Gesellschaften/Bestände die nicht weiter zugeordnet werden können																					
	- mit dominierenden krautigen Pflanzen																					
	15.1. Puccinellia distans-Diplotaxis tenuifolia-Gesellschaft	1	x				x	x											x			
	15.2. Epilobium ciliatum-Bestände	5		x																		
	15.3. Calamagrostis epigeios-Bestände	4								o	o		o		o		o	o	o	o	o	
	15.4. Epilobium angustifolium-Bestände	3								o	o		o						x			
	15.5. Agrostis tenuis-Bestände	2		x						o	o								o			
	15.6. Festuca ovina agg.-Bestände	1																	x			
	15.6.1. Festuca trachyphylla-Bestände	2	x			x									o							
	15.6.2. Festuca tenuifolia-Bestände	2	x			x								o	I	o						
	15.6.3. Festuca guestfalica-Bestände	1	x			x																
	15.7. Solanum dulcamara-Bestände	2																				
	15.8. Poa nemoralis-Bestände	1																				
	15.9. Poa x figertii-Bestände	1	x			x																
	15.10. Pteridium aquilinum-Bestände	3									o								o			
	15.11. Potentilla norvegica-Bestände	1	x																			
	15.12. Isatis tinctoria-Bestände	1	x																			
	15.13. Holcus mollis-Bestände	1	x							o												
	15.14. Tragopogon dubius-Bestände	1				x																o
	15.15. Phalaris arundinacea-Bestände	1				x					o											
	15.16. Sherardia arvensis-Bestände	1	x				x															
	15.17. Sisymbrium volgense-Bestände	1	x				x															

285

1.	2. Assoziationen/Gesellschaften/Bestände	3. Ste. 15 Fiß.	4. neu geb. Ifiß.	5. neu Ifiß. Igeb.	6. REIDL Ruhr aus. vorh.häuf.	7. auß. Schw. Ifiß.	8. nur Ifiß. Einh.	9. selt. Ifiß.	10. nur Ifiß. bek.	11. REIDL 1989	12. REIDL Ibra 1989	13. REIDL Zbra 1989	14. HAMA. 1988	15. PREI-SING. 1984	16. DETT-MAR 1985	17. REB. WER. 1984	18. PYSEK 1979	19. PYSEK 1988	20. PYSEK Bbra 1989	21. REIDL BRAN-DES 1983	22. PYSEK Bbra DES 1990	23. FEDER BRAN-DES 1989
15.18.	Physalis francheti-Bestände	1			x																	
15.19.	Mentha x villosa-Bestände	1																				
15.20.	Geranium sanguineum-Bestände	1		x		x									x							
15.21.	Coronilla varia-Bestände	1																	o			
15.22.	Juncus bulbosus-Bestände	1		x																		
15.23.	Molinia caerulea-Bestände	1				x																
– mit dominierenden Gehölzen																						
15.24.	Robinia pseudacacia-Bestände	2								o	I	x				I				x	o	I
15.25.	Populus x canadensis-Bestände	1																				
15.26.	Cornus alba-Bestände	2																				
15.27.	Lycium chinense-Bestände	1					x															
15.28.	Hippophae rhamnoides-Bestände	1		x		x	x															
15.29.	Salix viminalis-Bestände	1																				
15.30.	Alnus glutinosa-Bestände	1																				

Tabelle Nr. 60 Verteilung der Vegetationseinheiten auf die Lebensraumtypen - Einschätzung der Verbreitung der bemerkenswerten Einheiten im Ruhrgebiet

Erläuterung der Symbole und Abkürzungen:

Spalte Nr. 1.: Nummer der Vegetationseinheiten (siehe Tabelle Nr. 46)
Spalte Nr. 2.: Bezeichnung der Einheiten, Klassen, Ordnungen, Verbände
Spalte Nr. 3.: Stet. 15 Flä. - Stetigkeit der Einheiten bezogen auf das Vorkommen in den 15 Untersuchungsflächen, Stetigkeitsstufen 1 - 5 in 20 % Stufen
Spalte Nr. 4.: Lebensraumtypen - Verteilung der Einheiten auf die Lebensraumtypen - x - Vorkommen - O - Schwerpunktvorkommen -

    A - Mauerfüße, Gebäudenahbereiche   H - Halden
    B - Gebäude, Bodenplatten, Ruinen   I - sonstige Freiflächen
    C - Straßen, Wege etc.   J - Dämme, Wälle
    D - Gleisbereiche   K - Löschteiche, Klär-, Schlammbecken, Tümpel, Gräben
    E - Park-, Wendeplätze   L - Grünanlagen
    F - Zwischenlagerplätze   M - nicht industrielle Restflächen
    G - Dauerlagerplätze

für die in Spalte 5. bis 12 mit x gekennzeichneten Einheiten gilt:

Spalte Nr. 5.: selt. Char. Art   - Einheiten mit in Ruhrgebiet seltenen, kennzeichnenden Sippen
Spalte Nr. 6.: neu   - erstmals beschriebene Einheit
Spalte Nr. 7.: neu Ruhrgeb.   - erstmals für das Ruhrgebiet beschriebene Einheit
Spalte Nr. 8.: REIDL aus. Ifl.   - nach REIDL 1989 im Essener Norden auf Industrieflächen beschränkte Einheit
               REIDL Schw. Igeb.   - nach REIDL 1989 Einheit mit deutlichem Schwerpunkt in Industrie- und Gewerbegebieten im Essener Norden

die Angaben in den folgenden Spalten sind nur auf die in den Spalten 5. - 8. markierten Einheiten bezogen

Spalte Nr. 9.: auß. Ifl. vorh.   - nach den vorliegenden vegetationskundlichen Untersuchungen, Aussagen von lokalen Experten oder nach der Erfahrung der Verfasser ist die Einheit im Ruhrgebiet auch außerhalb von Industrieflächen verbreitet
Spalte Nr. 10.: nur Ifl. häuf.   - Einheit die im Ruhrgebiet nach den vorliegenden Daten nur auf Industrieflächen häufiger vorkommt
Spalte Nr. 11.: selt. Einh.   - Einheit von der nach den vorliegenden Daten nur wenige Fundorte im Ruhrgebiet bekannt sind
Spalte Nr. 12.: nur Ifl. bek.   - Einheit von der nach den vorliegenden Daten nur wenige Fundorte im Ruhrgebiet bekannt sind, die alle auf Industrieflächen liegen

Spalte Nr. 13.: Einschätzung für das Ruhrgebiet - Einschätzung der Häufigkeit und der Verbreitungsschwerpunkte auf Industrieflächen, nur auf die in den Spalten 5 - 12 markierten Einheiten bezogen
                I-Flächen - Industrieflächen
                I-Gebiete - Industriegebiet/industriell geprägte Stadtzonen

1.	2. Assoziationen/Gesellschaften/Bestände	3. Stet. 15 Flä.	4. Lebensraumtypen													5. selt. Char. Art.	6. neu Ruhr geb.	7. neu Iflä. Igeb.	8. REIDL aus. Schw. vorh.häuf.	9. auß. Iflä. vorh.	10. nur Iflä.	11. selt. Einh.	12. nur Iflä. bek.	13. Einschätzung für das Ruhrgebiet Iflä.nur für Einheiten die in den vorherigen 9 Spalten markiert sind
			A	B	C	D	E	F	G	H	I	J	K	L	M									
I.	**Moosbestände/-gesellschaften**																							
1.	Ceratodon purpureus-Bestände	3	0	x	0		x		x	x		x								x				auch außerh.v.I-Flächen verbreitet
2.	Ceratodon purpureus-Bryum argenteum-Ges.	4	x	x	x		x	x	x	x	0	x								x				auch außerh.v.I-Flächen verbreitet
3.	Funarietum hygrometrae	5	x		x	0	x	x	x	x	x	x								x				auch außerh.v.I-Flächen verbreitet
4.	Bryum argenteum-Bryum caespiticium-Ges.	3		x	0		x	x	x	x	x	x								x				auch außerh.v.I-Flächen verbreitet
5.	Ceratodon purpureus-Barbula conv.-Ges.	4	x	0	0	x		x	x		x									x				auch außerh.v.I-Flächen verbreitet
6.	Barbula conv.-Marchantia polymorpha-Ges.	3	x	x	0	x			x	x	x						x							auch außerh.v.I-Flächen verbreitet
7.	Marchantia polymorpha-Bestände	3	x	x	0	x					x									x				auch außerh.v.I-Flächen verbreitet
8.	Polytrichum juniperum-Bestände	1		0									x		x					x				auch außerh.v.I-Flächen verbreitet
9.	Tortula muralis-Bestände	4	x	0										x	x					x				auch außerh.v.I-Flächen verbreitet
II.	**Ges./Best. der Farn- und Blütenpflanzen**																							
1.	Asplenietea/Thlaspietea																							
1.1.	Asplenium ruta-muraria-Bestände	1		0																				
1.2.	Asplenium trichomanes-Bestände	1		0												x	x			x		x		selt.Einh. auch außerh. v. I-Flä. vorh.
1.3.	Gymnocarpium robertianum-Bestand	1		0												x	x					x		selt.Einh. nur v. I-Flä.bekannt
2.	Secalietea																							
	– Centauretalia cyani																							
	– Aperion																							
2.1.	Alchemillo-Matricarietum	2			x				x	x	x	x	0							x				auch außerh.v.I-Flächen verbr.
2.2.	Papaver dubium-Bestand	1											0											
3.	Chenopodietea																							
	– Polygono-Chenopodietalia																							
3.1.	Digitaria ischaemum-Bestände	1			0				x	x														
3.2.	Chenopodium polyspermum-Bestände	2	x	x					x	x	x													
3.3.	Galinsoga parviflora/G. ciliata-Best.	2	0	x																				
	– Fumario-Euphorbion																							
3.4.	Mercurialetum annuae	3	x		x				x	0	x	x												

289

1.	2. Assoziationen/Gesellschaften/Bestände	3. Stet. 15 Flä.	4. Lebensraumtypen A B C D E F G H I J K L M	5. selt. Char. Art.	6. neu Ruhr geb.	7. neu Schw. Ifl8. Igeb. vorh. häuf.	8. REIDL aus. Ifl8. Ifl8. Einh. vorh. häuf.	9. aus. Ifl8. Einh.	10. nur Ifl8. Einh.	11. selt. nur Einh.	12. nur Einh.	13. Einschätzung für das Ruhrgebiet/für Einheiten die in den vorherigen 9 Spalten markiert sind bek. herigen 9 Spalten markiert sind
	- Sisymbrietalia											
	-- Sisymbrion											
3.5.1.	Conyza canadensis-Senecio viscosus-Gesellschaft (Bromo-Erigeretum)	5	x x x 0 x x									
3.5.2.	Arenaria serpyllifolia-Bromus tectorum-Gesellschaft (Bromo-Erigeretum)	3	x x x 0 x x x x									
3.6.	Apera interrupta-Arenaria serpyllifolia-Gesellschaft	3	x 0 x x x x 0 x				x					auf I-Flächen begrenzt/häufig
3.7.	Crepis tectorum-Puccinellia distans-Gesellschaft	2	x 0 x x x x				x					auf I-Flächen begrenzt/häufig
3.8.	Sisymbrietum loeselii	1	x x x 0					x					Schwerpunkt I-Gebiete/häufig
3.9.	Lactuco-Sisymbrietum altissimi	3	x x x x 0 x						x				Schwerpunkt I-Gebiete/häufig
3.10.	Hordeetum murini	3	0 x x x									
3.11.	Chenopodietum ruderale	2	x x x 0 x									
3.12.	Conyzo-Lactucetum	2	x x 0 0 x x x				x					Schwerpunkt I-Gebiete/häufig
3.13.	Bromus sterilis-Bestände	4	x 0 0 x x x									
3.14.	Hordeum jubatum-Bestände	1	x x x x 0 x					x				Schwerpunkt I-Flächen/mehrere Vork.
3.15.	Crepis tectorum-Bestände	1	x x x x 0						x			auch außerh. v. I-Flächen verbreitet
3.16.	Sisymbrium officinale-Bestände	1	x x x x 0 x									
3.17.	Chaenarrhinum minus-Bestände	2	0 x x					x				Schwerpunkt I-Flächen/häufig
3.18.	Inula graveolens-Tripleurospermum inodorum-Gesellschaft	3	x x x 0 x 0 x				x					auf I-Flächen begrenzt/häufig
3.19.	Tripleurospermum inodorum-Bestände	5	x x x x 0 x									
3.20.	Senecio inaequidens-Bestände	3	x 0 0 x					x				auch außerh. v. I-Flächen verbreitet
3.21.	Amaranthus albus-Bestände	1	x x x x 0					x				Schwerpunkt I-Flächen/mehrere Vork.
3.22.	Amaranthus blitoides-Bestände	1	x x 0						x			selt. Einh. auch außerh. v. I-Flä. vorh.
	-- Salsolion												
3.23.	Chaenarrhino-Chenopodietum botryos	2	x x x x x 0				x					auf I-Flächen begrenzt/häufig
3.24.	Salsola kali subsp. ruthenica-Bestände	2	x x 0 x x x x				x					auf I-Flächen begrenzt/häufig
	--- Sonstige Chenopodietea Ges./Best.												
3.25.	Arenaria serpyllifolia-Hypericum perforatum-Gesellschaft	4	x x 0 x x x									
3.26.	Arenaria serpyllifolia-Bestände	3	x x x 0 x x x 0									
3.27.	Atriplex rosea-Bestände	1	x 0							x			x selt.Einh. n. v. I-Flä. bekannt
3.28.	Senecio vulgaris-Bestände	2	x 0 x 0 x									

1.	2. Assoziationen/Gesellschaften/Bestände	3. Stet. 15 Flä.	4. Lebensraumtypen														5. selt. Char. Art.	6. neu Ruhr	7. neu Schw.	8. REIDL aus. Ifläch. Igeb. vorh. häuf.	9. auß. Ifläch. Igeb. vorh.	10. nur selt. Einh.	11. nur Ifläch. Einh.	12. Ifläch. nur für bek.	13. Einschätzung für das Ruhrgebiet die in den vorherigen 9 Spalten markiert sind
			A	B	C	D	E	F	G	H	I	J	K	L	M									
3.29.	Amaranthus retroflexus-Bestände	2	x		0			x											x					auch außerh. v. I-Flächen verbreitet
3.30.	Setaria viridis-Bestände	1			0					x	x													
3.31.	Digitaria sanguinalis-Bestände	1	x	0	x																			
3.32.	Sinapis arvensis-Bestände	2							0		x													
3.33.	Solanum nigrum-Bestände	1		x						x														
4.	**Bidentetea**																							
	- Bidentetalia																							
	-- Bidention tripartitae																							
4.1.	Ranunculus sceleratus-Bestände	1									0								x					auch außerh. v. I-Flächen verbreitet
4.2.	Bidens frondosa-Bestände	1									0													
	-- Chenopodion rubri																							
4.3.	Chenopodietum rubri	1		x						x	x								x					
4.4.	Chenopodium rubrum-Bestände	4		x					x	x	0	x							x					auch außerh. v. I-Flächen verbreitet
	--- Sonstige Bidentetea Ges./Best.																							
4.5.	Rorippa palustris-Bestände	1	0																x					auch außerh. v. I-Flächen verbreitet
5.	**Artemisietea**																							
	Galio-Urticenea																							
	- Convolvuletalia																							
	-- Convolvulion sepium																							
5.1.	Convolvulo-Epilobietum hirsuti	1			x	x			0	x	x	x												
5.2.	Urtica dioica-Calystegia sepium-Ges.	3	x		x	x			x	x	x	x												
5.3.	Eupatorium cannabinum-Bestände	1	x		x				x	x	x	x		x										
	- Glechometea																							
	-- Aegopodion podagrariae																							
5.4.	Urtico-Aegopodietum	1								x														
5.5.	Lamium maculatum-Bestände	2	0							x	x								x(?)				x	auch außerh. v. I-Flächen verbreitet
5.6.	Petasitus hybridus-Bestände	1									0													
5.7.	Anthriscus sylvestris-Bestände	1								0	x													

291

1. Assoziationen/Gesellschaften/Bestände	2.	3. Stet. 15 Flä.	4. Lebensraumtypen												5. selt. Char. Art.	6. neu Ruhr geb.	7. neu aus. Iflä. Igeb. vorh. häuf.	8. REIDL Schw. Iflä. Iflä. Einh. Iflä. nur für Einh.	9.	10.	11. auß. nur Iflä. nur für Einh.	12. selt. nur Einh. die in den vor-bek. herigen 9 Spalten markiert sind	13. Einschätzung für das Ruhrgebiet
			A	B	C	D	E	F	G	H	I	J	K	L	M								
-- Alliarion																							
5.8. Epilobio-Geranietum robertiani		1												x									
--- Sonstige Galio-Urticenea Ges./Best.																							
5.9. Sambucus ebulus-Bestände		2	x		x			x	0	x	x												
Artemisienea																							
- Artemisietalia																							
-- Arction lappae																							
5.10. Lamio-Ballotetum albae		1	x	x						x	0									x			
5.11. Armoracia rusticana-Bestände		1	x	x						x	0												selt. Einheit auch außerh.v.I-Flä.vorh.
- Onopordetalia																							
-- Onopordion acanthii																							
5.12. Resedo-Carduetum nutantis		1	x	x	x					x	0							x					Schwerpunkt I-Gebiete/häufig
5.13. Reseda luteola-Carduus acanthoides-Gesellschaft		2	x	x	x		x			x	0								x				auf I-Flächen begrenzt/häufig
5.14. Reseda luteola-Bestände		3								x	0			x				x					Schwerpunkt I-Gebiete/häufig
5.15. Nepeta cataria-Bestände		1	0								x						x				x?		selt. Einheit auch außerh.v.I-Flä.vorh.
5.16. Oenothera chicaginensis-Bestände		1	x								x					x	x				x		Schwerpunkt I-Flächen, mehrere Vork.
-- Dauco-Melilotion																							
5.17. Echio-Verbascetum		3					x	x	x	x	0										x		
5.18. Melilotetum albi-officinalis		2	x	x			x	x	x	x	0										x		
5.19. Dauco-Picridetum hieracoides		2	x				x		x		0										x		
5.20. Berteroetum incanae		1									0					x					x		
5.21. Artemisio-Tanacetetum		3	x				x			x	0							x					
5.22. Daucus carota-Bestände		2	x	x							0								x		x		auch außerh.v.I-Flächen verbreitet
5.23. Oenothera biennis s.str.-Bestände		2	x			x				x	0								x		x		auch außerh.v.I-Flächen verbreitet
5.24. Oenothera parviflora s.str.-Bestände		2									x						x		x?		x		selt. Einh. auch außerh.v.I-Flä. vorh.
5.25. Pastinaca sativa-Bestände		1	x							x	0								x		x		auch außerh.v.I-Flächen verbreitet
5.26. Cichorium intybus-Bestände		1	0								0												
--- Sonstige Onopordetalia Ges./Best.																							
5.27. Carduus acanthoides-Bestände		2		x						x	0							x					Schwerpunkt I-Gebiete/häufig

1.	2. Assoziationen/Gesellschaften/Bestände	3. Stet. 15 Flä.	4. Lebensraumtypen												5. selt. Char. Art.	6. neu Ruhr geb.	7. neu Ifl8. geb.	8. REIDL aus. Schw.Ifl8.Igeb.vorh.häuf.	9. auß.Ifl8.Einh.vorh.	10. nur Ifl8.Einh.	11. nur selt. Einh.	12. Ifl8.	13. Einschätzung für das Ruhrgebiet Ifl8.nur für Einheiten die in den vorherigen 9 Spalten markiert sind
			A	B	C	D	E	F	G	H	I	J	K	L	M									
	--- Sonstige Artemisietea Ges./Best.																							
5.28.	Silene vulgaris-Artemisia vulgaris-Ges.	2			0		x				0				x				x					auch außerh.v.I-Flächen vorhanden
5.29.	Solidago gigantea/Solidago canadensis-Bestände	5	x	x	x		x				0	x	x												
5.30.	Arrhenatherum elatius-Bestände	4		x					x		0					x				x					Schwerpunkt I-Gebiete/häufig
5.31.	Poa palustris-Bestände	4		x				x	x		0														
5.32.	Reynoutria japonica-Bestände	4		x							0	x													
5.33.	Reynoutria sachalinensis-Bestände	1		x							x	0	x												
5.34.	Cirsium arvense-Bestände	4	x	x							x	0	x	x	x										
5.35.	Geranium robertianum-Bestände	3		x	0	x			x																
5.36.	Aster novi-belgii agg. Bestände																								
5.36.1.	Aster novi-belgii-Bestände	1					x		x		0										x				auch außerh.v.I-Flächen vorhanden
5.36.2.	Aster lanceolatus-Bestände	1	x																	x	x				auch außerh.v.I-Flächen vorhanden
5.37.	Rubus caesius-Bestände	3	x	x					x		0	x									x				auch außerh.v.I-Flächen vorhanden
5.38.	Dipsacus sylvestris-Bestände	2		x					x		0							x							
5.39.	Artemisia vulgaris-Bestände	3	x						x		0														
6.	**Agropyretea**																								
	- Agropyretalia																								
	-- Convolvulo-Agropyrion																								
6.1.	Convolvulo-Agropyretum	4		x							x	x	0	x	x										
6.2.	Cardario-Agropyretum	1			x							0		x	x		x								selt. Einheit auch außerh.v.I-Flä.vorh.
6.3.	Poo-Anthemetum tinctoriae	1									x	x	0	x							x?				
6.4.	Poo-Tussilaginetum	3							x	x	x	0	x												
6.5.	Diplotaxi-Agropyretum	1	x	x								0		x											
6.6.	Diplotaxis tenuifolia-Bestände	2	x	x	x	x				x	x	0	x		x					x					Schwerpunkt I-Flächen/häufig
6.7.	Poa compressa-Bestände	3	x	x	x						x	0	x												
6.8.	Poa angustifolia-Bestände	3	x	x	x	x					x	0	x	x	x										
6.9.	Agrostis gigantea-Bestände	4	x	x	x							0	x					x					x		auf I-Flächen begrenzt/häufig
6.10.	Saponaria officinalis-Bestände	2	x	x								0	x					x							
6.11.	Bromus inermis-Bestände	1		x							x	0								x					auch außerh.v.I-Flächen verbreitet

1. Assoziationen/Gesellschaften/Bestände	2.	3. Stet. 15 Fl.	4. Lebensraumtypen A B C D E F G H I J K L M	5. selt. Char. Art.	6. neu Ruhr	7. neu aus. Schw.	8. REIDL Ifl8.Einh.	9. auß. Ifl8.Einh. Igeb.vorh. häuf.	10. nur Ifl8. vorh.	11. selt.nur Ifl8.Einh.	12.	13. Einschätzung für das Ruhrgebiet bek.
7. Agrostietea												
- Agrostietalia												
-- Agropyro-Rumicion												
7.1. Dactylo-Festucetum arundinaceae		2	x x x									
7.2. Mentho-Juncetum inflexi		1	0 x x				x	x				auch außerh.v.I-Flächen verbreitet
--- Sonstige Agrostietea Ges./Best.												
7.3. Carex hirta-Bestände		4	x x x 0 x x									
7.4. Agrostis stolonifera-Bestände		2	x x x x 0									
7.5. Ranunculus repens-Bestände		2	x x x 0 x									
7.6. Potentilla anserina-Bestände		1	0									
8. Plantaginetea												
- Plantaginetalia												
-- Polygonion avicularis												
8.1. Bryo-Saginetum procumbentis		4	x x 0 x x x x									
8.2. Polygonetum calcati		2	x 0 x x									
8.3. Juncetum tenuis		1	0 x x									
8.4. Spergularia rubra-Bestände		2	x x x 0 x x x									
8.5. Spergularia rubra-Herniaria glabra-Ges.		1	x x x x x									
8.6. Herniaria glabra-Bestände		2	x x x x x x									
8.7. Prunella vulgaris-Plantago major-Ges.		3	0 x x x									
8.8. Poa annua-Poa pratensis subsp. irrigata-Gesellschaft		2	x 0 x					x				auch außerh.v.I-Flächen verbreitet
8.9. Poa annua-Puccinellia distans-Ges.		1	x x x					x?				
--- Sonstige Plantaginetea Ges./Best.												
8.10. Poa annua-Bestände		5	x x 0 x x x x									selt. Einheit auch außerh.v.I-Fl8.vorh.
9. Potamogetonetea												
- Potamogetonetalia												
-- Potamogetonion pectinati												
9.1. Potamogeton pectinatus-Bestände		1	0									

1. Assoziationen/Gesellschaften/Bestände	2.	3. Stet. 15 Flä.	4. Lebensraumtypen												5. selt. Char. Art.	6. neu Ruhr	7. neu geb.	8. REIDL auß. Iflä. Igeb. vorh. häuf.	9. auß. Iflä. vorh.	10. Schw. Iflä. Einh. Iflä. vorh. häuf.	11. nur Iflä.	12. selt. nur Einh. Iflä.	13. Einschätzung für das Ruhrgebiet nur für Einheiten die in den vorherigen 9 Spalten markiert sind
			A	B	C	D	E	F	G	H	I	J	K	L	M								
10. Phragmitetea																							
– Phragmitetalia																							
– – Phragmition																							
10.1. Typha latifolia-Bestände		1									o												
10.2. Typha angustifolia-Bestände		1							o														
10.3. Glyceria maxima-Bestände		1					o																
10.4. Phragmites communis-Bestände		1									o	x											
10.5. Eleocharis palustris-Bestände		1			x						x	o											
– – Magnocaricion																							
10.6. Carex acutiformis-Bestände		1											x	x									
10.7. Carex disticha-Bestände		1									x		x	x									
10.8. Carex gracilis-Bestände		1									x	o			x								
11. Molinio-Arrhenatheretea																							
– Molinietalia																							
11.1 Juncus acutiflorus-Bestand		1									x	x											
11.2 Juncus effusus-Bestände		2								x	o	x	x										
11.3. Equisetum palustre-Bestände		1										x	o				x						auch außerh. v. I-Flächen verbreitet
– Arrhenatheretalia																							
– – Arrhenatherion																							
11.4. Arrhenatheretum		2									x	x	o	x									
– – Sonstige Mol.-Arrhenateretea Best.																							
11.5. Holcus lanatus-Bestände		4			x	x					x	o	x	x									
11.6. Dactylis glomerata-Bestände		3			x	x	x				x	o	x										
11.7. Festuca rubra agg.-Bestände		4						x	x		x	o											
11.8. Lolium perenne-Bestände		2			x		x				x	o		x									
12. Sedo-Scleranthetea																							
– Thero-Airetalia																							
– Alysso-Sedion																							
12.1 Saxifraga tridactylites-Poetum compress.		1			x		o				x	x							x		x		selt. Einheit auch außerh. v. I-Flä. vorh.
12.2. Saxifraga tridactylites-Bestände		3			o	x	x	x	x										x				Schwerpunkt I-Flächen/häufig

1.	2.	3.	4.											5.	6.	7.	8.	9.	10.	11.	12.	13.
	Assoziationen/Gesellschaften/Bestände	Stet. 15 Flä.	Lebensraumtypen											selt. Char. Art.	neu Ruhr geb.	neu aus. Iflä.Igeb.	REIDL Schw.Iflä. vorh.	auß. Einh. häuf.	nur Iflä.Einh.	selt.nur Einh.Ifl8.nur bek. herigen	Einschätzung für das Ruhrgebiet für Einheiten die in den vor- 9 Spalten markiert sind	
			A	B	C	D	E	F	G	H	I	J	K	L	M								
	--- Sonstige Sedo-Scleranthetea Best.																					
12.3.	Vulpia myuros-Bestände	2	x		x	0		x	x		x	x											
12.4.	Cerastium semidecandrum-Bestände	5	x	x	x	0	x	x			x	x											
12.5.	Cerastium pumilum agg.-Bestände																						
12.5.1.	Cerastium glutinosum-Bestände	4	x		x	0		x									x				x?		auf I-Flächen begrenzt/häufig?
12.5.2.	Cerastium pumilum s.str.-Bestände	3			x	0		x							x	x					x?		auf I-Flächen begrenzt/häufig?
12.6.	Sedum acre-Bestände	4	x	x	x	x	x	x	x					x									
12.7.	Erophila verna-Bestände	1				0												x					auch außerh.v.I-Flächen verbreitet
12.8.	Petrorhagia prolifera-Bestände	1			x	0									x	x						x	x	seltene Einh.n.von I-Fläch. bekannt
12.9.	Acinos arvensis-Bestände	1												0		x						x	x	seltene Einh.n. von I-Fläch. bekannt
13.	Epilobietea angustifolii																						
	- Atropetalia																						
	-- Sambuco-Salicion capreae																						
13.1.	Epilobio-Salicetum capreae	5	x	x					x	x	x	0	x										
13.2.	Betula pendula-Bestände	4	x	x			x	x	x	x	x	0	x						x				Schwerpunkt I-Gebiete/häufig
13.3.	Urtica dioica-Sambucus nigra-Gesellsch.	3	x									0	x										
13.4.	Buddleja davidii-Betula pendula-Ges.	3	x				x	x	x		x	0							x				Schwerpunkt I-Gebiete/häufig
13.5.	Rubus idaeus-Bestände	2	x									x	0										
	--- Sonstige Epilobietea-Ges./Best.																						
13.6.	Hypericum hirsutum-Bestände	1				0									x	x						x		x seltene Einh.n.von I-Fläch. bekannt
14.	Querco-Fagetea																						
	- Prunetalia																						
	-- Berberidion																						
14.1.	Pruno-Ligustretum	1							x					x									
	-- Pruno-Rubion																						
	Pruno-Rubenion																						
14.2.	Urtica dioica-Rubus armeniacus-Ges.	5	x	x							x	0	x										
14.3.	Rubus elegantispinosus-Bestände	2	x									x	0	x		x							

1.	2.	3.	4.											5.	6.	7.	8.	9.	10.	11.	12.	13.
	Assoziationen/Gesellschaften/Bestände	Stet. 15 Flä.	Lebensraumtypen											selt. Char. Art.	neu Ruhr geb.	neu aus. Iflä.	REIDL Schw.Iflä. Igeb.vorh.	auß. Iflä. vorh.häuf.	nur Iflä. Einh. bek.	nur Iflä.nur Einh.	selt.nur für Einheiten die in den vorherigen 9 Spalten markiert sind	Einschätzung für das Ruhrgebiet
			A	B	C	D	E	F	G	H	I	J	K	L	M								
	--- Sonstige Prunetalia Ges./Best.																						
14.4.	Rubus corylifolius agg.-Best.																						auch außerh.v.I-Fläch. vorhanden
14.4.1.	Rubus camptostachys-Bestände	2	x							0							x?				x		selt. Einheit auch außerh.v.I-Flä.vorh.
14.4.2.	Rubus calvus-Bestände	1								0							x?				x		selt. Einheit auch außerh.v.I-Flä.vorh.
14.4.3.	Rubus incisior-Bestände	1								x	x						x?		x		x		selt. Einheit auch außerh.v.I-Flä.vorh.
14.4.4.	Rubus nemorosus-Bestände	2			x					0							x?		x		x		selt. Einheit auch außerh.v.I-Flä.vorh.
14.4.5.	Rubus nemorosoides-Bestände	1			x					0							x?		x		x		selt. Einheit auch außerh.v.I-Flä.vorh.
14.5.	Crataegus monogyna-Bestände	2								0													
14.6.	Clematis vitalba-Bestände	2	x	x	x				x	x	0												
14.7.	Humulus lupulus-Bestände	2								x	x												
15.	**Gesellschaften/Bestände die nicht weiter eingeordnet werden können**																						
	- mit dominierenden krautigen Pflanzen																						
15.1.	Puccinellia distans-Diplotaxis tenuifolia-Gesellschaft	1		x					x	0							x		x			x	Schwerpunkt I-Flächen, mehrere Vork.
15.2.	Epilobium ciliatum-Bestände	5	x	x	x	x	x	x	x	x									x				
15.3.	Calamagrostis epigeios-Bestände	4		x	x					0	x												Schwerpunkt I-Flächen/häufig
15.4.	Epilobium angustifolium-Bestände	3			x		x			0	x												
15.5.	Agrostis tenuis-Bestände	2			x					0	x	x											
15.6.	Festuca ovina agg.-Bestände	1											x										auch außerhalb von I-Gebieten verbreitet.
15.6.1.	Festuca trachyphylla-Bestände	2	x	x	x													x	x				auch außerhalb von I-Flächen verbreit.
15.6.2.	Festuca tenuifolia-Bestände	2				0												x	x				
15.6.3.	Festuca guestfalica-Bestände	1																			x		selt. Einheit auch außerh.v.I-Flä.vorh.
15.7.	Solanum dulcamara-Bestände	2	0	x	x					0							x	x					
15.8.	Poa nemoralis-Bestände	1		x	x				x	0													
15.9.	Poa x figertii-Bestände	1								0											x		seltene Einheit n. von I-Flä. bekannt
15.10.	Pteridium aquilinum-Bestände	3		x					x	0													
15.11.	Potentilla norvegica-Bestände	1					x		x														auch außerh. von I-Flächen vorhanden
15.12.	Isatis tinctoria-Bestände	1							x				x					x					auch außerh. von I-Flächen vorhanden
15.13.	Holcus mollis-Bestände	1								0													
15.14.	Tragopogon dubius-Bestände	1		x						0							x	x			x		seltene Einheit n.v.I-Flä. bekannt
15.15.	Phalaris arundinacea-Bestände	1							x	x													
15.16.	Sherardia arvensis-Bestände	1								x										x	x		selt. Einheit auch außerh.v.I-Flä.vorh.
15.17.	Sisymbrium volgense-Bestände	1						0									x				x		selt. Einheit n.von I-Flä. bekannt
15.18.	Physalis franchetii-Bestände	1						0									x				x		selt. Einheit auch außerh.v.I-Flä.vorh.

297

1. Assoziationen/Gesellschaften/Bestände	3. Stet. 15 Flä.	4. Lebensraumtypen													5. selt. Char. Art.	6. neu Ruhr geb.	7. neu Ifl.Igeb. vorh.	8. REIDL Schw.Ifl.Einh. vorh.häuf.	9. auß. Ifl.Einh. vorh.	10.	11. Ifl.Einh. nur vorh.	12. nur selt.nur Einh.Ifl.Einh. bek.	13. Einschätzung für das Ruhrgebiet für Einheiten die in den vorherigen 9 Spalten markiert sind
		A	B	C	D	E	F	G	H	I	J	K	L	M								
15.19. Mentha x villosa-Bestände	1				0										x							
15.20. Geranium sanguineum-Bestände	1		0														x			x		selt. Einheit auch außerh.v.I-Flä.vorh.
15.21. Coronilla varia-Bestände	1				0																	
15.22. Juncus bulbosus-Bestände	1										0						x			x		selt. Einheit auch außerh.v.I-Flä.vorh.
15.23. Molinia caerulea-Bestände	1										0											
- mit dominierenden Gehölzen																						
15.24. Robinia pseudacacia-Bestände	2							0				x		x								
15.25. Populus x canadensis-Bestände	1							0							x							
15.26. Cornus alba-Bestände	2					x			x			x										
15.27. Lycium chinense-Bestände	1										0					x			x	x		selt. Einheit auch außerh.v.I-Flä.vorh.
15.28. Hippophae rhamnoides-Bestände	1																		x	x		auch außerh.v.I-Fläch.vorhanden
15.29. Salix viminalis-Bestände	1										0											
15.30. Alnus glutinosa-Bestände	1										0											

Vegetationstabelle Nr. 1   K. Asplenietea (1)
                           K. Thlaspietea (2)

Asplenium trichomanes-Bestand   Nr. 1
Gymnocarpium robertianum-Bestand Nr. 2

Laufende Nummer	1	2
Geländenummer	0260	0558
Datum	6/88	7/88
Stadt	Dort	Duis
Industriefläche	HoWe	ThMe
Biotoptyp	B/2	b/1
Ziegelmauer/Mörtel	x	x
Ausrichtung der Mauer	N	S
Deckung Krautschicht %	50	30
Deckung Moosschicht %	10	10
Größe Aufnahmefläche m²	1,5	0,5
Artenzahl	11	8

Asplenium trichomanes	3	.
Gymnocarpium robertianum	.	1

Sonstige

Poa annua	1	.
Salix spc. juv.	1	.
Epilobium angustifolium	+	.
Senecio vulgaris	r	.
Dryopteris dilatata	.	2
Epilobium ciliatum	.	r
Impatiens parviflora	.	r
Dryopteris carthusiana	.	1

Moose

Tortula muralis	2	+
Ceratodon purpureus	1	2
Flechten div. spec.	+	.
Bryum caespiticium	+	.
Marchantia polymorpha	+	.
Dicranella varia	r	.
Bryum argenteum	.	1

Vegetationstabelle Nr. 2   K. Chenopodietea   O. Sisymbrietalia   V. Sisymbrion   Teil 1

Arenaria serpyllifolia-Bromus tectorum-Gesellschaft (Bromo-Erigeretum)
- Ausbildung mit Cerastium holosteoides   Nr. 1 - 15
  - Unterausbildung mit Carduus acanthoides   Nr. 1 - 8
  - Trennartenfreie Unterausbildung   Nr. 9 - 15
- Trennartenfreie Ausbildung

Laufende Nummer	1	2	3	4	5	6	7	8	9	10	11	12	13	14	15	16	17	18	19	20	21	22	23	
Geländenummer	0176	0180	1130	0184	1134	1132	0177	1220	0171	0212	0210	0167	0192	1248	0211	1215	0105	0056	0125	0157	0158	0122	0106	
Datum	5/88	5/88	5/89	5/88	5/89	5/89	5/88	6/89	5/88	5/88	5/88	5/88	5/88	6/89	5/88	6/89	5/88	5/88	5/88	5/88	5/88	5/88	5/88	
Industriefläche	ZeTh	ZeTh	ThMe	ZeTh	ThMe	ThMe	ZeTh	ThRu	HoWe	ThRu	ThRu	HoWe	HoWe	ThBe	ThRu	ThRu	HoWe	ThBe	HoWe	ThOb	ThOb	HoWe	HoWe	
Stadt	Duis	Duis	Duis	Duis	Duis	Duis	Duis	Duis	Dort	Duis	Duis	Dort	Dort	Duis	Duis	Duis	Dort	Duis	Dort	Ober	Ober	tort	Dort	
Biotoptyp	i/2	bi/2	dj/2	dj/2	g/2	ca/1	i/2	D/2	DF/1	D/2	ID/1	D/2	D/3	HI/2	ID/1	I/2	D/2	C/1	D/2	D/3	D/3	JH/1	D/2	
Substrat	G4 5	Q4S5	J5 4	R3 5	#5S4	Q5S4	#4S5	A3 X	A3 5	S3 5	S3 5	S3 5	A4 4	e3 X	A3 5	S3 5	D5 2	A4 2	A4 5	S3 5	M4 5	h4 5	A3 5	A4 2
Substrat (Ergänzungen)	A	B	B1	B	B	c3	B	c	B1	B	D	c1	c	c3	D	d3	b	c	c	B	A	c	b	
Deckung Gesamt %	95	97	85	50	90	80	80	60	98	60	90	100	25	98	95	65	95	90	95	70	70	60	90	
Deckung Krautschicht %	65	75	80	50	50	80	80	50	40	60	90	60	23	50	95	60	45	40	80	65	60	45	40	
Deckung Moosschicht %	90	45	20	<1	70	5	10	20	90	5	3	80	2	90	<1	5	90	70	50	20	20	40	90	
Max. Höhe Krautsch. cm	45	40	40	50	25	35	35	80	10	50	50	40	25	40	70	50	10	25	10	25	40	15	10	
Exposition/Neigung°																								
Größe Aufnahmefläche m²	10	3	4	8	3	3	3	8	5	5	5	2	3	10	5	10	4	20	2	5	5	2	2	
Artenzahl	17	22	16	11	17	16	18	20	16	11	9	16	6	11	11	11	8	7	8	12	12	9	7	

	1	2	3	4	5	6	7	8	9	10	11	12	13	14	15	16	17	18	19	20	21	22	23	
Bromus tectorum	3	3	3	3	3	3	3	4	3	4	5	3	2	3	4	3	2	3	3	3	3	2	V
Arenaria serpyllifolia	1	1	2	+	+	2	1	+	1	.	+	1	.	.	+	.	1	+	1	2	2	+	2	V
Conyza canadensis	.	.	+	+	+	1	.	+	+	+	+	.	+	r	.	.	.	.	.	.	.	.	.	III
Senecio viscosus	.	.	.	+	.	+	.	r	.	.	.	.	.	.	.	.	.	.	.	.	.	.	.	I
Linaria vulgaris	.	.	.	.	.	.	.	.	.	.	.	.	.	.	.	.	.	+	.	.	.	.	.	+

Diff. A.

Cerastium holosteoides	+	+	.	+	+	+	+	.	+	+	2	+	+	.	.	.	.	.	.	.	.	.	.	III
Tripleurosp. inodorum(V)	+	+	+	.	.	.	+	.	+	.	.	+	r	.	.	.	+	.	.	.	.	.	.	II
Crepis tectorum (V)	.	r	.	.	.	.	.	.	r	r	.	.	r	+	.	+	+	.	.	.	.	.	.	II

A.A.

Carduus acanthoides	1	1	2	2	1	+	+	+	.	.	.	.	.	.	.	.	.	.	.	.	.	.	.	II
Epilobium angustifolium	1	1	+	.	r	+	.	.	.	.	.	.	.	.	.	.	.	.	.	.	.	.	.	II

V. Sisymbrion

Hordeum murinum	.	.	.	.	.	.	.	.	.	.	.	.	.	.	.	1	.	.	.	.	.	.	.	+

K. Chenopodieta

Senecio vulgaris	.	.	+	.	.	.	.	r	.	.	+	.	.	+	.	.	r	.	.	.	.	.	.	I
Sonchus oleraceus	.	.	.	.	.	.	.	1	.	.	.	.	.	.	.	.	.	.	.	.	.	.	.	+

K. Plantaginetea

Poa annua	+	.	.	.	1	2	1	.	+	1	.	+	.	+	.	.	+	1	1	1	+	.	1	III
Sagina procumbens	r	.	.	.	.	.	.	.	.	.	.	.	.	.	.	.	.	.	.	.	.	.	.	+
Poa pra.subsp. irrigata	.	.	.	.	1	.	.	.	.	.	.	.	.	.	.	.	.	.	.	.	.	.	.	+

K. Sedo-Scleranthetea

Cerastium semidecandrum	+	.	.	.	.	.	r	.	.	1	.	.	.	.	.	.	2	.	3	+	+	.	+	II
Cerastium glutinosum	.	+	r	+	1	.	.	.	+	.	+	.	+	.	.	.	.	.	.	.	.	.	+	II
Cerastium pumilum	+	.	.	.	+	.	+	.	.	.	.	.	.	.	.	.	.	.	.	.	.	.	+	I
Sedum acre	.	.	.	.	.	.	.	.	.	.	.	.	.	.	.	.	.	.	2	.	.	.	.	+
Veronica arvensis	.	r	.	.	.	.	.	.	.	.	.	.	.	.	.	.	.	.	.	.	.	.	.	+

Vegetationstabelle Nr. 2   K. Chenopodietea O. Sisymbrietalia V. Sisymbrion   Teil 2

Laufende Nummer	1	2	3	4	5	6	7	8	9	10	11	12	13	14	15	16	17	18	19	20	21	22	23	

Sonstige

Art	1	2	3	4	5	6	7	8	9	10	11	12	13	14	15	16	17	18	19	20	21	22	23	
Taraxacum officinale	+	1	+	+	+	+	+	+	+	+	.	+	+	+	+	1	+	r	.	.	.	.	.	IV
Artemisia vulgaris	.	r	+	.	r	.	+	+	r	.	.	+	.	.	.	+	.	.	r	+	.	1	.	III
Hieracium spec. juv.	.	.	r	.	.	.	r	r	.	.	.	.	.	.	r	.	.	.	+	r	.	.	II
Dactylis glomerata	.	.	.	.	.	.	.	.	.	.	.	.	.	2	.	+	.	1	+	+	.	.	II
Solidago gigantea	.	+	.	.	.	r	.	+	.	.	+	.	.	.	.	.	.	.	.	.	.	.	.	I
Tanacetum vulgare	.	.	.	.	.	.	.	.	.	.	.	+	.	.	.	.	.	.	.	+	1	.	.	I
Festuca rubra agg.	.	.	.	.	+	.	.	.	.	.	.	.	.	+	.	.	.	.	.	.	.	1	.	I
Lolium perenne	.	1	.	.	+	.	.	.	.	.	.	.	.	.	2	.	.	.	.	.	.	.	.	I
Betula pendula juv.	.	r	.	.	r	.	.	+	.	.	.	.	.	.	.	.	.	.	.	.	.	.	.	I
Daucus carota	.	.	.	.	.	.	.	.	1	.	.	.	.	.	.	.	.	.	.	1	.	.	+	I
Salix caprea juv.	.	.	.	.	.	r	.	+	.	r	.	.	.	.	.	.	.	.	.	.	.	.	.	I
Arrhenatherum elatius	.	.	.	+	.	.	.	.	+	.	.	.	.	.	.	.	.	.	.	+	.	.	.	I
Eupatorium cannabinum	.	+	.	.	.	r	+	.	.	.	.	.	.	.	.	.	.	.	.	.	.	.	.	I
Cirsium vulgare	.	.	.	+	.	.	.	.	.	.	.	+	.	.	.	.	.	.	.	.	.	.	.	I
Hieracium piloselloides	.	.	.	.	.	.	.	.	.	.	.	.	.	.	.	.	.	.	.	r	+	.	.	I
Poa compressa	.	.	.	.	.	.	.	.	r	.	.	.	.	.	+	.	.	.	.	.	.	.	.	I
Hypochoeris radicata	.	1	.	.	r	.	.	.	.	.	.	.	.	.	.	.	.	.	.	.	.	.	.	I
Cirsium arvense	.	+	.	.	.	.	.	.	.	.	.	.	.	.	1	.	.	.	.	.	.	.	.	I
Poa pratensis agg.	.	.	.	.	+	.	.	.	.	.	.	.	.	.	.	.	.	.	.	+	.	.	.	I
Rubus fruticosus agg. ju	+	.	.	.	.	.	.	.	.	.	.	.	.	.	.	.	.	.	.	.	.	.	.	+
Reseda luteola	r	.	.	.	.	.	.	.	.	.	.	.	.	.	.	.	.	.	.	.	.	.	.	+
Bromus mollis	.	2	.	.	.	.	.	.	.	.	.	.	.	.	.	.	.	.	.	.	.	.	.	+
Inula conyza	.	+	.	.	.	.	.	.	.	.	.	.	.	.	.	.	.	.	.	.	.	.	.	+
Holcus lanatus	.	+	.	.	.	.	.	.	.	.	.	.	.	.	.	.	.	.	.	.	.	.	.	+
Artemisia absinthium	.	.	+	.	.	.	.	.	.	.	.	.	.	.	.	.	.	.	.	.	.	.	.	+
Viola arvensis	.	.	r	.	.	.	.	.	.	.	.	.	.	.	.	.	.	.	.	.	.	.	.	+
Galium aparine	.	.	r	.	.	.	.	.	.	.	.	.	.	.	.	.	.	.	.	.	.	.	.	+
Tussilago farfara	.	.	.	.	.	+	.	.	.	.	.	.	.	.	.	.	.	.	.	.	.	.	.	+
Agrostis gigantea	.	.	.	.	.	.	1	.	.	.	.	.	.	.	.	.	.	.	.	.	.	.	.	+
Agropyron repens	.	.	.	.	.	.	+	.	.	.	.	.	.	.	.	.	.	.	.	.	.	.	.	+
Alopecurus pratensis	.	.	.	.	.	.	+	.	.	.	.	.	.	.	.	.	.	.	.	.	.	.	.	+
Calamagrostis epigeios	.	.	.	.	.	.	r	.	.	.	.	.	.	.	.	.	.	.	.	.	.	.	.	+
Buddleja davidii juv.	.	.	.	.	.	.	.	2	.	.	.	.	.	.	.	.	.	.	.	.	.	.	.	+
Epilobium ciliatum	.	.	.	.	.	.	.	+	.	.	.	.	.	.	.	.	.	.	.	.	.	.	.	+
Poa palustris	.	.	.	.	.	.	.	.	.	+	.	.	.	.	.	.	.	.	.	.	.	.	.	+
Poa angustifolia	.	.	.	.	.	.	.	.	.	.	.	1	.	.	.	.	.	.	.	.	.	.	.	+
Solanum dulcamara	.	.	.	.	.	.	.	.	.	.	.	.	.	.	.	r	.	.	.	.	.	.	.	+
Verbascum spec. juv.	.	.	.	.	.	.	.	.	.	.	.	.	.	.	.	r	.	.	.	.	.	.	.	+
Tragopogon dubius	.	.	.	.	.	.	.	.	.	.	.	.	.	.	.	.	2	.	.	.	.	.	.	+
Apera spica-venti	.	.	.	.	.	.	.	.	.	.	.	.	.	.	.	.	r	.	.	.	.	.	.	+
Solidago canadensis	.	.	.	.	.	.	.	.	.	.	.	.	.	.	.	.	.	r	.	.	.	.	.	+

Moose

Art	1	2	3	4	5	6	7	8	9	10	11	12	13	14	15	16	17	18	19	20	21	22	23	
Ceratodon purpureus	4	3	2	.	3	1	2	+	4	1	.	2	+	2	+	1	5	4	3	2	1	3	5	V
Bryum argenteum	+	.	1	+	1	1	2	2	+	1	1	.	+	.	+	+	.	2	1	2	2	2	.	IV
Barbula convoluta	.	.	.	.	.	.	.	.	2	.	.	2	.	4	.	.	.	.	.	.	.	.	.	I
Marchantia polymorpha	2	.	.	.	2	.	.	.	.	.	.	1	.	.	.	.	.	.	.	.	.	.	.	I
Bryum caespiticium	1	.	.	.	.	.	.	.	.	.	.	2	.	.	.	.	.	.	.	.	.	.	.	I
Funaria hygrometrica	.	.	.	.	.	.	.	1	.	1	.	.	.	.	.	.	.	.	.	.	.	.	.	I
Brachythecium velutinum	.	1	.	.	.	.	.	.	.	.	.	.	.	.	.	.	.	.	.	.	r	+	.	I
Flechten div.	.	.	.	.	.	.	.	.	.	.	.	.	.	.	.	.	.	.	.	r	2	.	I
Tortula muralis	.	.	.	.	.	.	.	.	.	.	.	.	.	.	.	.	.	.	.	.	1	.	+

Vegetationstabelle Nr. 3 K. Chenopodietea O. Sisymbrietalia V. Sisymbrion   Teil 1

Apera interrupta-Arenaria serpyllifolia-Gesellschaft

- Ausbildung mit Bromus tectorum   Nr. 1 - 20
  - Unterausbildung mit Poa compressa   Nr. 1 - 10
  - Trennartenfreie Unterausbildung   Nr. 11 - 20
- Trennartenfreie Ausbildung   Nr. 21 - 32

	1	2	3	4	5	6	7	8	9	10	11	12	13	14	15	16	17	18	19	20	21	22	23	24	25	26	27	28	29	30	31	32	
Laufende Nummer																																	
Geländenummer	0250	0272	0273	0342	1191	1250	1241	0216	0223	1226	0263	0226	0221	0204	0373	0394	1299	1185	1181	1282	0208	0205	0266	0275	1200	0366	1449	1336	1271	1198	1193	1192	
Datum	6.88	6.88	6.88	6.88	5/89	5/89	6/89	5.88	5.88	6/89	6/89	5.88	5.88	5.88	6.88	6.88	6/89	5/89	5/89	6/89	5/89	5.88	5.88	5/89	5/89	5.88	6.88	6.88	6/89	5/89	5/89	5/89	
Stadt	Duis	Duis	Duis	Boch	Dort	Dort	Duis	Duis	Duis	Duis	Duis	Duis	Duis	Duis	Duis	Duis	Duis	Duis	Duis	Duis	Duis	Duis	Duis	Dort	Ober	Ober	Boch	Duis	Ober	Dort	Dort	Dort	
Industriefläche	ThBe	ThBe	ThBe	KrH5	HoH5	ThBe	ThRu	ThRu	ThRu	ThRu	ThRu	HoWe	ThRu	ThRu	ThOb	ThOb	HoWe	ThA8	ThA8	ThOb	ThRu	ThRu	ThBe	ThWe	HoWe	ThOb	KrH5	ThWe	ThOb	HoWe	HoH5	HoH5	
Biotoptyp	IJ/1	C/2	C/2	IA/1	3C/1	JH/2	I/2	D/2	IA/2	D/1	I/2	IA/2	I/2	C/2	I/2	D/3	D/1	if/1	d/1	IC/3	6/2	6/2	E/2	9/1	6/1	1/3	D/1	i/2	D/3	CD/2	I/3	D/3	
Substrat (neu)	A3 5	A3 5	A3 5	A3 5	A4 5	A3 5	R365	A4 5	H355	B3U5	A4 X	D3U5	A3 5	h U3	A4 5	A5 3	M4 5	A4 5	Y4 5	B3 X	0454	B3 4	h3 3	D3U5	A4 5	e 52	A3 5	A4 5	A5 3	J3 5	A5 4	A4 5	
Substrat (Ergänzungen)	B	c	c	b	G	c3	c	A	b3	A1	b	A3	B	d	A	b3	A3	A3	62	d	A	A	A	a	c1	b32	b3	b3	B	c3	d3	b3	
Deckung Gesamt %	85	85	80	70	60	45	75	90	60	60	50	50	50	90	50	60	80	50	55	60	65	60	100	70	96	90	20	70	80	95	90	70	
Deckung Krautschicht %	85	85	80	60	60	40	30	45	55	57	40	35	40	40	50	50	40	45	50	35	60	35	55	50	7	40	10	20	45	35	50	40	
Deckung Moosschicht %	70	85	60	40	15	30	20	80	15	5	80	30	35	90		30	80	15	10	40	20	50	80	40	95	80	10	50	20	80	70	50	
Höhe Krautschicht cm	50	4	50	15	30	20	40	40	20	20	25	25	25	30	55	45	50	30	35	45	45	40	30	30	40	30	40	40	50	20	25	35	
Exposition/Neigung °	40	50	50	70	25	70	50	40	90	90	90	30													SW25								
Größe Aufnahmefläche m²	5	2	2	2,5	8	10	2	3	5	2	5	1	2	2	3	2	3	3	2	8	5	4	2	3	5	2	2	4	5	5	4	10	
Artenzahl	18	13	18	18	12	18	23	20	14	21	15	18	14	15	11	19	19	25	18	28	18	15	19	18	10	15	6	15	23	13	15	13	
Apera interrupta	3	3	3	3	3	2	3	2	3	3	2	2	2	2	3	2	3	2	2	2	3	2	3	2	3	3	2	2	3	2	3	3	V
Arenaria serpyllifolia	+	.	1	.	.	.	1	+	.	1	r	.	2	2	+	2	1	1	1	1	+	+	.	+	r	2	+	1	1	+	+	1	V
Diff. A.																																	
Bromus tectorum	1	+	+	.	1	+	+	.	+	+	1	1	1	+	+	+	+	+	+	+	+	+	2	3	1	3	2	2	2	.	.	.	III
Crepis tectorum	1	.	.	1	1	1	.	r	.	.	1	1	.	1	.	.	.	.	.	+	r	.	.	+	r	2	+	1	1	.	.	.	II
A.A.																																	
Poa compressa	+	+	+	2	1	1	+	+	+	1					+		+	+	+	+	1	+	2	3	.	.		.	+	+	.	.	II
Poa angustifolia	+	2	1	.	.	.	.	.	.	.	+				.	.	.	.	.	.	.	.	.	.	.	.	.	.	+	.	.	.	II
V. Sisymbrion																																	
Tripleurosper. inodorum	.	+	.	r	+	.	.	.	.	1	.	.	.	.	+	+	+	+	+	+	+	+	1	+	.	.	.	.	+	.	.	.	III
Senecio viscosus	.	.	1	.	.	.	.	.	.	.	.	.	.	.	.	.	.	.	+	r	.	.	.	.	.	.	.	.	.	.	.	.	I
Bromus sterilis	.	+	.	.	r	r	.	.	.	r	.	.	.	.	.	.	.	.	.	.	.	.	.	.	r	r	r	r	.	+	+	.	+
Hordeum murinum	2	.	.	.	.	.	.	.	.	.	.	.	1	.	.	.	.	.	.	.	.	.	.	.	.	.	.	.	.	.	.	.	+
Lactuca serriola	.	.	.	.	.	1	.	.	.	.	.	.	.	.	.	.	.	.	.	.	.	.	.	.	.	.	.	.	.	.	.	.	+

Vegetationstabelle Nr. 3   K. Chenopodietea   O. Sisymbrietalia   V. Sisymbrion   Teil 2

Apera interrupta-Arenaria serpyllifolia-Gesellschaft

Laufende Nummer	1	2	3	4	5	6	7	8	9	10	11	12	13	14	15	16	17	18	19	20	21	22	23	24	25	26	27	28	29	30	31	32	
K. Chenopodietea																																	
Conyza canadensis	.	.	1	+	.	+	+	+	r	+	+	.	.	.	.	.	.	+	.	+	.	.	.	.	r	+	.	.	.	.	+	+	III
Senecio vulgaris	.	.	.	.	.	+	.	.	r	+	.	.	.	.	.	.	.	.	.	.	.	.	.	.	.	.	.	.	1	.	+	.	I
Capsella bursa pastoris	.	.	.	.	.	.	.	.	.	.	.	r	.	.	.	.	.	.	.	.	.	.	.	.	.	.	.	.	.	.	.	.	+
Sonchus oleraceus	.	.	.	+	.	.	.	.	.	.	.	.	.	.	.	.	.	.	.	.	.	.	.	.	.	.	.	.	.	.	.	.	+
K. Sedo-Scleranthetea																																	
Cerastium semidecandrum	.	.	.	.	.	.	.	.	1	.	.	.	.	1	.	.	.	.	.	.	.	.	.	.	.	.	.	.	.	1	.	.	II
Cerastium glutinosum	.	.	.	.	2	.	+	.	.	.	.	.	.	+	.	.	.	+	.	.	1	.	+	+	.	.	.	.	+	.	+	.	II
Cerastium pumilum	.	.	.	.	.	.	+	.	1	+	.	.	.	.	.	.	.	+	.	.	.	.	.	.	.	.	.	.	.	.	.	.	I
Sedum acre	.	.	.	.	.	.	.	.	.	.	.	.	+	.	.	r	.	.	.	.	.	.	.	+	r	.	.	.	.	1	.	.	I
Herniaria glabra	.	.	.	.	.	.	.	.	.	.	.	.	.	.	.	.	.	+	.	.	.	.	.	.	.	.	.	.	.	.	.	.	I
Saxifraga tridactylites	.	.	.	.	.	.	.	.	.	.	.	.	.	.	.	.	.	.	.	1	2	.	.	.	.	.	.	.	.	.	2	1	I
Cardaminopsis arenosa	.	.	.	.	+	+	.	.	.	.	.	.	.	.	.	.	.	.	.	.	2	.	.	.	.	.	.	.	.	.	.	.	I
Veronica arvensis	.	.	.	.	.	.	.	.	.	.	.	.	.	.	.	.	2	.	.	+	.	.	.	.	.	.	.	.	.	.	.	.	I
Vulpia myuros	.	.	.	.	.	.	.	.	.	.	.	.	.	.	.	.	.	.	.	.	.	.	.	.	.	.	.	.	.	.	1	+	I
K. Artemisietea																																	
Artemisia vulgaris	.	.	+	+	.	.	r	.	+	+	+	.	.	.	.	r	.	+	.	+	.	.	+	1	r	.	.	.	.	.	.	.	III
Carduus acanthoides	.	.	.	.	.	.	.	.	+	+	.	.	.	1	.	.	.	+	+	+	.	.	+	1	.	.	.	.	.	.	.	.	I
Daucus carota	.	2	.	.	.	r	.	.	r	+	.	.	.	.	.	.	.	.	.	.	r	.	.	.	.	.	.	.	.	+	.	.	I
Solidago gigantea	.	.	.	1	.	.	.	.	.	.	.	.	.	.	.	1	.	.	.	+	.	.	.	+	.	.	.	.	.	.	.	.	I
Cirsium vulgare	+	.	.	r	.	.	+	.	.	.	.	.	.	.	.	.	.	.	.	.	.	+	+	+	.	.	.	.	.	.	.	.	I
Tanacetum vulgare	.	.	.	.	.	.	.	.	.	.	.	.	.	.	.	.	.	.	+	.	.	+	.	+	.	.	.	.	.	.	.	.	I
Solidago canadensis	.	.	.	.	.	.	.	.	.	.	.	.	.	.	.	.	.	.	+	+	.	.	.	.	.	+	.	.	.	.	.	.	I
Oenothera biennis s.str.	.	.	r	.	.	.	.	.	.	.	.	.	.	.	.	.	.	.	1	+	.	.	.	.	.	r	.	.	.	.	.	.	I
Carduus nutans	.	.	+	.	.	.	.	.	.	.	.	.	.	.	.	.	r	.	.	.	.	r	.	.	.	.	.	.	.	.	.	.	I
Verbascum thapsus	.	.	.	.	.	.	.	.	.	.	.	.	.	.	.	.	.	.	.	.	.	.	.	.	.	.	.	.	r	.	.	.	I
Reseda luteola	r	.	.	.	.	.	.	.	.	.	.	.	.	.	.	.	r	.	.	.	r	.	.	.	r	.	.	.	r	.	.	.	I
Echium vulgare	.	.	.	.	.	+	.	.	.	.	.	.	.	.	.	.	.	+	.	.	.	.	.	.	.	.	.	.	.	.	.	.	I
Melilotus officinalis	.	.	.	.	.	.	.	.	.	.	.	1	.	.	.	.	.	.	.	.	.	.	.	.	.	.	.	.	.	.	.	.	I
Reseda lutea	.	.	.	.	.	.	.	.	.	.	.	.	.	.	.	.	.	.	.	.	.	.	.	.	.	.	.	.	.	.	.	.	+
Picris hieracioides	.	.	.	.	.	.	.	.	.	.	.	.	.	.	.	.	.	.	.	.	.	.	.	.	.	.	.	.	.	.	.	.	+

Vegetationstabelle Nr. 3 K. Chenopodietea O. Sisymbrietalia V. Sisymbrion   Teil 3

Apera interrupta-Arenaria serpyllifolia-Gesellschaft

Laufende Nummer	1	2	3	4	5	6	7	8	9	10	11	12	13	14	15	16	17	18	19	20	21	22	23	24	25	26	27	28	29	30	31	32	
K. Plantaginetea																																	
Poa annua	.	1	.	r	+	.	2	1	+	.	2	+	1	1	r	.	1	+	.	1	1	1	2	.	.	r	.	.	1	.	+	+	IV
Plantago major	.	.	.	r	.	.	.	.	.	.	+	.	.	.	.	.	r	.	.	r	+	+	+	.	.	.	.	.	r	.	+	r	II
Polygonum aviculare agg.	.	r	.	.	.	.	.	.	.	.	+	.	+	.	.	r	+	.	.	+	+	r	r	.	.	.	.	.	.	.	.	.	I
Poa pr. subsp. irrigata	.	.	.	.	.	.	.	.	.	.	+	.	.	.	.	+	+	.	.	+	.	.	+	.	.	.	.	.	.	.	.	.	I
Matricaria discoidea	.	.	.	.	.	.	.	.	.	+	+	.	.	.	.	.	.	.	.	.	.	.	.	.	.	.	.	.	.	.	.	+	+
Sonstige																																	
Taraxacum officinale	+	1	+	+	.	.	.	.	.	1	+	+	r	+	.	+	.	+	.	.	1	+	+	+	r	.	.	.	+	+	+	r	IV
Cerastium holosteoides	+	.	+	+	.	.	.	.	.	+	+	+	+	1	.	r	.	+	.	+	1	+	1	.	.	.	.	.	+	+	+	r	III
Epilobium angustifolium	+	.	+	.	.	+	+	.	1	1	.	.	r	r	.	+	+	+	.	.	.	r	.	.	.	.	.	.	+	+	.	r	III
Cirsium arvense	.	.	1	.	.	.	.	1	.	+	.	r	+	+	r	+	+	.	1	.	1	3	.	r	.	.	.	.	.	.	.	.	II
Dactylis glomerata	.	.	+	+	.	.	.	+	.	+	.	.	.	.	.	.	.	.	.	.	.	.	+	.	.	.	.	.	.	.	.	.	II
Poa palustris	+	.	.	.	.	.	r	.	.	.	+	.	.	.	r	.	.	.	.	.	.	.	.	.	+	.	.	.	.	.	.	.	II
Bromus mollis	.	.	.	.	.	.	.	1	.	.	1	.	.	.	+	.	.	2	.	.	.	.	+	.	.	.	.	.	.	.	.	.	I
Epilobium ciliatum	.	.	.	.	.	.	r	.	.	.	.	.	r	.	.	.	.	.	.	.	.	.	.	.	.	.	.	1	.	.	.	.	I
Puccinellia distans	+	.	.	.	+	+	.	.	.	.	.	.	+	.	.	.	+	.	.	+	+	.	+	.	.	.	.	.	.	.	r	r	I
Poa pratensis agg.	.	.	1	.	.	.	.	.	.	.	.	.	.	r	.	.	.	.	.	.	+	.	.	.	.	.	r	.	.	.	.	r	I
Achillee millefolium agg	+	.	.	.	.	.	+	.	.	.	+	.	.	.	.	.	.	.	.	.	.	.	2	.	+	.	.	+	.	.	.	.	I
Hypericum perforatum	.	.	.	.	.	.	.	.	.	.	.	r	.	.	.	2	.	.	.	.	.	.	.	.	.	.	.	.	.	.	.	.	I
Hieracium spec. juv.	.	.	.	.	.	.	.	.	.	.	.	.	.	.	.	.	.	.	2	.	.	.	.	.	.	.	.	.	.	.	.	.	I
Inula conyza	.	.	.	.	.	.	.	.	.	.	.	.	.	.	.	.	.	.	.	.	.	.	+	.	.	+	.	.	.	+	.	.	I
Betula pendula juv.	.	.	.	.	.	.	+	.	.	.	.	.	.	.	.	.	.	.	.	.	.	.	+	.	.	.	.	r	.	+	.	r	I
Populus Hybride juv.	.	.	.	.	.	.	+	.	.	.	.	.	.	.	.	.	.	.	.	.	.	.	.	.	.	.	.	.	.	.	.	r	I
Medicago lupulina	1	.	.	.	.	.	.	.	.	.	.	.	.	.	.	.	.	.	.	.	.	.	.	r	+	.	r	.	.	.	.	.	I
Agrostis tenuis	.	.	.	.	.	.	.	.	.	.	.	.	.	.	.	.	.	.	.	.	.	.	.	.	+	.	.	.	.	.	.	.	I
Hieracium lachenalii	+	.	.	.	.	.	.	.	.	.	.	.	.	.	.	.	.	.	.	.	.	.	.	.	.	.	+	.	+	.	.	.	+
Festuca rubra agg.	.	.	.	.	r	.	r	.	.	.	.	.	.	.	.	.	.	.	.	.	.	.	.	.	.	.	.	.	.	.	.	.	I
Erigeron acris	.	.	.	.	.	.	+	+	.	.	.	.	.	.	.	.	.	.	.	.	.	.	.	.	.	.	.	.	.	.	.	.	I
Hieracium piloselloides	.	.	r	.	.	.	r	r	.	.	.	.	.	.	.	.	.	.	.	.	.	.	.	.	.	.	.	r	.	+	+	r	I
Buddleja davidii juv.	.	.	.	.	.	.	.	.	.	.	.	.	.	.	.	.	.	.	.	.	.	.	.	.	.	.	.	.	.	.	.	.	I
Festuca ovina agg.	.	.	.	.	.	.	.	.	.	.	.	.	.	.	.	+	.	.	.	.	.	.	.	.	.	.	.	.	.	.	.	.	I
Agrostis stolonifera	.	.	.	.	.	.	.	.	.	.	.	.	.	.	+	.	.	.	.	.	.	.	.	.	+	.	.	+	.	.	.	.	I
Salix caprea juv.	.	.	.	.	.	.	.	.	.	.	.	.	.	.	.	.	.	.	.	.	.	.	.	.	.	.	.	+	.	.	.	.	I
Pastinaka sativa	.	r	.	.	.	.	.	.	.	.	.	.	.	.	.	.	.	.	.	.	.	.	.	.	.	.	.	.	.	.	.	.	I
Agrostis gigantea	.	.	.	.	.	.	.	.	.	.	.	.	.	.	.	.	.	.	.	+	.	.	.	.	.	.	.	.	.	.	r	+	I

Teil 4

Vegetationstabelle Nr. 3 K. Chenopodietea O. Sisymbrietalia V. Sisymbrion

Apera interrupta-Arenaria serpyllifolia-Gesellschaft

Laufende Nummer	1	2	3	4	5	6	7	8	9	10	11	12	13	14	15	16	17	18	19	20	21	22	23	24	25	26	27	28	29	30	31	32	
Salix spec. juv.	.	.	.	.	.	.	.	.	.	.	.	.	.	.	.	.	.	.	.	.	.	.	.	.	.	.	.	.	.	.	.	.	+
Rumex thyrsiflorus	.	.	.	+	.	.	.	.	.	.	.	.	.	.	.	.	.	.	.	.	.	.	.	.	.	.	.	.	.	.	.	.	+
Geranium molle	.	.	.	.	.	+	.	.	.	.	.	.	.	.	.	.	.	.	.	.	.	.	.	.	.	.	.	.	.	.	.	.	+
Senecio jacobea	.	.	.	.	.	r	.	.	.	.	.	.	.	.	.	.	.	.	.	.	.	.	.	.	.	.	.	.	.	.	.	.	+
Holcus lanatus	.	.	.	.	.	.	.	+	.	+	.	.	.	.	.	.	.	.	.	.	.	.	.	.	.	.	.	.	.	.	.	.	+
Carduus crispus	.	.	.	.	.	.	.	.	.	r	.	.	.	.	.	.	.	.	.	.	.	.	.	.	.	.	.	.	.	.	.	.	+
Lolium perenne	.	.	.	.	.	.	.	.	.	.	.	.	.	.	.	.	.	.	.	.	.	.	.	.	.	.	.	.	.	.	.	.	+
Apera spica venti	.	.	.	.	.	.	.	.	.	.	.	.	+	.	.	.	.	.	.	.	.	.	.	.	.	.	.	.	.	.	.	.	+
Epilobium parviflorum	.	.	.	.	.	.	.	.	.	.	.	.	.	.	2	.	.	.	.	.	.	.	.	.	.	.	.	.	.	.	.	.	+
Cirsium spec. juv.	.	.	.	.	.	.	.	.	.	.	.	.	.	.	.	.	r	.	.	.	.	.	.	.	.	.	.	.	.	.	.	.	+
Epilobium spec. juv.	.	.	.	.	.	.	.	.	.	.	.	.	.	.	.	.	r	.	.	.	.	.	.	.	.	.	.	.	.	.	.	.	+
Urtica dioica	.	.	.	.	.	.	.	.	.	.	.	.	.	.	.	+	.	.	.	.	.	.	.	.	.	.	.	.	.	.	.	.	+
Myosotis arvensis	.	.	.	.	.	.	.	.	.	.	.	.	.	.	.	.	.	.	r	.	.	.	.	.	.	.	.	.	.	.	.	.	+
Sambucus nigra juv.	.	.	.	.	.	.	.	.	.	.	.	.	.	.	.	.	.	.	r	.	.	.	.	.	.	.	.	.	.	.	.	.	+
Leontodon saxatilis	.	.	.	.	.	.	.	.	.	.	.	.	.	.	.	.	.	.	r	.	.	.	.	.	.	.	.	.	.	.	.	.	+
Arrhenatherum elatius	.	.	.	.	.	.	.	.	.	.	.	.	.	.	.	.	.	.	.	+	+	.	.	.	.	.	.	.	.	.	.	.	+
Poa nemoralis	.	.	.	.	.	.	.	.	.	.	.	.	.	.	.	.	.	.	.	.	+	.	.	.	.	.	.	.	.	.	.	.	+
Ranunculus repens	.	.	.	.	.	.	.	.	.	.	.	.	.	.	.	.	.	.	.	.	.	.	.	.	.	+	.	.	.	.	.	.	+
Linaria vulgaris	.	.	.	.	.	.	.	.	.	.	.	.	.	.	.	.	.	.	.	.	.	.	r	.	r	.	.	.	.	.	.	.	+
Saponaria officinalis	.	.	.	.	.	.	.	.	.	.	.	.	.	.	.	.	.	.	.	.	.	.	.	.	.	.	.	1	.	.	.	.	+
Chaenorrhinum minus	.	.	.	.	.	.	.	.	.	.	.	.	.	.	.	.	.	.	.	.	.	.	.	.	.	.	.	+	.	.	.	.	+
Diplotaxis tenuifolia	.	.	.	.	.	.	.	.	.	.	.	.	.	.	.	.	.	.	.	.	.	.	.	.	.	.	.	.	r	.	.	.	+
Centaurea jacea x nigra	.	.	.	.	.	.	.	.	.	.	.	.	.	.	.	.	.	.	.	.	.	.	.	.	.	.	.	.	.	.	r	.	+
Eupatorium canabinum	.	.	.	.	.	.	.	.	.	.	.	.	.	.	.	.	.	.	.	.	.	+	.	.	.	.	.	.	.	.	.	.	+

Moose																																	
Ceratodon purpureus	1	.	1	2	2	.	3	2	2	1	.	+	2	.	.	2	2	2	1	2	2	+	5	3	5	2	2	3	1	2	4	2	V
Bryum argenteum	+	1	1	1	+	+	1	1	+	.	1	1	+	5	.	+	2	2	1	2	2	2	+	1	.	2	2	+	+	.	.	1	V
Barbula convoluta	3	.	3	1	2	2	.	3	.	+	2	2	+	1	.	+	.	1	1	1	1	3	r	+	1	3	+	+	1	4	.	2	IV
Bryum caespiticium	.	.	.	.	.	.	+	.	.	+	1	1	2	.	.	2	.	2	.	1	.	.	.	+	1	.	+	1	3	2	.	.	II
Marchantia polymorpha	1	.	.	.	.	.	.	.	.	.	.	.	.	.	.	.	1	.	.	.	.	.	.	.	.	.	.	.	.	.	.	1	I
Funaria hygrometrica	.	.	.	.	.	.	1	.	.	.	.	.	.	.	2	.	+	.	.	.	.	.	.	.	.	.	.	.	.	.	.	.	I
Brachythecium velutinum	.	.	.	.	.	.	.	.	+	.	.	.	.	.	.	.	.	.	.	.	.	+	.	.	.	.	.	.	.	.	.	.	I
Amblystegium serpens	.	.	.	.	.	.	.	.	.	.	.	.	.	.	.	.	.	.	.	.	.	.	+	.	.	.	.	.	.	.	.	.	+
Mnium hornum	.	.	.	.	.	.	.	.	.	.	.	.	.	.	.	.	.	.	.	.	.	.	.	r	.	.	.	.	.	.	.	.	+
Flechten div. spec.	.	.	.	.	.	.	.	.	.	.	.	.	.	.	.	.	.	.	.	.	.	.	.	.	.	.	.	.	.	.	.	+	+

Vegetationstabelle Nr. 4 Pflanzengesellschaften mit Puccinellia distans Teil 1
K. Chenopodietea O. Sisymbrietalia V. Sisymbrion Keine Zu- K. Plantaginetea
 ordnung O. Plantaginetalia
 V. Polygonion
Puccinellia distans-Crepis tectorum-Gesellschaft Pucc. dist.- Puccinellia distans-
 Diplotaxis Poa annua-Gesellsch.
 tenuifolia-

	Ausbildung mit Cerastium holosteoides								Trennartenfreie Ausbildung																														
	Unterausbildung mit				Unterausbildung mit				Trennartenfreie																														
	Dactylis glomerata				Poa compressa				Unterausbildung																														
Laufende Nummer	1	2	3	4	5	6	7	8	9	10	11	12	13	14	15	16	17	18	19	20	21	22	23	24	25	26	27	28	29	30	31	32	33	34	35	36	37	38	39
Geländenummer	3	58	60	1236	1233	168	1235	1232	25	737	738	49	190	169	1121	1117	166	251	592	593	1118	1231	1228	1227	1217	1022	487	1127	54	243	244	526	1109	1230	55	108	528	1234	1229
Datum	4.88	5.88	5.88	6/89	6/89	5.88	6/89	6/89	4.88	7.88	4.88	5.88	5.88	5.88	5/89	5.88	5.88	6.88	7.88	7.88	6/89	6/89	6/89	6/89	6/89	9/88	6.88	5/89	8.88	6.88	6.88	7.88	4/89	6/89	5.88	5.88	5.88	7.88	6/89
Stadt	Duis	Duis	Duis	Duis	Duis	Dort	Duis	Duis	Dort	Ober	Ober	Ober	Dort	Dort	Dort	Dort	Dort	Dort	Dort	Dort	Duis	Duis	Duis	Duis	Duis	Duis	Duis	Duis	Duis	Duis	Duis	Duis	Duis	Duis	Duis	Duis	Dort	Duis	Duis
Industriefläche	ThMe	ThMe	ThMe	ThMe	ThMe	Hohe	ThMe	ThMe	Hohe	ThOb	ThOb	ThOb	Hohe	Hohe	Hohe	Hohe	Hohe	ThBe	Hohe	Hohe	Hohe	ThBe	ThBe	ThRu	ThRu	ThRu	ThRu	ThOb	ThBe	ThBe	ThBe	ThBe	ThBe	ThBe	ThBe	Hohe	ThSc	Hohe	ThBe
Biotoptyp	c/1	ca/2	c/1	cia1	D/1	D/2	c/1	D/2	6/3	6/2	CD/1	D/2	CD/1	D/1	I/2	I/1	1/2	I/1	CD/1	AI/1	CI/1	IH/2	IC/1	AIC1	DC/	DI/1	AC/1	C/1	CD/1	C/1	I/1	6C/1	H/1	H/1	CD/1	A/1	6C/1	I/2	CI/1
Substrat (neu)	A4	5	A4	X	#5	4	A3	5	A5	X	A4	5	A4	5	A3	5	A4	5	CD/1	A1/1	C1/1	A5	2	34	4	H4S5	A4	X	A4	5	A4	X	A4	5	A4	X	A3	5	E5	2	A4	X	A3	5	H3	5	AI	5	A3	5	A4	5	A3	X	#3	5	A3	X	A4	5
Deckung Gesamt %	b	B	c	E13	c3	c	B3	c	c	E1	b18	B	c	C	c13	c123	D1	b	b	b1	b3	b3	b3	D3	b	B13	b	b	B	c	D2	B1	c	b	c	b	E1	C34	c3
Deckung Krautschicht %	80	85	65	70	45	85	90	70	80	45	75	50	65	92	60	80	95	65	40	80	85	75	60	45	80	85	75	50	35	70	90	55	85	60	40	75	65	40	40
Deckung Moosschicht %	50	45	60	55	40	40	45	40	10	30	35	50	40	75	55	70	20	65	40	40	60	55	40	45	65	70	73	48	30	55	90	20	70	58	40	75	65	40	40
Max. Höhe Krautsch. cm	80	80	20	30	5	80	50	40	80	15	40	3	60	60	7	25	95	50	5	45	45	30	30	40	25	40	2	2	10	60	4	35	40	2	40			2	
Größe Aufnahmefläche m²	30	10	60	40	25	70	45	15	90	20	20	60	30	55	25	35	4	20	40	40	40	45	30	50	120	40	20	30	20	40	130	20	15	20	20	40	25	40	40
	5	10	4	10	10	10	18	15	2	6	3	3	10	8	3	4	3	5	3	4	4	10	9	6	10	10	10	2	4	5	7	5	7	10	15	1	2	8	15
Artenzahl	18	17	12	25	18	15	23	21	15	27	28	21	14	22	10	15	15	19	9	12	18	11	21	12	19	7	9	10	5	14	21	4	6	4	3	4	6	11	7
Puccinellia distans	3	3	4	3	2	3	2	3	1	2	2	3	3	4	3	3	3	3	3	2	4	3	3	3	3	3	4	3	3	2	2	1	3	4	3	3	1	2	3
Crepis tectorum	r	.	1	r	.	r	1	+	.	r	r	.	2	1	+	+	+	+	+	2	r	+	+	+	r	r	+	+	.	2	.	.	.	.	.	.	r	.	.
Diplotaxis tenuifolia	.	.	.	+	.	.	.	.	.	.	.	.	.	.	.	.	.	.	.	.	.	.	.	.	.	.	.	.	.	+	1	2	2	2	.	.	.	.	.
Diff. A.																																							
Cerastium holosteoides	+	+	.	+	+	.	+	.	.	.	+	1	+	+	+	+	+	+																					
Artemisia vulgaris	+	.	+	r	.	r	+	+	.	r	2	1	r	+	+	1	.	.																					
M.Marchantia polymorpha	1	+	1	+	.	.	+	+	.	+	1	r	+	+	+	.	.	+																					
A.A.																																							
Dactylis glomerata	+	+	+	+	1	r	.	2	.	.	.	.	.	.	.	.	.	.	.	.	.	.	.	.	.	.	.	.	.	.	.	.	.	.	.	.	.	.	.
Carduus acanthoides	r	r	r	.	r	r	r	.	.	.	.	.	.	.	.	.	.	.	.	.	.	.	.	.	.	.	.	.	.	.	.	1	.	.	.	.	.	.	.
Salix caprea juv.	r	.	.	r	1	.	+	.	.	.	.	.	.	.	.	.	.	.	.	.	.	.	.	.	.	.	.	.	.	.	.	.	.	.	.	.	.	.	.
A.B.																																							
Poa compressa	.	.	.	.	.	.	.	2	.	+	+	+	+	+	.	.	.	.	.	.	+	.	.	.	.	r	.	.	.	.	.	.	.	.	.	.	.	.	.
Daucus carota	.	.	.	.	.	.	+	.	r	+	+	+	+	+	.	.	.	.	.	.	.	.	.	.	.	.	r	.	.	.	.	.	.	.	.	.	.	r	.

Vegetationstabelle Nr. 4   Pflanzengesellschaften mit Puccinellia distans

Teil 2

K. Chenopodietea   O. Sisymbrietalia   V. Sisymbrion

Puccinellia distans-Crepis tectorum-Gesellschaft

Keine Zuordnung
Pucc. dist.-Diplotaxis tenuifolia-Gesellschaft

K. Plantaginetea
O. Plantaginetalia
V. Polygonion
Puccinellia distans-Poa annua-Gesellsch.

306

Laufende Nummer	1	2	3	4	5	6	7	8	9	10	11	12	13	14	15	16	17	18	19	20	21	22	23	24	25	26	27	28	29	30	31	32	33	34	35	36	37	38	39
V. Sisymbrion																																							
Bromus tectorum	.	.	.	.	1	r	+	1	.	+	1	.	+	r	+	.	+	.	.	.	.	.	.	.	.	.	+	.	+	2	.	.	.	.	.	.	.	.	.
Tripleurosp. inodorum	.	.	+	.	1	.	+	+	+	+	+	+	+	.	+	.	+	.	.	.	.	.	.	.	+	.	+	.	.	+	.	.	.	.	.	.	.	+	.
Senecio viscosus	.	.	.	+	.	.	.	.	.	.	.	.	.	.	.	.	.	.	.	.	.	.	.	.	.	.	.	.	.	+	.	.	.	.	.	.	.	.	.
Hordeum murinum	.	.	.	.	2	.	r	r	.	.	.	.	.	.	.	.	.	.	.	.	.	.	.	.	.	.	.	.	.	.	.	.	.	.	.	.	.	.	.
Sisymbrium loeselii	.	.	.	.	.	.	.	+	.	+	.	.	.	.	.	.	.	.	.	.	1	.	.	1	.	.	.	.	.	.	.	.	.	.	.	.	.	.	.
Bromus sterilis	.	.	+	.	.	.	.	.	.	.	.	+	.	.	.	.	.	.	.	.	.	.	.	.	.	.	.	.	.	.	.	.	.	.	.	.	.	.	.
Lactuca serriola	.	.	.	.	.	.	r	.	.	.	.	.	.	.	.	.	.	.	.	.	.	.	.	.	.	.	.	.	.	.	r	.	.	.	.	.	.	.	.
Sisymbrium altissimum	.	.	.	.	.	.	.	.	.	.	.	.	.	.	.	.	.	.	.	.	.	.	.	.	.	.	.	.	.	.	.	.	.	.	.	.	.	.	.
K. Chenopodietea																																							
Senecio vulgaris	+	+	+	+	+	r	+	+	+	.	r	+	r	r	.	1	.	r	r	r	r	r	+	+	+	+	+	.	.	.	r	.	.	.	.	.	.	.	.
Conyza canadensis	r	r	+	+	+	.	1	.	+	1	1	r	+	+	+	2	.	+	+	1	1	+	1	+	+	1	2	.	.	1	+	.	.	.	.	.	.	.	.
Sonchus oleraceus	.	.	.	.	.	.	.	.	.	+	r	r	+	+	.	.	.	+	+	+	+	+	r	+	+	.	.	.	.	+	+	.	.	.	.	.	.	.	.
Chenopodium album	.	.	.	.	.	.	.	r	.	+	r	r	.	.	+	.	.	.	.	.	.	.	.	.	1	.	.	.	.	+	.	.	.	.	.	.	.	.	.
Sonchus asper	.	.	.	.	.	.	.	.	.	.	r	.	r	.	.	.	.	r	.	r	.	.	.	.	.	.	r	.	.	.	.	.	.	.	.	.	.	.	.
K. Plantaginetea																																							
Poa annua	+	1	+	+	+	+	+	.	+	.	.	.	.	.	1	2	2	.	+	+	2	2	1	+	+	+	2	1	1	1	1	+	1	+	1	2	2	2	1
Plantago major	.	.	.	.	.	.	.	.	r	r	+	.	.	.	.	+	.	.	.	.	.	.	+	.	1	1	.	.	.	1	.	.	.	.	.	.	.	.	.
Matricaria suaveolens	.	.	.	.	.	.	.	1	.	+	+	1	1	1	1	.	.	1	1	1	1	1	+	+	+	+	2	1	1	+	+	.	.	.	.	.	.	.	.
Sagina procumbens	.	.	.	.	.	.	.	.	.	.	.	.	.	.	.	.	.	.	.	.	.	.	.	.	+	.	.	.	.	.	.	.	.	.	.	.	.	.	.
Poa pr. subsp. irrigata	.	.	.	.	.	.	.	.	.	.	.	.	.	.	.	.	.	.	.	.	.	.	.	r	.	.	r	+	.	r	+	.	.	.	.	.	.	.	.
Polygonum aviculare agg.	.	.	.	.	.	.	.	.	.	.	.	.	.	.	.	.	.	.	.	.	.	.	.	.	.	.	.	.	.	.	.	.	.	.	.	.	.	.	.
Sonstige																																							
Taraxacum officinale	r	+	.	.	1	+	.	.	.	r	+	.	.	+	.	.	.	+	+	+	+	+	+	+	+	2	+	1	+	r	+	.	r	.	1	.	.	+	+
Arenaria serpyllifolia	1	1	1	r	+	+	+	1	1	+	+	.	1	1	+	+	1	+	+	.	.	+	+	.	+	.	.	.	.	+	.	.	.	.	.	.	.	+	+
Cirsium arvense	.	.	.	r	.	.	.	.	.	.	.	.	.	.	.	.	.	.	.	.	.	.	.	.	.	.	.	.	.	.	.	.	r	.	.	.	r	.	.
Lolium perenne	.	.	.	.	.	.	.	.	.	.	.	.	.	.	.	.	.	.	.	.	.	.	.	.	.	.	.	.	.	.	+	.	.	.	.	.	.	.	+

Vegetationstabelle Nr. 4 Pflanzengesellschaften mit Puccinellia distans   Teil 3

K. Chenopodietea O. Sisymbrietalia V. Sisymbrion   Keine Zu-   K. Plantaginetea
                                                                                                 ordnung   O. Plantaginetalia
                                                                                                                     V. Polygonion
Puccinellia distans-Crepis tectorum-Gesellschaft   Pucc. dist.-   Puccinellia distans-
                                                                                                 Diplotaxis   Poa annua-Gesellsch.
                                                                                                 tenuifolia-
                                                                                                 Gesellschaft

Laufende Nummer	1	2	3	4	5	6	7	8	9	10	11	12	13	14	15	16	17	18	19	20	21	22	23	24	25	26	27	28	29	30	31	32	33	34	35	36	37	38	39
Epilobium ciliatum	.	.	.	.	.	.	.	.	.	.	+	.	.	.	+	.	.	.	.	.	.	.	.	.	.	.	.	.	.	.	.	.	.	.	.	.	.	.	.
Epilobium angustifolium	.	.	.	+	1	.	.	.	.	.	r	.	1	.	.	.	.	.	.	.	.	.	+	.	.	.	.	.	.	.	.	.	.	.	.	.	.	.	.
Solidago gigantea	.	.	.	r	+	.	.	+	.	.	.	.	1	.	.	.	.	+	.	.	.	.	.	.	.	.	.	.	.	.	.	.	.	.	.	.	.	+	.
Betula pendula juv	r	.	.	+	.	.	+	+	.	.	.	.	.	.	.	.	.	.	.	.	.	.	.	.	.	.	.	.	.	.	.	.	.	.	.	.	.	.	.
Cerastium pumilum	.	+	1	+	.	.	+	.	.	.	.	.	.	.	.	.	.	r	.	.	.	.	.	.	.	.	.	.	.	.	.	.	.	.	.	.	.	.	.
Cerastium semidecandrum	+	.	.	.	.	.	.	.	+	.	.	.	.	.	+	.	.	.	.	.	.	.	.	.	+	.	.	.	.	.	.	.	.	.	.	.	.	.	.
Poa angustifolia	.	.	.	.	.	+	.	.	.	.	.	.	.	.	+	.	.	.	.	.	.	.	.	.	.	.	.	.	.	.	.	.	.	.	.	.	.	.	+
Cerastium glutinosum	.	.	.	.	.	.	+	.	.	+	.	+	.	.	.	.	.	.	.	.	.	1	.	.	.	.	.	.	.	.	1	.	.	.	.	.	.	.	.
Festuca rubra agg.	.	.	.	.	.	.	.	.	+	+	.	.	.	.	.	.	.	.	.	.	.	.	.	.	.	.	.	.	.	.	.	.	.	.	.	.	.	.	.
Solidago canadensis	.	.	.	.	.	.	.	.	.	+	1	.	.	.	.	.	.	.	.	.	.	.	.	.	+	.	.	.	.	.	.	.	.	.	.	.	.	.	.
Hieracium spec. juv.	.	.	.	.	.	.	.	.	.	.	r	.	r	.	.	.	.	.	.	.	.	.	r	.	r	.	.	.	.	.	.	.	.	.	.	.	.	.	.
Tussilago farfara	.	.	.	.	.	.	.	.	.	.	.	.	r	.	.	.	.	.	.	.	.	.	.	.	.	.	.	.	.	.	.	.	.	.	.	.	.	.	.
Cirsium vulgare	.	.	.	.	.	r	.	.	.	.	.	.	.	.	.	.	.	.	r	.	.	.	.	.	.	.	.	.	.	.	.	.	.	.	.	.	.	.	.
Erigeron acris	.	.	.	.	.	.	.	.	.	.	.	.	.	.	.	+	.	.	.	.	.	.	.	.	.	.	.	.	.	.	.	.	.	.	.	.	.	.	.
Agrostis gigantea	.	.	.	.	+	.	.	.	.	+	.	.	.	.	.	.	.	.	.	.	.	.	+	.	.	.	.	.	.	.	.	.	.	.	.	.	.	+	.
Eupatorium cannabinum	.	.	.	.	.	.	.	.	.	+	.	.	.	.	.	.	.	.	.	.	.	.	.	.	.	.	.	.	.	.	.	.	.	.	.	.	.	.	.
Agropyron repens	.	.	.	.	.	.	.	+	.	.	.	.	.	.	.	.	.	.	.	.	.	.	.	.	.	.	.	r	.	.	.	.	.	.	.	.	.	.	.
Hieracium piloselloides	.	.	.	.	.	r	.	.	.	.	r	.	.	.	.	.	.	.	.	.	.	.	r	.	.	.	.	.	.	.	.	.	.	.	+	.	.	.	.
Tanacetum vulgare	.	.	.	.	.	.	.	.	.	.	.	.	.	.	.	.	.	.	.	.	.	.	.	.	.	.	.	.	.	.	.	.	.	.	.	.	.	.	.
Bromus mollis	.	.	.	.	.	.	.	.	.	+	.	+	.	.	.	.	.	.	.	.	.	.	.	.	.	.	.	.	.	.	.	.	.	.	.	.	.	.	.
Populus Hybride juv.	.	.	.	.	.	.	.	.	.	.	r	.	.	.	.	.	.	.	.	.	.	.	.	.	.	.	.	.	.	r	.	.	.	.	.	.	.	.	r
Rosa spec. juv.	.	.	.	.	.	.	.	.	.	.	.	.	.	.	.	.	.	.	.	.	+	.	+	.	.	.	.	.	.	.	.	.	.	.	.	.	.	.	.
Festuca nigrescens	.	.	+	.	.	.	.	.	.	.	.	.	.	.	.	.	.	.	.	.	.	.	r	.	.	.	.	.	.	.	.	.	.	.	.	.	.	.	.
Buddleja davidii juv.	.	.	.	.	.	.	.	+	.	.	.	.	.	.	.	.	.	.	.	.	.	.	+	.	1	.	.	.	.	.	.	.	.	.	.	.	.	+	.
Holcus lanatus	.	.	.	+	.	.	.	.	.	.	.	.	.	.	.	.	.	.	.	.	.	.	.	.	.	.	.	.	.	.	.	.	.	.	.	.	.	.	.
Rumex obtusifolius	.	.	.	+	.	.	.	.	.	.	.	.	.	.	.	.	.	.	.	.	.	.	.	.	.	.	.	.	.	.	.	.	.	.	.	.	.	.	.
Senecio inaequidens	.	.	.	.	+	.	.	.	.	.	.	.	.	.	.	.	.	.	.	.	.	.	.	.	.	.	.	.	.	.	.	.	.	.	.	.	.	.	.
Festuca rubra s.str.	.	.	.	.	.	.	.	+	.	.	.	.	.	.	.	.	.	.	.	.	.	.	.	.	.	.	.	.	.	.	.	.	.	.	.	.	.	.	.
Chenopodium rubrum	.	.	.	.	.	.	.	.	.	.	.	.	.	.	.	.	.	.	.	.	.	.	.	.	.	.	.	.	.	.	.	.	.	.	.	.	.	.	.
Solanum dulcamara	.	.	.	.	.	.	.	.	.	.	r	.	.	.	.	.	.	.	.	.	.	.	.	.	.	.	.	.	.	.	.	.	.	.	.	.	.	.	.

Vegetationstabelle Nr. 4   Pflanzengesellschaften mit Puccinellia distans

Teil 4

K. Chenopodietea O. Sisymbrietalia V. Sisymbrion | Keine Zu-ordnung | K. Plantaginetea
O. Plantaginetalia
V. Polygonion

Puccinellia distans-Crepis tectorum-Gesellschaft | Pucc. dist.-
Diplotaxis
tenuifolie-
Gesellschaft | Puccinellia distans-
Poa annua-Gesellsch.

Laufende Nummer	1	2	3	4	5	6	7	8	9	10	11	12	13	14	15	16	17	18	19	20	21	22	23	24	25	26	27	28	29	30	31	32	33	34	35	36	37	38	39
Oenothera biennis s.str.	.	.	.	.	.	.	.	.	.	.	.	.	.	.	.	.	.	.	.	.	.	.	.	.	.	.	.	.	.	.	.	.	.	.	.	.	.	.	.
Trifolium dubium	.	.	.	.	.	.	.	.	.	r	.	.	.	.	.	.	.	.	.	.	.	.	.	.	.	.	.	.	.	.	.	.	.	.	.	.	.	.	.
Leontodon saxatilis	.	.	.	.	.	.	.	.	.	r	.	.	.	.	.	.	.	.	.	.	.	.	.	.	.	.	.	.	.	.	.	.	.	.	.	.	.	.	.
Hieracium laevigatum	.	.	.	.	.	.	.	.	.	+	.	.	.	.	.	.	.	.	.	.	.	.	.	.	.	.	.	.	.	.	.	.	.	.	.	.	.	.	.
Linaria vulgaris	.	.	.	.	.	.	.	.	.	+	.	.	.	.	.	.	.	.	.	.	.	.	.	.	.	.	.	.	.	.	.	.	.	.	.	.	.	.	.
Melilotus spec. juv.	.	.	.	.	.	.	.	.	.	.	.	.	.	.	r	.	.	.	.	.	.	.	.	.	.	.	.	.	.	.	.	.	.	.	.	.	.	.	.
Sedum acre	.	.	.	.	.	.	.	.	.	.	.	.	.	.	.	.	r	.	.	.	.	.	.	.	.	.	.	.	.	.	.	.	.	.	.	.	.	.	.
Aster novi-belgii	.	.	.	.	.	.	.	.	.	.	.	.	.	.	.	.	.	r	.	.	.	.	.	.	.	.	.	.	.	.	.	.	.	.	.	.	.	.	.
Fallopia convolvulus	.	.	.	.	.	.	.	.	.	.	.	.	.	.	.	.	.	.	.	.	.	.	.	.	.	.	.	.	.	r	.	.	.	.	.	.	.	.	.
Vulpia myuros	.	.	.	.	.	.	.	.	.	.	.	.	.	.	.	.	.	.	.	.	.	.	.	.	.	.	.	.	.	.	3	.	.	.	.	.	.	.	.
Melandrium album	.	.	.	.	.	.	.	.	.	.	.	.	.	.	.	.	.	.	.	.	.	.	.	.	.	.	.	.	.	.	1	.	.	.	.	.	.	.	.
Reseda lutea	.	.	.	.	.	.	.	.	.	.	.	.	.	.	.	.	.	.	.	.	.	.	.	.	.	.	.	.	.	.	1	.	.	.	.	.	.	.	.
Urtica dioica	.	.	.	.	.	.	.	.	.	.	.	.	.	.	.	.	.	.	.	.	.	.	.	.	.	.	.	.	.	.	+	.	.	.	.	.	.	.	.
Myosotis arvensis	.	.	.	.	.	.	.	.	.	.	.	.	.	.	.	.	.	.	.	.	2	3	2	.	2	.	.	.	.	.	+	.	.	.	.	.	.	.	.
Roripa islandica	.	.	.	.	.	.	.	.	.	.	.	.	.	.	.	.	.	.	.	.	1	1	1	.	.	.	+	.	1	1	+	.	.	.	.	.	.	.	.
Agrostis stolonifera	.	.	.	.	.	.	.	.	.	.	.	.	.	.	.	.	.	.	.	.	+	.	2	3	1	3	1	+	1	3	+	.	.	.	.	.	.	+	.

Moose
Barbula convoluta	2	.	+	.	.	.	.	3	1	2	3	.	3	1	.	4	3	.	1	3	.	.	.	.	.	.	3	.	.	.	2	.	.	.	.	.	.	.	.
Ceratodon purpureus	3	4	2	1	1	2	3	.	4	+	+	+	1	3	.	2	1	1	1	.	1	.	1	.	.	3	1	1	.	1	.	.	.	.	.	.	.	.	.
Bryum argenteum	.	1	+	2	.	3	.	+	2	+	+	3	3	+	.	+	+	.	3	.	1	.	2	3	1	.	1	1	1	3	+	3	3	1	.	.	.	1	.
Funaria hygrometrica	+	2	.	.	+	1	2	+	+	r	r	+	+	+	2	.	+	.	.	3	1	.	1	+	+	.	.	+	.	2	.	.	.	.	.	.	.	.	.
Bryum caespiticium	.	.	.	+	.	1	.	+	+	+	+	.	+	.	2	.	+	.	.	.	2	.	.	.	+	.	.	.	.	.	.	.	2	.	.	.	.	.	.

308

Vegetationstabelle Nr. 5 K. Chenopodietea O. Sisymbrietalia V. Sisymbrion   Teil 1

Inula graveolens-Triplerosperum inodorum-Gesellschaft
- Ausbildung mit Eupatorium cannabinum   Nr. 1 - 16
  - Unterausbildung mit Artemisia vulgaris   Nr. 1 - 6
  - Trennartenfreie Unterausbildung   Nr. 7 - 12
  - Unterausbildung mit Carduus acanthoides   Nr. 13 - 16
- Ausbildung mit Arenaria serpyllifolia   Nr. 17 - 21
- Trennartenfreie Ausbildung   Nr. 22 - 27

	1	2	3	4	5	6	7	8	9	10	11	12	13	14	15	16	17	18	19	20	21	22	23	24	25	26	27
Laufende Nummer																											
Ländernummer	0689	0771	0776	0989	1014	1519	0568	0653	0692	0693	0707	0796	1003	0753	1002	0756	0927	0833	0933	0934	1537	0984	0682	0683	1535	0702	1534
Datum	7/88	8/88	8/88	9/88	9/88	8/89	7/88	7/88	7/88	7/88	7/88	8/88	9/88	7/88	9/88	7/88	8/88	8/88	8/88	8/88	9/89	8/88	7/88	7/88	8/89	7/88	8/89
Stadt	Bott	Esse	Esse	Gels	Esse	Gels	Esse	Gels	Bott	Bott	Bott	Esse	Duis	Duis	Duis	Duis	Duis	Boch	Boch	Duis	Boch	Bott	Gels	Gels	Bott	Bott	Bott
Industriefläche	Zefr	ZeZo	ZeZo	VeHo	ZeZo	VeHo	VeSc	VeSc	ZeFr	ZeFr	ZeFr	ZeZo	ThW8	ThW8	ThW8	ThW8	ThMe	ThRu	KrH8	KrH8	ThMe	ZeFr	VeHo	VeHo	ZeFr	ZeFr	ZeFr
Biotoptyp	I/2	D/1	6/1	6/2	i/1	G0/2	Cl/1	G/1	1F/1	HI/1	J/1	cf/2	i/1	i/1	b/1	1/2	6/2	D/2	id/1	6/2	16/1	16/1	6/1	H/2	1/2		
Substrat (neu)	R36X	f	X5	R465	S3XX	R465	S3	X	#36X	W3XX	q	s3	f	S5	s	65	A3	5	W365	f	6X	W46X	W16X	f	65	63	X	A3	5	A3	5	#4	5	s	64	R365	R365	#4u3	s	65	s	64
Substrat (Ergänzungen)	b	A	D	b	A3	b	c8	A3	B34	A	A	b	A	B	A	b	A	G3	D1	A	E	E	E13	A	B	B	A3	A34	A3
Deckung Gesamt %	75	70	80	75	90	45	90	90	50	70	80	90	70	70	80	90	60	70	80	90	70	90	70	90	35	65
Deckung Krautschicht %	45	40	60	60	85	35	50	70	50	45	65	78	75	67	68	65	45	58	55	78	55	70	45	50	60	35	65
Deckung Moosschicht %	35	35	30	20	7	10	50	20	25	45	10	7	2	25	3	2	20	2	20	2	60	2	50	30	60		
Max. Höhe Krautsch. cm	30	80	90	45	40	40	20	60	60	70	50	60	60	110	40	35	25	40	80	70	50	20	50	30	40	30	50
Exposition/Neigung °																											
Größe Aufnahmefläche m²	6	5	7	4	4	5	3	8	6	7	8	6	14	5	4	4	4	5	5	10	8	10	3	8	
Artenzahl	28	27	26	27	27	21	17	20	22	20	23	21	22	22	18	17	18	19	16	18	14	20	12	8	6

Inula graveolens	3	2	2	3	3	2	3	3	3	3	4	4	4	3	4	4	3	2	3	4	3	4	2	3	4	2	4	V
Triplerosp. inodorum	1	.	+	1	.	+	2	1	+	1	.	r	.	r	r	.	1	.	.	r	+	+	2	1	1	.	IV

Diff. A.
Eupatorium cannabinum	r	+	+	+	+	1	1	.	.	1	.	+	.	.	+	.	1	.	.	.	.	.	.	.	.	.	.	III
Cirsium vulgare	+	+	.	+	+	+	.	r	+	.	+	r	.	r	+	.	.	+	.	.	.	.	.	.	.	.	.	III
Cerastium holosteoides	r	.	.	+	+	+	.	+	+	+	.	.	.	.	.	.	.	.	.	.	.	.	.	.	.	.	.	III
Holcus lanatus	+	.	.	r	.	+	+	+	1	+	.	1	.	.	1	.	.	.	.	.	.	.	+	.	.	.	.	III
Poa palustris	1	.	+	.	+	+	+	+	+	.	.	+	.	.	.	+	.	.	.	.	.	.	.	.	.	.	.	II

A.A.
| Artemisia vulgaris | r | . | + | + | + | + | . | . | . | . | . | . | r | . | . | . | . | . | . | 1 | . | . | . | . | . | . | . | II |
| Hypericum perforatum | r | 2 | . | + | + | + | . | . | . | . | . | . | . | . | . | . | . | . | + | 1 | . | . | . | . | . | . | . | II |

Vegetationstabelle Nr. 5 K. Chenopodietea O. Sisymbrietalia V. Sisymbrion   Teil 2

Inula graveolens-Tripleurospermum inodorum-Gesellschaft

Laufende Nummer	1	2	3	4	5	6	7	8	9	10	11	12	13	14	15	16	17	18	19	20	21	22	23	24	25	26	27	
A.B.																												
Carduus acanthoides	.	.	.	.	.	.	.	.	.	.	.	.	.	.	+	+	.	.	.	.	1	.	.	.	.	.	.	I
Reseda luteola	.	.	.	.	.	.	.	.	.	.	.	.	+	+	+	.	.	.	.	.	.	.	.	.	.	.	.	I
Diff. B.																												
Arenaria serpyllifolia	.	.	.	.	.	.	.	.	.	.	.	.	.	.	r	+	1	2	1	1	.	.	.	.	.	.	.	II
V. Sisymbrion																												
Senecio viscosus	.	+	1	+	+	+	1	.	.	.	r	.	+	+	+	+	+	+	+	.	.	+	.	.	.	.	.	III
Crepis tectorum	.	.	.	.	.	.	.	.	.	.	.	+	.	.	.	.	.	.	.	.	.	.	.	.	.	.	.	+
V. Salsolion																												
Salsola k.subsp.ruthen.	.	.	.	.	.	.	.	.	.	.	.	.	.	.	.	+	.	.	.	.	.	.	.	.	.	.	.	I
Chenopodium botrys	.	.	.	.	.	.	.	.	.	.	.	.	.	+	.	.	.	r	.	.	.	.	.	.	.	.	.	+
K. Chenopodietea																												
Conyza canadensis	r	+	2	+	+	+	+	+	.	+	r	r	+	+	+	+	1	+	+	1	.	+	.	+	.	.	.	IV
Sonchus asper	r	1	+	+	.	r	+	.	r	r	r	+	.	.	.	.	.	+	.	.	.	r	1	r	.	.	.	III
Senecio vulgaris	r	.	.	+	r	.	+	.	.	.	.	.	.	.	.	.	.	.	.	.	.	.	.	r	.	.	.	I
Sonchus oleraceus	.	.	.	+	+	.	.	.	.	.	.	.	.	.	.	.	.	.	.	r	r	.	.	r	.	.	.	I
Polygonum persicaria	.	+	.	.	.	.	.	.	.	.	.	.	.	.	.	.	.	+	.	.	.	.	.	.	.	.	.	+
Anagallis arvensis	.	.	.	.	.	.	+	.	.	.	.	.	.	.	.	.	.	.	.	.	.	.	.	.	.	.	.	+
Chenopodium album agg.	.	.	.	.	.	.	.	.	.	.	.	.	.	.	.	.	.	+	.	.	.	.	.	.	.	2	.	+
Atriplex patula	.	.	.	.	.	.	.	.	.	.	.	.	.	.	.	.	.	.	.	.	.	.	1	.	.	.	.	+
Capsella bursa-pastoris	.	.	.	.	.	.	.	.	.	.	.	.	.	.	.	.	.	.	.	.	.	.	.	.	.	.	.	+
Stellaria media	.	.	.	.	.	r	.	.	.	.	.	.	r	.	.	.	r	.	.	r	r	r	r	r	.	.	.	+
K. Plantaginetea																												
Poa annua	1	1	1	+	.	+	+	+	+	r	r	1	r	r	r	r	1	+	.	.	.	+	2	2	.	+	.	IV
Plantago major	1	+	+	1	+	+	+	+	+	+	+	+	+	1	1	1	1	.	+	.	.	.	+	r	1	.	1	IV
Sagina procumbens	r	+	+	r	+	+	+	2	1	+	+	+	.	1	1	1	1	.	.	r	r	1	.	+	.	.	2	IV
Polygonum aviculare agg.	.	+	.	.	r	.	+	.	.	.	.	.	.	.	r	.	.	.	.	.	.	.	.	.	.	.	.	II
Polygonum calcatum	.	.	+	r	r	.	.	.	.	.	.	.	.	.	.	.	.	.	.	.	.	.	.	.	.	+	.	I
Matricaria discoidea	r	.	.	.	.	.	.	.	.	.	.	.	.	.	.	.	.	.	.	.	.	.	.	.	.	.	.	+

Vegetationstabelle Nr. 5 K. Chenopodietea O. Sisymbrietalia V. Sisymbrion   Teil 3

Inula graveolens-Tripleurospermum inodorum-Gesellschaft

Laufende Nummer	1	2	3	4	5	6	7	8	9	10	11	12	13	14	15	16	17	18	19	20	21	22	23	24	25	26	27	
Sonstige																												
Cirsium arvense	1	1	2	r	1	r	r	2	2	2	1	1	1	2	1	1	1	.	.	.	.	r	.	.	.	.	1	V
Epilobium adenocaulon	+	+	+	1	.	1	.	.	+	+	1	.	+	.	+	r	r	+	+	+	+	.	+	+	+	.	.	IV
Taraxacum officinale	r	+	+	r	r	.	r	.	r	r	r	r	+	+	+	+	r	+	r	r	.	.	.	.	+	+	.	IV
Epilobium angustifolium	.	+	+	+	.	+	.	.	.	+	.	.	+	+	+	+	+	r	r	r	+	.	.	.	.	.	.	III
Agrostis tenuis	+	1	.	.	2	.	+	.	.	.	.	+	.	1	.	.	.	.	.	.	+	+	.	.	+	+	+	III
Solidago gigantea	+	+	+	+	+	+	+	+	.	+	+	+	.	+	+	.	1	.	1	1	1	+	+	.	+	+	+	II
Betula pendula juv.	.	.	.	+	+	+	+	.	+	+	+	+	.	+	.	.	.	1	+	+	.	+	+	.	.	.	.	II
Salix caprea juv.	r	.	.	.	r	.	.	.	.	.	r	r	.	.	.	.	.	.	.	.	.	.	.	r	.	.	.	II
Buddleja davidii juv.	.	.	.	.	.	.	.	.	r	.	.	.	.	.	2	.	1	r	1	.	.	.	.	r	.	.	.	I
Crepis capillaris	r	.	.	.	.	.	.	.	.	.	.	.	.	.	.	r	.	.	.	.	r	.	+	.	+	.	.	I
Hemiaria glabra	.	.	.	.	.	.	.	.	.	.	r	.	.	r	.	.	.	.	.	.	+	.	.	.	.	.	.	I
Agrostis stolonifera	.	.	.	.	+	.	.	.	+	.	.	.	+	.	+	.	r	1	.	+	.	.	.	.	.	.	.	I
Chenopodium rubrum	.	.	+	.	1	.	.	.	.	.	.	.	.	.	.	.	.	.	.	.	.	.	.	.	.	.	.	I
Epilobium hirsutum	.	.	+	.	.	.	.	.	.	.	r	.	.	.	.	.	.	.	.	.	.	.	.	.	.	1	.	I
Oenothera biennis s.str.	.	.	.	1	.	+	.	.	.	+	.	.	.	.	.	.	.	.	.	.	.	.	.	+	.	.	.	I
Populus Hybride juv.	.	.	.	r	.	+	.	.	.	.	.	.	.	.	.	.	r	r	.	r	.	r	.	.	.	.	.	I
Aster spec. juv.	.	.	.	.	.	.	.	.	r	.	r	.	.	r	.	.	.	.	.	.	.	.	.	.	.	.	.	I
Rorippa palustris	.	1	+	.	.	.	.	.	.	.	.	.	.	.	.	.	.	.	.	.	.	.	.	.	.	.	.	I
Prunella vulgaris	.	r	.	.	.	.	.	.	.	.	.	.	.	.	.	.	.	.	.	.	.	.	.	.	.	.	.	I
Hieracium spec. juv.	+	r	.	.	.	.	.	.	.	.	.	.	.	.	.	.	.	.	.	.	.	.	.	.	.	.	.	I
Poa pratensis agg.	.	.	.	.	.	.	.	.	.	+	.	.	.	.	.	.	.	.	+	.	.	r	.	.	.	.	.	I
Leontodon saxatilis	.	.	.	.	.	r	.	.	.	.	.	.	.	.	.	.	.	.	.	.	.	.	.	.	.	.	.	I
Humulus lupulus	.	.	.	.	.	.	.	.	r	.	.	.	.	.	.	.	.	.	.	.	.	.	.	.	.	.	.	I
Festuca rubra agg.	.	.	.	.	.	.	.	.	.	.	.	.	.	.	.	.	.	.	.	1	1	.	.	.	.	.	.	I
Solidago canadensis	.	.	.	.	.	.	.	.	.	+	.	.	.	.	.	.	.	.	.	.	.	.	r	.	.	.	.	I
Oxalis fontana	r	.	.	.	.	.	.	.	.	.	.	.	.	.	.	.	.	r	.	r	.	.	.	.	.	.	.	I
Festuca ovina agg.	r	.	.	.	.	.	.	.	.	.	.	.	.	.	.	.	.	.	.	.	.	.	.	+	.	.	.	I
Rubus corylifolius agg.	.	+	.	.	.	.	.	.	.	.	.	.	.	.	.	.	.	.	.	.	.	.	.	.	.	.	.	+
Sambucus nigra juv.	.	+	.	.	.	.	.	.	.	.	.	.	.	.	.	.	.	.	.	.	.	.	.	.	.	.	.	+
Hieracium laevigatum	.	.	r	.	.	.	.	.	.	.	.	.	.	.	.	.	.	.	.	.	.	.	.	.	.	.	.	+
Gnaphalium uliginosum	.	.	.	+	2	.	.	.	.	.	.	.	.	.	.	.	.	.	.	.	.	.	.	.	.	.	.	+
Trifolium repens	.	.	.	.	1	.	.	.	.	.	.	.	.	.	.	.	.	.	.	.	.	.	.	.	.	.	.	+
Festuca tenuifolia	.	.	.	.	+	.	.	.	.	.	.	.	.	.	.	.	.	.	.	.	.	.	.	.	.	.	.	+
Achillea millefolium	.	.	.	.	+	.	.	.	.	.	.	.	.	.	.	.	.	.	.	.	.	.	.	.	.	.	.	+
Agrostis gigantea	.	.	.	.	.	.	.	.	.	.	.	.	.	.	.	.	.	.	.	.	.	.	.	.	.	.	.	+

Vegetationstabelle Nr. 5   K. Chenopodietea O. Sisymbrietalia V. Sisymbrion   Teil 4

Inula graveolens-Tripleurospermum inodorum-Gesellschaft

Laufende Nummer	1	2	3	4	5	6	7	8	9	10	11	12	13	14	15	16	17	18	19	20	21	22	23	24	25	26	27	
Digitaria ischaemum	.	.	.	.	+	.	.	.	.	.	.	.	.	.	.	.	.	+	.	+	+	.	+	.	.	.	+	V
Poa nemoralis	.	.	.	.	.	+	.	.	.	.	.	.	.	.	.	.	.	.	.	.	.	.	.	.	.	.	+	IV
Oenothera biennis agg.	.	.	.	.	.	+	.	.	.	.	.	.	.	.	.	.	.	.	.	.	.	.	.	.	.	.	+	III
Aster novi-belgii	.	.	.	.	.	r	.	.	.	.	.	.	.	.	.	.	.	.	.	.	.	.	.	.	.	.	+	II
Lycopus europaeus	.	.	.	.	.	.	.	+	.	.	.	.	.	.	.	.	.	.	.	.	.	.	.	.	.	.	+	II
Reynoutria sachalin. juv.	.	.	.	.	.	.	.	L	.	.	.	.	.	.	.	.	.	.	.	.	.	.	.	.	.	.	+	I
Agrostis canina	.	.	.	.	.	.	.	.	.	+	.	.	.	.	.	.	.	.	.	.	.	.	.	.	.	.	+	+
Bromus mollis	.	.	.	.	.	.	.	.	.	.	+	.	.	.	.	.	.	.	.	.	.	.	.	.	.	.	+	
Senecio inaequidens	.	.	.	.	.	.	.	.	.	.	L	.	.	.	.	.	.	.	.	.	.	.	.	.	.	.	+	
Juncus tenuis	.	.	.	.	.	.	.	.	.	.	.	.	.	+	.	.	.	.	.	.	.	.	.	.	.	.	+	
Poa trivialis	.	.	.	.	.	.	.	.	.	.	.	.	.	.	.	.	.	.	.	.	.	.	.	.	.	.	+	
Reseda lutea	.	.	.	.	.	.	.	.	.	.	.	.	.	.	.	.	.	.	.	.	.	.	.	.	.	.	+	
Rumex crispus	.	.	.	.	.	.	.	.	.	.	.	.	.	.	.	.	.	.	.	.	.	.	.	.	.	.	+	
Cardaminopsis arenosa	.	.	.	.	.	.	.	.	.	.	.	.	.	.	.	.	L	.	.	.	.	.	.	.	.	.	+	
Erodium cicutarium	.	.	.	.	.	.	.	.	.	.	.	.	.	.	.	.	.	L	L	.	.	.	.	.	.	.	+	
Dactylis glomerata	.	.	.	.	.	.	.	.	.	.	.	.	.	.	.	.	.	.	.	L	L	.	.	.	.	.	+	
Bellis perennis	.	.	.	.	.	.	.	.	.	.	.	.	.	.	.	.	.	.	.	.	+	.	.	.	.	.	+	
Epilobium parviflorum	.	.	.	.	.	.	.	.	.	.	.	.	.	.	.	.	.	.	.	.	+	.	.	.	.	.	+	
Fraxinus excelsior juv.	.	.	.	.	.	.	.	.	.	.	.	.	.	.	.	.	.	.	.	.	.	L	+	.	.	.	+	

Moose

	1	2	3	4	5	6	7	8	9	10	11	12	13	14	15	16	17	18	19	20	21	22	23	24	25	26	27	
Bryum argenteum	+	1	2	+	+	2	+	2	1	2	.	1	1	.	+	.	.	1	2	1	1	1	2	2	2	.	.	
Ceratodon purpureus	3	1	.	2	1	+	3	2	3	.	2	.	2	r	+	.	+	+	+	+	2	+	2	2	2	.	.	
Funaria hygrometrica	.	.	+	.	.	r	+	+	1	+	.	.	.	.	+	+	+	+	+	+	+	1	1	+	1	.	.	
Bryum caespiticium	2	2	.	1	.	.	.	.	1	.	+	.	1	.	.	.	.	+	.	3	.	.	.	+	2	.	.	
Barbula convoluta	+	+	.	.	.	.	.	.	+	.	.	.	.	.	.	2	3	.	.	.	.	.	.	.	.	.	.	
Marchantia polymorpha	.	.	.	.	+	.	.	.	.	.	.	.	.	.	.	.	1	.	.	.	.	.	.	.	.	.	.	
Cirriphyllum tenuinerve	.	.	.	.	.	.	.	.	.	.	.	.	.	.	.	.	.	.	.	.	.	.	.	.	.	.	.	

Vegetationstabelle Nr. 6   Teil 1
K. Chenopodietea O. Sisymbrietalia V. Sisymbrion

Sisymbrietum loeselii
- Ausbildung mit Artemisia vulgaris   Nr. 1-5
- Ausbildung mit Arenaria serpyllifolia Nr. 6-8

Laufende Nummer	1	2	3	4	5	6	7	8	
Geländenummer	0370	0923	1426	0376	0403	0164	0377	1116	
Datum	6/88	8/88	7/89	6/88	6/88	5/88	6/88	5/89	
Stadt	Ober	Ober	Ober	Ober	Ober	Ober	Ober	Duis	
Industriefläche	ThOb	ZeOs	ZeOs	ThOb	ThOb	ThOb	ThOb	ThRu	
Biotoptyp	I/2	di/1	a/1	J/1	C/2	J/1	JD/2	G/1	
Substrat	A3 5	#4S5	o s2	Q3 5	A4 5	k S3	R S5	#4 X	
Substrat (Ergänzung)	b	F2	d	d6	b	d	B	D3	
Gesamtdeckung %	95	65	90	100	80	50	50	50	
Deckung Krautschicht %	95	62	85	100	80	50	30	45	
Deckung Moosschicht %	4	3	20	1	4	.	.	10	
Max. Höhe Krautsch. cm	160	120	130	120	110	100	100	45	
Exposotion/Neigung°	.	.	.	S40°	.	S15°	S25°	.	
Größe Aufnahmefläche m²	4	4	5	6	6	10	10	2	
Artenzahl	25	21	24	12	17	17	11	19	
Sisymbrium loeselii	3	2	3	3	3	3	2	3	V
Diff. A									
Artemisia vulgaris	2	1	+	2	1	.	.	.	IV
Eupatorium cannabinum	1	2	+	.	+	+	.	.	IV
Holcus lanatus	+	2	2	1	.	.	.	.	III
Cirsium arvense	.	r	1	2	.	.	.	r	III
Solidago gigantea	+	1	2	.	.	.	.	.	II
Solidago canadenis	+	+	+	.	.	.	.	.	II
Diff. B									
Arenaria serpyllifolia	.	.	.	.	+	2	1	+	III
Epilobium angustifolium	.	.	+	.	.	1	+	1	III
V. Sisymbrion									
Tripleurosp. inodorum	r	+	.	.	r	.	+	.	III
Bromus tectorum	+	+	.	r	.	.	.	.	II
Sisymbrium altissimum	.	.	1	.	.	.	+	.	II
Crepis tectorum	.	.	.	.	+	.	.	r	II
K. Chenopodietea									
Conyza canadensis	+	1	1	.	.	.	.	2	III
Senecio vulgaris	.	+	.	.	.	r	.	r	II
Sonchus oleraceus	.	.	+	.	+	.	.	.	II
Salsola ka.subsp.ruthen.	.	2	.	.	.	.	.	.	I
Sonchus asper	r	.	.	.	.	.	.	.	I
K. Artemisietea									
Oenothera biennis str.	.	+	.	.	.	1	+	.	II
Daucus carota	.	2	.	.	.	r	.	.	II
Epilobium hirsutum	1	.	.	.	.	.	.	.	I
Carduus nutans	.	.	.	.	.	.	1	.	I
Urtica dioica	+	.	.	.	.	.	.	.	I
Reseda lutea	.	.	.	.	+	.	.	.	I
Tanacetum vulgare	.	.	.	.	.	+	.	.	I
Melandrium album	.	.	.	.	.	+	.	.	I

Vegetationstabelle Nr. 6 Teil 2
K. Chenopodietea O. Sisymbrietalia V. Sisymbrion

Sisymbrietum loeselii

Laufende Nummer	1	2	3	4	5	6	7	8	
Sonstige									
Poa annua	+	1	.	.	.	.	.	1	II
Taraxacum officinale	.	.	.	.	1	+	.	1	II
Poa palustris	1	.	.	2	.	.	.	.	II
Arrhenatherum elatius	.	.	.	1	.	+	.	.	II
Cirsium vulgare	2	.	r	.	.	.	.	.	II
Poa pratensis agg.	+	.	.	.	.	.	+	.	II
Poa compressa	.	.	.	+	.	+	.	.	II
Hieracium sabaudum	.	+	.	.	+	.	.	.	II
Epilobium ciliatum	.	.	+	.	.	.	.	+	II
Polygonum aviculare agg.	r	.	+	.	.	.	.	.	II
Tussilago farfara	r	.	+	.	.	.	.	.	II
Trifolium repens	.	.	+	.	r	.	.	.	II
Cerastium holosteoides	+	.	.	.	.	.	.	.	I
Salix caprea juv.	r	.	.	.	.	.	.	.	I
Geranium pusillum	r	.	.	.	.	.	.	.	I
Agrostis gigantea	.	+	.	.	.	.	.	.	I
Hypericum perforatum	.	r	.	.	.	.	.	.	I
Cardaminopsis arenosa	.	r	.	.	.	.	.	.	I
Plantago major	.	.	+	.	.	.	.	.	I
Betula pendula juv.	.	.	+	.	.	.	.	.	I
Crepis capillaris	.	.	+	.	.	.	.	.	I
Epilobium parviflorum	.	.	r	.	.	.	.	.	I
Poa angustifolia	.	.	.	1	.	.	.	.	I
Dactylis glomerata	.	.	.	+	.	.	.	.	I
Carex hirta	.	.	.	+	.	.	.	.	I
Lolium perenne	.	.	.	.	2	.	.	.	I
Pastinaka sativa	.	.	.	.	+	.	.	.	I
Achillea millefolium	.	.	.	.	r	.	.	.	I
Convolvulus arvensis	.	.	.	.	.	+	.	.	I
Bryonia dioica	.	.	.	.	.	+	.	.	I
Medicago lupulina	.	.	.	.	.	r	.	.	I
Hieracium lachenalii	.	.	.	.	.	r	.	.	I
Solanum dulcamara	.	.	.	.	.	r	.	.	I
Papaver dubium	.	.	.	.	.	.	2	.	I
Rubus fruticosus agg. juv.	.	.	.	.	.	.	+	.	I
Echium vulgare	.	.	.	.	.	.	+	.	I
Buddleja davidii juv.	.	.	.	.	.	.	.	1	I
Agropyron repens	.	.	.	.	.	.	.	+	I
Epilobium tetragonum	.	.	.	.	.	.	.	+	I
Populus x canadens. juv.	.	.	.	.	.	.	.	r	I
Clematis vitalba	.	.	.	.	.	.	.	r	I
Moose									
Bryum argenteum	+	1	2	.	1	.	.	.	III
Ceratodon purpureus	1	+	.	.	1	.	.	1	III
Barbula convoluta	+	.	1	.	.	.	.	1	II
Funaria hygrometrica	.	.	1	.	+	.	.	+	II
Marchatia polymorpha	1	.	r	.	.	.	.	+	II
Brachythecium rutabulum	.	.	.	+	.	.	.	.	I

Vegetationstabelle Nr. 7 K. Chenopodietea O. Sisymbrietalia V. Sisymbrion   Teil 1

Lactuco-Sisymbrietum altissimae
- Ausbildung mit Arenaria serpyllifolia Nr. 1 - 3
- Ausbildung mit Poa angustifolia   Nr. 4 - 7
- Trennartenfreie Ausbildung   Nr. 8 - 17

	1	2	3	4	5	6	7	8	9	10	11	12	13	14	15	16	17	
Laufende Nummer	1	2	3	4	5	6	7	8	9	10	11	12	13	14	15	16	17	
Geländenummer	0200	0201	0259	0209	0255	0258	0461	0389	0281	0311	0298	0274	0360	0185	1332	1214	1154	
Datum	5/88	5/88	6/88	5/88	6/88	6/88	6/88	6/88	6/88	6/88	6/88	6/88	8/88	5/88	6/89	5/89	5/89	
Stadt	Duis	Duis	Dort	Duis	Dort	Dort	Duis	Dort	Ober	Gels	Ober	Duis	Bott	Duis	Gels	Ober	Bott	
Industriefläche	ThRu	ThRu	HoWe	ThRu	HoWe	HoWe	ZeTh	HoWe	ThOb	VeHo	Ruhr	ThBe	ZePr	ZeTh	VeHo	ZeOs	ZePr	
Biotoptyp	I/2	I/2	DJ/1	GI/1	HJ/1	DJ/1	h/2	IC/1	I/2	DI/1	AI/1	D/1	I/1	i/1	IG/2	e/1	H/2	
Substrat	M4S5	M3	X	R3	5	Ö4	5	A3	5	R3	5	W2S4	H3S5	Q3S4	V3S5	V3S4	S3S5	W3S5	V4S4	D5	2	U4S5	#3S5	
Substrat (Ergänzungen)	B	B	D1	B	B	D1	B	g	c	f	g	c	g	G	c	c3	G3	
Deckung Gesamt %	70	40	55	60	80	50	65	70	80	50	65	80	60	40	90	65	60	
Deckung Krautschicht %	50	40	50	55	70	45	65	70	80	40	65	80	60	40	90	35	50	
Deckung Moosschicht %	40	<1	10	20	30	10	<1	2		20	2	2				35	10	
Höhe Krautschicht cm	100	55	80	80	100	70	50	100	50	75	70	45	85	30	120	55	80	
Exposition/Neigung°			S/10			S/10	0/15											
Größe Aufnahmefläche m²	6	6	8	10	8	10	5	8	8	10	8	5	10	10	10	4	10	
Artenzahl	25	9	16	22	20	15	15	19	19	22	16	15	10	16	20	12	20	
Sisymbrium altissimum	3	2	3	3	3	3	3	3	3	2	3	1	4	3	3	2	2	V
Lactuca serriola	.	.	1	1	1	+	.	.	.	.	2	+	.	.	.	.	.	II
Diff. A																		
Arenaria serpyllifolia	2	2	r	r	.	.	.	.	.	.	.	.	.	.	.	.	.	II
Betula pendula juv.	+	+	.	.	.	.	.	.	.	.	.	+	.	.	.	.	.	I
Poa compressa	+	.	+	.	.	.	.	.	.	.	.	.	.	+	.	.	.	I
Buddleja davidii juv.	r	+	.	.	.	.	.	.	.	.	.	.	.	.	.	.	.	I
Diff. B																		
Poa angustifolia	.	.	.	1	1	+	.	.	.	.	.	.	.	.	.	.	.	I
Taraxacum officinale	.	.	.	1	+	+	.	.	.	.	.	.	.	.	.	.	+	II
V. Sisymbrion																		
Tripleurosp. inodorum	r	.	.	1	.	.	+	2	2	r	+	.	1	1	2	r	2	IV
Senecio viscosus	+	.	.	1	.	.	.	+	r	2	+	3	1	.	.	.	+	III
Crepis tectorum	r	.	.	.	+	+	.	+	.	.	.	.	.	.	.	.	.	II
Bromus tectorum	.	.	.	.	2	.	.	.	.	.	.	.	2	.	+	.	r	.	II
Chenopodium strictum	+	.	.	.	.	.	.	.	.	2	.	.	.	.	.	.	.	I
Bromus sterilis	.	.	.	.	.	.	.	.	.	.	.	.	.	.	.	.	r	.	I
K. Chenopodietea																		
Conyza canadensis	r	.	+	+	.	.	.	.	.	.	+	.	r	.	.	.	1	+	III
Sonchus asper	.	.	.	.	.	.	r	.	r	r	.	.	.	.	.	.	r	.	II
Senecio vulgaris	.	.	r	.	.	r	.	.	.	.	.	+	.	.	.	.	.	I
Chenopodium polyspermum	.	.	.	.	.	.	.	.	.	+	.	.	.	r	.	.	.	I
Chenopodium album str.	.	.	.	.	.	.	r	.	.	.	.	+	.	.	.	.	+	.	I
Capsella bursa-pastoris	.	.	.	.	.	.	.	.	.	+	.	+	.	.	.	.	.	I
Atriplex patula	.	.	.	.	.	.	.	.	.	.	.	.	+	.	.	.	.	I
Sonchus oleraceus	.	.	.	.	.	.	.	.	.	.	.	+	.	.	.	.	.	I
Sonchus arvensis	.	.	.	.	.	.	.	.	.	.	.	.	.	r	.	.	.	I
Sisymbrium officinale	.	.	.	.	.	.	.	.	.	.	.	.	.	.	.	+	.	.	I
Stellaria media	.	.	.	.	.	.	.	.	.	.	.	.	.	.	.	.	+	I
K. Artemisietea																		
Artemisia vulgaris	.	.	+	+	+	+	+	.	.	r	1	+	+	+	1	r	r	V
Solidago gigantea	.	.	.	.	1	+	.	+	.	.	.	.	.	.	1	.	.	II
Daucus carota	.	.	+	.	.	.	.	.	.	.	.	.	+	.	r	.	.	I
Cirsium vulgare	.	.	+	.	+	+	+	.	.	.	.	.	.	.	.	.	.	II
Oenothera biennis	.	.	.	1	.	.	.	.	r	.	.	.	.	.	.	.	.	I

Vegetationstabelle Nr. 7   K. Chenopodietea   O. Sisymbrietalia   V. Sisymbrion   Teil 2

Lactuco-Sisymbrietum altissimae

Laufende Nummer	1	2	3	4	5	6	7	8	9	10	11	12	13	14	15	16	17	
Reseda luteola	r	.	.	.	.	.	.	r	1	r	.	.	.	.	.	.	.	II
Carduus acanthoides	+	.	.	.	.	.	+	.	.	.	.	.	.	.	.	.	.	I
Silene alba	.	.	.	.	.	.	.	.	.	.	.	.	.	.	+	.	r	I
Epilobium hirsutum	.	.	.	.	.	.	.	.	.	.	.	.	.	.	.	.	r	I
Galium aparine	.	.	.	.	.	.	.	.	.	.	.	.	.	.	+	.	.	I
Urtica dioica	.	.	.	.	.	.	.	+	r	.	r	.	.	.	.	.	.	I
Eupatorium cannabinum	.	.	.	.	.	.	.	.	.	.	.	.	.	.	+	.	.	I
Verbascum thapsus juv.	.	.	.	.	.	.	r	.	.	.	.	.	.	.	.	.	.	I
Carduus nutans	.	.	.	r	.	.	.	.	.	.	.	.	.	.	.	.	.	I
Solidago canadensis	.	.	.	.	.	.	.	.	.	.	r	.	.	.	.	.	.	I
Tanacetum vulgare	.	.	.	.	.	.	.	.	.	.	r	.	.	.	.	.	.	I
Reynoutria japonica juv.	.	.	.	.	.	.	.	.	.	.	.	.	.	r	.	r	.	I

K. Sedo-Scleranthetea

Cerastium semidecandrum	2	.	.	+	.	.	.	.	.	.	.	.	.	.	.	.	.	I
Cerastium glutinosum	.	.	.	.	.	.	.	.	.	.	.	.	.	r	.	+	.	I
Veronica arvensis	1	.	.	.	.	.	.	.	.	.	.	.	.	.	.	.	.	I
Erodium cicutarium	.	.	.	.	.	.	.	.	r	.	.	.	.	.	.	.	.	I

Sonstige

Poa annua	+	.	.	1	+	.	.	1	+	1	1	+	+	+	.	.	1	IV
Cerastium holosteoides	1	+	.	+	+	.	.	+	.	.	.	+	.	+	r	.	.	III
Polygonum aviculare agg.	.	.	.	.	.	.	r	+	.	.	+	r	r	r	.	.	+	III
Diplotaxis tenuifolia	+	r	.	+	.	.	.	.	.	.	.	.	r	.	.	.	.	II
Cirsium arvense	.	.	.	.	+	.	1	.	r	.	.	.	.	.	+	.	.	II
Plantago major	+	.	.	.	.	.	.	r	.	.	.	.	.	r	.	.	r	II
Arrhenatherum elatius	.	.	1	.	.	2	.	.	.	.	.	.	.	+	.	.	.	I
Linaria vulgaris	.	r	.	.	.	.	.	.	.	.	.	.	.	r	1	.	.	I
Salix caprea juv.	.	.	.	.	.	.	.	.	.	r	r	.	.	.	+	.	.	I
Agrostis tenuis	.	.	.	.	.	.	.	+	+	.	.	.	.	.	.	r	.	I
Holcus lanatus	.	.	.	.	.	.	.	.	.	.	+	.	.	.	.	.	2	I
Epilobium angustifolium	.	.	+	.	+	.	.	.	.	.	.	.	.	.	.	.	.	I
Sambucus nigra juv.	.	.	.	+	.	.	.	.	.	.	.	+	.	.	.	.	.	I
Achillea millefolium	.	.	.	+	.	.	.	.	.	.	.	.	.	r	.	.	.	I
Epilobium ciliatum	.	.	.	.	.	+	.	.	.	+	.	.	.	.	.	+	r	II
Rumex crispus	.	.	.	.	.	.	.	r	r	.	.	.	.	.	.	.	.	I
Poa pratensis agg.	.	.	.	.	+	.	.	.	.	r	.	.	.	.	.	.	.	I
Agrostis gigantea	.	.	.	.	.	.	.	.	.	+	.	.	.	+	.	.	.	I
Poa trivialis	.	.	.	.	.	.	.	.	.	.	r	.	.	.	.	.	+	I
Chenopodium rubrum	.	.	.	.	.	.	.	.	.	.	.	.	.	+	.	.	.	I
Anagallis arvensis	.	.	.	.	.	.	.	r	+	.	.	.	.	.	.	.	.	I
Festuca rubra agg.	.	.	.	.	+	.	.	.	.	.	.	.	.	.	+	.	.	I
Epilobium spec. juv.	+	.	.	.	.	.	.	.	.	.	.	.	.	.	.	.	.	I
Lamium purpureum	r	.	.	.	.	.	.	.	.	.	.	.	.	.	.	.	.	I
Populus Hybridus juv.	.	r	.	.	.	.	.	.	.	.	.	.	.	.	.	.	.	I
Pastinaka sativa	.	.	1	.	.	.	.	.	.	.	.	.	.	.	.	.	.	I
Dactylis glomerata	.	.	.	+	.	.	.	.	.	.	.	.	.	.	.	.	.	I
Hieracium piloselloides	.	.	.	r	.	.	.	.	.	.	.	.	.	.	.	.	.	I
Heracleum sphondylium	.	.	.	.	.	.	+	.	.	.	.	.	.	.	.	.	.	I
Solanum dulcamara	.	.	.	.	.	.	+	.	.	.	.	.	.	.	.	.	.	I
Humulus lupulus	.	.	.	.	.	.	+	.	.	.	.	.	.	.	.	.	.	I
Inula graveolens	.	.	.	.	.	.	+	.	.	.	.	.	.	.	.	.	.	I
Ranunculus repens	.	.	.	.	.	.	.	r	.	.	.	.	.	.	.	.	.	I
Matricaria chamomilla	.	.	.	.	.	.	.	r	.	.	.	.	.	.	.	.	.	I
Carex hirta	.	.	.	.	.	.	.	.	1	.	.	.	.	.	.	.	.	I
Agropyron repens	.	.	.	.	.	.	.	.	1	.	.	.	.	.	.	.	.	I
Phragmites communis	.	.	.	.	.	.	.	.	+	.	.	.	.	.	.	.	.	I

Vegetationstabelle Nr. 7 K. Chenopodietea   O. Sisymbrietalia   V. Sisymbrion   Teil 3

Lactuco-Sisymbrietum altissimae

Laufende Nummer	1	2	3	4	5	6	7	8	9	10	11	12	13	14	15	16	17	
Polygonum lapathifolium	.	.	.	.	.	.	.	.	+	.	.	.	.	.	.	.	.	I
Tussilago farfara	.	.	.	.	.	.	.	.	.	r	.	.	.	.	.	.	.	I
Medicago lupulina	.	.	.	.	.	.	.	.	.	.	.	r	.	.	.	.	.	I
Clematis vitalba	.	.	.	.	.	.	.	.	.	.	.	+	.	.	.	.	.	I
Rumex obtusifolius	.	.	.	.	.	.	.	.	.	.	.	.	.	r	.	.	.	I
Vicia tetrasperma	.	.	.	.	.	.	.	.	.	.	.	.	.	.	1	.	.	I
Vicia sativa	.	.	.	.	.	.	.	.	.	.	.	.	.	.	+	.	.	I
Poa palustris	.	.	.	.	.	.	.	.	.	.	.	.	.	.	2	.	.	I
Lupinus polyphyllus	.	.	.	.	.	.	.	.	.	.	.	.	.	.	2	.	.	I
Galeopsis tetrahit	.	.	.	.	.	.	.	.	.	.	.	.	.	.	1	.	.	I
Crepis capillaris	.	.	.	.	.	.	.	.	.	.	.	.	.	.	r	.	.	I
Sagina procumbens	.	.	.	.	.	.	.	.	.	.	.	.	.	.	.	2	.	I
Agrostis stolonifera	.	.	.	.	.	.	.	.	.	.	.	.	.	.	.	.	+	I
Anchusa arvensis	.	.	.	.	.	.	.	.	.	.	.	.	.	.	.	.	r	I
Moose																		
Bryum argenteum	1	+	2	2	2	2	+	1	.	1	1	1	.	.	.	3	2	IV
Ceratodon purpureus	+	.	+	.	1	+	+	.	.	2	.	.	.	.	.	.	.	II
Barbula convoluta	3	.	+	1	2	.	.	.	.	1	.	.	.	.	.	.	.	II
Funaria hygrometrica	+	.	.	1	.	.	.	.	.	+	.	.	.	.	.	.	+	II
Bryum caespiticium	.	.	1	.	1	1	.	.	.	.	.	.	.	.	.	.	.	I
Marchantia polymorpha	+	.	.	.	.	.	.	.	.	.	.	.	.	.	.	.	.	I
Rhynchostegium murale	.	.	.	.	+	.	.	.	.	.	.	.	.	.	.	.	.	I

Vegetationstabelle Nr. 8   K. Chenopodietea   O. Sisymbrietalia   V. Sisymbrion   Teil 1

Hordeetum murini

	1	2	3	4	5	6	7	8	9	10	11	12	13	14	15	16	17	
Laufende Nummer	1	2	3	4	5	6	7	8	9	10	11	12	13	14	15	16	17	
Geländenummer	0217	0203	0299	0253	0218	0249	0392	0126	0219	0496	0270	1350	1315	1296	1218	1197	1175	
Datum	5/88	5/88	6/88	6/88	5/88	6/88	6/88	5/88	5/88	6/88	6/88	6/89	6/89	6/89	6/89	5/89	5/89	
Stadt	Duis	Duis	Ober	Duis	Duis	Duis	Dort	Dort	Duis	Duis	Duis	Gels	Ober	Duis	Dort	Boch		
Industriefläche	ThRu	ThRu	Ruhr	ThBe	ThRu	ThBe	HoWe	HoWe	ThRu	ThRu	ThBe	ThMe	VeSc	ThOb	ThRu	HoWe	KrHö	
Biotoptyp	I/2	IA/1	CA/1	EI/1	C/2	D/1	D/1	A/1	C/1	D/1	A/1	d/1	A/1	IC/3	IC/1	A/1	E/1	
Substrat	H3 X	H4 X	A5G4	A4 5	A4 5	A3 5	A3 5	A4 5	o S2	A3 X	A3 5	A3 X	o u2	A3 X	A1 X	A4 5	H3 X	
Substrat (Ergänzungen)	g	c36	c	B6	b	B	b	b	C	b	B	C	d	b3	c3	c3	b3	
Gesamtdeckung %	40	75	95	90	80	95	70	80	90	40	80	30	100	50	90	90	55	
Krautschicht Deckung %	30	75	80	90	80	92	70	80	90	40	80	27	100	40	60	90	50	
Moosschicht Deckung %	30	10	20			5		5					3		12	45		5
Max. Höhe Krautsch. cm	20	50	100	70	50	50	65	50	50	55	60	50	50	65	40	50	100	
Größe Aufnahmefläche m²	8	2	4	8	2	3	2	3	2	3	1,2	4	3	5	5	1,5	1,5	
Artenzahl	20	18	14	12	11	10	10	9	8	8	6	17	13	21	12	6	10	
Hordeum murinum	2	3	4	4	3	5	3	4	4	4	2	4	2	3	2	3	5	2	V

V. Sisymbrion

	1	2	3	4	5	6	7	8	9	10	11	12	13	14	15	16	17	
Bromus tectorum	+	2	.	.	2	.	+	.	1	.	.	.	.	.	.	.	.	II
Senecio viscosus	.	.	+	.	.	r	.	.	1	.	+	.	.	.	.	.	.	II
Tripleurosp. inodorum	+	r	1	.	.	.	.	.	.	.	.	.	.	+	+	.	.	II
Crepis tectorum	.	.	.	.	+	.	.	1	.	.	.	.	.	.	1	1	.	II
Sisymbrium altissimum	.	.	1	.	.	.	.	.	.	.	.	2	.	.	.	.	.	I
Sisymbrium loeselii	.	.	.	.	.	.	.	.	.	.	.	.	.	.	1	.	.	I
Bromus sterilis	.	.	.	.	.	.	.	.	.	.	.	.	+	.	.	.	.	I

K. Chenopodietea

	1	2	3	4	5	6	7	8	9	10	11	12	13	14	15	16	17	
Sonchus oleraceus	.	.	.	.	.	.	.	.	.	.	.	.	+	r	+	1	2	.	II
Conyza canadensis	.	.	2	.	.	.	.	.	.	.	+	.	+	.	.	1	.	II
Senecio vulgaris	r	.	.	.	.	.	r	r	.	.	.	.	.	.	.	.	.	I
Sisymbrium officinale	.	.	.	.	.	.	.	.	+	.	.	.	.	.	.	.	.	I
Sonchus asper	.	.	.	.	.	.	.	.	+	.	.	.	.	.	.	.	.	I
Capsella bursa-pastoris	.	.	.	.	.	.	.	.	.	.	.	r	.	.	.	.	.	I

K. Plantaginetea

	1	2	3	4	5	6	7	8	9	10	11	12	13	14	15	16	17	
Poa annua	1	+	.	.	2	1	+	.	.	1	+	.	+	.	+	+	2	1	IV
Plantago major	.	.	.	.	+	+	.	r	.	.	.	.	.	.	+	.	.	II
Polygonum aviculare agg.	.	.	.	.	.	.	.	.	.	.	.	+	.	.	.	.	.	I
Poa pr. subsp. irrigata	.	.	.	.	.	.	.	.	.	.	.	.	1	.	.	.	.	I

K. Artemisietea

	1	2	3	4	5	6	7	8	9	10	11	12	13	14	15	16	17	
Artemisia vulgaris	+	1	.	.	.	2	.	.	.	.	.	.	.	1	.	.	1	II
Daucus carota	.	+	.	.	.	.	.	.	.	+	.	.	.	.	+	.	r	II
Cirsium vulgare	.	.	r	.	+	.	.	.	.	.	.	.	.	.	.	.	.	I
Carduus acanthoides	+	.	.	.	.	.	.	.	.	.	.	+	.	.	.	.	.	I
Solidago gigantea	.	.	.	.	.	.	.	.	.	.	.	.	+	+	.	.	.	I
Solidago canadensis	.	.	.	.	.	.	.	.	.	.	.	.	.	.	.	.	+	I
Lamium album	.	.	.	.	.	.	.	.	.	.	.	.	.	.	.	.	+	I
Eupatorium cannabinum	.	.	.	.	+	.	.	.	.	.	.	.	.	r	.	.	.	I
Oenothera biennis str.	r	.	.	.	.	.	.	.	.	.	.	.	.	.	.	.	.	I
Carduus nutans	.	+	.	.	.	.	.	.	.	.	.	.	.	.	.	.	.	I
Reseda lutea	.	.	.	.	.	.	.	.	.	.	1	.	.	.	.	.	.	I

Sonstige

	1	2	3	4	5	6	7	8	9	10	11	12	13	14	15	16	17	
Taraxacum officinale	+	+	.	+	+	r	+	+	+	1	.	.	+	1	+	+	.	V
Cerastium holosteoides	1	+	.	.	+	+	+	.	.	+	.	+	.	+	.	.	.	III
Arenaria serpyllifolia	1	.	.	.	.	r	+	2	.	+	.	1	.	1	.	1	.	III
Cirsium arvense	.	.	+	1	+	.	.	+	2	.	.	.	1	.	.	.	.	II

Vegetationstabelle Nr. 8 K. Chenopodietea O. Sisymbrietalia V. Sisymbrion   Teil 2

Hordeetum murini

Laufende Nummer	1	2	3	4	5	6	7	8	9	10	11	12	13	14	15	16	17	
Lolium perenne	.	.	r	.	.	.	.	.	1	2	.	.	2	+	.	.	1	II
Poa angustifolia	+	1	.	+	.	r	.	.	.	.	.	.	.	.	.	.	.	II
Puccinellia distans	.	.	.	2	.	.	.	.	.	.	2	.	.	.	2	.	.	I
Tussilago farfara	+	.	.	.	.	.	.	.	.	.	.	+	.	.	1	.	.	I
Agropyron repens	.	.	2	.	.	.	.	.	.	.	+	.	.	.	.	.	.	I
Medicago lupulina	.	.	.	+	.	.	+	.	.	.	.	.	.	.	.	.	.	I
Buddleja davidii juv.	r	.	.	.	.	.	.	.	.	.	.	.	.	r	.	.	.	I
Epilobium angustifolium	.	+	.	.	.	.	.	.	.	.	.	+	.	.	.	.	.	I
Dactylis glomerata	.	+	.	.	.	.	.	.	.	.	.	.	.	.	.	.	2	I
Trifolium campestre	.	.	.	+	.	.	.	.	.	.	.	.	.	+	.	.	.	I
Cerastium semidecandrum	+	.	.	.	.	.	.	.	.	.	.	.	.	.	.	.	.	I
Solanum dulcamara	r	.	.	.	.	.	.	.	.	.	.	.	.	.	.	.	.	I
Linaria vulgaris	.	1	.	.	.	.	.	.	.	.	.	.	.	.	.	.	.	I
Hieracium lachenalii	.	+	.	.	.	.	.	.	.	.	.	.	.	.	.	.	.	I
Rumex acetosella	.	.	2	.	.	.	.	.	.	.	.	.	.	.	.	.	.	I
Agrostis tenuis	.	.	+	.	.	.	.	.	.	.	.	.	.	.	.	.	.	I
Viola arvensis	.	.	r	.	.	.	.	.	.	.	.	.	.	.	.	.	.	I
Diplotaxis tenuifolia	.	.	.	+	.	.	.	.	.	.	.	.	.	.	.	.	.	I
Rumex crispus	.	.	.	+	.	.	.	.	.	.	.	.	.	.	.	.	.	I
Ranunculus repens	.	.	.	r	.	.	.	.	.	.	.	.	.	.	.	.	.	I
Poa compressa	.	.	.	.	2	.	.	.	.	.	.	.	.	.	.	.	.	I
Poa pratensis agg.	.	.	.	.	.	.	2	.	.	.	.	.	.	.	.	.	.	I
Arrhenatherum elatius	.	.	.	.	.	.	.	.	+	.	.	.	.	.	.	.	.	I
Salix caprea juv.	.	.	.	.	.	.	.	.	.	.	.	+	.	.	.	.	.	I
Agrostis stolonifera	.	.	.	.	.	.	.	.	.	.	.	.	2	.	.	.	.	I
Holcus lanatus	.	.	.	.	.	.	.	.	.	.	.	.	+	.	.	.	.	I
Poa trivialis	.	.	.	.	.	.	.	.	.	.	.	.	2	.	.	.	.	I
Festuca nigrescens	.	.	.	.	.	.	.	.	.	.	.	.	1	.	.	.	.	I
Plantago lanceolata	.	.	.	.	.	.	.	.	.	.	.	.	+	.	.	.	.	I
Bromus mollis	.	.	.	.	.	.	.	.	.	.	.	.	+	.	.	.	.	I
Carex muricata agg.	.	.	.	.	.	.	.	.	.	.	.	.	.	r	.	.	.	I
Hieracium spec. juv.	.	.	.	.	.	.	.	.	.	.	.	.	.	r	.	.	.	I
Epilobium ciliatum	.	.	.	.	.	.	.	.	.	.	.	.	.	.	r	.	.	I
Epilobium parviflorum	.	.	.	.	.	.	.	.	.	.	.	.	.	.	r	.	.	I
Fraxinus excelsior juv.	.	.	.	.	.	.	.	.	.	.	.	.	.	.	.	+	.	I

Moose

	1	2	3	4	5	6	7	8	9	10	11	12	13	14	15	16	17	
Bryum argenteum	1	1	2	.	.	1	.	1	.	.	.	+	.	+	3	.	1	III
Ceratodon purpureus	2	1	.	.	.	1	.	.	.	.	.	+	.	2	.	.	.	II
Funaria hygrometrica	+	.	.	.	+	.	.	.	.	.	.	.	.	.	+	.	+	II
Barbula convoluta	2	.	.	.	.	.	.	.	.	.	.	.	1	.	.	.	.	I
Rhynchostegium confertum	.	1	.	.	.	.	.	.	.	.	.	.	.	.	.	.	.	I
Bryum caespiticium	.	+	.	.	.	.	.	.	.	.	.	.	.	.	.	.	.	I

Vegetationstabelle Nr. 9 Teil 1
K. Chenopodietea   O. Sisymbrietalia   V. Sisymbrion

Conyzo-Lactucetum serriolae

- Ausbildung mit Matricaria chamomilla   Nr. 1- 3
- Trennartenfreie Ausbildung   Nr. 4-11

Laufende Nummer	1	2	3	4	5	6	7	8	9	10	11	
Geländenummer	0509	0508	0510	0837	0854	0901	0816	0709	0875	0898	0999	
Datum	7/88	7/88	7/88	8/88	8/88	8/88	8/88	7/88	8/88	8/88	9/88	
Stadt	Duis	Duis	Duis	Duis	Duis	Duis	Duis	Bott	Dort	Duis	Ober	
Industriefläche	ThBe	ThBe	ThBe	ThRu	ThRu	ThBe	ThRu	ZePr	HoWe	ThBe	ThOb	
Biotoptyp	C/1	C/1	FC/1	D/1	B/3	D/1	C/1	AC/1	I/2	G/1	J/3	
Substrat	H3 5	H4 5	#3 5	Q3S5	H3 5	S4 X	H3S5	#4 5	A5 3	A3 5	U3S5	
Substrat (Ergänzungen)	f1	C1	B	b	g	c	c3	D	b3	C	e	
Gesamtdeckung %	70	75	40	80	45	40	55	70	65	95	98	
Deckung Krautschicht %	60	55	40	55	40	37	35	65	40	40	65	
Deckung Moosschicht %	20	40		30	5	3	20	5	30	60	70	
Max. Höhe Krautsch. cm	130	50	120	60	120	50	70	100	210	70	110	
Größe Aufnahmefläche m²	5	7	10	3	5	5	2	2	8	4	4	
Artenzahl	18	27	27	19	24	13	18	14	22	13	13	
Lactuca serriola	2	2	2	2	2	3	1	+	3	2	1	V
Diff. A												
Matricaria chamomilla	1	2	+	.	.	.	.	.	.	.	.	II
Papaver rhoeas	.	+	+	.	.	.	.	.	.	.	.	I
Mercurialis annua	.	r	r	.	.	.	.	.	.	.	.	I
Capsella bursa-pastoris	.	+	r	.	.	.	.	.	.	.	.	I
Diplotaxis tenuifolia	+	1	.	.	.	.	.	.	.	.	.	I
Trifolium repens	+	.	+	.	.	.	.	.	.	.	.	I
Geranium pusillum	r	+	.	.	.	.	.	.	.	.	.	I
V. Sisymbrion												
Crepis tectorum	.	.	+	+	r	+	+	.	.	.	.	III
Senecio viscosus	.	.	+	+	+	+	.	.	+	+	.	III
Tripleurosp. inodorum	+	1	.	.	r	.	.	2	2	.	.	III
Hordeum murinum	.	.	.	+	.	.	.	.	.	.	.	I
Bromus tectorum	.	.	.	.	.	.	.	.	.	2	.	I
K. Chenopodietea												
Conyza canadensis	2	2	+	2	2	+	2	2	1	2	3	V
Senecio vulgaris	.	.	1	1	1	+	+	1	.	.	.	III
Sonchus oleraceus	1	.	1	.	1	.	+	1	.	.	.	III
Chenopodium album agg.	+	+	.	.	.	.	.	.	.	+	.	II
Stellaria media	.	+	.	.	.	.	.	.	.	.	.	I
Apera interrupta	.	.	+	.	.	.	.	.	.	.	.	I
Inula graveolens	.	.	.	.	.	.	.	r	.	.	.	I
Galinsoga parviflora	.	.	.	.	r	.	.	.	.	.	.	I
Sonstige												
Poa annua	1	2	1	+	+	.	2	2	+	1	.	V
Arenaria serpyllifolia	.	.	1	2	1	.	1	.	+	.	1	III
Cirsium arvense	.	r	r	.	.	r	+	+	.	+	.	III
Epilobium ciliatum	.	.	.	2	+	r	.	+	1	.	.	III
Taraxacum officinale	.	.	.	+	+	1	r	1	r	.	.	III
Cerastium holosteoides	.	+	.	.	+	.	+	1	.	.	.	II
Buddleja davidii juv.	.	.	.	+	r	.	1	.	.	.	.	II
Artemisia vulgaris	.	+	+	.	+	.	.	.	.	.	+	II
Poa palustris	.	+	+	.	r	.	.	.	1	.	.	II
Cirsium vulgare	r	.	.	r	.	.	r	.	.	.	+	II
Medicago lupulina	2	.	+	.	+	.	.	.	.	.	.	II

Vegetationstabelle Nr. 9 Teil 2
K. Chenopodietea O. Sisymbrietalia V. Sisymbrion

Conyzo-Lactucetum serriolae

Laufende Nummer	1	2	3	4	5	6	7	8	9	10	11	
Puccinellia distans	.	+	+	+	.	.	.	.	.	.	.	II
Agropyron repens	.	+	+	.	.	.	.	.	r	.	.	II
Daucus carota	.	r	.	.	r	.	.	.	.	.	1	II
Plantago major	r	+	.	.	.	.	.	.	1	.	.	II
Polygonum aviculare agg.	.	.	r	.	.	.	+	.	r	.	.	II
Populus x canaden. juv.	.	.	.	r	r	.	.	.	.	r	.	II
Epilobium angustifolium	.	.	r	.	.	.	.	.	r	.	.	I
Salix caprea juv.	.	.	.	+	.	r	.	.	.	.	.	I
Clematis vitalba	.	.	.	.	.	r	.	.	.	r	.	I
Linaria vulgaris	+	.	.	.	.	.	.	.	.	.	.	I
Poa pratensis	+	.	.	.	.	.	.	.	.	.	.	I
Lolium perenne	+	.	.	.	.	.	.	.	.	.	.	I
Agrostis gigantea	.	+	.	.	.	.	.	.	.	.	.	I
Holcus lanatus	.	+	.	.	.	.	.	.	.	.	.	I
Rorippa sylvestris	.	+	.	.	.	.	.	.	.	.	.	I
Alopecurus myosuroides	.	+	.	.	.	.	.	.	.	.	.	I
Reseda lutea	.	+	.	.	.	.	.	.	.	.	.	I
Fallopia convolvolus	.	.	+	.	.	.	.	.	.	.	.	I
Aethusa cynapium	.	.	+	.	.	.	.	.	.	.	.	I
Reseda luteola	.	.	r	.	.	.	.	.	.	.	.	I
Rumex crispus	.	.	r	.	.	.	.	.	.	.	.	I
Epilobium spec. juv.	.	.	r	.	.	.	.	.	.	.	.	I
Leontodon autumnalis	.	.	.	+	.	.	.	.	.	.	.	I
Senecio jacobea	.	.	.	.	r	.	.	.	.	.	.	I
Erigeron acris	.	.	.	.	r	.	.	.	.	.	.	I
Poa angustifolia	.	.	.	.	r	.	.	.	.	.	.	I
Bellis perennis	.	.	.	.	.	.	+	.	.	.	.	I
Hieracium spec. juv.	.	.	.	.	.	.	r	.	.	.	.	I
Betula pendula juv.	.	.	.	.	.	.	.	+	.	.	.	I
Poa compressa	.	.	.	.	.	.	.	.	+	.	.	I
Juncus bufonius	.	.	.	.	.	.	.	.	+	.	.	I
Ranunculus repens	.	.	.	.	.	.	.	.	+	.	.	I
Epilobium hirsutum	.	.	.	.	.	.	.	.	+	.	.	I
Solanum dulcamara	.	.	.	.	.	.	.	.	.	+	.	I
Solidago gigantea	.	.	.	.	.	.	.	.	.	r	.	I
Oenothera biennis s.str.	.	.	.	.	.	.	.	.	.	.	1	I
Carduus nutans	.	.	.	.	.	.	.	.	.	.	1	I
Rubus armeniacus	.	.	.	.	.	.	.	.	.	.	1	I
Silene alba	.	.	.	.	.	.	.	.	.	.	+	I

Moose

	1	2	3	4	5	6	7	8	9	10	11	
Bryum argenteum	2	2	.	2	1	1	1	1	1	2	4	V
Ceratodon purpureus	2	2	.	+	+	+	.	.	2	+	1	IV
Bryum caespiticium	.	.	.	.	1	.	1	.	3	1	.	II
Barbula convoluta	.	.	.	2	.	.	2	.	2	.	.	II
Funaria hygrometrica	.	.	.	.	.	.	r	.	+	.	.	I

Vegetationstabelle Nr. 10   Teil 1
K. Chenopodietea   O. Sisymbrietalia   V. Sisymbrion

Hordeum jubatum-Bestände
- Ausbildung mit Solidago gigantea Nr. 1 - 4
- Trennartenfreie Ausbildung   Nr. 5 - 7

Laufende Nummer	1	2	3	4	5	6	7	
Geländenummer	0262	0346	0604	1397	0345	0362	0443	
Datum	6/88	6/88	7/88	7/89	6/88	6/88	6/88	
Stadt	Dort	Boch	Boch	Bott	Boch	Bott	Dort	
Industriefläche	HoWe	KrHö	KrHö	ZePr	KrHö	ZePr	HoWe	
Biotoptyp	D/1	IF/1	H/2	C/1	H/2	D/2	A/1	
Substrat	A5 5	V3L3	H3S5	#G5	V3L3	#3X5	E5 3	
Substrat (Ergänzungen)	c	d	b	B3	d	B	C1	
Deckung Gesamt %	92	70	70	50	60	50	80	
Deckung Krautschicht %	60	60	50	49	50	50	45	
Deckung Moosschicht %	60	15	30	1	20	2	35	
Max. Höhe Krautsch. cm	50	45	40	50	50	55	40	
Exposition/Neigung°	.	.	.	.	0/10	.	.	
Größe Aufnahmefläche m²	3,5	4	2	1	4	3	3	
Artenzahl	24	17	18	14	16	17	8	
Hordeum jubatum	2	2	3	2	3	2	3	V
Diff. A								
Solidago gigantea	+	1	+	+	+	.	.	IV
Cirsium vulgare	r	r	r	+	.	.	.	III
Conyza canadensis (K.)	+	r	2	1	.	.	.	III
Arenaria serpyllifolia	+	1	r	.	.	.	.	III
Agrostis gigantea	2	2	.	.	.	.	.	II
Daucus carota	+	+	.	.	.	.	.	II
V. Sisymbrion								
Crepis tectorum	1	.	+	+	.	.	r	III
Senecio viscosus	r	r	.	.	.	r	.	III
Tripleurosp. inodorum	+	.	.	2	.	+	1	III
Bromus tectorum	1	.	.	.	.	.	1	II
Lactuca serriola	.	.	.	1	.	.	.	I
K. Chenopodietea								
Senecio vulgaris	.	.	r	.	+	r	.	III
Bromus mollis	r	.	.	.	.	.	.	I
Sonchus oleraceus	.	.	r	.	.	.	.	I
Sonchus asper	.	.	.	.	.	+	.	I
K. Plantaginetea								
Poa annua	+	2	1	.	.	+	+	IV
Plantago major	r	+	r	.	.	r	.	III
Polygonum aviculare agg.	r	.	.	1	.	.	.	II
Poa pr. subsp. irrigata	.	.	.	+	.	.	.	I
Sagina procumbens	.	.	.	.	.	+	.	I
Sonstige								
Taraxacum officinale	r	+	r	+	.	+	1	V
Cerastium holosteoides	+	+	r	.	+	+	.	IV
Poa compressa	+	1	.	.	+	+	.	III
Cirsium arvense	.	+	r	.	.	2	.	III
Epilobium ciliatum	.	.	r	1	.	r	.	III
Artemisia vulgaris	r	.	.	.	+	.	.	II
Eupatorium cannabinum	.	.	.	+	.	2	.	II
Poa angustifolia	+	.	.	.	.	.	.	I
Carduus acanthoides	+	.	.	.	.	.	.	I

Vegetationstabelle Nr. 10   Teil 2
K. Chenopodietea   O. Sisymbrietalia   V. Sisymbrion

Hordeum jubatum-Bestände

Laufende Nummer	1	2	3	4	5	6	7	
Cardaminopsis arenosa	.	+	.	.	.	.	.	I
Salix caprea juv.	.	.	r	.	.	.	.	I
Hypericum perforatum	.	.	.	+	.	.	.	I
Poa palustris	.	.	.	.	1	.	.	I
Epilobium tetragonum	.	.	.	.	1	.	.	I
Dactylis glomerata	.	.	.	.	.	+	.	I
Poa trivialis	.	.	.	.	.	+	.	I
Lolium perenne	.	.	.	.	.	+	.	I
Tussilago farfara	.	.	.	.	.	r	.	I
Rumex obtusifolius	.	.	.	.	.	r	.	I
Betula pendula juv.	.	.	.	.	.	r	.	I
Solidago canadensis	.	.	.	.	.	+	.	I
Scrophularia nodosa	.	.	.	.	.	r	.	I
Puccinellia distans	.	.	.	.	.	1	.	I
Moose								
Ceratodon purpureus	3	2	2	.	2	1	.	IV
Bryum argenteum	1	1	2	+	.	.	3	IV
Funaria hygrometrica	.	.	.	.	2	.	.	I
Bryum caespiticium	1	.	.	.	.	.	.	I
Barbula convoluta	.	.	r	.	.	.	.	I

Vegetationstabelle Nr. 11 Teil 1
K. Chenopodietea O. Sisymbrietalia V. Sisymbrion

Senecio inaequidens-Bestände

Laufende Nummer	1	2	3	4	5	6	7	8	9	10	11	
Geländenummer	1403	0797	0459	1521	0536	0501	0743	0897	1441	1496	0823	
Datum	7/89	8/88	6/88	8/89	7/88	6/88	7/88	8/88	7/89	8/89	8/88	
Stadt	Esse	Esse	Duis	Gels	Ober	Duis	Ober	Duis	Duis	Ober	Duis	
Industriefläche	ZeZo	ZeZo	ZeTh	VeHo	ZeOs	ThRu	ThOb	ThBe	ThMe	ThOb	ThRu	
Biotoptyp	g/1	f/1	i/1	I/3	d/1	B/1	I/2	D/1	d/2	D/2	DI/1	
Substrat	R3G5	B4 X	k G5	#4s4	f GX	C2S5	A3 5	A4 5	#3u5	A3 X	A4 5	
Substrat (Ergänzungen)	B3	E	A1	G3	A	E	B34	b	B1	B	b	
Deckung Gesamt %	85	90	70	70	70	75	98	95	60	45	85	
Deckung Krautschicht %	45	85	60	40	65	40	60	95	45	45	70	
Deckung Moosschicht %	50	10	20	40	20	50	45	2	20		30	
Max. Höhe Krautsch. cm	70	150	110	50	80	80	110	50	70	70	110	
Größe Aufnahmefläche m²	8	8	9	5	8	10	8	5	12	8	7	
Artenzahl	23	24	28	19	15	23	24	14	16	12	24	
Senecio inaequidens	3	3	3	2	4	2	3	3	3	3	3	V
V. Sisymbrion												
Tripleurosp. inodorum	.	.	+	+	.	+	+	.	.	+	.	III
Senecio viscosus	.	.	.	.	+	+	.	r	2	1	.	III
Bromus tectorum	.	.	r	.	.	+	.	+	.	.	.	II
Crepis tectorum	.	.	+	.	.	.	.	.	.	.	.	I
K. Chenopodietea												
Conyza canadensis	+	.	.	+	.	.	.	.	+	+	+	III
Apera interrupta (Reste)	.	.	.	.	.	.	+	.	.	+	+	II
Sonchus asper	+	.	.	r	.	.	.	.	.	.	.	I
Sonchus oleraceus	.	.	r	.	.	.	.	+	.	.	.	I
Inula graveolens	2	.	+	.	.	.	.	.	.	.	.	I
K. Artemisietea												
Cirsium vulgare	.	.	.	+	.	r	+	r	.	+	.	III
Artemisia vulgaris	.	.	.	.	.	1	+	1	.	.	+	II
Solidago gigantea	+	1	+	.	+	.	.	.	.	.	.	II
Daucus carota	.	.	.	.	+	.	.	.	.	1	.	I
Carduus acanthoides	.	.	2	.	.	.	.	.	+	.	.	I
Eupatorium cannabinum	.	.	+	.	.	.	.	.	.	.	r	I
Oenothera biennis s.str.	.	.	.	.	.	.	.	r	.	.	+	I
Solidago canadensis	.	.	.	.	.	.	.	2	.	.	.	I
Urtica dioica	.	.	.	.	.	.	.	.	.	r	.	I
K. Plantaginetea												
Plantago major	1	.	+	.	.	+	1	.	.	.	+	III
Sagina procumbens	+	+	+	.	.	.	.	.	.	.	.	II
Poa annua	1	.	.	.	.	+	.	.	.	.	.	I
Sonstige												
Taraxacum officinale	+	+	+	+	r	+	+	r	r	r	1	V
Cerastium holosteoides	r	+	+	+	r	1	+	.	.	+	+	V
Epilobium angustifolium	.	1	1	1	.	1	2	.	r	1	1	IV
Cirsium arvense	+	1	1	+	.	.	1	+	+	.	r	IV
Arenaria serpyllifolia	+	.	1	.	.	+	1	.	1	+	+	IV
Holcus lanatus	+	1	+	+	1	.	.	.	.	.	.	III
Poa palustris	+	1	.	+	+	.	+	.	.	.	.	III
Epilobium ciliatum	+	+	+	2	.	.	.	.	.	+	.	III
Lolium perenne	.	.	.	.	+	+	+	.	.	.	+	II
Agrostis tenuis	+	2	.	+	.	.	.	.	.	.	.	II
Herniaria glabra	r	+	r	.	.	.	.	.	.	.	.	II

Vegetationstabelle Nr. 11 Teil 2
K. Chenopodietea O. Sisymbrietalia V. Sisymbrion

Senecio inaequidens-Bestände

Laufende Nummer	1	2	3	4	5	6	7	8	9	10	11	
Arrhenatherum elatius	.	.	.	.	.	r	+	.	+	.	.	II
Hieracium spec. juv.	.	r	r	.	+	.	.	.	.	.	r	II
Betula pendula juv.	.	2	2	+	.	.	.	.	.	.	r	II
Leontodon saxatilis	+	r	.	.	.	.	1	.	.	.	.	II
Linaria vulgaris	.	.	.	.	r	.	+	.	.	.	+	II
Poa compressa	.	.	+	.	.	+	+	.	.	.	.	II
Agrostis gigantea	.	.	+	.	.	.	.	.	.	.	2	I
Tussilago farfara	.	1	.	.	.	r	.	.	.	.	.	I
Crepis capillaris	.	r	.	.	.	+	.	.	.	.	.	I
Hieracium lachenalii	.	.	+	.	.	r	.	.	.	.	.	I
Senecio erucifolius	.	.	.	.	.	+	.	.	r	.	.	I
Achillea millefolium agg.	.	.	.	.	.	.	.	+	.	.	1	I
Hypericum perforatum	.	1	.	.	.	.	.	.	.	+	.	I
Poa angustifolia	.	.	.	+	+	.	.	.	.	.	.	I
Hypochoeris radicata	r	.	.	.	.	.	.	.	.	.	.	I
Hieracium laevigatum	.	r	.	.	.	.	.	.	.	.	.	I
Aster spec. juv.	.	r	.	.	.	.	.	.	.	.	.	I
Salix caprea juv.	.	.	2	.	.	.	.	.	.	.	.	I
Epilobium parviflorum	.	.	.	2	.	.	.	.	.	.	.	I
Scrophularia nodosa	.	.	.	+	.	.	.	.	.	.	.	I
Viola arvensis	.	.	.	.	r	.	.	.	.	.	.	I
Buddleja davidii juv.	.	.	.	.	.	2	.	.	.	.	.	I
Hieracium piloselloides	.	.	.	.	.	+	.	.	.	.	.	I
Echium vulgare	.	.	.	.	.	.	+	.	.	.	.	I
Poa pratensis agg.	.	.	.	.	.	.	+	.	.	.	.	I
Clematis vitalba	.	.	.	.	.	.	.	3	.	.	.	I
Solanum dulcamara	.	.	.	.	.	.	.	+	.	.	.	I
Vulpia myuros	.	.	.	.	.	.	.	+	.	.	.	I
Verbascum densiflorum	.	.	.	.	.	.	.	.	1	.	.	I
Epilobium spec. juv.	.	.	.	.	.	.	.	.	r	.	.	I
Erigeron acris	.	.	.	.	.	.	.	.	.	+	.	I
Erigeron annuus	.	.	.	.	.	.	.	.	.	.	r	I

Moose

	1	2	3	4	5	6	7	8	9	10	11	
Ceratodon purpureus	2	+	2	+	2	3	3	1	2	.	1	V
Bryum argenteum	2	1	+	3	+	1	.	+	+	.	+	V
Barbula convoluta	.	.	+	.	.	.	1	.	.	.	3	II
Funaria hygrometrica	1	.	.	.	.	.	.	.	+	.	.	I
Bryum caespiticium	2	.	.	.	.	.	.	.	.	.	.	I
Mnium hornum	.	1	.	.	.	.	.	.	.	.	.	I
Pohlia nutans	.	1	.	.	.	.	.	.	.	.	.	I
Marchantia polymorpha	.	.	.	.	.	.	+	.	.	.	.	I

Vegetationstabelle Nr. 12   Teil 1
K. Chenopodietea O.Sisymbrietalia V. Sisymbrion

Amaranthus albus-Bestände   Nr. 1 - 5
Amaranthus blitoides-Bestände Nr. 6 - 8

Laufende Nummer	1	2	3	4	5	6	7	8
Geländenummer	0627	1463	1477	0961	1511	0626	0953	0962
Datum	7/88	7/89	8/89	8/88	8/89	7/88	8/88	8/88
Stadt	Ober	Duis	Duis	Ober	Ober	Ober	Ober	Ober
Industriefläche	Ruhr	ThRu	ThRu	Ruhr	Ruhr	Ruhr	Ruhr	Ruhr
Biotoptyp	I/1	DI/2	G/2	I/2	I/2	I/2	IC/1	DI/1
Substrat (neu)	V2S5	H3 X	A3 X	M3S5	#4S3	Ü4S5	Ü4S5	i S4
Substrat (Ergänzungen)	B	G2	b	B	A3	B	B	d2
Gesamtdeckung %	85	60	35	90	60	90	85	53
Krautschicht Deckung %	85	40	33	87	60	90	80	50
Moosschicht Deckung %	(1	35	2	3	.	.	10	3
Max. Höhe Krautsch. cm	55	45	60	40	80	70	50	50
Größe Aufnahmefläche m²	3	2	7	5	8	3	4	5
Artenzahl	21	12	10	18	13	27	16	5

	1	2	3	4	5	6	7	8
Amaranthus albus	3	2	2	4	3	.	.	.
Amaranthus blitoides	.	.	.	2	1	2	4	3
V. Sisymbrion								
Tripleurosp. inodorum	+	+	.	2	+	1	r	.
Senecio viscosus	.	+	1	.	1	r	.	+
Sisymbrium altissimum	+	.	.	.	.	+	.	.
Bromus tectorum	.	2	.	.	.	.	.	.
K. Chenopodietea								
Solanum nigrum	1	.	.	+	.	1	.	.
Senecio vulgaris	.	.	.	r	+	.	.	1
Chenopodium album s.str.	2	.	.	.	+	1	.	.
Conyza canadensis	.	+	.	.	1	.	+	.
Atriplex patula	.	.	r	.	r	.	.	.
Anagallis arvensis	1	.	.	.	.	1	.	.
Polygonum persicaria	1	.	.	.	.	+	.	.
Capsella bursa-pastoris	r	.	.	.	.	.	.	.
Salsola kali ruthenica	.	2	.	.	.	.	.	.
Chenopodium polyspermum	.	.	.	.	.	+	.	.
Euphorbia helioscopia	.	.	.	.	.	+	.	.
Bromus arvensis	.	.	.	.	.	.	r	.
K. Artemisietea								
Artemisia vulgaris	1	.	+	.	.	+	.	.
Reseda luteola	2	.	.	+	.	2	.	.
Oenothera biennis agg.	2	.	.	.	.	2	.	.
Carduus acanthoides	+	r	.	.	.	.	.	.
Eupatorium cannabinum	.	.	.	+	.	.	.	.
Urtica dioica	.	.	.	+	.	.	.	.
Melandrium album	.	.	.	.	.	1	.	.
Cirsium vulgare	.	.	.	.	.	1	.	.
Pastinaka sativa	.	.	.	.	.	+	.	.
Verbascum thapsus	.	.	.	.	.	r	.	.
Reseda lutea	.	.	.	.	.	1	.	.
K. Plantaginetea								
Poa annua	.	.	.	+	1	.	+	.
Plantago major	+	.	.	.	+	.	r	.
Sagina procumbens	.	.	1	.	.	.	+	.
Polygonum aviculare agg.	1	.	.	.	.	.	.	.

Vegetationstabelle Nr. 12   Teil 2
K. Chenopodietea O.Sisymbrietalia V. Sisymbrion

Amaranthus albus-Bestände   Nr. 1 - 5
Amaranthus blitoides-Bestände Nr. 6 - 8

Laufende Nummer	1	2	3	4	5	6	7	8
Polygonum calcatum	.	.	.	.	1	.	.	.
Polygonum arenastrum	.	.	.	.	.	.	+	.
Sonstige								
Holcus lanatus	+	.	.	.	+	+	+	.
Viola arvensis	r	.	.	r	.	.	1	.
Epilobium ciliatum	.	.	.	.	+	1	.	.
Herniaria glabra	r	.	.	.	.	+	.	.
Cerastium holosteoides	.	+	.	.	.	.	.	+
Lolium perenne	2	.	.	.	.	2	.	.
Hypericum perforatum	+	.	.	.	.	.	.	.
Taraxacum officinale	.	.	.	r	.	.	r	.
Agropyron repens	+	.	+	.	.	.	.	.
Epilobium angustifolium	.	+	.	+	.	.	.	.
Dactylis glomerata	+	.	.	.	.	.	.	.
Euphorbia esula	.	.	.	.	1	.	.	.
Arrhenatherum elatius	.	.	.	.	.	+	.	.
Echium vulgare	.	.	.	.	.	+	.	.
Robinia pseudacacia juv.	.	.	.	r	.	.	.	.
Cirsium arvense	.	.	.	.	.	r	.	.
Solanum dulcamara	.	.	.	.	.	+	.	.
Agrostis tenuis	.	.	.	.	.	+	.	.
Rubus corylifolius agg.	.	.	.	.	.	+	.	.
Rumex obtusifolius	.	.	.	.	.	.	r	.
Arenaria serpyllifolia	.	.	.	.	.	.	+	.
Poa pratensis agg.	.	.	.	.	.	.	r	.
Moose								
Bryum argenteum	.	3	1	1	.	.	2	1
Bryum caespiticium	.	1	.	1	.	.	+	1
Barbula convoluta	.	1	.	.	.	.	.	.
Ceratodon purpureus	.	.	.	.	.	.	+	.
Rhynchostegium confertum	.	.	.	.	.	.	r	.

Vegetationstabelle Nr. 13
K. Chenopodietea O. Sisymbrietalia V. Salsolion

Chaenarrhino-Chenopodietum botryos Nr. 1 - 18
- Übergänge zur Inula graveolens-Tripleurospermum inodorum-Gesellschaft Nr. 1 - 3
- Ausbildung mit Arenaria serpyllifolia Nr. 4 - 15
  - Unterausbildung mit Betula pendula Nr. 4 - 8
  - Unterausbildung mit Artemisia vulgaris Nr. 9 - 11
  - Unterausbildung mit Crepis tectorum Nr. 12 - 14
  - Trennartenfreie Unterausbildung Nr. 15
- Trennartenfreie Ausbildung Nr. 16 - 18

Teil 1
K. Chenopodieta O.Sisymbrietalia V.Sisymbrion

Chaenarrhinum minus-Bestände Nr. 19 - 27

Laufende Nummer	1	2	3	4	5	6	7	8	9	10	11	12	13	14	15	16	17	18	19	20	21	22	23	24	25	26	27
Geländenummer	1004	0760	0759	0470	0471	0820	0829	0830	1491	0838	0839	0482	0835	1023	1020	1024	0903	0511	0744	0481	1021	0900	0632	1473	1450	1451	1338
Datum	9/88	7/88	7/88	6/88	8/88	8/88	8/88	8/88	8/89	8/88	8/88	8/88	8/88	9/88	9/88	9/88	8/88	7/88	7/88	6/88	9/88	8/88	8/88	8/89	7/89	7/89	6/89
Stadt	Duis	Duis	Duis	Duis	Duis	Duis	Duis	Duis	Duis	Duis	Dort	Dort	Duis	Duis	Duis	Duis	Duis	Duis	Ober	Duis	Duis	Duis	Ober	Duis	Boch	Boch	Duis
Industriefläche	ThA8	ThA8	ThA8	ThRu	ThRu	ThRu	ThRu	ThRu	ThRu	HoWe	HoWe	ThRu	ThRu	ThRu	ThRu	ThRu	ThBe	ThBe	ThOb	ThRu	ThRu	ThBe	Ruhr	ThRu	KrH8	KrH8	ThMe
Biotoptyp	i/1	i/1	i/1	I6/1	I6/1	6/1	CD/1	CD/1	I/3	6/2	6/2	C/2	IH/1	D/2	6/1	D/2	IC/1	A/1	D6/1	6/2	D/1	D/1	IC/1	D/3	J/1	J/1	i/1
Substrat	f	65	q	S5	q	S5	23	5	Z46X	M4	5	Z46X	5	64	X	H3	X	A3	5	64	X	A3	X	A3	5	Y3U5	h4	4	Y3U5	0455	35	4	A3	X	64	5	J4	5	A3	5	04	X	63	X	?5u1	?5u1	A3	5
Substrat (Ergänzungen)	D	d	d	A	B	B	B	B	b	b	b	E	B	A	A3	A	C13	A1	b	A	D1	a	D3	A	a	a	b3
Deckung Gesamt %	65	70	45	35	30	55	50	45	45	45	45	25	50	70	45	80	60	60	15	30	65	35	70	50	25	30	70
Deckung Krautschicht %	60	60	45	34	28	55	47	38	35	30	25	4	60	60	40	75	45	55	15	30	63	33	55	35	25	30	50
Deckung Moosschicht %	5	15	.	1	2	.	3	2	15	18	15	.	.	4	15	5	5	20	.	.	3	2	20	20	.	.	50
Max. Höhe Krautsch. cm	90	60	50	15	30	60	40	40	70	45	50	30	30	35	30	25	60	20	10	20	45	40	90	50	50	65	40
Exposition/Neigung °																										W/25	
Größe Aufnahmefläche m²	5	2	2	2	2	2	3	2	2	2	2	2	2	5	3	5	1,5	1	2	2	4	2	4	4	4	5	5
Artenzahl	16	13	14	12	15	8	22	15	20	18	17	13	17	22	6	11	17	6	8	5	13	16	10	19	6	10	9
Chenopodium botrys	2	2	3	2	2	3	2	3	1	1	2	2	2	3	3	4	2	3	.	.	2	.	.	.	.	.	.
Chaenarrhinum minus	.	.	.	+	+	r	1	r	1	r	+	.	.	1	2	2	.	.	2	2	3	2	4	2	2	2	3
Diff. A
Inula graveolens	3	2	+	.	.	.	.	.	.	.	.	.	.	+	.	.	+	.	.	.	.	.	.	r	.	.	.
Reseda luteola	+	1	+	.	.	.	.	.	.	.	.	.	.	.	.	.	.	.	.	.	.	.	.	.	.	.	.
Sagina procumbens	+	.	r	.	.	.	.	.	.	.	.	.	.	.	.	.	.	.	.	.	.	.	.	.	.	.	.
Diff. B
Arenaria serpyllifolia	r	+	.	2	1	2	2	+	1	+	.	+	1	1	2	.	.	.	+	2	2	.	.	1	.	.	.
Epilobium ciliatum	r	.	.	.	r	.	.	+	+	.	.	r	r	+	.	.	.	.	+	+	.	.	.	.	.	.	.
B.A.
Betula pendula juv.	.	.	+	r	+	+	+	1	+	.	.	.	.	.	.	.	.	.	.	.	.	.	.	.	.	.	.
Buddleja davidii juv.	.	.	.	r	r	r	r	+	r	.	.	.	.	.	.	.	.	.	.	.	.	.	.	.	.	.	.

Vegetationstabelle Nr. 13   Teil 2

K. Chenopodietea	O. Sisymbrietalia	V. Salsolion
Chaenarrhino-Chenopodietum botryos		Nr. 1 - 18

K. Chenopodieta	O.Sisymbrietalia	V.Sisymbrion
Chaenarrhinum minus-Bestände		Nr. 19 - 27

Laufende Nummer	1	2	3	4	5	6	7	8	9	10	11	12	13	14	15	16	17	18	19	20	21	22	22	24	25	26	27
B.B.																											
Artemisia vulgaris	.	.	.	.	.	.	r	.	+	.	.	.	.	.	.	.	.	.	.	.	.	.	.	.	.	.	+
Solidago gigantea	.	.	.	.	.	.	.	.	+	1	1	.	.	.	.	.	.	.	.	.	.	.	.	.	.	.	.
B.C.																											
Crepis tectorum	.	.	.	.	.	.	.	.	.	.	.	+	r	1	.	.	.	.	.	.	+	.	.	.	.	.	.
Plantago major	.	.	.	.	.	.	.	.	.	.	.	+	r	+	.	.	1	.	.	.	.	r	.	.	.	.	.
Polygonum aviculare agg.	.	.	.	.	.	.	.	.	.	.	.	+	r	.	.	.	.	.	.	.	.	.	.	.	.	.	.
V. Salsolion																											
Salsola k.subsp.ruthen.	.	.	.	.	.	.	+	r	.	.	.	.	.	.	.	.	.	.	.	.	.	.	.	.	.	.	.
V. Sisymbrion																											
Senecio viscosus	+	+	1	r	.	+	1	.	+	1	+	.	.	.	r	1	.	.	+	.	.	+	+	+	1	.	.
Tripleurosp. inodorum	.	r	r	.	.	.	+	.	1	r	.	1	.	+	.	+	+	.	.	.	.	r	r	.	.	.	+
Bromus tectorum	.	.	.	.	.	.	.	.	.	+	.	.	.	.	.	.	.	.	.	.	1	.	1	1	.	.	.
Chenopodium strictum	.	.	1	.	.	.	.	.	.	.	.	.	.	.	.	.	.	.	.	.	.	.	.	.	.	.	.
Sisymbrium altissimum	.	.	.	.	+	.	.	.	.	.	.	.	.	.	.	.	.	.	.	.	.	.	.	.	.	.	.
Lactuca serriola	.	.	.	.	.	.	.	.	.	.	.	.	.	.	.	.	.	r	.	.	.	.	.	.	.	.	.
Hordeum murinum	.	.	.	.	.	.	.	.	.	.	.	.	.	.	.	.	.	2	.	.	.	.	.	.	.	.	.
K. Chenopodietea																											
Conyza canadensis	+	r	.	.	.	.	1	+	+	2	1	+	.	1	.	.	1	.	r	+	.	r	r	.	.	+	r
Chenopodium album agg.	.	.	.	r	.	.	+	.	.	1	.	.	.	.	.	1	2	.	.	.	.	.	.	.	r	r	.
Senecio vulgaris	.	.	.	.	.	.	.	.	.	r	.	.	.	.	.	+	+	.	r	.	1	.	+	.	.	.	.
Sonchus asper	.	.	+	.	.	.	+	.	.	.	.	.	.	+	+	.	.	.	.	r	.	.	.	.	.	.	.
Sonchus oleraceus	.	.	.	.	r	.	.	.	.	.	.	.	r	.	.	.	.	.	.	.	1	r	.	.	.	.	.
Atriplex patula	.	.	.	.	.	.	.	.	.	.	.	.	.	+	+	.	.	.	.	.	1	.	.	.	.	r	.
Chenopodium polyspermum	.	.	1	.	.	.	.	.	.	.	.	.	.	.	.	.	.	.	.	.	.	.	.	.	.	.	.
K. Plantaginetea																											
Poa annua	.	.	+	.	.	.	+	.	.	.	.	1	.	.	+	.	.	.	1	.	.	+	.	.	.	1	.
Polygonum arenastrum	.	.	+	.	r	.	.	.	.	.	.	.	.	.	.	.	.	.	.	.	.	.	.	.	.	.	.
Poa pr.subsp. irrigata	.	.	.	.	.	.	.	.	.	.	.	.	.	.	.	+	.	.	.	.	.	.	.	.	.	+	.

Vegetationstabelle Nr. 13

Teil 3

K. Chenopodietea O. Sisymbrietalia V. Salsolion
Chaenarrhino-Chenopodietum botrys Nr. 1 - 18

K. Chenopodieta O.Sisymbrietalia V.Sisymbrion
Chaenarrhinum minus-Bestände Nr. 19 - 27

Laufende Nummer	1	2	3	4	5	6	7	8	9	10	11	12	13	14	15	16	17	18	19	20	21	22	22	24	25	26	27
Sonstige																											
Taraxacum officinale	.	+	.	.	.	.	+	+	+	.	.	.	.	.	.	.	+	1	.	.	1	.	.	.	.	.	.
Epilobium angustifolium	+	+	.	.	.	.	+	r	2	.	r	.	.	r	.	.	.	.	.	.	r	.	.	.	.	.	.
Cerastium holosteoides	+	.	.	.	.	.	.	.	1	r	+	.	.	.	.	.	+	.	.	.	.	+	.	.	.	.	.
Salix caprea juv.	+	.	.	.	r	.	.	.	+	.	+	.	r	.	.	.	.	.	.	.	.	.	.	r	.	.	.
Chenopodium rubrum	.	.	1	.	+	.	+	.	+	.	+	.	.	+	.	.	.	.	.	.	.	.	.	.	.	+	.
Cirsium arvense	1	.	.	.	.	.	.	.	.	.	.	.	+	.	.	.	.	.	.	.	.	.	r	.	.	.	.
Poa pratensis agg.	.	.	.	+	.	.	.	.	.	.	.	+	+	.	.	.	.	.	.	.	+	.	.	.	.	.	+
Diplotaxis tenuifolia	.	.	.	+	.	1	.	.	.	.	.	.	.	.	.	.	.	.	.	.	.	.	.	.	.	.	+
Carduus acanthoides	r	.	.	.	.	.	.	.	.	.	.	.	.	+	.	.	.	.	.	.	.	.	.	.	.	.	+
Poa compressa	.	.	.	.	.	.	.	.	.	.	.	.	.	.	.	.	.	.	.	.	.	.	.	.	1	.	.
Lolium perenne	.	.	.	.	.	.	.	.	.	+	.	.	.	.	.	.	.	.	.	.	.	.	.	.	.	+	1
Puccinellia distans	.	r	.	.	.	.	.	.	.	.	.	.	.	.	.	.	+	.	.	.	.	+	.	.	+	.	.
Populus x canadensis juv.	.	+	.	.	.	.	.	.	.	.	.	.	.	.	.	.	.	2	.	.	.	.	.	.	.	.	.
Linaria vulgaris	+	.	.	.	.	+	.	.	.	.	.	.	.	.	.	.	+	.	.	.	.	.	.	+	.	.	.
Urtica dioica	.	.	+	.	.	.	.	.	.	.	.	.	.	.	.	.	+	.	.	.	.	.	.	.	.	.	.
Cirsium vulgare	.	.	.	.	.	.	.	r	.	.	.	.	.	r	.	.	.	.	.	.	.	.	.	.	.	.	.
Holcus lanatus	.	.	.	.	.	.	.	r	.	.	.	.	.	r	.	.	.	.	.	.	.	.	.	.	.	.	.
Sedum acre	.	.	.	.	.	.	+	.	.	+	.	.	.	r	.	.	.	.	.	.	.	.	.	.	.	.	.
Hieracium piloselloides	.	.	.	.	.	.	.	.	.	.	.	.	.	.	.	.	.	.	.	.	.	.	.	1	.	.	.
Daucus carota	.	.	.	.	.	.	.	.	r	.	.	.	.	.	.	.	.	.	.	.	.	.	.	+	.	.	.
Herniaria glabra	.	.	.	.	.	.	.	.	.	.	+	.	.	.	.	.	.	.	.	.	.	.	r	.	.	.	.
Festuca rubra agg.	.	.	.	.	.	.	.	.	.	.	.	.	.	.	.	.	.	.	.	.	.	.	.	+	+	.	.
Verbascum thapsus	r	.	.	.	.	.	.	.	.	.	.	.	.	.	.	.	.	.	.	.	.	.	.	.	1	.	.
Epilobium spec. juv.	r	.	.	.	.	.	.	.	.	+	.	.	.	.	.	.	.	.	.	.	.	.	.	.	.	+	.
Poa trivialis	.	+	.	.	.	.	.	.	.	.	.	.	.	.	.	.	.	.	.	.	.	.	.	.	.	.	.
Populus balsamifera juv.	.	.	.	.	.	.	.	.	+	.	.	.	.	.	.	.	.	.	.	.	.	.	.	.	.	.	.
Verbascum densiflorum	.	.	.	.	.	.	.	.	r	.	.	.	.	.	.	.	.	.	.	.	.	.	.	.	.	.	.
Hieracium spec. juv.	.	.	.	.	.	.	.	.	.	,	.	.	.	.	.	.	.	.	.	.	.	.	.	.	.	.	.
Epilobium parviflorum	.	.	.	.	.	.	.	.	.	.	+	.	.	.	.	.	.	.	.	.	.	.	.	.	.	.	.
Rorippa palustris	.	.	.	.	.	.	.	.	.	.	+	.	.	.	.	.	.	.	.	.	.	.	.	.	.	.	.
Trifolium repens	.	.	.	.	.	.	.	.	.	.	.	r	.	.	.	.	.	.	.	.	.	.	.	.	.	.	.
Solanum dulcamara	.	.	.	.	.	.	.	.	.	.	.	r	.	.	.	.	.	.	.	.	.	.	.	.	.	.	.
Veronica chamaedrys	.	.	.	.	.	.	.	.	.	.	.	.	.	.	.	.	.	.	.	.	.	.	.	.	.	.	.
Agrostis gigantea	.	.	.	.	.	.	.	.	.	.	.	.	.	+	.	.	.	.	.	.	.	.	.	.	.	.	.

Vegetationstabelle Nr. 13   Teil 6

K. Chenopodietea O. Sisymbrietalia V. Salsolion   K. Chenopodieta O.Sisymbrietalia V.Sisymbrion
Chaenarrhino-Chenopodietum botryos Nr. 1 - 18   Chaenarrhinum minus-Bestände Nr. 19 - 27

Laufende Nummer	1	2	3	4	5	6	7	8	9	10	11	12	13	14	15	16	17	18	19	20	21	22	24	25	26	27
Aster spec. juv.	.	.	.	.	.	.	.	.	.	.	.	.	.	.	.	.	.	.	r	.	.	.	.	.	.	.
Eupatorium cannabinum	.	.	.	.	.	.	.	.	.	.	.	.	.	.	.	.	.	.	.	.	r	.	.	.	.	.
Pastinaka sativa	.	.	.	.	.	.	.	.	.	.	.	.	.	.	.	.	.	.	.	.	.	r	.	.	.	.
Virburnum opulus juv.	.	.	.	.	.	.	.	.	.	.	.	.	.	.	.	.	.	.	.	.	.	r	.	.	.	.
Vulpia myuros	.	.	.	.	.	.	.	.	.	.	.	.	.	.	.	.	.	.	.	.	.	1	.	.	.	.
Geranium robertianum	.	.	.	.	.	.	.	.	.	.	.	.	.	.	.	.	.	.	.	.	.	+	.	.	.	.
Clematis vitalba	.	.	.	.	.	.	.	.	.	.	.	.	.	.	.	.	.	.	.	.	.	+	.	.	.	.
Arrhenatherum elatius	.	.	.	.	.	.	.	.	.	.	.	.	.	.	.	.	.	.	.	.	.	.	1	.	.	.
Melilotus officinalis	.	.	.	.	.	.	.	.	.	.	.	.	.	.	.	.	.	.	.	.	.	.	+	.	.	.
Oenothera biennis agg.	.	.	.	.	.	.	.	.	.	.	.	.	.	.	.	.	.	.	.	.	.	.	+	.	1	.
Festuca trachyphylla	.	.	.	.	.	.	.	.	.	.	.	.	.	.	.	.	.	.	.	.	.	.	+	.	.	.
Echium vulgare	.	.	.	.	.	.	.	.	.	.	.	.	.	.	.	.	.	.	.	.	.	.	+	.	.	.
Festuca nigrescens	.	.	.	.	.	.	.	.	.	.	.	.	.	.	.	.	.	.	.	.	.	.	+	.	.	.
Lolium multiflorum	.	.	.	.	.	.	.	.	.	.	.	.	.	.	.	.	.	.	.	.	.	.	.	1	.	.
Prunus serotina juv.	.	.	.	.	.	.	.	.	.	.	.	.	.	.	.	.	.	.	.	.	.	.	.	.	.	+
Moose																										
Bryum argenteum	+	.	.	+	1	.	+	+	2	2	2	.	1	2	1	1	2	1	.	1	1	1	+	.	.	3
Bryum caespiticium	.	.	.	.	.	.	+	1	+	+	2	.	+	1	.	+	2	.	.	.	+	.	1	.	.	2
Ceratodon purpureus	1	.	.	.	.	.	.	.	1	1	1	.	+	2	+	+	+	.	.	.	+	2	.	.	.	.
Barbula convoluta	.	.	.	.	.	.	.	.	.	+	+	.	+	.	.	.	.	.	.	.	.	.	.	2	.	.
Funaria hygrometrica	.	.	.	+	.	.	.	r	.	.	.	.	.	.	+	.	+	.	.	.	.	+	.	.	.	+

Vegetationstabelle Nr. 14   K. Chenopodietea   O. Sisymbrietalia   V. Salsolion   Teil 1

Salsola kali subsp. ruthenica-Bestände
- Ausbildung mit Senecio viscosus   Nr. 1 - 15
  - Unterausbildung mit Amaranthus blitoides   Nr. 1 - 4
  - Trennartenfreie Unterausbildung   Nr. 5 - 15
- Trennartenfreie Ausbildung   Nr. 16 - 21

Laufende Nummer	1	2	3	4	5	6	7	8	9	10	11	12	13	14	15	16	17	18	19	20	21	
Geländenummer	0955	1509	0636	0637	1019	0634	0758	0752	0751	0534	0535	0828	0855	0859	0921	0635	0919	0631	0633	0827	0922	
Datum	8/88	8/89	7/88	7/88	9/88	7/88	7/88	7/88	7/88	7/88	7/88	8/88	8/88	8/88	8/88	7/88	8/88	7/88	7/88	8/88	8/88	
Stadt	Ober	Ober	Ober	Ober	Duis	Ober	Duis	Duis	Duis	Ober	Ober	Duis	Duis	Duis	Ober	Ober	Ober	Ober	Ober	Duis	Ober	
Industriefläche	Ruhr	Ruhr	Ruhr	Ruhr	ThRu	Ruhr	ZeTh	ZeTh	ZeTh	ZeOs	ZeOs	ThRu	ThRu	ThRu	ZeOs	Ruhr	ZeOs	Ruhr	Ruhr	ThRu	ZeOs	
Biotoptyp	E/2	F/2	I/2	DI/1	H/1	C/2	i/1	i/1	i/1	d/1	d/1	ID/1	D/2	CD/1	d/2	G/1	d/2	DI/1	H/1	ID/1	d/2	
Substrat	Ü	S5	A3	X #3S5	Q3S5	L5	3 A3S5	f GX	f GX	f GX	Ö3G5	#2S5	H3S5	M4 X	H4S5	M4 5	A3S5	Ö3 5	#4S5	Ü3S5	H3 X M4 5	
Substrat (Ergänzungen)	d	b3	B	d	D1	b	A	B8	B8	B8	B	b	B	b	B	b	A	B	C	b	B	
Deckung Gesamt %	45	30	60	42	90	50	45	35	35	40	60	65	30	35	65	30	70	30	40	40	60	
Deckung Krautschicht %	43	30	45	40	70	48	44	34	33	38	55	61	29	20	62	30	70	25	40	40	60	
Deckung Moosschicht %	2	.	15	2	40	2	1	1	2	2	7	4	1	15	4	.	5	.	.	.	.	
Max. Höhe Krautsch. cm	30	45	35	70	60	80	60	45	25	40	80	35	35	40	85	35	70	30	45	40	70	
Exposition/Neigung°	.	.	.	.	S/20	.	.	.	.	.	.	.	.	.	.	.	.	S/2	SO/5	.	.	
Größe Aufnahmefläche m²	10	6	5	5	5	4	3	4	4	10	5	6	3	2	5	9	4	2	2	5	8	
Artenzahl	12	17	14	10	22	12	8	9	9	11	14	6	9	16	8	5	6	5	5	2	7	
Salsola kali subsp. ruthenica	2	2	3	3	4	1	3	3	2	3	3	4	2	4	2	4	2	2	2	3	4	V
Diff. A																						
Senecio viscosus (V.)	.	.	+	1	+	2	+	r	r	r	r	+	.	1	1	+	r	.	.	.	.	IV
Conyza canadensis (K.)	r	r	+	.	+	r	.	.	r	r	r	1	r	+	r	.	.	.	.	.	.	III
Arenaria serpyllifolia	+	1	.	.	1	.	+	1	2	r	+	.	2	.	.	.	.	.	.	.	r	III
Reseda luteola	r	r	+	+	1	r	1	+	1	.	.	.	.	.	.	.	.	.	.	.	.	III
A.A.																						
Amaranthus blitoides	2	2	1	+	.	.	.	.	.	.	.	.	.	.	.	.	.	1	.	.	.	II
Sagina procumbens	+	r	+	.	.	.	.	.	.	.	.	.	.	.	.	.	.	.	.	.	.	I
V. Sisymbrion																						
Tripleurosp. inodorum	.	r	r	+	+	.	.	.	.	.	r	.	.	.	.	.	.	.	.	.	.	II
Bromus sterilis	.	.	.	.	.	.	.	.	.	.	.	.	.	+	.	.	.	.	.	.	.	+
Sisymbrium altissimum	.	.	.	.	.	.	.	.	.	.	.	.	.	.	.	.	r	.	.	.	.	+
K. Chenopodietea																						
Senecio vulgaris	.	.	r	.	.	+	.	.	.	.	r	.	.	.	.	.	.	+	+	.	.	II
Amaranthus albus	.	.	.	.	.	2	.	.	.	.	.	.	1	.	.	.	.	.	2	.	.	I
Polygonum persicaria	.	.	.	.	.	+	.	.	.	.	.	.	.	.	.	.	.	.	2	.	.	I
Inula graveolens	.	.	.	.	.	.	.	+	+	.	.	.	.	.	.	.	.	.	.	.	.	I
Chenopodium album agg.	.	.	.	.	+	.	r	.	.	.	.	.	.	.	.	.	.	.	.	.	.	I
Sonchus asper	.	r	.	.	.	r	.	.	.	.	.	.	.	.	.	.	.	.	.	.	.	+
Sonchus oleraceus	.	.	.	.	.	r	.	.	.	.	.	.	.	.	.	.	.	.	.	.	.	+
Urtica urens	.	r	.	.	.	.	.	.	.	.	.	.	.	.	.	.	.	.	.	.	.	+
Chenopodium polyspermum	.	+	.	.	.	.	.	.	.	.	.	.	.	.	.	.	.	.	.	.	.	+
Solanum nigrum	.	+	.	.	.	.	.	.	.	.	.	.	.	.	.	.	.	.	.	.	.	+
K. Plantaginetea																						
Poa annua	.	+	+	+	.	1	.	.	1	.	.	.	+	.	.	.	.	.	.	+	+	III
Plantago major	.	.	+	.	.	.	.	.	.	.	.	.	+	.	.	.	.	.	.	r	.	I
Polygonum aviculare agg.	.	r	.	.	.	.	.	.	.	.	.	.	.	.	.	.	.	.	.	+	+	I
Polygonum calcati	.	.	.	.	.	.	.	.	.	.	+	.	.	.	.	.	.	.	.	.	.	+
Sonstige																						
Cerastium holosteoides	.	1	.	+	.	.	.	.	.	+	.	+	.	.	.	.	.	.	.	.	.	II
Epilobium angustifolium	.	.	+	.	.	.	+	+	+	.	.	.	.	.	.	.	.	.	.	.	.	I

Vegetationstabelle Nr. 14   K. Chenopodietea   O. Sisymbrietalia   V. Salsolion   Teil 2

Salsola kali subsp. ruthenica-Bestände

Laufende Nummer	1	2	3	4	5	6	7	8	9	10	11	12	13	14	15	16	17	18	19	20	21	
Artemisia vulgaris	.	.	.	.	r	.	.	.	.	.	+	.	.	.	+	.	.	.	.	.	r	I
Holcus lanatus	+	.	.	+	.	.	.	.	.	.	.	.	.	.	.	.	.	.	.	.	+	I
Poa compressa	.	.	.	.	+	.	.	.	.	+	.	.	.	r	.	.	.	.	.	.	.	I
Epilobium ciliatum	.	.	.	.	.	.	.	.	.	.	+	r	.	+	.	.	.	.	.	.	.	I
Solidago canadensis	.	.	.	.	r	.	.	.	.	.	+	.	.	.	.	.	.	r	.	.	.	I
Carduus acanthoides	.	.	r	.	.	.	.	r	.	.	.	.	.	r	.	.	.	.	.	.	.	I
Betula pendula juv.	.	.	.	.	+	.	+	.	.	.	.	.	.	.	.	.	.	.	.	.	.	I
Linaria vulgaris	.	.	.	.	+	.	.	.	.	.	.	.	.	r	.	.	.	.	.	.	.	I
Reseda lutea	.	.	.	+	.	+	.	.	.	.	.	.	.	.	.	.	.	.	.	.	.	I
Agrostis tenuis	+	.	.	.	.	.	.	.	.	.	+	.	.	.	.	.	.	.	.	.	.	I
Urtica dioica	+	.	.	.	.	.	.	.	.	.	.	.	.	r	.	.	.	.	.	.	.	I
Poa palustris	.	.	.	.	.	.	.	.	.	.	2	.	.	.	.	1	.	.	.	.	.	I
Solidago gigantea	.	.	.	.	.	.	.	.	.	.	+	.	.	+	.	.	.	.	.	.	.	I
Dactylis glomerata	.	.	.	.	.	.	.	.	.	.	.	.	.	1	.	+	.	.	.	.	.	I
Cirsium arvense	r	+	.	.	.	.	.	.	.	.	.	.	.	.	.	.	.	.	.	.	.	I
Chenopodium rubrum	.	+	.	.	.	.	.	.	.	.	.	.	.	.	.	2	.	.	.	.	.	I
Hypericum perforatum	.	+	.	.	.	.	.	.	.	.	.	.	.	.	.	.	.	.	.	.	.	+
Salix caprea juv.	.	.	.	.	+	.	.	.	.	.	.	.	.	.	.	.	.	.	.	.	.	+
Diplotaxis tenuifolia	.	.	.	.	+	.	.	.	.	.	.	.	.	.	.	.	.	.	.	.	.	+
Oenothera biennis agg.ju	.	.	.	.	+	.	.	.	.	.	.	.	.	.	.	.	.	.	.	.	.	+
Cirsium vulgare	.	.	.	.	+	.	.	.	.	.	.	.	.	.	.	.	.	.	.	.	.	+
Epilobium montanum	.	.	.	.	.	+	.	.	.	.	.	.	.	.	.	.	.	.	.	.	.	+
Erigeron acris	.	.	.	.	.	.	.	.	.	.	.	.	r	.	.	.	.	.	.	.	.	+
Taraxacum officinale	.	.	.	.	.	.	.	.	.	.	.	.	r	.	.	.	.	.	.	.	.	+
Hieracium spec. juv.	.	.	.	.	.	.	.	.	.	.	.	.	.	.	r	.	.	.	.	.	.	+
Solanum dulcamara	.	.	.	.	.	.	.	.	.	.	.	.	.	.	r	.	.	.	.	.	.	+
Poa pratensis agg.	.	.	.	.	.	.	.	.	.	.	.	.	.	.	+	.	.	.	.	.	.	+
Sedum acre	.	.	.	.	.	.	.	.	.	.	.	.	.	.	r	.	.	.	.	.	.	+
Carduus crispus	.	.	.	.	.	.	.	.	.	.	.	.	.	.	.	.	r	.	.	.	.	+
Hieracium sabaudum	.	.	.	.	.	.	.	.	.	.	.	.	.	.	.	.	r	.	.	.	.	+
Poa trivialis	.	.	.	.	.	.	.	.	.	.	.	.	.	.	.	.	.	.	+	.	.	+
Lolium perenne	.	.	.	.	.	.	.	.	.	.	.	.	.	.	.	.	.	.	.	+	.	+

Moose

	1	2	3	4	5	6	7	8	9	10	11	12	13	14	15	16	17	18	19	20	21	
Bryum argenteum	1	.	2	1	2	1	+	r	r	1	2	1	+	2	1	.	.	+	.	.	.	IV
Ceratodon purpureus	.	.	1	.	3	1	.	+	1	.	.	.	+	1	+	.	.	1	.	.	.	III
Bryum caespiticium	+	.	.	.	.	.	.	.	+	.	.	.	.	.	.	.	.	.	.	.	.	I
Barbula convoluta	.	.	.	.	+	.	.	.	.	.	.	.	.	.	.	.	.	.	.	.	.	+
Pilze	.	.	.	.	+	.	.	.	.	.	.	.	.	.	.	.	.	.	.	.	.	+

Vegetationstabelle Nr. 15 K. Chenopodietea   Teil 1

Arenaria serpyllifolia-Bestände
- Ausbildung mit Bromus tectorum   Nr. 1 - 11
  - Unterausbildung mit Dactylis glomerata Nr. 2 - 4
  - Trennartenfreie Ausbildung   Nr. 1, 5 - 11
- Trennartenfreie Ausbildung   Nr. 12 - 21

Laufende Nummer	1	2	3	4	5	6	7	8	9	10	11	12	13	14	15	16	17	18	19	20	21	
Geländenummer	1159	0067	0063	0057	0061	0064	0431	1466	0116	1115	0162	0114	1112	0038	0156	0170	0050	0202	0155	0175	1139	
Datum	5/89	5/88	5/88	5/88	5/88	5/88	6/88	8/89	5/88	5/89	5/88	5/89	4/88	5/88	5/88	5/88	5/88	5/88	5/88	5/88	5/89	
Industriefläche	HoWe	ThMe	ThMe	ThMe	ThMe	ThMe	HoWe	ThRu	HoWe	ThRu	ThOb	HoWe	ThRu	ThRu	ThOb	HoWe	ThBe	ThRu	ThOb	Th48	VeHo	
Stadt	Dort	Duis	Duis	Duis	Duis	Duis	Dort	Duis	Dort	Duis	Ober	Dort	Duis	Duis	Ober	Dort	Duis	Duis	Ober	Duis	Gels	
Biotoptyp	CI/2	d/1	i/2	d/1	cg/2	d/2	D/2	G/1	B/2	CI/2	C/3	I/1	IG/1	I/2	I/3	D/2	H/2	I/2	I/3	d/1	i/2	
Substrat (neu)	A3 X	A4 X	G3S5	A4 4	g4 5	M3 5	A5 3	H3 X	04 5	G4 5	S3X5	A4 4	A3 X	G3 X	M3S5	A3 5	03 4	M4 X	M3S5	Q4S5	C3 X	
Substrat (Ergänzung)	D13	B	A	c	B1	A	d	g3	c	A3	c	B	b3	A	B	B2	A	B	B	c	f3	
Deckung Gesamt %	40	80	45	70	60	65	47	55	95	65	45	90	40	45	55	90	30	40	55	35	55	
Deckung Krautschicht %	40	50	40	45	45	45	45	53	60	60	40	55	35	45	35	20	30	40	45	35	50	
Deckung Moosschicht %	2	40	10	50	30	60	2	2	70	10	15	80	10		25	90	5	5	25	(1	10	
Max. Höhe Krautsch. cm	18	10	6	6	10	5	15	50	20	8	25	2	18	20	4	10	25	30	5	10	12	
Exposition/Neigung °																	S/30					
Größe Aufnahmefläche m²	6	6	5	15	7	10	5	10	3	5	5	2	10	10	5	2	5	5	8	5	2	
Artenzahl	17	17	12	13	13	14	8	12	12	14	14	10	7	13	10	11	10	9	9	7	12	
Arenaria serpyllifolia	3	3	3	2	3	3	4	2	3	3	3	2	3	3	3	2	2	3	3	3	3	V
Diff. A																						
Bromus tectorum (K.)	.	1	.	+	r	+	+	+	r	r	.	.	.	.	.	.	.	.	.	.	.	II
Cerastium pumilum agg.	+	2	1	2	+	+	.	.	.	.	.	.	.	.	.	.	.	.	.	.	.	II
Cerastium glutinosum	.	.	.	.	.	.	r	.	.	r	.	.	.	.	.	.	.	.	.	.	.	I
A.A.																						
Dactylis glomerata	.	+	+	+	.	.	.	.	.	.	.	.	.	.	.	.	.	.	.	.	.	I
Lolium perenne	.	+	+	.	.	.	.	.	.	.	.	.	.	.	.	.	.	.	.	.	.	I
K. Chenopodietea																						
Conyza canadensis	+	r	.	r	.	1	+	2	.	.	.	+	r	+	+	+	.	.	.	.	+	III
Senecio viscosus	+	.	.	.	.	.	+	.	r	.	.	.	.	.	.	+	.	.	1	.	.	II
Senecio vulgaris	r	.	.	r	+	.	.	.	.	.	r	.	r	r	.	.	.	.	.	.	.	II
Crepis tectorum	+	+	.	.	.	.	1	.	r	.	.	.	.	.	.	.	.	.	.	.	.	I
Apera interrupta	.	.	.	.	.	.	.	.	.	.	.	r	.	.	.	+	r	.	.	.	.	I
Sisymbrium altissimum	.	.	.	+	.	.	.	.	.	.	.	.	.	.	.	+	.	.	.	.	.	I
Chenopodium album agg.	.	.	.	.	.	.	.	.	.	.	.	.	+	.	.	.	.	.	.	.	.	+
Tripleurosp. inodorum	.	.	.	.	.	.	.	.	.	r	.	.	.	.	.	.	.	.	.	.	.	+
Sonchus asper	.	.	.	.	.	.	.	.	r	.	.	.	.	.	.	.	.	.	.	.	.	+
Bromus sterilis	.	.	.	.	.	.	.	.	.	.	.	.	.	.	.	.	r	.	.	.	.	+
Solanum nigrum	.	.	.	.	.	.	r	.	.	.	.	.	.	.	.	.	.	.	.	.	.	+
Lactuca serriola	.	.	.	.	.	.	.	.	.	.	.	.	.	+	.	.	.	.	.	.	.	+
Urtica urens	.	.	.	.	.	r	.	.	.	.	.	.	.	.	.	.	.	.	.	.	.	+
K. Sedo-Scleranthetea																						
Cerastium semidecandrum	.	.	.	.	.	2	.	.	2	+	.	2	.	.	+	+	+	.	.	.	.	II
Sedum acre	.	.	.	.	.	.	.	1	+	.	.	.	.	.	.	.	.	.	.	.	.	I
Veronica arvensis	.	.	.	.	.	.	.	.	.	.	+	.	.	.	.	.	.	.	.	1	.	I
Arabidopsis thaliana	.	.	.	.	.	.	.	.	.	.	.	.	.	.	.	.	.	2	.	.	.	+
Saxifraga tridactylites	.	.	.	.	.	.	.	.	r	.	.	.	.	.	.	.	.	.	.	.	.	+
K. Artemisietea																						
Artemisia vulgaris	.	+	.	r	.	.	.	.	.	.	+	.	.	.	.	.	.	.	.	.	.	I
Verbascum thapsus	.	.	.	.	r	.	.	.	+	.	.	.	.	.	.	.	r	+	.	.	.	I
Solidago canadensis	.	+	.	.	.	.	.	.	.	.	+	.	.	.	.	.	.	.	r	.	.	I
Carduus acanthoides	.	+	.	+	r	.	.	.	.	r	.	.	.	.	.	.	.	.	.	.	.	I
Solidago gigantea	+	.	.	.	.	.	.	.	.	.	.	.	.	.	.	.	.	.	.	.	.	+

Vegetationstabelle Nr. 15 K. Chenopodietea   Teil 2

Arenaria serpyllifolia-Bestände

Laufende Nummer	1	2	3	4	5	6	7	8	9	10	11	12	13	14	15	16	17	18	19	20	21	
Oenothera biennis juv.	.	.	.	.	r	.	.	.	.	.	.	.	.	.	.	.	.	.	.	.	.	+
Reseda luteola	.	.	.	.	.	.	.	.	.	.	.	.	.	.	.	.	.	.	.	.	r	+
Eupatorium cannabinum	1	.	.	.	.	.	.	.	.	.	.	.	.	.	.	.	.	.	.	.	.	+
Tanacetum vulgare	.	.	.	.	.	.	.	.	.	+	.	.	.	.	.	.	.	.	.	.	.	+

Sonstige

Cerastium holosteoides	+	.	+	.	+	+	+	.	.	.	+	.	.	.	r	.	.	.	.	+	+	III
Poa annua	1	1	.	1	+	+	.	.	1	2	1	2	.	.	.	+	.	.	.	.	1	III
Taraxacum officinale	+	+	.	.	.	.	.	1	.	r	.	+	r	+	.	.	.	.	.	.	.	II
Betula pendula juv.	.	.	r	.	.	.	.	.	.	.	.	.	1	.	.	.	+	r	.	+	.	II
Epilobium spec. juv.	+	.	.	.	.	r	.	.	.	.	r	.	.	+	.	.	.	.	+	.	.	II
Poa compressa	+	.	+	.	.	+	.	.	.	.	.	.	.	+	.	.	.	r	.	.	.	II
Sagina procumbens	.	.	.	.	.	.	.	.	.	.	.	.	.	.	.	.	.	.	+	.	2	I
Linaria vulgaris	.	.	.	.	1	.	.	.	.	.	.	.	.	+	.	.	.	.	.	.	.	I
Achillea millefolium	.	+	.	.	.	r	.	.	.	.	.	.	.	.	.	.	.	.	.	.	.	I
Hieracium spec. juv.	.	.	.	.	.	.	.	.	.	.	.	+	.	r	.	.	.	.	.	.	.	I
Diplotaxis tenuifolia	.	+	+	.	.	.	.	.	.	.	.	.	.	+	.	.	.	2	.	.	.	I
Puccinellia distans	+	.	.	+	.	.	r	.	.	.	.	.	.	.	.	.	.	.	.	.	.	I
Buddleja davidii juv.	.	.	.	.	.	.	.	.	.	.	.	.	.	2	.	.	.	r	.	.	.	I
Tussilago farfara	.	.	.	.	.	.	r	.	.	.	.	.	r	.	.	.	.	.	.	.	.	I
Cirsium arvense	+	.	.	.	.	.	.	.	.	.	.	.	.	.	.	.	.	.	.	.	.	+
Epilobium ciliatum	.	r	.	.	.	.	.	.	.	.	.	.	.	.	.	.	.	.	.	.	.	+
Myosotis arvensis	.	.	+	.	.	.	.	.	.	.	.	.	.	.	.	.	.	.	.	.	.	+
Cardaminopsis arenosa	.	.	.	.	.	+	.	.	.	.	.	.	.	.	.	.	.	.	.	.	.	+
Agrostis tenuis	.	.	.	.	.	.	.	r	.	.	.	.	.	.	.	.	.	.	.	.	.	+
Hieracium piloselloides	.	.	.	.	.	.	.	r	.	.	.	.	.	.	.	.	.	.	.	.	.	+
Festuca rubra agg.	.	.	.	.	.	.	.	.	+	.	.	.	.	.	.	.	.	.	.	.	.	+
Epilobium angustifolium	.	.	.	.	.	.	.	.	.	.	.	.	.	.	+	.	.	.	.	.	.	+
Erigeron acris	.	.	.	.	.	.	.	.	.	.	.	.	.	.	.	.	r	.	.	.	.	+
Arrhenatherum elatius	.	.	.	.	.	.	.	.	.	.	.	.	.	.	.	1	.	.	.	.	.	+
Inula conyza	.	.	.	.	.	.	.	.	.	.	.	.	.	.	.	+	.	.	.	.	.	+
Poa pratensis agg.	.	.	.	.	.	.	.	.	.	.	.	.	.	.	.	.	.	.	.	r	.	+
Polygonum lapathifolium	.	.	.	.	.	.	.	.	.	.	.	.	.	.	.	.	.	.	.	r	.	+
Salix spec. juv.	.	.	.	.	.	.	.	.	.	.	.	.	.	.	.	.	.	.	.	.	r	+

Moose

Ceratodon purpureus	1	2	2	2	2	2	.	.	3	1	2	4	.	.	+	4	1	1	1	+	2	V
Bryum argenteum	+	3	2	2	3	2	1	1	.	2	2	+	1	.	2	+	1	1	2	.	1	V
Bryum caespiticium	.	.	.	.	.	.	+	.	.	.	+	1	.	1	.	1	1	.	.	2	.	II
Funaria hygrometrica	.	.	+	.	+	.	.	.	.	.	+	.	.	.	.	.	.	.	+	.	.	I
Barbula convoluta	.	.	.	.	.	.	.	.	.	.	.	.	.	.	.	.	.	.	+	+	.	I
Marchantia polymorpha	.	.	.	.	.	.	.	.	.	.	.	.	.	+	.	.	1	.	.	+	r	I
Brachythecium rutabulum	.	.	.	.	.	.	.	.	.	.	2	.	.	.	.	.	.	.	.	.	.	+
Cladonia spec.	.	.	.	.	.	.	.	.	.	.	.	.	.	+	.	.	.	.	.	.	.	+
Brachythecium velutinum	.	.	.	.	.	.	.	.	.	.	2	.	.	.	.	.	.	.	.	.	.	+
Brachythecium albicans	.	.	.	.	.	.	.	.	.	1	.	.	.	.	.	.	.	.	.	.	.	+

Vegetationstabelle Nr. 16 K. Chenopodietea

Atriplex rosea-Bestände

Laufende Nummer	1	2	3	4
Geländenummer	1018	1016	1017	1471
Datum	9/88	9/88	9/88	8/89
Stadt	Duis	Duis	Duis	Duis
Industriefläche	ThRu	ThRu	ThRu	ThRu
Biotoptyp	D/1	D/1	D/1	D/1
Substrat (neu)	S3G5	S3XX	S3XX	A4 5
Substrat (Ergänzungen)	B2	b2	B2	b2
Gesamtdeckung %	60	50	65	30
Deckung Krautschicht %	45	50	65	29
Deckung Moosschicht %	15			1
Max. Höhe Krautsch. cm	70	110	80	40
Größe Aufnahmefläche m²	5	5	5	7
Artenzahl	15	12	6	13
Atriplex rosea	3	3	4	2
K. Chenopodietea				
Senecio vulgaris	+	+	.	+
Senecio viscosus	.	r	+	1
Conyza canadensis	1	.	.	1
Sonchus oleraceus	.	+	.	.
Bromus tectorum	.	.	.	r
Sonstige				
Taraxacum officinale	+	1	1	+
Epilobium angustifolium	.	+	+	.
Erigeron acris	r	r	.	.
Poa prat. ssp. irrigata	+	.	.	+
Poa annua	.	r	.	+
Arenaria serpyllifolia	2	.	.	.
Diplotaxis tenuifolia	+	.	.	.
Senecio erucifolius	+	.	.	.
Tragopogon dubius	+	.	.	.
Daucus carota	r	.	.	.
Oenothera biennis s.str.	r	.	.	.
Linaria vulgaris	.	1	.	.
Puccinellia distans	.	+	.	.
Eupatorium cannabinum	.	+	.	.
Cirsium arvense	.	r	.	.
Tussilago farfara	.	.	+	.
Buddleja davidii juv.	.	.	+	.
Chaenarrhinum minus	.	.	.	1
Epilobium ciliatum	.	.	.	+
Cerastium holosteoides	.	.	.	+
Moose				
Bryum argenteum	+	.	.	+
Ceratodon purpureus	2	.	.	.
Barbula convoluta	+	.	.	.
Flechten div. spec.	.	.	.	+

Vegetationstabelle Nr. 17
K. Artemisiete UK. Galio-Urticenea
O. Glechometalia V. Aegopodion

Lamium maculatum-Bestände

Laufende Nummer	1	2	3	4
Geländenummer	1102	1050	0087	0088
Datum	4/89	3/89	5/88	5/88
Stadt	Duis	Duis	Boch	Boch
Industriefläche	ThBe	ThRu	KrHö	KrHö
Biotoptyp	A/1	J/2	A/1	A/1
Substrat	o u2	o u2	#3u4	#3u4
Substrat (Ergänzungen)	D56	A56	A	A
Substrat Bodentyp		Z		
Gesamtdeckung %	100	98	100	90
Deckung Krautschicht %	100	98	100	90
Deckung Moosschicht %			30	
Max Höhe Krautsch. cm	110	40	60	40
Exposition/Neigung°		S/10		
Größe Aufnahmefläche m²	4	15	7	3
Artenzahl	8	7	14	8
Lamium maculatum (V.)	4	5	4	4
K. Artemisietea				
Galium aparine (UK.)	1	2	.	.
Solidago canadensis	.	.	+	+
Glechoma hederacea (O.)	.	.	1	.
Rubus caesius (UK.)	.	.	r	.
Sonstige				
Sambucus nigra juv.	2	+	1	.
Cirsium arvense	.	+	+	2
Bryonia dioica	1	r	.	.
Poa trivialis	.	+	1	.
Taraxacum officinale	.	.	1	2
Epilobium spec. juv.	.	.	r	+
Solanum dulcamara	1	.	.	.
Festuca arundinacea	.	.	.	.
Populus x canadensis juv	+	.	.	.
Symphoricarpus albus	+	.	.	.
Rubus armeniacus juv.	.	+	.	.
Poa annua	.	.	+	.
Scrophularia nodosa	.	.	+	.
Ranunculus repens	.	.	+	.
Tussilago farfara	.	.	+	.
Achillea millefolium agg	.	.	.	1
Stellaria media	.	.	.	+
Tulipa Hybride	.	.	.	1
Moose				
Brachythecium rutabulum	.	.	3	.

Vegtationstabelle Nr. 18

K. Artemisietea   UK. Artemisienea
O. Artemisietalia   V. Arction

Lamio-Ballotetum albae

	1	2	3
Laufende Nummer	1	2	3
Geländenummer	1242	0552	0930
Datum	6/89	7/88	8/88
Stadt	Duis	Duis	Duis
Industriefläche	ThRu	ThMe	ThMe
Biotoptyp	J/2	ca/1	ij/2
Substrat	o s3	C1 X	o u2
Substrat (Ergänzungen)	D56	c63	C6
Gesamtdeckung %	98	70	100
Deckung Krautschicht %	98	65	100
Deckung Moosschicht %		5	5
Max. Höhe Krautsch. cm	120	110	105
Exposition/Neigung°	S020		0/10
Größe Aufnahmefläche m²	8	3	5
Artenzahl	10	11	15
Ballota alba	4	2	3
V. Arction			
Lamium album	.	.	1
K. Artemisietea			
Artemisia vulgaris	1	+	.
Carduus acanthoides	1	r	.
Chelidonium majus	.	2	.
Urtica dioica	.	.	2
Silene alba	.	.	1
Glechoma hederacea	.	.	1
Reynoutria japonica	.	.	+
Sonstige			
Diplotaxis tenuifolia	r	r	.
Cirisum arvense	1	.	.
Agropyron repens	2	.	.
Allium vineale	r	.	.
Saponaria officinalis	1	.	.
Fallopia convolvulus	r	.	.
Lactuca serriola	r	.	.
Conyza canadensis	.	1	.
Taraxacum officinale	.	+	.
Polygonum amphibium	.	+	.
Senecio viscosus	.	r	.
Arrhenatherum elatius	.	.	1
Poa angustifolia	.	.	1
Sorbus spec.	.	.	1
Poa trivialis	.	.	+
Holcus lanatus	.	.	+
Achillea millefolium agg.	.	.	+
Moose			
Bryum argenteum	.	1	.
Ceratodon purpureus	.	1	.
Amblystegium juratzkanum	.	.	1
Brachythecium salebrosum	.	.	+
Barbula convoluta	.	.	+

Vegetationstabelle Nr. 19   K. Artemisietea   UK. Artemisienea   Teil 1
                            O. Onopordetalia V. Onopordion

Resedo-Carduetum nutantis
- Ausbildung mit Poa compressa Aufnahme 1 - 5
- Trennartenfreie Ausbildung   Aufnahme 6 - 10

	1	2	3	4	5	6	7	8	9	10	
Laufende Nummer	1	2	3	4	5	6	7	8	9	10	
Geländenummer	0154	0365	0271	0616	0368	0268	0328	0380	0364	0379	
Datum	5/88	6/88	6/88	7/88	6/88	6/88	6/88	6/88	6/88	6/88	
Stadt	Ober	Ober	Duis	Boch	Ober	Duis	Boch	Ober	Ober	Ober	
Industriefläche	ThOb	ThOb	ThBe	KrHö	ThOb	ThBe	KrHö	ThOb	ThOb	ThOb	
Biotoptyp	IC/3	I/2	I/2	IC/1	IH/1	J/1	ID/1	ID/3	I/2	J/D2	
Substrat	P3S5	S3X5	H3 5	A3s5	H3 X	A3 5	H3 X	A3 5	A3S5	R4GX	
Substrat (Ergänzungen)	D	B	B	d	B	B56	B	B	B	B	
Gesamtdeckung %	50	70	90	90	75	90	70	80	70	50	
Deckung Krautschicht %	50	55	85	90	70	90	60	75	50	50	
Deckung Moosschicht %	<1	40	30	4	10	15	30	20	35		
Max. Höhe Krautsch. cm	80	100	70	160	110	120	135	70	110	120	
Exposition/Neigung°						SW15					
Größe Aufnahmefläche m²	15	8	6	15	10	10	9	6	10	10	
Artenzahl	30	23	24	24	23	13	24	24	22	8	
Carduus nutans	2	+	2	3	3	3	2	1	1	2	V
Reseda lutea	2	2	2	.	1	.	+	2	2	.	IV
Diff. A											
Poa compressa	1	+	1	1	.	.	.	.	.	.	II
Daucus carota (O.)	+	r	1	+	1	.	.	.	.	.	III
V. Onopordion											
Reseda luteola	.	.	.	.	.	.	.	.	1	.	I
O. Onopordetalia											
Oenothera biennis s.str.	1	2	+	.	1	.	.	+	2	.	III
Pastinaka sativa	.	.	.	+	.	.	1	+	.	.	II
Carduus acanthoides	.	.	.	.	+	.	.	.	.	.	I
Melilotus alba	.	.	.	.	.	.	.	.	.	+	I
K. Artemisietea											
Artemisia vulgaris	+	r	1	1	+	.	1	r	r	.	IV
Solidago gigantea	r	1	.	.	+	.	+	+	+	.	III
Tanacetum vulgare	+	r	.	.	.	.	.	+	+	.	II
Cirsium vulgare	.	+	.	.	.	.	.	.	+	.	I
Eupatorium cannabinum	.	.	.	.	+	.	.	+	.	.	I
Melandrium album	+	.	.	.	.	.	.	.	.	.	I
Solidago canadensis	+	.	.	.	.	.	.	.	.	.	I
Reynoutria japonica	1	.	.	.	.	.	.	.	.	.	I
K. Chenopodietea											
Conyza canadensis	1	+	+	.	+	.	+	.	1	.	III
Apera interrupta	+	+	+	.	.	.	.	+	1	.	III
Tripleurosp. inodorum	r	.	.	+	+	.	.	+	.	1	III
Senecio viscosus	+	r	.	.	.	.	+	.	r	.	II
Sisymbrium loeselii	r	+	.	.	r	.	.	.	.	+	II
Bromus tectorum	.	.	1	.	.	.	+	.	+	.	II
Capsella bursa-pastoris	+	.	.	.	.	.	.	.	.	.	I
Sonchus oleraceus	.	.	.	.	.	r	.	.	.	.	I
Sonstige											
Arenaria serpyllifolia	1	1	1	.	1	.	2	2	2	1	IV
Poa pratensis agg.	+	+	1	.	+	.	1	+	.	.	III
Taraxacum officinale	+	.	+	+	.	.	+	+	+	.	III

Vegetationstabelle Nr. 19   K. Artemisietea UK. Artemisienea   Teil 2
                            O. Onopordetalia V. Onopordion
Resedo-Carduetum nutantis

Laufende Nummer	1	2	3	4	5	6	7	8	9	10	
Hypericum perforatum	1	.	.	2	.	.	+	3	r	.	III
Poa annua	.	r	1	.	+	.	.	+	+	.	III
Cerastium holosteoides	+	r	+	.	.	.	.	+	r	.	III
Achillea millefolium	.	.	2	2	.	+	+	.	.	.	II
Festuca rubra agg.	.	.	+	.	1	2	.	.	.	.	II
Echium vulgare	.	.	.	+	.	+	.	.	.	2	II
Cirsium arvense	+	.	.	.	.	.	.	+	+	.	II
Epilobium angustifolium	.	+	.	.	+	.	.	r	.	.	II
Epilobium ciliatum	.	r	.	.	.	.	+	r	.	.	II
Carex hirta	+	.	.	.	.	.	1	.	.	.	I
Cerastium glutinosum	+	.	.	.	.	.	.	r	.	.	I
Betula pendula juv.	.	r	.	.	.	.	.	r	.	.	I
Plantago major	.	.	1	+	.	.	.	.	.	.	I
Poa angustifolia	.	.	.	2	.	3	.	.	.	.	I
Plantago lanceolata	.	.	.	1	+	.	.	.	.	.	I
Agrostis gigantea	.	.	.	+	1	.	.	.	.	.	I
Cardaminopsis arenosa	.	.	.	+	.	.	+	.	.	.	I
Hieracium spec. juv.	.	.	.	.	.	+	+	.	.	.	I
Poa palustris	+	.	.	.	.	.	.	.	.	.	I
Epilobium spec. juv.	+	.	.	.	.	.	.	.	.	.	I
Holcus lanatus	+	.	.	.	.	.	.	.	.	.	I
Salix caprea juv.	.	r	.	.	.	.	.	.	.	.	I
Lolium perenne	.	.	1	.	.	.	.	.	.	.	I
Campanula rapunculoides	.	.	1	.	.	.	.	.	.	.	I
Dactylis glomerata	.	.	+	.	.	.	.	.	.	.	I
Hieracium lachenalii	.	.	r	.	.	.	.	.	.	.	I
Crataegus monogyna juv.	.	.	r	.	.	.	.	.	.	.	I
Diplotaxis tenuifolia	.	.	r	.	.	.	.	.	.	.	I
Trifolium repens	.	.	.	1	.	.	.	.	.	.	I
Medicago lupulina	.	.	.	1	.	.	.	.	.	.	I
Petrorhagia prolifera	.	.	.	+	.	.	.	.	.	.	I
Herniaria glabra	.	.	.	+	.	.	.	.	.	.	I
Erodium cicutarium	.	.	.	+	.	.	.	.	.	.	I
Prunella vulgaris	.	.	.	+	.	.	.	.	.	.	I
Rumex crispus	.	.	.	r	.	.	.	.	.	.	I
Crepis capillaris	.	.	.	r	.	.	.	.	.	.	I
Agropyron repens	.	.	.	.	+	.	.	.	.	.	I
Arrhenatherum elatius	.	.	.	.	.	1	.	.	.	.	I
Isatis tinctoria	.	.	.	.	.	+	.	.	.	.	I
Sedum acre	.	.	.	.	.	+	.	.	.	.	I
Leucanthemum vulgare	.	.	.	.	.	.	+	.	.	.	I
Senecio jacobea	.	.	.	.	.	.	r	.	.	.	I
Linaria vulgaris	.	.	.	.	.	.	.	1	.	.	I
Erigeron acris	.	.	.	.	.	.	.	+	.	.	I
Saponaria officinalis	.	.	.	.	.	.	.	.	1	.	I
Cerastium semidecandrum	.	.	.	.	.	.	.	.	r	.	I
Papaver dubium	.	.	.	.	.	.	.	.	.	2	I
Fallopia convolvolus	.	.	.	.	.	.	.	.	.	+	I

Moose

Ceratodon purpureus	.	2	.	1	1	1	1	.	2	.	III
Bryum argenteum	+	2	.	.	2	.	2	.	2	.	III
Barbula convoluta	.	.	3	.	.	1	+	2	.	.	II
Marchantia polymorpha	+	.	.	.	.	.	.	1	.	.	I
Bryum caespiticium	.	.	.	.	.	+	.	1	.	.	I
Brachythecium salebrosum	.	.	.	.	.	.	2	.	.	.	I
Funaria hygrometrica	.	.	.	.	.	.	.	+	.	.	I

Vegetationstabelle Nr. 20
K. Artemisietea UK. Artemisienea O. Onopordetalia V. Onopordion

Teil 1

Carduus acanthoides-Bestände
- Ausbildung mit Conyza canadensis Nr. 1 - 8
- Ausbildung mit Reseda lutea Nr. 1 - 5
- Trennartenfreie Ausbildung Nr. 6 - 7
  Nr. 8

Reseda luteola-Carduus acanthoides-Gesellschaft
- Trennartenfreie Ausbildung Nr. 9 - 13
- Ausbildung mit Tripleurospermum inodorum Nr. 9 - 11
  Nr. 12 - 13

Reseda luteola- Bestände
- Ausbildung mit Artemisia vulgaris Nr. 14 - 25
- Trennartenfreie Ausbildung Nr. 14 - 16
- Ausbildung mit Sagina procumbens Nr. 17 - 19
  Nr. 20 - 25

Laufende Nummer	1	2	3	4	5	6	7	8	9	10	11	12	13	14	15	16	17	18	19	20	21	22	23	24	25
Geländenummer	0926	0475	1340	1488	0554	1243	0277	0560	0227	0458	1261	1432	0660	0603	1360	1320	0422	0294	0286	0411	0143	0412	1370	0426	0347
Datum	8/88	6/88	6/89	8/89	7/88	6/89	6/88	7/88	5/88	6/88	6/89	7/89	7/88	7/88	7/89	6/88	6/88	6/88	6/88	6/88	5/88	6/88	7/89	6/88	6/88
Stadt	Duis	Duis	Duis	Duis	Duis	Duis	Duis	Duis	Duis	Duis	Ober	Duis	Gels	Boch	Dort	Gels	Hern	Ober	Ober	Esse	Esse	Esse	Hern	Hern	Bott
Industriefläche	ThMe	ThRu	ThMe	ThBe	ThMe	ThRu	ThMe	ThMe	ThRu	Th48	Ruhr	Th48	VeHo	KrH8	HoWe	VeSc	ZeMo	Ruhr	Ruhr	Ruhr	ZeZo	ZeZo	ZeMo	ZeMo	ZePr
Biotoptyp	jd/2	C6/2	dj/2	I/2	I/1	J/2	dj/2	J/2	TF/1	I/1	I/2	i/1	C/2	I/2	I/3	I/2	hi/2	I/1	I/2	H/2	k/2	hj/2	i/1	hi/2	I/1
Substrat (neu)	J4&4		A3 5	R365	M3 X	o s3	A3 5	A355	A3 X	R36X	#354	f 65	K355	#3u5	H3 X	C355	t 65	# 55	Q S5	W365	s 65	s 65	f 6X	f 6X	f 6X
Substrat (Ergänzungen)	C1		B	F	B	D56	B	B	b	B	B	c3	c	d3	63	6	B3	c	d	G	A	A	A3	A	B
Gesamtdeckung %	80	80	70	80	75	98	80	95	90	38	95	95	80	60	45	65	50	85	60	60	45	45	30	55	40
Deckung Krautschicht %	70	10	50	65	50	95	80	95	88	35	80	60	75	58	42	65	50	60	60	35	45	45	29	55	40
Deckung Moosschicht %	10		30	30	30	5	4	2	5	3	30	50	10	2	3		2	20	10	8	10		1	<1	3
Max. Höhe Krautsch. cm	95		150	150	150	200	150	180	80	95	160		110	105		70	100	100	130	220	60	110	75	70	100
Exposition/Neigung*	S/15							N/15	W/30																
Größe Aufnahmefläche m²	10	9	12	8	6	10	6	15	12	9	10	20	10	5	14	8	20	16	10	12	10	5	18	12	10
Artenzahl	18	28	20	19	17	13	14	8	27	12	21	21	27	27	32	13	16	16	16	24	12	12	20	14	16
Carduus acanthoides (O.)	3	2	3	3	2	3	3	4	2	2	2	3	2	2	2	3	3	3	3	3	2	2	2	3	3
Reseda luteola (V.)	.	1	.	.	.	.	.	.	1	2	3	+	2												
Trennart. Carduus ac.-Bestände																									
Artemisia vulgaris (K.)	1	.	1	+	+	.	1	2	.	.	+	.	+	1	+	.	.	.	+	+	.	.	.	.	.
Arenaria serpyllifolia	2	1	1	+	+	.	1	1	1	1	+	.	+	+	1	.	.	+	+	2	.	.	.	.	.
Diff. A.																									
Conyza canadensis	1	1	2	1	2	.	.	.	+	.	.	.	r	+	1	1	.	+	1	.	.	.	r	.	r
Tripleurosp. inodorum	+	+	.	.	2	.	.	.	.	.	.	1	1	.	1	.	+	1	2	.	.	.	r	1	.
Epilobium ciliatum	.	+	+	+	.	.	.	.	.	.	.	.	1	+	+	+	+	+	.	2	.	r	.	1	+
Holcus lanatus	+	1	+	.	.	.	.	.	+	.	.	+	.	.	.	.	.	+	.	.	+	1	+	.	r

Vegetationstabelle Nr. 20
K. Artemisietea UK. Artemisienea O. Onopordetalia V. Onopordion Teil 2

Carduus acanthoides-Bestände								Reseda luteola-Carduus acanthoides-Gesellschaft																	
			Nr. 1 - 8																Nr. 9 - 13						
								Reseda luteola- Bestände											Nr. 14 - 25						
Laufende Nummer	1	2	3	4	5	6	7	8	9	10	11	12	13	14	15	16	17	18	19	20	21	22	23	24	25
Diff. B																									
Reseda lutea (0.)	.	.	.	.	.	1	2	.	2	.	.	.	.	.	.	.	.	.	.	.	.	.	.	.	.
Bromus sterilis	.	.	.	.	.	1	1	.	.	.	.	.	.	.	+	.	.	.	.	.	.	.	.	.	.
Diff. A																									
Plantago major	.	.	.	.	.	.	.	.	.	.	.	+	1	+	.	.	.	.	.	+	.	+	.	.	.
Trennart. Reseda luteo.-Bestände																									
Poa annua	r	.	.	.	.	.	.	.	.	.	.	.	1	+	+	.	2	+	1	+	1	2	+	1	+
Cerastium holosteoides	.	+	.	.	.	.	+	.	1	.	.	+	2	+	+	.	.	1	r	.	+	+	r	.	+
Diff. A.																									
Sagina procumbens	.	.	.	.	.	.	.	.	.	.	.	+	.	.	.	.	.	.	.	+	1	1	+	1	r
Spergularia rubra	.	.	.	.	.	.	.	.	.	.	.	.	.	.	.	.	.	.	.	r	r	1	r	.	.
V. Dauco-Meliloton																									
Oenothera biennis s.str.	+	.	.	.	+	.	.	.	2	.	1	.	.	1	.	2	.	.	.	+	.	r	.	.	.
Daucus carota	+	.	.	.	.	.	.	.	1	.	.	.	.	.	.	.	.	r	.	r	.	.	.	.	.
Melilotus alba	.	.	.	.	.	.	.	.	.	.	.	r	.	.	r	.	.	.	.	.	.	.	.	.	.
Melilotus officinalis	.	+	.	.	.	.	.	.	.	.	.	.	.	.	.	.	+	.	.	+	.	.	.	.	.
K. Artemisietea																									
Cirsium vulgare	.	.	.	.	1	.	.	.	1	r	.	+	+	+	r	.	.	r	.	r	.	.	r	r	.
Urtica dioica	+	.	.	.	.	.	+	1	+	.	+	.	.	.	.	1	.	.	.	.	.	.	.	.	.
Solidago gigantea	.	r	.	.	.	.	.	.	.	r	.	r	1	1	+	r	.	.	.	.	.	.	.	.	.
Eupatorium cannabinum	.	r	.	.	.	.	.	.	.	.	.	r	r	.	.	.	r	.	.	r	.	.	.	.	.
Epilobium hirsutum	.	.	.	.	.	.	.	.	.	.	.	.	.	.	.	.	+	.	.	+	.	.	.	+	.
Solidago canadensis	.	+	+	.	.	.	.	.	.	.	.	+	.	.	.	.	.	.	.	.	.	.	.	.	.
Tanacetum vulgare	.	+	.	.	.	.	.	.	.	.	.	.	.	.	.	.	.	.	.	.	.	.	.	.	.
Arctium lappa	.	.	.	.	.	.	.	.	.	.	.	.	.	.	r	.	.	.	.	.	.	.	.	.	.
Silene alba	.	.	.	.	.	.	.	.	.	.	.	.	.	.	r	.	.	.	.	.	.	.	.	.	.
Galium aparine	.	.	.	.	.	.	.	+	.	.	.	.	.	.	.	.	.	.	.	.	.	.	.	.	.
Carduus crispus	.	.	.	.	.	.	.	.	.	.	.	.	.	.	1	.	.	.	.	.	.	.	.	.	.

Vegetationstabelle Nr. 20 Teil 3
K. Artemisietea UK. Artemisienea O. Onopordetalia V. Onopordion

Carduus acanthoides-Bestände									Reseda luteola-Carduus acanthoides-Gesellschaft																
Nr. 1 - 8									Reseda luteola- Bestände								Nr. 9 - 13							
																	Nr. 14 - 25							

Laufende Nummer	1	2	3	4	5	6	7	8	9	10	11	12	13	14	15	16	17	18	19	20	21	22	23	24	25
K. Chenopodietea																									
Senecio viscosus	.	.	+	.	+	.	.	.	.	.	.	.	.	+	.	.	.	.	.	.	.	.	+	+	r
Crepis tectorum	.	r	.	.	r	.	.	.	.	.	.	.	r	.	.	.	.	.	.	.	.	.	.	.	.
Lactuca serriola	.	1	.	.	.	.	+	r	.	.	.	+	.	.	+	.	.	.	.	.	.	.	.	.	.
Inula graveolens	.	.	.	.	.	+	.	r	.	.	.	.	.	.	+	.	.	.	.	.	.	.	.	.	1
Bromus tectorum	.	1	.	.	.	.	.	.	.	1	.	.	.	.	.	.	.	.	.	.	.	.	.	.	1
Sisymbrium altissimum	.	.	+	.	.	.	.	+	.	.	.	.	.	.	.	.	.	.	1	.	.	.	.	.	r
Sonchus oleraceus	.	.	.	.	.	r	.	.	.	.	r	.	.	.	.	.	.	.	+	.	.	.	.	.	.
Senecio vulgaris	+	.	.	.	r	r	.	.	.	.	.	.	.	+	+	.	.	.	.	.	.	.	.	.	.
Sisymbrium officinale	.	.	.	.	.	.	.	.	.	.	.	.	.	.	+	.	r	.	.	.	.	.	.	.	.
Stellaria media	.	.	.	.	.	.	.	.	.	.	.	.	.	.	+	.	.	.	1	.	+	.	.	.	.
Urtica urens	.	.	.	.	.	.	.	.	.	.	.	.	r	.	.	.	.	.	.	.	+	.	.	.	.
Sonchus asper	.	.	.	.	.	.	.	.	.	.	.	.	r	r	.	.	.	.	.	.	.	.	r	.	.
Chenopodium album agg.	.	.	.	.	.	.	.	.	.	.	.	.	.	.	+	+	.	.	.	.	.	.	.	.	.
Fallopia convolvolus	.	.	.	.	.	.	.	.	.	.	.	.	.	.	r	.	.	.	.	.	.	.	.	.	.
Capsella bursa-pastoris	.	.	.	.	.	.	.	.	.	.	.	.	.	.	.	.	.	+	.	.	.	+	+	r	.
Chenopodium polyspermum	.	.	.	.	.	2	.	.	.	.	.	.	.	.	.	.	+	+	.	1	.	.	.	.	.
Anagallis arvensis	.	.	.	.	.	.	.	1	.	.	.	.	.	.	.	.	.	.	.	.	.	.	.	.	.
Atriplex patula	.	.	.	.	.	.	.	.	.	.	.	.	.	.	.	+	.	.	.	.	r	.	.	.	.
Amaranthus retroflexus	.	.	.	2	.	.	2	.	.	.	.	.	+	+	.	.	.	.	.	2	.	.	.	.	.
Cirsium arvense	+	r	.	.	.	.	.	.	+	+	1	1	2	+	1	.	.	1	.	.	+	+	+	.	+
Taraxacum officinale	r	r	.	.	r	.	.	+	.	r	r	1	+	.	+	.	.	.	.	.	.	.	+	r	.
Epilobium angustifolium	+	.	+	.	.	.	.	.	+	1	.	.	.	.	.	.	.	.	.	.	.	.	.	.	.
Dactylis glomerata	.	+	+	.	.	2	.	1	.	.	.	.	.	.	.	.	+	.	+	.	.	.	.	.	.
Arrhenatherum elatius	+	.	.	.	r	.	2	.	+	.	.	.	.	+	.	.	.	.	.	.	.	.	.	.	.
Hernaria glabra	.	.	.	.	.	.	.	.	+	.	.	.	.	.	.	.	.	.	.	.	.	.	.	.	+
Poa angustifolia	+	.	1	.	.	.	.	.	+	.	.	.	.	.	.	.	.	.	.	.	.	.	.	.	.
Betula pendula juv.	.	r	.	.	.	.	.	.	+	.	.	.	.	.	.	.	.	.	.	.	.	.	.	+	.
Poa compressa	.	.	.	+	.	.	.	.	+	.	.	.	.	.	.	.	.	.	.	.	.	+	.	.	.
Diplotaxis tenuifolia	1	.	.	+	.	+	.	.	1	.	.	.	.	.	.	.	+	.	.	.	r	.	.	.	.
Hypericum perforatum	.	.	.	.	.	.	.	.	+	.	.	.	.	.	+	.	.	.	.	.	.	.	.	r	.
Medicago lupulina	.	.	.	.	.	.	.	.	.	.	.	.	.	.	+	+	.	.	.	.	.	.	.	.	.
Poa palustris	.	.	.	.	.	.	.	.	.	.	.	.	1	.	2	+	.	.	.	.	.	.	.	.	.
Linaria vulgaris	.	1	.	.	.	.	.	+	+	.	.	.	.	.	.	.	.	.	.	.	.	.	.	.	.

Teil 4

Vegetationstabelle Nr. 20
K. Artemisietea UK. Artemisienea O. Onopordetalia V. Onopordion

Carduus acanthoides-Bestände									Reseda luteola-Carduus acanthoides-Gesellschaft																
Nr. 1 - 8									Reseda luteola- Bestände								Nr. 9 - 13							
																	Nr. 14 - 25							
Laufende Nummer	1	2	3	4	5	6	7	8	9	10	11	12	13	14	15	16	17	18	19	20	21	22	23	24	25
Verbascum thapsus	.	.	.	.	.	.	.	.	2	.	.	+	.	.	.	.	.	.	.	.	.	.	.	.	.
Poa pratensis agg.	.	.	.	.	.	.	.	.	.	.	.	.	.	r	.	+	.	.	+	.	.	.	.	.	r
Agrostis tenuis	.	r	.	.	.	.	.	.	.	.	.	r	.	.	.	.	.	.	r	.	.	.	.	.	.
Erigeron acris	+	.	.	.	.	.	.	.	.	.	.	.	.	.	.	.	.	.	.	.	.	+	1	.	.
Achillea millefolium agg	.	+	+	.	.	.	.	.	1	.	.	.	+	.	.	.	.	.	.	.	.	.	.	.	.
Crepis capillaris	.	+	.	.	.	.	.	.	.	.	.	r	.	.	.	.	.	.	.	.	.	.	.	.	.
Sedum acre	.	1	.	1	.	.	.	.	+	.	.	.	.	.	.	.	.	.	.	.	.	.	.	.	.
Agrostis stolonifera	.	.	.	.	.	.	.	.	.	.	.	.	+	.	r	.	+	.	.	.	.	.	+	.	.
Chenopodium rubrum	.	.	.	.	.	.	.	.	.	.	.	.	.	+	.	+	+	.	.	.	.	.	.	.	.
Agrostis gigantea	.	.	.	.	.	.	.	.	.	.	.	.	.	.	r	.	.	1	.	.	.	.	.	.	.
Polygonum aviculare agg.	.	.	.	.	.	.	.	.	.	.	.	.	.	.	+	.	+	.	.	.	.	.	.	.	+
Papaver rhoeas	.	.	.	.	.	.	.	.	.	.	.	.	.	.	.	.	.	1	r	.	.	.	.	.	.
Echium vulgare	+	2	.	.	.	.	.	.	.	.	.	.	.	r	1	.	.	.	.	.	.	.	+	.	.
Tussilago farfara	.	.	.	.	.	.	.	.	.	.	.	.	.	.	.	.	r	.	.	.	.	.	.	.	.
Sambucus nigra juv.	.	.	.	.	.	.	r	.	.	.	.	.	.	.	.	+	.	.	.	.	.	.	.	.	.
Rubus corylifolius agg.	.	.	.	.	2	.	.	.	.	.	2	.	.	.	.	.	.	.	.	.	.	.	.	.	.
Agropyron repens	.	.	.	.	.	.	.	.	.	.	1	.	.	.	.	.	.	.	.	.	.	.	.	.	.
Lolium perenne	+	.	.	.	.	.	.	.	.	.	1	.	.	.	.	.	.	.	.	.	.	.	.	.	.
Epilobium parviflorum	.	.	+	.	.	.	.	+	.	.	.	.	.	.	.	.	.	.	.	.	.	.	r	.	.
Rumex crispus	+	.	.	.	.	.	.	.	.	.	.	.	.	.	.	.	.	.	.	.	.	.	.	.	.
Humulus lupulus	.	.	+	.	.	.	.	.	.	.	.	.	.	.	.	.	.	.	.	.	.	.	.	.	.
Cornus alba juv.	.	.	.	.	.	+	.	.	.	.	.	.	.	.	.	.	.	.	.	.	.	.	.	.	.
Prunus serotina juv.	.	.	.	1	.	r	.	.	.	.	.	.	.	.	.	.	.	.	.	.	.	.	.	.	.
Vulpia myuros	.	.	.	1	.	.	.	.	.	.	.	.	.	.	.	.	.	.	.	.	.	.	.	.	.
Bryonia dioica	.	.	.	.	.	.	.	.	.	2	.	.	.	.	.	.	.	.	.	.	.	.	.	.	.
Pimpinella saxifraga	.	.	.	.	.	.	.	.	.	r	.	.	.	.	.	.	.	.	.	.	.	.	.	.	.
Inula conyza	.	.	.	.	.	.	.	.	.	.	.	.	.	.	.	.	.	.	.	.	.	.	.	.	.
Heracleum sphondylium	.	.	.	.	.	.	.	.	.	.	.	.	.	+	.	.	.	.	.	.	.	.	.	.	.
Festuca nigrescens	.	.	.	.	.	.	.	.	.	.	.	.	1	.	.	.	.	.	.	.	.	.	.	.	.
Bromus mollis	.	.	.	.	.	.	.	.	.	.	.	.	+	.	.	.	.	.	.	.	.	.	.	.	.
Prunella vulgaris	.	.	.	.	.	.	.	.	.	.	.	.	+	.	.	.	.	.	.	.	.	.	.	.	.
Aster spec. juv.	.	.	.	.	.	.	.	.	.	.	.	.	.	.	.	.	.	.	.	.	.	.	.	.	.
Scrophularia nodosa	.	.	.	.	.	.	.	.	.	.	.	.	.	.	.	.	.	.	.	.	.	.	.	.	.
Cardaminopsis arenosa	.	.	.	.	.	.	.	.	.	.	.	.	.	.	.	.	.	.	.	.	.	.	.	.	.

Vegetationstabelle Nr. 20
K. Artemisietea UK. Artemisienea O. Onopordetalia V. Onopordion Teil 5

Carduus acanthoides-Bestände   Nr. 1 - 8   Reseda luteola-Carduus acanthoides-Gesellschaft Nr. 9 - 13
                                                   Reseda luteola-Bestände   Nr. 14 - 25

Laufende Nummer	1	2	3	4	5	6	7	8	9	10	11	12	13	14	15	16	17	18	19	20	21	22	23	24	25
Hordeum jubatum	.	.	.	.	.	.	.	.	.	.	.	.	.	.	.	.	.	.	.	.	.	.	.	.	.
Vicia sativa	.	.	.	.	.	.	.	.	.	.	.	.	.	.	.	.	.	.	.	.	.	.	.	.	.
Salix caprea juv.	.	.	.	.	.	.	.	.	.	.	.	.	.	r	.	.	.	.	.	.	.	.	.	.	.
Erodium cicutarium	.	.	.	.	.	.	.	.	.	.	.	.	.	.	.	.	+	.	.	.	.	.	.	.	.
Clematis vitalba	.	.	.	.	.	.	.	.	.	.	.	.	.	.	.	.	.	+	.	.	.	.	.	.	.
Epilobium spec. juv.	.	.	.	.	.	.	.	.	.	.	.	.	.	.	.	.	.	.	.	.	+	.	.	.	.
Alopecurus pratensis	.	.	.	.	.	.	.	.	.	.	.	.	.	.	.	.	.	.	.	.	+	.	.	.	.
Potentilla norvegica	.	.	.	.	.	.	.	.	.	.	.	.	.	.	.	.	.	.	.	.	.	+	.	.	.
Equisetum arvense	.	.	.	.	.	.	.	.	.	.	.	.	.	.	.	.	.	.	.	.	.	.	+	.	.
Epilobium montanum	.	.	.	.	.	.	.	.	.	.	.	.	.	.	.	.	.	.	.	.	.	.	+	+	.
Fragaria x ananassa	.	.	.	.	.	.	.	.	.	.	.	.	.	.	.	.	.	.	.	.	.	.	.	r	.
Matricaria discoidea	.	.	.	.	.	.	.	.	.	.	.	.	.	.	.	.	.	.	.	.	.	.	.	.	+
Leontodon saxatilis	.	.	.	.	.	.	.	.	.	.	.	.	.	.	.	.	.	.	.	.	.	.	.	.	r
Polygonum lapathifolium	.	.	.	.	.	.	.	.	.	.	.	.	.	.	.	+	.	.	.	.	.	.	.	.	.
Acer pseudoplatanus juv.	.	.	.	.	.	.	.	.	.	.	.	.	.	.	.	+	.	.	.	.	.	.	.	.	.
Solanum dulcamara	.	.	.	.	.	.	.	.	.	.	.	.	.	.	.	r	.	.	.	.	.	.	.	.	.
Poa trivialis	.	.	.	.	.	.	.	.	.	.	.	.	.	.	.	+	.	.	.	.	.	.	.	.	.

Moose

	1	2	3	4	5	6	7	8	9	10	11	12	13	14	15	16	17	18	19	20	21	22	23	24	25
Bryum argenteum	1	1	.	1	1	1	1	.	1	1	1	1	1	1	1	.	.	2	2	1	1	.	.	+	.
Ceratodon purpureus	2	2	.	2	2	.	.	1	1	1	2	3	2	.	1	.	+	2	1	2	.	+	+	+	1
Barbula convoluta	.	.	+	+	.	.	.	.	+	1	1	.	+	.	+	.	.	.	+	.	.	.	.	.	.
Bryum caespiticium	.	.	+	.	.	1	1	.	+	.	.	.	.	.	.	.	1	.	+	.	.	.	.	.	.
Funaria hygrometrica	.	.	.	+	+	1	.	.	.	.	.	+	.	.	.	.	.	.	.	+	.	.	.	.	.
Marchantia polymorpha	.	.	.	.	+	.	.	.	.	.	.	.	.	.	.	.	.	.	.	.	.	.	.	.	.
Brachythecium salebrosum	.	.	.	.	r	.	.	.	.	.	.	.	.	.	.	.	.	.	.	.	.	.	.	.	.
Cladonia spec.	.	.	.	.	.	.	.	.	.	.	.	+	.	.	.	.	.	.	.	.	.	.	.	.	.
Rhynchostegium murale	.	.	.	.	.	.	.	.	.	.	.	.	.	.	.	.	.	.	.	.	.	.	.	.	.

Vegetationstabelle Nr. 21

K. Artemisietea UK. Artemisienea
O. Onopordetalia V. Onopordion

Nepeta cataria-Bestände

Laufende Nummer	1	2
Geländenummer	0391	0599
Datum	6/88	7/88
Stadt	Dort	Dort
Industriefläche	HoWe	HoWe
Biotoptyp	A/1	H/2
Substrat	i S3	C S5
Substrat Ergänzungen	G	B
Gesamtdeckung %	80	80
Deckung Krautschicht %	70	75
Deckung Moosschicht %	25	10
Max. Höhe Krautsch. cm		100
Exposition/Neigung°		0/5
Größe Aufnahmefläche m²	7	4
Artenzahl	19	17

Nepeta cataria	4	3
K. Artemisietea		
Solidago gigantea	+	.
Galium aparine	+	.
Artemisia vulgaris	.	2
Sonstige		
Taraxacum officinale	+	r
Bromus sterilis	+	+
Agrostis stolonifera	1	.
Tripleurosp. inodorum	+	.
Sonchus asper	+	.
Cerastium holosteoides	+	.
Crepis capillaris	+	.
Lolium perenne	+	.
Prunella vulgaris	+	.
Vicia sativa	+	.
Agrostis tenuis	+	.
Sambucus nigra juv.	+	.
Betula pendula juv.	r	.
Cirisum arvense	r	.
Agropyron repens	r	.
Hordeum murinum	.	2
Tussilago farfara	.	1
Conyza canadensis	.	+
Poa annua	.	+
Senecio viscosus	.	+
Arenaria serpyllifolia	.	+
Bromus tectorum	.	+
Poa palustris	.	+
Epilobium angustifolium	.	r
Chenopodium album agg.	.	r
Rumex crispus	.	r
Moose		
Ceratodon purpureus	2	2
Bryum argenteum	.	1

Vegetationstabelle Nr. 22 Teil 1

Oenothera chicaginensis-Bestände Nr. 1 - 2

Oenothera parviflora s.str. Nr. 3

Laufende Nummer	1	2	3
Geländenummer	1433	1419	1395
Datum	7/89	7/89	7/89
Stadt	Duis	Esse	Bott
Industriefläche	ZeTh	ZeZo	ZePr
Biotoptyp	i/1	d/2	HI/2
Substrat	Ü4S4	h G5	k S3
Substrat (Ergänzungen)	B	A	d
Gesamtdeckung %	97	60	85
Deckung Krautschicht	90	55	60
Deckung Moosschicht %	40	10	30
Max. höhe Krautsch. cm		130	110
Größe Aufnahmefläche m²	8	8	10
Artenzahl	19	19	20

Oenothera chicaginensis	4	3	.
Oenothera parviflora s.str.	.	.	3
V. Onopordion			
Verbascum densiflorum	+	.	.
Reseda luteola	.	+	.
O. Onopordetalia			
Carduus acanthoides	1	.	.
K. Artemisietea			
Cirsium vulgare	+	.	.
Eupatorium cannabinum	+	.	.
Solidago gigantea	.	+	.
Artemisia vulgaris	.	.	1
K. Chenopodietea			
Conyza canadensis	+	.	+
Bromus tectorum	+	.	.
Apera interrupta	+	.	.
Polygonum persicaria	.	+	.
Tripleurosp. inodorum	.	.	+
Sonchus asper	.	.	r
Sonstige			
Epilobium angustifolium	2	1	2
Cirsium arvense	+	1	1
Holcus lanatus	1	1	1
Taraxacum officinale	+	.	+
Betula pendula juv.	.	2	+
Cerastium holosteoides	.	+	+
Salix caprea juv.	.	+	r
Arenaria serpyllifolia	1	.	.
Rumex acetosella	2	.	.
Hypochoeris radicata	+	.	.
Epilobium ciliatum	+	.	.
Bromus mollis	r	.	.
Lolium perenne	.	+	.
Agrostis tenuis	.	1	.
Robinia pseudacacia juv.	.	+	.

Vegetationstabelle Nr. 22 Teil 2

Oenothera chicaginensis-Bestände Nr. 1 - 2

Oenothera parviflora s.str. Nr. 3

Laufende Nummer	1	2	3
Hieracium sabaudum	.	+	.
Alnus glutinosa juv.	.	+	.
Rubus corylifolius agg	.	+	.
Geranium robertianum	.	r	.
Tussilago farfara	.	+	.
Sagina procumbens	.	.	r
Plantago major	.	.	r
Crepis capillaris	.	.	+
Festuca trachyphylla	.	.	+
Medicago lupulina	.	.	r
Moose			
Ceratodon purpureus	3	.	3
Barbula convoluta	.	1	.
Bryum caespiticium	.	2	.
Bryum argenteum	.	.	+
Peltigera spec.	.	.	r

Vegetationstabelle Nr. 23 Teil 1
K. Artemisietea UK. Artemisienea O. Onopordetalia V. Dauco-Melilotion

Artemisio-Tanacetetum vulgaris
- Ausbildung mit Solidago canadensis   Nr. 1 - 6
- Ausbildung mit Festuca rubra   Nr. 7 - 11
- Ausbildung mit Epilobium angustifolium Nr. 12 - 13
- Trennartenfreie Ausbildung   Nr. 14

Laufende Nummer	1	2	3	4	5	6	7	8	9	10	11	12	13	14	
Geländenummer	0741	1480	1000	0716	0866	0718	0717	0619	0747	0836	0917	0581	1440	0824	
Datum	7/88	8/89	9/88	7/88	8/88	7/88	7/88	7/88	7/88	8/88	8/88	8/88	7/89	8/88	
Stadt	Ober	Duis	Ober	Ober	Duis	Ober	Ober	Boch	Ober	Duis	Ober	Dort	Duis	Duis	
Industriefläche	ThOb	ThBe	ThOb	ThOb	ThRu	ThOb	ThOb	KrHö	ThOb	ThRu	ZeOs	HoWe	ThMe	ThRu	
Biotoptyp	I/3	C/2	J/3	J/3	G/2	I/3	D/3	I/3	D/3	I/2	j/1	D/3	ai/1	I/1	
Substrat	A3 X	R3X5	U	S5	V3L4	G3	5 H3 X	A3 X	Q3u5	Q3s5	Q3u5	f	X5	S36X	#3s5 H3S5
Substrat (Ergänzungen)	b	c6	d	G	A6	B	c	d	C	D	B6F1	b		B3	C
Gesamtdeckung %	95	100	99	95	98	95	92	90	100	100	97	55	98	98	
Deckung Krautschicht %	93	100	85	85	95	85	80	90	100	100	97	50	98	95	
Deckung Moosschicht %	2	5	30	15	3	25	25	15	25	10		5	5	3	
Max. Höhe Krautsch. cm	100	120	120	140	100	120	120	140	160	100	110	130	150	100	
Exposition/Neigung°				S/12	S/10										
Größe Aufnahmefläche m²	15	12	12	10	8	20	10	20	18	15	5	12	10	8	
Artenzahl	17	13	27	23	21	30	21	26	18	16	14	22	21	15	

	1	2	3	4	5	6	7	8	9	10	11	12	13	14	
Tanacetum vulgare	+	3	3	2	2	3	2	2	3	3	2	+	3	3	V

Diff. A
	1	2	3	4	5	6	7	8	9	10	11	12	13	14	
Solidago canadensis (K.)	.	2	+	+	2	2	+	.	.	.	.	.	.	.	III
Oenothera biennis (V.)	+	.	3	2	2	+	.	.	.	.	.	.	.	.	II

Diff. B
	1	2	3	4	5	6	7	8	9	10	11	12	13	14	
Festuca rubra agg.	.	.	.	.	.	.	2	2	1	2	1	.	.	.	II
Agrostis gigantea	.	.	.	.	.	1	.	2	+	+	.	.	.	.	II

Diff. C
	1	2	3	4	5	6	7	8	9	10	11	12	13	14	
Epilobium angustifolium	.	.	.	.	.	.	.	.	.	.	.	1	2	.	I
Betula pendula juv.	.	.	.	.	.	r	.	.	.	.	.	+	2	.	II
Taraxacum officinale	.	.	.	.	.	.	.	.	+	.	.	r	1	.	II
Salix caprea juv.	.	.	.	.	.	.	.	.	.	.	.	+	r	1	.	II

V. Dauco-Melilotion
	1	2	3	4	5	6	7	8	9	10	11	12	13	14	
Daucus carota	.	.	1	.	+	+	+	+	+	.	+	1	.		III

O. Onopordetalia
	1	2	3	4	5	6	7	8	9	10	11	12	13	14	
Reseda lutea	.	.	r	.	.	1	.	.	.	+	.	.	.	.	II

K. Artemisietea
	1	2	3	4	5	6	7	8	9	10	11	12	13	14	
Artemisia vulgaris	4	1	1	3	3	3	1	2	1	2	2	3	2	1	V
Melandrium album	.	.	.	1	.	+	.	+	r	.	.	.	.	.	II
Solidago gigantea	.	.	1	.	.	+	.	2	.	.	.	2	.	.	II
Eupatorium cannabinum	.	.	+	.	.	.	.	.	.	.	.	+	.	.	I
Cirsium vulgare	r	.	.	.	.	.	.	.	.	.	.	.	.	.	I
Urtica dioica	.	.	.	.	.	r	.	.	.	.	.	.	.	.	I

Sonstige
	1	2	3	4	5	6	7	8	9	10	11	12	13	14	
Arrhenatherum elatius	.	2	1	1	1	.	3	+	r	2	2	.	.	3	IV
Achillea millefolium agg.	.	1	+	.	1	.	.	1	.	1	+	+	+	+	IV
Cirsium arvense	.	+	1	1	.	1	.	+	.	1	+	.	+	+	IV
Poa compressa	.	.	1	+	1	+	1	+	2	.	+	1	.	.	IV
Dactylis glomerata	.	1	.	.	1	+	+	.	1	+	1	.	.	+	III
Conyza canadensis	r	.	+	+	+	+	.	+	.	.	.	+	.	.	III
Linaria vulgaris	.	.	.	+	.	+	+	.	+	.	.	.	+	III

Vegetationstabelle Nr. 23   Teil 2

K. Artemisietea UK. Artemisienea O. Onopordetalia V. Dauco-Melilotion

Artemisio-Tanacetetum vulgaris

Laufende Nummer	1	2	3	4	5	6	7	8	9	10	11	12	13	14	
Centaurea jacea x nigra	.	.	1	.	.	1	+	.	3	+	.	.	.	.	II
Tripleurosp. inodorum	+	.	.	+	.	.	.	.	.	.	.	+	.	+	II
Arenaria serpyllifolia	.	.	+	.	.	+	.	.	.	.	.	+	+	.	II
Agropyron repens	.	+	.	.	.	+	.	+	.	+	.	.	.	.	II
Cerastium holosteoides	.	.	+	.	.	r	.	.	.	.	.	+	+	.	II
Trifolium repens	1	.	.	r	.	+	.	+	.	.	.	.	.	.	II
Hieracium laevigatum	.	1	.	.	.	.	1	.	+	.	.	1	.	.	II
Pastinaka sativa	.	.	.	.	+	.	.	+	.	.	.	.	.	+	II
Holcus lanatus	.	.	.	.	+	+	.	.	.	.	2	.	.	.	II
Plantago lanceolata	+	.	.	.	.	+	.	1	.	.	.	.	.	.	II
Poa angustifolia	.	.	+	.	.	.	1	+	.	.	.	.	.	.	II
Equisetum arvense	.	.	+	r	.	.	.	.	.	.	1	.	.	.	II
Tussilago farfara	.	.	.	.	.	.	r	+	.	.	.	+	.	.	II
Plantago major	1	.	.	.	.	.	.	+	.	.	.	.	.	.	I
Poa pratensis agg.	2	.	.	.	.	+	.	.	.	.	.	.	.	.	I
Medicago lupulina	2	.	.	.	.	.	.	1	.	.	.	.	.	.	I
Hypericum perforatum	.	.	.	+	.	.	.	.	.	+	.	.	.	.	I
Pethrohagia prolifera	.	.	.	.	r	.	.	+	.	.	.	.	.	.	I
Rumex acetosa	.	.	.	.	.	.	r	.	+	.	.	.	.	.	I
Heracleum sphondylium	.	.	.	.	.	.	r	.	.	+	.	.	.	.	I
Poa palustris	.	.	.	.	.	.	.	.	.	.	1	+	.	.	I
Lolium perenne	.	.	.	.	.	+	.	.	.	.	.	.	+	.	I
Festuca nigrescens	.	2	+	.	.	.	.	.	.	.	.	.	.	.	I
Sonchus oleraceus	.	.	.	r	.	.	.	.	.	.	.	.	+	.	I
Epilobium ciliatum	.	.	.	+	.	.	.	.	.	.	.	.	+	.	I
Bromus tectorum	.	.	.	.	.	1	.	.	.	.	.	1	.	.	I
Echium vulgare	.	1	.	.	+	.	.	.	.	.	.	.	.	.	I
Crataegus monogyna juv.	.	+	.	.	.	.	.	r	.	.	.	.	.	.	I
Diplotaxis tenuifolia	.	.	.	.	.	.	.	.	.	.	.	.	+	r	I
Hieracium sabaudum	.	.	.	.	.	.	.	.	.	+	.	r	.	.	I
Capsella bursa pastoris	r	.	.	.	.	.	.	.	.	.	.	.	.	.	I
Rumex obtusifolius	r	.	.	.	.	.	.	.	.	.	.	.	.	.	I
Carex hirta	.	.	1	.	.	.	.	.	.	.	.	.	.	.	I
Clematis vitalba	.	.	r	.	.	.	.	.	.	.	.	.	.	.	I
Rubus fruticosus agg.juv	.	.	+	.	.	.	.	.	.	.	.	.	.	.	I
Sisymbrium loeselii	.	.	.	+	.	.	.	.	.	.	.	.	.	.	I
Sedum acre	.	.	.	.	+	.	.	.	.	.	.	.	.	.	I
Hieracium spec. juv.	.	.	.	.	+	.	.	.	.	.	.	.	.	.	I
Verbascum thapsus	.	.	.	.	+	.	.	.	.	.	.	.	.	.	I
Cichorium intybus	.	.	.	.	.	1	.	.	.	.	.	.	.	.	I
Sagina procumbens	.	.	.	.	.	r	.	.	.	.	.	.	.	.	I
Rubus corylifolius agg.	.	.	.	.	.	.	+	.	.	.	.	.	.	.	I
Cardaminopsis arenosa	.	.	.	.	.	.	.	+	.	.	.	.	.	.	I
Erigeron acris	.	.	.	.	.	.	.	+	.	.	.	.	.	.	I
Rubus armeniacus	.	.	.	.	.	.	.	.	.	2	.	.	.	.	I
Rubus nemorosus	.	.	.	.	.	.	.	.	.	1	.	.	.	.	I
Asparagus officinalis	.	.	.	.	.	.	.	.	+	.	.	.	.	.	I
Stellaria media	.	.	.	.	.	.	.	.	.	r	.	.	.	.	I
Puccinellia distans	.	.	.	.	.	.	.	.	.	.	.	.	1	.	I
Buddleja davidii juv.	.	.	.	.	.	.	.	.	.	.	.	.	+	.	I
Polygonum aviculare agg.	.	.	.	.	.	.	.	.	.	.	.	.	r	.	I
Dryopteris cartusiana	.	.	.	.	.	.	.	.	.	.	.	.	r	.	I
Convolvolus arvensis	.	.	.	.	.	.	.	.	.	.	.	.	.	2	I
Chenopodium strictum	.	.	.	.	.	.	.	.	.	.	.	.	.	+	I
Senecio viscosus	.	.	.	.	.	.	.	.	.	.	.	.	.	r	I

Vegetationstabelle Nr. 23   Teil 3

K. Artemisietea UK. Artemisienea O. Onopordetalia V. Dauco-Melilotion

Artemisio-Tanacetetum vulgaris

Laufende Nummer	1	2	3	4	5	6	7	8	9	10	11	12	13	14	
Moose/Flechten															
Ceratodon purpureus	1	.	2	2	1	2	+	2	.	.	.	1	1	.	IV
Barbula convoluta	+	.	1	+	.	1	+	.	.	.	.	r	.	+	III
Bryum argenteum	+	.	+	2	+	+	.	.	.	.	.	r	.	.	III
Brachythecium salebrosum	.	.	+	.	.	2	2	.	2	.	.	.	.	.	II
Brachythecium rutabulum	.	1	.	.	.	.	.	1	.	2	.	.	.	1	II
Bryum caespiticium	+	.	+	.	.	.	.	.	.	.	.	+	.	.	II
Barbula hornschuniana	.	.	.	1	.	.	.	.	.	.	.	.	.	.	I
Funaria hygrometrica	.	.	.	+	.	.	.	.	.	.	.	.	.	.	I
Cirriphyllum crassinervi	.	.	.	.	+	.	.	.	.	.	.	.	.	.	I
Cladonia spec.	.	.	.	.	.	.	r	.	.	.	.	.	.	.	I
Brachythecium velutinum	.	.	.	.	.	.	.	.	1	.	.	.	.	.	I

Vegetationstabelle Nr. 24 Teil 1
K. Artemisietea UK. Artemisienea
O. Onopordetalia V. Dauco-Melilotion

Daucus carota-Bestände

Laufende Nummer	1	2	3	4	5	6	7	
Geländenummer	1005	0739	0916	0946	1485	1470	1008	
Datum	9/88	7/88	8/88	8/88	8/89	8/89	9/88	
Stadt	Ober	Ober	Ober	Boch	Duis	Duis	Ober	
Industriefläche	ThOb	ThOb	ZeOs	KrHö	ThBe	ThRu	ThOb	
Biotoptyp	CI/2	I/2	i/2	I/2	D/2	I/2	D/3	
Substrat	i S4	V3s5	i S3	A3 5	A3 X	A3 5	P3 5	
Substrat (Ergänzungen)	E3	d	b	c	B2	B	c	
Gesamtdeckung %	98	90	60	97	80	90	70	
Deckung Krautschicht %	80	90	58	90	75	70	55	
Deckung Moosschicht %	30	3	2	10	10	40	20	
Max. Höhe Krautsch. cm	120	100	90	80	130	60	90	
Größe Aufnahmefläche m²	5	15	8	8	8	6	10	
Artenzahl	22	21	23	20	19	25	22	
Daucus carota	2	3	3	3	4	3	3	V
V. Dauco-Melilotion								
Oenothera biennis s.str.	2	.	r	.	.	1	+	III
K. Artemisietea								
Artemisia vulgaris	1	1	1	+	.	+	+	V
Solidago canadensis	.	+	+	.	1	.	+	III
Cirsium vulgare	.	r	r	r	.	r	.	III
Tanacetum vulgare	+	+	.	.	.	.	1	III
Eupatorium cannabinum	+	.	+	.	.	.	.	II
Solidago gigantea	.	.	1	2	.	.	.	II
Pastinaca sativa	.	.	.	.	.	+	+	II
Epilobium hirsutum	1	.	.	.	.	.	.	I
Carduus acanthoides	.	.	.	.	.	1	.	I
Reseda lutea	.	.	.	.	+	.	.	I
Verbascum densiflorum	.	.	.	.	r	.	.	I
Reseda luteola	.	.	.	.	r	.	.	I
Sonstige								
Cirsium arvense	1	+	+	.	+	+	.	IV
Taraxacum officinale	.	+	+	+	.	1	r	IV
Hieracium laevigatum	.	.	+	r	+	+	.	III
Hieracium piloselloides	.	.	.	1	1	r	+	III
Inula conyza	.	.	.	r	r	+	.	III
Conyza canadensis	.	.	+	.	+	2	.	III
Poa compressa	.	+	+	.	.	1	.	III
Arenaria serpyllifolia	.	.	.	+	r	+	.	III
Plantago major	.	r	+	r	.	.	.	III
Holcus lanatus	2	3	+	.	.	.	.	III
Agrostis gigantea	2	1	.	+	.	.	.	III
Plantago lanceolata	+	+	.	.	.	.	.	II
Festuca rubra agg.	1	.	.	.	2	.	.	II
Linaria vulgaris	1	.	.	.	.	.	1	II
Poa angustifolia	.	2	.	.	.	.	r	II
Arrhenatherum elatius	.	.	.	.	2	.	+	II
Dactylis glomerata	.	.	.	.	.	1	+	II
Bromus tectorum	.	.	.	.	.	1	+	II
Crepis tectorum	.	.	1	+	.	.	.	II
Medicago lupulina	+	.	.	.	.	1	.	II
Betula pendula juv.	.	.	+	.	+	.	.	II
Diplotaxis tenuifolia	.	.	.	.	+	+	.	II

Vegetationstabelle Nr. 24 Teil 2
K. Artemisietea UK. Artemisienea
O. Onopordetalia V. Dauco-Melilotion

Daucus carota-Bestände

Laufende Nummer	1	2	3	4	5	6	7	
Bromus mollis	.	.	.	+	.	r	.	II
Epilobium spec. juv.	1	.	.	.	.	.	.	I
Tripleurosp. inodorum	+	.	.	.	.	.	.	I
Tussilago farfara	+	.	.	.	.	.	.	I
Lolium perenne	+	.	.	.	.	.	.	I
Anagallis arvensis	+	.	.	.	.	.	.	I
Trifolium repens	.	1	.	.	.	.	.	I
Poa trivialis	.	+	.	.	.	.	.	I
Trifolium dubium	.	+	.	.	.	.	.	I
Leontodon autumnalis	.	+	.	.	.	.	.	I
Rumex obtusifolius	.	r	.	.	.	.	.	I
Epilobium ciliatum	.	r	.	.	.	.	.	I
Agrostis tenuis	.	.	+	.	.	.	.	I
Salix caprea juv.	.	.	+	.	.	.	.	I
Sonchus oleraceus	.	.	+	.	.	.	.	I
Poa annua	.	.	+	.	.	.	.	I
Epilobium parviflorum	.	.	r	.	.	.	.	I
Hypericum perforatum	.	.	.	2	.	.	.	I
Poa pratensis agg.	.	.	.	+	.	.	.	I
Hordeum jubatum	.	.	.	+	.	.	.	I
Hieracium spec. juv.	.	.	.	r	.	.	.	I
Senecio viscosus	.	.	.	.	+	.	.	I
Erigeron acris	.	.	.	.	+	.	.	I
Senecio erucifolius	.	.	.	.	r	.	.	I
Achillea millefolium agg	.	.	.	.	.	2	.	I
Rosa rugosa juv.	.	.	.	.	.	+	.	I
Cerastium holosteoides	.	.	.	.	.	+	.	I
Clematis vitalba	.	.	.	.	.	.	2	I
Cardaminopsis arenosa	.	.	.	.	.	.	1	I
Hieracium lachenalii	.	.	.	.	.	.	+	I
Hypochoeris radicata	.	.	.	.	.	.	r	I
Asparagus spec.	.	.	.	.	.	.	r	I

Moose

Ceratodon purpureus	.	+	+	2	2	2	1	V
Barbula concoluta	3	1	1	.	.	2	2	IV
Bryum argenteum	.	.	.	+	1	+	+	III
Campylopus pyriforme	+	.	.	.	.	.	.	I
Brachythecium salebrosum	+	.	.	.	.	.	.	I
Marchantia polymorpha	r	.	.	.	.	.	.	I
Bryum caespiticium	.	.	.	.	.	.	+	I

Vegetationstabelle Nr. 25 K. Artemisietea   Teil 1

Poa palustris-Bestände

Laufende Nummer	1	2	3	4	5	6	7	8	9	10	11	12	13	14	15	16	17	18	19	20	21	22	23	24	25	V
Geländenummer	0349	0348	0913	1213	1306	1313	1312	1182	1179	1214	1190	1291	0456	1369	0351	0361	1223	0415	0406	1447	0313	0213	0302	0483	0992	
Datum	6/88	6/88	8/88	5/89	6/89	6/89	6/89	5/89	5/89	5/89	5/89	6/88	6/88	7/89	6/88	6/88	6/89	6/88	6/88	7/89	6/88	5/88	6/88	6/88	9/88	
Stadt	Bott	Bott	Ober	Ober	Dort	Dort	Dort	Duis	Boch	Ober	Duis	Ober	Duis	Hern	Bott	Bott	Duis	Esse	Esse	Boch	Gels	Duis	Gels	Duis	Gels	
Industriefläche	ZePr	ZePr	ThOb	ZeOs	HoWe	HoWe	HoWe	Th48	KrH8	ZeOs	Th48	ThOb	Th48	ZeMo	ZePr	ZePr	ThRu	ZePr	ZeZo	KrH8	VeHo	VeSc	ThRu	VeSc	VeHo	
Biotoptyp	IF/1	I/2	I/3	D/2	ID/1	I/3	IA/2	i/1	I/2	D/2	i/1	D/2	i/1	ij/1	IF/1	H/2	G/2	a/1	g/2	G/2	I/2	G/2	I/2	G/2	6/2	
Substrat (neu)	R3XX	f X5	o s2	R365	A3 5	A4 4	A3 X	#3u5	Q3u5	R365	f s3	R365	q 65	W365	R XX	#365	Y354	B4 5	B4 5	A3 X	U4S5	A4 5	o u2	Y 65	T365	
Substrat (Ergänzungen)	B	B	B56	B236	B56	c36	b3	c3	d3	B236	c3	9236	A	c6	B	63	A3	E	D	b3	D	B	d3	A	D	
Gesamtdeckung %	90	95	98	90	90	90	75	70	70	80	95	85	95	95	90	85	80	92	75	70	97	90	95	60	90	
Deckung Krautschicht %	85	90	80	85	90	80	73	67	40	75	90	80	80	90	90	60	45	85	70	65	97	80	95	55	88	
Deckung Moosschicht %	20	30	25	15	3	25	3	5	40	10	30	10	55	20	15	40	50	20	30	15	10	45	1	10	2	
Max. Höhe Krautsch. cm	60	70	100	120	100	90	60	50	70	100	65	100	95	100	70	80	70	180	55	90	60	45	70	60	120	
Exposition/Neigung°														W/15												
Größe Aufnahmefläche m²	5	10	8	6	10	6	6	6	5	5	10	6	8	5	5	6	10	6	4	6	7	8	8	8	4	
Artenzahl	22	21	13	15	20	13	20	21	16	24	19	18	13	17	17	18	14	15	13	17	19	22	19	10	9	
Poa palustris	3	3	3	4	3	3	4	3	3	4	3	3	4	3	4	3	3	3	3	3	3	4	4	3	5	

K. Artemisietea

Solidago canadensis	+	1	+	+	+	2	1	+	2	1	2	+	.	.	.	.	.	.	.	.	.	.	.	.	.	III
Solidago gigantea	+	1	+	+	2	+	+	.	1	.	.	.	.	.	.	+	.	.	2	3	.	1	.	.	.	III
Artemisia vulgaris	r	r	+	+	+	+	.	.	2	.	.	.	.	+	+	+	.	.	+	+	.	.	.	.	.	III
Tripleurosp. inodorum	+	+	.	.	.	.	+	+	+	+	+	.	.	+	r	.	+	1	.	.	.	.	.	r	.	III
Eupatorium cannabinum	1	+	r	.	.	+	1	1	r	+	.	.	+	1	+	.	.	1	.	.	+	.	.	.	.	II
Cirsium vulgare	.	.	+	.	.	.	.	.	+	.	.	.	.	.	r	r	r	r	+	r	.	1	r	.	.	II
Daucus carota	1	2	3	.	.	1	.	.	.	.	.	.	.	2	.	.	.	.	.	.	+	2	.	.	.	II
Oenothera biennis agg.	+	.	.	.	.	.	.	+	.	.	.	+	.	1	.	.	.	.	.	+	.	.	+	.	.	I
Tanacetum vulgare	.	.	.	.	.	.	+	.	.	.	+	.	r	.	.	+	.	+	r	.	+	.	+	.	.	I
Carduus acanthoides	.	.	.	.	.	.	.	.	.	.	.	.	.	.	.	.	.	.	.	.	+	+	.	.	.	I
Pastinaka sativa	.	.	.	.	.	.	.	.	.	.	.	.	.	.	.	.	.	.	.	.	.	.	.	r	.	I
Urtica dioica	.	.	.	.	.	.	.	.	.	.	.	.	.	.	+	.	.	.	.	.	.	.	.	.	.	+
Epilobium hirsutum	.	.	.	.	.	.	.	r	.	.	r	.	.	.	.	r	r	.	r	.	.	.	.	.	.	I
Reseda luteola	.	.	+	.	.	.	.	.	.	.	.	.	.	.	.	.	.	.	+	.	.	.	.	.	.	+
Geranium robertianum	.	2	3	.	.	.	.	.	.	.	.	.	.	.	.	.	.	.	+	.	+	.	.	.	.	I
Aster novi-belgii	+	.	.	.	.	.	1	.	.	.	.	.	.	.	.	.	.	.	.	.	.	2	.	.	.	+
Carduus nutans	.	.	.	.	.	.	.	.	.	.	.	.	r	.	.	.	.	.	.	.	.	.	.	.	.	+
Dipsacus sylvestris	.	.	.	.	.	.	.	.	.	.	.	.	.	.	.	.	.	.	.	.	+	.	.	.	.	+
Arctium lappa	.	.	.	.	.	.	.	r	.	.	.	.	.	.	.	.	.	.	.	.	.	.	.	.	.	+

Vegetationstabelle Nr. 25 K. Artemisietea   Teil 2

Poa palustris-Bestände

Laufende Nummer	1	2	3	4	5	6	7	8	9	10	11	12	13	14	15	16	17	18	19	20	21	22	23	24	25	
Reseda lutea	.	.	.	.	.	.	.	.	r	.	.	.	.	.	.	.	.	.	.	.	.	.	.	.	.	+
Silene alba	.	.	.	.	.	.	.	.	.	.	.	.	.	.	.	.	.	.	.	.	.	.	.	.	.	+
K. Agropyretea																										
Agrostis gigantea (lok.)	2	.	.	.	.	1	+	1	.	.	1	.	1	2	.	1	.	.	2	1	.	.	.	.	.	II
Poa compressa	.	+	.	.	1	1	.	.	+	.	+	.	.	+	.	.	.	.	.	.	.	.	+	.	.	II
Poa angustifolia	.	1	.	.	.	.	1	.	.	.	1	1	.	.	.	.	.	.	.	.	.	.	+	.	.	I
Tussilago farfara	.	+	.	.	r	.	.	.	r	.	+	.	.	.	.	.	.	.	.	.	.	.	.	.	.	I
Carex hirta	.	.	.	.	.	.	.	.	.	.	.	.	.	.	.	.	.	.	.	.	.	.	.	.	.	+
K. Chenopodietea																										
Conyza canadensis	.	1	.	r	.	.	r	.	.	r	.	.	.	.	.	1	.	+	.	.	.	.	.	.	.	II
Bromus tectorum	.	.	+	.	.	.	.	.	.	.	+	.	+	.	.	.	r	.	r	.	.	1	.	.	.	I
Bromus mollis	.	.	+	.	.	.	.	.	.	.	.	.	.	.	.	.	.	.	.	.	r	.	.	.	.	I
Hordeum jubatum	r	.	.	.	.	.	.	.	r	.	.	.	.	.	.	.	.	.	.	.	.	.	.	.	.	I
Crepis tectorum	.	.	.	.	.	.	.	.	.	.	.	.	.	.	.	.	.	.	.	.	.	r	.	.	.	I
Bromus sterilis	.	.	.	.	.	.	+	.	.	.	.	.	.	.	.	.	.	.	.	.	.	+	.	.	.	+
Sonchus asper	.	.	.	.	.	.	.	.	.	.	.	.	.	.	.	.	.	.	.	r	.	.	.	.	.	+
Sonchus oleraceus	.	.	.	.	.	.	+	.	.	.	.	.	.	.	.	.	.	.	.	.	.	.	.	.	.	+
Apera interrupta	.	.	.	.	.	+	.	.	.	.	.	.	.	.	.	.	.	.	.	.	.	.	.	.	.	+
K. Mol.-Arrhenatheretea																										
Holcus lanatus	1	1	.	.	.	.	.	+	.	.	+	.	.	2	1	1	.	+	+	.	2	.	.	.	2	III
Cerastium holosteoides	+	.	+	.	.	.	.	+	+	.	+	.	+	.	+	+	.	+	+	.	1	+	2	.	.	II
Dactylis glomerata	.	.	+	.	.	.	.	+	+	.	.	.	+	+	.	.	.	.	.	.	.	.	.	.	.	I
Leontodon saxatilis	.	.	.	r	.	.	.	.	.	.	.	.	.	.	.	.	.	.	.	.	.	2	.	.	.	I
Trifolium repens	.	.	.	.	.	.	.	+	+	.	.	.	.	.	.	.	+	.	.	.	.	.	.	.	.	I
Poa trivialis	.	.	.	.	.	.	.	.	.	.	.	.	.	.	.	.	.	.	.	r	.	.	.	.	.	I
Leontodon autumnalis	.	.	+	.	.	.	.	.	.	.	.	.	.	.	.	.	.	.	.	r	.	.	.	.	.	+
Lolium perenne	.	.	+	.	.	.	.	.	.	.	.	.	.	.	.	.	.	.	.	.	.	.	.	.	.	+
Trifolium dubium	.	.	.	.	.	.	.	.	.	.	.	.	.	.	.	.	.	.	.	.	1	+	.	.	.	+
Poa pratensis agg.	.	.	.	.	.	.	.	.	.	.	.	.	.	.	.	.	.	.	.	.	.	.	.	.	.	+
Arrhenatherum elatius	.	.	.	.	.	.	.	.	.	1	.	.	.	.	.	.	.	.	.	.	.	.	.	.	.	+

Vegetationstabelle Nr. 25 K. Artemisietea   Teil 3

Poa palustris-Bestände

Laufende Nummer	1	2	3	4	5	6	7	8	9	10	11	12	13	14	15	16	17	18	19	20	21	22	23	24	25	
Sonstige																										
Taraxacum officinale	+	r	+	+	+	+	+	+	.	+	+	+	+	.	r	+	+	1	1	+	r	+	.	.	.	IV
Cirsium arvense	1	1	2	+	+	+	+	1	1	+	1	.	1	+	1	+	1	+	1	+	+	+	+	1	1	IV
Plantago major	.	+	+	.	.	+	.	r	+	.	.	.	.	.	+	+	r	.	.	.	.	.	.	+	.	II
Epilobium ciliatum	.	.	.	+	.	.	.	1	.	.	+	r	.	+	+	+	+	1	.	+	.	+	.	r	.	II
Arenaria serpyllifolia	.	.	.	.	.	.	r	.	.	.	+	+	.	.	.	.	.	.	.	.	.	.	1	.	.	II
Epilobium angustifolium	.	.	.	.	.	.	.	.	.	+	+	.	+	.	.	+	.	2	.	+	.	+	.	1	+	II
Hypericum perforatum	.	r	.	.	.	+	.	1	r	.	.	.	r	+	+	.	.	.	.	+	.	.	1	.	.	II
Sagina procumbens	+	.	.	.	.	.	.	+	+	+	.	+	.	.	.	.	+	.	.	+	r	r	+	.	.	II
Poa annua	.	.	.	.	.	.	.	+	.	.	.	.	.	.	.	.	.	.	.	.	.	.	.	.	.	I
Hieracium spec. juv.	+	.	.	.	+	1	.	.	.	.	r	.	.	.	.	1	.	.	r	.	.	.	.	.	.	I
Hieracium lachenalii	.	.	.	.	.	.	.	.	.	1	.	.	+	.	1	.	1	.	.	.	.	r	.	.	.	I
Cerastium glutinosum	.	.	.	2	.	.	.	+	.	.	+	.	.	.	+	.	r	.	.	.	r	.	.	.	.	I
Linaria vulgaris	+	.	.	.	+	.	.	.	.	.	.	.	.	.	.	.	+	.	.	.	.	+	.	.	.	I
Achillea millefolium agg.	+	+	.	.	.	.	.	.	.	.	.	.	.	+	.	+	+	.	.	+	.	1	.	.	.	I
Agrostis tenuis	.	.	.	.	.	.	.	.	.	.	.	.	.	.	.	.	.	.	.	.	1	.	2	.	+	I
Betula pendula juv	.	.	.	.	.	+	.	+	.	.	.	.	.	.	.	.	.	1	.	.	.	.	.	.	.	I
Salix caprea juv.	.	.	.	.	.	.	.	+	+	.	.	.	.	.	.	.	.	.	.	.	.	.	.	.	.	I
Rumex crispus	.	.	.	+	.	r	.	.	r	.	.	.	.	.	.	.	.	.	r	+	.	r	.	.	.	I
Hieracium laevigatum	.	.	.	+	.	.	.	.	.	.	.	.	+	.	.	.	.	.	.	.	.	.	+	.	+	I
Veronica arvensis	+	.	.	.	.	.	.	.	.	.	+	.	.	.	.	.	.	.	.	+	.	.	.	.	.	I
Rubus corylifolius agg.	.	.	.	.	.	.	.	.	.	.	.	.	.	.	r	.	.	.	.	.	.	.	.	.	.	I
Trifolium campestre	.	.	.	.	.	.	.	+	.	.	.	+	.	.	.	.	.	.	.	.	.	.	.	.	.	I
Medicago lupulina	.	.	.	.	.	+	.	.	.	.	.	1	.	.	.	.	.	.	.	.	.	.	.	.	.	I
Carex muricata agg.	.	.	.	.	.	.	.	.	.	.	.	2	.	.	.	.	.	.	.	.	.	.	.	.	.	I
Hypochoeris radicata	.	.	.	.	.	.	.	.	.	.	.	.	.	.	.	.	.	r	.	.	.	.	1	.	.	I
Deschampsia cespitosa	+	.	.	.	.	.	.	.	.	.	.	.	.	.	.	.	.	.	.	.	.	.	.	.	.	I
Cerastium pumilum	.	.	.	.	.	.	.	1	.	.	.	.	.	.	.	.	.	.	.	.	.	.	.	.	.	I
Epilobium spec. juv.	.	.	.	.	.	.	.	.	.	2	.	.	.	.	.	.	.	.	.	.	.	.	.	.	.	+
Rumex acetosella	.	.	.	.	.	.	.	.	.	.	+	.	.	.	.	.	.	.	.	.	.	.	.	.	.	+
Inula conyza	.	.	.	.	.	.	.	.	.	.	r	.	.	.	.	.	.	.	.	.	.	.	.	.	.	+
Sorbus aucuparia juv.	.	.	.	.	.	.	.	.	.	.	.	+	.	.	.	.	.	.	.	.	.	.	.	.	.	+
Herniaria glabra	.	.	.	.	.	.	.	.	.	.	.	r	.	.	.	.	.	.	.	.	.	.	.	.	.	+
Rosa spec. juv.	.	.	.	.	.	.	.	.	.	.	.	.	+	.	.	.	.	.	.	.	.	.	.	.	.	+
Senecio inaequidens	.	.	.	.	.	.	.	.	.	.	.	.	.	.	.	+	.	.	.	.	.	.	.	.	.	+
Prunella vulgaris	.	.	.	.	.	.	.	.	.	.	.	.	.	.	.	.	.	.	.	.	.	.	.	.	+	+

Vegetationstabelle Nr. 25   K. Artemisietea   Teil 4

Poa palustris-Bestände

Laufende Nummer	1	2	3	4	5	6	7	8	9	10	11	12	13	14	15	16	17	18	19	20	21	22	23	24	25	
Sedum acre	.	.	.	.	.	.	.	.	.	.	.	.	.	.	.	.	+	.	.	.	.	.	.	.	.	+
Puccinellia distans	.	.	.	.	.	.	.	.	.	.	.	.	.	.	.	.	r	.	.	.	.	.	.	.	.	+
Dryopteris filix mas	.	.	.	.	.	.	.	.	.	.	.	.	.	.	.	.	.	+	.	.	.	.	.	.	.	+
Prunus serotina juv.	.	.	.	.	.	.	.	.	.	.	.	.	.	.	.	.	.	r	.	.	.	.	.	.	.	+
Vicia sativa angustifoli	.	.	.	.	.	.	.	.	.	.	.	.	.	.	.	.	.	.	.	.	+	.	.	.	.	+
Erigeron annuus	.	.	.	.	.	.	.	.	.	.	.	.	.	.	.	.	.	.	.	.	.	1	.	.	.	+
Solanum dulcamara	.	.	.	.	.	.	.	.	.	.	.	.	.	.	.	.	.	.	.	.	.	+	.	.	1	+
Populus Hybride juv.	.	.	.	.	.	.	.	.	.	.	.	.	.	.	.	.	.	.	.	.	.	r	.	.	1	+
Potentilla reptans	.	.	.	.	.	.	.	.	.	.	.	.	.	.	.	.	.	.	.	.	.	.	+	.	.	+
Prunus avium juv.	.	.	.	.	.	.	.	.	.	.	.	.	.	.	.	.	.	.	.	.	.	.	.	.	.	+
Cotoneaster spec. juv.	.	.	.	.	.	.	.	.	.	.	.	.	.	.	.	.	.	.	.	.	.	.	.	r	1	+
Oenothera chicaginensis	.	.	.	.	.	.	.	.	.	.	.	.	.	.	.	.	.	.	.	.	.	.	.	.	r	+
Moose																										
Ceratodon purpureus	2	.	.	1	.	.	.	.	.	.	2	2	3	+	1	1	.	2	1	2	1	2	+	1	1	IV
Bryum argenteum	1	.	.	2	.	.	.	1	3	2	.	.	+	.	+	3	2	.	.	.	.	+	+	1	.	III
Barbula convoluta	.	r	2	.	.	+	.	+	.	.	1	+	+	.	.	.	.	.	.	.	+	2	2	.	.	III
Funaria hygrometrica	+	.	.	.	1	.	1	.	+	.	.	.	.	.	.	.	3	.	.	.	2	1	.	+	.	II
Brachythecium rutabulum	.	.	.	.	+	.	.	.	.	.	2	.	.	2	.	.	.	.	2	.	2	.	.	.	.	II
Marchantia polymorpha	+	.	.	.	+	.	.	.	.	.	.	.	.	.	.	.	.	+	.	.	.	2	.	.	.	I
Bryum caespiticium	+	+	.	.	+	.	.	.	.	.	.	.	.	.	+	.	.	+	.	.	.	.	.	.	.	I
Brachythecium salebrosum	1	.	.	.	.	.	.	.	.	.	.	.	.	.	.	.	.	.	.	.	.	.	.	.	.	I
Hypnum cupressiforme agg	.	.	.	.	.	.	.	.	.	.	.	.	.	.	.	.	.	.	.	.	.	.	+	1	.	+
Homalothecium lutescens	.	.	.	.	.	+	.	.	.	.	.	.	.	.	.	.	.	.	.	.	.	+	.	+	.	+
Peltigera spec.	.	.	.	.	.	.	.	.	.	.	.	.	.	.	.	.	.	.	.	.	.	.	.	.	.	+

Vegetationstabelle Nr. 26

K. Agropyretea O. Agropyretalia
V. Convolvulo-Agropyrion

Poo-Anthemetum

	1	2	3
Laufende Nummer	1	2	3
Geländenummer	0842	0433	0841
Datum	8/88	6/88	8/88
Stadt	Dort	Dort	Dort
Industriefläche	HoWe	HoWe	HoWe
Biotoptyp	JD/2	JD/2	JD/2
Substrat	A2 5	A3 5	A2 5
Substrat (Ergänzungen)	C	B	C
Gesamtdeckung %	80	90	95
Deckung Krautschicht %	65	90	90
Deckung Moosschicht %	15	5	5
Max. Höhe Krautsch. cm	110	110	100
Exposition/Neigung°	S/15	S/30	S/15
Größe Aufnahmefläche m²	7	4	8
Artenzahl	15	13	10

Anthemis tinctoria	3	2	3

Agropyretea

Poa compressa	+	.	.

Sonstige

Arrhenatherum elatius	2	2	3
Artemisia vulgaris	2	+	1
Daucus carota	1	+	.
Solidago gigantea	+	+	.
Festuca rubra agg.	+	3	.
Dactylis glomerata	.	+	1
Cirsium arvense	.	r	+
Poa palustris	1	.	.
Aster spec.	+	.	.
Taraxacum officinale	+	.	.
Melilotus officinalis	r	.	.
Tripleurosp. inodorum	r	.	.
Pastinaka sativa	.	1	.
Tanacetum vulgare	.	+	.
Hieracium spec. juv.	.	+	.
Artemisia absinthimum	.	+	.
Festuca nigrescens	.	.	+
Hieracium sabaudum	.	.	+
Achillea millefolium agg	.	.	+

Moose

Barbula convoluta	+	.	1
Ceratodon purpureus	1	.	+
Bryum argenteum	2	.	.
Brachythecium spec.	.	1	.

Vegetationstabelle Nr. 27   K. Agropyretea   O. Agropyretalia   V. Convolvulo-Agropyrion   **Teil 1**

Diplotaxi-Agropyretum   Nr. 1 - 4

Diplotaxis tenuifolia-Bestände   Nr. 5 - 16
- Ausbildung mit Chaenarrhinum minus   Nr. 5 - 7
- Ausbildung mit Tripleurospermum inodorum Nr. 8 - 10
- Trennartenfreie Ausbildung   Nr. 11 - 16

	1	2	3	4	5	6	7	8	9	10	11	12	13	14	15	16
Laufende Nummer	1	2	3	4	5	6	7	8	9	10	11	12	13	14	15	16
Geländenummer	0246	0514	0472	0853	0553	0561	0551	1157	1462	0883	0506	0445	0902	1458	1455	0821
Datum	6.88	7/88	6.88	8/88	7/88	7/88	7/88	5/89	7/89	8/88	7.88	6.88	8/88	7/89	7/89	7/88
Stadt	Duis	Duis	Duis	Duis	Duis	Duis	Duis	Dort	Duis	Dort	Duis	Dort	Duis	Duis	Duis	Duis
Industriefläche	ThBe	ThBe	ThRu	ThRu	ThMe	ThMe	ThMe	HoWe	ThRu	HoWe	ThBe	HoWe	ThBe	ThRu	ThRu	ThRu
Biotoptyp	CI/1	J/1	D/1	AI/3	c/1	i/1	i/1	JH/2	HJ/1	JH/1	EA/1	A/1	J/1	D/2	G/2	G/1
Substrat	J4u5	A5u5	A3 X	A4 5	G3 X	A4 X	A4 X	A3 X	F5 2	A3 5	A4 5	A4 X	A3 5	A3 X	Z3 5	Z4GX
Substrat (Ergänzungen)	D1	C	b1	c	A	b8	E8	b	A13	b	B	B	b	c	b	A3 B
Gesamtdeckung %	90	90	45	80	40	75	70	40	45	50	85	75	50	60	45	35
Deckung Krautschicht %	90	75	45	78	35	50	45	35	45	25	55	72	50	60	30	35
Deckung Moosschicht %	5	30	<1	2	5	30	30	10	.	30	70	3	.	15	.	.
Max. Höhe Krautsch. cm	45	60	50	110	30	25	10	40	20	60	70	100	80	80	40	50
Exposition/Neigung°	.	.	.	.	.	.	.	S/20	S/15	S/30	.	.	.	.	.	.
Größe Aufnahmefläche m²	4	5	8	8	3	4	3	5	12	4	4	3	5	7	8	8
Artenzahl	17	9	7	9	12	9	6	17	9	7	11	12	9	10	8	3

	1	2	3	4	5	6	7	8	9	10	11	12	13	14	15	16
Diplotaxis tenuifolia	2	3	3	4	2	3	2	2	2	2	3	4	3	3	3	3

Diff. A

	1	2	3	4	5	6	7	8	9	10	11	12	13	14	15	16
Chaenarrhinum minus	.	.	.	.	2	+	2	.	.	.	.	.	.	.	.	.
Betula pendula juv.	.	.	.	.	1	r	.	.	.	.	.	.	.	.	.	.
Epilobium angustifolium	.	.	.	.	r	r	.	.	.	.	.	.	.	.	.	.

Diff. B

	1	2	3	4	5	6	7	8	9	10	11	12	13	14	15	16
Tripleurosp. inodorum	.	.	.	.	.	.	.	1	+	r	.	r	.	.	.	.
Poa annua	.	.	.	.	.	.	.	r	1	r	+	.	.	.	.	.
Cirsium arvense	.	.	.	.	.	.	.	r	1	+	.	.	.	.	.	.

K. Agropyretea

	1	2	3	4	5	6	7	8	9	10	11	12	13	14	15	16
Poa compressa	1	r	1	+	.	.	.	.	.	.	.	.	.	.	.	.
Agropyron repens	3	+	.	.	.	.	.	.	.	.	.	.	.	.	.	.
Agrostis gigantea	2	.	.	.	.	.	.	.	.	.	.	.	.	.	.	.
Poa angustifolia	1	.	.	.	.	.	.	.	.	.	.	.	.	.	.	.
Tussilago farfara	.	.	.	.	r	.	.	.	.	.	.	.	.	.	.	.

K. Artemisietea

	1	2	3	4	5	6	7	8	9	10	11	12	13	14	15	16
Artemisia vulgaris	r	.	+	2	+	.	r	+	.	.	.	r	1	1	.	.
Cirsium vulgare	.	.	.	.	.	.	.	1	.	.	.	r	.	r	.	.
Reseda luteola	.	.	.	.	.	.	.	+	.	.	.	.	r	.	.	.
Daucus carota	.	.	.	.	.	.	.	.	.	.	.	+	.	.	.	.
Urtica dioica	+	.	.	.	.	.	.	.	.	.	.	.	.	.	.	.
Oenothera biennis s.str.	.	.	.	.	.	.	.	.	.	.	.	.	.	+	.	.
Galium aparine	.	.	.	.	.	.	.	r	.	.	.	.	.	.	.	.
Solidago gigantea	.	.	.	.	.	.	.	+	.	.	.	.	.	.	.	.

K. Chenopodietea

	1	2	3	4	5	6	7	8	9	10	11	12	13	14	15	16
Bromus tectorum	.	2	.	.	.	.	.	r	.	.	1	r	.	.	.	.
Chenopodium album agg.	.	.	+	1	.	.	.	.	.	.	.	.	+	.	.	.
Conyza canadensis	1	.	.	.	+	.	.	.	.	.	.	.	.	.	.	.
Lactuca serriola	+	.	.	.	.	.	.	.	.	.	.	1	.	.	.	.
Crepis tectorum	.	.	.	.	.	.	.	.	.	.	1	.	.	+	.	.
Senecio viscosus	.	.	.	.	.	.	.	+	.	.	.	.	.	.	.	r
Sonchus oleraceus	+	.	.	.	.	.	.	.	.	.	.	.	.	.	.	.
Bromus sterilis	.	.	.	r	.	.	.	.	.	.	.	.	.	.	.	.

Vegetationstabelle Nr. 27   K. Agropyretea   O. Agropyretalia   V. Convolvulo-Agropyrion   Teil 2

__Diplotaxi-Agropyretum__   Nr. 1 - 4

__Diplotaxis tenuifolia-Bestände__   Nr. 5 - 16

Laufende Nummer	1	2	3	4	5	6	7	8	9	10	11	12	13	14	15	16
Salsola kali ruthenica	.	.	.	.	.	.	.	.	r	.	.	.	.	.	.	.
Solanum nigrum	.	.	.	.	.	.	.	.	r	.	.	.	.	.	.	.
Senecio vulgaris	.	.	.	.	.	.	.	.	.	.	.	.	.	+	.	.
__Sonstige__																
Arenaria serpyllifolia	.	.	1	+	+	.	.	+	.	.	+	+	.	2	1	1
Dactylis glomerata	.	+	.	.	.	r	.	.	.	.	.	.	+	r	.	.
Achillea millefolium agg.	.	.	+	.	.	.	.	.	.	.	.	.	+	r	.	.
Arrhenatherum elatius	.	.	.	.	.	.	.	1	.	+	.	+	.	.	.	.
Taraxacum officinale	.	.	.	.	.	.	.	.	2	.	+	.	.	+	.	.
Puccinellia distans	1	.	+	.	.	.	1	.	.	.	.	.	.	.	.	.
Poa pratensis agg.	.	+	.	.	.	.	.	.	.	.	.	1	.	.	.	.
Echium vulgare	.	r	.	.	.	.	.	.	.	.	.	.	r	.	.	.
Salix caprea juv	.	.	.	.	+	.	.	.	.	.	.	.	.	.	r	.
Plantago major	r	.	.	.	.	.	.	.	+	.	.	.	.	.	.	.
Cerastium holosteoides	.	.	.	.	.	.	.	+	.	.	+	.	.	.	.	.
Chenopodium rubrum	.	.	.	.	.	.	.	.	.	.	.	.	r	.	r	.
Medicago lupulina	+	.	.	.	.	.	.	.	.	.	.	.	.	.	.	.
Matricaria chamomilla	+	.	.	.	.	.	.	.	.	.	.	.	.	.	.	.
Cerastium glutinosum	.	.	.	.	.	.	.	+	.	.	.	.	.	.	.	.
Leontodon autumnalis	.	.	.	.	.	.	.	.	r	.	.	.	.	.	.	.
Leontodon saxatilis	.	.	.	.	.	.	.	.	.	.	.	1	.	.	.	.
Inula conyza	.	.	.	.	.	.	.	.	.	.	.	.	+	.	.	.
Cornus alba juv.	.	.	.	.	.	.	.	.	.	.	.	.	.	.	+	.
Buddleja davidii juv.	.	.	.	.	.	.	.	.	.	.	.	.	.	.	r	.
__Moose__																
Ceratodon purpureus	1	3	.	1	1	2	2	2	.	2	3	1	.	.	2	.
Bryum argenteum	1	2	+	.	1	1	2	1	.	1	2	1	.	.	2	.
Funaria hygrometrica	+	.	.	.	+	.	.	.	.	.	.	.	.	.	+	.
Brachythecium salebrosum	.	.	.	r	.	.	.	.	.	.	.	.	.	.	.	.
Bryum caespiticium	.	.	.	.	.	1	.	.	.	.	.	.	.	.	.	.
Barbula convoluta	.	.	.	.	.	+	.	.	.	.	.	.	.	.	.	.

Vegetationstabelle Nr. 28 K. Agropyretea O. Agropyretalia V. Convolvulo-Agropyrion   Teil 1

Poa compressa-Bestände
- Ausbildung mit Linaria vulgaris Nr. 1 - 7
- Ausbildung mit Lolium perenne Nr. 8 - 12
- Trennartenfreie Ausbildung Nr. 13 - 22

Laufende Nummer	1	2	3	4	5	6	7	8	9	10	11	12	13	14	15	16	17	18	19	20	21	22	
Geländenummer	0229	0110	0109	0397	0214	0860	1277	0380	0191	0091	1207	1208	1251	0252	0224	0194	0075	0344	0500	0608	1272	1177	
Datum	5/88	5/88	5/88	6/88	5/88	8/88	6/89	6/88	5/88	5/88	5/89	5/89	6/89	6/88	5/88	5/88	8/88	6/88	6/88	7/88	6/89	5/89	
Stadt	Duis	Dort	Dort	Ober	Duis	Duis	Ober	Dort	Dort	Bott	Ober	Ober	Duis	Duis	Duis	Dort	Boch	Boch	Duis	Boch	Ober	Boch	
Industriefläche	ThRu	HoWe	HoWe	ThOb	ThRu	ThRu	ThOb	HoWe	HoWe	ZePr	ThOb	ThOb	ThBe	ThBe	ThRu	HoWe	KrHö	KrHö	ThRu	KrHö	ThOb	KrHö	
Biotoptyp	IF/1	DJ/1	DJ/1	I/2	IH/1	I/2	I/3	CI/1	IF/1	I/2	I/1	I/1	D/1	CI/1	I/2	D/3	H/2	I/2	D/1	CD/1	I/3	I/1	
Substrat	A4 5	Q3S5	Q3S5	#3u4	A4 4	#3u5	I4 4	H3 5	A3 X	k S4	R563	R563	A3 X	S3XX	b S2	S3XX	V3L4	A3 5	H3 5	A2 X	Q3s4	A3 X	
Substrat (Ergänzungen)	A6	A6	A6	B6	B	B68	D56	B3	B	A6	b3	b3	c3	B	A	c	d	c	c6	b	D56	b6	
Gesamtdeckung %	95	50	70	85	98	90	95	95	80	80	85	65	80	95	98	40	50	80	80	80	90	60	
Deckung Krautschicht %	90	50	70	85	90	87	95	95	75	80	60	45	80	95	90	35	50	70	78	75	90	55	
Deckung Moosschicht %	50	1	.	15	35	3	25	3	20	2	45	30	.	40	60	20	4	20	4	5	(1	15	
Max. Höhe Krautsch. cm	80	100	55	95	40	25	60	60	50	40	35	40	75	40	50	35	40	35	80	50	110	40	
Exposition/Neigung °	.	.	S/25	.	.	.	.	.	.	.	.	.	.	.	.	.	SW35	.	.	.	.	.	
Größe Aufnahmefläche m²	8	10	8	6	10	5	7	6	10	10	3	4	6	10	10	10	4	6	10	5	5	6	
Artenzahl	19	9	6	18	18	16	18	16	19	23	17	12	12	20	17	13	10	13	9	7	14	7	
Poa compressa	4	3	4	4	2	4	5	4	4	3	3	3	4	3	4	3	3	4	4	4	4	3	V
Diff. A.																							
Linaria vulgaris	+	+	1	1	.	+	+	.	.	.	.	.	.	.	.	.	.	.	.	.	.	.	II
Hieracium lachenalii	+	+	2	.	2	.	.	.	.	.	.	.	.	.	.	.	.	.	.	.	.	.	I
Hieracium piloselloides	.	2	.	.	2	r	+	.	.	.	.	.	.	.	.	.	.	.	.	.	.	.	I
Diff. B.																							
Lolium perenne	.	.	.	.	.	.	.	+	r	.	+	+	.	.	.	.	.	.	.	.	.	.	I
Trifolium repens	.	.	.	.	.	.	.	+	+	+	.	.	.	.	.	.	.	.	.	.	.	.	I
Hypochoeris radicata	.	.	.	.	.	.	.	.	r	+	r	r	.	.	.	.	.	.	.	.	.	.	I
K. Agropyretea																							
Poa angustifolia	.	+	.	.	1	.	.	.	.	.	+	.	.	2	+	.	.	.	.	.	1	.	II
Diplotaxis tenuifolia	.	.	.	.	.	.	.	.	.	.	.	.	r	r	.	.	.	.	r	.	.	.	I
Tussilago farfara	.	.	.	.	.	.	.	.	1	.	.	.	.	.	.	1	.	.	.	.	.	.	I
Agrostis gigantea	.	.	.	.	.	.	.	.	.	.	.	.	.	.	.	.	.	.	.	1	.	.	+
K. Artemisietea																							
Artemisia vulgaris	+	.	.	.	+	1	.	2	1	.	+	1	.	+	2	1	.	.	r	1	1	1	IV
Daucus carota	.	.	.	+	.	.	+	1	1	1	2	.	.	2	+	.	1	1	+	r	r	.	III
Solidago gigantea	.	.	1	.	.	.	.	.	1	2	+	.	.	.	r	.	+	.	.	1	.	.	II
Carduus acanthoides	1	.	.	.	.	r	.	.	.	.	.	.	.	.	.	+	r	.	.	.	.	.	I
Solidago canadensis	.	.	+	.	.	.	.	+	.	.	1	.	+	.	.	.	.	.	.	.	.	.	I
Cirsium vulgare	.	.	+	.	.	.	.	.	.	.	.	.	+	.	.	.	r	r	.	.	.	+	I
Tanacetum vulgare	+	.	.	+	.	.	+	.	.	.	.	.	.	.	.	.	.	.	.	.	+	.	I
Eupatorium cannabinum	.	.	.	.	.	+	.	.	1	.	.	+	.	.	.	.	.	.	.	.	.	.	I
Oenothera biennis s.str.	.	.	+	.	.	.	.	.	.	.	.	.	.	.	.	.	.	.	.	.	.	.	I
Aster novi-belgii	.	.	.	.	.	.	.	.	.	+	.	.	.	.	.	.	.	.	.	.	.	.	I
Picris hieracoides	.	.	.	.	.	.	.	.	.	.	.	.	.	.	.	.	.	.	.	.	+	+	+
K. Chenopodietea																							
Bromus tectorum	+	.	.	.	.	.	.	+	.	.	.	.	1	+	+	+	.	.	.	.	.	.	II
Crepis tectorum	.	.	.	.	.	.	.	+	.	+	.	.	.	.	1	.	.	.	.	.	.	.	I
Conyza canadensis	.	.	.	.	.	.	.	.	.	.	.	.	.	.	.	.	1	.	.	.	.	.	I
Bromus sterilis	.	.	.	.	.	.	.	.	.	.	.	.	1	.	.	.	.	.	.	.	1	.	I
Hordeum murinum	.	.	.	.	.	.	.	.	.	.	.	.	.	+	.	.	.	.	.	.	.	.	+
Apera interrupta	.	.	.	.	.	.	.	.	.	.	.	.	.	+	.	.	.	.	.	.	.	.	+
Tripleurosp. inodorum	.	.	.	.	.	.	r	.	.	.	.	.	.	.	.	.	.	.	.	.	.	.	+
Lactuca serriola	.	.	.	.	.	.	.	.	.	.	.	.	.	r	.	.	.	.	.	.	.	.	+

Vegetationstabelle Nr. 28　K. Agropyretea　O. Agropyretalia　V. Convolvulo-Agropyrion　　　　Teil 2

Poa compressa-Bestände

Laufende Nummer	1	2	3	4	5	6	7	8	9	10	11	12	13	14	15	16	17	18	19	20	21	22	
Sonchus oleraceus	.	.	.	.	.	.	.	.	.	.	.	r	.	.	.	.	.	.	.	.	.	.	+
Senecio vulgaris	.	.	.	.	.	.	.	.	.	.	.	.	.	.	+	.	.	.	.	.	.	.	+
K. Sedo-Scleranthetea																							
Cerastium semidecandrum	.	.	.	.	.	.	.	.	.	.	+	.	.	.	1	r	.	.	.	.	.	.	I
Sedum acre	+	.	.	.	+	.	.	.	.	.	.	.	.	.	.	.	.	.	.	.	.	.	I
Saxifraga tridactylites	.	.	.	.	.	.	.	.	.	.	.	.	.	.	.	.	.	.	.	.	.	.	+
Agrostis tenuis	.	.	.	.	.	.	.	.	.	1	.	.	.	.	.	.	.	.	.	.	.	.	+
Eryngium campestre	.	.	.	.	.	.	.	.	.	.	.	.	1	.	.	.	.	.	.	.	.	.	+
Cardaminopsis arenosa	.	.	.	.	.	.	.	.	.	.	.	.	.	.	.	.	.	+	.	.	.	.	+
Cerastium glutinosum agg.	.	.	.	.	.	.	.	.	.	.	.	+	.	.	.	.	.	.	.	.	.	.	+
Veronica arvensis	+	.	.	.	.	.	.	.	.	.	.	.	.	.	.	.	.	.	.	.	.	.	+
Cerastium pumilum	.	.	.	.	.	+	.	.	.	.	.	.	.	.	.	.	.	.	.	.	.	.	+
Herniaria glabra	.	.	.	.	.	.	.	.	.	1	.	.	.	.	.	.	.	.	.	.	.	.	+
Sonstige																							
Taraxacum officinale	.	+	.	+	+	+	.	1	1	+	+	.	.	+	.	r	r	+	.	+	.	.	III
Arenaria serpyllifolia	+	.	.	.	+	+	.	.	+	.	.	.	.	+	+	.	.	.	.	.	1	.	II
Hieracium spec. juv.	.	.	.	.	+	r	+	r	+	r	+	.	.	.	.	.	.	.	.	.	.	.	II
Cirsium arvense	.	.	.	r	.	.	.	.	+	+	.	+	+	+	.	.	+	.	.	.	.	.	II
Achillea millefolium agg	1	.	.	+	2	2	.	.	.	.	.	.	1	1	.	.	.	.	.	.	.	.	II
Arrhenatherum elatius	1	.	.	.	1	r	.	+	.	.	.	r	.	.	.	.	.	.	.	.	+	.	II
Holcus lanatus	.	.	.	.	.	.	.	.	2	+	.	.	.	+	.	+	.	.	.	.	.	.	II
Cerastium holosteoides	.	.	.	.	+	.	.	r	+	r	.	.	.	.	+	+	.	.	.	.	.	.	II
Crataegus monogyna juv.	+	.	.	r	.	.	+	.	.	+	.	.	.	.	.	r	.	.	.	.	r	.	II
Dactylis glomerata	.	.	.	1	1	.	1	+	.	.	.	.	.	.	.	.	.	.	.	.	1	.	II
Erigeron acris	r	.	.	1	+	.	r	.	.	.	.	.	.	+	.	.	.	.	.	.	.	.	II
Hypericum perforatum	r	.	.	.	+	.	.	.	.	.	.	.	.	.	.	.	.	1	2	.	.	.	I
Rumex acetosa	2	.	.	.	.	+	.	.	.	.	.	.	+	.	.	.	.	.	.	.	.	.	I
Bromus mollis	.	.	.	.	.	.	.	+	.	.	2	.	.	.	.	.	r	.	.	.	.	.	I
Centaurea jacea x nigra	.	.	.	+	.	.	r	.	.	.	.	.	.	.	.	.	.	.	.	.	r	.	I
Festuca nigrescens	.	.	.	.	.	.	+	.	.	.	.	1	.	.	.	.	.	.	.	1	.	.	I
Echium vulgare	.	.	.	.	1	.	.	.	.	.	.	.	+	.	.	.	.	.	.	.	.	.	I
Medicago lupulina	.	.	.	.	.	.	.	.	.	.	.	.	+	.	.	.	.	.	2	.	.	.	I
Acer pseudoplatanus juv.	.	.	+	.	.	.	.	.	1	.	.	.	.	.	.	.	.	.	.	.	.	.	I
Plantago major	.	.	.	.	.	.	+	.	r	.	.	.	.	.	.	.	.	.	.	.	.	.	I
Poa palustris	.	.	.	+	.	.	.	.	.	.	.	.	.	.	.	.	.	.	.	+	.	.	I
Rosa canina juv.	+	.	.	.	.	.	.	.	.	.	.	.	.	.	.	.	.	.	.	.	.	.	+
Epilobium angustifolium	.	+	.	.	.	.	.	.	.	.	.	.	.	.	.	.	.	.	.	.	.	.	+
Campanula rapunculus	.	.	.	2	.	.	.	.	.	.	.	.	.	.	.	.	.	.	.	.	.	.	+
Hieracium maculatum	.	.	.	1	.	.	.	.	.	.	.	.	.	.	.	.	.	.	.	.	.	.	+
Festuca ovina agg.	.	.	.	+	.	.	.	.	.	.	.	.	.	.	.	.	.	.	.	.	.	.	+
Senecio jacobea	.	.	.	r	.	.	.	.	.	.	.	.	.	.	.	.	.	.	.	.	.	.	+
Robinia pseudacorus	.	.	.	.	.	r	.	.	.	.	.	.	.	.	.	.	.	.	.	.	.	.	+
Festuca trachyphylla	.	.	.	.	.	.	+	.	.	.	.	.	.	.	.	.	.	.	.	.	.	.	+
Cichorium intybus	.	.	.	.	.	.	+	.	.	.	.	.	.	.	.	.	.	.	.	.	.	.	+
Rubus nemorosus juv.	.	.	.	.	.	.	+	.	.	.	.	.	.	.	.	.	.	.	.	.	.	.	+
Prunus avium juv.	.	.	.	.	.	.	.	.	.	.	.	.	.	r	.	.	.	.	.	.	.	.	+
Cornus alba juv.	.	.	.	.	.	.	.	.	.	.	.	+	.	.	.	.	.	.	.	.	.	.	+
Leontodon saxatilis	.	.	.	.	.	.	.	.	.	.	.	.	r	.	.	.	.	.	.	.	.	.	+
Trifolium dubium	.	.	.	.	.	.	.	+	.	.	.	.	.	.	.	.	.	.	.	.	.	.	+
Betula pendula juv.	.	.	.	.	.	.	.	.	+	.	.	.	.	.	.	.	.	.	.	.	.	.	+
Sagina procumbens	.	.	.	.	.	.	.	.	+	.	.	.	.	.	.	.	.	.	.	.	.	.	+
Sorbus aucuparia juv.	.	.	.	.	.	.	.	.	.	r	.	.	.	.	.	.	.	.	.	.	.	.	+
Carpinus betulus juv.	.	.	.	.	.	.	.	.	.	r	.	.	.	.	.	.	.	.	.	.	.	.	+
Holcus mollis	.	.	.	.	.	.	.	.	.	.	.	r	.	.	.	.	.	.	.	.	.	.	+
Silene vulgaris	.	.	.	.	.	.	.	.	.	.	.	.	1	.	.	.	.	.	.	.	.	.	+

Vegetationstabelle Nr. 28   K. Agropyretea   O. Agropyretalia   V. Convolvulo-Agropyrion   Teil 3

Poa compressa-Bestände

Laufende Nummer	1	2	3	4	5	6	7	8	9	10	11	12	13	14	15	16	17	18	19	20	21	22
Epilobium ciliatum	.	.	.	.	.	.	.	.	.	.	.	.	.	.	.	.	+	.	.	.	.	.	+
Poa pratensis agg.	.	.	.	.	.	.	.	.	.	.	.	.	.	.	+	.	.	.	.	.	.	.	+
Festuca rubra agg.	.	.	.	.	.	.	.	.	.	.	.	.	.	.	+	.	.	.	.	.	.	.	+
Hieracium laevigatum	.	.	.	.	.	.	.	.	.	.	.	.	.	.	.	.	.	r	.	.	.	.	+
Crepis capillaris	.	.	.	.	.	.	.	.	.	.	.	.	.	.	.	.	.	.	+	.	.	.	+
Rosa spec. juv.	.	.	.	.	.	.	.	.	.	.	.	.	.	.	.	.	.	r	.	.	.	.	+
Clematis vitalba	.	.	.	.	.	.	.	.	.	.	.	.	.	.	.	.	.	.	.	2	.	.	+
Carex hirta	.	.	.	.	.	.	.	.	.	.	.	.	.	.	.	.	.	.	.	.	1	.	+

Moose

	1	2	3	4	5	6	7	8	9	10	11	12	13	14	15	16	17	18	19	20	21	22
Ceratodon purpureus	.	+	.	2	1	.	+	1	2	1	.	.	.	+	2	2	1	2	+	1	.	.	I
Barbula convoluta	.	.	.	.	.	1	.	.	2	.	3	.	.	+	2	.	.	.	2	.	r	2	I
Cladonia fimbriata	.	.	.	+	1	.	.	.	.	.	.	.	.	.	.	.	.	.	.	.	.	.	I
Brachythecium salebrosum	.	.	.	.	.	r	.	.	.	.	.	.	.	.	3	.	.	.	.	r	.	.	I
Rhynchostegium confertum	3	.	.	.	3	.	.	.	.	.	.	.	.	.	.	.	.	.	.	.	.	.	I
Bryum argenteum	.	.	.	.	.	.	.	.	.	1	.	.	.	.	.	.	+	.	.	.	.	.	I
Homalothecium lutescens	.	.	.	1	.	.	.	.	.	.	.	.	.	.	.	.	.	.	.	.	.	.	+
Plagiomnium rostratum	.	.	.	.	.	.	2	.	.	.	.	.	.	.	.	.	.	.	.	.	.	.	+
Brachythecium velutinum	.	.	.	.	.	.	1	.	.	.	.	.	.	.	.	.	.	.	.	.	.	.	+
Brachythecium rutabulum	.	.	.	.	.	.	.	.	.	+	.	.	.	.	.	.	.	.	.	.	.	.	+
Marchantia polymorpha	.	.	.	.	.	.	.	.	.	.	.	.	.	.	2	.	.	.	.	.	.	.	+
Bryum inclinatum	.	.	.	.	.	.	.	.	.	.	.	.	.	.	+	.	.	.	.	.	.	.	+
Cirriphyllum piliferum	.	.	.	.	.	.	.	.	.	.	.	.	.	.	+	.	.	.	.	.	.	.	+

Vegetationstabelle Nr. 29   K. Agropyretea   O. Agropyretalia   V. Convolvulo-Agropyrion   Teil 1

Agrostis gigantea-Bestände
- Ausbildung mit Poa compressa Aufnahme 1 - 8
- Trennartenfreie Ausbildung   Aufnahme 9 - 17

Laufende Nummer	1	2	3	4	5	6	7	8	9	10	11	12	13	14	15	16	17	
Geländenummer	0584	0441	0442	0869	0609	1465	1452	0385	0840	0316	0912	1444	1436	1377	1376	1247	1396	
Datum	7/88	6/88	6/88	8/88	7/88	7/89	7/89	6/88	8/88	6/88	8/88	7/89	7/89	7/89	7/89	6/89	7/89	
Stadt	Dort	Dort	Dort	Dort	Boch	Duis	Boch	Dort	Dort	Gels	Ober	Boch	Duis	Hern	Hern	Duis	Bott	
Industriefläche	HoWe	HoWe	HoWe	HoWe	KrHö	ThRu	KrHö	HoWe	HoWe	VeHo	ZeOs	KrHö	ZeTh	ZeMo	ZeMo	ThBe	ZePr	
Biotoptyp	CI/3	I/2	I/2	I/1	I/1	IB/2	CI/2	I/2	E/2	I/2	di/2	A/1	i/2	i/2	i/2	AC/1	I/3	
Substrat	Q4u4	J3 5	J3 5	Q3u5	H3 X	V3s5	A4 4	V3S5	A3 5	V3S4	S3X5	A3 4	#563	#4s4	W3X5	o s4	o u2	
Substrat (Ergänzungen)	B3	D13	D13	d3	c	C56	c3	F	B	A3	B	b3	A3	c3	636	d	B56	
Substrat Bodentyp																	?2	
Gesamtdeckung %	85	90	100	85	85	100	65	90	98	85	100	70	90	92	100	90	100	
Deckung Krautschicht %	80	80	95	80	85	95	50	90	80	85	100	55	75	85	97	75	100	
Deckung Moosschicht %	7	35	35	15	3	20	20		18	4		20	30	30	20	40		
Max. Höhe Krautsch. cm	95	80	100	120	70	80	50	105	110	60	90	75	60	80	100	90	110	
Größe Aufnahmefläche m²	8	8	10	6	3	8	5	5	10	10	5	8	7	6	10	6	8	
Artenzahl	22	10	15	20	16	15	13	21	22	25	10	13	20	14	16	16	6	
Agrostis gigantea	4	4	5	4	2	3	3	3	4	3	4	3	3	3	2	3	3	V
Diff. A																		
Poa compressa (K.)	+	1	2	1	2	+	.	+	.	.	.	.	.	.	.	.	.	III
Daucus carota	1	1	1	1	1	r	1	.	.	.	.	.	.	.	.	.	.	III
K. Agropyretea																		
Agropyron repens	.	.	.	.	.	2	.	.	.	.	r	.	.	.	.	1	3	II
Tussilago farfara	2	.	.	.	.	.	.	2	.	.	1	.	.	.	+	.	.	II
Poa angustifolia	.	.	.	.	.	1	.	.	.	.	.	.	.	.	.	.	+	I
K. Artemisietea																		
Artemisia vulgaris	1	r	+	1	+	2	.	2	1	r	2	.	.	.	.	1	.	IV
Solidago gigantea	+	+	+	1	1	.	+	+	+	.	1	1	.	.	2	.	.	IV
Solidago canadensis	+	.	.	r	.	.	.	.	.	.	+	1	2	.	.	.	.	II
Eupatorium cannabinum	r	.	.	.	.	.	.	.	.	.	1	+	.	.	.	.	.	I
Carduus acanthoides	.	.	.	.	.	+	r	.	.	.	.	.	.	.	.	r	.	I
Cirsium vulgare	.	.	r	.	.	.	.	.	+	.	.	.	.	.	.	.	.	I
Tanacetum vulgare	.	.	r	.	.	.	.	.	r	.	.	.	.	.	.	.	.	I
Oenothera biennis s.str.	.	.	.	.	+	.	.	.	.	.	.	.	.	.	+	.	.	I
Epilobium parviflorum	.	.	.	.	.	.	.	.	.	r	.	.	.	.	.	.	.	I
Aster novi-belgii	.	.	.	.	.	.	.	.	.	.	.	.	.	.	1	.	.	I
K. Chenopodietea																		
Tripleurosp. inodorum	+	.	.	r	.	r	.	+	+	+	.	.	.	+	.	r	.	III
Conyza canadensis	.	.	.	+	r	+	1	.	1	r	.	.	r	.	.	.	.	III
Crepis tectorum	.	.	.	r	.	.	r	r	.	.	.	.	.	.	.	.	.	I
Bromus tectorum	+	.	.	.	.	.	.	+	.	.	.	.	.	.	.	.	.	I
Anagallis arvensis	.	.	.	.	.	.	.	.	.	.	.	.	.	+	.	r	.	I
Capsella bursa-pastoris	.	.	.	.	.	.	.	.	.	r	.	.	.	.	.	.	.	I
Senecio viscosus	.	.	.	.	.	.	.	.	.	.	.	.	+	.	.	.	.	I
Bromus sterilis	.	.	.	.	.	.	.	.	.	.	.	.	.	.	.	1	.	I
Sonchus oleraceus	.	.	.	.	.	.	.	.	.	.	.	.	.	.	.	r	.	I
K. Mol.-Arrhenatheretea																		
Holcus lanatus	.	.	.	+	+	.	.	.	.	.	2	2	.	2	+	1	.	2	III
Cerastium holosteoides	.	.	.	.	+	.	.	+	+	+	.	r	+	.	+	.	.	III
Dactylis glomerata	.	.	+	+	1	.	.	+	+	1	.	.	.	.	.	.	.	II
Trifolium repens	+	+	+	.	.	.	.	.	.	.	.	.	.	.	1	.	.	II
Poa pratensis agg.	.	.	.	.	.	.	.	.	+	1	.	.	.	.	.	.	.	I
Prunella vulgaris	.	.	.	.	.	.	.	.	+	.	.	.	.	1	.	.	.	I

Vegetationstabelle Nr. 29   K. Agropyretea   O. Agropyretalia   V. Convolvulo-Agropyrion   Teil 2

Agrostis gigantea-Bestände

Laufende Nummer	1	2	3	4	5	6	7	8	9	10	11	12	13	14	15	16	17	
Crepis capillaris	.	.	.	.	.	.	.	.	.	r	.	.	r	.	.	.	.	I
Festuca rubra agg.	.	.	.	.	2	.	.	.	.	.	.	.	.	.	.	.	.	I
Bromus mollis	.	.	.	.	.	.	.	.	.	1	.	.	.	.	.	.	.	I
Arrhenatherum elatius	.	.	.	.	.	.	.	.	.	.	.	2	.	.	.	.	.	I
Lolium perenne	.	.	.	.	.	.	.	.	.	1	.	.	.	.	.	.	.	I
Leontodon autumnalis	.	.	.	.	.	+	.	.	.	.	.	.	.	.	.	.	.	I
Trifolium dubium	.	.	.	.	.	.	.	.	.	1	.	.	.	.	.	.	.	I

Sonstige

Taraxacum officinale	+	.	.	+	.	+	+	+	+	+	+	+	1	.	+	1	.	IV
Cirsium arvense	+	r	r	.	.	.	.	1	.	.	1	.	1	+	+	.	+	III
Poa palustris	+	.	+	+	.	1	.	2	.	.	.	.	.	1	3	.	.	III
Plantago major	r	.	.	r	.	.	.	.	1	r	.	.	r	+	.	.	.	II
Poa annua	.	r	.	.	.	.	+	.	+	+	.	.	.	.	.	+	.	II
Arenaria serpyllifolia	.	.	+	r	.	+	+	.	.	.	.	1	1	.	.	.	.	II
Hypericum perforatum	r	.	.	.	+	.	.	.	.	.	.	.	.	2	.	.	.	I
Medicago lupulina	1	.	.	.	.	r	.	.	.	.	.	.	.	.	1	.	.	I
Salix caprea juv.	.	.	.	.	.	.	r	.	+	.	.	+	.	.	.	.	.	I
Festuca arundinacea	.	2	+	.	.	.	.	.	.	+	.	.	.	.	.	.	.	I
Epilobium ciliatum	+	.	.	.	.	.	.	r	.	.	.	.	.	.	.	.	.	I
Achillea millefolium agg.	.	.	.	.	.	.	+	r	.	.	.	.	.	.	.	.	.	I
Linaria vulgaris	.	.	.	+	.	.	.	.	.	.	.	r	.	.	.	.	.	I
Sagina procumbens	.	.	.	.	.	.	.	.	.	.	.	.	.	+	+	.	.	I
Betula pendula juv.	.	.	.	.	.	.	.	+	.	.	.	1	.	.	.	.	.	I
Potentilla anserina	.	.	1	.	.	.	.	.	.	.	.	.	.	.	.	.	.	I
Erigeron acris	.	.	r	.	.	.	.	.	.	.	.	.	.	.	.	.	.	I
Fraxinus exelsior juv.	.	.	.	r	.	.	.	.	.	.	.	.	.	.	.	.	.	I
Erigeron annuus	.	.	.	.	2	.	.	.	.	.	.	.	.	.	.	.	.	I
Senecio erucifolius	.	.	.	.	1	.	.	.	.	.	.	.	.	.	.	.	.	I
Buddleja davidii juv.	.	.	.	.	.	+	.	.	.	.	.	.	.	.	.	.	.	I
Populus x canadensis juv.	.	.	.	.	.	.	r	.	.	.	.	.	.	.	.	.	.	I
Herniaria glabra	.	.	.	.	.	.	.	1	.	.	.	.	.	.	.	.	.	I
Agrostis tenuis	.	.	.	.	.	.	.	.	.	+	.	.	.	.	.	.	.	I
Vicia tetrasperma	.	.	.	.	.	.	.	.	.	+	.	.	.	.	.	.	.	I
Lotus corniculatus	.	.	.	.	.	.	.	.	.	+	.	.	.	.	.	.	.	I
Hypochoeris radicata	.	.	.	.	.	.	.	.	.	.	r	.	.	.	.	.	.	I
Hieracium lachenalii	.	.	.	.	.	.	.	.	.	.	.	1	.	.	.	.	.	I
Chaenorrhinum minus	.	.	.	.	.	.	.	.	.	.	.	.	r	.	.	.	.	I
Cardaminopsis arenosa	.	.	.	.	.	.	.	.	.	.	.	.	r	.	.	.	.	I
Verbascum thapsus	.	.	.	.	.	.	.	.	.	.	.	.	r	.	.	.	.	I
Sedum acre	.	.	.	.	.	.	.	.	.	.	.	.	.	+	.	.	.	I
Poa pr.subsp. irrigata	.	.	.	.	.	.	.	.	.	.	.	.	r	.	.	.	.	I
Juncus tenuis	.	.	.	.	.	.	.	.	.	.	.	.	.	+	.	.	.	I
Centaurium erythraea	.	.	.	.	.	.	.	.	.	.	.	.	.	r	.	.	.	I
Epilobium tetragonum	.	.	.	.	.	.	.	.	.	.	.	.	.	r	+	.	.	I
Potentilla norvegica	.	.	.	.	.	.	.	.	.	.	.	.	.	.	+	.	.	I
Veronica arvensis	.	.	.	.	.	.	.	.	.	.	.	.	.	.	r	.	.	I
Vulpia myuros	.	.	.	.	.	.	.	.	.	.	.	.	.	.	.	2	.	I
Geranium pusillum	.	.	.	.	.	.	.	.	.	.	.	.	.	.	.	+	.	I
Echium vulgare	.	.	.	.	.	.	.	.	.	.	.	.	.	.	.	+	.	I
Cornus alba juv.	.	.	.	.	.	.	.	.	.	.	.	.	.	.	.	+	.	I
Crataegus crus-galli	.	.	.	.	.	.	.	.	.	.	.	.	.	.	.	r	.	I
Verbascum nigrum	.	.	.	.	.	.	.	.	.	.	.	.	.	.	.	.	1	I

Vegetationstabelle Nr. 29   K. Agropyretea   O. Agropyretalia   V. Convolvulo-Agropyrion   Teil 3

Agrostis gigantea-Bestände

Laufende Nummer	1	2	3	4	5	6	7	8	9	10	11	12	13	14	15	16	17	
Moose/Flechten																		
Ceratodon purpureus	2	.	.	1	1	2	2	+	2	1	.	.	2	2	2	3	.	IV
Barbula convoluta	+	.	.	2	.	.	.	2	2	1	.	.	2	.	.	.	.	II
Brachythecium rutabulum	.	3	3	.	.	.	.	.	.	.	.	.	.	2	1	.	.	II
Bryum argenteum	.	.	.	.	.	.	+	.	.	+	.	.	1	.	.	+	.	II
Brachythecium salebrosum	.	.	.	+	.	.	.	.	+	.	.	.	.	.	.	.	.	I
Marchantia polymorpha	r	.	.	.	.	.	.	r	.	.	.	.	.	.	.	.	.	I
Flechten div. spec.	r	.	.	.	.	.	.	.	.	.	.	.	.	.	.	.	.	I
Homalothecium lutescens	.	.	.	.	.	.	.	+	.	.	.	.	.	.	.	.	.	I
Funaria hygrometrica	.	.	.	.	.	.	.	+	.	.	.	.	.	.	.	.	.	I

Vegetationstabelle Nr. 30 K. Plantaginetea O. Plantaginetalia V. Polygonion avicularis   Teil 1

Spergularia rubra-Bestände   Nr. 1 - 13
Spergularia rubra-Herniaria glabra-Gesellschaft Nr. 14 - 21
Herniaria glabra-Bestände   Nr. 22 - 31

Laufende Nummer	1	2	3	4	5	6	7	8	9	10	11	12	13	14	15	16	17	18	19	20	21	22	23	24	25	26	27	28	29	30	31
Geländenummer	0013	0098	1430	1327	1138	0099	0138	0141	0014	0137	0140	0146	0159	0092	0628	0093	0016	0017	0142	0292	0095	1012	1013	0343	0134	0454	0388	0133	0103	0183	1188
Datum	4/88	5/88	7/89	6/89	5/89	5/88	5/88	5/88	4/88	5/88	5/88	5/88	5/88	5/88	7/88	5/88	4/88	4/88	5/88	5/88	5/88	5/88	9/88	5/88	5/88	6/88	6/88	5/88	5/88	5/88	5/89
Stadt	Hern	Bott	Ober	Geis	Hern	Bott	Esse	Esse	Hern	Esse	Zezo	Hern	Ober	Bott	Ober	Bott	Esse	Esse	Ober	Bott	Esse	Bott	Esse	Boch	Esse	Esse	Duis	Dort	Esse	Duis	Duis
Industriefläche	ZeMo	ZePr	ZeOs	VeHo	Zemo	ZePr	Zemo	ZeZo	Hern	Esse	ZeZo	Zemo	ThOb	ZePr	Ruhr	ZePr	ZePr	Zezo	Ruhr	ZePr	ZeZo	ZeZo	ZeZo	KrH8	ZeZo	Th48	HoHe	ZeZo	ZePr	Th48	ThMe
Biotoptyp	i/1	IK/2	E/2	1L/1	c/2	IK/2	d/1	k/2	i/1	i/1	k/2	i/1	1/2	DI/1	1/2	DI/1	1/2	h/2	g/2	D/2	C/2	D/2	9/1	9/1	DI/1	1/2	9/1	E/2	f/2	d/2	i/1
Substrat	N&SS	f3	5	13	5	#4u&	#ASS	f3	5	h	65	s	65	N&	5	T4GS	s	65	f	65	#4XS	T4	5	i	S4	T4	5	#SXS	84	X	s	65	t	S4	f3	5	B3	5	B3	5	A3	X	A4	4	Y3GS	A4	X	s	65	#3XS	N4GS	Y4	5
Substrat (Ergänzungen)	A1	A	63	637	B13	A	A	A	B1	A	A	E	A8	A3	A	A	C	B	B	A	D3	D3	B	D	A	C	A	C	A	A	A3
Gesamtdeckung %	45	35	70	60	85	25	35	25	60	40	30	70	80	20	85	15	70	50	25	40	70	80	55	40	45	85	40	25	50	50	45
Deckung Krautschicht %	30	35	50	60	70	25	35	25	40	35	30	70	50	15	70	15	50	50	25	40	68	45	50	30	30	60	35	20	40	40	42
Deckung Moosschicht %	30				30	1		1	50	10		60	5	20	1	20	5	5		50	2	2	7	20	45	60		10	5	15	3
Max. Höhe Krautsch. cm	5	1,5	12	4	10	1	15	4	5	5	40	20	10	4	50	2	3	5	3	20	2	15	25	20	3	15	2	10	20	25	
Exposition/Neigung "																															
Größe Aufnahmefläche m²	4	7	2	2	1,5	5	2	10	10	10	10	1,5	3	4	2	3	5	5	3	2	3	1	1	2	1,5	2	3	1,5	2	2	5
Artenzahl	11	5	6	10	10	5	4	14	14	8	8	11	11	10	21	11	12	18	5	18	12	21	14	10	7	8	8	17	11	13	22

| Spergularia rubra | 2 | 2 | 2 | 3 | 3 | 2 | 3 | 2 | 1 | 2 | 2 | 4 | 3 | 1 | 3 | 1 | 3 | 2 | + | 1 | 2 | r | 3 | 2 | 3 | 2 | 3 | 4 | 2 | 2 | 2 |
| Herniaria glabra | | | | | | | | | | | | | | | + | r | r | 2 | 2 | 3 | r | r | 3 | 2 | 2 | 3 | . | 2 | 2 | 2 | 2 |

K. Plantaginetea

Poa annua	+	.	.	+	.	1	+	+	.	2	.	1	1	.	1	1	.	3	.	2	2	2	1	+	2	+	r	2	r	+	+
Sagina procumbens	2	2	.	.	2	.	.	+	3	1	1	.	.	1	1	1	+	1	1	r	2	r	.	+	.	1	.	1	.	.	.
Polygonum aviculare agg.	.	r	.	r	.	.	.	.	+	.	+	.	1	r	.	.	+	.	.	2	.	.	.	.	+	1	r	.	+	.	r
Plantago major	.	.	.	.	.	.	.	.	.	.	r	.	+	+	.	.	.	.	+	.	+	.	+	.	.	r	.	+	.	.	+
Matricaria discoidea	r	.	.	.	.	.	.	.	.	r	.	.	.	.	+	.	.	.	.	r	.	.	.	.	r	.	+	+	.	.	.

K. Chenopodietea

Conyza canadensis	.	.	.	.	.	.	.	.	.	.	.	.	.	.	.	r	.	.	.	.	.	.	.	.	.	.	.	.	r	r	.
Tripleurosp. inodorum	.	.	.	.	.	.	.	.	.	.	.	1	.	+	1	+	.	1	+	2	.	.	.	.	.	.	+	+	2	1	1
Senecio viscosus	.	.	.	.	.	.	.	.	.	.	.	.	.	.	+	+	.	+	.	r	2	.	.	+	.	r	.	.	2	1	.
Bromus tectorum	.	.	r	.	.	.	.	.	.	.	.	.	.	r	.	r	.	+	.	r	.	.	+	.	.	.	.	.	1	.	r
Anagallis arvensis	.	.	.	.	.	+	.	.	.	.	.	.	.	.	+	+	.	+	.	2	.	.	+	.	.	.	+	.	.	.	.
Digitaria ischaemum	.	.	.	.	.	.	.	.	.	.	.	.	.	.	.	.	.	.	.	+	.	.	.	.	.	.	.	.	.	.	.
Crepis tectorum	.	.	.	.	.	.	.	.	.	.	.	.	.	.	.	1	.	.	.	.	.	.	1	.	.	r	.	.	+	r	.
Inula graveolens	.	.	.	r	.	.	.	.	.	.	.	.	.	.	.	.	.	.	.	.	r	.	.	.	.	.	.	.	.	.	.

Vegetationstabelle Nr. 30 K. Plantaginetea O. Plantaginetalia V. Polygonion avicularis   Teil 2

Spergularia rubra-Bestände Nr. 1 - 13   Spergularia rubra-Hemiaria glabra-Gesellschaft Nr. 14 - 21   Hemiaria glabra-Bestände Nr. 22 - 31

Laufende Nummer	1	2	3	4	5	6	7	8	9	10	11	12	13	14	15	16	17	18	19	20	21	22	23	24	25	26	27	28	29	30	31
Capsella bursa-pastoris	.	.	.	.	.	.	.	.	.	.	.	.	.	.	.	.	.	+	.	.	.	.	.	.	.	.	.	.	.	.	.
Sisymbrium altissimum	.	+	.	.	.	.	.	.	.	.	.	.	.	.	.	.	.	.	.	.	.	.	.	.	.	.	.	.	.	.	.
Apera interrupta	.	.	.	.	.	.	.	.	.	.	.	.	.	.	.	.	.	.	.	.	.	.	.	.	.	.	r	.	.	.	.
Polygonum persicaria	.	.	.	.	.	.	.	.	.	.	.	.	r	.	.	.	.	.	.	.	.	.	.	.	.	.	.	.	.	.	.
Chenopodium album agg.	.	.	.	.	.	.	.	.	.	.	.	.	.	.	r	.	.	.	.	.	.	.	.	.	.	.	.	.	.	.	.
Senecio vulgaris	.	.	.	.	.	.	.	.	.	.	.	.	.	.	r	.	r	.	.	.	.	.	.	.	.	.	.	.	.	.	.
K. Sedo-Scleranthetea																															
Cerastium semidecandrum	.	.	.	.	.	.	.	.	.	.	.	.	.	.	.	.	.	.	.	.	.	.	.	.	.	.	.	.	.	.	.
Cerastium glutinosum	.	.	.	.	.	.	.	.	.	.	.	.	.	.	.	.	.	.	.	+	.	.	.	.	.	.	.	.	.	.	.
Trifolium campestre	.	.	.	.	.	.	.	.	.	.	.	.	.	.	.	.	.	.	.	.	.	.	.	.	.	.	.	.	.	.	+
Cerastium pumilum	.	.	.	.	.	.	.	.	.	.	.	.	.	.	.	.	.	.	.	.	.	.	.	.	.	.	.	.	.	.	+
Sonstige																															
Cerastium holosteoides	1	.	.	.	2	r	r	+	+	.	+	.	+	r	.	.	.	1	+	.	r	.	.	+	+	+	.	+	.	+	r
Arenaria serpyllifolia	.	.	.	.	.	.	.	.	.	.	.	1	.	.	+	.	.	.	.	+	+	.	.	+	+	.	+	1	.	2	2
Agrostis tenuis	.	.	.	.	.	.	.	.	r	2	1	.	.	.	.	.	.	.	.	+	+	1	2	.	.	.	.	+	.	.	.
Taraxacum officinale	.	.	.	.	.	.	.	.	.	.	.	.	.	.	.	.	r	.	.	+	.	r	r	.	r	.	+	.	.	.	r
Epilobium angustifolium	1	.	2	.	.	.	.	+	.	.	.	+	.	.	+	+	.	.	.	+	+	r	.	.	r	.	.	+	.	.	r
Holcus lanatus	.	.	2	.	+	.	+	+	.	.	+	.	.	.	.	.	+	.	.	.	.	.	.	.	.	.	.	.	.	.	r
Artemisia vulgaris	.	.	.	.	+	.	.	.	.	.	.	.	.	.	1	.	.	.	+	.	.	.	.	+	.	.	.	.	.	.	r
Betula pendula juv.	.	.	.	.	.	.	.	r	.	.	.	r	.	.	.	.	.	.	r	.	.	r	.	.	.	.	+	.	.	.	.
Cirsium arvense	.	.	.	.	.	.	.	+	.	.	.	.	.	.	.	.	+	.	+	.	r	.	r	.	.	.	.	.	1	.	.
Hypericum perforatum	.	.	.	.	.	.	.	.	.	.	.	+	.	.	.	.	+	.	.	+	+	.	.	+	.	.	.	+	.	.	.
Epilobium ciliatum	.	.	.	.	.	.	.	.	.	.	.	.	.	.	.	.	.	.	r	.	.	.	r	r	.	r	.	.	.	.	.
Festuca rubra agg.	+	.	.	.	.	.	+	.	.	.	.	.	.	.	.	.	.	+	+	+	.	+	1	.	+	.	.	.	.	.	.
Epilobium spec. juv.	.	.	.	.	+	.	.	.	.	.	+	.	+	.	.	.	.	.	.	.	.	.	.	.	.	.	+	.	.	.	.
Solidago gigantea juv.	.	.	.	.	.	.	.	.	.	.	.	.	.	.	.	.	+	.	.	.	.	.	.	r	.	.	.	.	r	.	.
Agrostis gigantea	.	.	.	.	+	.	.	+	.	.	.	.	.	.	.	.	.	.	.	.	.	.	.	.	.	.	.	+	.	.	.
Reseda luteola	r	.	.	.	.	.	.	.	.	.	.	.	.	.	.	.	.	.	.	.	.	.	.	.	.	.	.	.	.	.	.
Corrigiola litoralis	.	.	.	.	.	.	.	.	.	.	.	.	.	.	.	.	.	.	.	.	.	+	1	.	.	.	.	.	.	.	.
Rorippa palustris	.	.	.	.	.	.	.	.	.	.	r	.	.	.	.	.	.	.	.	.	.	1	.	.	.	.	.	.	.	.	.
Carduus acanthoides	.	.	.	.	.	.	.	.	.	.	.	.	.	.	.	.	.	.	.	.	.	.	.	.	.	r	.	.	.	.	.
Hypochoeris radicata	.	.	.	.	.	.	.	.	.	.	.	.	.	.	.	r	.	.	+	.	.	.	.	.	.	.	.	.	.	+	.
Oenothera biennis s.str.	.	.	.	.	.	.	.	.	.	.	.	.	r	.	.	.	.	.	.	.	.	.	.	.	.	.	.	.	.	.	.
Cardaminopsis arenosa	.	.	.	.	.	.	.	.	.	.	.	.	.	.	.	.	.	.	.	.	.	.	.	+	.	.	.	.	.	.	.
Salix caprea juv.	.	.	.	.	.	.	.	.	.	.	.	.	.	.	.	r	.	.	.	.	.	.	.	.	.	.	.	.	.	.	.

Vegetationstabelle Nr. 30 K. Plantaginetea O. Plantaginetalia V. Polygonion avicularis   Teil 3

	Spergularia rubra-Bestände Nr. 1 - 13													Spergularia rubra-Herniaria glabra-Gesellschaft Nr. 14 - 21								Herniaria glabra-Bestände Nr. 22 - 31										
Laufende Nummer	1	2	3	4	5	6	7	8	9	10	11	12	13	14	15	16	17	18	19	20	21	22	23	24	25	26	27	28	29	30	31
Agropyron repens	.	.	.	+	.	.	.	.	.	.	.	.	.	.	.	.	.	.	.	.	.	.	.	.	.	.	.	.	.	.	.
Bromus mollis	.	.	.	1	.	.	.	.	.	.	.	.	.	.	.	.	.	.	.	.	.	.	.	.	.	.	.	.	.	.	.
Verbascum thapsus juv.	.	.	.	.	.	.	.	.	.	.	.	.	.	.	.	.	.	.	.	.	.	.	.	.	.	.	.	.	.	+	r
Leontodon saxatilis	.	.	.	1	.	.	.	.	.	.	.	.	.	.	.	.	.	.	.	.	.	.	.	.	.	.	.	.	.	.	.
Lolium perenne	.	.	.	+	.	.	.	.	.	.	.	.	.	.	.	.	.	.	.	.	.	.	.	.	.	.	.	.	.	.	.
Festuca arundinacea	.	.	.	+	.	.	.	.	.	.	.	.	.	.	.	.	.	.	.	.	.	.	.	.	.	.	.	.	.	.	.
Poa angustifolia	.	.	.	+	.	.	.	.	.	.	.	.	.	.	.	.	.	.	.	.	.	.	.	.	.	.	.	.	.	.	.
Potentilla norvegica	.	.	.	.	+	.	.	.	.	.	.	.	.	.	.	.	.	.	.	.	.	.	.	.	.	.	.	.	.	.	.
Ranunculus repens	.	.	.	.	.	.	.	.	r	.	.	.	.	.	.	.	.	.	.	.	.	.	.	.	.	.	.	.	.	.	.
Rumex acetosella	.	.	.	.	.	.	.	.	.	.	+	.	.	.	.	.	.	.	.	.	.	.	.	.	.	.	.	.	.	.	.
Linaria vulgaris	.	.	.	.	.	.	.	.	.	.	.	.	r	.	.	.	.	.	.	.	.	.	.	.	.	.	.	.	.	.	.
Tanacetum vulgare	.	.	.	.	.	.	.	.	.	.	.	.	.	.	.	.	.	.	.	.	.	.	.	.	.	.	.	.	.	.	.
Rubus corylifolius agg.	.	.	.	.	.	.	.	.	.	.	.	.	.	.	+	.	.	.	.	.	.	.	.	.	.	.	.	.	.	.	.
Pastinaka sativa	.	.	.	.	.	.	.	.	.	.	.	.	.	.	+	.	.	.	.	.	.	.	.	.	.	.	.	.	.	.	.
Trifolium repens	.	.	.	.	.	.	.	.	.	.	.	.	.	.	+	.	.	.	.	.	.	.	.	.	.	.	.	.	.	.	.
Poa compressa	.	.	.	.	.	.	.	.	.	.	.	.	.	.	.	.	.	.	.	.	.	.	+	.	.	.	.	.	.	.	.
Daucus carota	.	.	.	.	.	.	.	.	.	.	.	.	.	.	.	.	.	.	.	.	.	.	.	r	.	.	.	.	.	.	.
Echium vulgare	.	.	.	.	.	.	.	.	.	.	.	.	.	.	.	.	.	.	.	.	.	.	.	+	.	.	.	.	.	.	.
Chenopodium polyspermum	.	.	.	.	.	.	.	.	.	.	.	.	.	.	.	.	.	.	.	.	.	.	.	+	.	.	.	.	.	.	.
Chenopodium rubrum	.	.	.	.	.	.	.	.	.	.	.	.	.	.	.	.	.	.	.	.	.	.	.	+	.	.	.	.	.	.	.
Reseda lutea	.	.	.	.	.	.	.	.	.	.	.	.	.	.	.	.	.	.	.	.	.	.	.	r	.	.	.	.	.	.	.
Rubus fruticosus agg. juv.	.	.	.	.	.	.	.	.	.	.	.	.	.	.	.	.	.	.	.	.	.	.	.	.	.	.	.	+	.	.	.
Poa pratensis agg.	.	.	.	.	.	.	.	.	.	.	.	.	.	.	.	.	.	.	.	.	.	.	.	.	.	.	.	+	.	.	.
Carduus nutans	.	.	.	.	.	.	.	.	.	.	.	.	.	.	.	.	.	.	.	.	.	.	.	.	.	.	.	.	1	.	.
Dactylis glomerata	.	.	.	.	.	.	.	.	.	.	.	.	.	.	.	.	.	.	.	.	.	.	.	.	.	.	.	.	.	+	.
Epilobium hirsutum	.	.	.	.	.	.	.	.	.	.	.	.	.	.	.	.	.	.	.	.	.	.	.	.	.	.	.	.	.	r	.
Moose/Flechten																															
Bryum argenteum	2	.	.	.	1	.	.	+	2	1	.	.	1	1	1	.	2	.	1	1	1	1	+	+	2	.	.	1	1	1	1
Ceratodon purpureus	2	1	.	.	2	+	.	.	1	2	.	4	.	1	2	.	1	.	2	2	+	+	3	2	2	.	3	2	1	2	.
Bryum caespiticium	1	1	.	.	.	.	.	3	.	.	.	.	.	.	.	.	1	.	.	.	1	.	.	2	.	.	2	.	.	.	+
Funaria hygrometrica	.	.	.	.	.	.	.	+	+	.	.	.	.	.	.	.	.	.	.	.	.	.	.	.	+	.	.	.	.	.	.
Barbula convoluta	.	.	.	.	.	.	.	.	.	.	.	.	.	1	.	.	.	1	.	3	.	1	+	.	.	.	.	1	+	.	.
Campylopus flexuosus	.	.	.	.	2	.	.	.	.	.	.	.	.	.	.	.	.	.	.	.	.	.	.	.	.	.	.	.	+	.	.
Marchantia polymorpha	.	.	.	.	.	.	.	.	.	.	.	.	.	.	.	.	.	.	.	.	.	.	.	.	.	.	.	.	.	+	.
Cladonia spec.	.	.	.	.	.	.	.	.	.	.	.	.	.	.	.	.	.	.	.	.	.	.	r	.	.	.	.	.	.	.	r
Homalothecium lutescens	.	.	.	.	.	.	.	.	.	.	.	.	.	.	.	.	.	.	.	.	.	.	.	.	.	.	.	.	.	.	+

Vegetationstabelle Nr. 31   K. Molinio-Arrhenatheretea   Teil 1

Holcus lanatus-Bestände

Laufende Nummer	1	2	3	4	5	6	7	8	9	10	11	12	13	14	15	16	17	18	19	20	
Geländenummer	1326	0791	1284	1289	0649	1393	1364	0710	1405	0289	1339	0413	1150	0572	0531	0571	0303	0307	1210	1267	
Datum	6/89	8/88	6/89	6/89	7/88	7/89	7/89	7/88	7/89	6/88	7/89	6/88	5/89	7/88	7/88	7/88	6/88	6/88	5/89	6/89	
Stadt	Gels	Esse	Ober	Ober	Gels	Bott	Hern	Bott	Esse	Ober	Duis	Esse	Bott	Gels	Ober	Gels	Gels	Gels	Ober	Ober	
Industriefläche	VeHo	ZeZo	ThOb	ThOb	VeHo	ZePr	ZeMo	ZePr	ZeZo	Ruhr	ThMe	ZeZo	ZePr	VeSc	ZeOs	VeSc	VeSc	VeSc	ZeOs	Ruhr	
Biotoptyp	I/2	jk/1	I/3	HI/3	I/2	H/2	i/1	IH/1	d/1	I/2	il/1	hj/1	J/2	IH/1	i/2	IH/1	I/2	I/2	h/2	J/2	
Substrat	f3	5	#3S5	i	S4	b	S3	#3S3	K	s3	C365	#3S3	#465	i	S2	o	U2	f	G5	o	s2	o	u1	A5	1	V	L2	o	L1	o	L1	o	s3	a	S2
Substrat Ergänzung	A3	C	d56	d3	A4	B53	C356	d3	B	c5	d56	c3	c6	d	B35	d3	c5	c5	c65	B56	
Bodentyp		?1				Z1				OL2					?2		L2	L2	?2	?2	
Deckung Krautschicht %	75	70	95	100	80	95	95	60	70	90	85	85	90	70	90	90	92	80	90	90	
Deckung Moosschicht %	15	25	20	15	20	10	20	50	15	3	40	15	2	20	<1	15	<1	5			
Max. Höhe Krautsch. cm	60	110	120	150	75	100	70	50	50	20	90	60	100	50	50	60	45	40	100	60	
Exposition/Neigung°															S/15						
Größe Aufnahmefläche m²	12	8	10	15	10	10	8	10	5	12	10	5	10	5	15	10	11	15	8	12	
Artenzahl	27	25	24	21	20	19	18	18	17	15	15	14	14	14	13	9	8	8	3		
Holcus lanatus	3	4	3	3	4	4	3	3	3	5	4	4	5	3	4	4	4	4	4	5	V
K. Mol.-Arrhenatheretea																					
Cerastium holosteoides	+	+	.	.	+	+	.	.	.	+	+	+	+	.	.	.	+	.	.	.	III
Arrhenatherum elatius	.	.	1	.	.	.	.	.	.	.	+	.	.	.	+	.	.	.	1	.	I
Dactylis glomerata	.	.	1	.	+	.	+	.	.	.	.	.	.	.	+	.	.	.	.	.	I
Poa trivialis	r	.	.	1	.	.	.	.	.	.	+	.	.	.	.	.	.	.	.	.	I
Crepis capillaris	+	.	+	.	.	.	.	.	.	.	.	.	.	.	.	.	.	.	.	.	I
Prunella vulgaris	+	.	.	.	.	.	+	.	.	.	.	.	.	.	.	.	.	.	.	.	I
Trifolium dubium	+	.	.	.	+	.	.	.	.	.	.	.	.	.	.	.	.	.	.	.	I
Trifolium repens	.	.	.	2	.	.	.	.	.	.	.	.	.	.	.	.	.	.	.	.	+
Lotus uliginosus	.	.	.	.	.	.	.	.	.	.	.	.	.	.	1	.	.	.	.	.	+
Festuca rubra agg.	.	.	.	.	1	.	.	.	.	.	.	.	.	.	.	.	.	.	.	.	+
Plantago lanceolata	.	.	.	+	.	.	.	.	.	.	.	.	.	.	.	.	.	.	.	.	+
Festuca pratensis	.	.	.	+	.	.	.	.	.	.	.	.	.	.	.	.	.	.	.	.	+
Lolium perenne	.	.	.	+	.	.	.	.	.	.	.	.	.	.	.	.	.	.	.	.	+
Bellis perennis	+	.	.	.	.	.	.	.	.	.	.	.	.	.	.	.	.	.	.	.	+
K. Artemisietea																					
Solidago gigantea	+	r	.	1	.	1	.	.	.	+	.	+	.	+	r	2	.	.	.	.	III
Artemisia vulgaris	.	r	+	.	+	2	.	.	.	+	+	.	.	r	.	1	.	.	.	.	II
Eupatorium cannabinum	+	+	.	+	.	.	1	.	r	.	.	.	r	.	.	.	.	.	.	.	II
Oenothera biennis s.str.	+	.	r	.	+	.	+	.	.	r	.	.	.	.	.	.	r	.	.	.	II
Silene alba	.	.	.	.	1	.	.	.	.	r	.	.	+	.	.	.	+	.	.	.	I
Solidago canadensis	.	.	+	1	.	.	+	.	.	.	+	.	.	.	.	.	.	.	.	.	I
Cirsium vulgare	.	.	.	+	.	.	+	.	.	.	.	+	.	.	.	.	.	.	.	.	I
Daucus carota	.	.	.	+	.	.	.	.	.	.	.	.	.	.	+	.	.	.	.	.	I
Tanacetum vulgare	.	.	+	1	.	.	.	.	.	r	.	.	.	.	.	.	.	.	.	.	I
Urtica dioica	.	+	.	.	.	+	.	.	.	.	.	.	.	.	.	.	+	.	.	.	I
Melilotus alba	.	.	.	.	r	.	.	.	.	.	.	.	.	.	.	.	.	.	.	.	+
Epilobium hirsutum	r	.	.	.	.	.	.	.	.	.	.	.	.	.	.	.	.	.	.	.	+
Reynoutria japonica	.	.	.	.	.	.	+	.	.	.	.	.	.	.	.	.	.	.	.	.	+
Epilobium parviflorum	.	.	.	.	.	.	+	.	.	.	.	.	.	.	.	.	.	.	.	.	+
Geranium robertianum	.	.	.	.	.	.	.	.	.	.	.	+	.	.	.	.	.	.	.	.	+
Galium aparine	.	.	.	.	.	.	.	.	.	.	r	.	.	.	.	.	.	.	.	.	+
K. Agropyretea																					
Poa angustifolia	1	.	.	+	.	.	.	.	.	+	.	.	.	2	.	1	.	2	.	1	.	II
Agrostis gigantea (lok.)	.	.	1	.	1	2	1	2	.	.	.	.	.	.	.	.	1	.	.	.	II
Tussilago farfara	+	.	.	.	.	+	.	+	.	.	.	.	.	.	1	.	.	.	.	.	I
Agropyron repens	.	.	.	.	+	.	.	.	.	.	.	.	+	.	.	.	.	.	.	1	I
Poa compressa	.	.	+	.	.	.	.	.	.	.	.	.	.	.	.	.	.	.	.	.	+

Vegetationstabelle Nr. 31   K. Molinio-Arrhenatheretea   Teil 2

Holcus lanatus-Bestände

Laufende Nummer	1	2	3	4	5	6	7	8	9	10	11	12	13	14	15	16	17	18	19	20	
Sonstige																					
Cirsium arvense	2	+	2	1	1	2	1	+	.	1	2	+	1	+	r	+	+	.	+	.	V
Agrostis tenuis	.	+	.	.	.	+	.	.	.	1	.	.	.	1	+	+	.	2	.	.	II
Betula pendula juv.	.	.	.	1	.	r	.	+	+	.	.	.	.	+	.	+	.	r	.	.	II
Tripleurosp. inodorum	+	r	.	.	+	.	.	2	.	.	.	.	1	+	.	.	.	.	.	.	II
Taraxacum officinale	+	.	.	.	+	.	.	r	+	+	+	.	.	.	.	.	.	.	.	.	II
Festuca nigrescens	1	.	1	1	.	.	.	.	.	.	.	.	.	.	.	.	.	.	1	.	I
Salix caprea juv.	.	.	.	1	.	.	+	1	.	.	r	.	.	.	.	.	.	.	.	.	I
Rumex acetosella	.	.	.	.	.	.	.	.	1	.	.	.	r	.	.	+	.	+	.	.	I
Sagina procumbens	.	1	.	.	.	.	.	.	.	r	.	+	.	+	.	.	.	.	.	.	I
Populus x canadensis juv	.	r	.	1	.	.	r	.	.	.	r	.	.	.	.	.	.	.	.	.	I
Poa palustris	+	.	.	.	.	.	.	.	.	.	.	.	.	.	2	.	.	.	1	.	I
Epilobium ciliatum	.	1	.	.	.	.	.	+	.	.	r	.	.	.	.	.	.	.	.	.	I
Hypochoeris radicata	.	.	r	.	.	.	.	2	.	.	.	.	.	r	.	.	.	.	.	.	I
Leontodon saxatilis	.	.	+	.	1	.	.	.	.	.	.	.	r	.	.	.	.	.	.	.	I
Plantago major	.	+	.	.	+	+	.	.	.	.	.	.	.	.	.	.	.	.	.	.	I
Hieracium spec. juv.	.	.	.	.	.	.	.	.	+	.	.	.	r	.	.	.	.	.	r	.	I
Sonchus asper	.	.	.	.	r	r	.	+	.	.	.	.	.	.	.	.	.	.	.	.	I
Ranunculus repens	.	.	.	2	.	.	+	.	.	.	.	.	.	.	.	.	.	.	.	.	I
Centaurium erythraea	.	.	.	.	.	.	r	.	.	.	.	.	.	3	.	.	.	.	.	.	I
Agrostis stolonifera	.	.	.	.	.	1	.	.	.	.	+	.	.	.	.	.	.	.	.	.	I
Conyza canadensis	.	.	.	.	+	.	.	1	.	.	.	.	.	.	.	.	.	.	.	.	I
Poa annua	.	+	.	.	.	.	.	.	.	.	.	.	.	.	.	+	.	.	.	.	I
Rumex obtusifolius	.	.	.	.	.	1	.	.	.	.	.	.	.	.	.	r	.	.	.	.	I
Salix alba juv.	.	.	1	.	.	.	r	.	.	.	.	.	.	.	.	.	.	.	.	.	I
Senecio viscosus	.	.	.	.	.	.	r	r	.	.	.	.	.	.	.	.	.	.	.	.	I
Carex muricata agg.	1	.	.	.	.	.	.	.	.	.	.	.	.	.	.	.	.	.	.	.	+
Festuca ovina agg.	1	.	.	.	.	.	.	.	.	.	.	.	.	.	.	.	.	.	.	.	+
Sedum acre	+	.	.	.	.	.	.	.	.	.	.	.	.	.	.	.	.	.	.	.	+
Arenaria serpyllifolia	+	.	.	.	.	.	.	.	.	.	.	.	.	.	.	.	.	.	.	.	+
Carex hirta	r	.	.	.	.	.	.	.	.	.	.	.	.	.	.	.	.	.	.	.	+
Symphytum officinale	r	.	.	.	.	.	.	.	.	.	.	.	.	.	.	.	.	.	.	.	+
Potentilla norvegica	r	.	.	.	.	.	.	.	.	.	.	.	.	.	.	.	.	.	.	.	+
Medicago lupulina	.	+	.	.	.	.	.	.	.	.	.	.	.	.	.	.	.	.	.	.	+
Juncus bulbosus	.	r	.	.	.	.	.	.	.	.	.	.	.	.	.	.	.	.	.	.	+
Rumex crispus	.	r	.	.	.	.	.	.	.	.	.	.	.	.	.	.	.	.	.	.	+
Clematis vitalba	.	.	2	.	.	.	.	.	.	.	.	.	.	.	.	.	.	.	.	.	+
Pastinaka sativa	.	.	+	.	.	.	.	.	.	.	.	.	.	.	.	.	.	.	.	.	+
Poa nemoralis	.	.	+	.	.	.	.	.	.	.	.	.	.	.	.	.	.	.	.	.	+
Festuca arundinacea	.	.	+	.	.	.	.	.	.	.	.	.	.	.	.	.	.	.	.	.	+
Bromus mollis	.	.	r	.	.	.	.	.	.	.	.	.	.	.	.	.	.	.	.	.	+
Linaria vulgaris	.	.	r	.	.	.	.	.	.	.	.	.	.	.	.	.	.	.	.	.	+
Poa pr. subsp. irrigata	.	.	.	+	.	.	.	.	.	.	.	.	.	.	.	.	.	.	.	.	+
Hieracium piloselloides	.	.	.	r	.	.	.	.	.	.	.	.	.	.	.	.	.	.	.	.	+
Epilobium angustifolium	.	.	.	.	+	.	.	.	.	.	.	.	.	.	.	.	.	.	.	.	+
Juncus tenuis	.	.	.	.	.	.	1	.	.	.	.	.	.	.	.	.	.	.	.	.	+
Rubus fruticosus agg.	.	.	.	.	.	.	+	.	.	.	.	.	.	.	.	.	.	.	.	.	+
Senecio vulgaris	.	.	.	.	.	.	.	+	.	.	.	.	.	.	.	.	.	.	.	.	+
Juncus effusus	.	.	.	.	.	.	.	+	.	.	.	.	.	.	.	.	.	.	.	.	+
Inula graveolens	.	.	.	.	.	.	.	r	.	.	.	.	.	.	.	.	.	.	.	.	+
Hypericum perforatum	.	.	.	.	.	.	.	.	1	.	.	.	.	.	.	.	.	.	.	.	+
Erigeron acris	.	.	.	.	.	.	.	.	1	.	.	.	.	.	.	.	.	.	.	.	+
Digitaria ischaemum	.	.	.	.	.	.	.	.	+	.	.	.	.	.	.	.	.	.	.	.	+
Cornus alba juv.	.	.	.	.	.	.	.	.	r	.	.	.	.	.	.	.	.	.	.	.	+
Epilobium spec. juv.	.	.	.	.	.	.	.	.	.	r	.	.	.	.	.	.	.	.	.	.	+
Verbascum thapsus	.	.	.	.	.	.	.	.	.	r	.	.	.	.	.	.	.	.	.	.	+
Achillea millefolium agg	.	.	.	.	.	.	.	.	.	.	.	1	.	.	.	.	.	.	.	.	+

Vegetationstabelle Nr. 31   K. Molinio-Arrhenatheretea   Teil 3

Holcus lanatus-Bestände

Laufende Nummer	1	2	3	4	5	6	7	8	9	10	11	12	13	14	15	16	17	18	19	20
Anagallis arvensis	.	.	.	.	.	.	.	.	.	.	.	+	.	.	.	.	.	.	.	+
Mentha arvensis	.	.	.	.	.	.	.	.	.	.	.	+	.	.	.	.	.	.	.	+
Populus tremula juv.	.	.	.	.	.	.	.	.	.	.	.	r	.	.	.	.	.	.	.	+
Vicia sativa	.	.	.	.	.	.	.	.	.	.	.	+	.	.	.	.	.	.	.	+
Lupinus polyphyllus	.	.	.	.	.	.	.	.	.	.	.	+	.	.	.	.	.	.	.	+
Erysimum cheiranthoides	.	.	.	.	.	.	.	.	.	.	.	r	.	.	.	.	.	.	.	+
Hieracium sabaudum	.	.	.	.	.	.	.	.	.	.	.	.	.	.	+	.	.	.	.	+
Holcus mollis	.	.	.	.	.	.	.	.	.	.	.	.	.	.	.	1	.	.	.	+
Hypericum humifusum	.	.	.	.	.	.	.	.	.	.	.	.	.	.	+	.	.	.	.	+
Vicia hirsuta	.	.	.	.	.	.	.	.	.	.	.	.	.	.	.	.	.	.	1	+
Equisetum arvense	.	.	.	.	.	.	.	.	.	.	.	.	.	.	.	.	.	.	r	+

Moose/Flechten

Ceratodon purpureus	1	2	1	.	2	1	+	3	1	1	+	2	1	2	+	1	+	1	.	.	V
Barbula convoluta	.	1	1	.	1	1	r	1	.	+	.	1	.	.	.	.	.	.	.	.	II
Bryum argenteum	.	1	.	.	.	+	.	1	1	.	.	.	.	.	.	.	+	.	.	.	II
Brachythecium rutabulum	.	.	2	2	.	.	2	.	.	.	3	.	.	.	.	.	.	.	.	.	I
Mnium hornum	.	1	.	.	.	.	.	.	.	.	.	.	.	+	.	2	.	.	.	.	I
Funaria hygrometrica	.	+	.	.	.	1	.	+	.	.	.	.	.	.	.	.	.	.	.	.	I
Marchantia polymorpha	.	.	.	.	.	.	.	.	1	.	.	+	.	.	.	.	.	.	.	.	I
Ditrichum heteromallum	.	.	.	.	.	.	.	.	.	.	.	.	.	+	.	.	.	+	.	.	I
Campylopus flexuosus	.	.	.	.	.	.	.	+	.	.	.	.	.	.	.	.	.	+	.	.	I
Bryum caespiticium	.	+	.	.	.	.	.	.	.	+	.	.	.	.	.	.	.	.	.	.	I
Brachythecium mildeanum	2	.	.	.	.	.	.	.	.	.	.	.	.	.	.	.	.	.	.	.	+
Brachythecium salbrosum	.	+	.	.	.	.	.	.	.	.	.	.	.	.	.	.	.	.	.	.	+
Cladonia squamosa	.	.	.	.	r	.	.	.	.	.	.	.	.	.	.	.	.	.	.	.	+
Cladonia fimbriata	.	.	.	.	.	.	.	.	.	.	.	.	.	+	.	.	.	.	.	.	+
Polytrichum piliferum	.	.	.	.	.	.	.	.	.	.	.	.	.	+	.	.	.	.	.	.	+
Flechten div. spec.	.	.	.	.	.	.	.	.	.	.	.	.	.	.	.	.	.	+	.	.	+

Vegetationstabelle Nr. 32   K. Molinio-Arrhenatheretea   Teil 1

Dactylis glomerata-Bestände

Laufende Nummer	1	2	3	4	5	6	7	8	9	
Geländenummer	1285	1489	0822	1307	0276	0559	0257	1263	0473	
Datum	6/89	8/89	8/88	6/89	6/88	7/88	6/88	6/89	6/88	
Stadt	Ober	Duis	Duis	Dort	Duis	Duis	Dort	Ober	Duis	
Industriefläche	ThOb	ThBe	ThRu	HoWe	ThMe	ThMe	HoWe	Ruhr	ThRu	
Biotoptyp	I/2	G/2	B/2	D/1	ia/1	j/2	HI/1	I/1	DI/1	
Substrat	#5 3	A3 5	o	u2	A?	?	V L2	A3u5	A3 5	b S2 A3 5
Substrat Ergänzung	B356	B3	C36	B36	c56	C6	A56	D56	B6	
Bodentyp	Z1				L2			Z2	?2	
Gesamtdeckung %	95	80	90	85	90	80	80	100	65	
Deckung Krautschicht %	92	75	87	80	90	80	80	100	65	
Deckung Moosschicht %	25	7	3	10	3	3	4			
Max Höhe Krautsch. cm	100	100	110	70	100	120	100	120	70	
Größe Aufnahmefläche m²	10	7	8	20	8	15	20	12	8	
Artenzahl	18	15	13	12	12	11	10	9	8	
Dactylis glomerata	4	3	4	4	5	3	4	4	4	V
K. Mol.-Arrhenatheretea										
Lolium perenne	1	+	.	1	.	+	.	.	+	III
Festuca nigrescens	2	.	1	+	.	.	.	.	.	II
Holcus lanatus	+	.	.	.	.	.	.	1	.	II
Poa pratensis s.str.	1	.	+	.	.	.	.	.	.	II
Plantago lanceolata	+	.	.	.	.	.	.	.	.	I
K. Artemisietea										
Artemisia vulgaris	1	1	+	+	+	1	+	1	1	V
Daucus carota	.	.	+	.	r	.	.	.	+	II
Carduus acanthoides	.	.	r	.	.	+	.	+	.	II
Urtica dioica	.	.	.	.	+	+	.	.	.	II
Tanacetum vulgare	+	.	+	.	.	.	.	.	.	II
Cirsium vulgare	.	.	r	.	.	.	.	.	.	I
Melilotus officinalis	.	1	.	.	.	.	.	.	.	I
Solidago canadensis	+	.	.	.	.	.	.	.	.	I
Silene alba	.	.	.	.	.	.	.	+	.	I
Solidago gigantea	.	.	.	.	.	.	+	.	.	I
K. Agropyretea										
Poa angustifolia	+	.	.	+	1	.	2	1	.	III
Poa compressa	.	.	2	.	.	.	r	.	+	II
Agropyron repens	.	.	.	.	2	.	2	.	.	II
Tussilago farfara	+	.	.	r	.	.	.	.	.	II
Agrostis gigantea (lok.)	.	2	.	.	.	.	.	.	.	I
Equisetum arvense	.	.	.	.	.	.	.	1	.	I
Sonstige										
Cirsium arvense	1	1	.	+	1	.	+	.	1	IV
Taraxacum officinale	+	.	.	.	+	.	.	.	.	II
Epilobium angustifolium	.	.	.	1	.	.	1	.	.	II
Leontodon saxatilis	+	.	.	.	.	.	.	.	.	I
Bromus mollis	+	.	.	.	.	.	.	.	.	I
Clematis vitalba	.	2	.	.	.	.	.	.	.	I
Poa pr. subsp. irrigata	.	1	.	.	.	.	.	.	.	I
Plantago major	.	+	.	.	.	.	.	.	.	I
Conyza canadensis	.	+	.	.	.	.	.	.	.	I
Achillea millefolium agg.	.	+	.	.	.	.	.	.	.	I
Arenaria serpyllifolia	.	+	.	.	.	.	.	.	.	I
Linaria vulgaris	.	.	+	.	.	.	.	.	.	I
Senecio erucifolius	.	.	r	.	.	.	.	.	.	I

Vegetationstabelle Nr. 32　　K. Molinio-Arrhenatheretea　　　　Teil 2

Dactylis glomerata-Bestände

Laufende Nummer	1	2	3	4	5	6	7	8	9	
Cerastium glutinosum	.	.	.	+	.	.	.	.	.	I
Malus domestica juv.	.	.	.	r	.	.	.	.	.	I
Crepis tectorum	.	.	.	.	r	.	.	.	.	I
Bryonia dioica	.	.	.	.	.	+	.	.	.	I
Bromus tectorum	.	.	.	.	.	+	.	.	.	I
Cerastium pumilum agg.	.	.	.	.	.	.	r	.	.	I
Sisymbrium officinale	.	.	.	.	.	.	.	+	.	I
Hieracium spec. juv.	.	.	.	.	.	.	.	.	r	I
Tripleurosp. inodorum	.	.	.	.	.	.	.	.	r	I

Moose

Ceratodon purpureus	+	1	.	2	+	+	1	.	.	IV
Barbula convoluta	2	1	1	.	+	.	.	.	.	III
Brachythecium rutabulum	1	.	.	+	1	.	.	.	.	II
Bryum caespiticium	.	.	.	.	+	.	1	.	.	II
Bryum argenteum	.	+	.	.	.	.	.	.	.	I
Amblystegium serpens	.	.	+	.	.	.	.	.	.	I
Brachythecium salebrosum	.	.	.	.	.	1	.	.	.	I
Marchantia polymorpha	.	.	.	.	.	+	.	.	.	I

Vegetationstabelle Nr. 33   K. Sedo-Scleranthetea   O. Sedo-Scleranthetalia   V. Alysso-Sedion   Teil 1

<u>Saxifrago tridactylitis-Poetum compressae</u>   Nr. 1 - 7
<u>Saxifraga tridactylites-Bestände</u>   Nr. 8 - 22

	1	2	3	4	5	6	7	8	9	10	11	12	13	14	15	16	17	18	19	20	21	22
Laufende Nummer	1	2	3	4	5	6	7	8	9	10	11	12	13	14	15	16	17	18	19	20	21	22
Geländenummer	0033	0031	1096	1114	1129	1125	1100	0011	0026	0041	0018	0047	1054	0019	1099	0012	1085	0036	0035	0007	1055	1045
Datum	4/88	4/88	4/89	5/89	5/89	5/89	4/89	4/88	4/88	4/88	4/88	3/89	4/89	4/89	4/88	4/89	4/88	4/88	4/88	4/88	3/89	3/89
Stadt	Duis	Duis	Dort	Duis	Duis	Ober	Dort	Boch	Ober	Dort	Dort	Dort	Duis	Dort	Dort	Boch	Duis	Duis	Duis	Boch	Duis	Duis
Industriefläche	ThRu	ThRu	HoWe	ThRu	ThMe	ThOb	HoWe	KrHö	ThOb	HoWe	HoWe	HoWe	ThBe	HoWe	HoWe	KrHö	ZeTh	ThRu	ThRu	KrHö	ThBe	ThRu
Biotoptyp	G/2	I/2	D/2	IB/2	d/2	D/3	D/2	D/2	D/1	D/2	I/1	D/1	D/2	G/1	D/2	d/2	D/2	D/2	D/1	D/1	D/1	D/1
Substrat	h4	5	M3 5	Q3S5	M5S3	A3 X	S36X	#3S5	#5 3	A4 5	A3 5	A3 X	g4 X	R3XX	S4 X	Q4S5	A3 X	A4 X	A4 X	A4 X	A2 X	R3XX	A4 4
Substrat Ergänzung	A	B	B	A3	b3	c3	G23	B	b	b2	b	C1	E2	b2	B3	b2	b23	b2	b2	b2	E2	b23
Gesamtdeckung %	65	60	90	95	75	60	60	40	50	60	65	50	65	40	75	50	70	40	40	40	70	45
Deckung Krautschicht %	50	40	85	50	45	60	55	40	50	60	50	40	40	40	75	50	70	40	40	40	65	40
Deckung Moosschicht %	40	40	5	70	50	2	10	2	5	5	40	30	30	5	2	2	5	2	5	10	15	5
Max. Höhe Krautsch. cm	10	5	25	20	25	15	20	5	5	20	5	10	.	5	15	5	5	10	10	5	.	3
Exposition/Neigung °	.	.	.	.	.	.	.	.	.	.	.	.	.	.	.	.	.	.	.	.	W/5	.
Größe Aufnahmefläche m²	5	5	1,5	3	2	5	2	5	2	10	10	8	2	10	10	5	5	30	15	10	4	5
Artenzahl	14	19	15	23	15	11	11	18	13	12	12	10	10	9	8	8	8	8	7	7	6	6

	1	2	3	4	5	6	7	8	9	10	11	12	13	14	15	16	17	18	19	20	21	22
Saxifraga tridactylites	3	2	2	2	3	4	3	2	2	3	3	3	2	3	4	3	4	3	3	3	4	3
Poa compressa	1	+	2	.	.	.	.	.	.	.	.	.	.	.	.	.	.	.	.	.	.	.
V. Alysso-Sedion																						
Cerastium pumilum	.	.	2	1	+	r	r	.	.	.	.	.	.	.	.	.	.	.	.	.	.	.
K. Sedo-Scleranthetea																						
Cerastium semidecandrum	.	.	.	.	+	.	.	1	1	.	+	.	1	.	.	.	+	.	+	.	+	.
Cerastium pumilium agg.	2	+	.	.	.	.	.	.	.	.	.	+	.	.	.	r	.	.	.	.	.	.
Sedum acre	.	2	.	2	.	.	.	.	.	.	.	.	.	.	.	.	.	.	.	.	.	.
Cerastium glutinosum	.	.	1	.	.	.	.	.	.	.	.	.	.	.	.	.	.	.	.	.	.	.
Veronica arvensis	.	+	.	.	.	.	.	.	.	.	.	.	.	.	.	.	.	.	.	.	.	.
Herniaria glabra	.	.	.	r	.	.	.	.	.	.	.	.	.	.	.	.	.	.	.	.	.	.
K. Chenopodietea																						
Conyza canadensis	.	2	r	r	r	+	2	1	r	r	+	+	1	.	.	.	.	.	+	+	.	.
Senecio vulgaris	.	.	2	+	.	.	.	.	r	r	.	.	1	+	r	.	.	r	r	+	1	.
Bromus tectorum	.	+	+	2	.	+	.	.	.	.	.	.	.	.	.	.	.	.	.	.	.	.
Crepis tectorum	.	.	.	1	.	.	.	.	r	+	.	+	.	.	.	.	.	.	.	.	.	.
Tripleurosp. inodorum	+	r	.	+	.	.	r	.	.	.	r	.	.	.	.	.	.	.	.	.	.	.
Senecio viscosus	.	.	.	.	.	.	+	+	.	.	r	.	.	.	.	.	.	.	.	.	.	.
Lactuca serriola	.	.	.	r	.	.	.	.	.	.	.	.	.	.	.	.	r	.	.	.	.	.
Apera interrupta	.	.	.	1	.	.	.	.	.	.	.	.	.	.	.	.	.	.	.	.	.	.
Urtica urens	.	.	.	.	.	.	r	.	.	.	.	.	.	.	.	.	.	.	.	.	.	.
Sonchus oleraceus	.	.	.	.	.	.	r	.	.	.	.	.	.	.	.	.	.	.	.	.	.	.
Capsella bursa-pastoris	.	.	.	.	.	.	.	.	.	.	.	.	.	.	.	.	.	.	.	r	.	.
Sonstige																						
Arenaria serpyllifolia	1	1	2	1	+	1	+	2	3	.	2	+	2	1	.	.	+	1	2	.	.	1
Cerastium holosteoides	.	+	+	.	+	.	r	.	+	.	+	+	.	+	.	r	.	+	r	r	.	r
Poa annua	+	1	1	.	1	1	.	.	1	+	+	.	+	+	.	.	.	.	.	.	.	r
Taraxacum officinale	.	+	1	.	+	.	+	.	.	+	+	.	1	.	.	.	.	.	.	.	.	.
Epilobium angustifolium	1	+	.	.	+	.	.	.	.	.	.	.	.	.	.	.	.	.	.	.	.	.
Solidago canadensis	.	.	.	.	+	.	.	+	.	.	.	.	r	.	.	.	.	.	.	.	.	.
Plantago major	+	r	.	.	.	.	.	r	.	.	.	.	.	.	.	.	.	.	.	.	.	.
Hypericum perforatum	.	.	2	.	.	.	r	.	.	.	.	.	.	.	.	.	.	.	.	.	.	.
Epilobium ciliatum	.	.	r	.	.	1	.	.	.	.	.	.	.	.	.	.	.	.	.	.	.	.
Artemisia vulgaris	.	r	.	+	.	.	.	.	.	.	.	.	.	.	.	.	.	.	.	.	.	.
Cirsium arvense	r	.	.	r	.	.	.	.	.	.	.	.	.	.	.	.	.	.	.	.	.	.
Daucus carota	.	.	.	r	.	r	.	.	.	.	.	.	.	.	.	.	.	.	.	.	.	.
Senecio inaequidens	r	.	.	.	.	.	.	.	.	.	.	.	.	.	.	.	.	.	.	.	.	.
Achillea millefolium agg	.	+	.	.	.	.	.	.	.	.	.	.	.	.	.	.	.	.	.	.	.	.

Vegetationstabelle Nr. 33   K. Sedo-Scleranthetea   O. Sedo-Scleranthetalia   V. Alysso-Sedion   Teil 2

Saxifrago tridactylitis-Poetum compressae Nr. 1 - 7
Saxifraga tridactylites-Bestände   Nr. 8 - 22

Laufende Nummer	1	2	3	4	5	6	7	8	9	10	11	12	13	14	15	16	17	18	19	20	21	22
Cirsium vulgare	.	r	.	.	.	.	.	.	.	.	.	.	.	.	.	.	.	.	.	.	.	.
Erigeron acris	.	.	.	+	.	.	.	.	.	.	.	.	.	.	.	.	.	.	.	.	.	.
Dactylis glomerata	.	.	.	+	.	.	.	.	.	.	.	.	.	.	.	.	.	.	.	.	.	.
Prunella vulgaris	.	.	.	r	.	.	.	.	.	.	.	.	.	.	.	.	.	.	.	.	.	.
Echium vulgare	.	.	.	r	.	.	.	.	.	.	.	.	.	.	.	.	.	.	.	.	.	.
Hieracium spec. juv.	.	.	.	r	.	.	.	.	.	.	.	.	.	.	.	.	.	.	.	.	.	.
Carex hirta	.	.	.	.	.	.	.	+	.	.	.	.	.	.	.	.	.	.	.	.	.	.
Puccinellia distans	.	.	.	.	.	.	.	+	.	.	.	.	.	.	.	.	.	.	.	.	.	.
Cardaminopsis arenosa	.	.	.	.	.	.	.	+	.	.	.	.	.	.	.	.	.	.	.	.	.	.
Hypochoeris radicata	.	.	.	.	.	.	.	.	r	.	.	.	.	.	.	.	.	.	.	.	.	.
Linaria vulgaris	.	.	.	.	.	.	.	.	r	.	.	.	.	.	.	.	.	.	.	.	.	.
Carduus acanthoides	.	.	.	.	+	.	.	.	.	.	.	.	.	.	.	.	.	.	.	.	.	.
Urtica dioica	.	.	.	.	+	.	.	.	.	.	.	.	.	.	.	.	.	.	.	.	.	.
Holcus lanatus	.	.	.	.	.	.	.	+	.	.	.	.	.	.	.	.	.	.	.	.	.	.
Silene vulgaris	.	.	.	.	.	.	.	.	r	.	.	.	.	.	.	.	.	.	.	.	.	.
Epilobium spec. juv.	.	.	.	.	.	.	.	.	.	.	r	.	.	.	.	.	.	.	.	.	.	.
Solidago gigantea	.	.	.	.	.	.	r	.	.	.	.	.	.	.	.	.	.	.	.	.	.	.
Geranium robertianum	.	.	.	.	.	.	r	.	.	.	.	.	.	.	.	.	.	.	.	.	.	.
Carduus spec. juv.	.	.	.	.	.	.	.	.	.	.	.	.	r	.	.	.	.	.	.	.	.	.
Diplotaxis tenuifolia	.	.	.	.	.	.	.	.	.	.	.	.	r	.	.	.	.	.	.	.	.	.
Moose																						
Bryum argenteum	3	+	.	.	1	1	2	1	+	1	1	2	2	1	+	1	+	1	1	2	+	1
Ceratodon purpureus	2	3	1	2	2	.	.	+	1	+	2	2	2	1	+	+	1	+	.	.	1	.
Bryum caespiticium	.	.	.	.	2	.	.	.	.	.	.	.	1	.	1	1	+	.	.	.	2	+
Barbula convoluta	1	.	+	4	.	.	.	+	.	.	+	.	.	.	.	+	.	.	.	+	.	.
Marchantia polymorpha	.	.	.	.	1	.	.	.	.	1	+	.	.	+	+	.	.	.	.	.	.	.
Funaria hygrometrica	+	.	.	.	.	.	.	+	1	+	.	.	.	.	.	.	.	.	.	.	.	.
Bryum spec.	.	.	.	.	.	.	.	.	.	.	.	+	.	.	.	+	.	.	.	+	.	.
Schistidium apocarpum	.	.	.	.	.	.	.	.	.	.	.	.	.	.	.	+	.	.	.	.	.	.
Tortula muralis	.	.	.	.	.	.	.	.	.	.	.	.	.	.	.	.	.	.	.	r	.	.

Vegetationstabelle Nr. 34　　　　　　　　　　　　　　　　Teil 1
K. Sedo-Scleranthetea   O. Thero-Airetalia   V. Thero-Airion

Vulpia myuros-Bestände
- Ausbildung mit Poa annua　　　　　　　　　　　　Nr. 1 - 5
  - Unterausbildung mit Epilobium angustifolium　Nr. 1 - 2
  - Trennartenfreie Unterausbildung　　　　　　　Nr. 3 - 5
- Trennartenfreie Ausbildung　　　　　　　　　　　Nr. 6 - 10

	1	2	3	4	5	6	7	8	9	10	
Laufende Nummer	1	2	3	4	5	6	7	8	9	10	
Geländenummer	1186	1184	1304	1259	1196	1346	1348	0497	1448	1258	
Datum	5/89	5/89	6/89	6/89	5/89	7/89	6/89	6/88	7/89	6/89	
Stadt	Duis	Duis	Dort	Duis	Dort	Duis	Duis	Duis	Boch	Duis	
Industriefläche	ZeTh	ZeTh	HoWe	ThBe	HoWe	ThMe	ThMe	ThRu	KrHö	ThBe	
Biotoptyp	f/1	af/1	F/2	DF/2	CA/1	i/1	ig/1	D/2	D/1	J/1	
Substrat	M3 X	Y3 5	C3 5	A3 X	A1 X	A3 5	A4 X	A4 X	A3 X	o u3	
Substrat (Ergänzungen)	A3	A3	g	b3	c3	B3	B3	b	b2	d	
Gesamtdeckung %	80	55	80	60	65	70	90	70	80	97	
Deckung Krautschicht %	65	45	35	50	55	35	30	70	70	35	
Deckung Moosschicht %	40	25	50	20	20	50	70	1	15	90	
Max. Höhe Krautsch. cm	80	75	40	50	100	80	45	50	70	80	
Exposition/Neigung°										S/25	
Größe Aufnahmefläche m²	3	4	4	10	3	3	4	4	2	5	
Artenzahl	24	23	17	26	13	20	17	15	12	11	
Vulpia myuros	3	2	2	3	3	2	2	3	3	2	V
Diff. A											
Poa annua	+	+	+	+	+	.	.	.	.	.	III
Tripleurosp. inodorum	+	+	+	+	r	.	.	.	.	.	III
Bromus sterilis	+	+	+	.	.	.	.	.	.	.	II
Epilobium ciliatum	+	1	.	r	.	.	.	.	.	.	II
Epilobium angustifolium	+	1	.	.	.	.	.	.	.	.	I
Verbascum thapsus	1	r	.	.	.	.	.	.	.	.	I
Arrhenatherum elatius	+	+	.	.	.	.	.	.	.	.	I
K. Sedo-Scleranthetea											
Cerastium pumilum	r	.	.	+	.	+	+	.	.	.	II
Sedum acre	2	.	.	.	.	.	+	.	.	.	I
Cerastium glutinosum	+	.	+	.	.	.	.	.	.	.	I
Veronica arvensis	.	+	.	+	.	.	.	.	.	.	I
Trifolium campestre	.	+	.	.	.	.	.	.	.	.	I
K. Chenopodietea											
Bromus tectorum	.	+	+	1	.	1	.	2	1	2	IV
Conyza canadensis	+	.	1	+	2	.	+	+	.	.	III
Senecio viscosus	.	.	+	+	.	.	.	.	.	.	I
Sisymbrium altissimum	.	.	+	r	.	.	.	.	.	.	I
Senecio vulgaris	.	.	.	.	.	.	.	r	+	.	I
Crepis tectorum	+	.	.	.	.	.	.	r	.	.	I
Lactuca serriola	.	.	.	r	.	.	.	.	r	.	I
Apera interrupta	.	.	.	1	.	.	.	.	.	.	I
Sonchus oleraceus	.	.	.	.	.	.	.	.	r	.	I
Hordeum murinum	.	.	.	.	+	.	.	.	.	.	I
K. Artemisietea											
Artemisia vulgaris	.	.	r	.	1	2	1	.	2	+	III
Carduus acanthoides	1	+	.	.	.	1	+	.	.	.	II
Solidago canadensis	+	+	.	+	.	.	+	.	.	.	II
Daucus carota	.	.	.	.	1	+	.	.	.	.	I
Oenothera biennis agg.	j	r	.	+	.	.	.	.	.	.	I
Solidago gigantea	.	.	.	.	.	.	.	.	1	.	I
Tanacetum vulgare	.	.	.	.	.	.	+	.	.	.	I

Vegetationstabelle Nr. 34   Teil 2
K. Sedo-Scleranthetea   O. Thero-Airetalia   V. Thero-Airion

Vulpia myuros-Bestände

Laufende Nummer	1	2	3	4	5	6	7	8	9	10	
Urtica dioica	+	.	.	.	.	.	.	.	.	.	I
Oenothera biennis s.str.	.	.	.	.	.	+	.	.	.	.	I
Reseda luteola	.	.	.	.	.	r	.	.	.	.	I
Cirsium vulgare	.	.	.	.	.	r	.	.	.	.	I
Sonstige											
Arenaria serpyllifolia	+	1	2	1	+	+	+	+	.	.	IV
Taraxacum officinale	+	.	.	+	+	.	+	2	1	.	III
Diplotaxis tenuifolia	.	.	.	r	.	+	+	+	.	r	III
Lolium perenne	.	.	.	.	+	+	.	1	.	.	II
Cirsium arvense	r	1	.	.	.	.	.	.	.	+	II
Betula pendula juv.	.	.	.	.	r	.	.	.	2	.	I
Linaria vulgaris	.	.	.	.	.	+	+	.	.	.	I
Festuca nigrescens	.	.	.	.	.	+	+	.	.	.	I
Cerastium holosteoides	.	+	+	.	.	.	.	.	.	.	I
Poa angustifolia	.	.	.	.	.	.	+	.	+	.	I
Trifolium repens	.	.	.	+	.	.	.	+	.	.	I
Poa pr. subsp. irrigata	.	.	.	.	.	r	1	.	.	.	I
Clematis vitalba juv.	.	.	.	+	.	.	.	r	.	.	I
Dactylis glomerata	+	.	.	.	.	.	.	.	.	.	I
Poa palustris	.	1	.	.	.	.	.	.	.	.	I
Sagina procumbens	.	+	.	.	.	.	.	.	.	.	I
Hypericum perforatum	.	+	.	.	.	.	.	.	.	.	I
Holcus lanatus	.	r	.	.	.	.	.	.	.	.	I
Bromus mollis	.	.	+	.	.	.	.	.	.	.	I
Cornus alba juv.	.	.	.	+	.	.	.	.	.	.	I
Melilotus spec. juv.	.	.	.	+	.	.	.	.	.	.	I
Medicago lupulina	.	.	.	+	.	.	.	.	.	.	I
Sambucus nigra juv.	.	.	.	r	.	.	.	.	.	.	I
Festuca rubra agg.	.	.	.	.	.	.	.	+	.	.	I
Leontodon autumnalis	.	.	.	.	.	.	.	r	.	.	I
Plantago major	.	.	.	.	.	.	.	.	1	.	I
Tussilago farfara	.	.	.	.	.	.	.	.	+	.	I
Festuca rubra s.str.	.	.	.	.	.	.	.	.	.	+	I
Achillea millefolium agg.	.	.	.	.	.	.	.	.	.	+	I
Moose/Flechten											
Ceratodon purpureus	3	2	3	1	2	2	4	.	2	2	V
Bryum argenteum	1	+	.	1	+	1	+	+	.	4	IV
Bryum caespiticium	+	.	+	1	.	2	.	+	.	.	III
Barbula convoluta	.	.	1	.	.	+	+	.	1	.	II
Cladonia spec.	.	+	.	.	.	.	.	.	.	.	I
Brachythecium rutabulum	.	.	.	+	.	.	.	.	.	.	I

Vegetationstabelle Nr. 35 K. Sedo-Scleranthetea Teil 1

Cerastium pumilum agg.-Bestände
Cerastium pumilum s.str.-Bestände Nr. 1 - 14
Cerastium glutinosum-Bestände   Nr. 15 - 30

	1	2	3	4	5	6	7	8	9	10	11	12	13	14	15	16	17	18	19	20	21	22	23	24	25	26	27	28	29	30	31	32
Laufende Nummer																																
Geländenummer	1124	0030	1076	1095	1046	1128	0042	1108	1097	1113	1094	1158	1081	1083	0023	1137	0024	0034	0335	1069	0022	1056	1060	1082	1103	0086	1067	0080	1075	0082	0062	0065
Datum	5/89	4/88	4/89	4/89	3/89	5/89	4/88	5/89	4/89	5/89	4/89	4/88	5/89	4/89	4/88	5/89	4/88	4/88	4/88	4/89	4/88	3/89	4/89	4/89	4/89	5/88	4/89	5/88	4/89	5/88	5/88	5/88
Stadt	Ober	Duis	Boch	Dort	Duis	ThMe	ThMe	ThBe	HoWe	Dort	HoWe	Dort	Ober	Duis	Ober	Hern	Ober	Duis	Bott	Ober	Duis	ThMe	Ober	Duis	ThBe	Boch	Esse	Boch	Boch	Boch	Duis	Duis
Industriefläche	ThOb	ThRu	KrH85	HoWe	ThRu	ThMe	HoWe	ThBe	HoWe	Duis	ThRu	Duis	Ober	ZeTh	Ze0s	ZeMo	ThOb	ThRu	ThRu	ZePr	ZeOs	ThMe	ThOb	ZeTh	ThBe	KrH85	ZeZo	KrH85	KrH85	KrH85	ThMe	ThMe
Biotoptyp	1/3	1/1	0/2	0/3	IF/2	i/1	1/1	H/2	1/3	IF/2	0/2	0/2	d/2	d/2	d/1	i/2	C/3	6/2	6/2	D/1	d/1	c/1	1/3	d/2	D/2	D/1	d/1	D/1	C/2	D/1	i/1	i/2
Substrat	A?	A4	5	A4	X	b	S3	P36X	A564	H3	5	A1	X	Q454	#355	A455	#455	S4	X	A4	X	A4	5	#4	5	#455	S4	5	#4	5	B4	5	B4	5	A4	5	A4	5	A365	P46X	P35X	A4	X	S3	5	B4	5	A4	5	0455	A4	5
Substrat Ergänzung	B3	c	c23	d	B3	g	B	c3	B	B3	B3	B13	A	b23	A	63	c	A	A	A23	A	B13	A3	62	c2	b2	E3	b2	b3	b2	c1	c1
Deckung Krautschicht %	55	50	58	47	40	40	60	80	45	60	60	60	60	45	90	45	50	55	50	70	50	45	35	55	73	35	30	30	35	40	35	40
Deckung Moosschicht %	90	60	3	4	30	30	30	60	70	20	40	50	20	10	30	80	2	30	20	10	30	40	40	35	5	3	50	40	40	2	70	70
Max. Höhe Krautsch. cm	10	10	6	6	5	30	20	15	12	25	10	45	20	8	10	35	10	10	10	4	10	10	2	2	18	10	2	10	4	5	8	5
Exposition/Neigung°								N/5																								
Größe Aufnahmefläche m²	2	4	2	2	2	5	4	1	3	2	4	4	1,5	3	2	1,5	4	3	4	2	3	2	2	1,5	2	5	1,5	8	1	5	3	5
Artenzahl	17	14	5	7	14	14	16	10	10	17	12	20	14	11	11	16	17	11	12	6	9	13	10	16	10	9	8	7	6	4	12	10
Cerastium glutinosum	.	.	.	.	.	.	.	.	.	.	.	1	+	+	4	2	2	3	3	3	3	2	2	3	3	3	3	2	3	3	.	.
Cerastium pumilum	2	3	3	3	2	2	3	2	3	3	3	2	2	3	.	.	.	.	.	.	.	.	.	.	.	.	.	.	.	.	3	3
Cerastium pumilum agg.	.	.	.	.	.	.	.	.	.	.	.	.	.	.	.	.	.	.	.	.	.	.	.	.	.	.	.	.	.	.	3	3
Diff. Arten C.pumilum																																
Bromus tectorum	.	.	.	.	r	+	.	.	1	1	+	+	.	.	.	.	2	.	.	.	+	.	.	.	.	.	.	.	.	.	.	.
Crepis tectorum	.	.	.	.	+	+	.	2	1	2	1	1	.	.	.	.	.	1	.	.	.	.	.	.	.	.	.	.	.	.	.	.
K. Sedo-Scleranthetea																																
Cerastium semidecandrum	2	+	.	.	.	.	2	.	+	.	+	.	.	.	.	.	.	2	1	.	+	.	.	.	.	.	.	.	.	.	.	.
Sedum acre	.	.	.	.	.	+	.	2	.	1	.	.	.	.	.	.	.	+	+	.	.	.	.	.	.	.	.	.	.	.	.	.
Saxifraga tridactylites	.	.	.	.	+	.	+	.	.	.	+	+	.	1	.	.	.	.	.	.	.	.	.	+	.	.	.	.	.	.	.	.
Erodium cicutarium	.	.	.	.	.	.	.	.	.	.	.	2	.	.	.	.	.	.	.	.	.	.	.	.	.	.	.	.	.	.	.	.
Veronica arvensis	2	.	.	.	.	.	.	2	.	.	.	.	.	.	.	.	.	.	.	.	.	.	.	.	.	.	.	.	.	.	.	.
Arabidopsis thaliana	.	.	.	.	.	.	.	.	.	.	.	.	.	.	.	.	.	.	.	.	.	.	.	.	.	.	.	.	.	.	.	.
K. Chenopodietea																																
Conyza canadensis	+	+	.	.	.	.	.	.	.	.	.	.	.	.	.	.	.	2	r	.	1	.	+	.	.	.	.	.	.	.	+	.
Tripleuros. inodorum	r	.	.	r	+	.	.	.	.	.	.	.	.	.	.	r	+	1	1	r	+	.	.	.	.	.	.	.	.	.	.	.

Vegetationstabelle Nr. 35   K. Sedo-Scleranthetea   Teil 2

Cerastium pumilum agg.-Bestände
Cerastium pumilum s.str.-Bestände   Nr. 1 - 14
Cerastium glutinosum-Bestände   Nr. 15 - 30

Laufende Nummer	1	2	3	4	5	6	7	8	9	10	11	12	13	14	15	16	17	18	19	20	21	22	23	24	25	26	27	28	29	30	31	32
Senecio vulgaris	.	.	.	+	.	.	+	.	.	+	1	.	.	.	.	.	.	.	.	.	.	.	r	.	.	.	.	.	.	.	.	.
Senecio viscosus	.	r	.	.	r	.	+	.	.	.	.	.	.	.	.	.	.	.	.	.	+	r	.	.	.	.	.	.	.	r	.	.
Stellaria media	.	.	.	.	.	.	.	.	.	.	.	.	.	.	.	.	.	.	.	.	.	.	.	.	2	.	.	.	.	.	.	.
Apera interrupta	1	.	.	.	.	.	.	.	.	.	.	.	.	.	.	.	.	.	.	.	.	.	.	.	.	.	.	.	.	.	.	.
Bromus sterilis	.	.	.	.	.	.	.	.	.	.	.	.	.	.	.	.	.	.	.	.	.	.	.	.	.	.	.	.	.	.	.	.
Lactuca serriola	.	.	.	.	.	.	.	.	.	+	.	.	.	.	.	.	.	.	.	.	.	.	.	.	.	+	.	.	.	.	.	.
Sisymbrium altissimum	.	.	.	.	.	.	.	.	.	.	.	.	r	.	.	.	.	.	.	.	.	.	.	.	.	.	.	.	.	.	.	.

K. Plantaginetea

Poa annua	1	r	.	+	2	+	2	.	+	+	2	.	.	.	2	1	1	2	+	3	2	1	r	r	1	.	1	1	1	.	+	.
Sagina procumbens	.	.	.	.	.	.	.	.	.	.	.	.	.	.	.	2	+	+	.	.	.	.	.	.	.	.	+	.	.	.	.	.
Plantago major	.	.	.	.	.	.	.	.	.	.	.	.	.	.	.	+	.	.	.	.	.	.	.	.	.	.	+	.	.	.	.	.
Spergularia rubra	.	.	.	.	.	.	.	.	.	.	.	.	.	.	.	.	.	.	.	.	.	.	.	.	.	.	.	.	.	.	.	.

K. Artemisietea

Artemisia vulgaris	r	r	.	.	.	r	+	.	.	+	.	.	2	.	1	.	.	.	.	.	.	r	.	+	r	+	.	.	.	.	.	.
Carduus acanthoides	.	.	.	.	.	.	+	.	.	.	+	.	.	.	.	.	r	.	.	.	.	.	.	1	.	.	.	.	.	.	.	.
Solidago canadensis	.	.	.	.	.	.	.	.	.	.	.	.	.	.	+	.	.	.	.	.	.	.	.	.	.	+	.	.	.	.	.	+
Solidago gigantea	.	.	.	.	.	.	.	.	.	.	1	.	.	.	.	2	.	.	.	.	.	.	.	.	.	.	.	.	.	.	.	+
Reseda lutea	.	.	.	.	.	+	.	.	.	.	.	.	.	.	.	.	r	.	.	.	.	.	.	.	r	.	.	.	.	.	.	r
Daucus carota	.	.	.	.	.	.	.	.	.	r	.	.	+	.	.	.	.	.	.	r	.	.	.	.	.	.	.	.	.	.	.	.
Oenothera biennis s.str.	1	.	.	.	.	.	.	.	.	.	.	.	.	.	.	.	.	+	.	.	.	.	.	.	.	.	.	.	.	.	.	.
Cirsium vulgare	.	.	.	.	.	.	.	.	.	.	.	.	.	.	.	.	.	.	.	.	.	.	.	.	.	.	.	.	.	.	.	r
Reseda luteola	.	+	.	.	.	.	.	.	.	.	.	.	.	.	.	.	.	.	.	.	.	.	.	.	.	.	.	.	.	.	.	.

Sonstige

Arenaria serpyllifolia	1	1	2	1	1	1	+	2	2	1	1	2	.	.	.	.	2	+	1	.	.	2	2	2	1	.	.	2	1	.	+	+
Taraxacum officinale	+	1	.	.	.	.	+	.	1	1	1	1	2	.	.	r	1	.	1	.	+	.	.	r	r	.	r	.	.	.	.	.
Cerastium holosteoides	.	.	.	.	+	.	+	.	.	.	r	.	.	.	2	+	.	+	.	.	.	.	.	+	.	+	.	+	+	.	.	+
Poa compressa	.	.	.	+	r	r	.	.	.	.	.	.	.	.	.	.	r	.	.	.	.	.	.	+	.	.	.	+	+	.	.	r
Epilobium spec. juv.	.	.	.	.	.	.	.	.	.	.	.	.	.	.	.	.	.	1	.	r	.	.	.	+	.	+	.	.	.	.	.	.
Holcus lanatus	.	.	.	.	.	.	.	.	.	.	.	.	r	.	.	.	r	1	1	.	.	.	r	1	.	.	.	.	.	.	.	.
Lolium perenne	.	.	.	.	.	.	.	.	.	.	.	.	.	.	2	1	1	.	.	.	.	.	.	.	.	.	.	.	.	.	.	.
Betula pendula juv.	.	.	.	.	.	.	.	.	.	+	.	1	.	.	.	+	.	.	.	.	1	.	.	.	.	.	.	.	.	.	.	+
Hypericum perforatum	.	r	.	.	.	.	.	.	.	.	.	.	.	.	.	.	+	.	.	.	.	.	.	.	.	.	.	.	.	.	.	.

Vegetationstabelle Nr. 35 K. Sedo-Scleranthetea   Teil 3

Cerastium pumilum agg.-Bestände
Cerastium pumilum s.str.-Bestände   Nr. 1 - 14
Cerastium glutinosum-Bestände   Nr. 15 - 30

Laufende Nummer	1	2	3	4	5	6	7	8	9	10	11	12	13	14	15	16	17	18	19	20	21	22	23	24	25	26	27	28	29	30	31	32
Epilobium angustifolium	.	.	.	.	.	.	.	.	.	.	+	.	.	.	.	.	.	.	.	.	.	.	+	.	.	.	.	.	.	.	.	.
Diplotaxis tenuifolia	.	1	.	.	+	.	.	.	.	.	.	.	.	.	.	.	.	.	.	.	.	.	.	.	.	r	.	.	.	.	.	.
Festuca rubra agg.	+	.	.	.	.	.	.	.	.	.	.	+	.	.	.	.	.	.	.	.	.	.	.	.	.	.	.	.	.	.	.	.
Epilobium ciliatum	.	.	.	.	.	.	.	.	.	.	.	.	.	.	.	1	.	.	.	.	.	.	.	.	.	.	.	.	.	.	.	+
Agrostis tenuis	.	+	.	.	.	.	.	.	.	.	.	.	.	.	.	.	+	.	.	.	.	.	.	.	.	.	.	.	.	.	.	.
Saponaria officinalis	.	.	.	.	+	.	.	.	.	.	.	.	.	.	.	.	.	.	.	.	.	.	.	.	.	.	.	.	.	.	.	.
Dactylis glomerata	+	.	.	.	.	.	.	.	.	.	.	+	.	.	.	.	.	.	.	.	.	.	.	.	.	.	.	.	.	.	.	.
Cirsium arvense	.	.	.	.	.	.	.	.	.	.	.	r	.	.	.	.	.	.	.	.	.	.	.	.	.	.	.	.	.	.	.	.
Puccinellia distans	.	.	.	.	.	.	.	.	.	.	.	.	.	.	.	.	.	.	.	.	.	r	.	.	.	.	.	.	.	.	.	.
Hieracium spec. juv.	.	r	.	.	.	.	.	.	.	.	.	.	.	.	.	.	r	.	.	.	.	.	.	.	.	.	.	.	.	.	.	.
Hieracium piloselloides	.	.	.	.	+	.	.	.	.	.	.	.	.	.	.	.	.	.	.	.	.	.	.	.	.	.	.	.	.	.	.	.
Artemisia absinthium	.	.	.	.	+	.	.	.	.	.	.	.	.	.	.	.	.	.	.	.	.	.	.	.	.	.	.	.	.	.	.	.
Echium vulgare	.	.	.	.	.	+	.	.	.	.	.	.	.	.	.	.	.	.	.	.	.	.	.	.	.	.	.	.	.	.	.	.
Chaenorrhinum minus	.	.	.	.	.	+	.	.	.	.	.	.	.	.	.	.	.	.	.	.	.	.	.	.	.	.	.	.	.	.	.	.
Carduus spec. juv.	.	.	.	.	.	r	.	.	.	.	.	.	.	.	.	.	.	.	.	.	.	.	.	.	.	.	.	.	.	.	.	.
Achillea millefolium agg.	.	.	.	.	.	.	.	1	.	.	.	.	.	.	.	.	.	.	.	.	.	.	.	.	.	.	.	.	.	.	.	.
Arrhenatherum elatius	.	.	.	.	.	.	.	.	.	.	.	.	1	.	.	.	.	.	.	.	.	.	.	.	.	.	.	.	.	.	.	.
Hypochoeris radicata	.	.	.	.	.	.	.	.	.	.	.	.	r	.	.	.	.	.	.	.	.	.	.	.	.	.	.	.	.	.	.	.
Crataegus spec. juv.	.	.	.	.	.	.	.	.	.	.	.	.	.	.	.	.	+	.	.	.	.	.	.	.	.	.	.	.	.	.	.	.
Salix spec. juv.	.	.	.	.	.	.	.	.	.	.	.	.	.	.	.	.	.	.	.	.	.	r	.	.	.	.	.	.	.	.	.	.
Phleum pratense	.	.	.	.	.	.	.	.	.	.	.	.	.	.	.	.	.	.	.	.	.	.	.	+	.	.	.	.	.	.	.	.
Agrostis spec. juv.	.	.	.	.	.	.	.	.	.	.	.	.	.	.	.	.	.	.	.	.	.	.	.	+	.	.	.	.	.	.	.	.
Solidago spec. juv.	.	.	.	.	.	.	.	.	.	.	.	.	.	.	.	.	.	.	.	.	.	.	.	.	r	.	.	.	.	.	.	.
Vicia sativa	.	.	.	.	.	.	.	.	.	.	.	.	.	.	.	.	.	.	.	.	.	.	.	.	.	.	.	.	.	.	r	.
Salix caprea juv.	.	.	.	.	.	.	.	.	.	.	.	.	.	.	.	.	.	.	.	.	.	.	.	.	.	.	.	.	.	.	.	.

Moose/Flechten

Bryum argenteum	r	3	1	+	2	1	1	+	.	+	+	.	+	1	1	.	.	3	2	2	2	2	+	2	+	.	+	+	.	1	2	2
Ceratodon purpureus	5	2	.	.	1	2	2	1	2	2	.	3	2	1	.	4	1	1	1	2	.	2	1	2	2	1	3	3	.	1	4	4
Funaria hygrometrica	.	+	.	+	+	.	1	.	3	.	.	+	+	+	3	r	1	1	+	.	2	.	2	+	1	.	3	1	.	.	+	.
Barbula convoluta	1	.	.	.	.	.	2	3	2	2	2	.	+	+	.	+	.	.	.	.	.	.	2	.	+	.	.	.	+	.	.	.
Bryum caespiticium	.	+	+	.	.	1	.	+	1	.	2	+	+	+	1	+	.	.	.	.	.	.	.	.	+	.	.	.	3	.	.	.
Marchantia polymorpha	.	.	.	.	.	.	2	.	1	1	1	.	.	.	.	1	.	.	.	.	.	1	.	.	.	.	.	.	.	.	.	.
Flechten div. spec.	.	.	.	.	.	.	.	.	.	.	.	.	.	.	.	.	r	.	.	.	.	+	.	.	.	1	.	.	.	.	.	.
Brachythecium rutabulum	.	.	.	.	.	.	.	.	.	.	.	+	.	.	.	+	.	.	.	.	.	.	.	.	.	.	.	.	.	.	.	.

Teil 1

Vegetationstabelle Nr. 36 K. Epilobietea O.Atropetalia V. Sambuco-Salicion

Betula pendula-Bestände
- "Baumstadium"   Nr. 1 - 17
- "Strauchstadium"   Nr. 18 - 30
- "Krautschichtstadium" Nr. 31 - 35

	Pflanzung																																		
Laufende Nummer	1	2	3	4	5	6	7	8	9	10	11	12	13	14	15	16	17	18	19	20	21	22	23	24	25	26	27	28	29	30	31	32	33	34	35
Geländenummer	0783	0788	0793	0794	1528	0868	0904	0905	0808	0675	0813	0674	1484	0893	1520	1515	0802	0763	0940	0427	1516	1461	0832	0665	0799	0863	1481	1472	0754	0755	0890	1445	0698	1414	1387
Datum	8/88	8/88	8/88	8/88	8/88	8/88	8/88	8/88	8/88	7/88	7/88	7/88	8/89	8/88	8/89	8/89	8/88	7/88	8/88	6/88	8/89	7/89	8/88	8/88	8/88	8/88	8/88	8/89	7/88	7/88	7/88	8/88	7/89	7/88	7/89
Stadt	Esse	Esse	Esse	Esse	Esse	Dort	Duis	Duis	Hern	Hern	Gels	Hern	Duis	Hern	Gels	Esse	Duis	Boch	Hern	Gels	Duis	Duis	Duis	Gels	Esse	Duis	Duis	Duis	Duis	Duis	Hern	Boch	Bott	Esse	Bott
Industriefläche	ZeZo	ZeZo	ZeZo	ZeZo	ZeZo	Howe	ThRu	ThRu	ThRu	ZeMo	VeHo	ZeMo	ThBe	VeHo	VeHo	VeSc	ZeMo	ZeTh	ZeMo	VeSc	ThRu	ThRu	ThRu	ThRu	ZeLe	ThRu	ThBe	ThRu	ZeTh	ZeMo	Hern	ZeMo	KrH6	ZeTh	ZeTh
Biotoptyp	h/2	d1/2	h/2	hj/2	Jh/2	L/1	H/3	H/3	b/1	H/2	g/1	H/2	I/3	I/1	I/2	I/2	I/3	id/2	H/2	h/2	I/2	IH/2	IH/2	I/2	i/1	6/2	I/2	13/3	i/1	i/1	i/1	hi/2	E/1	IH/1	ih32
Substrat	f 6X	f 65	f 65	f 65	f 64	V1u2	Q3u4	C2 X	D5 1		u4	D5 1	V3 4	V3u3	D4	o u1	D5 1	Y3 5	#3 5	C3S5	T4 5	6355	63 X	o s1	V3S5	Y4 5	A3 4	63 X	f 65	f 65	f 65	f 6X	A4 X	f 65	f 64	f 6X
Substrat Ergänzung	A	A56	A5	A56	B56	A56	C56	C56	C56	A15	C56	A15	C56	C5	B6	d56	A56	A	B3	F	6	C56	A	d3	A	A	c3	A6	A	A	f	B3	A	A	A
Bodentyp	03	02	03			L2	22	22	22	22	22	70	22	22	L1	22						OL2													
Deckung Baumschicht %	70	85	85	85	80	80	80	85	60	90	90	70	70	60	70	40	75																		
Deckung Strauchschicht %	5	2	2	15	15	20	30	3	2	10		2	60	10	40	40	3	60	15	10	25	35	30	10	55	35	15	5	33	30					
Deckung Krautschicht %	30	45	4	35	45	2	15	5	5	80	15	70	65	20	20	70	3	25	60	60	60	40	40	90	95	30	60	80	2	2	70	60	58	50	44
Deckung Moosschicht %	1	1	5	5	5	2	5	5	10	3		20	40	40	30	5	100	20	20	40	10	15	40	10	10	30	70	50	1	1	20	10	2	1	1
Größe Aufnahmefläche m²	100	100	100	100	100	80	100	100	80	100	100	100	100	80	60	80	100	40	50	50	50	50	50	40	50	50	80	50	50	50	10	10	10	10	60
Artenzahl	6	19	13	17	16	16	17	27	22	6	10	14	23	14	19	10	19	28	17	15	22	17	30	30	31	24	33	13	11	20	14	13	16	14	5
Betula pendula B (p)	4	5	5	3	3	4	5	5	4	5			4	4	4	3	4	.	.	2	2	3	.	2	.	.	2	.	.	.	.	.	.	.	.	III
Betula pendula Str. (p)	1	1	1	.	.	+	.	1	1	.	5	.	1	2	3	1	1	4	2	2	2	3	2	2	4	3	2	2	1	3	.	3	.	.	.	IV
Betula pendula juv.	1	1	+	.	.	.	+	1	1	.	.	.	+	1	2	1	1	1	1	3	3	1	3	3	2	3	3	4	.	.	+	4	3	3	3	IV
K/DA Epilobietea Gehölze																																				
Sambucus nigra B. (p)	.	.	.	.	.	.	.	.	.	.	.	.	.	.	.	.	.	.	.	.	.	.	.	.	.	.	.	.	.	.	.	.	.	.	.	I
Sambucus nigra Str. (p)	.	.	1	2	2	2	2	.	.	2	.	.	1	2	.	.	.	.	.	.	.	+	+	.	.	.	.	1	+	.	.	.	.	.	.	II
Sambucus nigra juv.	.	1	2	2	1	2	1	+	.	.	.	+	3	4	.	.	.	.	.	.	.	+	+	.	.	+	1	+	.	.	+	.	.	.	.	II
Salix caprea Str.	.	.	.	.	.	.	.	+	.	.	.	.	2	2	.	.	.	.	.	.	.	.	.	.	.	.	.	.	.	.	.	.	.	.	.	I
Salix caprea juv.	.	.	.	.	.	.	.	.	.	.	.	+	.	.	.	r	.	.	.	.	.	.	.	r	.	.	1	.	.	.	.	.	.	.	.	I
Sorbus aucuparia juv.	.	.	.	.	.	.	.	r	.	.	.	.	.	.	.	.	.	.	.	.	.	.	.	.	.	.	.	+	.	.	.	.	.	.	.	I
Buddleja davidii Str.	.	.	.	.	.	.	.	.	.	.	.	.	.	.	.	.	.	.	.	.	.	1	1	.	.	.	.	.	.	.	.	.	.	.	.	I
Buddleja davidii juv.	.	.	.	.	.	.	.	.	.	.	.	.	.	.	.	.	.	.	.	.	.	1	1	.	.	.	.	.	.	.	.	.	.	.	.	I
Populus tremula juv.	.	.	r	.	.	.	.	r	.	.	r	.	.	.	.	.	.	.	.	.	.	r	.	r	.	.	.	.	.	.	.	.	.	.	.	I
Sambucus racem. juv(p)	2	2	.	.	.	.	.	.	.	.	.	.	.	.	.	.	.	.	.	.	.	.	.	.	.	.	.	.	.	.	+	.	.	.	.	I

Vegetationstabelle Nr. 36 K. Epilobietea O.Atropetalia V. Sambuco-Salicion   Teil 2

Betula pendula-Bestände

- 'Baumstadium'   Nr. 1 - 17   - 'Strauchstadium'   Nr. 18 - 30   - 'Krautschichtstadium' Nr. 31 - 35

	Pflanzung																																	
Laufende Nummer	1	2	3	4	5	6	7	8	9	10	11	12	13	14	15	16	17	18	19	20	21	22	23	24	25	26	27	28	29	30	31	32	33	34	35
Querco-Fagetea Gehölze																																			
Acer pseudoplat. B. (P)	.	.	.	.	.	.	1	.	.	.	.	.	.	.	.	.	.	.	.	.	.	.	.	.	.	.	.	.	.	.	+	.	.	.	.
Acer pseudoplat. Str.(P)	.	.	.	.	.	.	.	1	.	.	.	.	.	.	.	.	.	.	.	.	.	.	.	.	.	.	.	.	.	.	I	.	.	.	.
Acer pseudoplatanus juv.	.	.	.	.	.	.	1	+	.	.	.	.	.	.	.	.	.	.	.	.	.	.	.	.	.	.	.	.	.	.	+	.	.	.	.
Crataegus mono. Str.(P)	.	.	.	.	.	.	2	.	.	.	.	.	.	.	+	.	.	.	.	.	.	.	.	.	.	.	.	.	.	.	I	.	.	.	.
Crataegus monogyna juv.	.	.	.	.	.	.	1	1	.	.	.	.	.	.	.	.	.	.	.	.	.	.	.	.	.	.	.	.	.	.	I	.	.	.	.
Ligustrum vulg. juv.(P)	.	.	.	.	.	.	1	r	.	.	.	.	.	.	+	.	.	.	.	.	.	.	.	.	.	.	.	.	.	.	I	.	.	.	.
Quercus robur juv.	r	.	.	.	.	r	.	.	.	.	.	.	.	.	r	.	.	.	.	.	.	.	.	.	.	.	.	.	.	.	I	.	.	.	.
Ribes uva-crispus juv.	.	.	.	.	.	.	.	.	.	.	.	.	.	2	.	.	.	.	.	.	.	.	.	.	.	.	.	.	.	.	I	.	.	.	.
Clematis vitalba	.	.	.	.	.	.	+	r	.	.	.	.	.	1	.	.	.	.	.	.	.	.	.	.	.	.	.	.	.	.	I	.	.	.	.
Fraxinus excelsior juv.	.	.	.	.	.	.	+	+	.	.	.	.	.	.	1	.	.	.	.	.	.	.	.	.	.	.	.	+	.	.	+	.	.	.	.
Acer campestre juv.	.	.	.	.	.	.	1	.	.	.	.	.	.	.	.	.	.	.	.	.	.	.	.	.	.	r	.	.	.	.	+	.	.	.	.
Humulus lupulus	.	.	.	.	.	.	.	.	.	2	.	.	.	.	.	.	.	.	.	.	.	.	.	.	.	.	.	.	.	.	+	.	.	.	.
Sonstige Gehölze																																			
Populus x canadensis B.	.	.	.	.	.	.	.	.	.	.	.	.	2	.	.	.	.	.	.	.	.	.	.	.	.	.	.	.	.	.	+	.	.	.	.
Populus x canadensis Str	.	.	.	.	.	.	.	.	.	.	.	.	.	.	.	.	.	1	.	.	.	.	.	.	.	.	.	.	+	+	+	+	.	.	I
Populus x canadensis juv	.	.	.	.	.	+	.	.	.	.	.	.	.	.	.	.	.	.	.	.	.	.	.	.	.	.	.	.	+	+	I	.	.	.	.
Rubus fruticosus agg.	.	.	.	.	.	.	.	.	.	.	.	.	.	.	.	.	.	.	.	.	.	.	.	.	.	.	.	.	.	.	+	.	.	.	.
Rubus coryllfolius agg. +	.	.	1	2	.	.	.	.	.	.	.	.	.	.	.	.	.	.	.	.	.	.	.	r	.	.	.	.	.	.	II	.	.	.	.
Rubus elegantispinosus 1	.	.	.	.	.	.	.	.	.	.	.	.	.	.	.	.	.	.	.	.	.	.	.	.	.	.	.	.	.	.	+	.	.	.	.
Rubus armeniacus	.	.	.	.	.	.	.	.	.	.	.	.	.	.	.	.	.	.	.	.	.	.	.	.	1	.	.	.	.	.	I	.	.	.	.
Rubus laciniatus juv.	.	.	.	.	.	.	.	.	r	.	.	.	.	.	.	.	.	.	.	.	.	.	.	.	.	.	.	.	.	.	+	.	.	.	.
Quercus rubra B. (P)	.	.	2	2	.	.	.	.	.	.	.	.	.	.	.	.	.	.	.	.	.	.	.	.	.	.	.	.	.	.	I	.	.	.	.
Symphoricarpus rivularis r	.	.	.	.	r	.	.	.	.	.	.	.	.	.	.	.	.	.	.	.	.	.	.	.	.	.	.	.	.	.	I	.	.	.	.
Sorbus intermedia B.(P)	.	.	2	2	.	.	.	.	.	.	.	.	.	.	.	.	.	.	.	.	.	.	.	.	.	.	.	.	.	.	I	.	.	.	.
Alnus glutinosa B. (P)	.	.	2	.	.	.	.	.	.	.	.	.	.	.	.	.	.	.	.	.	.	.	.	.	.	.	.	.	.	.	+	.	.	.	.
Alnus glutinosa Str.(P)	.	.	2	.	.	.	.	.	.	.	.	.	.	.	.	.	.	.	.	.	.	.	.	.	.	.	.	.	.	.	+	.	.	.	.
Alnus glutinosa juv.	.	.	.	.	.	.	.	.	.	.	.	.	.	.	.	.	.	2	.	.	.	.	.	.	.	.	.	.	.	.	+	.	.	.	.
Ribes nigrum juv.	.	.	.	.	.	.	1	.	.	.	.	.	.	.	.	.	.	.	.	.	.	.	.	.	.	.	.	.	.	.	+	.	.	.	.
Robinia pseudoac. B.(P)	.	.	2	.	.	.	.	.	.	.	.	.	.	.	.	.	.	.	.	.	.	.	.	.	.	.	.	.	.	.	+	.	.	.	.

Vegetationstabelle Nr. 36 K. Epilobietea O.Atropetalia V. Sambuco-Salicion

Betula pendula-Bestände
- "Baumstadium" Nr. 1 - 17 - "Strauchstadium" Nr. 18 - 30 - "Krautschichtstadium" Nr. 31 - 35

Pflanzung

Laufende Nummer	1	2	3	4	5	6	7	8	9	10	11	12	13	14	15	16	17	18	19	20	21	22	23	24	25	26	27	28	29	30	31	32	33	34	35
Robinia pseudoac.Str.(P)	1	.	.	.	.	.	.	.	.	.	.	.	.	.	.	.	.	.	.	.	.	.	.	.	.	.	.	.	.	.	.	.	.	.	+
Robinia pseudacacia juv	.	.	.	r	.	.	.	.	.	.	.	.	.	.	.	.	.	.	.	.	.	.	.	.	.	.	.	.	.	.	.	.	.	.	+
Philadel. coron. Str.(P)	.	.	.	.	.	1	.	.	.	.	.	.	.	.	.	.	.	.	.	.	.	.	.	.	.	.	.	.	.	.	.	.	.	.	+
Philadel. coron. juv.(P)	.	.	.	.	.	1	.	.	.	.	.	.	.	.	.	.	.	.	.	.	.	.	.	.	.	.	.	.	.	.	.	.	.	.	+
Ribes rubrum juv.	.	.	.	.	.	.	.	.	r	.	.	.	.	.	.	.	.	.	.	.	.	.	.	.	.	.	.	.	.	.	.	.	.	.	+
Platanus europaeus B.(P)	.	.	.	.	.	.	.	1	.	.	.	.	.	.	.	.	.	.	.	.	.	.	.	.	.	.	.	.	.	.	.	.	.	.	+
Populus balsamifera juv.	.	.	.	.	.	.	.	.	.	.	.	.	.	.	.	.	.	.	.	.	.	.	.	.	.	.	.	1	.	.	.	.	.	.	+

Diff. A.

Avenella flexuosa	+	.	+	2	2	.	.	.	.	.	.	.	.	.	.	.	.	.	.	.	.	.	.	.	.	.	.	.	.	.	.	.	.	.	I
Dryopteris dilatata	.	.	1	+	1	.	.	.	+	.	.	.	.	.	.	.	.	.	.	.	.	.	.	.	.	.	.	.	.	.	.	.	.	.	I
Pteridium aquilinum	.	.	.	2	2	.	.	.	+	.	.	.	.	.	.	.	.	.	.	.	.	.	.	.	.	.	.	.	.	.	.	.	.	.	I

Diff. B.

Urtica dioica	.	.	.	.	.	2	1	+	r	2	r	.	2	.	.	.	.	+	.	.	.	.	.	.	.	.	.	.	.	.	.	.	.	.	II
Poa trivialis	.	.	.	.	.	1	+	+	+	+	+	.	.	.	.	.	.	.	.	.	.	.	.	.	.	.	.	.	.	.	.	.	.	.	I

Trennarten Strauch-
Krautstadium

Cirsium arvense	.	.	.	.	.	.	.	.	.	.	.	.	.	.	.	.	.	+	.	.	+	r	+	+	+	+	+	r	+	+	+	.	+	.	II
Conyza canadensis	.	.	.	.	.	.	.	.	.	.	.	r	.	.	.	.	.	+	.	.	.	.	+	+	+	.	.	+	+	r	.	r	+	.	II

Diff. A.

Eupatorium cannabinum	.	.	.	.	.	.	.	.	.	.	.	.	.	.	.	.	.	+	r	.	.	r	.	+	.	.	.	.	.	r	r	.	.	.	I
Solidago gigantea	.	.	.	.	.	.	.	.	.	.	.	.	.	.	.	.	.	+	3	2	+	.	+	+	.	.	.	.	.	+	+	1	.	.	I

Diff. B

Festuca rubra agg.	.	.	.	.	.	.	.	.	.	.	.	1	.	.	.	.	.	.	.	.	.	.	.	1	2	+	2	.	+	+	.	.	.	.	I
Poa angustifolia	.	.	.	.	.	.	.	.	.	.	.	2	.	.	.	.	.	.	.	.	.	.	.	.	3	+	.	.	+	.	.	.	.	.	I
Achillea millefolium agg.	.	.	.	.	.	.	.	.	.	.	.	.	.	.	.	+	.	.	.	.	.	.	.	.	.	+	2	+	.	.	.	.	.	.	I
Hieracium piloselloides	.	.	.	.	.	.	.	.	.	.	.	.	.	.	.	.	.	.	.	.	.	.	.	.	.	.	r	+	.	.	.	.	.	.	I

Vegetationstabelle Nr. 36 K. Epilobietea O. Atropetalia V. Sambuco-Salicion   Teil 6

Betula pendula-Bestände
- "Baumstadium"   Nr. 1 - 17 - "Strauchstadium"   Nr. 18 - 30 - "Krautschichtstadium"   Nr. 31 - 35

[Pflanzung]

Laufende Nummer	1	2	3	4	5	6	7	8	9	10	11	12	13	14	15	16	17	18	19	20	21	22	23	24	25	26	27	28	29	30	31	32	33	34	35	
K. Epilobietea																																				
Epilobium angustifolium	.	3	.	+	.	.	.	1	+	+	.	.	.	.	.	.	+	+	.	1	+	.	.	.	+	+	+	.	+	+	.	.	.	r	1	III
Centaurium erythraea	.	.	.	.	.	.	.	.	.	.	.	.	.	.	.	.	.	+	.	.	.	.	.	.	.	.	.	.	.	.	.	.	.	.	.	I
K. Querco-Fagetea																																				
Poa nemoralis	.	.	.	.	.	.	.	+	.	.	.	.	+	+	.	.	.	.	.	.	.	.	.	.	.	.	.	.	.	.	.	.	.	.	.	I
Scrophularia nodosa	.	.	.	.	.	.	.	r	.	.	.	.	.	+	.	.	.	.	.	.	.	1	.	.	.	.	.	.	.	.	.	.	.	.	.	I
Luzula pilosa	.	.	.	.	.	.	.	.	.	.	.	.	.	.	.	.	.	.	.	.	.	.	.	+	.	.	.	.	.	.	.	.	.	.	.	+
K. Artemisietea																																				
Cirsium vulgare	.	.	.	.	.	r	.	.	.	.	r	.	.	.	.	.	.	.	.	.	r	.	.	.	.	r	.	.	.	.	.	.	.	.	.	I
Solidago canadensis	.	.	.	.	.	.	.	.	.	.	.	.	.	.	.	.	.	1	+	.	1	.	.	.	.	.	r	.	.	.	.	.	.	.	.	I
Reseda luteola	.	.	.	.	.	.	.	.	.	.	.	+	.	.	.	.	.	.	.	.	.	.	.	.	.	.	.	.	1	r	.	.	.	.	.	I
Oenothera biennis s.str.	.	.	.	.	.	.	.	.	.	.	.	.	.	.	.	.	.	.	.	.	.	r	.	r	+	.	.	.	.	.	.	.	.	.	.	+
Dipsacus silvestris	.	.	.	.	.	.	.	.	.	.	.	.	.	.	.	.	.	r	.	.	.	.	.	.	+	.	.	.	.	.	.	.	.	.	.	+
Carduus acanthoides	.	.	.	.	.	.	.	.	.	.	.	.	.	.	.	.	.	.	.	.	.	.	.	.	.	.	.	.	.	.	.	.	.	.	.	+
Epilobium montanum	.	.	.	.	.	.	.	.	.	.	.	.	+	.	.	.	.	.	.	.	.	.	.	.	.	.	+	.	.	.	.	.	.	.	.	+
Artemisia vulgaris	.	.	.	.	.	.	.	.	.	.	.	.	.	.	.	.	.	.	.	.	.	.	.	.	.	.	r	.	.	.	.	.	.	.	.	+
Tanacetum vulgare	.	.	.	.	.	.	.	.	.	.	.	.	.	.	.	.	.	.	.	.	.	.	.	.	.	.	.	.	.	.	.	.	.	.	r	+
Reynoutria sachalinensis	.	.	.	.	.	.	.	.	.	.	.	.	.	.	.	.	.	.	.	.	.	.	.	.	.	.	.	.	.	.	.	.	.	.	.	+
K. Mol.-Arrhenatheretea																																				
Holcus lanatus	1	+	.	+	+	.	.	.	.	+	.	.	.	.	.	.	.	+	.	1	2	.	.	1	+	.	.	.	.	.	.	.	.	.	1	III
Cerastium holosteoides	+	r	r	.	.	.	.	.	r	.	2	1	.	.	.	2	4	+	.	1	r	.	.	+	+	.	r	r	.	r	.	r	+	+	.	III
Agrostis tenuis	+	r	.	.	.	.	.	.	.	.	.	r	.	.	.	+	+	+	.	.	3	.	.	+	2	.	.	.	.	.	.	.	+	+	.	II
Arrhenatherum elatius	.	.	.	.	.	.	.	.	.	.	.	.	.	.	.	.	.	.	1	.	1	.	.	1	2	.	.	r	.	.	.	.	.	.	.	I
Dactylis glomerata	.	.	.	.	.	.	.	.	.	.	.	.	1	.	.	.	1	1	.	.	.	.	.	.	.	.	.	+	.	.	.	.	.	.	.	I
Poa pratensis agg.	.	.	.	.	.	.	.	.	.	.	.	.	.	.	.	.	.	.	.	+	.	.	.	.	.	.	.	.	.	.	.	.	.	.	.	I
Lotus uliginosus	.	.	.	.	.	.	.	.	.	.	.	.	.	.	.	.	.	.	.	.	.	.	.	r	+	.	r	.	.	.	.	.	.	.	.	+
Lolium perenne	.	.	.	.	.	.	.	.	.	.	.	.	.	.	.	.	.	.	.	.	.	.	.	.	.	.	.	.	.	.	.	.	.	.	r	+
Crepis capillaris	.	.	.	.	.	.	.	.	.	.	.	.	.	.	.	.	.	.	.	.	.	.	.	.	.	.	.	.	.	.	.	.	.	.	.	

Vegetationstabelle Nr. 36 K. Epilobietea O.Atropetalia V. Salucco-Saricion

Betula pendula-Bestände
- "Baumstadium" Nr. 1 - 17 - "Strauchstadium" Nr. 18 - 30 - "Krautschichtstadium" Nr. 31 - 35

Pflanzung

Laufende Nummer	1	2	3	4	5	6	7	8	9	10	11	12	13	14	15	16	17	18	19	20	21	22	23	24	25	26	27	28	29	30	31	32	33	34	35	
K. Agropyretea																																				
Agrostis gigantea (lok.)	.	.	.	.	.	.	.	.	.	.	.	.	.	.	.	+	.	+	.	+	.	+	.	.	.	.	.	.	.	.	1	.	.	.	.	I
Poa compressa	.	.	.	.	.	.	.	.	.	.	.	.	.	.	.	.	.	.	.	.	.	.	.	.	.	.	1	1	.	.	.	.	.	.	.	I
Tussilago farfara	.	.	.	.	.	.	.	.	.	.	.	.	.	.	.	.	.	+	.	.	.	.	.	.	.	.	1	.	.	+	.	.	.	.	.	I
Diplotaxis tenuifolia	.	.	.	.	.	.	.	.	.	.	.	.	.	.	.	.	.	.	.	.	.	.	.	.	.	.	.	.	.	.	.	.	.	.	.	+
K. Chenopodietea																																				
Tripleurosp. inodorum	.	.	.	.	.	.	.	.	.	.	.	.	.	.	.	.	.	.	.	r	.	r	.	r	.	.	.	r	.	.	1	.	.	.	.	I
Senecio viscosus	r	.	.	.	.	.	.	.	.	.	.	.	.	.	+	.	.	.	.	.	+	.	.	.	.	.	.	.	.	.	.	+	+	.	.	I
Stellaria media	+	.	.	.	.	.	.	.	.	.	.	.	+	.	.	.	.	.	.	.	.	.	.	.	.	.	.	.	.	.	.	.	.	.	.	I
Salsola kali ruthenica	.	.	.	.	.	.	.	r	.	.	.	.	.	.	.	.	.	.	.	.	.	.	.	.	.	.	.	.	.	.	.	.	.	.	.	I
Crepis tectorum	.	.	.	.	.	.	.	.	.	.	.	.	.	.	.	.	.	.	.	.	.	.	.	.	.	.	.	.	+	+	.	.	.	.	.	I
Inula graveolens	.	.	.	.	.	.	.	.	.	.	.	.	.	.	.	.	.	.	.	.	.	.	.	.	.	.	.	.	.	.	.	.	+	.	.	I
Senecio vulgaris	.	.	.	.	.	.	.	.	.	.	.	.	.	.	.	.	.	.	.	.	+	.	.	.	.	.	.	.	1	.	.	.	.	.	.	+
Sonstige																																				
Poa annua	+	.	.	.	.	.	+	.	.	.	.	.	.	.	.	.	.	+	+	.	.	.	.	.	+	.	.	.	.	+	.	+	.	+	+	II
Poa palustris	.	.	.	.	.	.	.	.	.	.	.	.	.	.	.	.	.	+	1	.	.	.	.	.	+	.	.	.	.	+	.	+	.	.	+	II
Epilobium ciliatum	.	.	.	.	.	.	.	.	.	.	.	.	.	.	.	.	.	+	+	+	.	.	.	.	+	.	.	+	.	.	.	.	2	.	+	II
Sagina procumbens	.	.	.	.	.	.	.	.	.	.	.	+	.	.	.	.	.	+	.	r	.	.	.	+	.	.	.	.	.	+	.	.	.	+	.	I
Arenaria serpyllifolia	.	.	.	.	.	.	.	.	.	.	.	.	.	.	.	.	.	+	r	.	.	+	.	1	.	.	.	.	.	.	.	.	.	.	.	I
Plantago major	.	.	.	.	.	.	+	.	.	.	.	.	.	.	+	.	.	r	.	.	.	.	.	.	.	.	+	.	.	.	.	.	.	.	.	I
Hypericum perforatum	.	.	.	.	.	.	.	.	.	.	.	.	.	.	.	.	.	1	.	.	.	r	.	.	1	1	.	r	+	.	.	.	.	.	.	I
Sedum acre	.	.	.	.	.	.	.	+	.	.	.	.	.	.	.	.	.	.	.	.	.	.	.	.	.	.	.	+	.	.	.	.	.	.	.	I
Hieracium spec. juv.	.	.	.	.	.	.	.	.	.	.	.	.	.	.	.	.	.	r	.	.	.	.	.	.	1	+	+	.	.	.	.	+	.	+	.	I
Taraxacum officinale	.	.	.	.	.	.	.	.	.	.	.	.	.	.	.	.	.	r	.	.	.	.	.	.	.	.	.	.	.	r	.	+	.	.	.	I
Prunella vulgaris	.	.	.	.	.	.	.	.	.	.	.	.	.	.	.	.	.	.	.	.	.	.	.	2	+	.	+	.	.	.	.	.	2	.	+	I
Ranunculus repens	.	.	.	.	.	.	.	.	.	r	.	.	.	.	.	.	.	.	.	.	.	.	.	1	+	.	.	.	.	+	.	.	.	.	.	I
Hieracium laevigatum	.	.	.	.	.	.	.	.	.	.	.	.	+	.	.	.	.	.	.	.	.	.	.	.	.	.	+	.	.	.	.	.	.	.	.	I
Echium vulgare	.	.	.	.	.	.	.	.	.	.	.	.	r	.	.	.	.	.	.	.	.	r	.	.	.	.	.	.	.	.	.	.	.	.	.	I

Teil 6

Vegetationstabelle Nr. 36 K. Epilobietea O. Atropetalia V. Sambuco-Salicion

Betula pendula-Bestände
- "Baumstadium"   Nr. 1 - 17   - "Strauchstadium"   Nr. 18 - 30   - "Krautschichtstadium"   Nr. 31 - 35

Pflanzung

Laufende Nummer	1	2	3	4	5	6	7	8	9	10	11	12	13	14	15	16	17	18	19	20	21	22	23	24	25	26	27	28	29	30	31	32	33	34	35	
Pastinaca sativa	.	.	.	.	.	.	.	.	.	.	.	.	.	.	.	.	.	.	.	.	.	.	.	.	.	.	.	.	.	.	.	.	.	.	.	I
Potentilla norvegica	.	+	.	.	.	.	.	.	.	.	.	.	.	.	.	.	.	.	.	.	.	.	.	.	.	.	+	.	.	.	.	r	.	.	.	I
Anagallis arvensis	.	.	.	.	.	.	.	.	.	.	.	.	.	.	.	.	.	.	.	.	.	.	.	.	.	.	.	.	.	.	+	.	.	.	.	I
Polygonum aviculare agg.	.	.	.	.	.	.	.	.	.	.	.	.	.	.	.	.	+	.	.	.	.	.	.	.	.	.	.	.	.	.	.	r	+	.	.	I
Epilobium parviflorum	.	.	.	.	.	.	.	.	.	.	.	.	.	.	.	.	r	.	.	.	.	.	.	+	.	.	.	.	.	.	.	.	+	.	.	I
Verbascum nigrum	.	.	.	.	.	.	.	.	.	.	.	.	.	.	.	.	.	.	.	.	.	.	.	.	.	.	.	.	.	.	.	.	.	.	.	I
Poa pr. subsp. irrigata	.	.	.	.	.	.	.	.	r	.	.	.	.	.	.	.	r	.	.	.	.	.	.	.	.	.	.	.	.	.	r	.	.	.	.	I
Rumex acetosella	1	.	.	.	.	.	.	.	.	.	.	.	.	.	.	.	.	.	.	.	.	.	.	.	.	.	+	.	.	.	.	+	.	.	.	+
Solanum nigrum	.	.	.	.	.	.	.	r	.	.	.	.	.	.	.	.	.	.	.	.	.	.	.	.	.	.	.	.	.	.	.	.	.	.	.	+
Bryonia dioica	.	.	.	.	.	.	.	.	.	.	.	+	.	.	.	.	.	.	.	.	.	.	.	.	.	.	.	.	.	.	.	.	.	.	.	+
Juncus effusus	.	.	.	.	.	.	.	.	.	.	.	.	.	.	.	2	.	.	.	.	.	.	.	.	.	.	.	.	.	.	.	.	.	.	.	+
Calamagrostis epigeios	.	.	.	.	.	.	.	.	.	.	.	.	.	.	.	1	.	.	.	.	.	.	.	.	.	.	.	.	.	.	.	.	.	.	.	+
Festuca tenuifolia	.	.	.	.	.	.	.	.	.	.	.	.	.	.	.	.	3	.	.	.	.	.	.	.	.	.	.	.	.	.	.	.	.	.	.	+
Leontodon saxatilis	.	.	.	.	.	.	.	.	.	.	.	.	.	.	.	.	.	.	.	.	.	.	.	+	.	.	+	.	.	.	.	.	.	.	.	+
Carex muricata agg.	.	.	.	.	.	.	.	.	.	.	.	.	.	.	.	.	.	.	.	.	.	r	.	.	.	.	.	.	.	.	.	.	.	.	.	+
Lycopus europaeus	.	.	.	.	.	.	.	.	.	.	.	.	.	.	.	.	.	.	.	.	.	.	.	+	.	.	.	.	.	.	.	.	.	.	.	+
Linum catharticum	.	.	.	.	.	.	.	.	.	.	.	.	.	.	.	.	.	.	.	.	.	.	.	.	+	.	.	.	.	.	.	.	.	.	.	+
Erodium cicutarium	.	.	.	.	.	.	.	.	.	.	.	.	.	.	.	.	.	.	.	.	.	.	.	.	.	r	.	.	.	.	.	.	.	.	.	+
Inula conyza	.	.	.	.	.	.	.	.	.	.	.	.	.	.	.	.	.	.	.	.	.	.	.	.	.	.	+	.	.	.	.	.	.	.	.	+
Agrostis stolonifera	.	.	.	.	.	.	.	.	.	.	.	.	.	.	.	.	.	.	.	.	.	.	.	.	.	.	+	.	.	.	.	.	.	.	.	+
Senecio erucifolius	.	.	.	.	.	.	.	.	.	.	.	.	.	.	.	.	.	.	.	.	.	.	.	.	.	.	.	+	.	.	.	.	.	.	.	+
Medicago lupulina	.	.	.	.	.	.	.	.	.	.	.	.	.	.	.	.	.	.	.	.	.	.	.	.	.	.	.	+	.	.	.	.	.	.	.	+
Linaria vulgaris	.	.	.	.	.	.	.	.	.	.	.	.	.	.	.	.	.	.	.	.	.	.	.	.	.	.	.	+	.	.	.	.	.	.	.	+
Mentha arvensis	.	.	.	.	.	.	.	.	.	.	.	.	.	.	.	.	.	.	.	.	.	.	.	.	.	.	.	.	.	.	.	.	.	.	.	+
Spergularia rubra	.	.	.	.	.	.	.	.	.	.	.	.	.	.	.	.	.	.	.	.	.	.	.	.	.	.	.	.	.	.	.	.	.	+	.	+
Gnaphalium uliginosum	.	.	.	.	.	.	.	.	.	.	.	.	.	.	.	.	.	.	.	.	.	.	.	.	.	.	.	.	.	.	.	.	.	+	.	+

Moose/Flechten

Ceratodon purpureus	.	+	.	.	.	.	1	1	.	.	.	.	.	.	.	.	1	2	2	3	3	3	2	3	1	1	2	2	+	.	2	1	1	+	+	IV
Bryum argenteum	.	.	.	.	.	.	.	.	.	.	.	.	.	.	.	.	+	+	+	+	+	+	+	+	1	1	+	+	+	1	1	1	.	+	+	II
Barbula convoluta	.	.	.	.	.	.	.	.	.	.	.	.	.	.	.	.	+	.	1	.	.	1	.	1	+	.	.	+	.	.	.	.	.	.	.	II

Vegetationstabelle Nr. 37　　K. Epilobietea　　O. Atropetalia　　V. Sambuco-Salicion　　　　　　　　Teil 1

Buddleja davidii-Betula pendula-Gesellschaft
- Ausbildung mit Plantago majo　　　　　　　Nr. 1 - 8
  - Trennartenfreie Unterausbildung　　　　Nr. 1 - 5
  - Unterausbildung mit Inula conyza　　　 Nr. 6 - 8
- Ausbildung mit Clematis vitalba　　　　　 Nr. 9 - 10
- Ausbildung mit Solidago gigantea　　　　　Nr. 11 - 14
- Trennartenfreie Ausbildung　　　　　　　　Nr. 15 - 18

Laufende Nummer	1	2	3	4	5	6	7	8	9	10	11	12	13	14	15	16	17	18	
Geländenummer	0831	0815	0712	0713	0814	0817	0749	0750	0757	0906	0978	0941	0943	0861	0480	1456	1522	1531	
Datum	8/88	8/88	7/88	7/88	8/88	8/88	7/88	7/88	7/88	8/88	8/88	8/88	8/88	8/88	6/88	7/89	8/89	8/89	
Stadt	Duis	Duis	Ober	Ober	Duis	Duis	Duis	Duis	Duis	Duis	Bott	Boch	Boch	Duis	Duis	Duis	Gels	Bott	
Industriefläche	ThRu	ThRu	ThOb	ThOb	ThRu	ThRu	ZeTh	ZeTh	ZeTh	ThRu	ZePr	KrHö	KrHö	ThRu	ThRu	ThRu	VeHo	ZePr	
Biotoptyp	G/2	IB/1	I/3	I/3	I/1	I/1	d/1	di/2	bi/2	D/2	I/2	H/2	H/2	IH/1	G/2	G/2	D/2	J/2	
Substrat	G3 X	C3 X	C3 X	H3 5	V3S5	C3 5	S3 X	A3 X	R3 X	#3 4	A3 X	C3 5	C3 5	V U4	G3 X	Z465	Ü3S5	W1 X	
Substrat (Ergänzung)	A	C	f	c	C3	c	B	B6	B	B	a3	d	G	d	A	A3	C	G	
Deckung Strauchschicht %	7	100	75	60	30	60	60	60	90			35	2	40		50			
Deckung Krautschicht %	58	30	45	45	80	30	35	50	30	40	30	95	100	60	60	60	50	70	
Deckung Moosschicht %	5	30	20	40	50	20	30	20	10		20	10	5	20	(1	5	10	(1	
Max. Höhe Strauchsch. m	2	3,5	3,5	3,5	2,5	3	3	2,5	3,5			3,5	2	2		4,5			
Max. Höhe Krautsch. m	150	150	100	150	150	150	150	150	150	120	50	150	150	150	65	150	150	60	
Größe Aufnahmefläche m²	40	20	25	15	30	30	20	20	35	10	4	20	40	25	20	40	40	10	
Artenzahl	13	32	32	32	28	31	30	28	28	14	25	21	37	29	16	13	12	12	
Buddleja davidii Str.	2	5	4	4	2	4	4	3	4	.	.	3	1	3	.	.	3	.	IV
Buddleja davidii juv.	3	2	2	2	4	2	1	2	+	3	2	2	3	1	3	3	3	4	V
K/D Epilobietea Gehölze																			
Betula pendula Str.	.	1	.	.	2	.	1	2	2	.	.	.	.	1	.	.	.	.	II
Betula pendula juv.	+	+	1	.	1	+	+	+	+	.	2	+	+	1	1	2	1	.	V
Salix caprea Str.	.	.	.	.	.	1	.	2	.	.	.	1	.	.	.	.	.	.	I
Salix caprea juv.	.	+	1	r	1	.	.	1	+	.	1	.	.	1	.	r	.	.	III
Populus tremula Str.	.	.	.	.	.	.	.	.	2	.	.	.	.	.	.	.	.	.	I
Populus tremula juv.	.	.	.	.	.	r	.	+	.	.	.	.	.	.	r	.	.	.	I
Querco-Fagetea Gehölze																			
Corylus avellana juv.	.	.	.	.	.	.	.	.	.	.	.	.	.	.	+	.	.	.	I
Humulus lupulus	.	.	.	.	.	.	.	.	1	.	.	.	.	.	.	1	.	.	I
Sonstige Gehölze																			
Salix x rubens juv.	.	.	.	.	.	.	.	+	.	.	.	.	.	.	r	.	.	.	I
Salix aurita juv.	.	.	.	.	.	.	.	.	.	.	.	.	.	.	2	.	.	.	I
Rosa spec. juv.	.	.	.	.	.	.	+	.	.	.	.	.	.	.	.	.	.	.	I
Ribes nigrum juv.	.	.	.	.	.	.	.	.	.	.	.	.	+	.	.	.	.	.	I
Rubus fruticosus agg.	.	.	.	.	.	.	.	.	.	.	.	.	1	.	.	.	.	.	I
Populus Hybride juv.	.	.	.	.	.	.	.	.	.	.	.	.	.	.	.	+	.	.	I
Diff. A																			
Plantago major	.	+	r	+	+	+	r	.	.	.	.	+	.	.	.	.	.	.	II
Crepis tectorum	r	.	r	+	+	+	+	.	.	.	.	.	.	.	.	.	.	.	II
A.A																			
Inula conyza	.	.	.	.	.	r	1	1	.	.	.	.	.	.	.	.	.	.	I
Carduus acanthoides	.	.	.	.	.	.	2	1	+	.	.	.	.	.	.	.	.	.	I
Diff. B																			
Clematis vitalba	.	.	.	.	.	.	.	.	1	2	.	.	.	.	.	.	.	.	I
Sedum acre	.	.	.	.	.	.	.	.	1	+	.	.	.	.	.	.	.	.	I

Tabelle Nr. 37   K. Epilobietea   O. Atropetalia   V. Sambuco-Salicion   Teil 2

Buddleja davidii-Betula pendula-Gesellschaft

Laufende Nummer	1	2	3	4	5	6	7	8	9	10	11	12	13	14	15	16	17	18	
Diff. C																			
Solidago gigantea	.	.	.	.	.	.	.	.	.	.	1	3	3	.	.	.	r	.	
Epilobium hirsutum	.	.	.	.	.	.	.	.	.	.	r	+	2	.	.	.	.	r	
Holcus lanatus	.	.	.	.	.	.	+	+	.	+	1	.	3	.	.	.	.	.	
Poa angustifolia	.	.	.	.	.	+	.	.	.	.	1	+	1	.	.	.	.	.	
C.A																			
Poa trivialis	.	.	.	.	.	.	.	.	.	.	.	+	+	.	.	.	.	.	
Ranunculus repens	.	.	.	.	.	.	.	.	.	.	.	+	+	.	.	.	.	.	
Rumex obtusifolius	.	.	.	.	.	.	.	.	.	.	.	+	+	.	.	.	.	.	
Pastinaka sativa	.	.	.	.	.	.	.	.	.	.	.	+	+	.	.	.	.	.	
K. Epilobietea																			
Epilobium angustifolium	.	.	+	+	2	1	+	+	1	.	.	+	.	.	.	.	.	.	
K. Querco-Fagetea																			
Stachys silvatica	.	.	.	.	.	.	.	.	.	.	.	.	+	.	.	.	.	.	I
K. Artemisietea																			
Artemisia vulgaris	.	+	1	1	1	+	.	.	+	+	.	+	1	1	.	.	.	.	I
Urtica dioica	.	.	+	.	.	.	+	+	.	+	+	.	1	+	+	.	1	+	I
Eupatorium cannabinum	.	+	1	.	1	+	r	+	1	+	r	.	+	.	.	.	.	.	I
Solidago canadensis	.	+	2	2	+	+	+	+	.	r	r	.	.	.	.	.	.	.	I
Cirsium vulgare	.	+	+	+	+	r	.	.	.	.	.	.	1	+	.	r	.	.	I
Daucus carota	.	+	+	+	+	.	.	.	.	.	.	+	.	+	.	.	.	.	I
Oenothera biennis s.str.	.	+	1	+	.	.	.	.	.	.	.	.	+	.	.	.	.	.	I
Tanacetum vulgare	.	.	1	+	.	.	.	.	.	.	r	.	.	.	.	.	.	.	I
Reynoutria japonica	.	.	2	.	.	.	.	.	.	.	.	.	+	.	.	.	.	.	I
Melilotus alba	.	.	+	.	.	.	.	.	.	.	.	.	.	.	.	.	.	.	I
Carduus nutans	.	.	+	.	.	.	.	.	.	.	.	.	.	.	.	.	.	.	I
Reseda luteola	.	.	.	.	.	.	.	+	.	.	.	.	.	.	.	.	.	.	I
Arctium minus	.	.	.	.	.	.	.	.	.	.	.	.	+	.	.	.	.	.	I
Melilotus officinalis	.	.	.	.	.	.	.	.	.	.	.	.	r	.	.	.	.	.	I
Epilobium parviflorum	.	.	.	.	.	+	.	.	.	.	.	.	.	.	.	.	.	.	I
Carduus crispus	.	.	.	.	.	.	.	.	.	.	.	.	1	.	.	.	.	.	I
Geranium robertianum	.	.	.	.	.	.	.	.	.	.	.	.	+	.	.	.	.	.	I
Calystegia sepium	.	.	.	.	.	.	.	.	.	.	.	.	+	.	.	.	.	.	I
K. Chenopodietea																			
Tripleurosp. inodorum	+	+	.	+	1	+	+	+	r	+	r	.	r	.	r	.	.	1	IV
Conyza canadensis	1	+	+	+	.	+	1	1	.	.	+	.	.	.	+	1	+	+	IV
Senecio viscosus	r	.	.	r	.	.	.	.	+	+	.	.	.	.	.	.	.	.	II
Senecio vulgaris	.	.	.	.	.	r	.	.	.	.	.	.	.	.	.	.	+	1	I
Sonchus asper	.	r	.	.	.	.	.	.	.	.	.	.	.	.	r	.	.	.	I
Sisymbrium loeselii	.	.	+	+	.	.	.	.	.	.	.	.	.	.	.	.	.	.	I
Sonchus oleraceus	.	.	.	r	.	r	.	.	.	.	.	.	.	.	.	.	.	.	I
Bromus tectorum	.	.	.	.	.	.	+	+	.	.	.	.	.	.	.	.	.	.	I
Atriplex patula	.	.	.	.	.	.	.	.	.	.	.	r	.	.	.	.	.	.	I
Chenopodium botrys	.	.	.	.	.	.	.	.	.	.	.	.	.	.	r	+	.	.	I
Sonchus arvensis	.	.	.	.	.	.	.	.	r	.	.	.	.	.	.	.	.	.	I
Sisymbrium altissimum	.	.	.	.	.	.	.	.	.	.	.	.	.	.	.	.	.	r	I
K. Agropyretea																			
Agrostis gigantea (lok.)	.	+	.	.	+	.	+	+	.	.	.	1	.	.	.	.	.	.	II
Tussilago farfara	.	+	.	.	+	.	.	.	.	.	.	+	+	+	.	.	.	.	II
Poa compressa	.	+	+	.	.	.	.	.	.	r	.	.	.	+	.	+	.	.	II
Agropyron repens	.	.	.	.	.	.	.	.	.	.	.	.	.	r	.	.	.	.	I

385

Tabelle Nr. 37　K. Epilobietea　O. Atropetalia　V. Sambuco-Salicion　　　　　　　　　　　Teil 3

Buddleja davidii-Betula pendula-Gesellschaft

Laufende Nummer	1	2	3	4	5	6	7	8	9	10	11	12	13	14	15	16	17	18	
Diplotaxis tenuifolia	.	.	.	.	.	.	.	.	.	.	.	.	.	.	2	.	.	I	
Sonstige																			
Cirsium arvense	+	r	+	+	+	+	+	+	1	.	.	+	+	+	r	.	+	.	IV
Arenaria serpyllifolia	2	1	1	1	1	+	2	1	1	+	r	.	.	.	1	1	.	.	IV
Poa annua	.	+	+	.	+	+	.	+	.	.	.	+	.	+	.	+	.	1	II
Epilobium ciliatum	.	.	+	r	.	r	+	+	.	.	+	.	+	+	.	.	.	.	II
Taraxacum officinale	.	r	.	r	+	r	+	+	.	.	.	.	.	+	r	.	.	.	II
Poa palustris	+	.	.	+	.	.	+	2	+	.	.	2	.	1	.	.	.	.	II
Hypericum perforatum	.	.	1	+	.	.	.	.	.	.	r	+	+	+	.	.	.	.	II
Crepis capillaris	.	r	.	.	+	.	+	.	r	.	+	.	.	r	.	r	.	.	II
Cerastium holosteoides	.	+	.	+	+	+	r	.	.	.	.	.	.	.	.	.	+	.	II
Linaria vulgaris	+	r	.	.	.	+	.	.	.	+	.	.	.	.	.	.	.	.	II
Hieracium piloselloides	.	+	.	.	+	r	.	.	.	.	.	r	.	.	.	.	.	.	II
Sagina procumbens	.	.	.	1	.	.	+	.	+	.	.	.	.	.	.	.	1	.	II
Leontodon autumnalis	.	+	.	.	+	+	.	.	.	.	.	.	.	.	.	.	.	.	I
Poa pratensis agg.	.	+	.	.	+	.	.	.	.	.	.	.	.	.	+	.	.	.	I
Verbascum thapsus	.	r	.	.	.	.	.	r	.	r	.	.	.	.	.	.	.	.	I
Leontodon saxatilis	r	.	.	.	.	+	.	.	.	.	.	.	.	.	.	r	.	.	I
Hypochoeris radicata	.	r	r	.	.	.	.	.	.	.	.	.	.	.	.	.	.	.	I
Medicago lupulina	.	+	.	.	r	.	.	.	.	.	.	.	.	.	.	.	.	.	I
Hieracium laevigatum	.	r	.	.	.	.	.	.	.	.	.	.	r	.	.	.	.	.	I
Achillea millefolium	.	.	+	.	.	.	.	.	.	.	.	.	.	.	1	.	.	.	I
Deschampsia cespitosa	.	.	.	+	.	.	.	.	.	.	.	.	+	.	.	.	.	.	I
Hieracium spec. juv.	.	.	.	.	+	.	.	.	.	.	+	.	.	.	.	.	.	.	I
Senecio inaequidens	.	.	.	.	.	+	.	.	r	.	.	.	.	.	.	.	.	.	I
Solanum dulcamara	.	.	.	.	.	.	.	r	.	+	.	.	.	.	.	.	.	.	I
Potentilla norvegica	.	.	.	.	.	.	.	.	.	.	r	.	+	.	.	.	.	.	I
Agrostis tenuis	.	.	+	.	.	.	.	.	.	.	.	.	.	.	.	.	+	.	I
Senecio jacobea	.	r	.	.	.	.	.	.	.	.	.	.	.	.	.	.	.	.	I
Echium vulgare	.	.	+	.	.	.	.	.	.	.	.	.	.	.	.	.	.	.	I
Senecio erucifolius	.	.	.	.	1	.	.	.	.	.	.	.	.	.	.	.	.	.	I
Oxalis fontana	.	.	.	.	+	.	.	.	.	.	.	.	.	.	.	.	.	.	I
Carlina vulgaris	.	.	.	.	.	r	.	.	.	.	.	.	.	.	.	.	.	.	I
Lolium perenne	.	.	.	.	.	.	+	.	.	.	.	.	.	.	.	.	.	.	I
Rumex thyrsiflorus	.	.	.	.	.	.	+	.	.	.	.	.	.	.	.	.	.	.	I
Prunella vulgaris	.	.	.	.	.	.	.	1	.	.	.	.	.	.	.	.	.	.	I
Herniaria glabra	.	.	.	.	.	.	.	r	.	.	.	.	.	.	.	.	.	.	I
Arrhenatherum elatius	.	.	.	.	.	.	.	.	1	.	.	.	.	.	.	.	.	.	I
Myosotis arvensis	.	.	.	.	.	.	.	.	r	.	.	.	.	.	.	.	.	.	I
Carex hirta	.	.	.	.	.	.	.	.	.	.	+	.	.	.	.	.	.	.	I
Silene vulgaris	.	.	.	.	.	.	.	.	.	.	r	.	.	.	.	.	.	.	I
Juncus tenuis	.	.	.	.	.	.	.	.	.	.	r	.	.	.	.	.	.	.	I
Plantago lanceolata	.	.	.	.	.	.	.	.	.	.	.	+	.	.	.	.	.	.	I
Trifolium repens	.	.	.	.	.	.	.	.	.	.	.	+	.	.	.	.	.	.	I
Oenothera erythrosepala	.	.	.	.	.	.	.	.	.	.	.	.	2	.	.	.	.	.	I
Dactylis glomerata	.	.	.	.	.	.	.	.	.	.	.	.	+	.	.	.	.	.	I
Epilobium palustre	.	.	.	.	.	.	.	.	.	.	.	.	.	.	+	.	.	.	I
Rumex crispus	.	.	.	.	.	.	.	.	.	.	.	.	.	.	+	.	.	.	I
Bellis perennis	.	.	.	.	.	.	.	.	.	.	.	.	.	.	.	r	.	.	I
Epilobium tetragonum	.	.	.	.	.	.	.	.	.	.	.	.	.	.	.	.	.	r	I
Chenopodium rubrum	.	.	.	.	.	.	.	.	.	.	.	.	.	.	.	.	.	r	I
Polygonum aviculare agg.	.	.	.	.	.	.	.	.	.	.	.	.	.	.	.	.	.	+	I

Tabelle Nr. 37   K. Epilobietea   O. Atropetalia   V. Sambuco-Salicion   Teil 4

Buddleja davidii-Betula pendula-Gesellschaft

Laufende Nummer	1	2	3	4	5	6	7	8	9	10	11	12	13	14	15	16	17	18
Moose/Flechten																		
Ceratodon purpureus	1	1	2	2	3	+	2	2	2	.	2	.	1	1	+	.	2	.
Barbula convoluta	.	2	1	1	2	2	+	1	.	.	1	2	+	2	.	.	.	.
Bryum argenteum	1	.	+	+	.	.	1	r	.	.	+	.	+	.	.	1	.	r
Funaria hygrometrica	.	.	.	+	.	.	.	.	.	.	+	.	.	.	.	.	.	.
Bryum caespiticium	.	.	.	.	.	.	+	.	.	.	.	.	.	.	1	.	.	.
Barbula hornschuchiana	.	.	.	2	.	.	.	.	.	.	.	.	.	.	.	.	.	.
Peltigera spec.	.	.	.	.	+	.	.	.	.	.	.	.	.	.	.	.	.	.
Marchantia polymorpha	.	.	.	.	.	.	.	.	+	.	.	.	.	.	.	.	.	.
Plagiothecium nemorale	.	.	.	.	.	.	.	.	.	.	.	.	1	.	.	.	.	.

Vegetationstabelle Nr. 38   K. Querco-Fagetea   O. Prunetalia   Teil 1

Rubus corylifolius agg.-Bestände
Rubus camptostachys-Bestände Nr. 1 - 4
Rubus calvus-Bestände   Nr. 5 - 6
Rubus incisior-Bestände   Nr. 7 - 8
Rubus nemorosus-Bestände   Nr. 9 - 11
Rubus nemorosoides-Bestände Nr. 12

Laufende Nummer	1	2	3	4	5	6	7	8	9	10	11	12
Geländenummer	0968	0887	0681	1172	0610	0729	0579	0625	0398	0730	1417	1167
Datum	8/88	8/88	7/88	5/89	7/88	7/88	7/88	7/88	6/88	7/88	7/89	5/89
Stadt	Gels	Hern	Gels	Boch	Boch	Ober	Gels	Ober	Ober	Ober	Esse	Esse
Industriefläche	VeSc	ZeMo	VeHo	KrHö	KrHö	ThOb	VeSc	Ruhr	ThOb	ThOb	ZeZo	ZeZo
Biotoptyp	I/2	i/2	AI/1	I/2	I/2	I/2	J/1	I/2	I/2	I/2	d/2	di/2
Substrat	o u1	f3u4	o u1	c u3	A3 X	o u1	A3 5	1 X5	A4 5	A3 X	f X5	#4uX
Substrat Ergänzung	d5	B	d	d	b6	B56	B5	A5	A5	c	G	A6
Bodentyp	L2					L2	Z2	Z2	Z2			
Deckung Str.+Krautsch.%	100	98	100	100	98	100	100	100	100	100	100	100
Deckung Moosschicht %					5	2						
Exposition/Neigung°									S/20			
Größe Aufnahmefläche m²	10	6	10	10	20	10	10	20	10	10	20	10
Artenzahl	6	4	8	7	12	11	6	10	8	1	3	7
Rubus camptostachys	5	5	5	4	.	.	.	.	.	.	.	.
Rubus calvus	.	.	.	2	5	5	.	.	.	.	.	.
Rubus incisior	.	.	.	.	.	.	5	5	.	.	.	.
Rubus nemorosus	.	.	.	.	.	.	.	.	5	5	5	.
Rubus nemorosoides	.	.	.	.	.	.	.	.	.	.	.	5

Diff.

Solidago gigantea	.	.	.	.	2	.	1	r	+	.	.	.
Poa palustris	.	.	.	.	+	.	1	+	.	.	.	.
Artemisia vulgaris	.	.	.	.	.	+	+	+	.	.	.	.
Eupatorium cannabinum	.	.	.	.	+	+	+	.	.	.	.	.

K. Querco-Fagetea

Rosa canina	.	.	.	.	.	.	.	+	.	.	.	.

K. Epilobietea

Epilobium angustifolium	.	1	.	.	+	.	.	+	.	.	.	1
Sorbus aucuparia juv.	.	.	+	.	.	.	.	.	.	.	.	+
Betula pendula juv.	.	.	.	.	r	.	.	.	.	.	.	.

K. Artemisietea

Urtica dioica	2	.	1	.	.	.	.	.	.	.	.	.
Glechoma hederacea	+	.	.	.	.	.	.	.	.	.	.	.
Geranium robertianum	.	.	.	.	.	.	.	.	.	.	.	+
Silene alba	.	.	.	.	.	.	.	+	.	.	.	.
Daucus carota	.	.	.	.	.	+	.	.	.	.	.	.
Tanacetum vulgare	.	.	.	.	.	.	.	+	.	.	.	.
Epilobium hirsutum	.	.	.	2	.	.	.	.	.	.	.	.

K. Mol.-Arrhenatheretea

Holcus lanatus	1	+	+	1	.	1	+	+	.	.	2	.
Arrhenatherum elatius	.	.	1	r	.	2	.	.	.	.	.	.
Festuca rubra agg.	.	.	.	.	+	.	.	.	2	.	.	.
Rumex acetosa	.	.	r	.	.	.	.	.	.	.	.	.
Cerastium holosteoides	.	.	r	.	.	.	.	.	.	.	.	.
Dactylis glomerata	.	.	.	.	.	.	.	.	+	.	.	.
Cynosurus cristatus	.	.	.	.	.	+	.	.	.	.	.	.
Poa trivialis	.	.	.	1	.	.	.	.	.	.	.	.
Heracleum sphondylium	.	.	.	.	.	+	.	.	.	.	.	.

Vegetationstabelle Nr. 38   K. Querco-Fagetea   O. Prunetalia   Teil 2

Rubus corylifolius agg.-Bestände
Rubus camptostachys-Bestände   Nr. 1 - 4
Rubus calvus-Bestände   Nr. 5 - 6
Rubus incisior-Bestände   Nr. 7 - 8
Rubus nemorosus-Bestände   Nr. 9 - 11
Rubus nemorosoides-Bestände   Nr. 12

Laufende Nummer	1	2	3	4	5	6	7	8	9	10	11	12
Sonstige												
Cirsium arvense	+	.	.	.	.	.	.	r	.	.	.	.
Equisetum arvense	.	1	.	.	r	.	.	.	.	.	.	.
Solanum dulcamara	+	.	.	.	.	.	.	.	.	.	.	.
Agrostis tenuis	.	.	+	.	.	.	.	.	.	.	.	.
Cardaminopsis arenosa	.	.	.	.	r	.	.	.	.	.	.	.
Crepis tectorum	.	.	.	.	r	.	.	.	.	.	.	.
Anthriscus sylvestris	.	.	.	.	.	+	.	.	.	.	.	.
Linaria vulgaris	.	.	.	.	.	+	.	.	.	.	.	.
Agropyron repens	.	.	.	.	.	.	.	1	.	.	.	.
Centaurea nigra x jacea	.	.	.	.	.	.	.	+	.	.	.	.
Agrostis gigantea	.	.	.	.	.	.	.	+	.	.	.	.
Asparagus officinalis	.	.	.	.	.	.	.	.	r	.	.	.
Dryopteris dilatata	.	.	.	.	.	.	.	.	.	.	1	.
Carex hirta	.	.	.	.	.	.	.	.	.	.	.	+
Poa angustifolia	.	.	.	.	.	.	.	.	.	.	.	+
Prunus serotina juv.	.	.	.	.	.	.	.	.	.	.	.	+
Moose												
Brachythecium rutabulum	.	.	.	1	1	.	.	.	.	.	.	.
Amblystegium serpens	.	.	.	.	1	.	.	.	.	.	.	.
Cirriphyllum crassinerv.	.	.	.	.	.	1	.	.	.	.	.	.

Vegetationstabelle Nr. 39   Keine Zuordnung möglich   Teil 1

Epilobium ciliatum-Bestände

Laufende Nummer	1	2	3	4	5	6	7	8	9	10	11	12	13	14	15	16	17	18	
Geländenummer	0680	0416	0516	0417	0787	0670	0607	0696	0700	1410	1400	1388	1374	1341	1290	1222	1203	1201	
Datum	7/88	6/88	7/88	7/88	6/88	8/88	7/88	7/88	7/88	8/88	7/89	7/89	7/89	7/89	6/89	6/89	5/89	5/89	
Stadt	Gels	Hern	Duis	Hern	Esse	Gels	Boch	Bott	Bott	Esse	Esse	Bott	Hern	Duis	Ober	Duis	Ober	Dort	
Industriefläche	VeHo	ZeMo	ThBe	ZeMo	ZeZo	VeHo	KrHö	ZePr	ZePr	ZeZo	ZeZo	ZePr	ZeMo	ThMe	ThOb	ThRu	ZeOs	HoWe	
Biotoptyp	IH/1	bh/2	A/1	bh/2	d/1	I/2	H/2	DI/1	IH/1	ih/1	d/1	I/2	j/2	ij/2	G/1	CJD2	ch/1	FD/1	
Substrat	D5S2	C2 5	A3 5	C2 5	e3 X	D5 3	H3 X	m S4	s G5	W3G5	I3 X	C2 X	W3XX	R4G3	#3G4	Y4S4	Ü3S5	H4 5	
Substrat (Ergänzungen)	B3	63	b	63	b	B34	B	B2	A	A3	b	f3	f	G	E3	A	c3	D2	
Gesamtdeckung %	95	80	80	85	70	50	70	50	70	55	45	55	45	50	70	50	70	60	
Deckung Krautschicht %	85	70	50	75	68	40	55	47	69	50	44	50	43	15	55	35	40	45	
Deckung Moosschicht %	15	20	60	10	2	10	20	3	1	7	2	10	2	40	30	20	40	30	
Max. Höhe Krautsch. cm	50	75	60	60	90	25	100	55	40	45	50	60	100		50	35	30		
Exposition/Neigung°													S/10						
Größe Aufnahmefläche m²	4	6	7	5	10	3	3	8	10	7	6	10	8	8	10	4	4	5	
Artenzahl	21	19	19	16	15	14	12	9	8	16	19	27	15	9	23	15	9	10	
Epilobium ciliatum	3	4	2	4	4	3	3	3	4	3	3	2	3	2	3	2	2	3	V
K. Chenopodietea																			
Conyza canadensis	.	+	.	+	.	.	+	+	.	.	+	.	+	+	.	+	r	.	III
Senecio viscosus	.	.	.	.	.	.	.	1	.	r	1	.	.	+	r	.	1	.	II
Tripleurosp. inodorum	.	.	.	.	.	.	+	.	.	.	.	+	.	.	.	.	.	r	I
Senecio vulgaris	.	.	.	.	.	.	.	.	.	.	.	.	.	.	.	.	r	2	I
Apera interrupta	.	.	.	.	.	.	.	.	.	.	.	.	.	.	1	+	.	.	I
Sonchus oleraceus	.	.	+	.	.	.	.	.	.	.	.	.	.	.	.	.	.	.	I
Anagallis arvensis	.	.	.	.	.	1	.	.	.	.	.	.	.	.	.	.	.	.	I
Hordeum jubatum	.	.	.	.	.	.	.	+	.	.	.	.	.	.	.	.	.	.	I
Sonchus asper	.	.	.	.	.	.	.	.	.	.	.	.	+	.	.	.	.	.	I
Bromus sterilis	.	.	.	.	.	.	.	.	.	.	.	.	.	.	.	+	.	.	I
Chenopodium album agg.	.	.	.	.	.	.	.	.	.	.	r	.	.	.	.	.	.	.	I
Chenopodium polyspermum	.	.	.	.	.	.	.	.	.	.	r	.	.	.	.	.	.	.	I
Bromus tectorum	.	.	.	.	.	.	.	.	.	.	.	.	.	.	.	+	.	.	I
Crepis tectorum	.	.	.	.	.	.	.	.	.	.	.	.	.	.	.	.	r	.	I
K. Plantaginetea																			
Poa annua	.	+	2	+	+	+	+	.	.	.	+	+	+	.	1	+	2	.	IV
Sagina procumbens	+	+	.	+	.	1	.	.	+	.	.	.	.	.	.	.	.	.	II
Plantago major	.	.	1	.	.	+	.	.	.	.	.	.	r	.	.	r	.	.	II
Poa pr. subsp. irrigata	.	.	.	.	.	.	.	.	.	.	.	+	.	.	.	.	.	.	I
Polygonum aviculare agg.	.	.	+	.	.	.	.	.	.	.	r	.	.	.	.	.	.	.	I
Spergularia rubra	.	.	.	.	.	.	.	.	.	.	+	.	.	.	.	.	.	.	I
K. Artemisietea																			
Eupatorium cannabinum	1	.	.	.	+	.	.	.	.	+	1	+	+	.	+	.	.	.	II
Epilobium parviflorum	.	.	.	.	.	+	+	+	.	1	.	2	+	.	+	.	.	.	II
Solidago gigantea	1	.	.	.	+	.	.	.	.	+	1	.	+	+	.	.	r	.	II
Cirsium vulgare	r	.	.	.	.	.	.	.	.	.	.	+	+	.	.	.	r	.	II
Epilobium hirsutum	r	+	.	.	.	.	.	.	.	r	.	+	.	.	.	.	.	.	II
Urtica dioica	.	+	.	r	.	.	.	.	.	.	.	+	.	.	.	.	.	.	I
Oenothera biennis s.str.	.	r	.	r	.	.	.	.	.	.	.	.	.	r	.	.	.	.	I
Epilobium montanum	.	+	.	.	.	.	.	.	.	.	.	.	.	.	.	.	.	.	I
Reseda luteola	.	.	.	+	.	.	.	.	.	.	.	.	.	.	.	.	.	.	I
Reynoutria sachalinensis	.	.	.	.	.	.	.	.	.	.	.	.	r	.	.	.	.	.	I
Calystegia sepium	.	.	.	.	.	.	.	.	.	.	.	.	.	.	1	.	.	.	I
Carduus acanthoides	.	.	.	.	.	.	.	.	.	.	.	.	.	.	.	+	.	.	I
Solidago canadensis	.	.	.	.	.	.	.	.	.	.	.	.	.	.	.	1	.	.	I
Artemisia vulgaris	.	.	.	.	.	.	.	.	.	.	.	.	.	.	+	.	.	.	I

Vegetationstabelle Nr. 39   Keine Zuordnung möglich   Teil 2

Epilobium ciliatum-Bestände

Laufende Nummer	1	2	3	4	5	6	7	8	9	10	11	12	13	14	15	16	17	18	
Sonstige																			
Cirsium arvense	+	.	2	2	+	r	.	.	+	.	+	+	+	.	1	1	.	.	IV
Betula pendula juv.	+	+	1	.	+	+	.	.	+	r	+	2	+	.	.	r	.	.	IV
Taraxacum officinale	.	.	+	r	+	.	+	.	.	.	+	.	+	.	+	+	r	r	III
Epilobium angustifolium	+	1	+	1	+	.	.	+	.	.	.	+	+	r	.	.	.	.	III
Holcus lanatus	3	+	.	1	.	.	.	.	.	+	+	.	.	.	.	.	+	.	II
Cerastium holosteoides	+	.	.	+	+	.	.	.	+	.	+	.	.	.	+	.	.	.	II
Salix caprea juv.	.	.	r	.	.	.	.	.	.	.	+	r	.	.	.	+	.	.	II
Arenaria serpyllifolia	.	.	.	.	.	.	.	.	.	.	.	.	.	+	+	1	.	+	II
Rubus corylifolius agg.	.	+	.	r	.	.	.	.	.	.	.	1	.	.	.	.	.	.	I
Aster spec. juv.	r	.	.	.	.	r	.	.	r	.	.	.	.	.	.	.	.	.	I
Poa trivialis	.	+	.	1	.	.	.	.	.	.	.	.	.	.	.	.	.	.	I
Poa palustris	.	.	.	.	.	.	+	.	.	.	.	.	+	.	.	.	.	.	I
Tussilago farfara	.	.	.	.	.	.	.	.	.	.	.	.	r	+	.	.	.	.	I
Hypericum perforatum	.	.	.	.	.	.	.	.	.	.	1	.	.	.	+	.	.	.	I
Lycopus europaeus	+	.	.	.	.	.	.	.	.	.	.	.	.	.	.	.	.	.	I
Dryopteris carthusiana	+	.	.	.	.	.	.	.	.	.	.	.	.	.	.	.	.	.	I
Lathyrus pratensis	+	.	.	.	.	.	.	.	.	.	.	.	.	.	.	.	.	.	I
Vicia tenuissima	+	.	.	.	.	.	.	.	.	.	.	.	.	.	.	.	.	.	I
Cornus sanguinea juv.	.	.	+	.	.	.	.	.	.	.	.	.	.	.	.	.	.	.	I
Lolium perenne	.	.	+	.	.	.	.	.	.	.	.	.	.	.	.	.	.	.	I
Crataegus monogyna juv.	.	.	r	.	.	.	.	.	.	.	.	.	.	.	.	.	.	.	I
Arrhenatherum elatius	.	.	.	r	.	.	.	.	.	.	.	.	.	.	.	.	.	.	I
Rumex acetosa	.	.	.	.	+	.	.	.	.	.	.	.	.	.	.	.	.	.	I
Juncus inflexus	.	.	.	.	.	+	.	.	.	.	.	.	.	.	.	.	.	.	I
Juncus bufonius	.	.	.	.	.	+	.	.	.	.	.	.	.	.	.	.	.	.	I
Centaurium erythraea	.	.	.	.	.	+	.	.	.	.	.	.	.	.	.	.	.	.	I
Trifolium repens	.	.	.	.	.	.	1	.	.	.	.	.	.	.	.	.	.	.	I
Poa pratensis agg.	.	.	.	.	.	.	+	.	.	.	.	.	.	.	.	.	.	.	I
Chenopodium rubrum	.	.	.	.	.	.	.	.	1	.	.	.	.	.	.	.	.	.	I
Prunella vulgaris	.	.	.	.	.	.	.	.	.	.	+	.	.	.	.	.	.	.	I
Festuca rubra agg.	.	.	.	.	.	.	.	.	.	.	+	.	.	.	.	.	.	.	I
Bellis perennis	.	.	.	.	.	.	.	.	.	.	+	.	.	.	.	.	.	.	I
Hypochoeris radicata	.	.	.	.	.	.	.	.	.	.	+	.	.	.	.	.	.	.	I
Agrostis tenuis	.	.	.	.	.	.	.	.	.	.	.	.	.	+	.	.	.	.	I
Acer pseudoplatanus juv.	.	.	.	.	.	.	.	.	.	.	.	r	.	.	.	.	.	.	I
Hieracium laevigatum	.	.	.	.	.	.	.	.	.	.	.	.	.	r	.	.	.	.	I
Cerastium glutinosum	.	.	.	.	.	.	.	.	.	.	.	.	.	.	r	.	.	.	I
Epilobium tetragonum	.	.	.	.	.	.	.	.	.	.	.	.	.	1	.	.	.	.	I
Poa compressa	.	.	.	.	.	.	.	.	.	.	.	.	.	.	+	.	.	.	I
Buddleja davidii juv.	.	.	.	.	.	.	.	.	.	.	.	.	.	.	r	.	.	.	I
Cerastium pumilum	.	.	.	.	.	.	.	.	.	.	.	.	.	.	r	.	.	.	I
Cerastium semidecandrum	.	.	.	.	.	.	.	.	.	.	.	.	.	.	.	+	.	.	I
Cerastium spec.	.	.	.	.	.	.	.	.	.	.	.	.	.	.	.	.	.	+	I
Moose/Flechten																			
Bryum argenteum	.	1	+	.	+	.	+	+	+	1	.	1	.	3	2	2	3	+	IV
Ceratodon purpureus	+	1	2	2	1	.	2	r	+	.	+	+	.	.	.	+	.	.	IV
Funaria hygrometrica	.	.	2	.	+	.	+	1	.	.	.	+	.	.	+	1	1	.	III
Barbula convoluta	+	.	3	.	.	1	.	.	.	.	.	1	1	.	+	.	.	.	II
Bryum caespiticium	.	.	+	.	+	.	.	.	.	1	.	.	.	.	+	.	.	2	II
Marchantia polymorpha	.	.	.	.	.	.	.	r	.	.	+	.	.	.	.	.	1	.	I
Brachythecium salebrosum	1	1	.	.	.	.	.	.	.	.	.	.	.	.	.	.	.	.	I
Rhynchostegium murale	1	.	.	.	.	.	.	.	.	.	.	.	.	.	.	.	.	.	I
Lophocoelea bidentata	+	.	.	.	.	.	.	.	.	.	.	.	.	.	.	.	.	.	I
Brachythecium starkei	.	1	.	.	.	.	.	.	.	.	.	.	.	.	.	.	.	.	I
Homomallium incurvatum	.	1	.	.	.	.	.	.	.	.	.	.	.	.	.	.	.	.	I

Vegetationstabelle Nr. 39   Keine Zuordnung möglich   Teil 3

Epilobium ciliatum-Bestände

Laufende Nummer	1	2	3	4	5	6	7	8	9	10	11	12	13	14	15	16	17	18	
Cladonia fimbriata	.	+	.	.	.	.	.	.	.	.	.	.	.	.	.	.	.	.	I
Campylopus flexuosus	.	+	.	.	.	.	.	.	.	.	.	.	.	.	.	.	.	.	I
Brachythecium velutinum	.	.	.	1	.	.	.	.	.	.	.	.	.	.	.	.	.	.	I
Ditrichum heteromalla	.	.	.	.	.	2	.	.	.	.	.	.	.	.	.	.	.	.	I
Bryum inclinatum	.	.	.	.	.	.	.	.	.	.	+	.	.	.	.	.	.	.	I
Tortula muralis	.	.	.	.	.	.	.	.	.	.	.	+	.	.	.	.	.	.	I
Bryum bicolor s.str.	.	.	.	.	.	.	.	.	.	.	.	.	.	.	2	.	.	.	I

Vegetationstabelle Nr. 40 Keine Zuordnung möglich   Teil 1

Epilobium angustifolium-Bestände

Laufende Nummer	1	2	3	4	5	6	7	8	9	
Geländenummer	0657	0460	0564	0565	1416	0479	0457	0699	1495	
Datum	7/88	6/88	7/88	7/88	7/89	6/88	6/88	7/88	8/89	
Stadt	Gels	Duis	Gels	Gels	Esse	Duis	Duis	Bott	Ober	
Industriefläche	VeHo	ZeTh	VeSc	VeSc	ZeZo	ZeTh	ZeTh	ZePr	ThOb	
Biotoptyp	IH/1	i/1	I/2	I/2	k/2	i/1	i/1	IH/1	D/3	
Substrat	H3S5	f3 5	#4 5	H3 X	h4u3	A4 5	f3 5	s3 X	A3 X	
Substrat Ergänzung	B3	A	A3	b	A3	b	A	A	c	
Deckung Krautschicht %	65	65	90	70	49	88	60	68	48	
Deckung Moosschicht %	35	3	3	3	2	2	50	2	2	
Max. Höhe Krautsch. cm	150	110	150	120	110	150	105	80	110	
Größe Aufnahmefläche m²	15	15	20	15	10	6	8	10	6	
Artenzahl	26	20	19	15	16	16	13	10	16	
Epilobium angustifolium	3	3	3	3	3	5	3	4	3	V
Diff. A										
Holcus lanatus	1	+	+	1	1	.	.	.	.	III
Cerastium holosteoides	+	+	+	+	.	.	.	.	.	III
Solidago gigantea	2	.	2	1	.	.	.	.	.	II
Reseda luteola	+	r	.	.	+	.	.	.	.	II
K. Chenopodietea										
Conyza canadensis	+	+	.	.	.	+	+	+	1	IV
Tripleurosp. inodorum	+	.	+	+	.	r	+	.	.	III
Senecio viscosus	.	r	+	.	.	.	.	.	r	II
Sonchus asper	+	r	.	.	.	.	.	.	.	II
Inula graveolens	.	+	.	.	.	.	.	.	.	I
Crepis tectorum	.	.	.	.	.	.	+	.	.	I
K. Artemisietea										
Cirsium vulgare	+	.	.	r	r	+	.	.	.	III
Urtica dioica	.	.	1	1	.	1	.	.	.	II
Daucus carota	1	.	.	.	.	.	.	.	.	I
Oenothera biennis s.str.	+	.	.	.	.	.	.	.	.	I
Artemisia vulgaris	+	.	.	.	.	.	.	.	.	I
Eupatorium cannabinum	.	+	.	.	.	.	.	.	.	I
Epilobium hirsutum	.	+	.	.	.	.	.	.	.	I
Carduus acanthoides	.	r	.	.	.	.	.	.	.	I
Epilobium parviflorum	.	.	.	.	r	.	.	.	.	I
Solidago canadensis	.	.	.	.	.	.	+	.	.	I
K. Plantaginetea										
Sagina procumbens	.	+	+	.	1	.	+	1	.	III
Poa annua	.	+	+	+	+	+	.	.	.	III
Plantago major	.	.	r	r	.	r	.	.	.	II
Spergularia rubra	.	.	.	.	+	.	.	.	.	I
Sonstige										
Cirsium arvense	1	1	1	+	2	+	1	+	r	V
Poa palustris	2	.	+	.	.	+	+	+	.	III
Epilobium ciliatum	+	.	2	1	1	.	.	2	.	III
Arenaria serpyllifolia	+	1	.	.	.	+	2	.	1	III
Betula pendula juv.	.	r	.	1	+	.	+	.	r	III
Taraxacum officinale	+	+	.	.	.	r	.	.	r	III
Agrostis gigantea	+	.	.	.	.	+	.	.	.	II
Crepis capillaris	r	2	.	.	.	+	.	.	.	II
Hieracium laevigatum	.	.	.	.	.	.	.	r	r	II
Agrostis tenuis	.	.	.	.	.	.	.	.	.	I
Leontodon saxatilis	+	.	.	.	.	.	.	.	.	I
Tussilago farfara	+	.	.	.	.	.	.	.	.	I
Poa nemoralis	.	.	+	.	.	.	.	.	.	I

Vegetationstabelle Nr. 40 Keine Zuordnung möglich   Teil 2

Epilobium angustifolium-Bestände

Laufende Nummer	1	2	3	4	5	6	7	8	9	
Scrophularia nodosa	.	.	+	.	.	.	.	.	.	I
Hypericum perforatum	.	.	+	.	.	.	.	.	.	I
Verbascum thapsus	.	.	r	.	.	.	.	.	.	I
Acer platanoides juv.	.	.	r	.	.	.	.	.	.	I
Populus x gileadensis	.	.	.	.	+	.	.	.	.	I
Chenopodium rubrum	.	.	.	.	r	.	.	.	.	I
Robinia pseudacacia juv.	.	.	.	.	r	.	.	.	.	I
Solanum dulcamara	.	.	.	.	.	+	.	.	.	I
Poa angustifolia	.	.	.	.	.	.	+	.	.	I
Hieracium lachenalii	.	.	.	.	.	.	+	.	.	I
Poa compressa	.	.	.	.	.	.	.	+	.	I
Inula conyza	.	.	.	.	.	.	.	.	r	I
Erigeron acris	.	.	.	.	.	.	.	.	r	I
Crataegus monogyna juv.	.	.	.	.	.	.	.	.	r	I

Moose/Flechten

Ceratodon purpureus	3	1	1	1	.	+	3	1	.	IV
Bryum argenteum	+	1	.	+	1	.	.	+	+	IV
Brachythecium rutabulum	.	.	.	+	.	.	.	.	+	II
Bryum caespiticium	.	.	.	.	+	.	.	.	1	II
Cladonia fimbriata	1	.	.	.	.	.	.	.	.	I
Funaria hygrometrica	+	.	.	.	.	.	.	.	.	I
Barbula convoluta	.	.	.	.	.	1	.	.	.	I
Cladonia squamosa	.	.	.	.	.	.	1	.	.	I
Flechten div. spec.	.	.	.	.	.	.	.	.	1	I

Vegetationstabelle Nr 41   Keine Zuordnung möglich   Teil 1

Agrostis tenuis-Bestände
- Ausbildung mit Holcus lanatus   Nr. 1 - 4
  - Unterausbildung mit Centaurium erythraea   Nr. 1 - 2
  - Trennartenfreie Unterausbildung   Nr. 3
  - Unterausbildung mit Anthoxanthum odoratum   Nr. 4
- Ausbildung mit Molinia caerulea   Nr. 5
- Ausbildung mit Holcus mollis   Nr. 6
- Trennartenfreie Ausbildung   Nr. 7 - 9

	1	2	3	4	5	6	7	8	9	
Laufende Nummer	1	2	3	4	5	6	7	8	9	
Geländenummer	0429	0430	0410	0129	0355	0918	0537	1384	1314	
Datum	6/88	6/88	6/88	5/88	6/88	8/88	7/88	7/89	6/89	
Stadt	Esse	Esse	Esse	Esse	Bott	Ober	Ober	Bott	Gels	
Industriefläche	ZeLe	ZeLe	ZeZo	ZeZo	ZePr	ZeOs	ZeOs	ZePr	VeSc	
Biotoptyp	i/1	i/1	di/2	1/1	k/1	j1/1	i/2	I/2	JL/1	
Substrat	#5S2	#5S2	#3	5	o U1	o s1	f3 5	f3s4	f G5 b S	
Substrat Ergänzung	B18	B18	A		A57	c3	B56	A56	A3	d67	
Bodentyp				?2		02	02			
Deckung Krautschicht %	80	80	95	100	100	98	98	32	85	
Deckung Moosschicht %	35	5	10	2			3	5		
Max. Höhe Krautsch. cm	25	25	40	25	70	130	50	10		
Exposition/Neigung°									W/20	
Größe Aufnahmefläche m²	4	4	4	10	6	4	5	2	20	
Artenzahl	14	9	12	16	9	6	9	6	4	
Agrostis tenuis	2	4	5	4	3	4	5	3	5	V
Diff. A										
Holcus lanatus	+	r	+	2	.	.	.	.	.	III
Poa annua	+	.	+	2	.	.	r	.	.	II
Cerastium holosteoides	r	.	+	+	.	.	.	.	.	II
Hypericum perforatum	+	+	r	.	.	.	.	.	.	II
Cirsium arvense	r	.	r	.	.	.	.	.	.	II
A.A										
Centaurium erythraea	2	2	.	.	.	.	.	.	.	II
Betula pendula juv.	r	+	.	.	.	.	.	.	.	II
A.B										
Anthoxantum odoratum	.	.	.	2	.	.	.	.	.	I
Luzula campestris	.	.	.	2	.	.	.	.	.	I
Hieracium pilosella	.	.	.	1	.	.	.	.	.	I
Bellis perennis	.	.	.	1	.	.	.	.	.	I
Trifolium repens	.	.	.	1	.	.	.	.	.	I
Diff. B										
Molinia caerulea	.	.	.	.	2	.	.	.	.	I
Agrostis gigantea	.	.	.	.	2	.	.	.	.	I
Juncus conglomeratus	.	.	.	.	1	.	.	.	.	I
Juncus effusus	.	.	.	.	1	.	.	.	.	I
Diff. C										
Holcus mollis	.	.	.	.	.	2	.	.	.	I
K. Mol.-Arrhenatheretea										
Festuca rubra agg.	3	.	.	+	2	.	2	.	.	III
Galium mollugo	.	.	.	.	+	.	.	.	.	I
Bromus mollis	.	.	.	.	+	.	.	.	.	I
Trifolium dubium	.	.	.	.	+	.	.	.	.	I
Dactylis glomerata	.	.	.	.	.	.	+	.	.	I

Vegetationstabelle Nr 41   Keine Zuordnung möglich   Teil 2

Agrostis tenuis-Bestände

Laufende Nummer	1	2	3	4	5	6	7	8	9	
Sonstige										
Hypochoeris radicata	.	.	+	.	.	+	.	.	.	II
Epilobium angustifolium	.	r	.	.	.	+	.	.	.	II
Anagallis arvensis	+	.	.	.	.	.	.	.	.	I
Plantago major	r	.	.	.	.	.	.	.	.	I
Hieracium spec. juv.	.	.	+	.	.	.	.	.	.	I
Epilobium ciliatum	.	.	r	.	.	.	.	.	.	I
Sagina procumbens	.	.	r	.	.	.	.	.	.	I
Eupatorium cannabinum	.	.	r	.	.	.	.	.	.	I
Cerastium arvense	.	.	.	+	.	.	.	.	.	I
Deschampsia cespitosa	.	.	.	.	+	.	.	.	.	I
Carex hirta	.	.	.	.	+	.	.	.	.	I
Rubus corylifolius agg.	.	.	.	.	+	.	.	.	.	I
Hieracium laevigatum	.	.	.	.	.	+	.	.	.	I
Digitalis purpurea	.	.	.	.	.	r	.	.	.	I
Daucus carota	.	.	.	.	.	.	+	.	.	I
Poa palustris	.	.	.	.	.	.	+	.	.	I
Tripleurosp. inodorum	.	.	.	.	.	.	+	.	.	I
Hieracium lachenalii	.	.	.	.	.	.	+	.	.	I
Achillea millefolium agg	.	.	.	.	.	.	.	+	.	I
Spergularia rubra	.	.	.	.	.	.	.	+	.	I
Festuca trachyphylla	.	.	.	.	.	.	.	+	.	I
Festuca arundinacea	.	.	.	.	.	.	.	.	+	I
Agropyron repens	.	.	.	.	.	.	.	.	+	I
Festuca nigrescens	.	.	.	.	.	.	.	.	+	I
Moose/Flechten										
Ceratodon purpureus	1	1	2	.	.	.	1	+	.	III
Cladonia fimbriata	2	1	.	.	.	.	.	.	.	II
Barbula convoluta	2	.	.	.	.	.	.	.	.	I
Cladonia squamosa	.	.	+	.	.	.	.	.	.	I
Plagiomnium affine	.	.	.	1	.	.	.	.	.	I
Brachythecium rutabulum	.	.	.	1	.	.	.	.	.	I
Eurynchium hians	.	.	.	.	.	.	+	.	.	I
Bryum argenteum	.	.	.	.	.	.	.	1	.	I

Vegetationstabelle Nr. 42
Keine Zuordnung möglich

Isatis tinctoria-Bestände

	1	2
Laufende Nummer	1	2
Geländenummer	0267	0269
Datum	6/88	6/88
Stadt	Duis	Duis
Industriefläche	ThBe	ThBe
Biotoptyp	JH/2	JC/2
Substrat	A3 4	A3 4
Substrat Ergänzungen	B	B
Gesamtdeckung %	70	90
Deckung Krautschicht %	45	75
Deckung Moosschicht %	40	40
Max. Höhe Krautsch. cm	150	100
Exposition/Neigung°	SW30	N/20
Größe Aufnahmefläche m²	5	6
Artenzahl	17	12
Isatis tinctoria	2	2
K. Agropyretea		
Poa angustifolia	.	2
Saponaria officinalis	.	1
K. Artemisietea		
Artemisia vulgaris	.	+
K. Chenopodietea		
Bromus tectorum	2	.
Bromus sterilis	.	3
Senecio vulgaris	.	r
Sonstige		
Achillea millefolium agg	r	+
Sedum acre	1	.
Echium vulgare	1	.
Arrhenatherum elatius	1	.
Festuca rubra agg.	+	.
Hieracium lachenalii	+	.
Linaria vulgaris	+	.
Arenaria serpyllifolia	+	.
Solanum dulcamara	r	.
Inula conyza	r	.
Hieracium laevigatum	.	+
Taraxacum officinale	.	+
Dactylis glomerata	.	+
Moose		
Barbula convoluta	2	3
Bryum argenteum	2	1
Ceratodon purpureus	2	.
Bryum caespiticium	+	.
Rhynchostegium confertum	+	.

Vegetationstabelle Nr. 43
Keine Zuordnung möglich

Tragopogon dubius-Bestände

	1	2
Laufende Nummer	1	2
Geländenummer	1244	0486
Datum	6/89	6/89
Stadt	Duis	Duis
Industriefläche	ThRu	ThRu
Biotoptyp	JD/1	DJ/1
Substrat	A3 X	A3 4
Substrat Ergänzungen	B	c
Gesamtdeckung %	80	55
Deckung Krautschicht %	75	55
Deckung Moosschicht %	20	
Max. Höhe Krautsch. cm	100	110
Exposition/Neigung°	0/20	0/30
Größe Aufnahmefläche m²	10	5
Artenzahl	21	8
Tragopogon dubius	2	2
K. Chenopodietea		
Bromus tectorum	2	2
Conyza canadensis	+	+
Senecio vulgaris	+	.
Sonchus oleraceus	+	.
Sonchus asper	r	.
Senecio viscosus	r	.
Lactuca serriola	r	.
K. Agropyretea		
Diplotaxis tenuifolia	+	2
Poa compressa	2	.
K. Artemisietea		
Artemisia vulgaris	1	+
Daucus carota	+	+
Melilotus officinalis	+	.
Cirsium vulgare	r	.
Sonstige		
Achillea millefolium agg	1	.
Erigeron acris	+	.
Hieracium lachenalii	r	.
Linaria vulgaris	+	.
Poa palustris	.	+
Cerastium holosteoides	.	+
Moose		
Bryum argenteum	1	.
Bryum caespiticium	2	.
Funaria hygrometrica	+	.

Vegetationstabelle Nr. 45
Keine Zuordnung möglich

Lycium chinense-Bestände

	1	2	3
Laufende Nummer	1	2	3
Geländenummer	0711	0864	0499
Datum	7/88	8/88	6/88
Stadt	Bott	Duis	Duis
Industriefläche	ZePr	ThRu	ThRu
Biotoptyp	IH/1	G/2	D/2
Substrat	U3S4	A3 5	A3 5
Substrat Ergänzung	d	b56	c
Bodentyp		Z2	
Deckung Strauchschicht %	100	85	80
Deckung Krautschicht %	20	20	30
Deckung Moosschicht %	20	5	15
Max. Höhe Vegetation m	2	1,7	1,6
Exposition/Neigung °		S/5	S/5
Größe Aufnahmefläche m²	20	10	5
Artenzahl	17	15	14

Lycium chinense Str.	5	5	5
Lycium chinense juv.	.	1	.

K. Epilobietea
Sambucus nigra juv.	1	.	.
Salix caprea juv.	+	.	.

K. Querco-Fagetea
Crataegus monogyna juv.	r	.	.

K. Artemisietea
Artemisia vulgaris	+	1	+
Daucus carota	.	r	+
Rubus caesius	.	1	.

Sonstige
Tripleurosp. inodorum	r	r	.
Diplotaxis tenuifolia	.	+	+
Verbascum thapsus	.	r	r
Holcus lanatus	2	.	.
Verbascum nigrum	1	.	.
Cirsium arvense	+	.	.
Poa palustris	+	.	.
Equisetum arvense	+	.	.
Agropyron repens	+	.	.
Epilobium ciliatum	r	.	.
Senecio vulgaris	r	.	.
Arrhenatherum elatius	.	2	.
Petrorhagia prolifera	.	+	.
Sedum acre	.	+	.
Echium vulgare	.	+	.
Tragopogon pratensis	.	+	.
Poa compressa	.	.	2
Achillea millefolium agg.	.	.	1
Arenaria serpyllifolia	.	.	+
Bromus tectorum	.	.	+
Medicago lupulina	.	.	+
Crepis capillaris	.	.	r

Moose
Ceratodon purpureus	2	1	+

Vegetationstabelle Nr. 44
Keine Zuordnung möglich

Sherardia arvensis-Bestände

	1	2
Laufende Nummer	1	2
Geländenummer	1146	1140
Datum	5/89	5/89
Stadt	Gels	Gels
Industriefläche	VeHo	VeHo
Biotoptyp	J/1	L/2
Substrat	K3S5	j s3
Substrat Ergänzungen	c7	D578
Bodentyp		?2
Gesamtdeckung %	95	90
Deckung Krautschicht %	95	90
Deckung Moosschicht %	5	
Max. Höhe Krautsch. cm	70	10
Größe Aufnahmefläche m²	5	2
Artenzahl	20	20

Sherardia arvensis	3	3

K. Mol.-Arrhenatheretea
Trifolium dubium	.	2
Holcus lanatus	+	1
Cerastium holosteoides	+	+
Arrhenatherum elatius	2	.
Plantago lanceolata	2	.
Prunella vulgaris	1	.
Phleum pratense	.	2
Festuca rubra agg.	.	2
Bellis perennis	.	1
Lolium perenne	.	1
Trifolium repens	.	1
Bromus mollis	.	1
Poa pratensis s.str.	.	1

Sonstige
Veronica arvensis	1	1
Cirsium arvense	+	+
Taraxacum officinale	r	1
Festuca arundinacea	2	.
Bromus sterilis	1	.
Poa angustifolia	1	.
Oenothera biennis agg.	+	.
Achillea millefolium agg	+	.
Ranunculus repens	+	.
Lotus corniculatus	+	.
Silene alba	r	.
Cerastium glomeratum	.	1
Glechoma hederacea	.	1
Sagina procumbens	.	1
Poa annua	.	+
Plantago major	.	+
Arabidopsis thaliana	.	r

Moose
Brachythecium rutabulum	1	.
Bryum caespiticium	+	.